高等职业教育机电类专业教学改革成果系列教材

机械制图与CAD技术基础

主编 缪朝东 胥 徐
主审 李添翼

電子工業出版社
Publishing House of Electronics Industry
北京·BEIJING

内 容 简 介

将“机械制图”和“AutoCAD 技术”课程有机整合，并形成新的课程标准，本书依据此标准编写而成，主要内容包括：机械制图的基础知识与技能、正投影作图基础、轴测图的绘制、立体表面交线的作图、组合体视图、机件的常用表达方法、常用件与标准件表达、零件图、装配图、机械测绘及技术训练。

本书可作为高职高专数控技术、机电技术应用和相近专业及其他职业院校机电类相关专业的教学用书，也可作为相关行业的岗位培训教材或供自学者参考。

图书在版编目(CIP)数据

机械制图与 CAD 技术基础/缪朝东，胥徐主编．—北京：电子工业出版社，2014.11
高等职业教育机电类专业教学改革成果系列教材
ISBN 978-7-121-24538-1

Ⅰ．①机… Ⅱ．①缪… ②胥… Ⅲ．①机械制图-AutoCAD 软件-高等职业教育-教材 Ⅳ．①TH126

中国版本图书馆 CIP 数据核字（2014）第 239852 号

策划编辑：朱怀永
责任编辑：朱怀永　　特约编辑：王　纲
印　　刷：三河市龙林印务有限公司
装　　订：三河市龙林印务有限公司
出版发行：电子工业出版社
　　　　　北京市海淀区万寿路 173 信箱　邮编 100036
开　　本：787×1 092　1/16　印张：23.5　字数：610 千字
版　　次：2014 年 11 月第 1 版
印　　次：2021 年 6 月第13次印刷
定　　价：52.80 元

凡所购买电子工业出版社图书有缺损问题，请向购买书店调换。若书店售缺，请与本社发行部联系，联系及邮购电话：(010)88254888。

质量投诉请发邮件至 zlts@phei.com.cn，盗版侵权举报请发邮件至 dbqq@phei.com.cn。

服务热线：(010)88258888。

前　　言

本书是高职高专数控技术应用专业课程改革成果之一，是依据教育部指导性课程标准，根据最新修订的五年制高职数控技术、机电技术应用专业核心课程“机械制图和CAD技术”课程标准编写的，体现了“以就业为导向、以能力为本位、以学生为主体、以任务训练引领、职业教育与终身教育相结合”的教育理念。

本书以培养学生的机械识图能力和计算机绘图技术为目标，属于技术基础类教材。全书采用模块、课题、任务的形式建构框架，共分10个模块：机械制图的基础知识与技能、正投影作图基础、轴测图的绘制、立体表面交线的作图、组合体视图、机件的常用表达方法、常用件与标准件表达、零件图、装配图、机械测绘及技术训练，各模块均有对应的习题。本书将机械制图与AutoCAD技术有机结合，兼顾综合性、实用性和先进性，突出学生的能力和创新意识的培养。

本书的特点如下。

(1) 本书按照“教、学、做”合一的要求编写，体现了“能力目标、学生主体、任务训练”的教学要求，突出了职业岗位能力培养的职教思想。

(2) 本书采用模块—课题—任务的形式建构框架，内容安排上由浅入深，符合认知规律，便于教师组织教学和学生的自主学习。

(3) 本书按照最新的机械制图国家标准编写，CAD软件采用最新的AutoCAD 2012版，体现了新知识、新技术、新工艺、新方法和新要求，实现了与生产过程的对接。

本书可作为高职高专数控技术、机电技术应用和相近专业及其他职业院校机电类相关专业的教学用书，也可作为相关行业的岗位培训教材或供自学者参考。

本书（含习题）由缪朝东、胥徐担任主编，具体分工如下：缪朝东编写总纲及模块八、附录，胥徐编写模块一、九，娄玉萍编写模块三、七，丁梅芳编写模块六，蒋碧亚编写模块四、十，陈冰编写模块二，缪菊霞编写模块五。本书由江苏省武进中等专业学校李添翼担任主审，由葛金印终审。同时，在编写过程中还得到了江苏省宜兴中等专业学校鲁小芳老师、无锡机电高等职业技术学校钱志芳老师的参与和帮助，感谢他们对书稿提出的宝贵意见。

由于编者水平有限，难免有疏漏和不当之处，恳请读者提出宝贵意见。

编　者

2013年7月

目　　录

模块一　机械制图的基础知识与技能

模块目标：

（1）了解常规绘图工具的使用方法。

（2）掌握制图国家标准对图纸幅面、格式、比例、字体、图线和尺寸注法的有关规定。

（3）掌握绘图的基本方法，以及常用的几何作图方法与技巧。

（4）掌握 AutoCAD 的基本绘图方法。

课题一　绘图工具及其使用

任务一　常规作图工具的使用

任务目标

知识点：常规绘图工具的使用。

技能点：能正确使用常规绘图工具。

任务分析：作为一名机械工程技术人员，拥有一套质量较好的绘图工具，并能按正确的方法使用，是图形画得既快又好的必备条件。常用的绘图工具有铅笔、三角板、图板、丁字尺、圆规、橡皮等。

相关知识

一、铅笔

铅笔用来绘制各种图线，分软、硬两种。笔身上标有“B”的表示软铅芯，B 前面的数字越大，表示铅芯越软，画出的图线越黑；笔身上标有“H”的表示硬铅芯，H 前面的数字越大，表示铅芯越硬，画出的图线越淡。标号为 HB 的铅笔软硬适中。

H 铅笔适合画底稿线，B 铅笔适合画底稿线及粗实线，HB 铅笔适合画底稿线。当然，也可以根据自己的情况进行选择。

铅笔的削法根据所画线型的不同而有所差异：画粗实线所用的铅笔，要把铅笔芯削成长方体形状，这样可以保证粗实线的粗细一致，如图 1-1（b）所示；画细线所用的铅笔，要把铅笔芯削成圆锥形状，如图 1-1（a）所示。

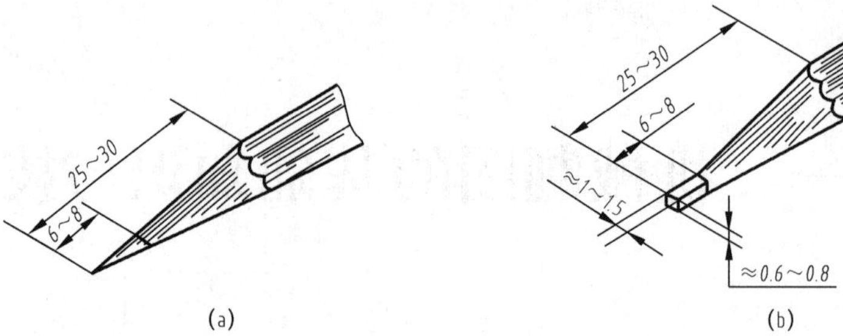

图 1-1　铅笔的削法

二、三角板

将三角板与丁字尺配合使用，可以画出垂直线、与水平线成 30°、45°、60°以及 75°倍数角的各种倾斜线，如图 1-2 所示。

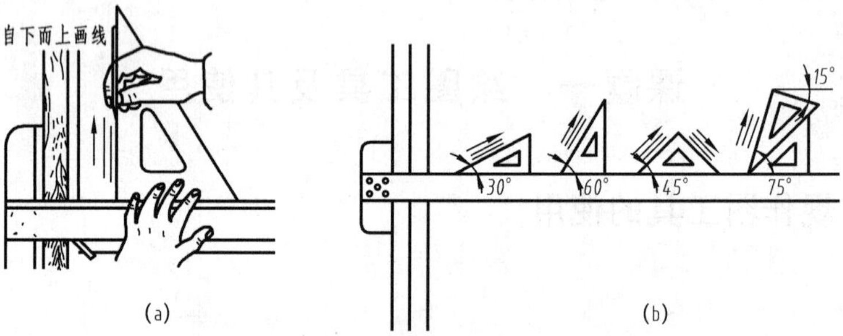

图 1-2　三角板的使用（一）

两个三角板配合使用，可以画出已知直线的平行线和垂直线，如图 1-3 所示。

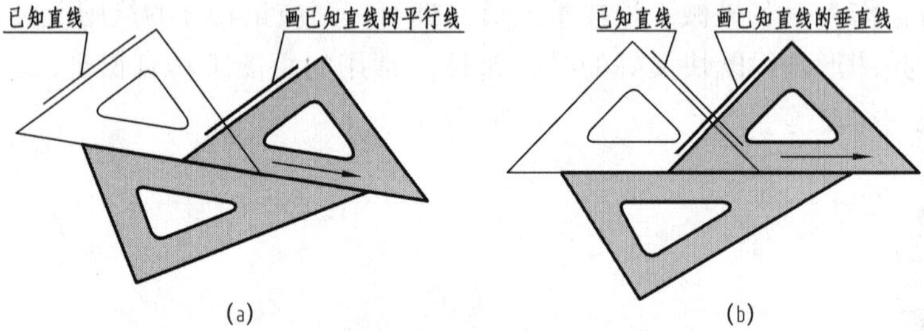

图 1-3　三角板的使用（二）

三、图板

图板是固定图纸和给丁字尺提供导向边的矩形木板或胶合板。图纸用胶带纸固定在图板上，如图 1-4 所示。工作表面平整光洁，短边为丁字尺的导向边，丁字尺可以沿短边上下移动，画出一系列水平线，如图 1-5 所示。

四、丁字尺

如图 1-4 所示，丁字尺由于像汉字“丁”而得名，由尺头和尺身两部分构成。尺头用来导向，可以沿图板的左边上下移动。尺身工作边有刻度，可以画水平线和量取长度。

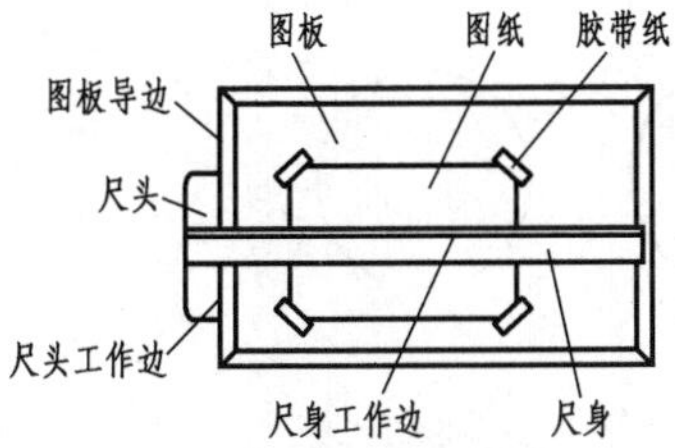

图 1-4　图板与丁字尺（一）

图 1-5　图板与丁字尺（二）

五、圆规与分规

圆规主要用来画圆或圆弧，常用的有普通圆规和点圆规两种，如图 1-6 所示。普通圆规通常用来画大圆，点圆规一般用来画小圆。

画圆时要用圆规针尖带台阶的一端定心（以防针孔扩大），按顺时针方向旋转，速度均匀，用力一致。画圆之前，要选择比画直线的铅笔软一些的铅芯作为圆规的铅芯，并把铅芯削成扁平状，使其大面正对针尖，以保证线型的粗细一致。

分规主要用来截取尺寸、等分线段和圆周，分规的两脚并拢时应对齐，如图 1-7 所示。

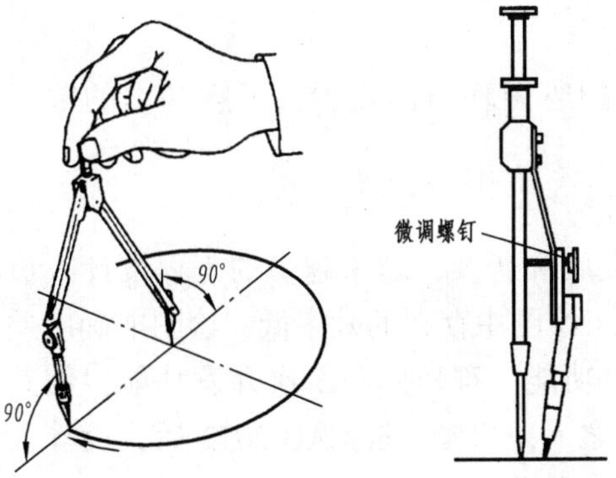

图 1-6　常用的圆规

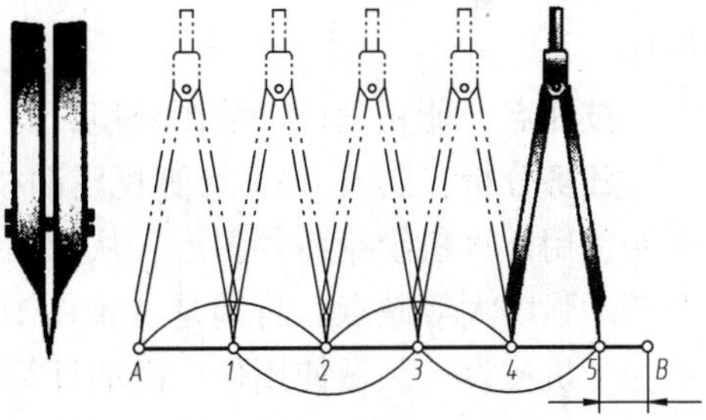

图 1-7　分规及其使用

还有一些辅助绘图工具，如曲线板、比例尺等，由于在绘图中使用不多，这里就不一一介绍了。

任务实践

依据任务目标，在学习“相关知识”后逐一进行下列实践：

(1) 按规定对 H、HB、B 的铅笔进行削切。

(2) 按要求装配圆规。

(3) 综合运用图板、丁字尺、三角板画线及圆（如图 1-8 所示）。

① 把图纸装贴在图板上；

② 配合丁字尺和三角板画若干根水平、垂直和倾斜的粗实线和细实线；

③ 用圆规画若干个圆。

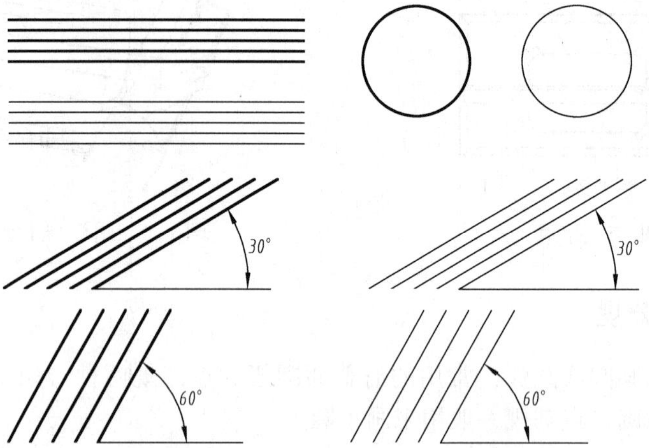

图 1-8　示例

任务二　AutoCAD 绘图环境的设置

任务目标

知识点： 熟悉 AutoCAD 2012 的工作环境，掌握绘图环境的设置，了解基本的输入操作。

技能点： 能正确设置绘图环境，打开和保存图形。

任务分析： 随着 CAD 计算机辅助技术的飞速发展和普及，越来越多的工程设计人员开始使用计算机绘制各种图形，从而解决了传统手工绘图中存在的效率低、绘图准确度差及劳动强度大等缺点，特别是 AutoCAD 强大的编辑功能、符号库和二次开发功能，使其成为了机械设计领域使用最广泛的计算机绘图软件之一。启动 AutoCAD 2012 后，设计人员可以利用菜单、工具栏、快捷图标和命令行完成对图形的绘制。

相关知识

AutoCAD 2012 提供了“二维草图与注释”、“三维基础”和“三维建模”和“AutoCAD 经典”四种工作空间模式。用户可以轻松地利用“工作空间”工具栏来切换工作空间，默认状态下，打开的是“二维草图与注释”工作空间。

“二维草图与注释”工作空间由菜单栏、工具栏、面板选项板、绘图窗口、文本窗口与命令行、状态栏等元素组成，如图 1-9 所示。

(1) 标题栏位于应用程序窗口的最上面，用于显示当前正在运行的程序名、版本及当前绘制的图形文件的文件名。如果是 AutoCAD 默认的图形文件，其名称为“AutoCAD

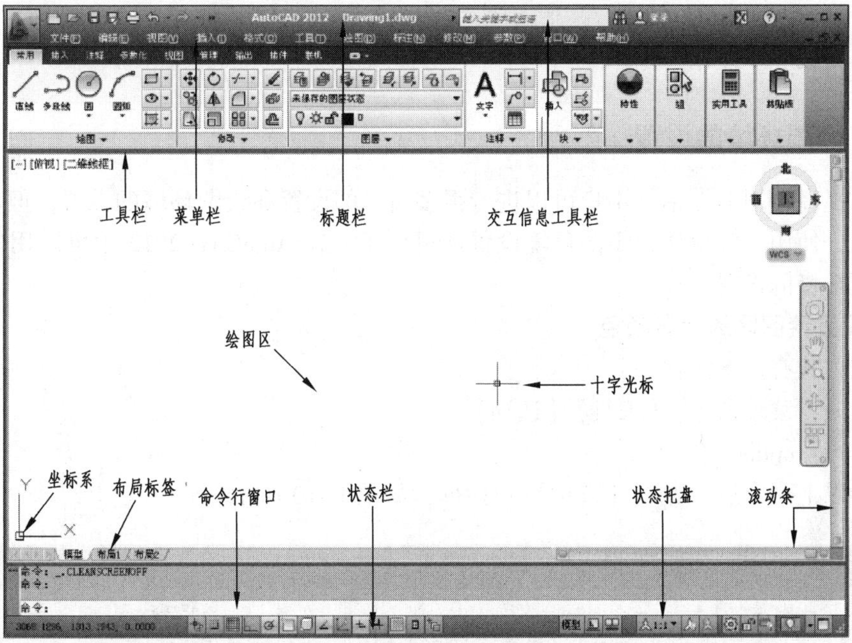

图 1-9　AutoCAD 2012 界面

2012-[DrawingN. dwg]”(N 是数字)。

(2) 菜单栏位于标题栏的下方，主要由【文件】、【编辑】、【视图】等菜单组成，它们几乎包括了 AutoCAD 2012 中全部的命令。用户只要单击其中的一个菜单，即可看到该菜单的子菜单。

(3) 绘图窗口是用户绘制图形的区域，即界面中间较大的空白区域。

(4) 工具栏是由形象化的图标按钮组成的。将鼠标指针或定点设备移到工具栏按钮上时，将显示按钮的名称，同时在状态栏中显示该图标按钮的功能与相应的命令名称。右下角带有小黑三角形的按钮是指包含相关命令的弹出工具栏。将指针放在图标上，然后单击鼠标左键就会显示出弹出工具栏。

(5) 文本窗口与命令行位于绘图窗口的底部，它是一个既可以固定又可以调整大小的窗口，用于输入命令和显示命令提示信息。默认情况下，命令窗口是固定的，将指针指向命令行的左端，按住鼠标左键就可以将其拖到其他位置，使它成为浮动状态。命令行也可以通过按 Ctrl +9 组合键将其隐藏。

(6) 选项板是一个十分有用的辅助设计工具，为用户提供了最常用的各类图形块和填充图案等内容。

(7) 状态栏位于 AutoCAD 用户界面的底部，用于显示或设置当前的绘图状态。最左边的数字反映当前光标的坐标，其余按钮从左到右分别表示当前是否启用了捕捉、栅格、正交、极轴追踪、对象捕捉、对象追踪、DUCS（动态 UCS)、DYN（动态输入）等功能，以及是否显示线宽、当前的绘图空间等信息。单击某一按钮实现启用或关闭对应功能。通常按钮被按下时启用对应的功能，按钮弹起时则关闭此功能。

任务实践

一、绘图环境的设置

为了提高绘图的效率，用户可以进行很多窗口的设置和绘图环境的设置，但对于一般用户来说，使用系统默认的绘图环境设置就可以了。在 AutoCAD 2012 中可以用多种方法进行绘图环境的设置。

1. 设置绘图区的背景颜色

操作方式有以下两种。

步骤一：菜单命令：【工具】/【选项】。

命令行：options（op）

执行以上命令后，弹出【选项】对话框，如图 1-10 所示。

图 1-10 【选项】对话框

步骤二：选择【显示】选项卡，如图 1-10 所示。

步骤三：在【窗口元素】选项组中单击 颜色(C)... 按钮，弹出【图形窗口颜色】对话框，如图 1-11 所示。

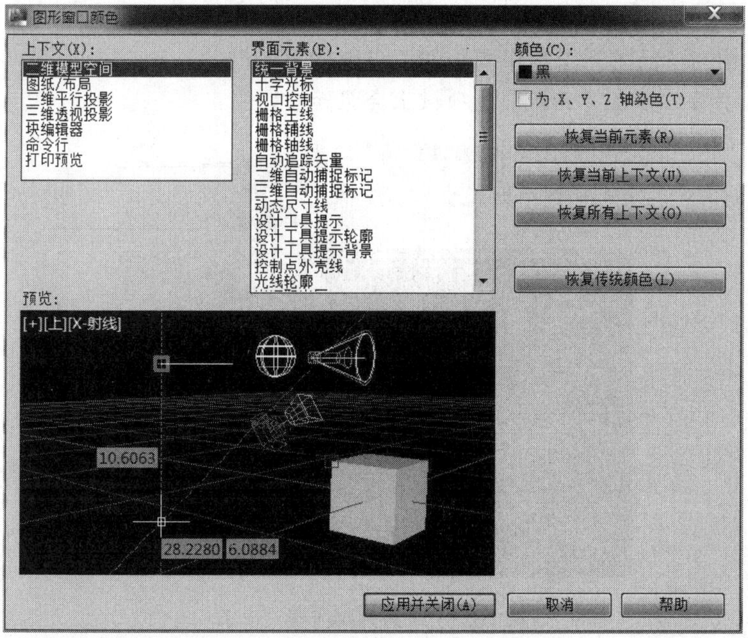

图 1-11　【图形窗口颜色】对话框

步骤四：在【颜色】下拉列表框中选择自己喜欢的颜色，单击 应用并关闭(A) 按钮。

步骤五：单击 确定 按钮，完成绘图区域背景颜色的设置。

2. 常用绘图【工具栏】

在 AutoCAD 2012 环境下有以下两种常用界面。

1）草图与注释（如图 1-12 所示）

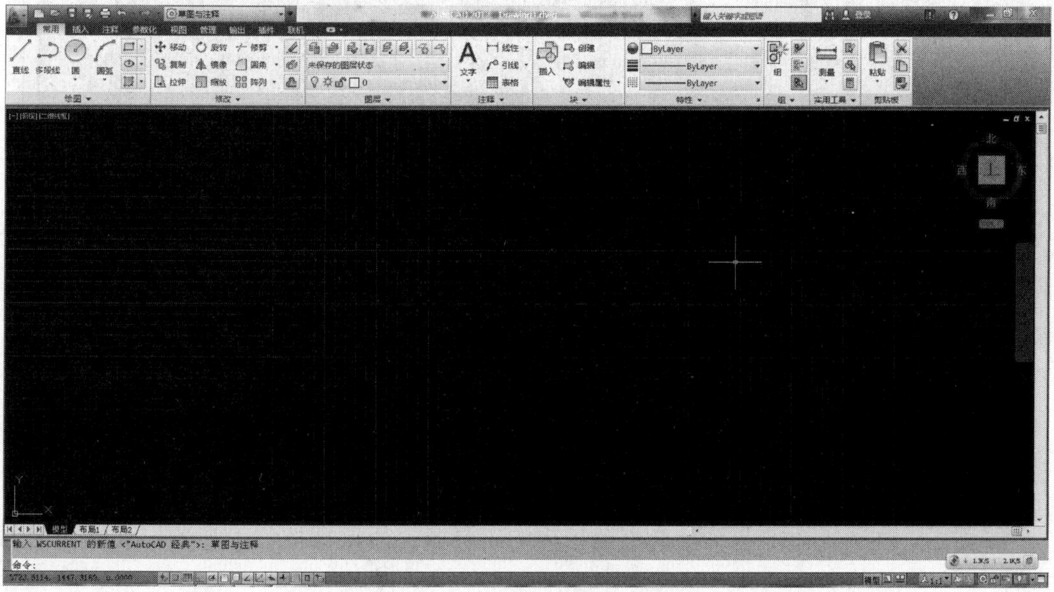

图 1-12　草图与注释界面

步骤一：在【面板】选项板上右击，如图 1-13 所示。

步骤二：根据自己的需求选中要用的工具前的复选框。

提示：选中的工具在【面板】选项板上会显示。

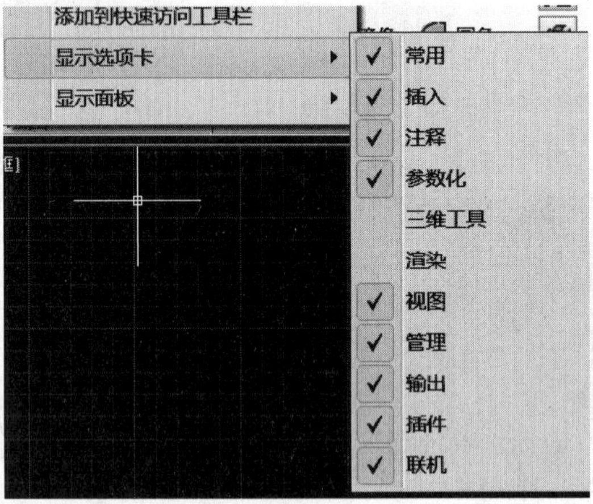

图 1-13　工具弹出菜单（一）

2）AutoCAD 经典（如图 1-14 所示）

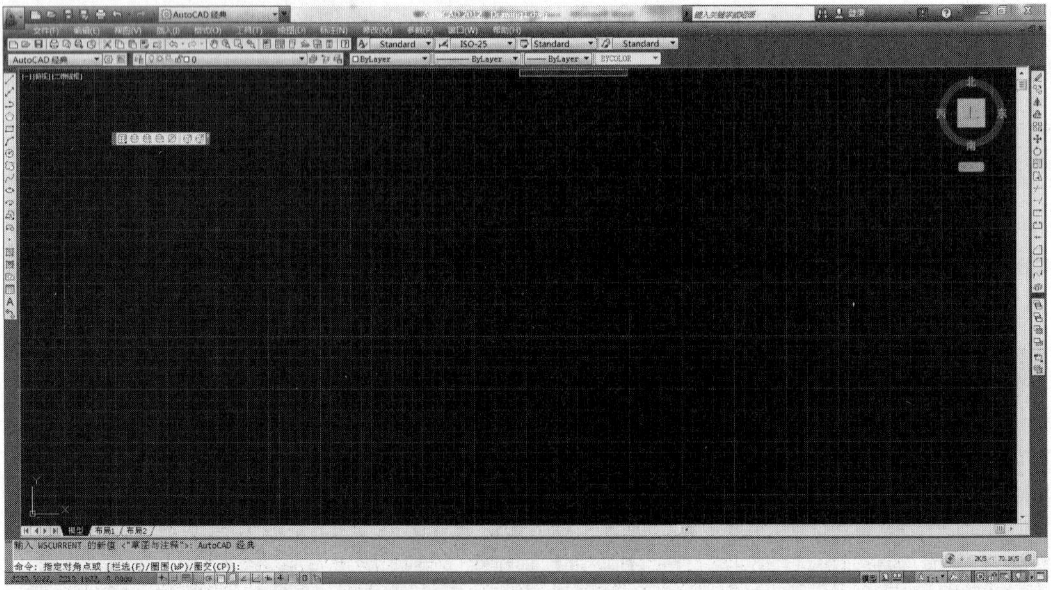

图 1-14　AutoCAD 经典

步骤一：在工具条上右击，如图 1-15 所示。

步骤二：根据实际操作需求选择相应的工具。

步骤三：在 AutoCAD 界面上会出现相应的工具条，用鼠标按住工具条拖动到界面的一侧。

图 1-15　工具弹出菜单（二）

二、图形文件的管理

图形文件的管理一般包括新建图形文件、打开图形文件、保存图形文件和关闭图形文件等操作，这是用户绘图的基础操作。

1. 新建图形文件

在绘图时，首先需要建立一个图形文件，AutoCAD 2012 提供了多种新建图形文件的方法。

- 菜单命令：【文件】/【新建】。
- 工具栏：单击【标准】工具栏中的按钮。
- 命令行：new

2. 打开图形文件

可以利用【打开】命令来浏览或编辑绘制好的图形文件。

- 菜单命令：【文件】/【打开】。
- 工具栏：单击【标准】工具栏中的按钮。
- 命令行：open
- 执行菜单【文件】/【打开】，即执行 open 命令，打开【选择文件】对话框，如图 1-16 所示。

3. 保存图形文件

绘制好图形后，就可以对其进行保存了，默认情况下 AutoCAD 2012 保存图形文件的格式是 AutoCAD 2007 的格式。在对图形进行处理时，用户应当经常对其进行保存，以防止出现电源故障或发生其他意外事件时图形及其数据丢失，AutoCAD 默认每 10min 保存一次。如果要创建图形的新版本而不影响原图形，可以用一个新名称保存它。

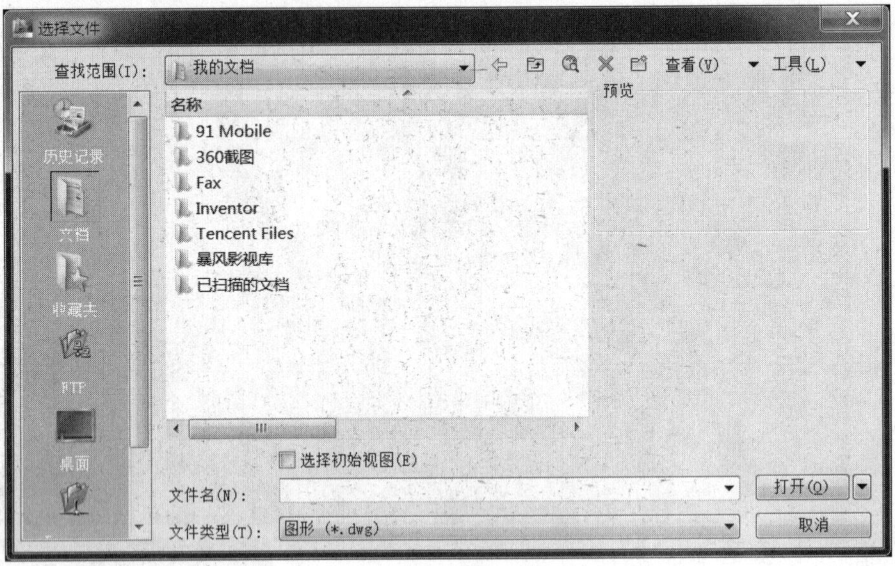

图 1-16 【选择文件】对话框

1）以当前文件名保存图形

操作方式如下。

- 菜单命令：【文件】/【保存】。
- 工具栏：单击【标准】工具栏中的按钮。
- 命令行：qsave

执行【文件】/【保存】菜单命令，即执行 qsave 命令，当前图形文件将以原名称直接保存。

2）指定新的文件名保存图形

操作方式如下。

- 菜单命令：【文件】/【另保存】。
- 命令行：saveas

在用户保存当前的图形文件时，会自动生成一个与图形文件名称相同的扩展名为 . bak 的备份文件，该文件与原图形文件位于同一个文件夹中。当原文件发生意外导致无法打开时，可以将其对应的 . bak 的备份文件的扩展名改为 . dwg，即可恢复文件。

3）加密保存图形文件

在 AutoCAD 2012 中可以使用密码保护功能对原文件进行加密保护，从而拒绝未经授权的人员查看图形。

操作方式如下。

- 菜单命令：【文件】/【另保存】/【工具】/【安全选项】。
- 菜单命令：【工具】/【选项】/【打开与保存】/【安全选项】。

4. 关闭图形文件

保存了图形文件后，就可以将图形文件关闭了，AutoCAD 2012 中提供了多种方法关闭图形文件。

1）关闭前保存图形

操作方式如下。

- 菜单命令：【文件】/【关闭】。
- 命令行：close
- 单击绘图窗口右上角的按钮。

如果图形文件尚未保存，系统将弹出提示对话框，提示用户是否保存文件，如图 1-17 所示。

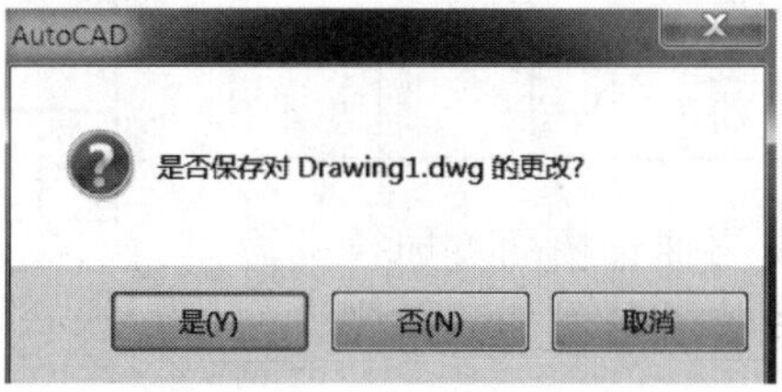

图 1-17　提示对话框

2）退出 AutoCAD 2012 系统

操作方式如下。

- 菜单命令：【文件】/【退出】。
- 命令行：exit
- 单击标题栏右上角的按钮。

课题二　制图的基本规定

任务一　机械制图图纸的设计

任务目标

知识点：了解图纸的幅面规格、图纸的图框格式，明确标题栏的作用、格式，了解字体的书写规定。

技能点：会查阅国标规定；会熟练使用绘图工具，制作标准图纸。

任务分析：本任务是机械制图的基础项目，也是后续项目教学的准备项目，以标准图纸的制作为学生职业活动的主线，引导学生自主学习、查阅国标的相关知识（图纸幅面、图框和标题栏格式等），使知识为能力服务，在实施任务的过程中学习、掌握国标知识。

相关知识

下面介绍图纸幅面和格式（GB/T 14689—2008）的内容。

1. 图纸幅面

图纸幅面是绘制图样时所采用的图纸规格。绘制图样时，应优先采用表 1-1 中规定的基本幅面。基本幅面共有 A0 ~ A4 五种，具体尺寸关系如图 1-18 所示。

表 1-1　图纸基本幅面及尺寸

<table>
<tr><th rowspan="2">幅面代号</th><th>幅面尺寸</th><th colspan="3">周边尺寸</th></tr>
<tr><th>B×L</th><th>a</th><th>c</th><th>e</th></tr>
<tr><td>A0</td><td>841×1189</td><td rowspan="5">25</td><td rowspan="3">10</td><td rowspan="2">20</td></tr>
<tr><td>A1</td><td>594×841</td></tr>
<tr><td>A2</td><td>420×594</td><td rowspan="3">10</td></tr>
<tr><td>A3</td><td>297×420</td><td rowspan="2">5</td></tr>
<tr><td>A4</td><td>210×297</td></tr>
</table>

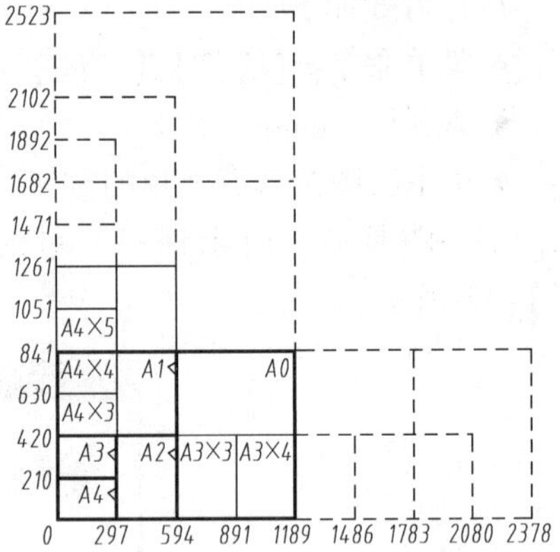

图 1-18　基本幅面的尺寸关系

特殊情况下，也可以采用加长幅面。加长幅面的尺寸由基本幅面的短边成整数倍增加后得到，如图 1-18 中虚线所示。

2. 图框格式

图纸无论装订与否，都必须用粗实线画出图框，并且为了复制和对图样进行微缩摄影时定位方便，图纸各边的中点处均应画出对中符号。具体格式如图 1-19、图 1-20 所示（图中 a、c、e 的数值见表 1-1）。同一产品的图样必须采用同一格式。

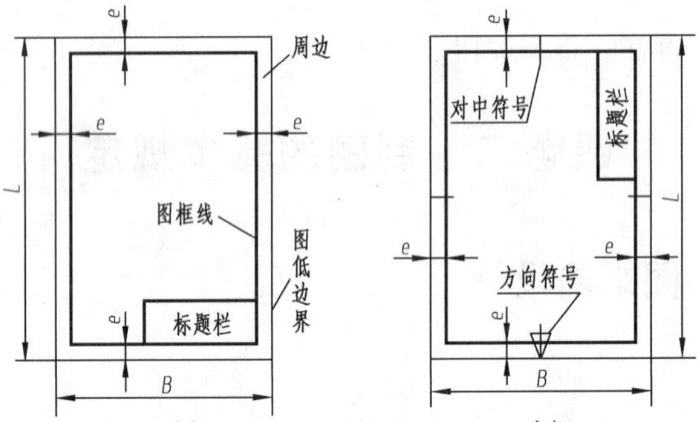

(a)　　(b)

图 1-19　不留装订边的图框格式

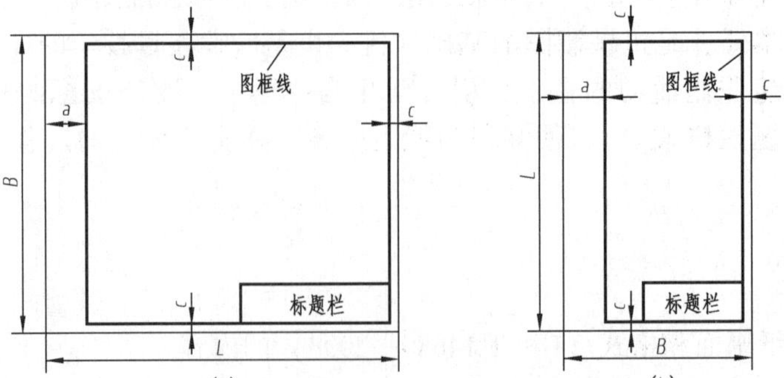

(a)　　(b)

图 1-20　留装订边的图框格式

3. 标题栏（GB/T10609. 1—2008）

每张图样图框的右下角必须画出标题栏，标题栏中文字的方向为读图方向，标题栏格式如图 1-21 所示。

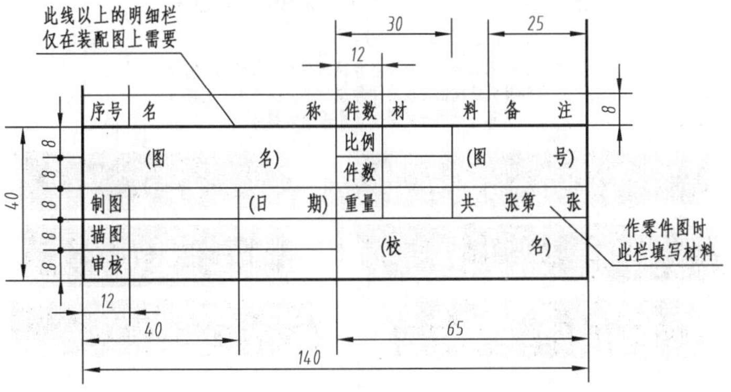

图 1-21　标题栏的格式

有时为了利用预先印制的图纸，需要改变标题栏的方位时，必须将其旋转至图纸的右上角。此时，为了明确绘图与看图的方向，应在图纸的下边对中符号处画一个方向符号（细实线绘制的一个角度朝正下方的正三角形），如图 1-22 所示。

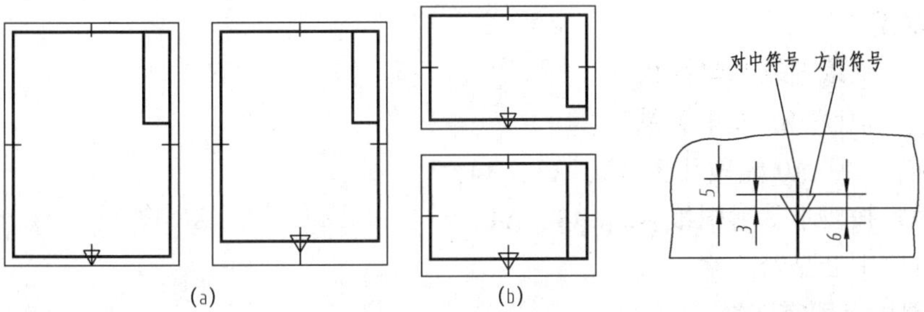

图 1-22　方向符号

4. 字体（GB/T14691—1993）

机械图样中，各种文字主要用来标注尺寸、技术要求和填写标题栏、明细栏等。

图样中的文字书写要做到：字体工整、笔画清楚、间隔均匀、排列整齐。

字体的高度（用 h 表示）代表字体的号数，国家标准规定字体的高度系列为 1. 8、2. 5、3. 5、5、7、10、14、20mm 八种。字体的宽度约为字高的 2/3。如需更大的字，则字高应按$\sqrt{2}$的比率递增。

汉字应写成长仿宋体，并应采用国家正式公布推行的简化字。汉字的高度 h 应不小于 3. 5mm。

字母与数字可分为 A、B 两种形式。A 型字体的笔画较窄，为字体高度的 1/14；B 型字体的笔画较宽，为字高的 1/10。在同一图样上只能出现一种形式的字体。字母与数字可写成直体或斜体。斜体字字头向右倾斜，与水平线成 75°。

字体示例如图 1-23 所示。

10号

字体端正　笔划清楚　排列整齐　间隔均匀

7号

装配时作斜度深沉最大小球厚直网纹均布锪平镀抛光
研视图向旋转前后表面展开图两端中心孔锥销

5号

技术要求对称不同轴垂线相交行径跳动弯曲形位移允许偏差
内外左右检验数值范围应符合于等级精热处理淬退回火渗碳
硬有效总圈并紧其余注明按全部倒角

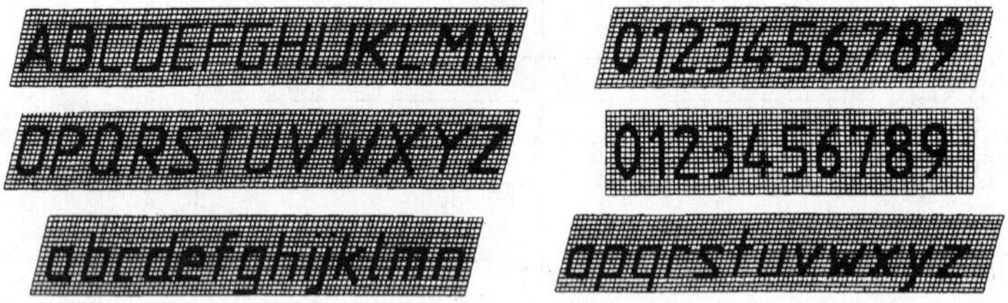

图 1–23　字体示例

任务实践

制作标准的 A2、A3、A4 图纸（各两张）。

步骤如下。

1. 裁剪图纸

找一找：图纸的基本幅面尺寸。

想一想：幅面间的大小关系。

问一问：一张 A0 能做几张 A2、A3、A4？

做一做：按要求裁剪图纸 A2、A3、A4。

查一查：图纸是否合格？

2. 在图板上固定图纸

学一学：在图板上固定图纸的要求和方法。

练一练：在图板上固定图纸。

查一查：固定是否正确？

3. 绘制图框

查一查：图框的形状、尺寸。

想一想：我们采用什么形式？

问一问：是否所有幅面图框尺寸都一致？图线有什么要求？

做一做：用超宽线绘制图框。

查一查：图框绘制是否规范？

4. 绘制标题栏

查一查：标题栏的位置、形式、尺寸。

想一想：我们采用什么形式（标准的还是学生作业形式）？

问一问：标题栏有什么作用？图线的宽度有何要求（外框用粗实线，内格用细实线)?

做一做：绘制标题栏。

查一查：标题栏绘制是否规范?

5. 填写标题栏

查一查：文字的规格、书写要求，标题栏中文字的填写要求。

想一想：标题栏中各部分文字的字体高度为多少?

问一问：标题栏各部分填写什么内容？要说明什么问题?

做一做：填写标题栏。

查一查：文字书写是否规范?

任务二　AutoCAD 环境下图纸的设置

任务目标

知识点： line 命令，文字命令。

技能点： 能运用所学命令绘制一个图样样本。

任务分析： 运用 AutoCAD 直线及文字命令绘制图框及标题栏。

相关知识

1. 直线 line 命令

直线是工程制图中使用最为广泛的命令之一。绘制直线必须知道直线的位置和长度，也就是说，只要指定了起点和终点即可绘制一条直线。在 AutoCAD 中使用直线命令可以绘制一条线段，也可以绘制连续折线。

操作方式如下。

菜单命令：【绘图】/【直线】。

工具栏：单击【绘图】工具栏中的╲按钮。

命令行：line

绝对坐标：x，y

相对坐标：@x，y

@L<α（顺时针回转为+，逆时针为-）

2. 文字标注

在绘制好的工程图中输入文字之前需要对文字的样式进行设置，以使其符合行业要求，下面将进行具体的介绍。

AutoCAD 中的文字拥有字体、高度、效果、位置等属性，用户可以通过设置文字样式来控制文字的这些属性。

操作方式如下。

菜单命令：【格式】/【文字样式】。

工具栏：单击【常用】工具栏中的A按钮。

命令行：style（st）

可以将若干文字段落创建为单个多行文字对象。使用内置编辑器，可以格式化文字外观、列和边界。

如果功能区处于活动状态，指定对角点之后，将显示【文字编辑器】功能区上下文选项卡。如果功能区未处于活动状态，则将显示在位文字编辑器。

如果指定其他某个选项，或在命令提示下输入 -mtext，则将忽略在位文字编辑器，显示其他的命令提示。

操作方式如下。

菜单命令：【绘图】/【文字】/【多行文字】。

工具栏：单击【注释】工具栏中的命令按钮。

命令行：mtext

任务实践

绘制有装订边的 A3（420×297）图纸的图样（包括图框、标题栏）。

步骤一：打开 AutoCAD 2012。

步骤二：用 line 命令画出边框（如图 1-24 所示）。

图 1-24　图框

命令：_line 指定第一点：0,0　　　　//键盘输入

指定下一点或［放弃(U)］：@420,0　　　　//键盘输入

指定下一点或［放弃(U)］：@0,297　　　　//键盘输入

指定下一点或［闭合(C)/放弃(U)］：@ -420,0　　　　//键盘输入

指定下一点或［闭合(C)/放弃(U)］：0,0　　　　//键盘输入

指定下一点或［闭合(C)/放弃(U)］：*取消*

命令：

命令：_line 指定第一点：25,5　　　　//键盘输入

指定下一点或［放弃(U)］：@390,0　　　　//键盘输入

指定下一点或［放弃(U)］：@0,287　　　　　　//键盘输入
指定下一点或［闭合(C)/放弃(U)］：@ -390,0　　　//键盘输入
指定下一点或［闭合(C)/放弃(U)］：
指定下一点或［闭合(C)/放弃(U)］：＊取消＊

步骤三：用 line 命令画标题栏（如图 1-25、图 1-26 所示）。

图 1-25　标题栏

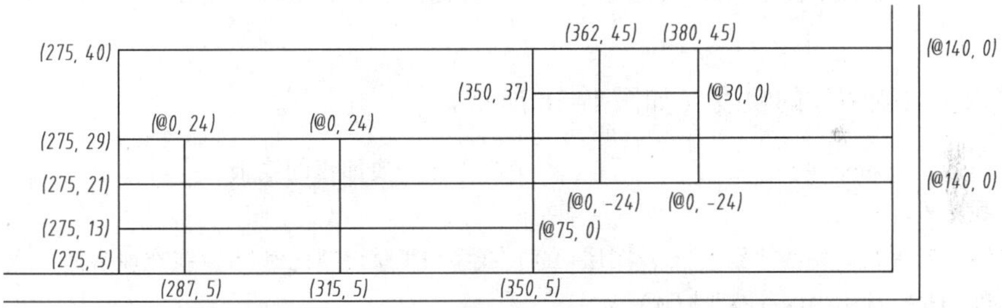

图 1-26　标题栏坐标

命令：_line 指定第一点：275,5　　　　　　　　//键盘输入
指定下一点或［放弃(U)］：275,40　　　　　　//键盘输入
指定下一点或［放弃(U)］：@140,0　　　　　　//键盘输入
指定下一点或［放弃(U)］：＊取消＊
命令：
命令：
命令：_line 指定第一点：275,13　　　　　　　//键盘输入
指定下一点或［放弃(U)］：@75,0　　　　　　//键盘输入
指定下一点或［放弃(U)］：＊取消＊
……　　　　　　　　　　　　　　　　　//参照图 1-27 的坐标依次画出各线条

步骤四：设置文字标注样式。

单击按钮，新建：机械，字体：txt. Shx，使用大体字：gbcbig. shx。

步骤五：在标题栏中写文字（如图 1-27 所示）。

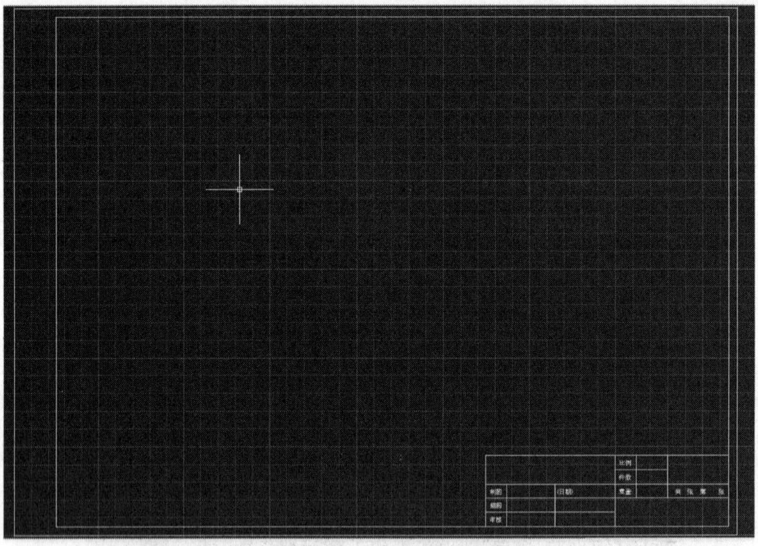

图 1-27　标题栏文字

命令：_mtext 当前文字样式："机械" 文字高度:2.5 注释性:否
指定第一角点：　　//在标题栏的格子中拉出对应的框,并输入“制图”,设置成正中
指定对角点或［高度(H)/对正(J)/行距(L)/旋转(R)/样式(S)/宽度(W)/栏(C)］：
……

步骤六：改变图框的粗度（如图 1-28 所示）。

命令：_chprop　　　　　　　　　　//单击需要加粗的线条
找到 6 个
输入要更改的特性［颜色(C)/图层(LA)/线型(LT)/线型比例(S)/线宽(LW)/厚度(T)/透明度(TR)/材质(M)/注释性(A)］：

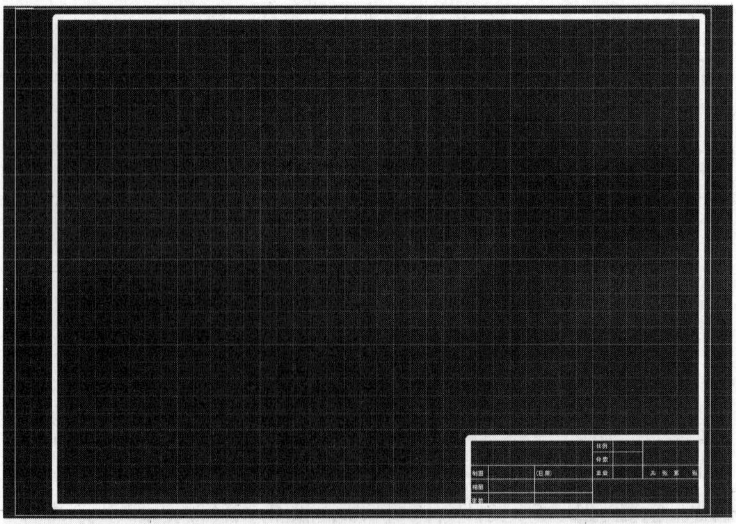

图 1-28　粗实线图框

命令：_lweight

输入新线宽 <ByLayer>：0.70　　　　　　//键盘输入

输入要更改的特性［颜色(C)/图层(LA)/线型(LT)/线型比例(S)/线宽(LW)/厚度(T)/透明度(TR)/材质(M)/注释性(A)]：

命令：<线宽>

课题三　平面图形的画法

任务一　简单平面图形的绘制

任务目标

知识点：比例、线型，平面图形的绘制方法。

技能点：能正确地绘制平面图形。

任务分析：本部分的内容较多，且多是最基本的几何作图，是以后绘制机件视图的重要基础，因此，必须熟练掌握。斜度与锥度的画法要比较学习，否则，在画锥度时很容易出错。圆弧连接与平面作图的画图过程并不难，关键是画图之前的线段与尺寸分析，要充分利用已知线段与尺寸分析出中间线段和连接线段。要在看懂的基础上，多做几个练习，在做的过程中掌握方法。

相关知识

一、比例（GB/T14690—1993）

1. 概念

图样中图形与其实物相应要素的线性尺寸之比称为比例。

2. 分类

比例可分为原值比例、放大比例和缩小比例三种。

(1) 原值比例：比值为一的比例，即1:1。

(2) 放大比例：比值大于一的比例，如5:1、10:1等。

(3) 缩小比例：比值小于一的比例，如1:2、1:5等。

3. 选用

同一张图样上的各个视图应采用相同的比例。

为画图和读图方便，画图时应尽可能选用原值比例。如确实机件太大或太小，则应根据实际，合理选用表1-2所提供的放大或缩小比例。

4. 标注

比例一般填写在标题栏的“比例”栏内，也可注写在视图名称的下方或右侧，如：

$$\frac{\mathrm{I}}{1:5}\quad \frac{\mathrm{A}}{1:1000}\quad \frac{\mathrm{B—B}}{2:1}$$

表 1–2　比例

原值比例	1∶1				
放大比例	2∶1 （2. 5∶1）	5∶1 （4∶1）	1×10^{n}∶1 （2.5×10^{n}∶1）	2×10^{n}∶1 （4×10^{n}∶1）	5×10^{n}∶1
缩小比例	1∶2 （1∶1. 5） （1∶1.5×10^{n}）	1∶5 （1∶2. 5） （1∶2.5×10^{n}）	1∶1×10^{n} （1∶3） （1∶3×10^{n}）	1∶2×10^{n} （1∶4） （1∶4×10^{n}）	1∶5×10^{n} （1∶6） （1∶6×10^{n}）

注：n 为正整数，优先选用不带括号的比例。

二、图线（GB/T 4457. 4—2002、GB/T 17450—1998）

国家标准《技术制图　图线》（GB/T 17450—1998）规定了 15 种基本线型。根据基本线型及其变形，国家标准《机械制图　图样画法　图线》（GB/T 4457. 4—2002）规定了 9 种图线，其中粗、细实线的宽度比率为 2∶1。各种图线的名称、形式、宽度及应用示例见表 1–3 及图 1–29。

表 1–3　图线的名称、形式、宽度及应用

图线名称	图线形式	图线宽度	一般应用举例
粗实线		粗	可见轮廓线
细实线		细	尺寸线及尺寸界线 剖面线 重合断面的轮廓线 过渡线
细虚线		细	不可见轮廓线
细点画线		细	轴线 对称中心线
粗点画线		粗	限定范围表示线
细双点画线		细	相邻辅助零件的轮廓线 轨迹线 极限位置的轮廓线 中断线
波浪线		细	断裂处的边界线 视图与剖视图的分界线
双折线		细	内波浪线
粗虚线		粗	允许表面处理的表示线

画图线时应注意以下几点（如图 1–30 所示）：

（1）同一图样中，同类图线的宽度应基本一致。虚线、点画线及双点画线等各自的线段长短与间距大小应基本一致。

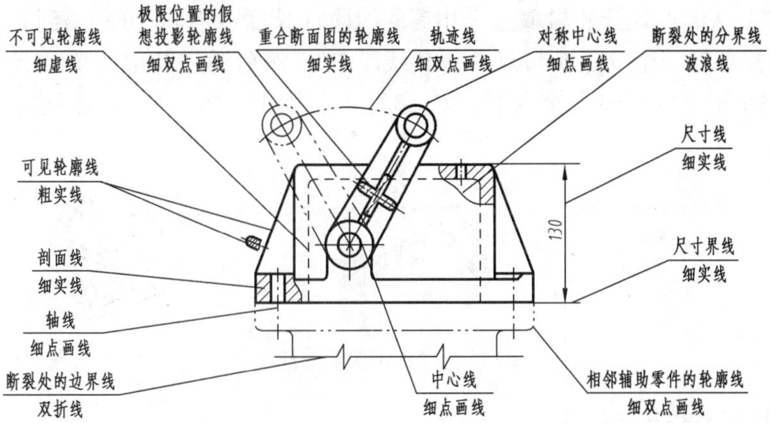

图 1-29　图线的应用

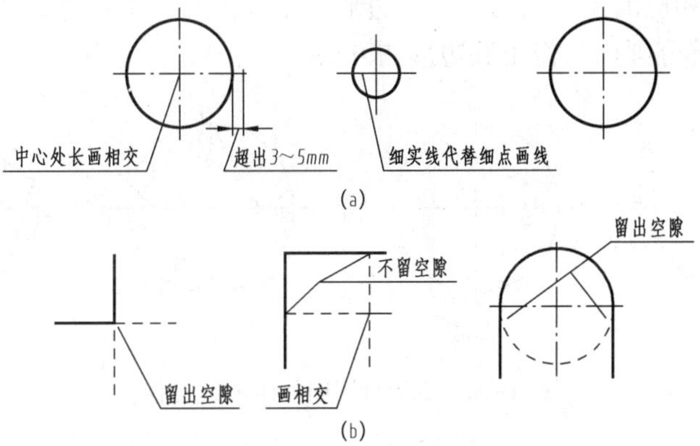

图 1-30　图线的画法

（2）点画线和双点画线的首尾应为长画，而不是短画，且应超出轮廓线 3 ~ 5mm。

（3）圆的中心线的交点应是线段实交。在较小的图形上，可以用细实线代替细点画线或双点画线。

（4）当虚线与虚线或其他图线相交时，应是真正的线段相交，不得留有空隙。当虚线是粗实线的延长线时，其连接处应有空隙。

（5）当两种或多种图线重合时，通常优先画出的顺序为：

可见轮廓线→不可见轮廓线→尺寸线→各种用途的细实线→轴心线或对称线→假想线。

三、基本几何作图

表达机件的图形虽然各不相同，但都是由各种基本的几何图形组成的。因此，绘制和识读机械图样应当掌握常见几何图形的作图原理和作图方法。

1. 等分线段

常用的线段等分法有平行线法和试分法。用平行线法等分线段比较准确、快捷。如果将线段 *AB* 五等分（如图 1-31 所示），可以线段 *AB* 的任何一个端点为端点作射线 *AC*，然

后在射线 AC 上从端点处开始量取五个相等的线段（长度适当），分别得到五个分点 1、2、3、4、5，连接最后一个分点 5 与点 B 得到线段 $B5$，然后通过其他几个分点分别作 $B5$ 的平行线，与 AB 相交得到四个交点 1′、2′、3′、4′，则 1′、2′、3′、4′点就是线段 AB 的五等分点。

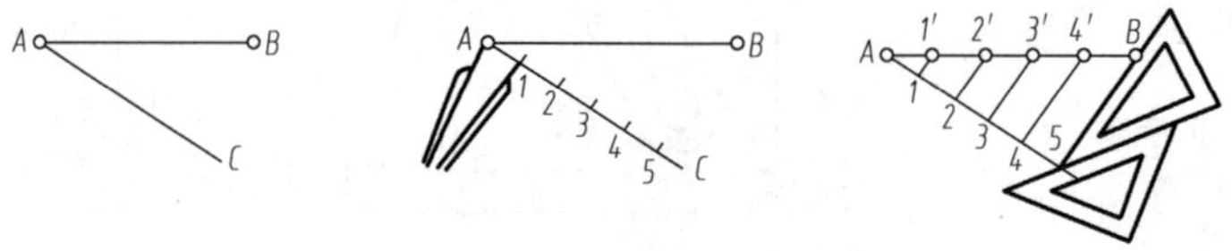

图 1–31　比例法等分线段

2. 等分圆周与作正多边形

利用三角板和圆规等作图工具可以将圆周三、四、五、六、八等分，然后依次连接各等分点，即可得到相应的正三角形、正四边形、正五边形、正六边形和正八边形。

图 1–32 为五等分圆周与作正五边形的方法。

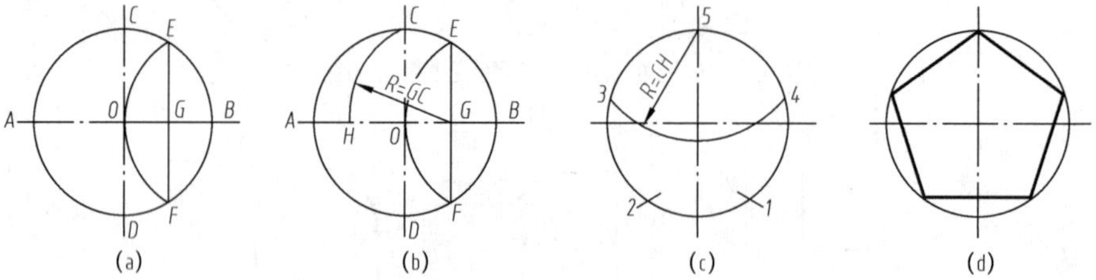

图 1–32　五等分圆周与作正五边形

图 1–33 为六等分圆周与作正六边形的方法。

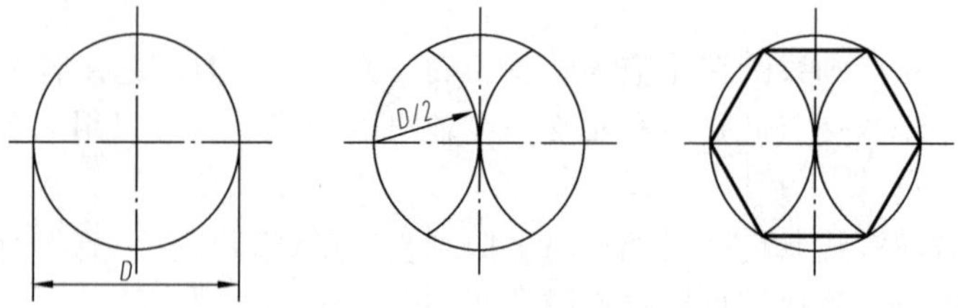

图 1–33　六等分圆周与作正六边形

3. 斜度与锥度画法

1）斜度

斜度是指一直线（或平面）对另一直线（或平面）的倾斜程度。在图样上，斜度以 1∶n 的形式标注，如图 1–34（a）所示。图 1–34（b）为斜度 1∶5 的画法。

2）锥度

锥度是指正圆锥底圆直径与其高度之比。在图样上，以 1∶n 的形式标注，如图 1–35（a）所示。图 1–35（b）是锥度 1∶3 的画法。

在学习的时候，要仔细比较同一数值的斜度与锥度的画法，否则容易出错。

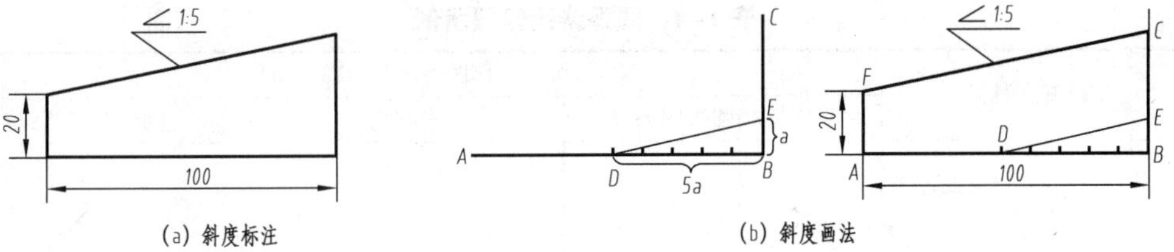

图 1–34　斜度

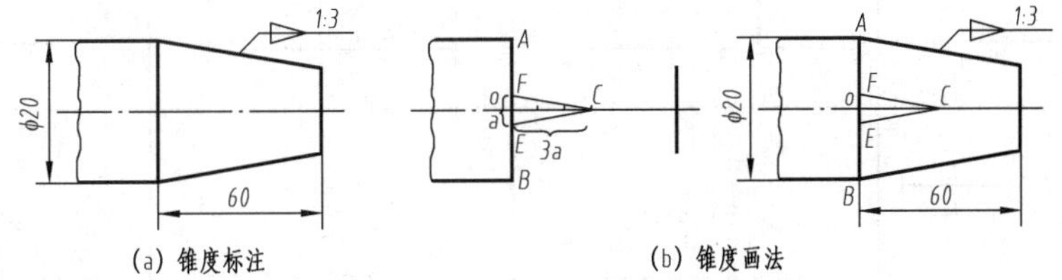

图 1–35　锥度

4. 椭圆画法

椭圆的画法有很多，考虑到方便，机械制图中常用四心法画已知长轴与短轴的近似椭圆。

已知椭圆的长轴 AB、短轴 CD，用四心法画椭圆的步骤如图 1–36 所示。

(1) 找四心，如图 1–36 (a) 所示，连接 AC，以 C 为圆心、以半长轴 (AO) 与半短轴 (CO) 之差为半径画圆弧，交 AC 于 E。作线段 AE 的中垂线，如图 1–36 (b) 所示交长轴 AB、短轴 (1) 于 O_3、O_1 点，根据椭圆的对称性，作出 O_4、O_2 点。

(2) 连四心，如图 1–36 (b) 所示，连接 O_3O_2、O_4O_2、O_4O_1，并适当延长，如图 1–36 (c) 所示。

(3) 画圆弧，如图 1–36 (c) 所示，分别以 O_1、O_2 为圆心，O_1C 为半径画圆弧；再分别以 O_3、O_4 为圆心，O_3A 为半径画圆弧（相邻圆弧的连接点在 K 点处)，即得椭圆。

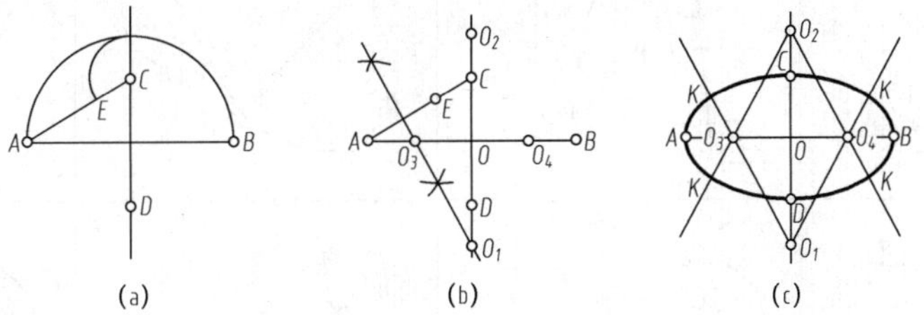

图 1–36　用四心法画椭圆

5. 圆弧连接画法

在绘制机件图形时，经常会遇到直线与直线、直线与圆弧、圆弧与圆弧的光滑过渡问题，这种用一段圆弧光滑连接相邻两线段的作图方法称为圆弧连接。圆弧连接的本质，就是初中学过的平面几何中的相切问题。圆弧连接中用来连接用的圆弧称为连接圆弧，切点（连接圆弧的起止点）称为连接点。

由于圆弧连接的实质是相切，一般连接圆弧的半径长度已知，因此，圆弧连接作图的关键就是寻找圆心与切点。具体作图方法与步骤参见表 1–4。

表 1-4　圆弧连接作图示例

	已知条件	作图方法和步骤		
		求连接圆弧圆心	求切点	圆弧连接圆弧
圆弧连接两已知直线	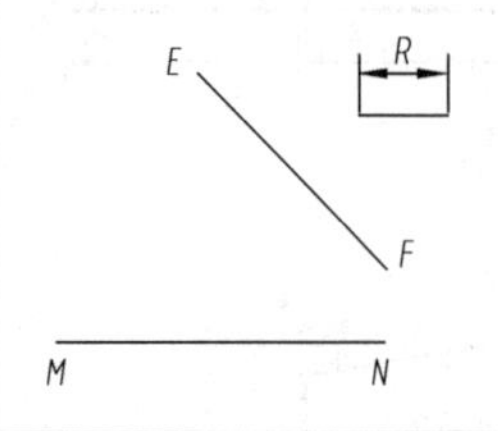	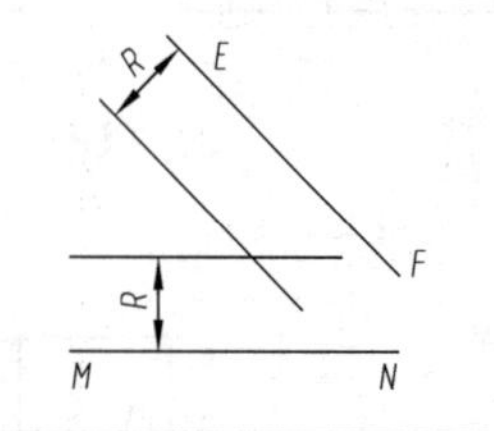	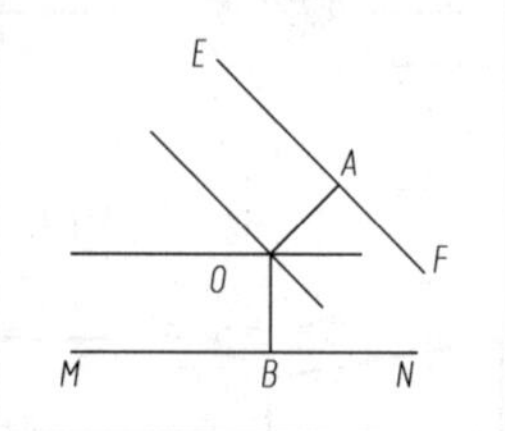	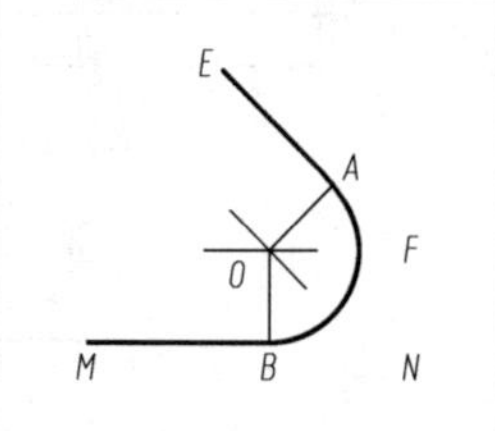
圆弧内连接已知直线和圆弧	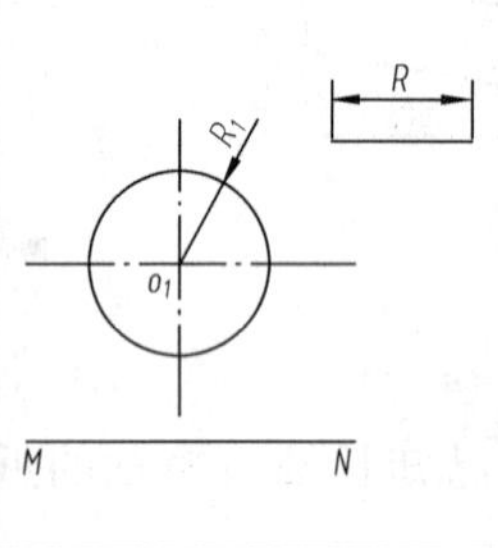	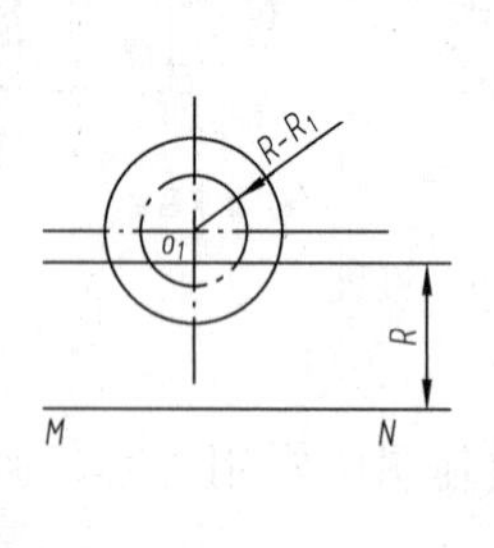	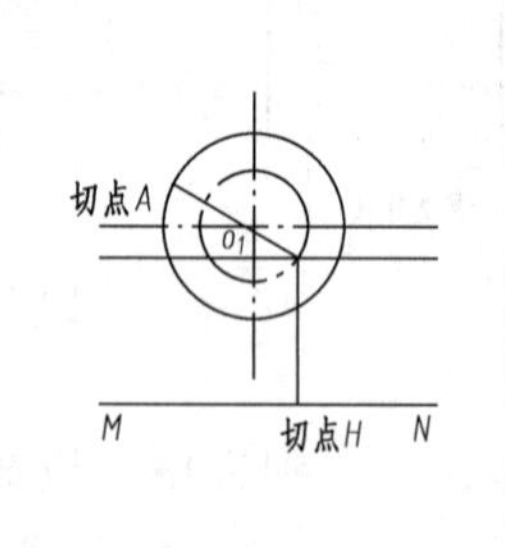	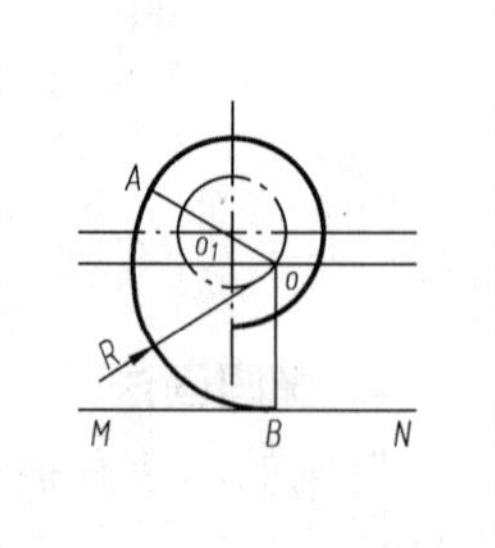
圆弧外连接已知直线和圆弧	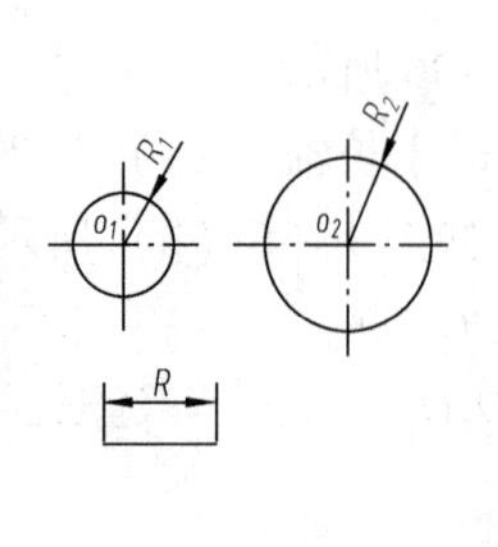	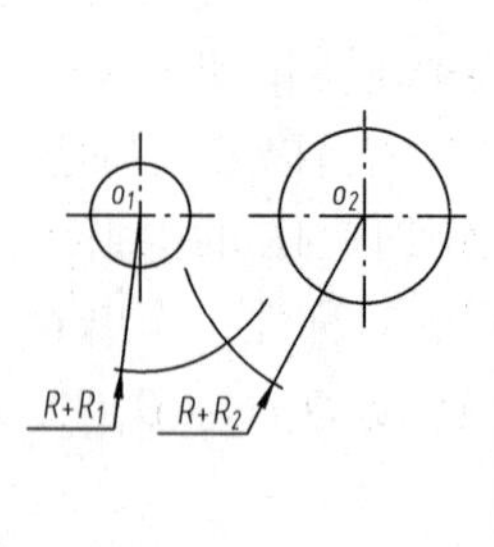	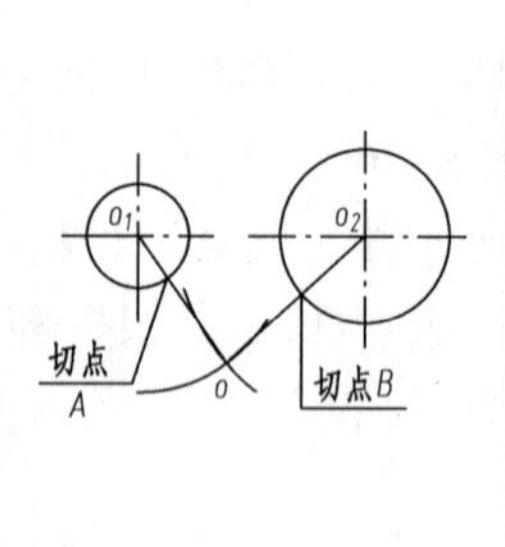	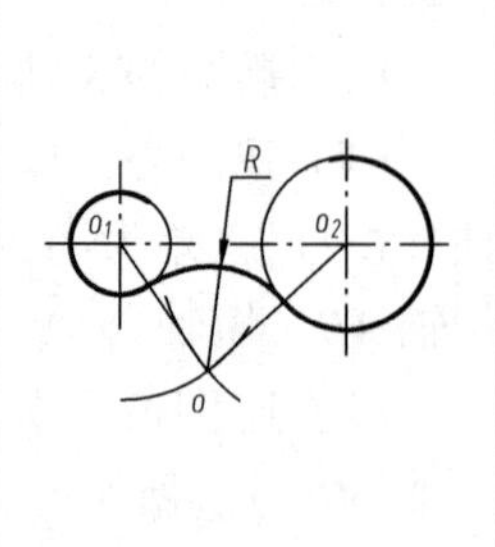
圆弧内连接两已知圆弧	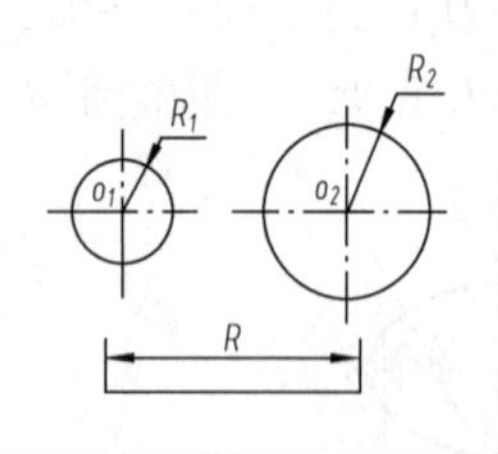	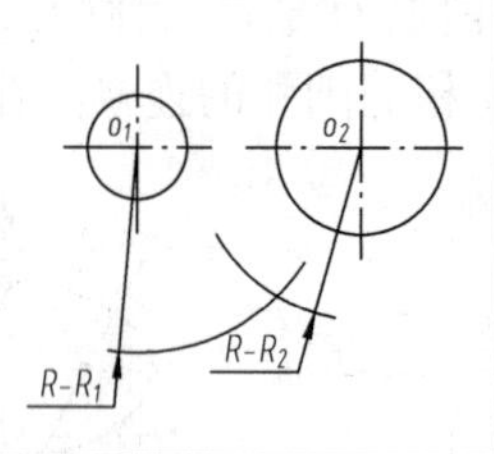	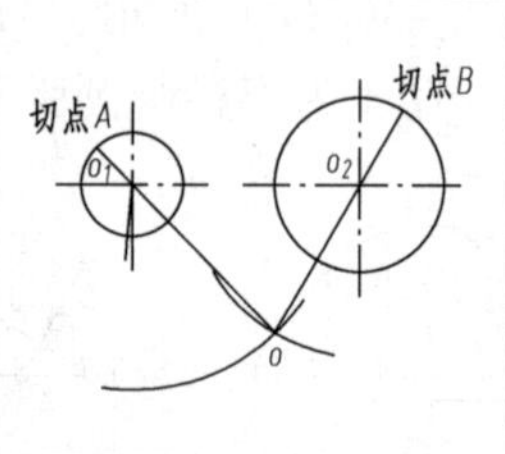	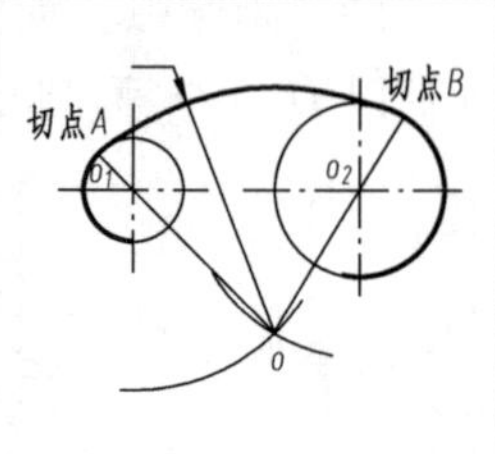
圆弧内外连接已知圆弧	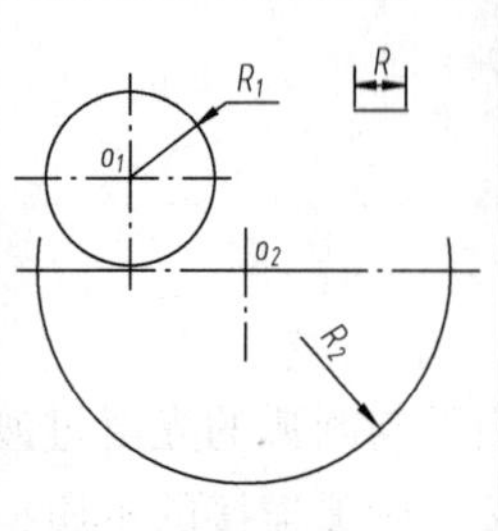	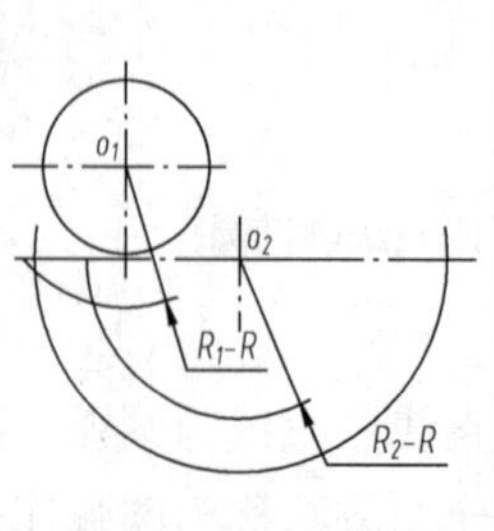	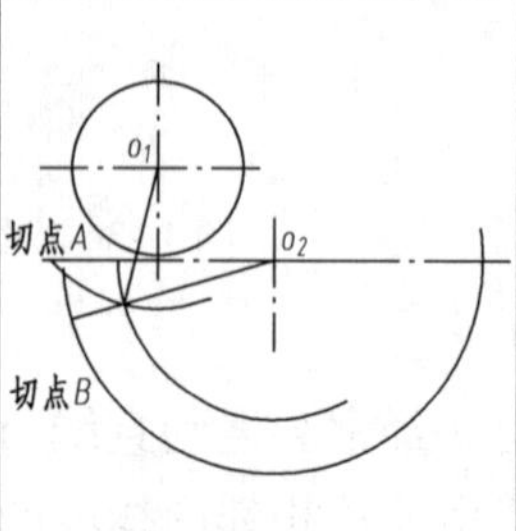	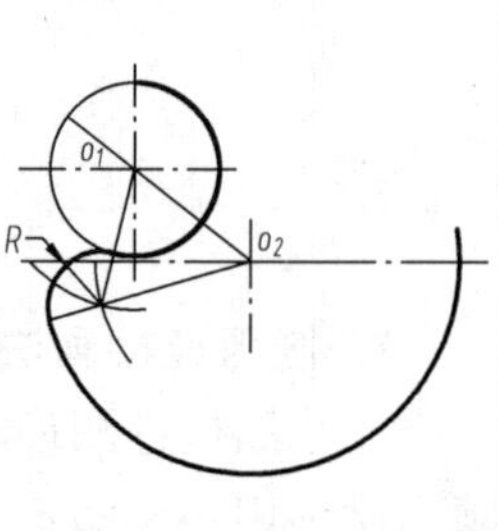

四、平面图形的一般画法

平面图形常常由若干线段连接而成，这些线段之间的相对位置和连接关系靠给定的尺寸来确定。在画图时，只有通过分析尺寸的性质与作用，才能明确各线段之间的连接关系，进而找出画图的切入点，明确画图顺序。下面以手柄的平面图为例予以说明。

1. 尺寸分析

根据在图形中所起的作用不同，平面图形中的尺寸可分为定形尺寸和定位尺寸两类。画图时，首先需要确定标注尺寸的基准。

1）基准

标注尺寸的起点称为基准。每个尺寸方向都必须有基准，因此，平面图形有水平和垂直两个方向的尺寸基准。平面图形中常用做基准线的图线有对称中心线、轴心线、主要的水平或垂直轮廓直线、较长的直线等，如图 1-37 所示。

2）定位尺寸

确定各组成部分与基准之间相对位置的尺寸，称为定位尺寸。图 1-37 中的 8、ϕ32、75 都属于定位尺寸，尺寸 8 确定了 ϕ5 小圆的水平位置，ϕ32 用来确定 *R*50 圆弧的位置，75 确定了右边 *R*10 圆弧的圆心位置。

3）定形尺寸

确定图中各部分几何形状大小的尺寸，称为定形尺寸。图 1-37 中的 ϕ20、15、ϕ5、*R*10、*R*15 等都属于定形尺寸。ϕ20 和 15 确定了左边小圆柱体的大小，ϕ5 确定了小孔的大小，*R*10、*R*15 确定了圆弧半径的大小。

有些尺寸既是定位尺寸，又是定形尺寸，如图 1-37 中的尺寸 75，这很正常。往往图形越复杂，这样的尺寸越多。

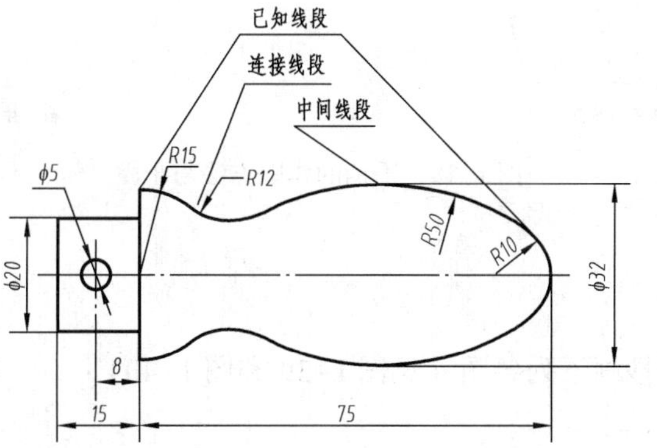

图 1-37　手柄

2. 线段分析

平面图形中的各线段（直线段或圆弧），有的定位尺寸和定形尺寸齐全，可以直接画出；有的尺寸不齐全，必须根据其他连接关系，通过几何作图的方法画出。根据尺寸的齐全与否，平面图形中的线段可分为已知线段、中间线段和连接线段。

（1）已知线段：指定形、定位尺寸都齐全的线段，如图 1-37 中左边的圆柱（直径 ϕ20、长度 15）、小孔（直径 ϕ5、定位尺寸 8）等均为已知线段。

（2）中间线段：指只有定形尺寸和一个定位尺寸，而缺少另外一个定位尺寸的线段，如图 1-37 中 *R*50 的圆弧。

（3）连接线段：指只有定形尺寸、缺少定位尺寸的线段，如图 1-37 中 *R*12 的圆弧。

3. 作图方法与步骤

作图时，先画已知线段，再画中间线段，最后画连接线段。手柄平面图的画图方法与步骤如图 1-38 所示。

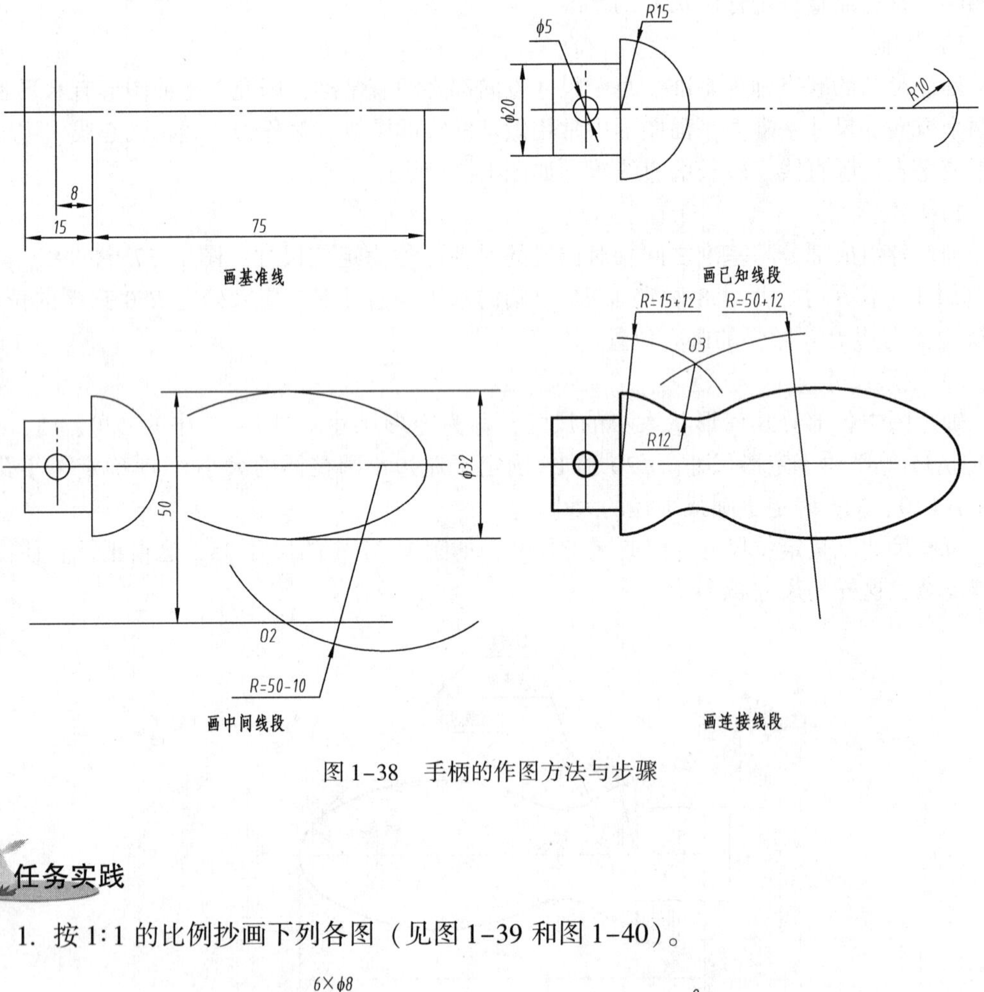

图 1-38　手柄的作图方法与步骤

任务实践

1. 按 1∶1 的比例抄画下列各图（见图 1-39 和图 1-40）。

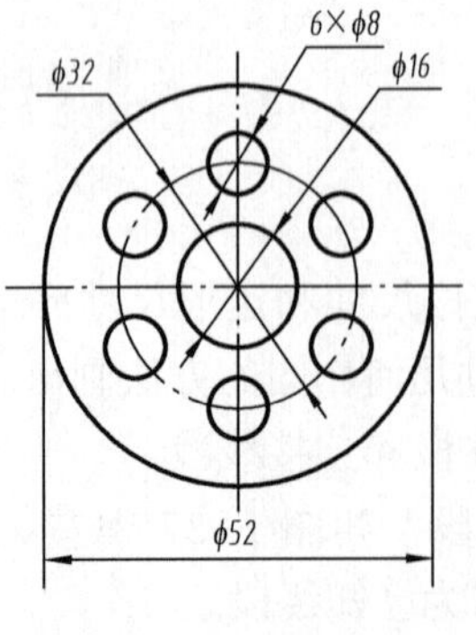

图 1-39　平面图形（一）

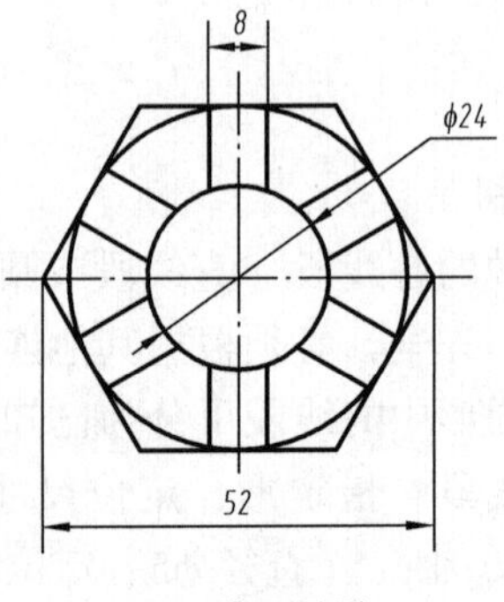

图 1-40　平面图形（二）

2. 抄画下列各图（见图 1-41 和图 1-42）。

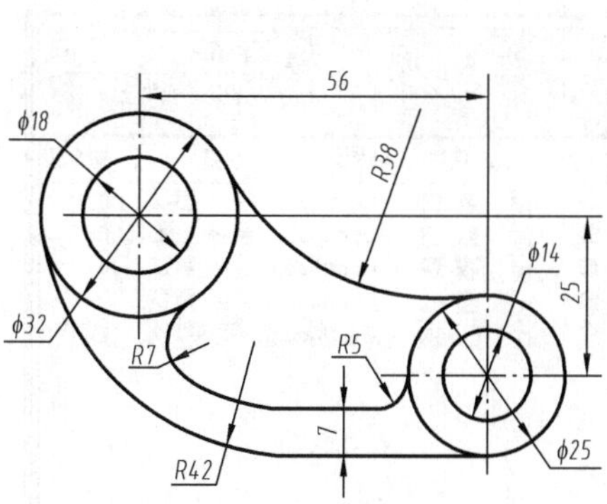

图 1-41　平面图形（三）

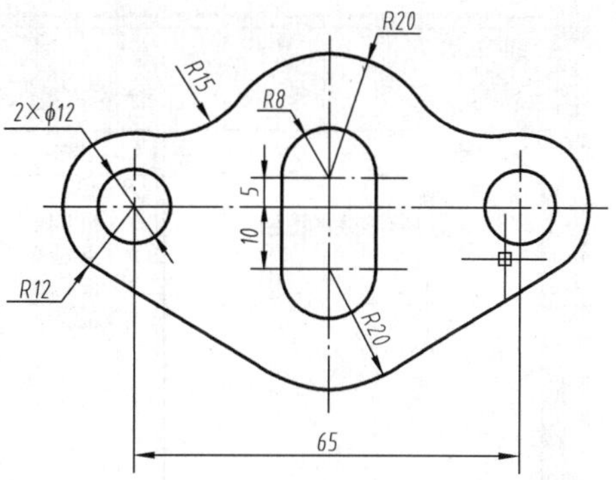

图 1-42　平面图形（四）

任务二　用 AutoCAD 绘制平面图形

任务目标

知识点：图层设置、平面图形的绘制。

技能点：能制作机械图样模板、绘制平面图形。

任务分析：通过掌握 AutoCAD 2012 中的常用绘图命令、编辑命令及辅助绘图工具，能够快速、正确地绘制平面图形。

相关知识

一、图层及线型的设置

在 AutoCAD 中可以创建无限多个图层，也可以根据需要给创建的图层设置名称，如直线层、虚线层、标注层等，每个图层还可以根据需要来控制图层上每个图元的可见性、各个图元的线型、各个图元的颜色等信息。

在 AutoCAD 2012 中，默认情况下，图层 0 被指定使用 7 号颜色、CONTINUOUS 线型、默认宽度及普通打印样式。在没有建立新的图层时，所有的图形对象是在 0 层上绘制的，0 层不能被删除和重新命名。用户可以根据自己的需要建立适当的图层，并且对图层进行管理。

操作方式如下。

菜单命令：【格式】/【图层】。

工具栏：单击【图层】工具栏中的按钮。

命令行：layer（la）

执行【格式】/【图层】菜单命令，即直接执行 layer 命令，打开【图层特性管理器】对话框，如图 1-43 所示。

1. 图层特性设置

【图层特性管理器】对话框中的每个图层都包含状态、名称、开/关、冻结、锁定、

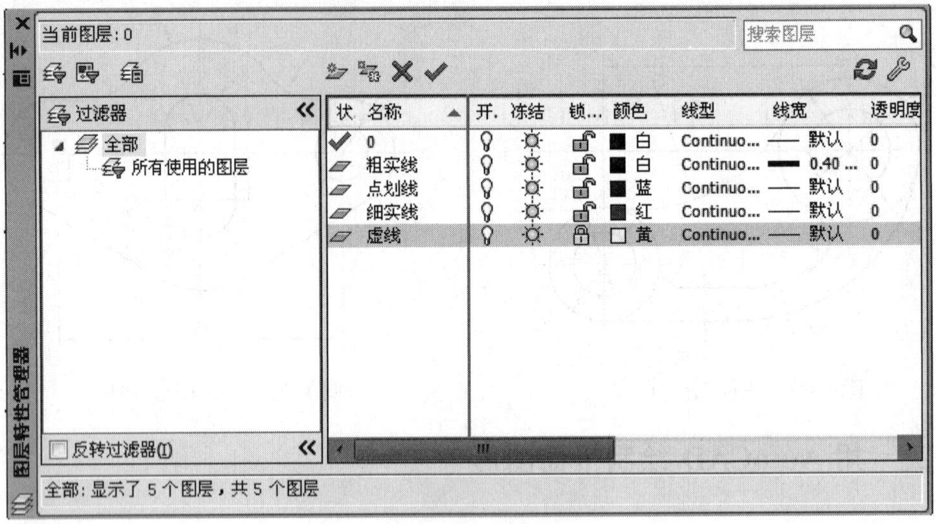

图 1-43 图层对话框（一）

线型、颜色、线宽和打印样式等特性，特性的个数可以进行调整，用户可以在每个特性附近右击，选择自定义选项，可以在其中选择要显示的特性，选择【最大化所有列】。当所有列最大化时，较长的图层名称就会显示出来，如图 1-44 所示。

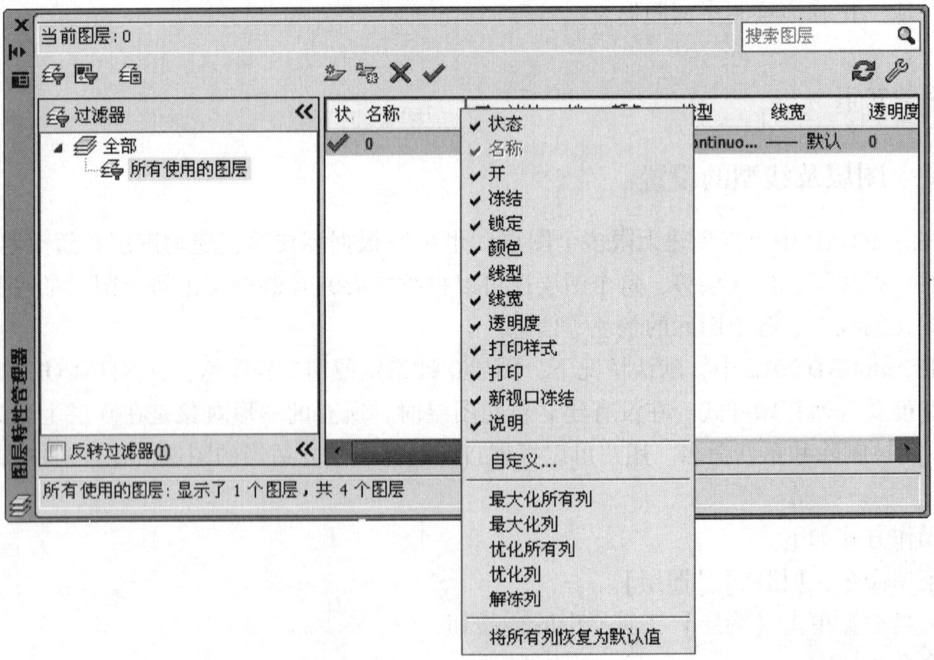

图 1-44 图层对话框（二）

2. 使用【新组过滤器】过滤图层

在 AutoCAD 2012 中新增了“新组过滤器”，【图层特性过滤】对话框所创建的过滤器中包含的图层是特定的，只有符合过滤条件的图层才能存放在该过滤器中。使用【新组过滤器】创建的过滤器中包含的图层取决于用户的需要。可以在【图层特性管理器】对话框中单击按钮，在【图层特性管理器】对话框中左侧的列表中添加一个“组过滤器1”(用户可以根据需要来重新命名)，如图1-45所示。

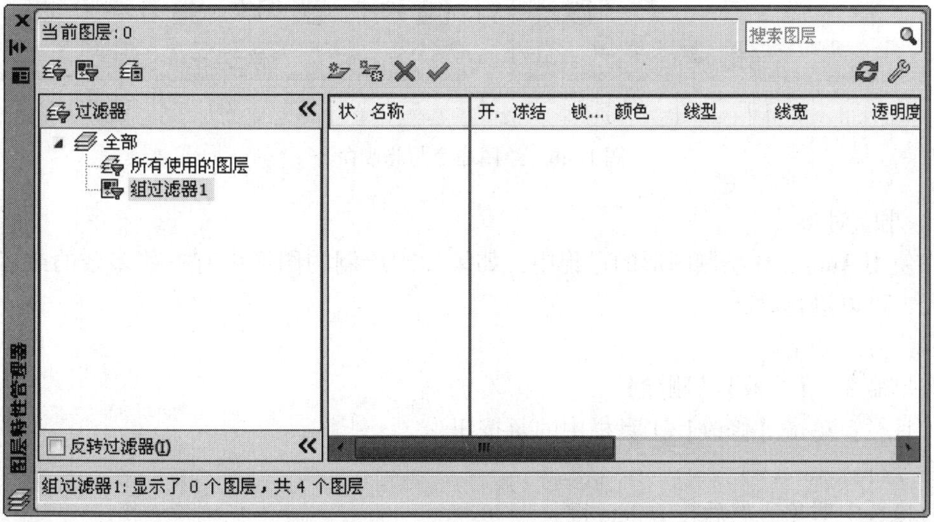

图1-45　图层对话框（三）

二、简单平面图形的绘制

1. 绘图命令

直线、圆、多边形［如图1-46（a）所示］。

1）直线

见课题二。

2）圆

操作方式如下。

菜单命令：【绘图】/【圆】。

工具栏：单击【绘图】工具栏中的按钮。

命令行：circle(c)。

3）多边形

操作方式如下。

菜单命令：【绘图】/【圆】。

工具栏：单击【绘图】工具栏中的按钮。

命令行：polygon。

2. 修改命令

删除、移动、复制、旋转、阵列、偏移、修剪、镜像、圆角、倒角（如图1-46（b）所示）。

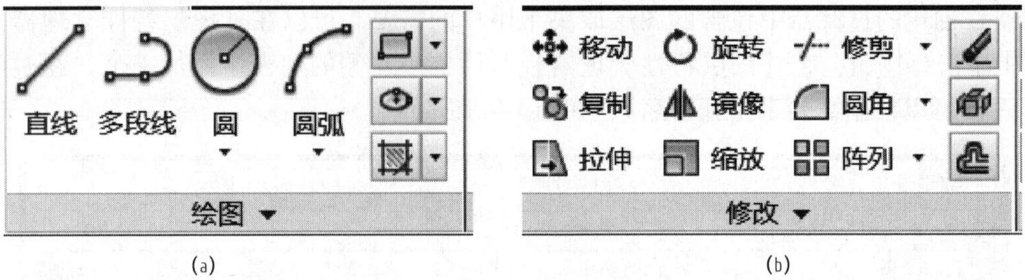

图 1-46　绘图命令与修改命令

1）删除对象

在使用 AutoCAD 绘制图形的过程中，如果发现绘制的图形中有一些多余的或者错误的图元，可以进行删除。

操作方式如下。

菜单命令：【修改】/【删除】。

工具栏：单击【修改】工具栏中的按钮。

命令行：erase(e)。

直接选中对象，然后按 Delete 键。

2）移动对象

移动对象是指对象的位置发生了变化，但其形状不发生变化。

操作方式如下。

菜单命令：【修改】/【移动】。

工具栏：单击【修改】工具栏中的按钮。

命令行：move(m)。

3）复制对象

复制是指将选定的一个或多个对象生成一个或多个副本，并将副本放置到指定的位置。

操作方式如下。

菜单命令：【修改】/【复制】。

工具栏：单击【修改】工具栏中的按钮。

命令行：copy(co)。

4）旋转对象

在 AutoCAD 中，旋转命令可以改变对象的方向，并按指定的基点和角度定位新的方向，旋转对象后默认为删除原图，也可以设定保留原图。

操作方式如下。

菜单命令：【修改】/【旋转】。

工具栏：单击【修改】工具栏中的按钮。

命令行：rotate(ro)。

5）阵列对象

阵列命令实际上是一种特殊的复制对象的方法，可以快速、有效地创建很多对象，它分为环行阵列和矩形阵列两种方式。

操作方式如下。

菜单命令：【修改】/【阵列】。

工具栏：单击【修改】工具栏中的按钮。

命令行：array（ar）。

6）偏移命令

可以指定距离或通过一个点偏移对象。偏移对象后，可以使用修剪和延伸这种有效的方式来创建包含多条平行线和曲线的图形。

操作方式如下。

菜单命令：【修改】/【偏移】。

工具栏：单击【修改】工具栏中的命令按钮。

命令行：offset。

7）修剪命令

要修剪对象，须选择边界，然后按 Enter 键并选择要修剪的对象。要将所有对象用做边界，可在首次出现“选择对象”提示时按 Enter 键。

操作方式如下。

菜单命令：【修改】/【修剪】。

工具栏：单击【修改】工具栏中的命令

按钮。

命令行：trim。

8）镜像命令

在使用 AutoCAD 2012 绘图中，当绘制的图形对象相对于某一对称轴对称时，就可以使用镜像命令来绘制图形。【镜像】命令是将选定的对称线对所选取图形对象进行对称或复制，复制完成后可以删除源对象，也可以不删除源对象。

操作方式如下。

菜单命令：【修改】/【镜像】。

工具栏：单击【修改】工具栏中的命令按钮。

命令行：mirror。

9）圆角命令

圆角可以使相邻两对象通过指定半径的圆弧相连。

操作方式如下。

菜单命令：【修改】/【圆角】。

工具栏：单击【修改】工具栏中的按钮。

命令行：fillet（f）。

10）倒角命令

倒角可以使相邻两对象以平角相连。

操作方式如下。

菜单命令：【修改】/【倒角】。

工具栏：单击【修改】工具栏中的按钮。

命令行：chamfer(cha)。

3. 辅助绘图工具

1）对象捕捉

在绘图的过程中，经常要指定一些已有对象上的点，例如中点、端点、圆心和两个对象的交点等。为此，AutoCAD 2012 提供了对象捕捉功能，可以方便、准确地捕捉到某些特殊点，从而精确地绘制图形。

操作方式如下。

状态栏：【状态栏】的对象捕捉按钮。

快捷键：F3 或 Ctrl + F3。

命令行：osnap。

2）自动捕捉

绘图的过程中使用对象捕捉的频率很高，因此 AutoCAD 提供了自动对象捕捉的功能。自动对象捕捉是使 AutoCAD 自动捕捉到圆心、端点、中点这样的特殊点。要打开自动捕捉模式，可以执行【工具】/【草图设置】菜单命令，打开【草图设置】对话框，在【对象捕捉】选项卡中，选中【启用对象捕捉】复选框，如图 1-47 所示。

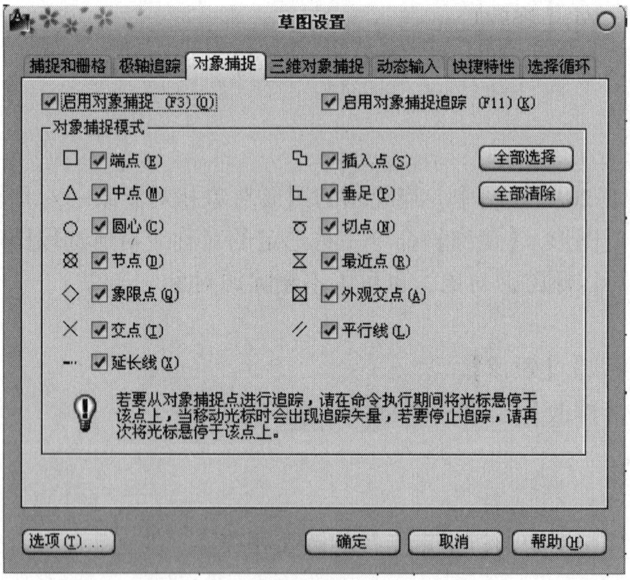

图 1-47　草图设置（对象捕捉）

3）自动追踪

在 AutoCAD 中，自动追踪可按指定角度绘制对象，或者绘制与其他对象有特定关系的对象。自动追踪功能分为极轴追踪和对象捕捉追踪两种，它是非常有用的辅助绘图工具。

（1）极轴追踪。

极轴追踪是按事先给定的角度增量来追踪特殊点。若设置的增量角为 60°时，则当光标移动到0°、60°（60°的整数倍）等角度时，AutoCAD 就会显示这些方向的绘制辅助线。

操作方式如下。

状态栏：【状态栏】的极轴按钮。

快捷键：F10。

菜单命令：【工具】/【草图设置】/【极轴追踪】。

（2）对象捕捉追踪。

对象捕捉追踪是按与对象的某种特定关系来追踪，这种特定的关系确定了一个未知角度，从而确定定位点。

操作方式如下。

状态栏：【状态栏】的对象追踪按钮。

快捷键：F11。

4）正交模式

在 AutoCAD 中，利用正交功能，用户可以方便地绘制与当前坐标系统的 X 轴或 Y 轴平行的线段，正交功能是绘制工程图时最常用到的绘图辅助工具。

操作方式如下。

状态栏：【状态栏】的正交按钮。

快捷键：F8。

命令行：ortho。

打开正交功能后，在绘图时光标只能沿水平或垂直方向移动，此时用户只需要移动光标来指示线段的方向，但是如果用户坐标旋转了，那么鼠标总是沿着 X 轴或 Y 轴方向移动。

5）捕捉和栅格

（1）捕捉。

捕捉用于设定光标移动的距离，打开捕捉开关后，可以使光标在指定的距离之间移动。

操作方式如下。

状态栏：状态栏中的按钮。

快捷键：F9。

菜单命令：【工具】/【草图设置】/【捕捉和栅格】。

命令行：snap。

可以执行【工具】/【草图设置】菜单命令，打开【草图设置】对话框，在【捕捉和栅格】选项卡中，选中【启用捕捉】复选框，如图 1-48 所示。

（2）栅格。

栅格是显示在用户定义的图形界限内的点阵，类似于在图形下放置一张坐标纸。利用栅格可以准确定位图形对象的位置，并能迅速地计算出图形对象的长度，从而有助于快速地绘制图形。栅格只显示在当前图形界限的范围内。

操作方式如下。

状态栏：单击状态栏中的按钮。

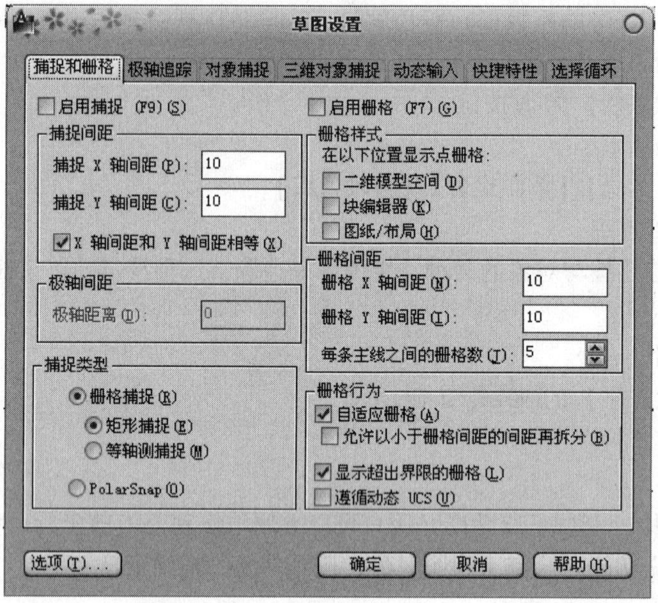

图 1-48 草图设置（捕捉与栅格）

快捷键：F7。

菜单命令：【工具】/【草图设置】/【捕捉和栅格】。

命令行：grid。

可以执行菜单【工具】/【草图设置】，打开【草图设置】对话框，在【捕捉和栅格】选项卡中，选中【启用栅格】复选框，在绘制图形时窗口将显示栅格点。

任务实践

一、创建 A3 大小图样模板

（1）设置图层。

步骤一：打开相应对话框（如图 1-49 所示）。

步骤二：新建图层（右击，选择新建图层）。

步骤三：更改颜色（如图 1-49 所示）。

步骤四：单击线型（Continuous），打开对话框，加载 CENTER2 和 DASHED2（如图 1-50 所示）。

步骤五：单击粗实线的线宽，选择 0.3mm。

（2）完成图框及标题栏的绘制。(见课题二中的任务二)

（3）存成 A3 模板文件。

二、绘制平面图形

打开 AutoCAD 2012 中的 A3 模板，并另存为“xx. dwg”。

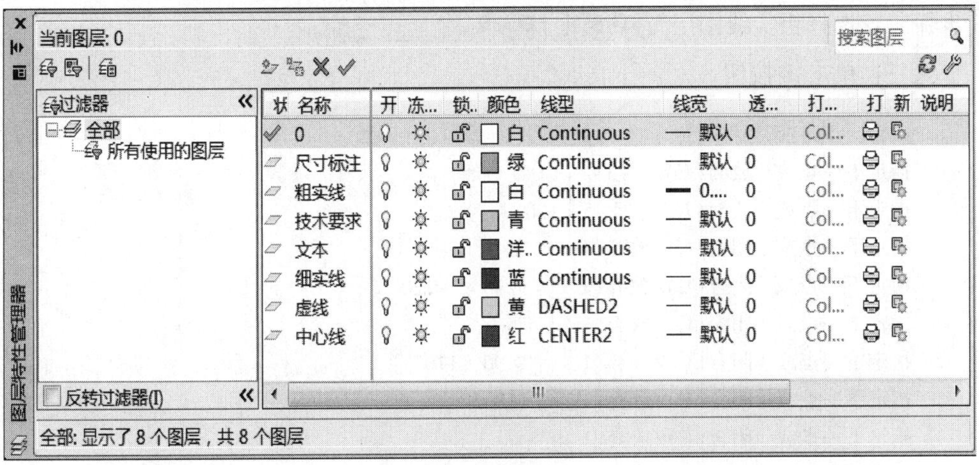

图 1-49　图层对话框

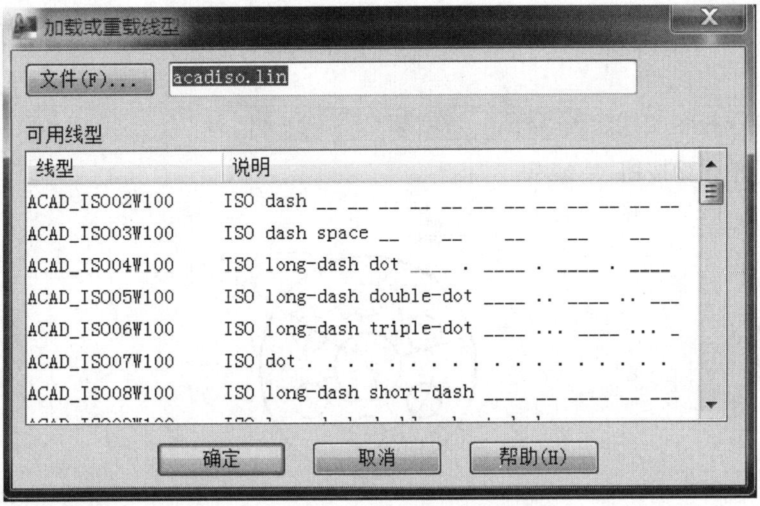

图 1-50　线型

1. 绘制如图 1-51 所示图形

步骤一：打开极轴追踪和对象捕捉。

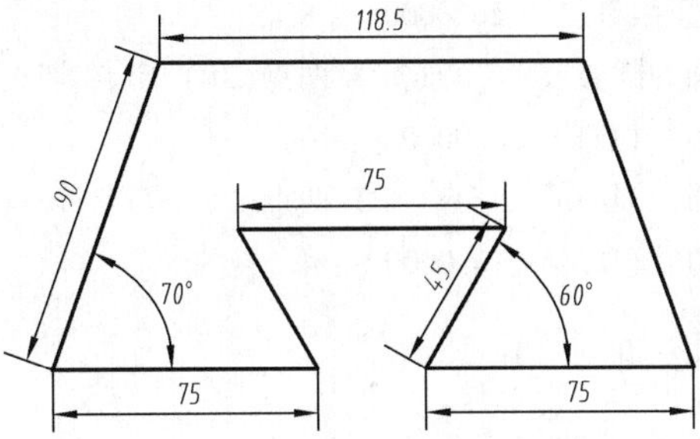

图 1-51　直线命令绘图

步骤二：选择粗实线图层 粗实线 。

步骤三：单击 按钮。

命令：_line 指定第一点：
指定下一点或［放弃(U)］：75
指定下一点或［放弃(U)］：@45＜120
指定下一点或［闭合(C)/放弃(U)］：75
指定下一点或［闭合(C)/放弃(U)］：@45＜－120
指定下一点或［闭合(C)/放弃(U)］：75
指定下一点或［闭合(C)/放弃(U)］：@90＜110
指定下一点或［闭合(C)/放弃(U)］：118.5
指定下一点或［闭合(C)/放弃(U)］：
指定下一点或［闭合(C)/放弃(U)］：＊取消＊

2. 绘制如图 1-52 所示图形

步骤一：选择中心线层 中心线 ，用直线命令画两条相交的中心线。

步骤二：选择粗实线层 粗实线 。

步骤三：单击 按钮。

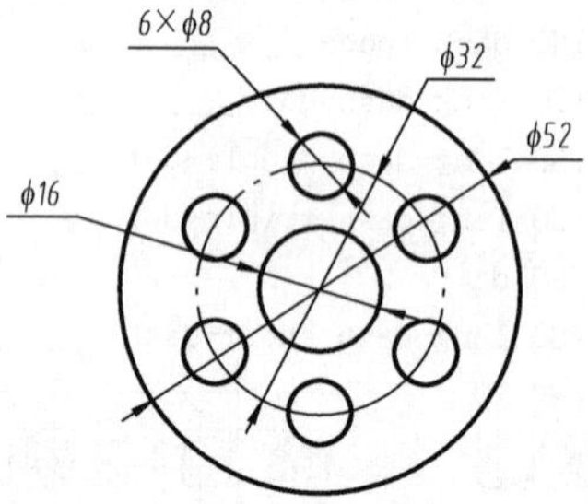

图 1-52　圆命令绘图

命令：_circle 指定圆的圆心或［三点(3P)/两点(2P)/切点、切点、半径(T)］：
指定圆的半径或［直径(D)］：26　　//键盘输入 26
命令：_circle 指定圆的圆心或［三点(3P)/两点(2P)/切点、切点、半径(T)］：
指定圆的半径或［直径(D)］＜26.0000＞：8　　//键盘输入 8
命令：_circle 指定圆的圆心或［三点(3P)/两点(2P)/切点、切点、半径(T)］：
指定圆的半径或［直径(D)］＜8.0000＞：16　　//键盘输入 16
命令：_circle 指定圆的圆心或［三点(3P)/两点(2P)/切点、切点、半径(T)］：
指定圆的半径或［直径(D)］＜16.0000＞：4　　//键盘输入 24

步骤四：单击 环形阵列 按钮。

命令：_arraypolar
选择对象：找到 1 个　　//单击 ϕ8 的小圆

选择对象：
类型 = 极轴　关联 = 是
指定阵列的中心点或［基点(B)/旋转轴(A)］：　　　　　　　　　　　　//单击 ϕ52 的圆心
输入项目数或［项目间角度(A)/表达式(E)］<4>：6
指定填充角度(+ =逆时针、- =顺时针)或［表达式(EX)］<360>：
按 Enter 键接受或［关联(AS)/基点(B)/项目(I)/项目间角度(A)/填充角度(F)/行(ROW)/层(L)/旋转项目(ROT)/退出(X)］
<退出>：*取消*

3. 绘制如图 1-53 所示图形

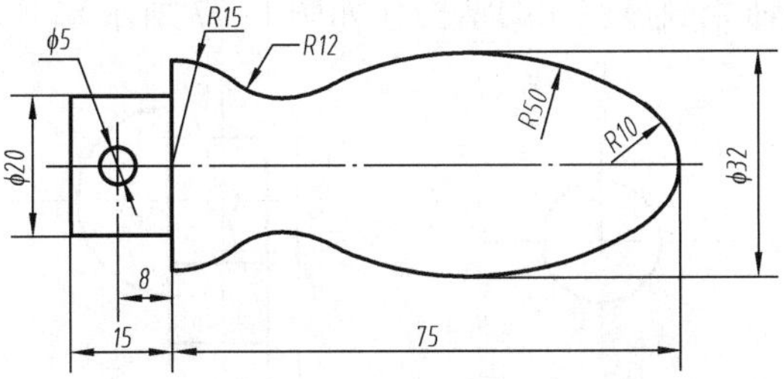

图 1-53　平面图形

1）画基准线

步骤一：选择中心线层

，用直线命令画基准线（如图 1-54 所示）。

2）画 *R*15 和 *R*10 的圆。

步骤一：选择粗实线层

。

步骤二：单击，画 *R*15 及 *R*10 的圆弧（如图 1-55 所示）。

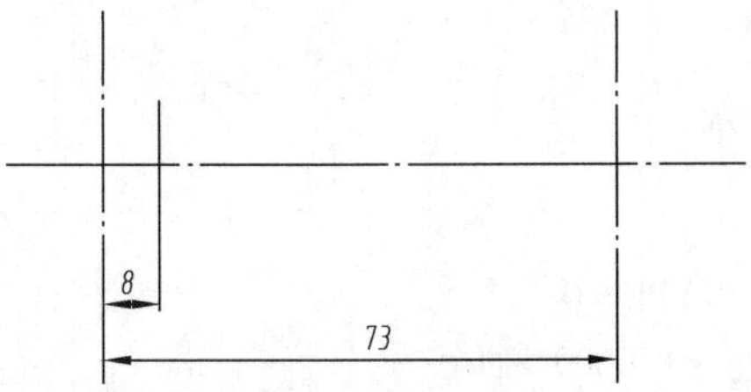

图 1-54　基准线

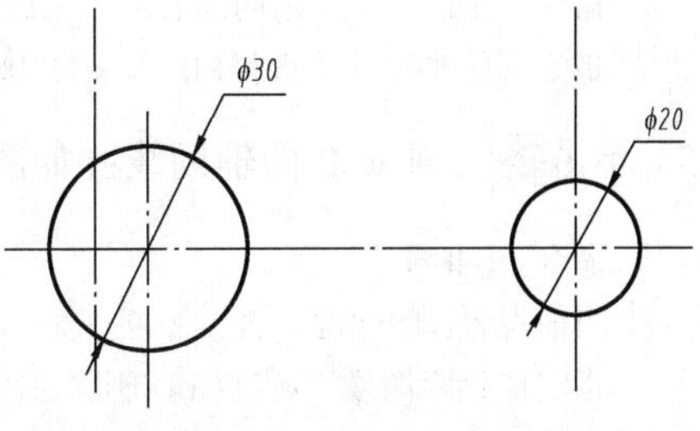

图 1-55　画圆

命令：_circle 指定圆的圆心或［三点(3P)/两点(2P)/切点、切点、半径(T)］：
指定圆的半径或［直径(D)］：10
命令：
CIRCLE 指定圆的圆心或［三点(3P)/两点(2P)/切点、切点、半径(T)］：
指定圆的半径或［直径(D)］<10.0000>：15

3）单击

，修剪掉 *R*15 左边多余的部位（如图 1-56 所示）。

命令：_trim
当前设置：投影 = UCS，边 = 无
选择剪切边...　　　　　　　　　　　　//单击 $R15$ 的圆
选择对象或 <全部选择>：　找到 1 个 //单击 $R15$ 的垂直中心线
选择对象：找到 1 个，总计 2 个
选择对象：　　　　　　　　　　　　　//单击 $R15$ 左边的半圆及多出的直线
选择要修剪的对象，或按住 Shift 键选择要延伸的对象，或
[栏选(F)/窗交(C)/投影(P)/边(E)/删除(R)/放弃(U)]：

4）画左端端部结构

步骤一：选择直线命令画最左端的结构（如图 1-57 所示）。

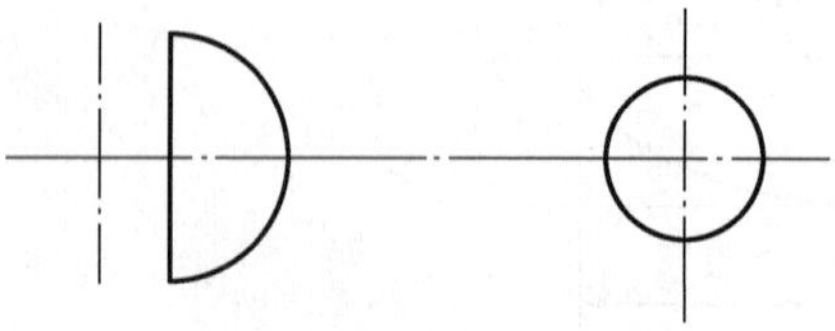

图 1-56　修剪

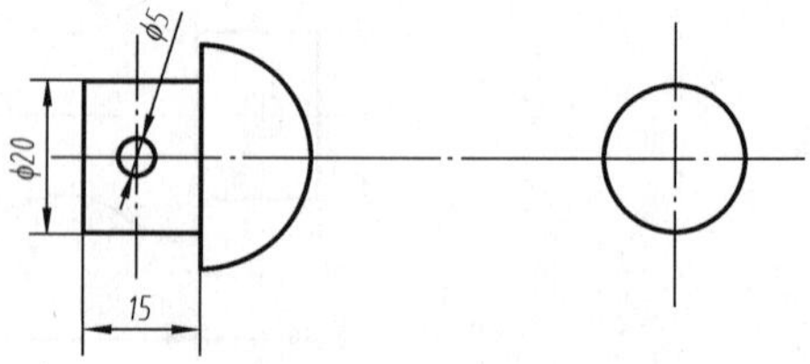

图 1-57　左端结构

命令：_line 指定第一点：10
指定下一点或 [放弃(U)]：15
指定下一点或 [放弃(U)]：20
指定下一点或 [闭合(C)/放弃(U)]：
指定下一点或 [闭合(C)/放弃(U)]：*取消*

步骤二：单击圆命令画 $\phi5$ 的小圆（如图 1-57 所示）。

命令：_circle 指定圆的圆心或 [三点(3P)/两点(2P)/切点、切点、半径(T)]：
指定圆的半径或 [直径(D)] <15.0000>：2.5

5）单击，画 $\phi32$ 的辅助线（如图 1-58 所示）。

命令：_offset
当前设置：删除源 = 否　图层 = 源　OFFSETGAPTYPE = 0
指定偏移距离或 [通过(T)/删除(E)/图层(L)] <8.0000>：16
选择要偏移的对象，或 [退出(E)/放弃(U)] <退出>：　　　　　//单击中心线
指定要偏移的那一侧上的点，或 [退出(E)/多个(M)/放弃(U)] <退出>：//在中心线上侧单击

6）画 $R50$ 的圆弧

步骤一：单击相切，相切，半径，画 $R50$ 的圆弧（如图 1-59 所示）。

命令：_circle 指定圆的圆心或 [三点(3P)/两点(2P)/切点、切点、半径(T)]：_ttr
指定对象与圆的第一个切点：　　　　　　//单击 $\phi32$ 的辅助线
指定对象与圆的第二个切点：　　　　　　//单击 $R10$ 圆周
指定圆的半径 <13.1826>：50

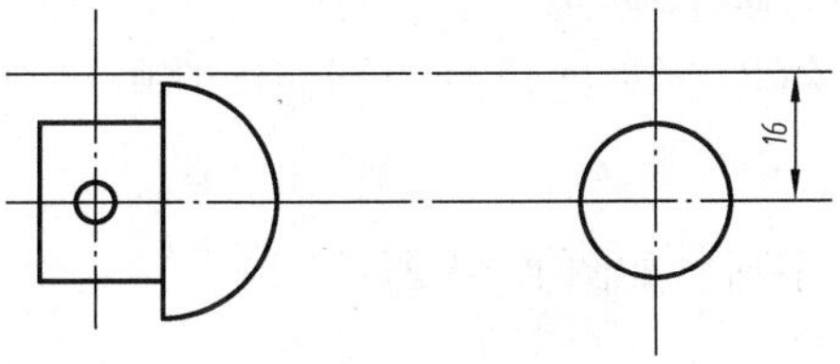

图 1-58　辅助线

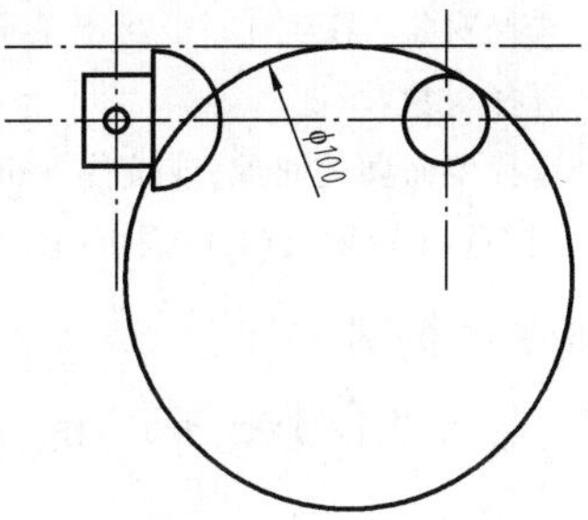

图 1-59　圆弧

步骤二：单击

，修剪掉 *R*50 多余的部位（如图 1-60 所示）。

命令：_trim
当前设置：投影 = UCS，边 = 无
选择剪切边...
选择对象或 < 全部选择 >：找到 1 个　　　　//单击 *R*15 的圆
选择对象：找到 1 个，总计 2 个　　　　//单击 *R*10 的圆
选择对象：找到 1 个，总计 3 个　　　　//单击 *R*50 的圆
选择对象：
选择要修剪的对象，或按住 Shift 键选择要延伸的对象，或
[栏选(F)/窗交(C)/投影(P)/边(E)/删除(R)/放弃(U)]：//单击 *R*50 圆需要修剪的部位

7）单击，镜像出下端的 *R*50 圆弧（如图 1-61 所示）。

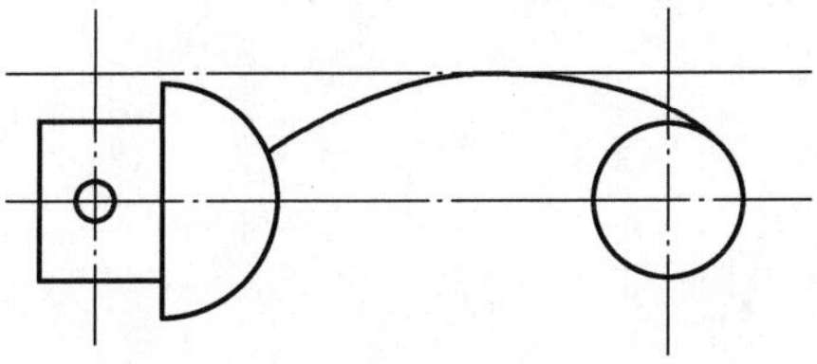

图 1-60　修剪

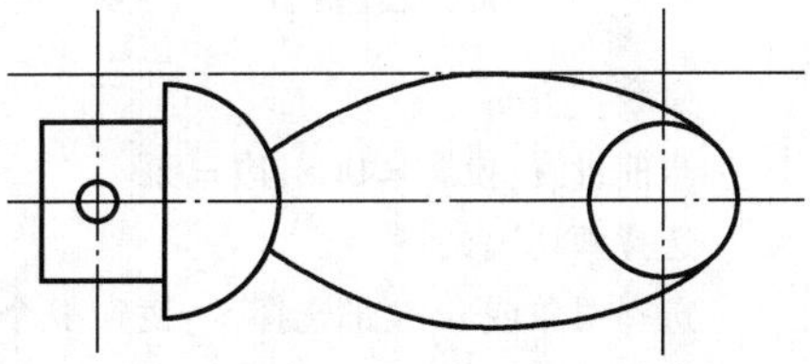

图 1-61　镜像

命令：_mirror
选择对象：找到 1 个　　　　//单击上端 *R*50 的圆周
选择对象：
指定镜像线的第一点：指定镜像线的第二点：　//先单击中心线的左端点，再单击中心线的右端点
要删除源对象吗？[是(Y)/否(N)] <N>：　　　　//回车默认否

8）单击

，修剪掉 *R*10 的左端部分（如图 1-62 所示）。

命令：_trim
当前设置：投影 = UCS，边 = 无
选择剪切边...
选择对象或 < 全部选择 >：找到 1 个　　　　//单击 *R*15 的圆
选择对象：找到 1 个，总计 2 个　　　　//单击 *R*50 的圆

选择对象：找到 1 个，总计 3 个　　　　　　　　　　　　　//单击 *R*50 的圆
选择对象：
选择要修剪的对象，或按住 Shift 键选择要延伸的对象，或
［栏选(F)/窗交(C)/投影(P)/边(E)/删除(R)/放弃(U)］：//单击 *R*15 的圆需要修剪的部位

9）画 *R*12 的圆

步骤一：单击 相切，相切，半径，画出 *R*12 小圆（如图 1-63 所示）。

命令：_circle 指定圆的圆心或［三点(3P)/两点(2P)/切点、切点、半径(T)］：_ttr
指定对象与圆的第一个切点：　　　　　　　　　　　　　　//单击 *R*15 的圆
指定对象与圆的第二个切点：　　　　　　　　　　　　　　//单击 *R*50 的圆
指定圆的半径 <50.0000>：12

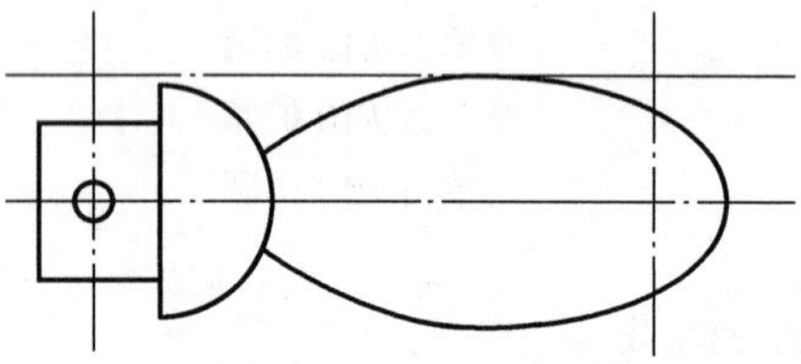
图 1-62　修剪

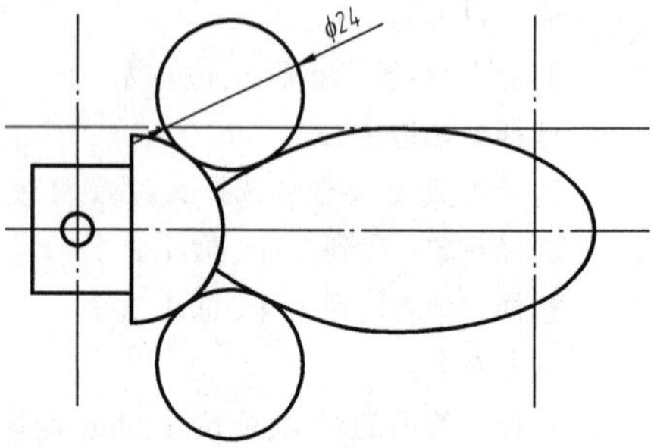

图 1-63　画圆

步骤二：单击 修剪，修剪掉 *R*12 的多余部位（如图 1-64 所示）。

命令：_trim
当前设置：投影 = UCS，边 = 无
选择剪切边...
选择对象或 <全部选择>：找到 1 个
选择对象：找到 1 个，总计 2 个
选择对象：找到 1 个，总计 3 个
选择对象：找到 1 个，总计 4 个
选择对象：
选择要修剪的对象，或按住 Shift 键选择要延伸的对象，或
［栏选(F)/窗交(C)/投影(P)/边(E)/删除(R)/放弃(U)］：

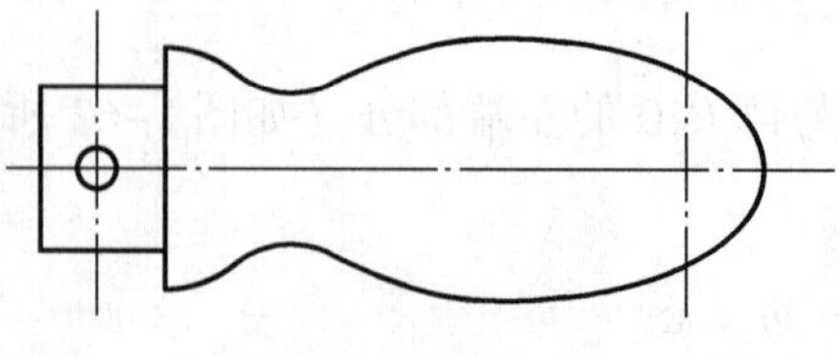
图 1-64　修剪整理

课题四　尺 寸 标 注

任务一　尺寸标注的规定

任务目标

知识点：掌握尺寸标注的基本规则、尺寸的组成和常见尺寸注法。

技能点：能够正确标注出平面图形的尺寸。

任务分析：尺寸的注法比较复杂，要在理解基本规则的前提下，认真研读相应图例与文字说明，并结合练习进行巩固。

相关知识

在图样中，图形只能表达机件的形状，尺寸才能确定机件的大小。在实际生产中，以图样上标注的尺寸数值为依据加工机件。国家标准（GB/T 4458. 4—2003、GB/T 19096—2003）规定了尺寸注法的规则与方法。

1. 基本规则

（1）机件的真实大小以图样上所注的尺寸数值为依据，与图形的大小和准确度无关。

（2）图样中的尺寸，如以毫米（mm）为单位，则不用标注单位或代号。否则，必须予以说明。

（3）图样中所注的尺寸为机件的最后完工尺寸，否则，应另加说明。

（4）一般情况下，机件的每一尺寸只标注一次，并标注在表达该结构最清晰的图形上。

2. 尺寸组成

一个完整的尺寸应包括尺寸界线、尺寸线和尺寸数字。

1）尺寸界线

尺寸界线表示尺寸的范围。

如图 1-65 所示，尺寸界线用细实线绘制，由图形的轮廓线、轴心线或对称中心线处引出，有时根据需要也可直接利用轮廓线、轴心线或对称中心线作为尺寸界线。尺寸界线一般应与尺寸线垂直，并超出尺寸线的终端 2～3mm。

在光滑过渡处标注尺寸时，必须用细实线将轮廓线延长，从它们的交点处引出尺寸界线，如图 1-66 所示。

2）尺寸线

尺寸线表示尺寸的方向。

如图 1-66 所示，尺寸线用细实线绘制，必须单独绘制，不能用图样上任何其他图线代替，也不能与其他任何图线重合或在其延长线上。线性尺寸的尺寸线必须与所标

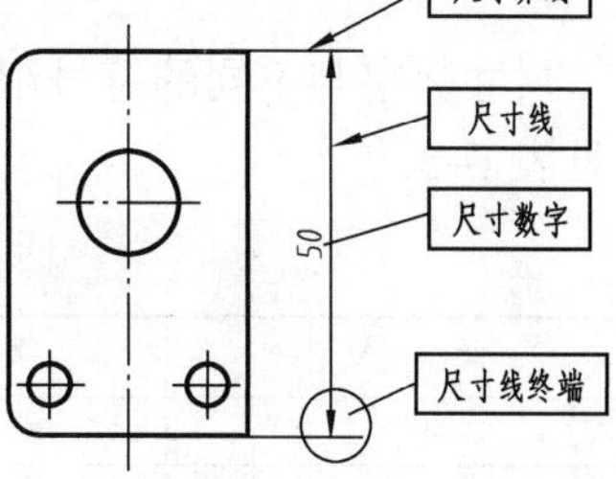

图 1-65　尺寸的组成

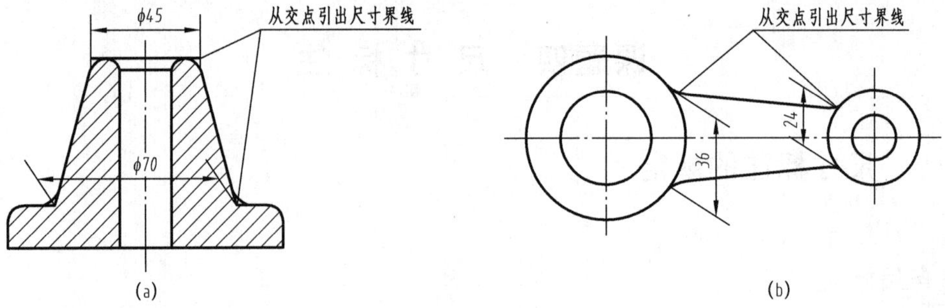

图 1-66　光滑过渡处尺寸界线画法

注的线段平行。相同方向的各尺寸线之间应间隔均匀，一般间隔 6 ~ 8mm。角度和弧长的尺寸线是以所标注对象的顶点为圆心所画的圆弧。尺寸线的终端有以下两种形式。

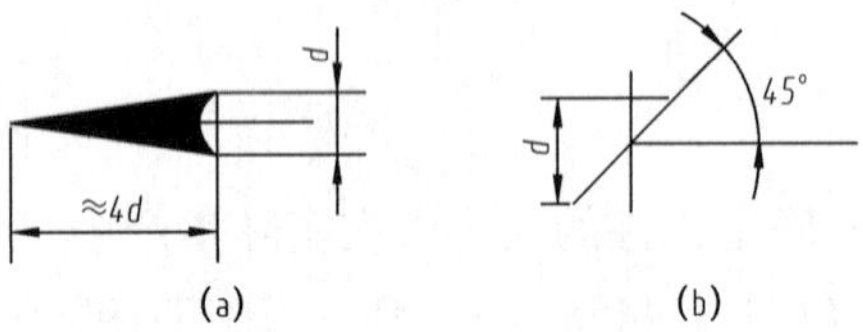

图 1-67　尺寸线的终端形式

(1) 箭头：箭头的形式如图 1-67 (a) 所示，适用于各种类型图样中尺寸的标注。

(2) 斜线：斜线用细实线绘制，画法如图 1-67 (b) 所示。这种形式在机械图样中一般不用，常用于建筑图样。

同一图样中，箭头或斜线应大小一致。

3) 尺寸数字

尺寸数字表示机件尺寸的大小。

如图 1-68 所示，尺寸数字采用阿拉伯数字。同一图样中，尺寸数字的大小应一致。

线性尺寸的数字一般注写在尺寸的上方，也可以写在尺寸线的中断处，同一图样中最好保持一致。尺寸数字不允许被图线穿过，否则，把图线断开。

尺寸数字的方向应朝上或朝左，尽量避免在图 1-68 (a) 所示的 30°范围内标注尺寸数字。如果实在无法避免，可以采用图 1-68 (b) 所示的形式标注。

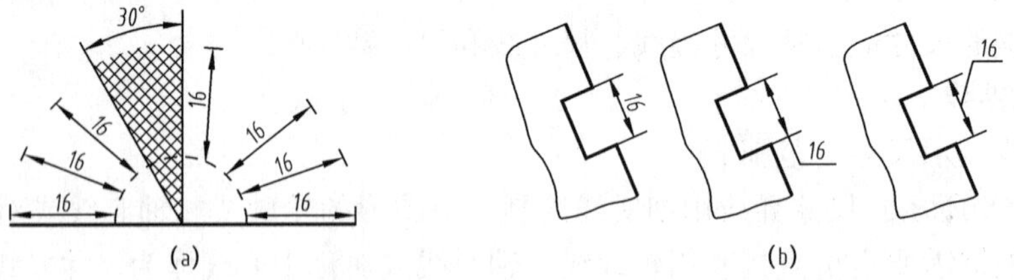

图 1-68　尺寸数字的注写

尺寸数字与不同的符号组合，表示不同类型结构的尺寸大小。常见的尺寸符号及其意义见表 1-5。

表 1-5　常见的尺寸符号及其意义

含　义	符号或缩写词	含　义	符号或缩写词
直径	ϕ	深度	↧
半径	R	沉孔或锪平	⌴
球直径	$S\phi$	埋头孔	⌵

续表

含　　义	符号或缩写词	含　　义	符号或缩写词
球半径	*SR*	弧长	⌒
厚度	*t*	斜度	∠
均布	*EQS*	锥度	◁
45°倒角	*C*	展开长	○→
正方形	□	型材截面形状	（按 GB/T 4656. 1—2000）

3. 尺寸标注示例

表 1-6 给出了国家标准所规定的常见尺寸注法。

表 1-6　尺寸标注示例

内容	图例及说明
线性尺寸数字方向	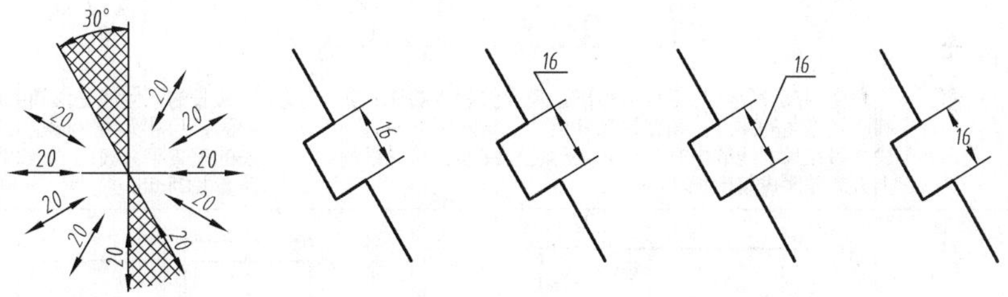 当尺寸线在图示30°范围内时，可采用右边几种形式标注，同一张图样中标注形式要统一
线性尺寸注法	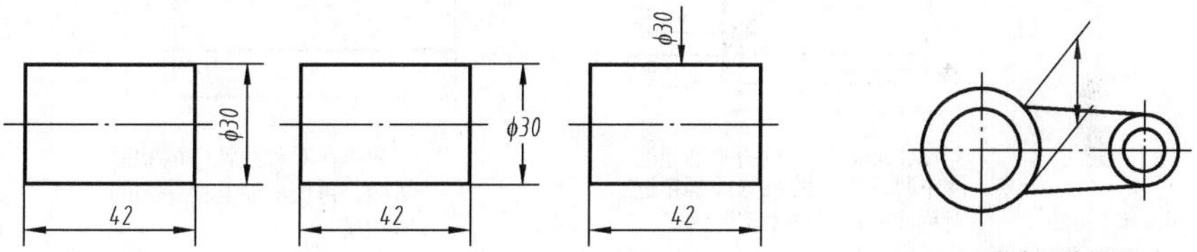 第一种方法　第二种方法　第三种方法　必要时尺寸界线与尺寸线允许倾斜
圆及圆弧尺寸注法	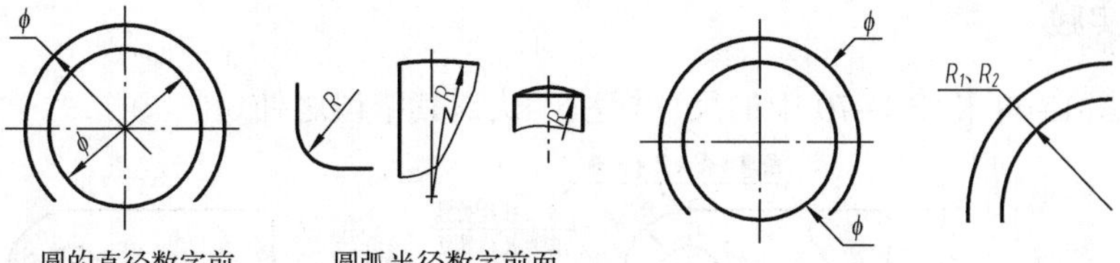 圆的直径数字前面加注“φ”。当尺寸线的一端无法画出箭头时，尺寸线要超过圆心一段　圆弧半径数字前面加注“R”。半径尺寸线一般应通过圆心　圆及圆弧尺寸的简化注法
小尺寸注法	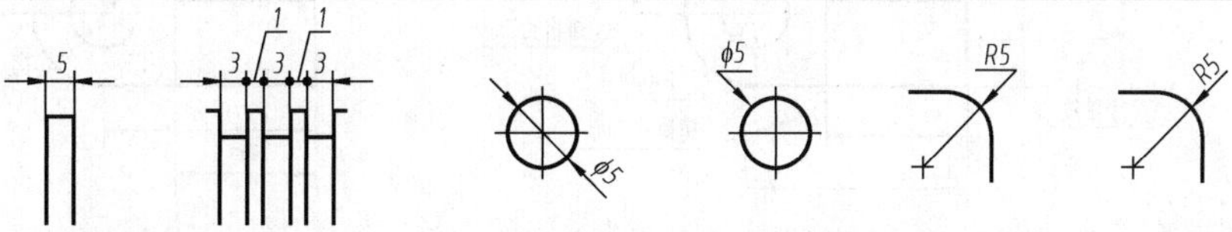 无足够位置标注小尺寸时，箭头可外移或用小圆点代替两个箭头，尺寸数字也可写在尺寸界线外或引出标注

续表

内容	图例及说明
图线通过尺寸数字	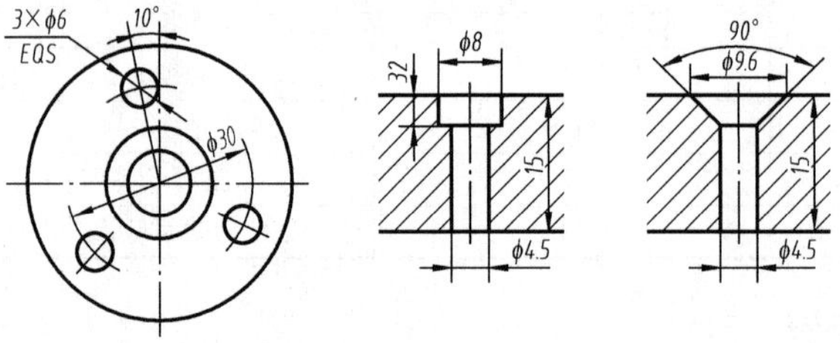 当尺寸数字无法避免被图线通过时，图线必须断开。图中“3×ϕ6*EQS*”表示3个ϕ6孔均布
角度和弧长尺寸注法	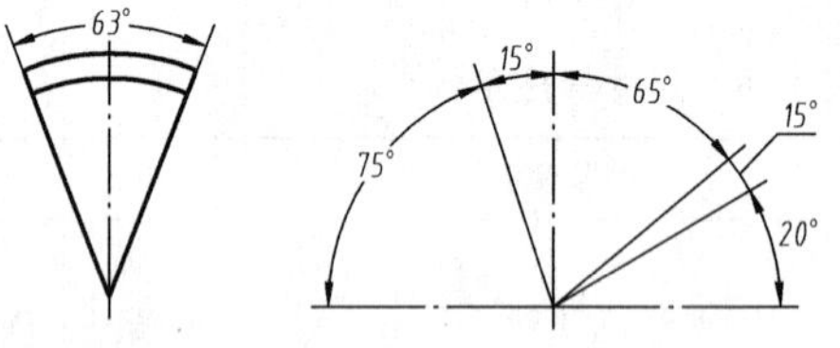 角度的尺寸界线应沿径向引出，尺寸线画成圆弧，其圆心是该角的顶点。角度的尺寸数字一律水平书写，一般注写在尺寸线的中断处，必要时也可注写在尺寸线的上方、外侧或引出标注 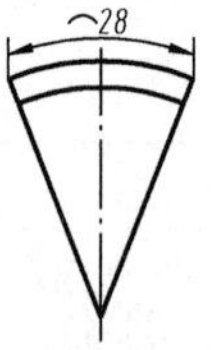 弧长的尺寸线是该圆弧的同心弧，尺寸界线平行于对应弦长的垂直平分线。“⌒28”表示弧长28mm
对称机件的尺寸注法	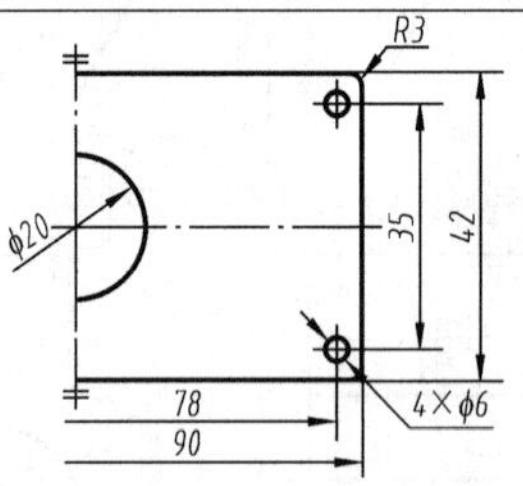 78，90两尺寸线的一端无法注全时，它位的尺寸线要超过对称线一段。图中“4×ϕ6”表示前4个ϕ6孔 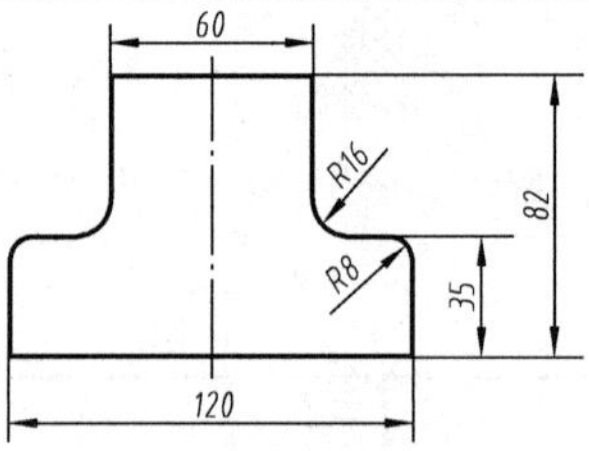 分布在对称线两侧的相同结构，可仅标注其中一侧的结构尺寸

任务实践

对比图 1-69 和图 1-70 中的尺寸标注，认识其错误之处。

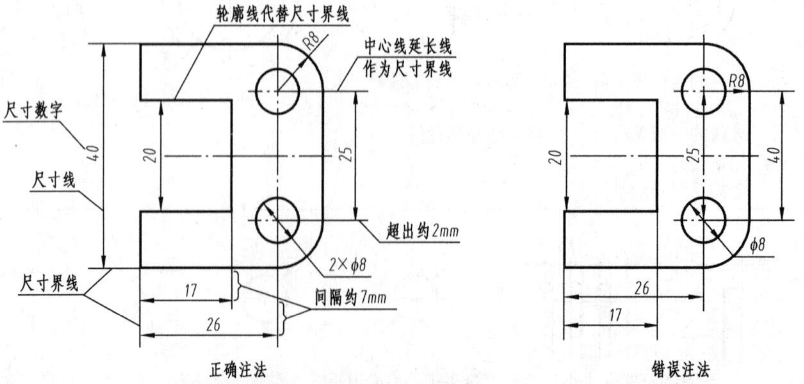

图 1-69　尺寸标注（一）

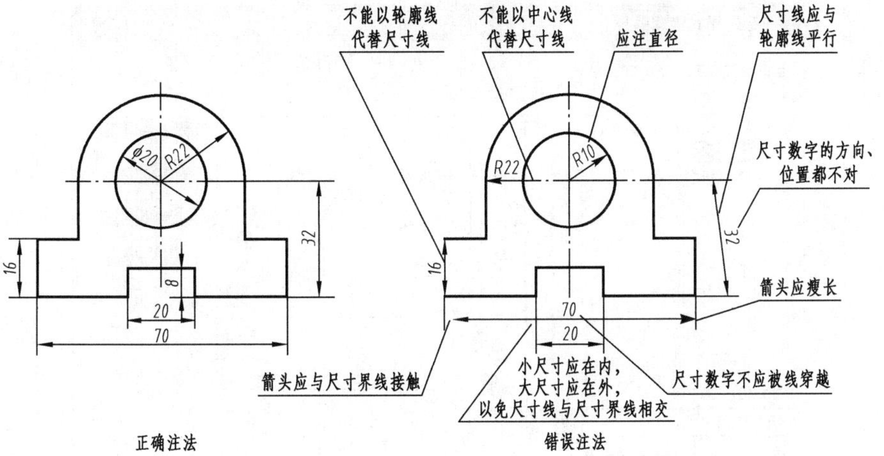

图 1-70　尺寸标注（二）

任务二　用 AutoCAD 对平面图形进行尺寸标注

任务目标

知识点： 掌握尺寸标注样式的设置及常用线性尺寸、直径、半径和角度的标注。

技能点： 能快速、正确地对平面图形进行尺寸标注。

任务分析： 尺寸标注是图纸中不可缺少的重要组成部分，AutoCAD 2012 提供了强大的、完整的尺寸标注功能。本次任务只是对平面图形进行尺寸标注，通过标注可以知道平面图形的大小，至于加工精度等内容，在后续的章节中会重点学习。

相关知识

一、设置尺寸标注样式

在进行尺寸标注之前，首先应对尺寸标注的样式进行设置，在 AutoCAD 中创建尺寸标注时使用的尺寸标注样式是"ISO－25"。用户可以根据需要设置一种新的尺寸标注样式，并将其设置为当前的标注样式。

操作方式如下。

菜单命令：【格式】/【标注样式】。

工具栏：单击【样式】工具栏中的按钮。

命令行：dimstyle(dst)

选择【标注样式】命令，弹出【标注样式管理器】对话框，如图 1-71 所示，从中可以对尺寸标注的样式进行设置。

选项说明如下。

【样式】列表框：用来显示设定的尺寸样式名称。

【预览：ISO－25】选项：以图形方式显示已选定的尺寸样式方式的设置。

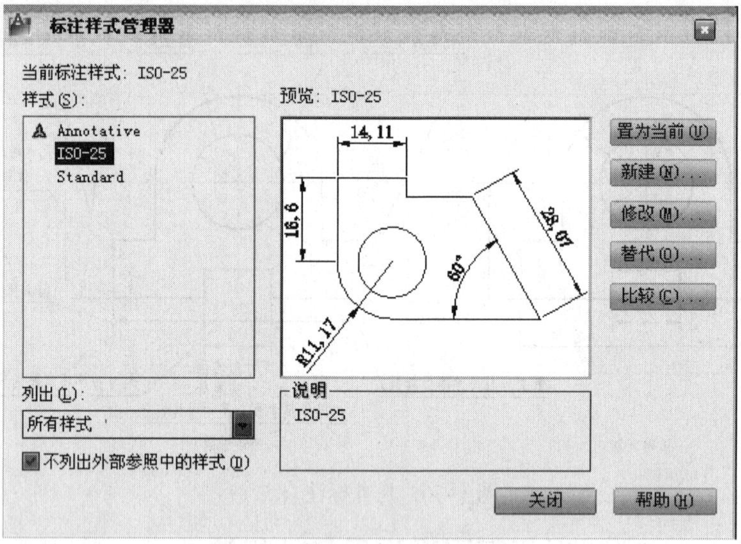

图 1-71 【标注样式管理器】对话框

【列出】下拉列表框：用来控制在样式区域列出的尺寸标注样式的范围。包含显示出所有样式和正在使用的样式两种类型。

【说明】选项：用来显示选定的尺寸标注样式的文本信息。

【置为当前】按钮：单击该按钮，可以将【样式】列表中选定的标注样式设置为当前标注样式。

【新建】按钮：单击该按钮，将弹出【创建新标注样式】对话框，如图 1-72 所示。在【新样式名】文本框中输入标注新样式名称。

【修改】按钮：单击该按钮，将弹出【替代当前样式】对话框，从中可以修改标注样式。

【替代】按钮：根据需要设置临时的尺寸标注样式。该对话框中的选项与【新建新标注样式】对话框中的选项相同。当把其他样式置为当前样式时，临时样式将自动消失。

【比较】按钮：单击该按钮，将弹出【比较标注样式】对话框，从中可以比较两个标注样式之间的差别或列出一个标注样式的所有特性，如图 1-73 所示。

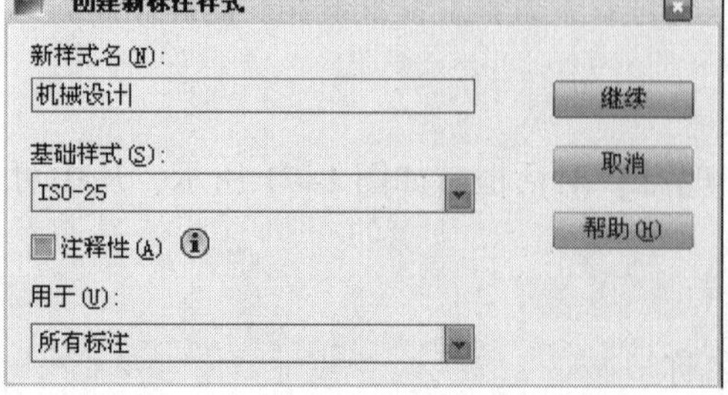

图 1-72 【创建新标注样式】对话框

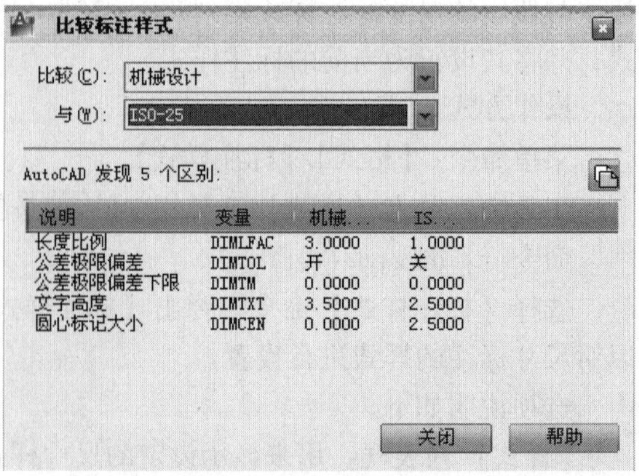

图 1-73 【比较标注样式】对话框

二、线性尺寸标注

线性标注一般用于标注图形对象的水平、垂直或倾斜方向的线性尺寸。在标注线性尺寸时，应打开对象捕捉和极轴追踪准确定位。

操作方式如下。

菜单命令：【标注】/【线性】。

工具栏：单击【常用】工具栏中的按钮。

命令行：dimlinear(dli)。

命令行提示信息如下：

```
命令:_dimlinear ↙
指定第一条尺寸界线原点或 <选择对象>: <对象捕捉 开>
                                                //打开“对象捕捉”功能,指定尺寸的起点
指定第二条尺寸界线原点:                          //指定尺寸的第二点
指定尺寸线位置或[多行文字(M)/文字(T)/角度(A)/水平(H)/垂直(V)/旋转(R)]:
                                                //指定尺寸线的位置或输入选项
指定尺寸线位置或 [多行文字(M)/文字(T)/角度(A)]:
标注文字 =100
```

选项说明：

【多行文字】：使用【多行文字编辑器】编辑标注文字内容，“< >”内表示系统测定的尺寸数值。

【文字】：可以以单行文字的形式直接输入标注文字的内容。

【角度】：指定标注文字的旋转角度。

【水平/垂直】：可以创建水平线性标注或垂直线性标注。

【旋转】：指定尺寸线的旋转角度。

三、对齐标注

对齐标注是线性标注的一种特殊形式。对齐标注可以对非水平或非垂直直线进行标注，其尺寸线平行于尺寸界线端点连成的直线。

操作方式如下。

菜单命令：【标注】/【对齐】。

工具栏：单击【标注】工具栏中的 按钮。

命令行：dimaligned(dal)。

四、角度标注

角度标注用于测量两条直线间的角度、圆和圆弧的角度或三个点之间的角度。在 AutoCAD 2012 中增加了角度标注的象限支持。角度标注可以测量指定的象限点，该象限点是在直线或圆弧的端点、圆心或两个顶点之间对角度进行标注时形成的。创建角度标注时，可以测量四个可能的角度。通过指定象限点，使用户可以确保已标注正确的角度。指

定象限点后，可以防止角度标注时，用户将标注文字标注在尺寸延伸线之外。

操作方式如下。

菜单命令：【标注】/【角度】。

工具栏：单击【标注】工具栏中的按钮。

命令行：dimangular（dan）。

五、半径标注

半径标注用来标注圆弧或圆的半径。半径标注的尺寸线从圆心指向圆弧上的一点，并且在标注的过程中，AutoCAD 将自动在标注文字前添加半径符号“R ”。

操作方式如下。

菜单命令：【标注】/【半径】。

工具栏：单击【标注】工具栏中的 按钮。

命令行：dimradius（dra）。

六、直径标注

直径标注用来标注圆弧或圆的直径。直径标注的尺寸线从圆心指向圆弧上的一点，并且在标注的过程中，AutoCAD 将自动在标注文字前添加直径符号“ϕ”。

操作方式如下。

菜单命令：【标注】/【直径】。

工具栏：单击【标注】工具栏中的按钮。

命令行：_ dimdiameter（ddi）。

七、圆心标记标注

圆心标注可以根据需要在圆或圆弧的中心点处标注圆心标记。

操作方式如下。

菜单命令：【标注】/【圆心标记】。

工具栏：单击【标注】工具栏中的按钮。

命令行：dimcenter（dce）。

八、弧长标注

圆弧除了可以标注半径和直径以外，还可以标注圆弧的长。

操作方式如下。

菜单命令：【标注】/【弧长】。

工具栏：单击【注释】/【标注】工具栏中的按钮。

命令行：dimarc(dar)。

九、折弯标注

当圆弧或圆的圆心位于布局外并且无法在其实际位置显示时，可以创建折弯半径标注，也称“缩放的半径标注”。

操作方式如下。

菜单命令：【标注】/【折弯】。

工具栏：单击【注释】/【标注】工具栏中的 按钮。

命令行：dimjogged（djo）。

十、基线标注

基线尺寸标注是标注一组起始相同的尺寸，其特点是尺寸拥有相同的基准线，在创建基线标注和连续标注之前，都必须已存在一个以上的尺寸标注。

操作方式如下。

菜单命令：【标注】/【基线】。

工具栏：单击【注释】/【标注】工具栏中的 按钮。

命令行：dimbaseline（dba）。

十一、连续标注

连续标注是创建一系列首尾相连的多个标注，在创建连续标注之前必须存在一个以上的尺寸标注（线性标注、坐标标注或角度标注）。

操作方式如下。

菜单命令：【标注】/【连续】。

工具栏：单击【注释】/【标注】工具栏中的 按钮。

命令行：dimcontinue（dco）。

任务实践

一、完成图 1–74 所示的尺寸标注

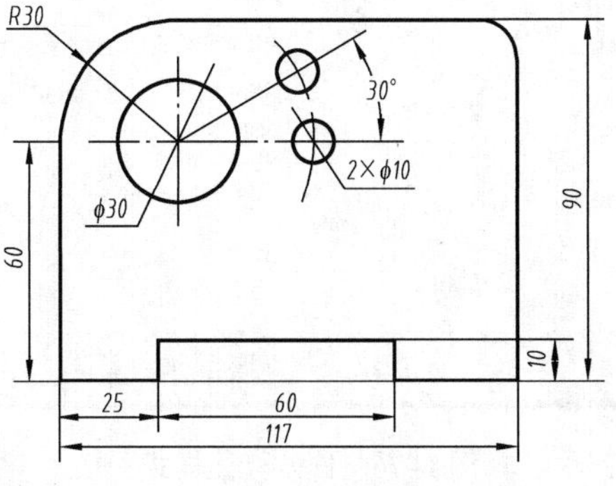

图 1–74　尺寸标注

1. 设置标注格式

步骤一：单击注释中的 ，打开如图 1–75 所示的对话框。

步骤二：单击【修改】按钮，弹出对话框，根据要求修改字体大小、箭头大小等，如图 1–76 所示。

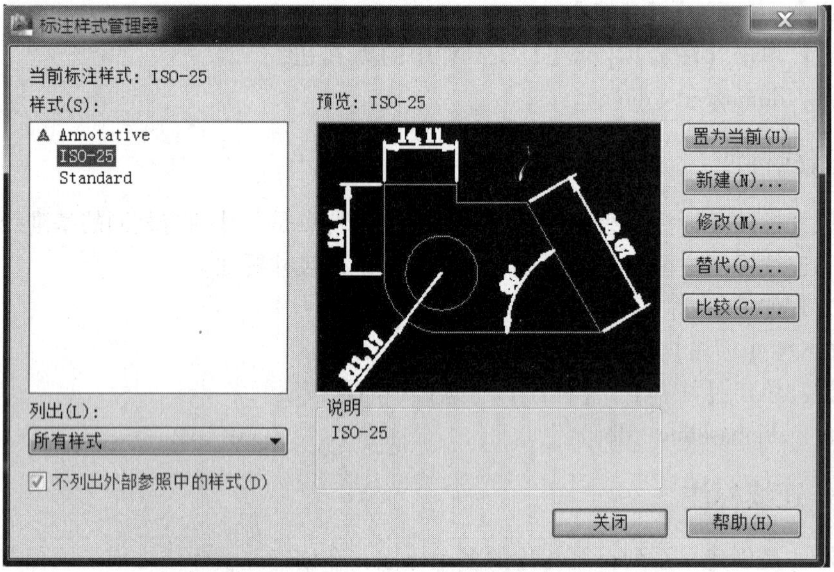

图 1–75 【标注样式管理器】对话框

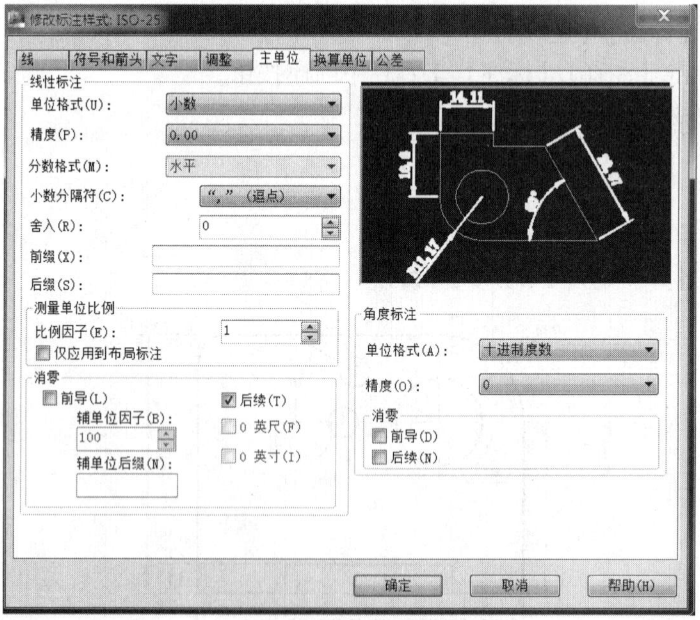

图 1–76 修改标注样式

步骤三：重复步骤一，单击【修改】按钮，弹出对话框，新样式名命名为【水平】，如图 1–77 所示。

步骤四：单击【继续】按钮，弹出对话框，文字对齐选择【水平】单选按钮，如图 1–78 所示。

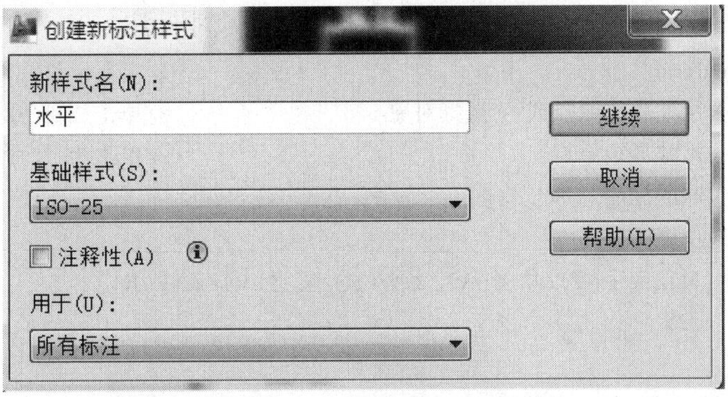

图 1-77　创建新标注样式

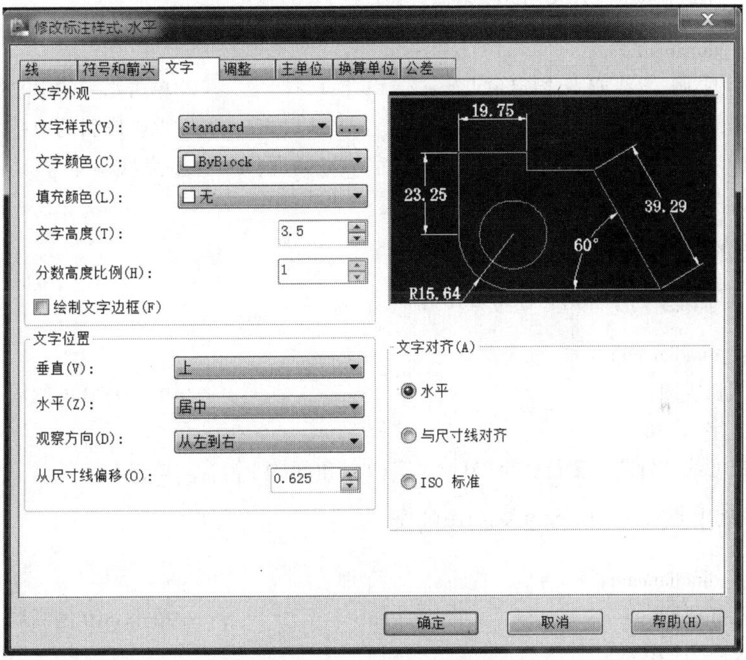

图 1-78　修改标注样式

2. 线性尺寸标注

步骤一：单击【注释】，选择中的 ISO－25，如图 1-79 所示。

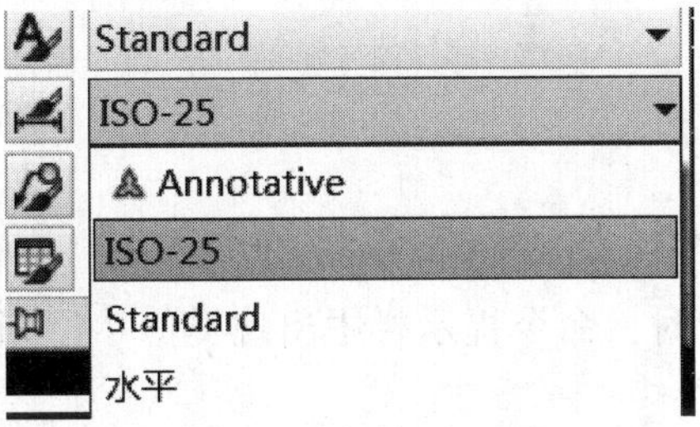

图 1-79　注释下拉列表框

步骤二：单击，进行 25、60、117、10、90 的尺寸标注。

例：命令：_dimlinear

指定第一个尺寸界线原点或 <选择对象>：　　//单击 25 尺寸的左面的点

指定第二条尺寸界线原点：　　//单击 25 尺寸的右面的点

创建了无关联的标注。

指定尺寸线位置或

[多行文字(M)/文字(T)/角度(A)/水平(H)/垂直(V)/旋转(R)]：

标注文字 = 25

3. 标注角度

步骤一：单击【注释】，选择中的【水平】。

步骤二：单击进行 30°标注。

命令：_dimangular

选择圆弧、圆、直线或 <指定顶点>：　　//单击水平的中心线

选择第二条直线：　　//单击倾斜的中心线

指定标注弧线位置或 [多行文字(M)/文字(T)/角度(A)/象限点(Q)]：

标注文字 = 30

4. 标注圆的直径

步骤一：单击，标注 $\phi30$ 的圆。

命令：_dimdiameter

选择圆弧或圆：　　//单击 $\phi30$ 的圆周

标注文字 = 30

指定尺寸线位置或 [多行文字(M)/文字(T)/角度(A)]：　//单击

步骤二：单击，标注 $2\times\phi10$ 的圆。

命令：_dimdiameter

选择圆弧或圆：　　//单击 $\phi10$ 的圆周

标注文字 = 10

指定尺寸线位置或 [多行文字(M)/文字(T)/角度(A)]：m　//键盘输入 m 后在屏幕上输入 2×

指定尺寸线位置或 [多行文字(M)/文字(T)/角度(A)]：　//单击

5. 标注圆的半径

步骤一：单击，标注 $R30$ 的圆。

命令：_dimradius

选择圆弧或圆：　　//单击 $R30$ 的圆周

标注文字 = 15

指定尺寸线位置或 [多行文字(M)/文字(T)/角度(A)]：　//单击

步骤二：当在标注尺寸时，命令提示栏中出现类似"[多行文字(M)/文字(T)/角度(A)]"提醒时输入 m。

步骤三：根据要求在屏幕上右击，出现如图 1-80 所示菜单，按要求选择符号中的度

数、正/负或直径。

也可根据要求直接在数字前输入：

%%d 表示度数；

%%p 表示正负；

%%c 表示直径。

步骤四：在屏幕上的适当位置单击。

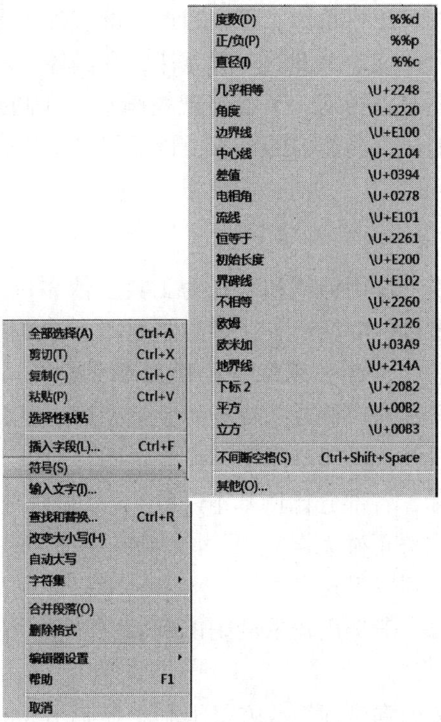

图 1-80　快捷菜单

二、对图 1-81 和图 1-82 进行尺寸标注

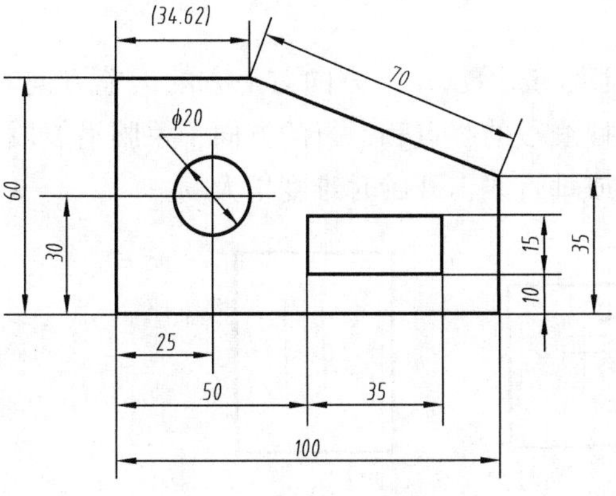

图 1-81　尺寸标注（一）

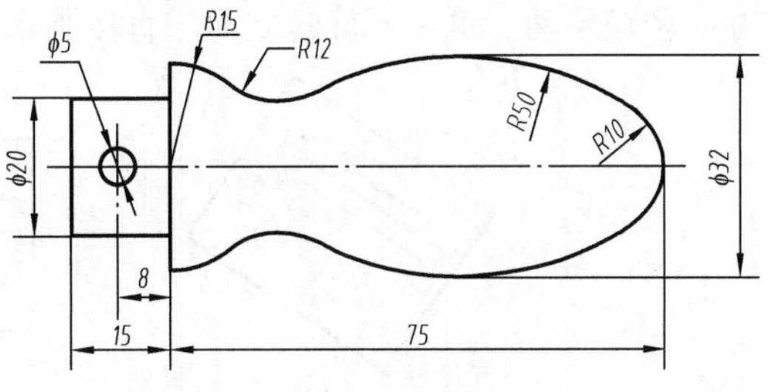

图 1-82　尺寸标注（二）

课题五　徒 手 画 图

任务目标

知识点： 掌握徒手绘图的一般方法。

技能点： 会徒手画直线、正三角形、正六边形、圆、椭圆等图形。

任务分析： 本节主要介绍徒手画图的一般方法，在具体练习画直线时，眼睛一定要看着线段的终点，不要盯着笔尖，否则，不容易把线画直。在画角度、圆与椭圆等图形时，都会用到目测，在平时要加强目测能力的练习，以便目测得比较准确。

相关知识

徒手画图是指不用尺规，仅用铅笔和纸张为工具，依靠目测估计图形与实物的比例，按一定画法要求徒手绘制出机件的图形。徒手绘制的图也称草图。在实际生产中，经常需要通过绘制草图来创意构思、交流技术和测绘机器等，况且，计算机辅助绘图的快速发展，使得高质量的打印图样逐渐代替效率较低的手工图样。因此，徒手画图是工程技术人员必备的一项重要的基本技能。虽然草图不用尺规作图，但也不能过于马虎，要做到：目测基本准确（尽量符合实际，各部分比例基本一致）、线型规范（粗细分明、图线清晰）、图形正确（各部分形状、位置正确无误）、尺寸正确、字体工整。

为了画好草图，需要做到以下几点：

（1）在铅笔的选用上，一般选用较软的 HB 或 2B 铅笔，并把铅笔削成圆锥形，以便于运笔。

（2）在纸的选用上，考虑到坐标纸或方格纸利于控制图线的走向和图形的大小，最好选用坐标纸或方格纸。

（3）执笔时，不要让铅笔尖离手太近，手心要虚，否则，不便于灵活运笔。

一、直线的画法

如图 1-83 所示，画直线时，尽可能旋转纸面，选用从左下方向右上方的运笔方向，小指轻轻压住纸面，眼睛不要盯住笔尖，而要目视线段的终点和运行的方向，手腕沿线段方向轻轻移动。也可不旋转纸面，直接画水平线或垂直线，开始时难度稍大。

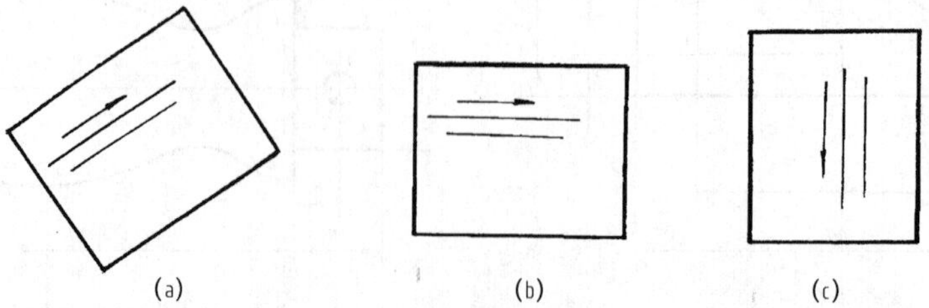

(a)　(b)　(c)

图 1-83　直线的画法

二、常用角度的画法

画常用的角度，如 30°、45°、60°等特殊角度时，可利用直角三角形两直角边的长度比例确定出直角边上的两点，然后用连接该两点的方法予以画出，也可利用等分圆弧的方法画出，如图 1-84 所示。

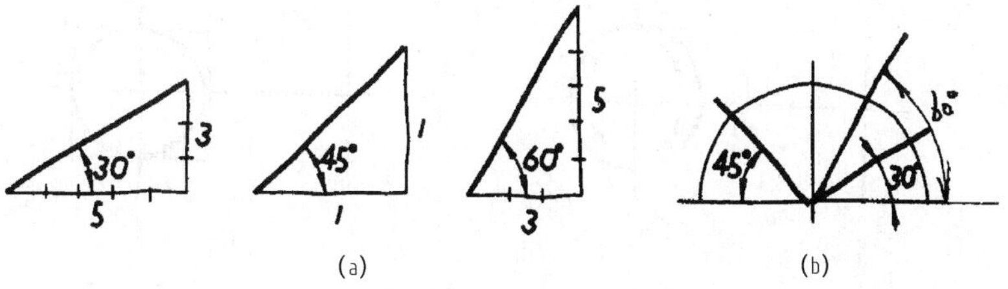

图 1-84　常见特殊角度的画法

三、常用正多边形的画法

正三角形的画法如图 1-85 所示，先画出互相垂直的两条线，在交点处向水平线的左方和右方均量取 3 个单位，得到 *A*、*B* 点；沿垂直线向上量取 5 个单位，得到 *C* 点，连接 ABC 即可。

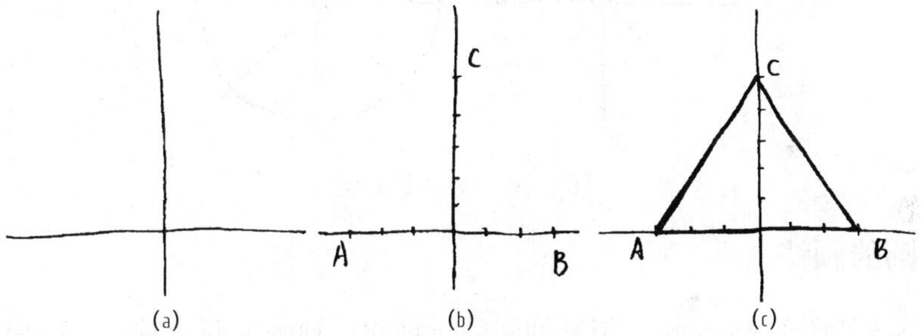

图 1-85　正三角形的画法

正六边形的画法如图 1-86 所示，先画出两条互相垂直的中心线（交点为 *O*），在水平线上向左、右各量取 6 个单位，得 *A*、*D* 两点；在垂直线上向上、下各量取 5 个单位，得 *P*、*K* 两点，过 *P*、*K* 的水平线与过 *OA*、*OD* 中点的垂直线分别相交于点 *B*、*C*、*E*、*F*，顺序连接点 *A*、*B*、*C*、*D*、*E*、*F* 即可。

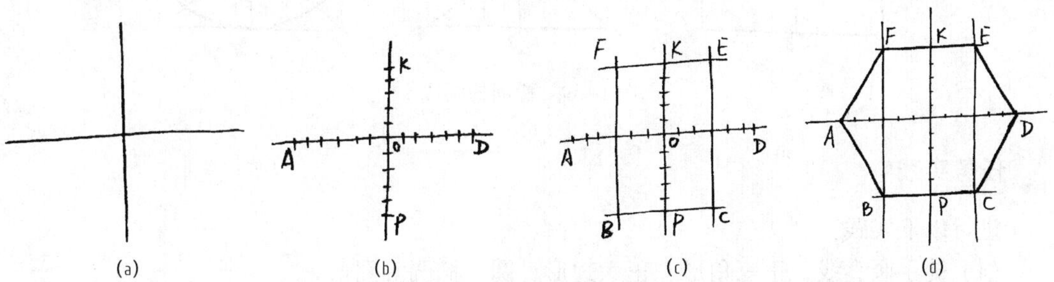

图 1-86　正六边形的画法

四、圆的画法

画小圆时，如图 1–87（a）所示，可按半径在中心线上目测四个点，分四段连接成圆。也可先把四个点作为正方形各边的中点画出正方形，再画正方形的内切圆，如图 1–87（b）所示。

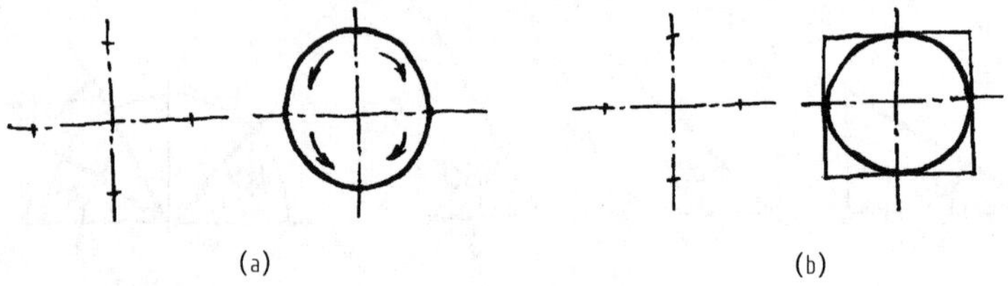

图 1–87　小圆的画法

画大圆时，如图 1–88 所示，除目测找出中心线上的四个点之外，还要在通过圆心的两条 45°斜线上目测确定四个点，再用类似画小圆的方法画出四段圆弧并连接成圆。

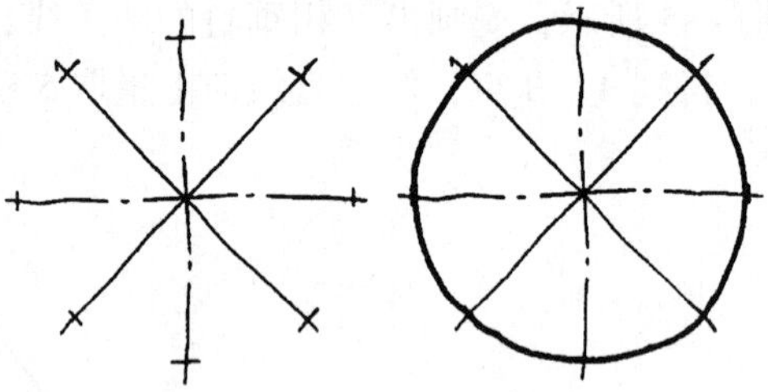

图 1–88　大圆的画法

五、椭圆的画法

椭圆的画法如图 1–89 所示，根据椭圆的长轴和短轴确定四个端点，画出椭圆的外切矩形，连接矩形的对角线，将两条对角线六等分，通过长短轴的四个端点和对角线靠外的四个等分点画出椭圆。

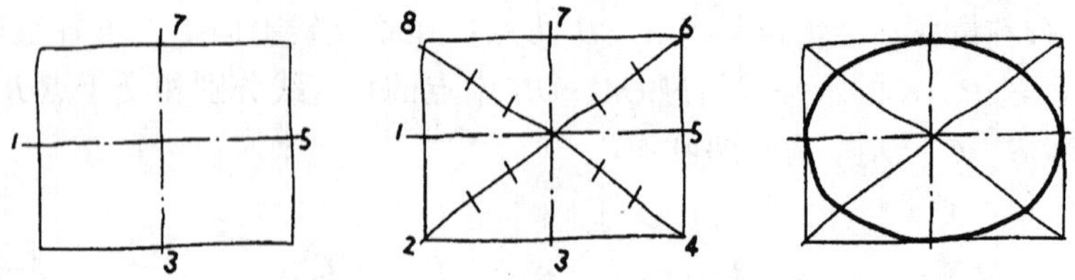

图 1–89　椭圆的画法

任务实践

进行以下实践：

（1）徒手画直线、正三角形、正六边形、圆、椭圆等图形。

（2）徒手画图 1–90 所示图形。

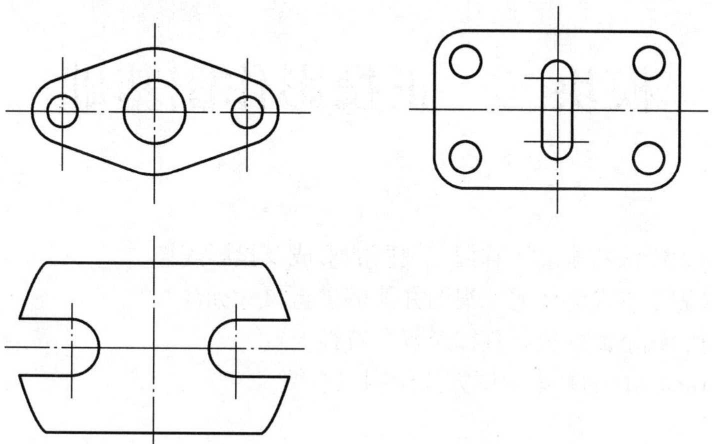

图 1–90　徒手绘图

模块二　正投影作图基础

模块目标：

(1) 了解正投影法的概念，掌握三视图的形成及投影规律。

(2) 学会绘制基本几何体的三视图并能够进行尺寸标注。

(3) 知道点、线、面的投影规律及投影特性。

(4) 能用 AutoCAD 的基本绘图方法绘制三视图。

课题一　三视图的形成及投影规律

任务一　三视图的画法

任务目标

知识点： 正投影的概念、三视图形成过程和投影规律。

技能点： 掌握识读三视图的方法，绘制简单形体的三视图。

任务分析： 图 2-1 是 V 形块的立体图和三视图。通过本任务的学习，了解三视图的形成过程和投影规律，能够识读和绘制简单形体的三视图。

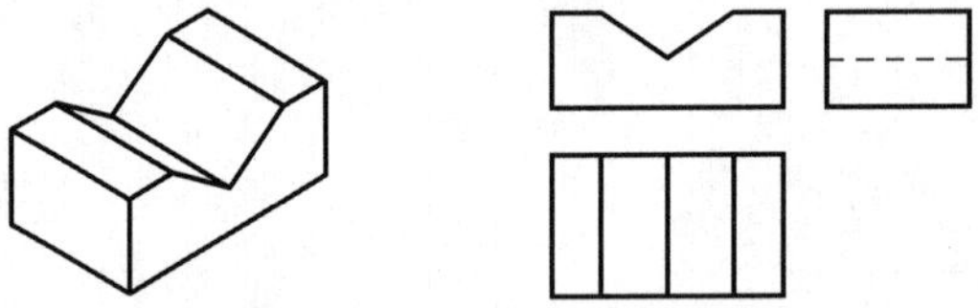

(a) V形块立体图　　(b) V形块三视图

图 2-1　V 形块的立体图和三视图

相关知识

一、投影法

1. 正投影法的概念

投影法有中心投影法和平行投影法之分，如图 2-2 所示。

中心投影法所得到的投影图立体感较强，但不能反映物体真实形状和大小，图形的度量性较差，常用于绘制各种建筑物效果图，如图 2-3 所示。

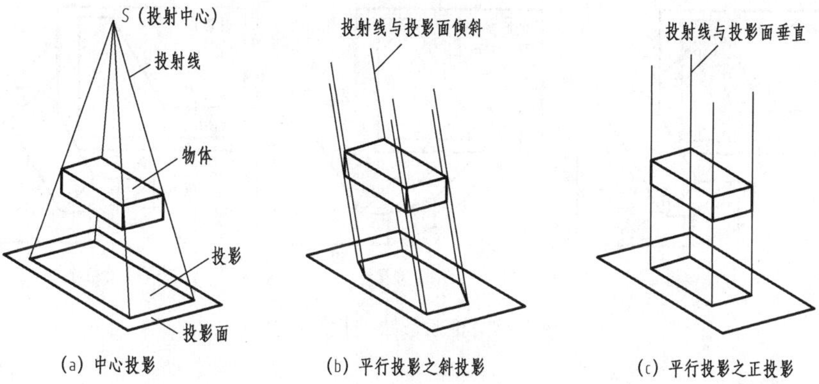

图 2–2　投影法

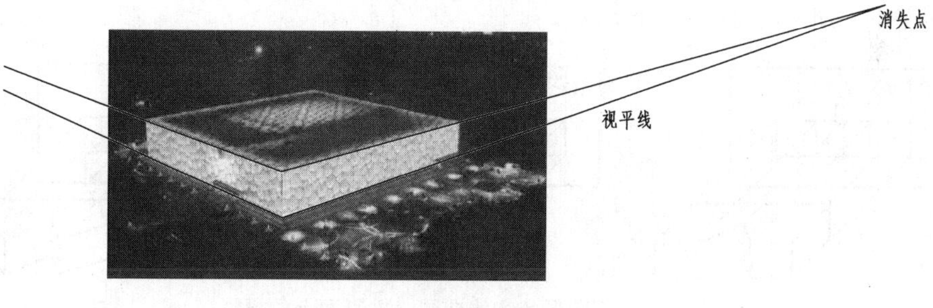

图 2–3　中心投影法应用——效果图

平行投影法又根据投射线与投影面垂直与否分为斜投影法和正投影法，如图 2–2（b）、图 2–2（c）所示。

（1）斜投影法：用相互平行且倾斜于投影面的投射线对物体进行投射的方法，所作出的投影称为斜投影图，如图 2–2（b）所示。用这种方法可以绘制立体感强的轴测图。

（2）正投影法：用相互平行且垂直于投影面的投射线对物体进行投射的方法，所作出的投影称为正投影图，如图 2–2（c）所示。在工程图样中，根据有关标准绘制的多面正投影图也称视图。用这种方法能真实反映出物体形状的大小，度量性好，作图方便，在机械图样中应用广泛，本书所述投影均为正投影图。

2. 正投影法的投影特性

（1）真实性：平行于投影面的平面，其投影反映实际形状；平行于投影面的线，其投影反映实际长度，如图 2–4（a）所示。

（2）积聚性：垂直于投影面的平面，其投影积聚成一条直线；垂直于投影面的线，其投影积聚成一个点，如图 2–4（b）所示。

（3）类似（收缩）性：倾斜于投影面的平面，其投影面积变小但形状与原来类似；倾斜于投影面的直线，其投影长度比实际长度短，如图 2–4（c）所示。

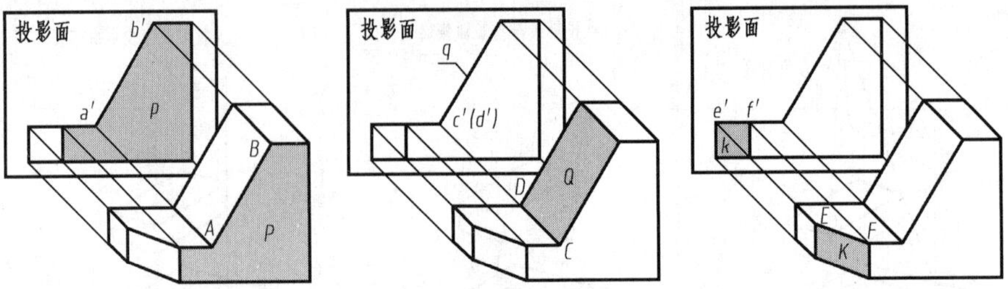

(a) 真实性　　(b) 积聚性　　(c) 类似性

图 2–4　正投影法的投影特性

二、三视图

用正投影法在一个投影面上得到的一个视图，只能反映物体一个方向的形状，而不能完整反映物体的形状，如图 2–5 所示。

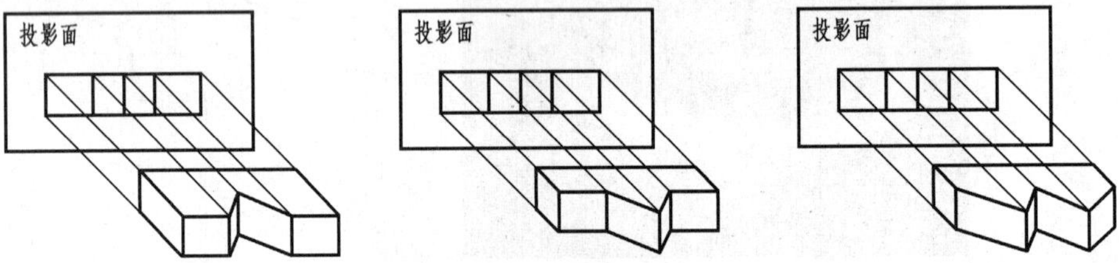

图 2–5　不同形状物体在同一投影面上的投影

物体完整的形状通常用三个视图来表示，从三个方向进行投射，画出三个视图，称为三视图。

1. 三视图的形成

将 V 形块正置于三投影面体系中，将 V 形块分别向三个互相垂直的投影面 *V*、*H*、*W* 面作正投影，即可得到 V 形块的三个视图。为了画图和读图方便，将 *H*、*W* 面与 *V* 面在同一个平面上展开，去掉投影面边框和投影轴线后的图形就形成了 V 形块的三视图，如图 2–6 所示。

1）主视图

从前向后投射，在正立投影面（*V* 面）上所得到的视图称为主视图。主视图反映物体的长度和高度。

2）俯视图

从上向下投射，在水平投影面（*H* 面）上所得到的视图称为俯视图。俯视图反映物体的长度和宽度。

3）左视图

从左向右投射，在侧投影面（*W* 面）上所得到的视图称为左视图。左视反映物体的高度和宽度。

2. 三视图的投影规律

如图 2–7 所示，由三视图的形成过程，可以总结出三视图的投影规律。

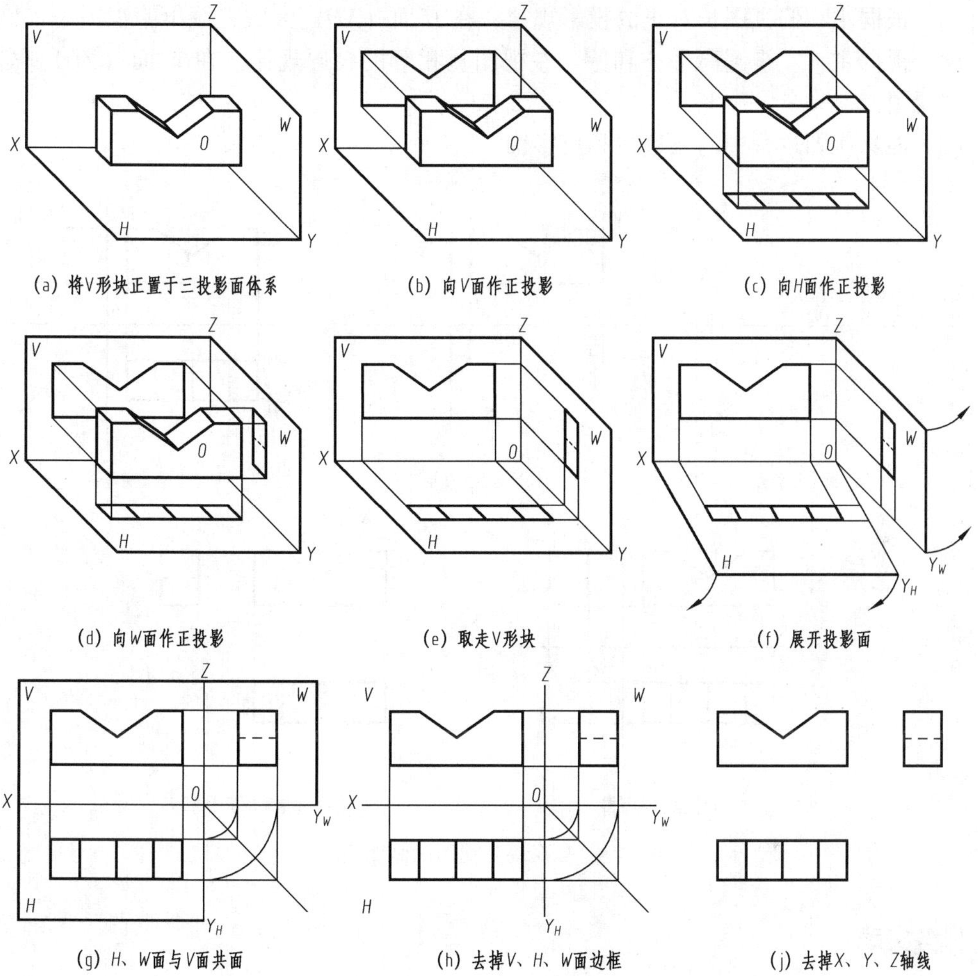

图 2–6　三视图的形成过程

1）位置关系

三视图的位置以主视图为基准，俯视图在下，左视图在右。

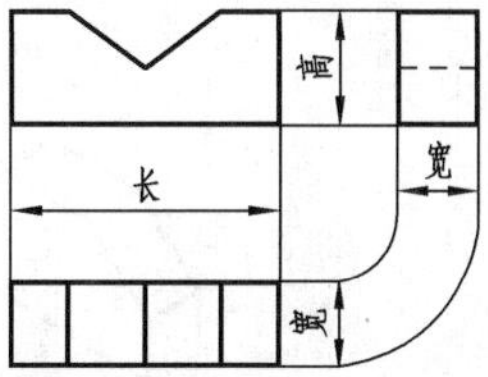

图 2–7　三视图的投影规律

2）尺寸关系

三视图是同一个物体在三个不同方向的投射，不同视图相同方向的尺寸必定相等，即：

主视图、俯视图长对正；

主视图、左视图高平齐；

俯视图、左视图宽相等。

3. 三视图的画法

如图 2–8 所示，画三视图时必须按三视图的投影规律绘制，具体方法如下：

（1）先画出投影轴 OX、OY_H、OY_W、OZ；

（2）在 V 面（XOZ 区域）正置位置画出主视图；

（3）根据主、俯视图长对正的投影规律，在 H 面（XOY_H区域）画出俯视图；

（4）根据主、左视图高平齐和俯、左视图宽相等的投影规律，在 W 面（ZOY_W区域）画出左视图；

（5）擦除作图过程中的痕迹线和投影轴。

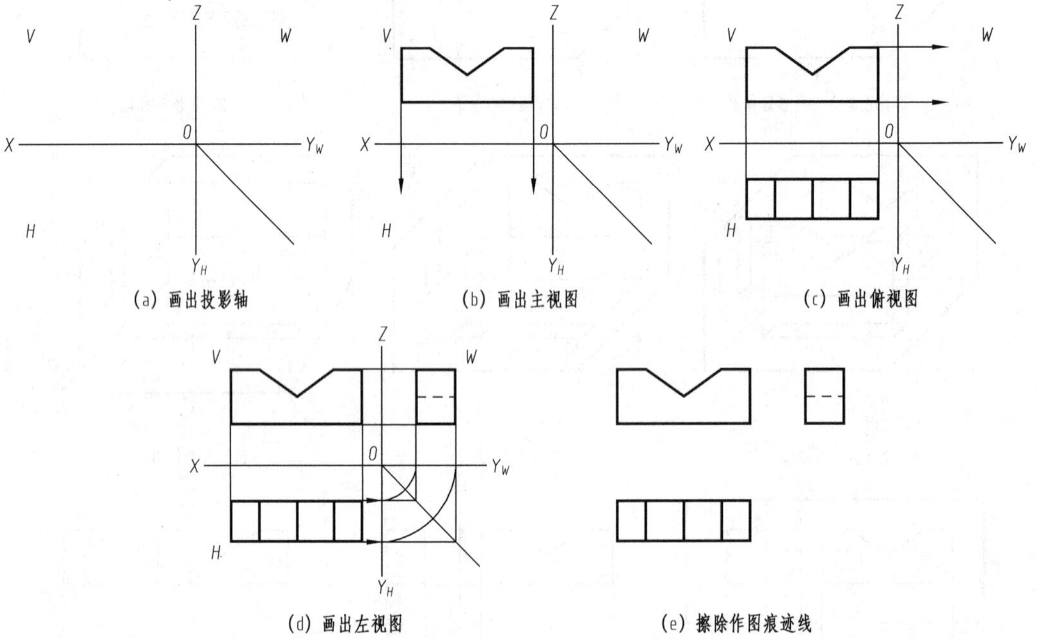

图 2-8　V 形块三视图的画图步骤

任务实践

进行以下实践：

（1）参照立体图，根据三视图的投影规律选择正确的一组三视图。

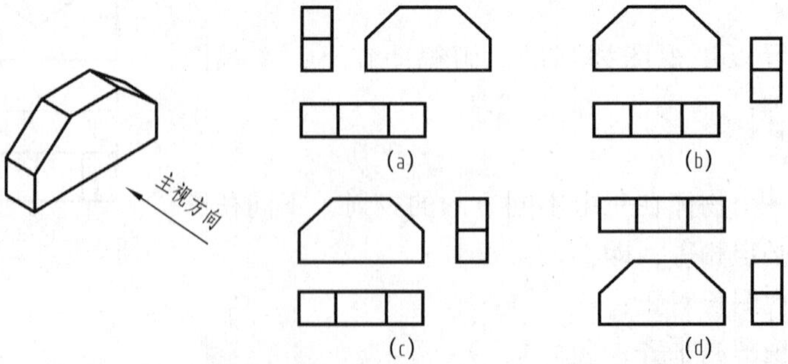

（2）参照立体图，根据三视图的投影规律补画三视图中的缺线。

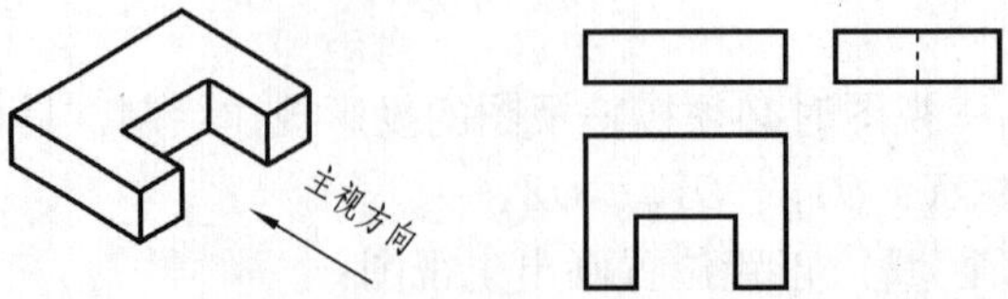

（3）参照立体图，根据三视图的投影规律补画左视图。

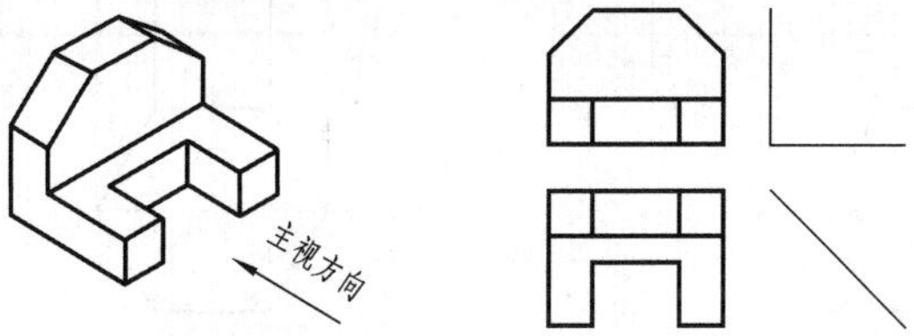

任务二　基本体的投影作图及尺寸标注

任务目标

知识点：了解常见基本体的三视图及投影规律。

技能点：能正确绘制正置基本体的三视图，能正确标注正置基本体的尺寸。

任务分析：工程上常见的形体都可以看成由若干基本体组合而成。基本体有平面体和曲面体两类。平面体每个表面都是平面，如棱柱、棱锥等；曲面体至少有一个表面是曲面，如圆柱、圆锥、圆球等。了解基本体的三视图及其尺寸标注，是识读组合体、画组合体视图的基础。

相关知识

一、棱柱

棱柱的棱线互相平行。常见棱柱为直棱柱，其顶面和底面是两个全等且相互平行的多边形，称为特征面；各侧面为矩形，侧棱垂直于底面。顶面和底面为正多边形的直棱柱，称为正棱柱，如正三棱柱、正四棱柱、正五棱柱和正六棱柱等。

下面以正六棱柱为例，分析正棱柱的投影特征、作图方法。

1. 正六棱柱的三视图及其作图步骤

图 2-9 所示为一正六棱柱，顶面和底面是正六边形且平行于 H 面，前后两个矩形侧面平行于 V 面，其他四个侧面垂直于 H 面。其三视图的作图步骤如图 2-10 所示。

俯视图为一正六边形，是顶面和底面的重合投影，反映顶、底面的实形，为特征视图。六边形的边和顶点是六个侧面的投影和六条侧棱的积聚投影。

主视图的三个矩形线框是六个侧面的投影，中间的矩形线框是前、后侧面的重合投影，反映实形；左、右两个矩形线框分别为六棱柱其余四个侧棱面的重合投影，是类似形；上下两条图线是顶面和底面的积聚投影，另外四条图线是六条侧棱的投影。

左视图的两个矩形线框是六棱柱左边两个侧面的投影，且遮住了右边两个侧面，投影不反映实形，是类似形。

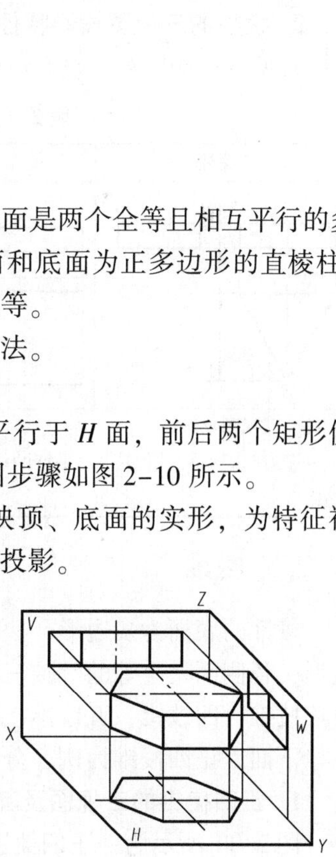

图 2-9　正六棱柱的投影

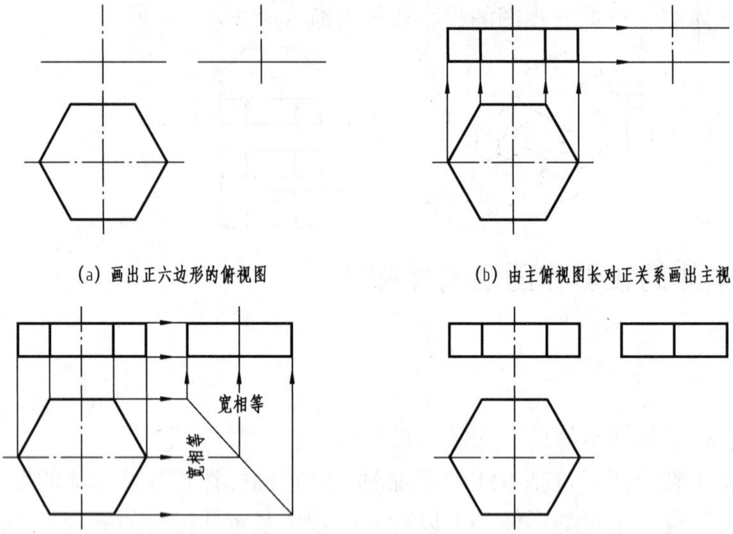

(a) 画出正六边形的俯视图　(b) 由主俯视图长对正关系画出主视图

(c) 由主左视图高平齐和左俯视图宽相等关系画出左视图　(d) 擦除作图痕迹线

图 2-10　正六棱柱的三视图画图步骤

2. 棱柱的三视图投影特性及其尺寸标注

常见棱柱的三视图投影特性及其尺寸标注见表 2-1。

表 2-1　常见棱柱三视图投影特性及其尺寸标注

三棱柱	四棱柱	五棱柱	六棱柱
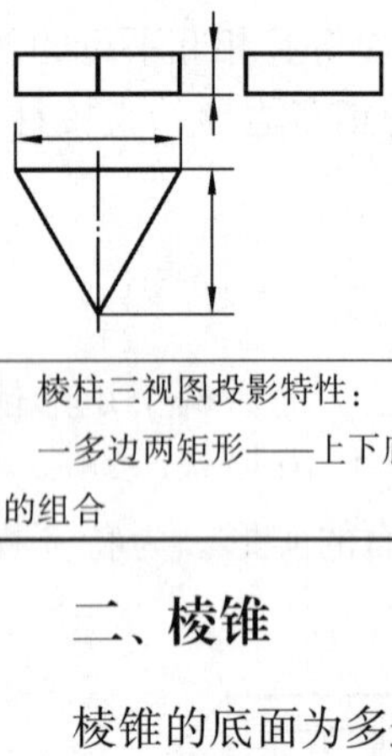	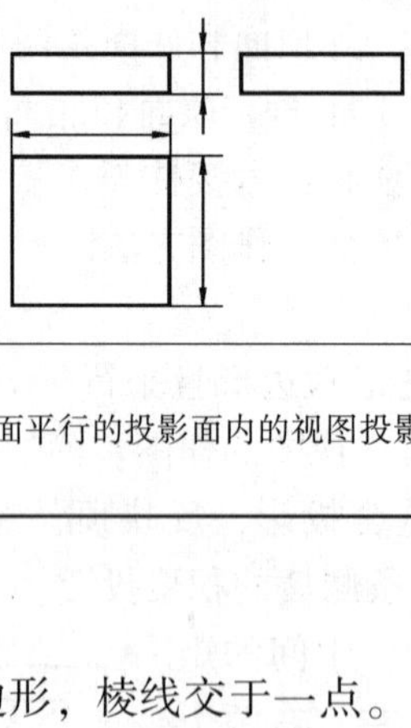	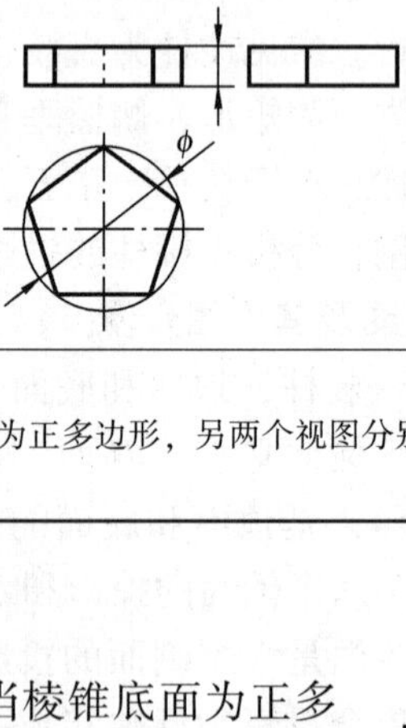 ϕ	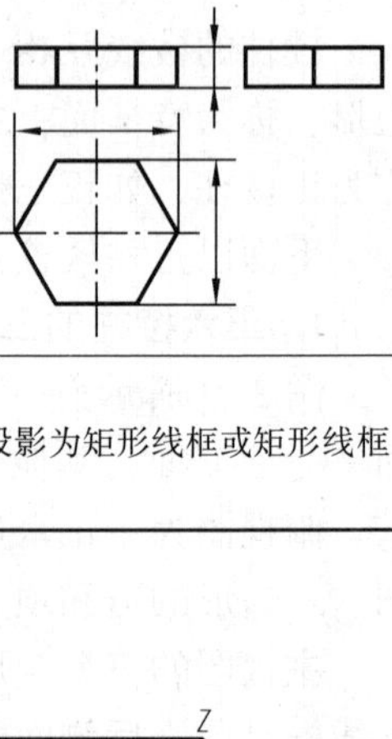
棱柱三视图投影特性： 一多边两矩形——上下底面平行的投影面内的视图投影为正多边形，另两个视图分别投影为矩形线框或矩形线框的组合			

二、棱锥

棱锥的底面为多边形，棱线交于一点。当棱锥底面为正多边形，各侧面是全等的等腰三角形时，称为正棱锥。常见棱锥有三棱锥、四棱锥、五棱锥、六棱锥等。

下面以正四棱锥为例，分析棱锥的投影特征、作图方法。

1. 正四棱锥的三视图及其作图步骤

图 2-11 所示为一正四棱锥，底面为一正方形且为水平面，四个侧棱面均为等腰三角形，所有棱线都交于锥顶点 S，正四棱锥的三视图作图步骤如图 2-12 所示。

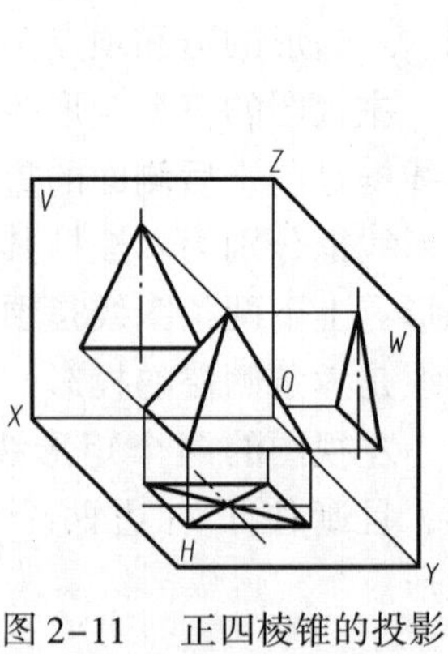

图 2-11　正四棱锥的投影

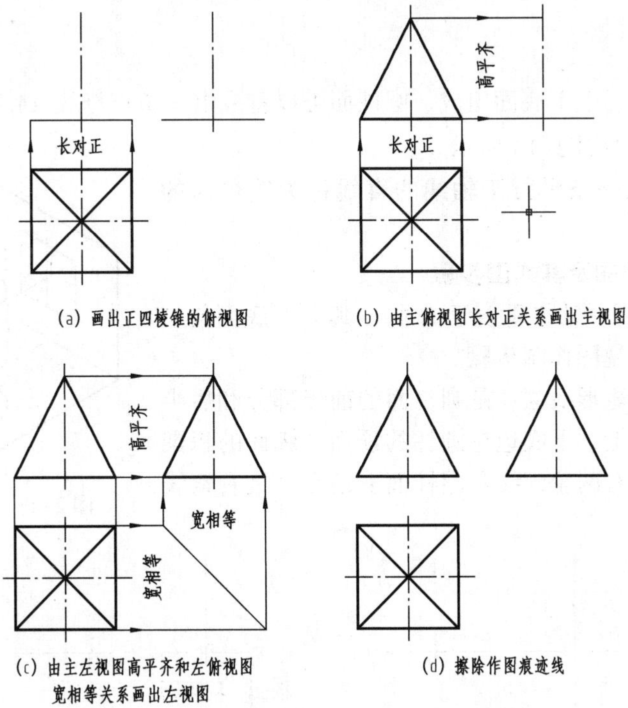

图 2–12　正四棱锥的三视图画图步骤

主视图是一个三角形线框。三角形各边，分别是底面与左、右两侧面的积聚性投影。整个三角形线框同时也反映了正四棱锥前侧面和后侧面在正面上的投影，但并不反映它们的实形。

俯视图是由四个三角形组成的外形为正方形的线框。正四棱锥的底面平行于水平面，因而它的俯视图反映实形，是一个正方形。四个侧面都与水平面倾斜，它们的俯视图应为四个不显实形的三角形线框，它们的四个底边正好是正方形的四条边线。

左视图是一个三角形线框，但三角形两条斜边所表示的是四棱锥的前、后两侧面。

2. 常见棱锥的三视图投影特性及其尺寸标注

常见棱锥的三视图投影特性及其尺寸标注见表 2–2。

表 2–2　常见棱锥的三视图投影特性及其尺寸标注

三棱锥	四棱锥	五棱锥	六棱锥
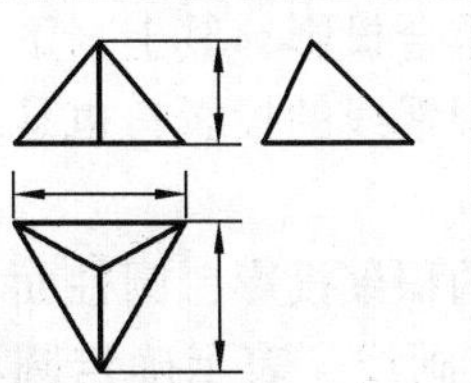	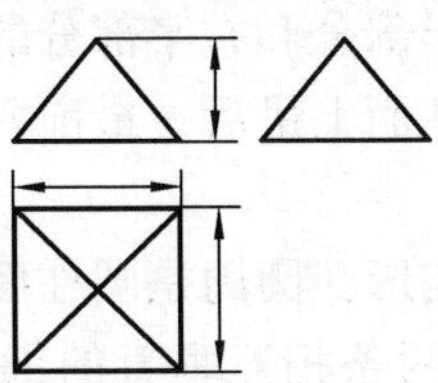	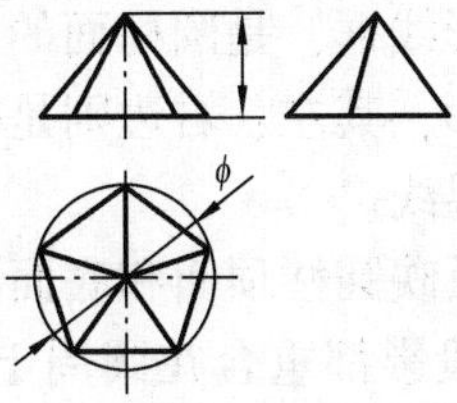	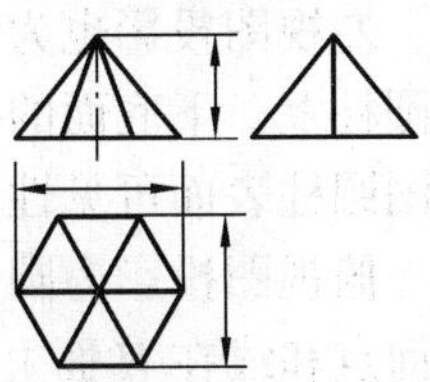
棱锥三视图投影特性： 一多边两三角——下底面平行的投影面内的视图投影为带中心连线的多边形，另两个视图分别投影为三角形线框或三角形线框的组合			

三、圆柱

圆柱由圆柱面、上下底面组成。圆柱面可以看成由一条直母线 AA_1 围绕与它平行的轴线 OO_1 回转而成，如图 2–13 所示。

圆柱面上任意一条平行于轴线的直线称为圆柱面的素线。

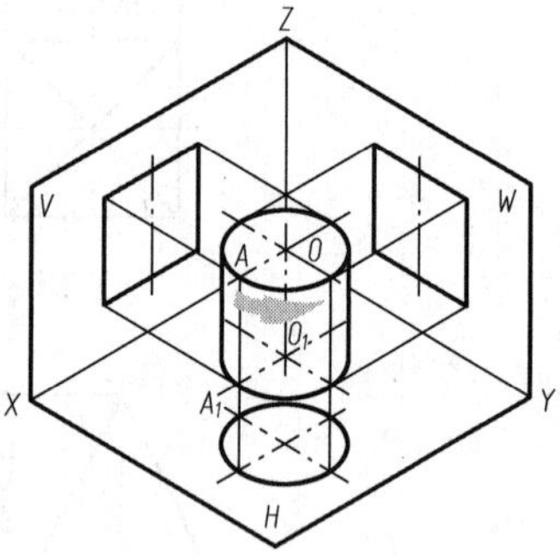

图 2–13　圆柱的投影

1. 圆柱的三视图及其作图步骤

图 2–14 所示为一轴线垂直于 H 面、其上下底面与 H 面平行的圆柱的三视图作图步骤。

主视图投影为矩形线框，是圆柱面的前半部分和后半部分的重合投影，上、下底边是圆柱的顶面、底面的积聚投影，线框的左、右两轮廓线是圆柱面上最左、最右素线的投影。

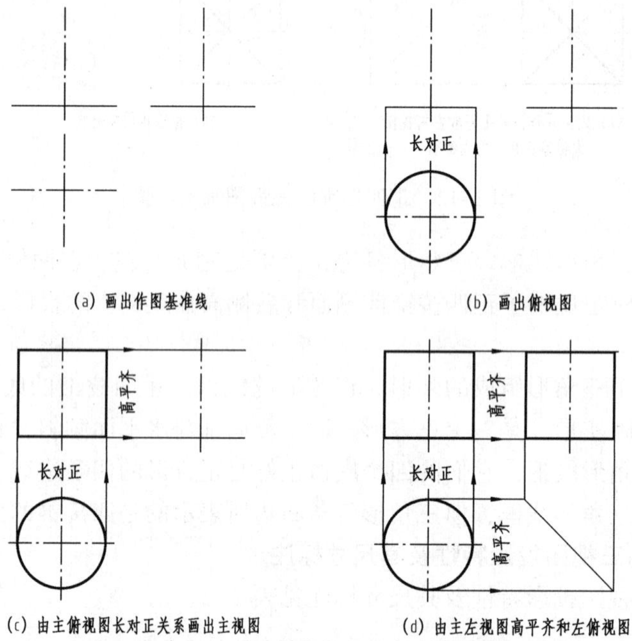

(a) 画出作图基准线　(b) 画出俯视图

(c) 由主俯视图长对正关系画出主视图　(d) 由主左视图高平齐和左俯视图宽相等关系画出左视图

图 2–14　圆柱的三视图画图步骤

左视图投影也为矩形线框，是圆柱面的左半部分和右半部分的重合投影，其上、下边是圆柱上、下底面的投影，其左、右边则是圆柱面上最后、最前两根素线的投影，也是左视图圆柱表面可见性分界线。

俯视图投影为圆，反映圆柱顶面和底面的实形，圆周是圆柱面的积聚投影，圆柱面上任何点和线在 H 面上的投影都重合在圆周上。两条相互垂直的细点画线，表示确定圆心的对称中心线。

2. 圆柱三视图投影特性及其尺寸标注

圆柱三视图投影特性及其尺寸标注见表 2–3。

表 2–3　圆柱三视图投影特性及其尺寸标注

圆柱
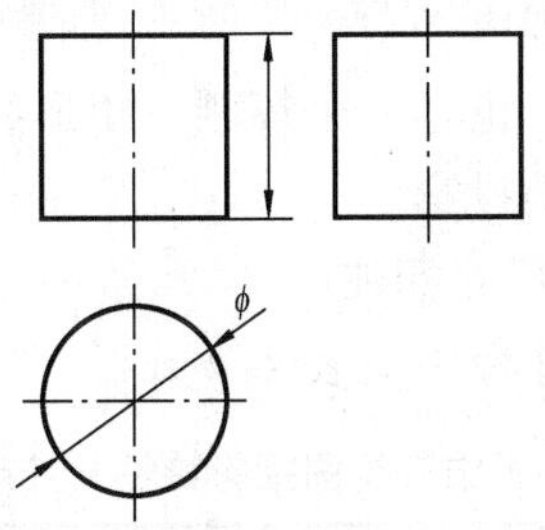
圆柱三视图投影特性： 一圆两矩形——上下底面平行的投影面内的视图投影为一个圆，另两个视图分别投影为带轴线的矩形线框

四、圆锥

圆锥由圆锥面和圆形底面所围成，圆锥面可看成由一直母线 *SA* 绕和它相交的轴线 *SO* 回转而成。在圆锥上通过锥顶 *S* 的任一直线称为圆锥面的素线。在母线上任一点的运动轨迹为圆，如图 2–15 所示。

1. 圆锥的三视图及其作图步骤

图 2–15 所示为一轴线垂直于 *H* 面、其底面与 *H* 面平行的圆锥。图 2–16 所示为其三视图的作图步骤。

圆锥的主视图投影为一个等腰三角形线框，其底边表示圆形底面的投影，两腰是最左、最右直素线的投影。

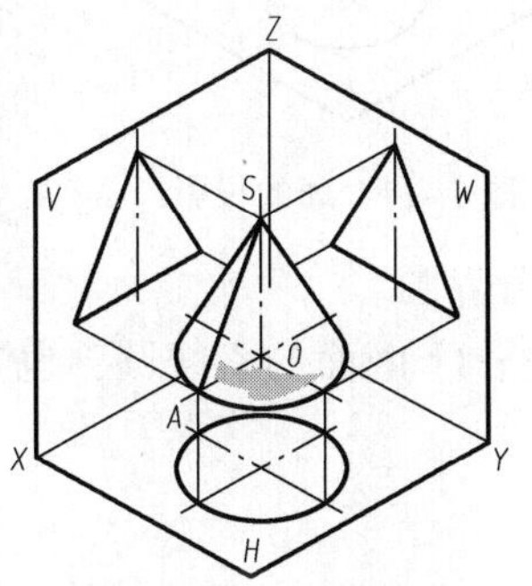

图 2–15　圆锥的投影

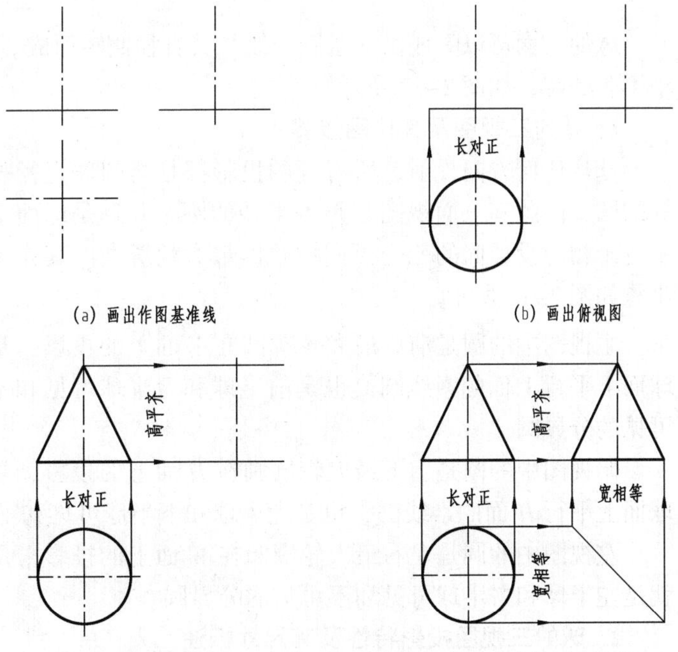

(a) 画出作图基准线　(b) 画出俯视图　(c) 画出主视图　(d) 画出左视图

图 2–16　圆锥的三视图画图步骤

圆锥的俯视图投影为一个圆。由于圆锥的轴线垂直于 *H* 面，底面平行于 *H* 面，因此俯视图投影为一个反映实形的圆。这个圆也是圆锥面的水平投影。圆锥面上的点、线的水平投影都应在俯视图圆平面的范围内。

圆锥的左视图与主视图一样，也是一个等腰三角形线框，但其两腰所表示锥面的部位不同，分别是最前、最后直素线的投影。

2. 圆锥三视图投影特性及其尺寸标注

圆锥三视图投影特性及其尺寸标注见表 2–4。

表 2–4　圆锥三视图投影特性及其尺寸标注

圆锥
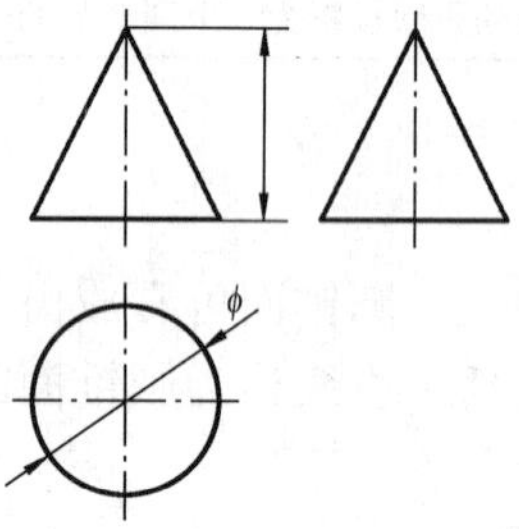
圆锥三视图投影特性： 一圆两三角——底面平行的投影面内的视图为一个圆，另两个视图分别投影为带对称中心线的三角形线框

五、球

球的表面可以看成由一条圆母线绕其直径回转而成。在母线上任一点的运动轨迹为大小不等的圆，如图 2–17 所示。

1. 球的三视图及其作图步骤

球从任何方向投射，所得到的投影都是与圆球直径相等的圆，因此其三面视图都是等半径的圆，并且是球面上平行于相应投影面的三个不同位置的最大轮廓圆。其作图步骤如图 2–18 所示。

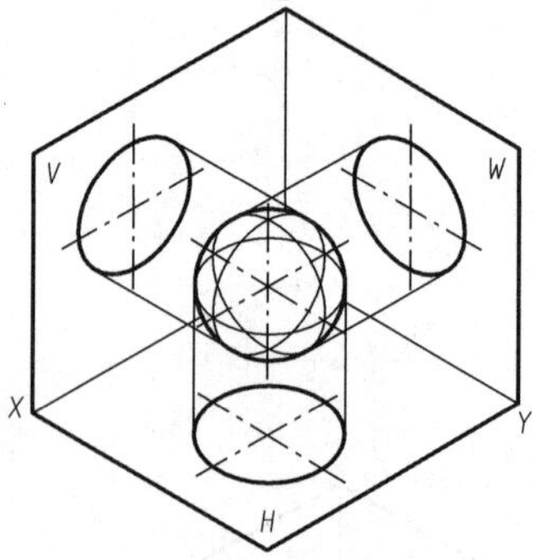

图 2–17　球的投影

主视图中的圆是前后最大轮廓圆在 *V* 面上的投影，是球面上平行 *V* 面的素线圆，也是前半球和后半球可见和不可见的分界圆。

俯视图中的圆是上下最大轮廓圆在 *H* 面上的投影，是球面上平行 *H* 面的素线圆，也是上半球和下半球可见和不可见的分界圆。

左视图中的圆是左右最大轮廓圆在 *W* 面上的投影，是球面上平行 *W* 面的素线圆，也就是左半球和右半球可见和不可见的分界圆。

2. 球的三视图投影特性及其尺寸标注

球的三视图投影特性及其尺寸标注见表 2–5。

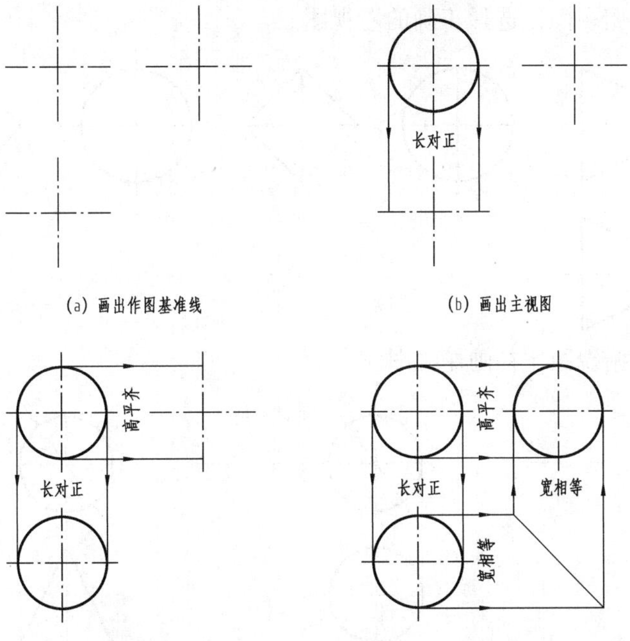

(a) 画出作图基准线　(b) 画出主视图

(c) 画出俯视图　(d) 画出左视图

图 2-18　球的三视图画图步骤

表 2-5　球的三视图投影特性及其尺寸标注

圆球
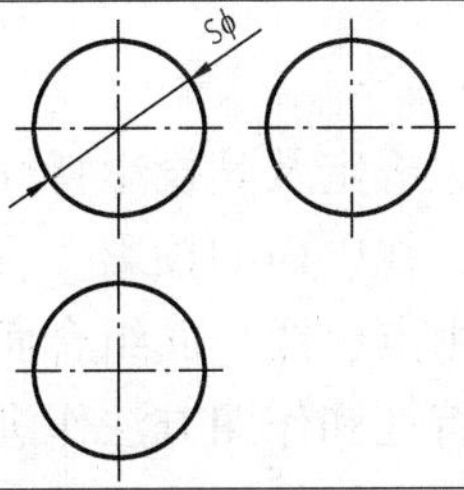
球三视图投影特性： 三个圆——在三个投影面的投影为三个不同位置的最大轮廓圆

任务实践

进行以下实践：

(1) 在下列四组三视图中，根据三视图的投影规律选择正确的一组。

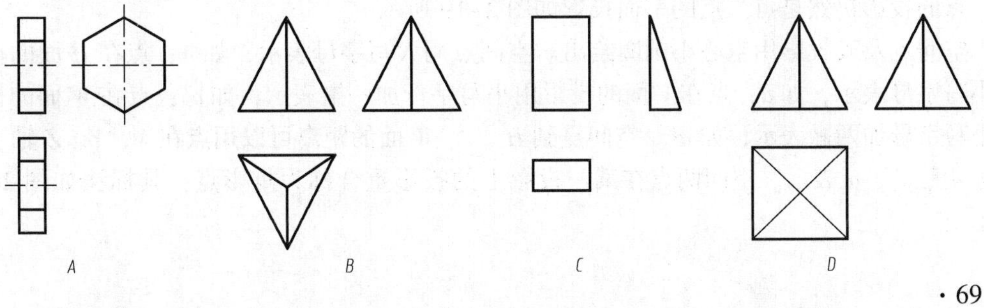

（2）已知主、俯视图，选择正确的左视图。

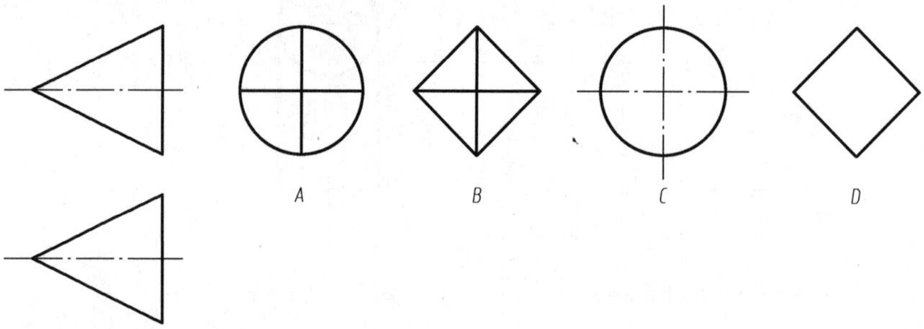

（3）已知主、俯视图，补画左视图。

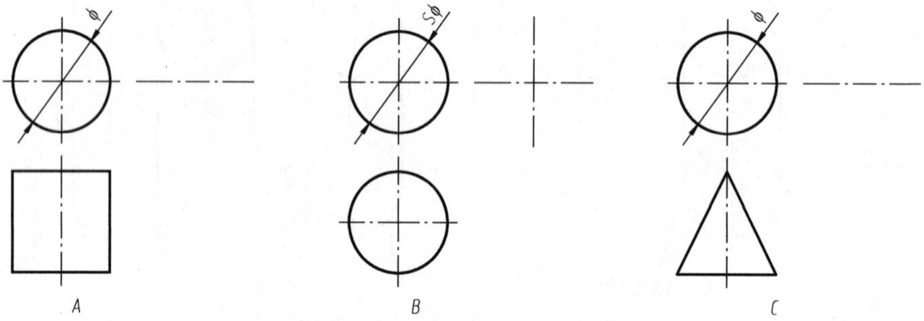

任务三　点、线、面的投影

任务目标

知识点：点、线、面投影的相关规定及其投影特性。

技能点：能根据投影特性求点、线、面的投影。

任务分析：任何物体的表面都由点、线、面组合而成。要完整、准确地绘制物体的三视图，就必须对点、线、面的投影特性和作图方法作进一步研究和学习，为今后画图、读图、正确表达物体和培养空间想象能力提供理论基础。

相关知识

一、点的投影

1. 点投影的相关规定

点的投影仍然是点。点的三面投影如图 2-19 所示。

空间点及其投影用空心小圆圈绘出。空间点用大写字母表示，如 A；点在 H 面的投影用小写字母表示，如 a；点在 V 面的投影用小写字母加一撇表示，如 a'；点在 W 面的投影用小写字母加两撇表示，如 a''。空间点到 H、V、W 面的距离可以用点在 X、Y、Z 轴上的坐标 a_x、a_y、a_z 表示。空间两点在某一投影上的投影重合称为重影点，其标注如图 2-20 所示。

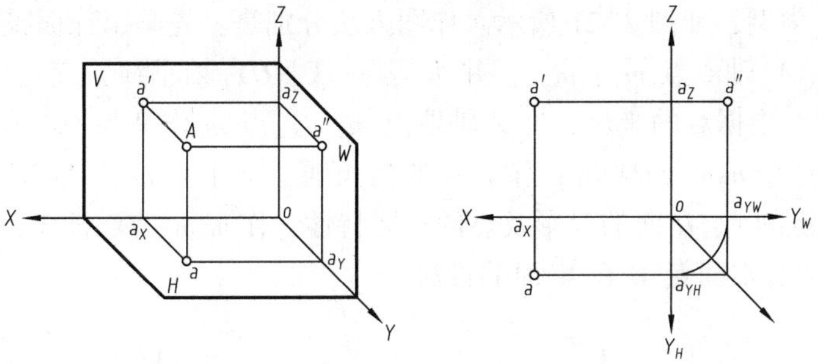

图 2-19　点的三面投影

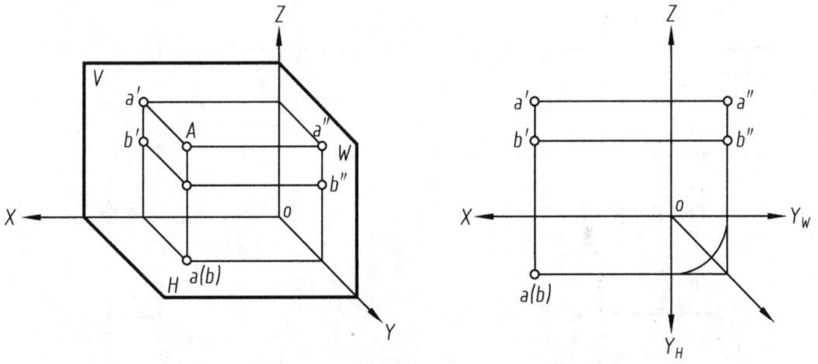

图 2-20　重影点的三面投影

2. 点的三面投影特性

点的三面投影特性见表 2-6。

表 2-6　点的三面投影投影特性

点的三面投影
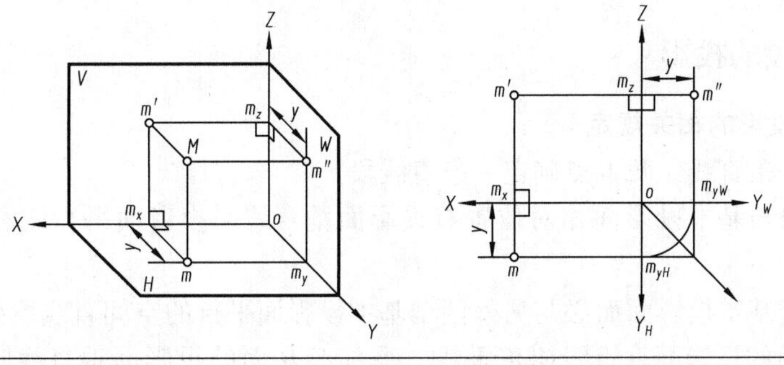
点的三面投影特性： 两垂一等——点在 V 面投影与在 H 面投影的连线垂直于 OX 轴，即 $mm' \perp OX$；点在 V 面投影与在 W 面投影的连线垂直于 OZ 轴，即 $m'm'' \perp OZ$；点在 H 面投影到 OX 轴的距离等于在 W 面投影到 OZ 轴的距离，即 $mm_x = m''m_z$

3. 点的三面投影的作图方法

根据点的三面投影特性，已知点的坐标，可以作出点的三面投影；已知点的两面投影，也可以求出点的第三面投影。

以空间点 M 为例，如图 2-21 所示。作图方法分别是：先画出三面投影轴；根据点的坐标，分别在 X、Y_H轴取点 m_x、m_{yH}，并作其与 OX、OY_H轴垂线，交点 m 点即为空间点 M 在 H 面的投影；根据点的坐标，在 Z 轴取点 m_z，过点 m_z作其与 OZ 轴垂线，然后根据点的投影特性，由于 $mm_x \perp OX$ 轴，作 mm_x的延长线，交于点 m'，即为空间点 M 在 V 面的投影；再根据点的 V、H 面的投影及点的投影特性，作 $m'm_z$的延长线，并在延长线上取 $m''m_z = mm_x$，m''即为空间点 M 在 W 面的投影。

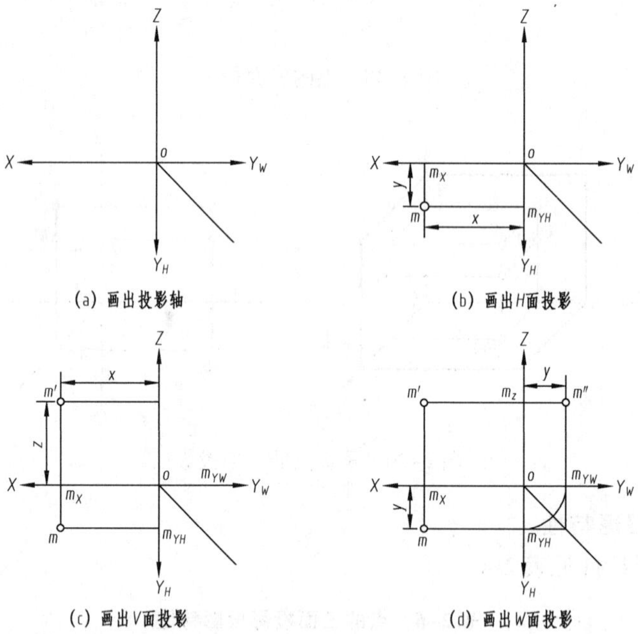

图 2-21　点的三面投影作图方法

二、直线段的投影

1. 直线段投影的相关规定

两点确定一条直线，两端点确定一条直线段。

空间直线段与基本投影面相对位置有投影面垂直线、投影面平行线和一般位置直线三种。

垂直于一个基本投影面而必与另外两个基本投影面平行的空间直线段称为投影面垂直线。垂直于 V 面的投影面垂直线叫正垂线，垂直于 H 面的投影面垂直线叫铅垂线，垂直于 W 面的投影面垂直线叫侧垂线。

平行于一个基本投影面而与另外两个基本投影面倾斜的空间直线段称为投影面平行线。平行于 V 面的投影面平行线叫正平线，平等于 H 面的投影面平行线叫水平线，平行于 W 面的投影面平行线叫侧平线。

不平行也不垂直于任何一个基本投影面的空间直线段称为一般位置直线。

2. 直线段三面投影及其投影特性

投影面垂直线的三面投影及其投影特性见表 2-7。

表 2-7　投影面垂直线的三面投影及投影特性

正　垂　线	铅　垂　线	侧　垂　线
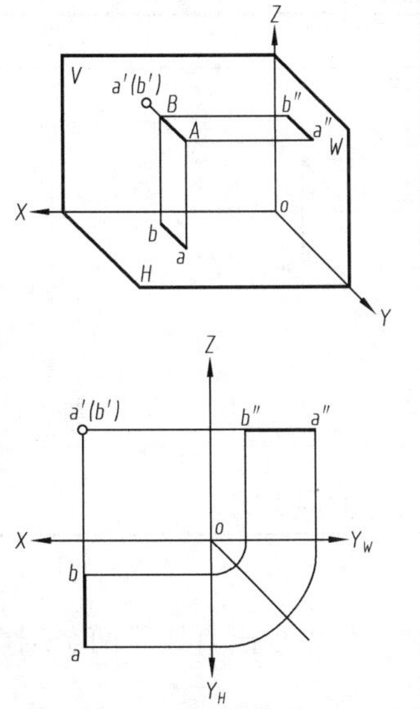	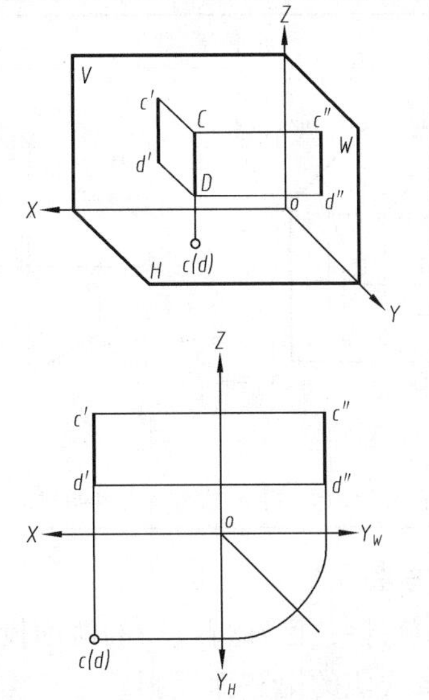	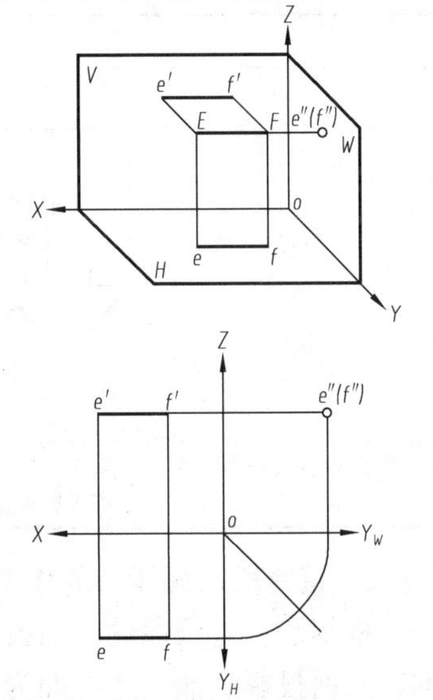
投影面垂直线投影特性： 两平一点——在与直线段垂直的基本投影面上投影积聚为一个点，而在另外两个基本投影面上投影为分别平行于相应的投影轴且反映实长的直线段		

投影面平行线的三面投影及其投影特性见表 2-8。

表 2-8　投影面平行线的三面投影及投影特性

正　平　线	水　平　线	侧　平　线
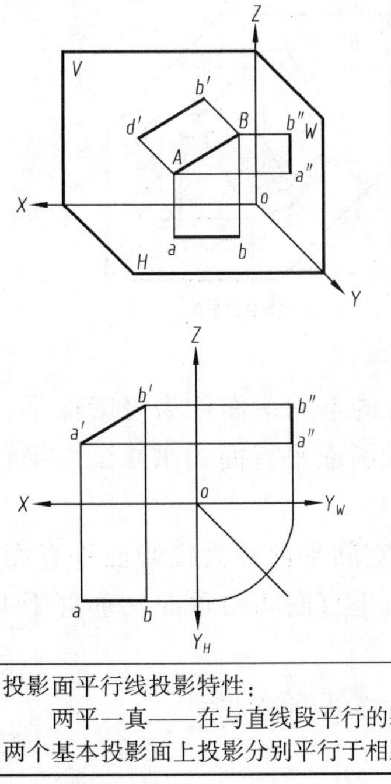	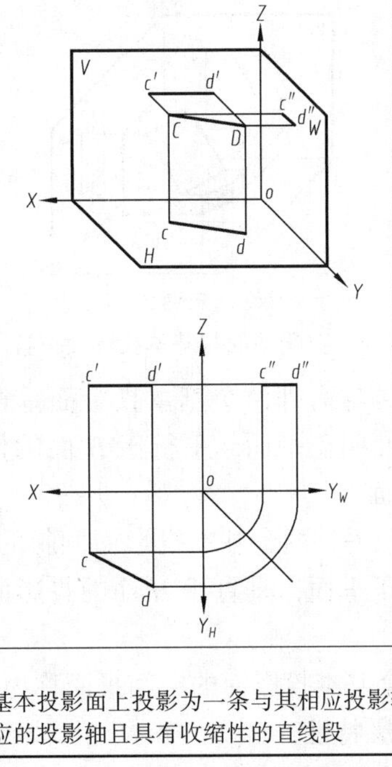	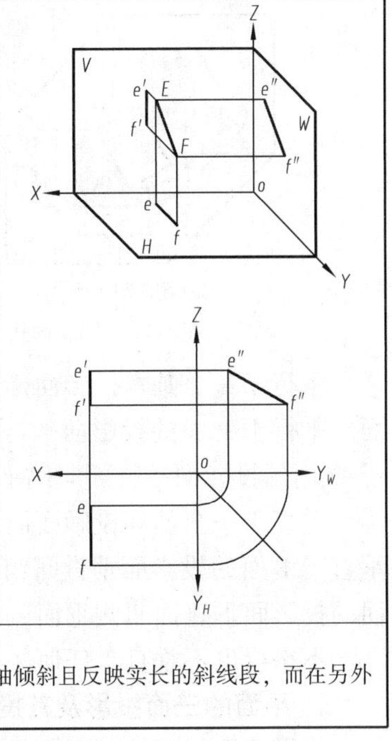
投影面平行线投影特性： 两平一真——在与直线段平行的基本投影面上投影为一条与其相应投影轴倾斜且反映实长的斜线段，而在另外两个基本投影面上投影分别平行于相应的投影轴且具有收缩性的直线段		

一般位置直线的三面投影及其投影特性见表 2–9。

表 2–9　一般位置直线的三面投影及投影特性

一般位置直线
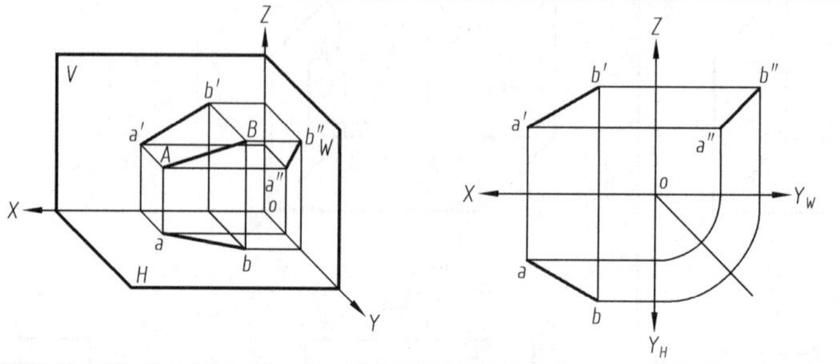
一般位置直线投影特性： 三缩斜线——在三个基本投影面上的投影均为与其相应的投影轴倾斜且具有收缩性的斜线段

3. 直线段三面投影的作图方法

根据点、直线段的三面投影特性，已知直线段的两面投影，可以求出直线段两个端点的第三面投影，然后连线即为直线段的第三面投影。

三、平面的投影

1. 平面投影的相关规定

平面由若干条共面的直线段组成。

空间内的平面按与基本投影面相对位置分有投影面平行面、投影面垂直面和一般位置平面三种，如图 2–22 所示。

(a) 投影面平行面　　(b) 投影面垂直面　　(c) 一般位置平面

图 2–22　空间平面与基本投影面位置关系

平行于一个基本投影面而必与另外两个基本投影面垂直的空间平面称为投影面平行面。平行于 *V* 面的投影面平行面叫正平面，平行于 *H* 面的投影面平行面叫水平面，平行于 *W* 面的投影面平行面叫侧平面。

垂直于一个基本投影面而与另外两个基本投影面倾斜的空间平面称为投影面垂直面。垂直于 *V* 面的投影面垂直面叫正垂面，垂直于 *H* 面的投影面垂直面叫铅垂面，垂直于 *W* 面的投影面垂直面叫侧垂面。

不平行也不垂直于任何一个基本投影面的空间平面称为一般位置平面。

2. 平面的三面投影及其投影特性

投影面平行面的三面投影及其投影特性见表 2–10。

表 2-10　投影面平行面的三面投影及投影特性

正　平　面	水　平　面	侧　平　面
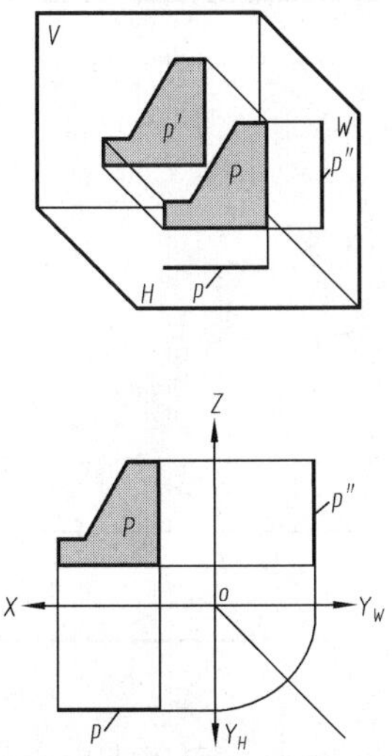	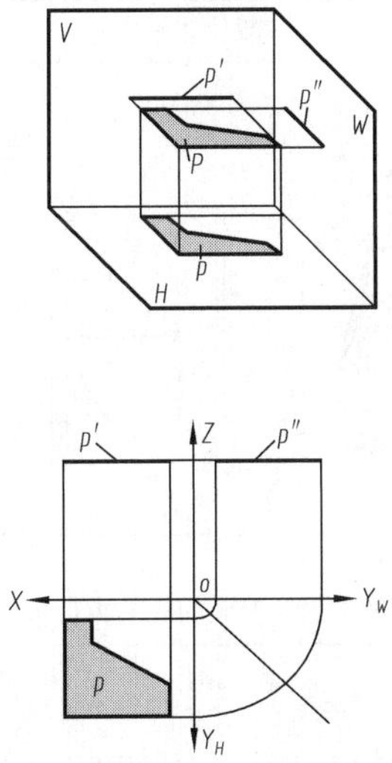	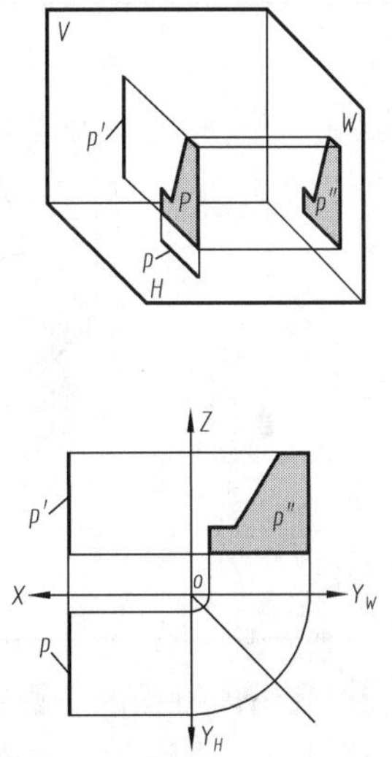
投影面平行面投影特性： 两平一真——在与空间平面平行的基本投影面上投影为真实形，而在另外两个基本投影面上投影分别积聚为平行于相应投影轴的直线段		

投影面垂直面的三面投影及其投影特性见表 2-11。

表 2-11　投影面垂直面的三面投影及投影特性

正　垂　面	铅　垂　面	侧　垂　面
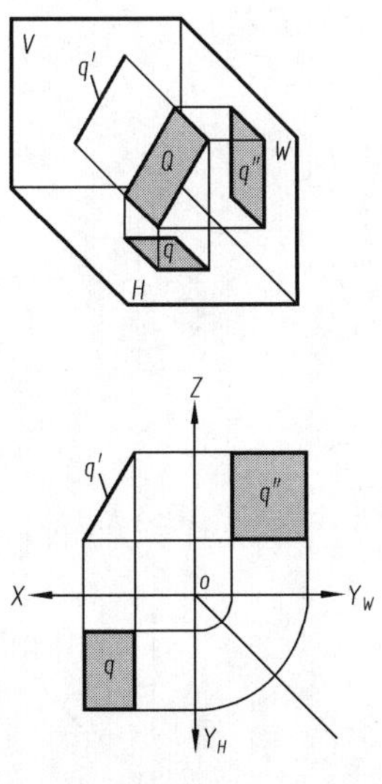	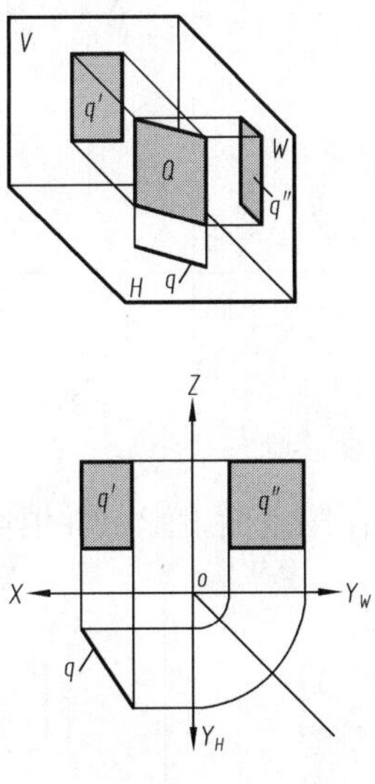	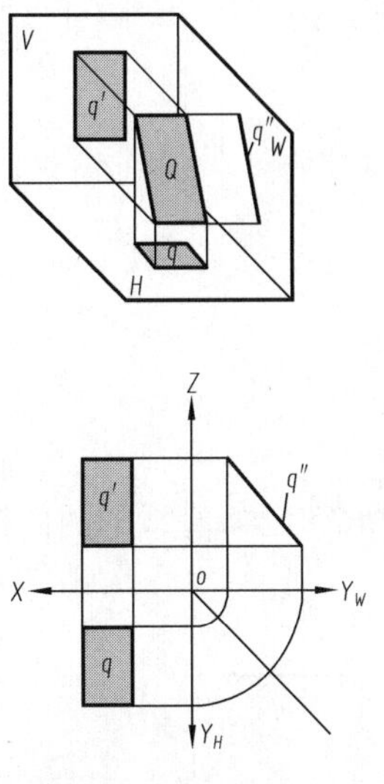
投影面垂直面投影特性： 两类一斜——在与空间平面垂直的基本投影面上投影积聚为一条与其相应投影轴倾斜的斜线段，而在另外两个基本投影面上投影分别为具有收缩性的类似形		

一般位置平面的三面投影及其投影特性见表 2-12。

表 2-12　一般位置平面的三面投影及投影特性

一般位置平面
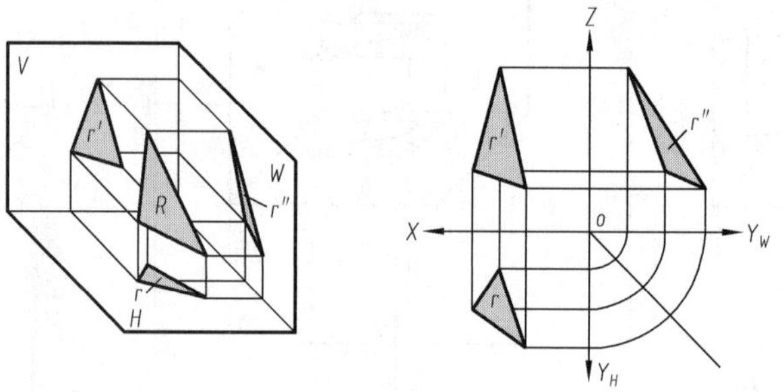
一般位置平面投影特性： 三类似形——在三个基本投影面上的投影均为具有收缩性的类似形

3. 空间内平面的三面投影作图方法

根据点、直线段、平面的三面投影特性，已知空间平面的两面投影，可以求出空间平面各个端点的第三面投影，然后依次连线即为空间平面的第三面投影。

任务实践

进行以下实践：

(1) 已知空间点 *A* (15，20，10)、*B* (20，15，0)，求作点的三面投影并选择。

点 *A* 在点 *B* 的________ (前、后)，点 *A* 在点 *B* 的______ (左、右)，点 *A* 在点 *B* 的______ (上、下)。

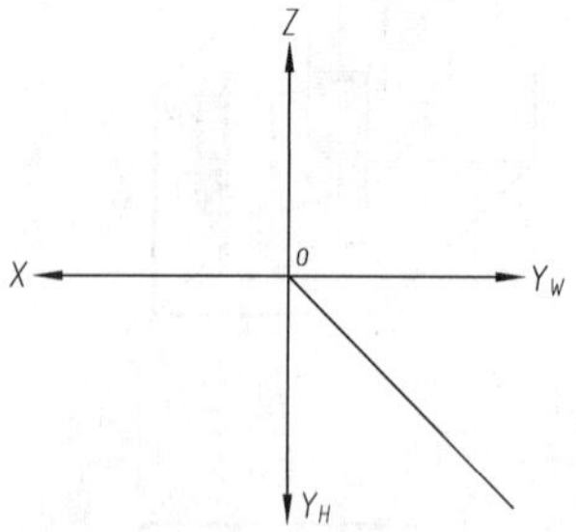

(2) 已知直线的两面投影，求作第三面投影，并填空。

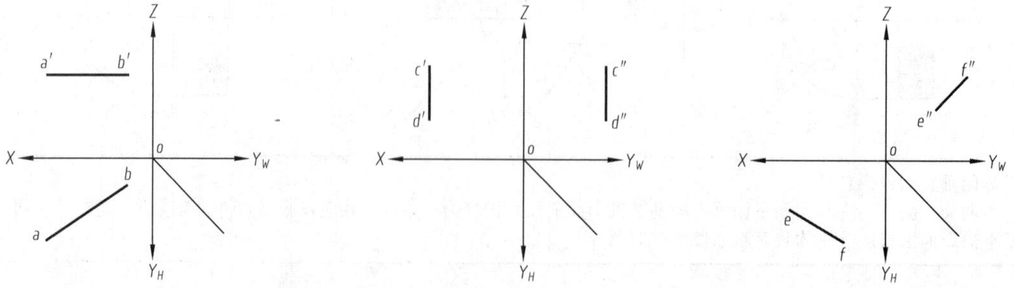

直线 *AB* 是________线，*H* 面投影具有________性；*CD* 是________线，*H* 面投影具有________性；*EF* 是________线，*H* 面投影具有________性。

(3) 根据平面图形的两面投影，求作第三面投影，判断与投影面的相对位置并填空。

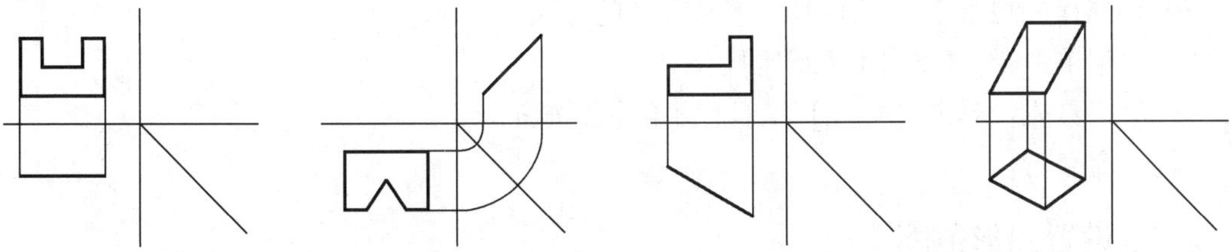

________面　　________面　　________面　　________面

课题二　用 AutoCAD 绘制三视图

下面介绍使 AutoCAD 软件绘制三视图的相关知识及操作步骤。

任务目标

知识点：三视图“三等”关系，绘图工具栏及修改工具栏各工具图标的作用。

技能点：能对 AutoCAD 文件进行一般设置、绘图操作，能正确使用绘图和编辑命令绘制三视图。

任务分析：以图 2-23 所示的机架为例，分析使用 AutoCAD 2012 绘制机件三视图的过程。

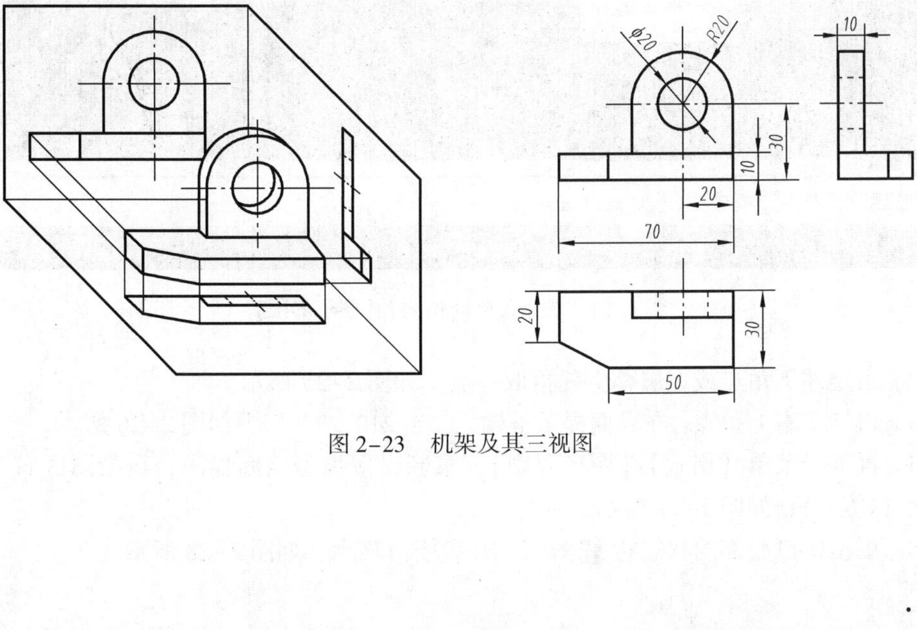

图 2-23　机架及其三视图

相关知识

一、启动 AutoCAD 2012 并新建图形文件

AutoCAD 2012 提供了多种新建图形文件的方法。

(1) 菜单命令:【文件】/【新建】。

(2) 工具栏:单击【标准】工具栏中的 按钮。

(3) 命令行:new。

二、设置图形范围

根据已知三视图形状及大小选用 A4 图纸,采用 1:1 比例绘图,设定图形的绘图范围为 210×297。

具体操作如下:

(1) 选择菜单【格式】/【图形界限】,如图 2-24 所示。

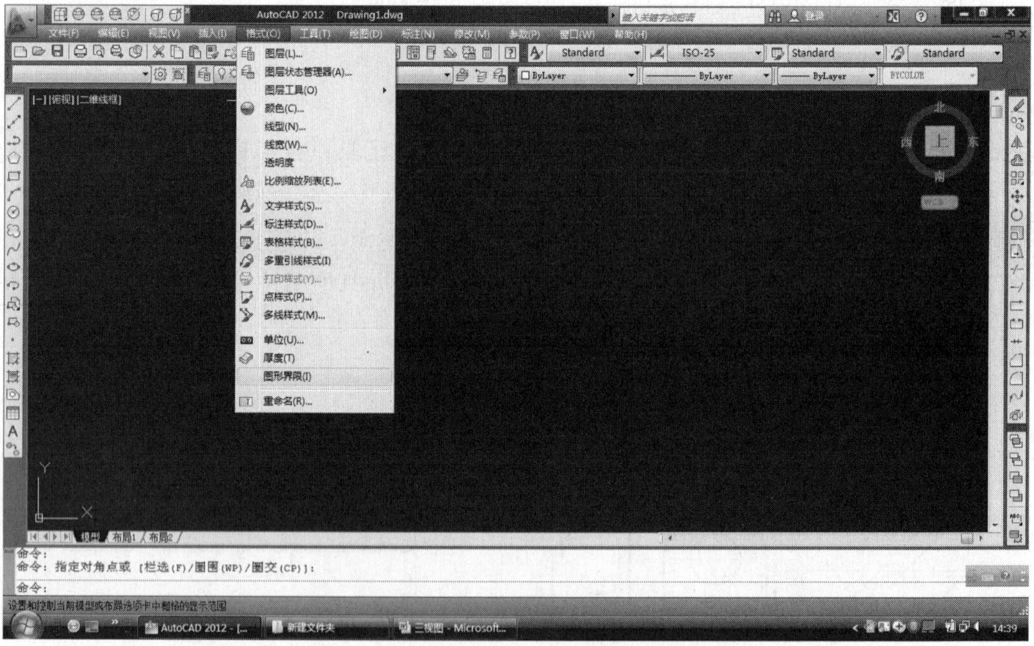

图 2-24 选择菜单【格式】/【图形界限】

(2) 指定左下角点或在屏幕上任拾取一点,如图 2-25 所示。

(3) 再指定右上角点:在界面提示下输入“@210,297”,如图 2-26 所示。

(4) 再选择菜单【格式】/【图形界限】,重新设置模型空间界限,在绘图区右击,选择【开(ON)】,如图 2-27 所示。

(5) 单击窗口底部的状态栏 图标,开启栅格显示,如图 2-28 所示。

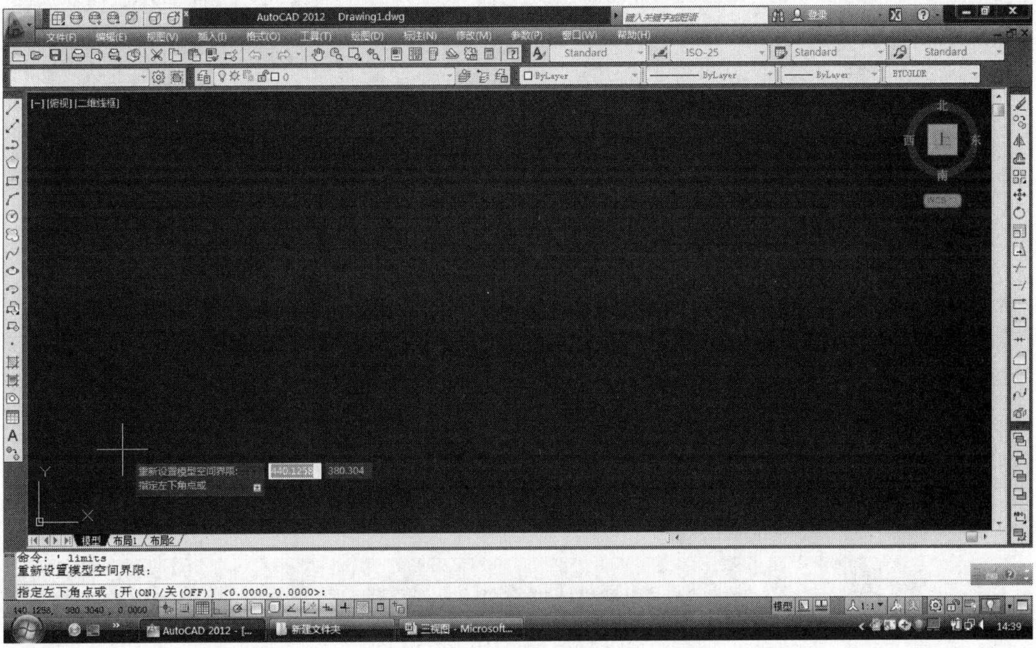

图 2-25　拾取图形界限左下角点

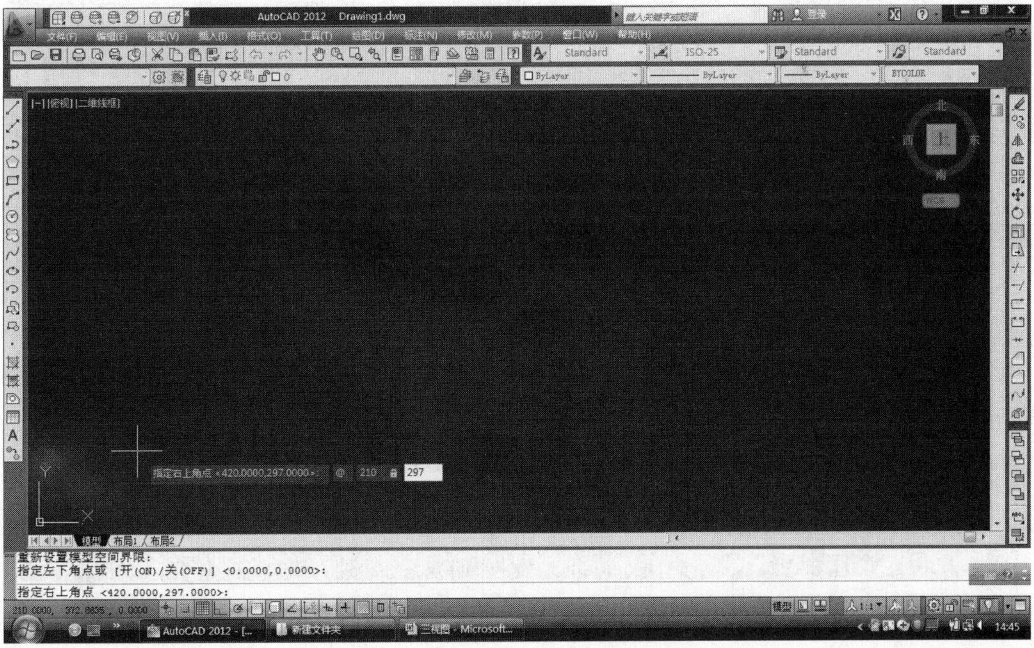

图 2-26　拾取图形界限右上角点

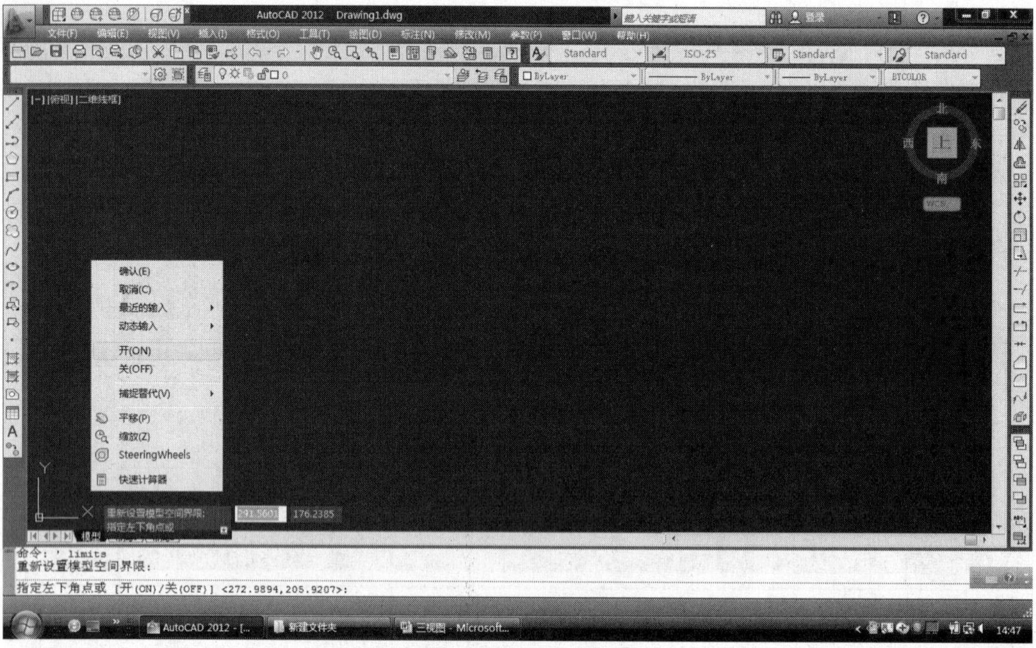

图 2-27　开启图形界限

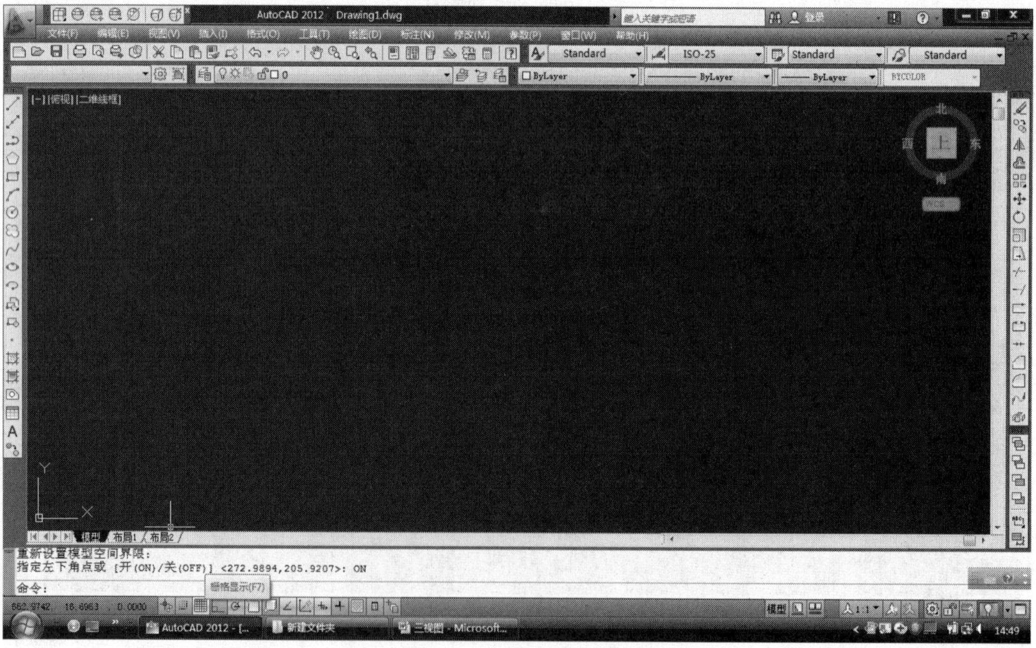

图 2-28　开启栅格显示

（6）要完成后续内容，还要单击窗口底部的状态栏图标，在对象捕捉对话框中设置相关内容。

三、设置图层、线型、颜色

本图例除 0 层外，再新增 4 个图层：粗实线层（csx）、白色、线型 Continuous、线宽 0.7mm，细实线层（xsx）、白色、线型 Continuous、线宽 0.35mm，细点画线层（xdhx）、红色、线型 CENTER2、线宽 0.35mm，细虚线层（xxx）、黄色、线型 DASHED2，线宽 0.35mm。具体操作如下。

（1）选择菜单【格式】/【图层】，如图 2-29 所示。

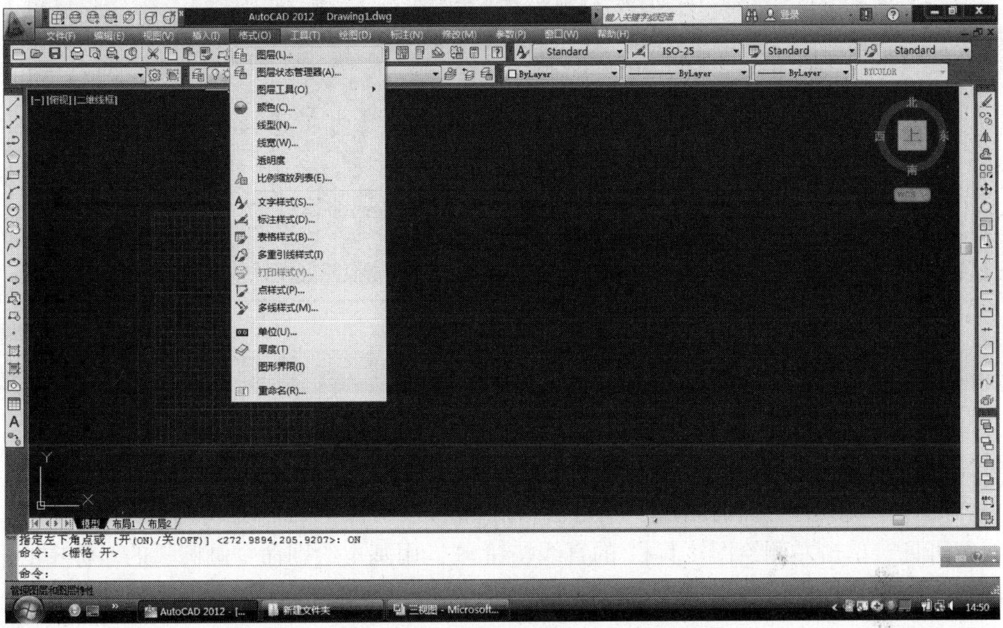

图 2-29　选择图层下拉菜单

（2）弹出图层特性管理器，单击新建图层按钮，进行相应的设置，如图 2-30 所示。

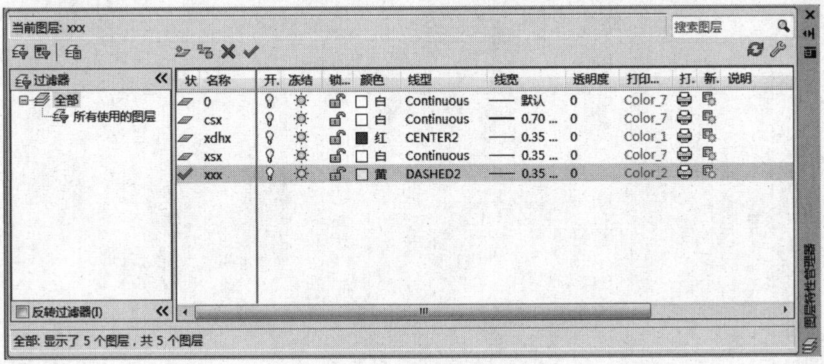

图 2-30　图层设置

四、画图

1. 画作图辅助线

将细实线层置为当前图层，单击左侧绘图工具栏内构造线按钮，在屏幕设置的绘图区域选择一点，确定主视图的最左端与最下端位置，如图 2-31 所示。

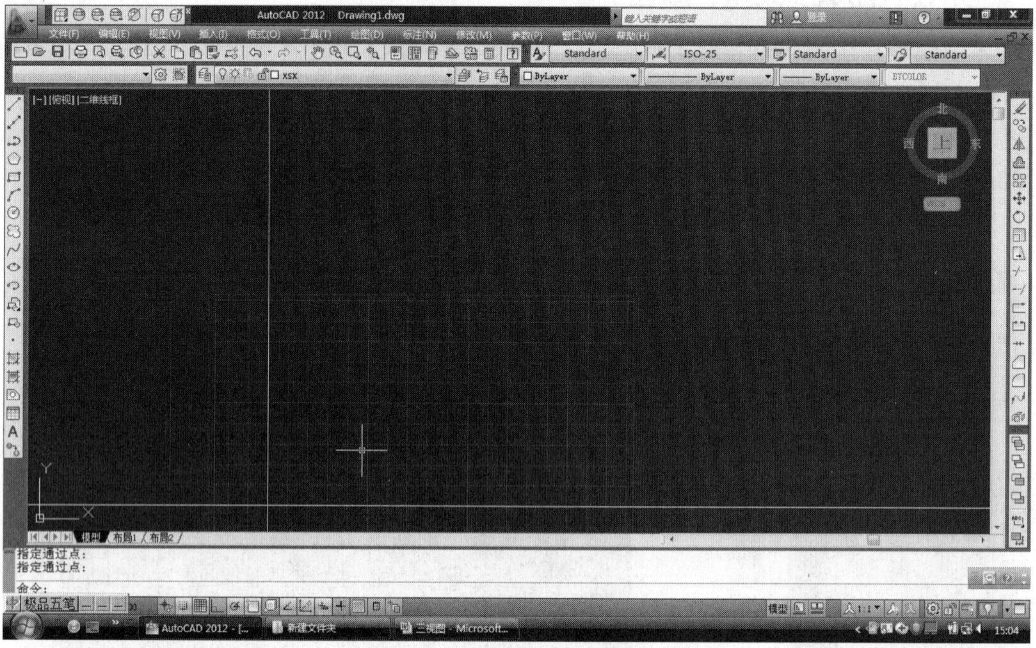

图 2-31 用构造线画作图辅助线

2. 画主视图

将细点画线层置为当前图层，单击窗口底部的状态栏中的显示线宽按钮，使图层的线宽可见。单击左侧绘图工具栏 的直线按钮，用基本绘图命令画圆弧的对称中心线，如图 2-32 所示。

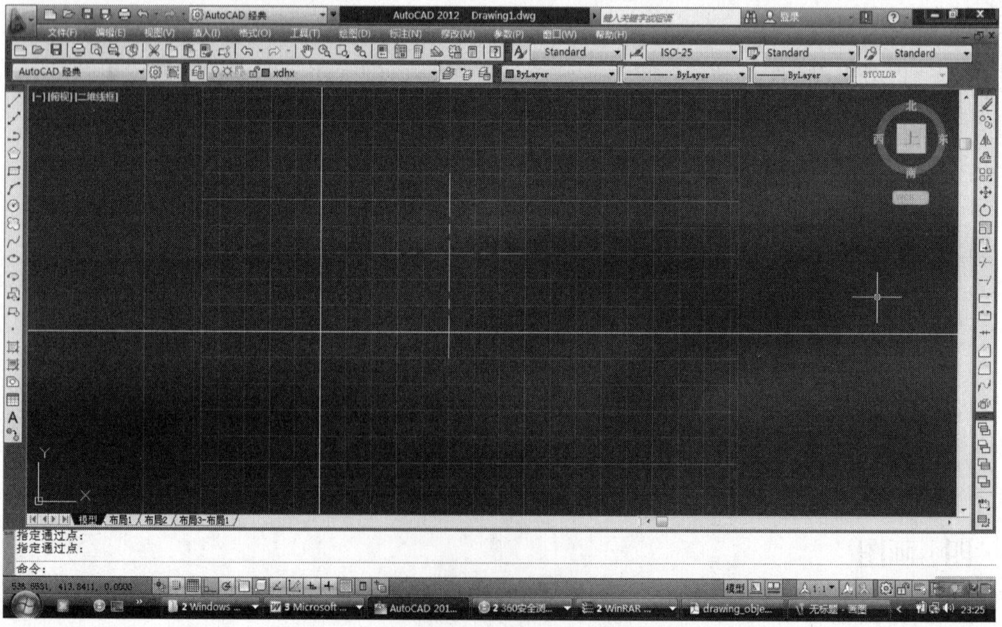

图 2-32 用绘图工具栏的直线命令画主视图圆弧对称中心线

再将粗实线层置为当前图层，单击左侧绘图工具栏的直线按钮、圆弧按钮和圆按钮，用基本绘图命令结合底部的状态栏中的对象捕捉追踪按钮画出主视图，如图2-33所示。

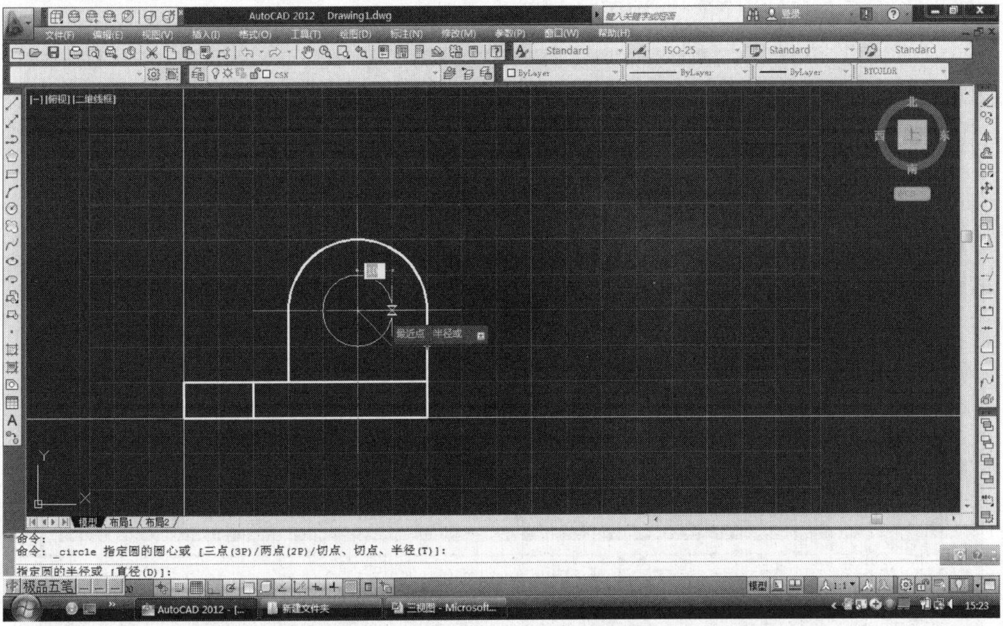

图2-33　用绘图工具栏的直线和圆弧及圆命令画主视图

3. 画俯视图和左视图辅助线

将细实线层置为当前图层，用右侧修改工具栏的偏移或复制命令将图中水平和垂直辅助线进行偏移或复制，如图2-34 所示。

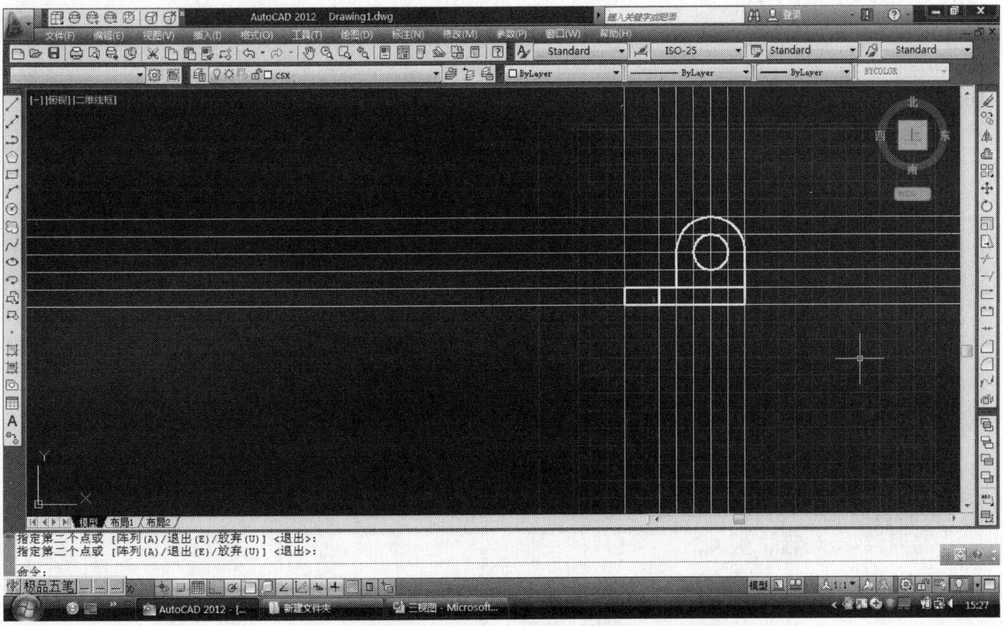

图2-34　用修改工具栏的偏移或复制命令画辅助线

4. 画俯视图和左视图

以辅助线确定俯视图、左视图各线的位置，按“长对正”、“高平齐”和“宽相等”的三等投影关系，画俯视图、左视图，如图 2-35 所示。

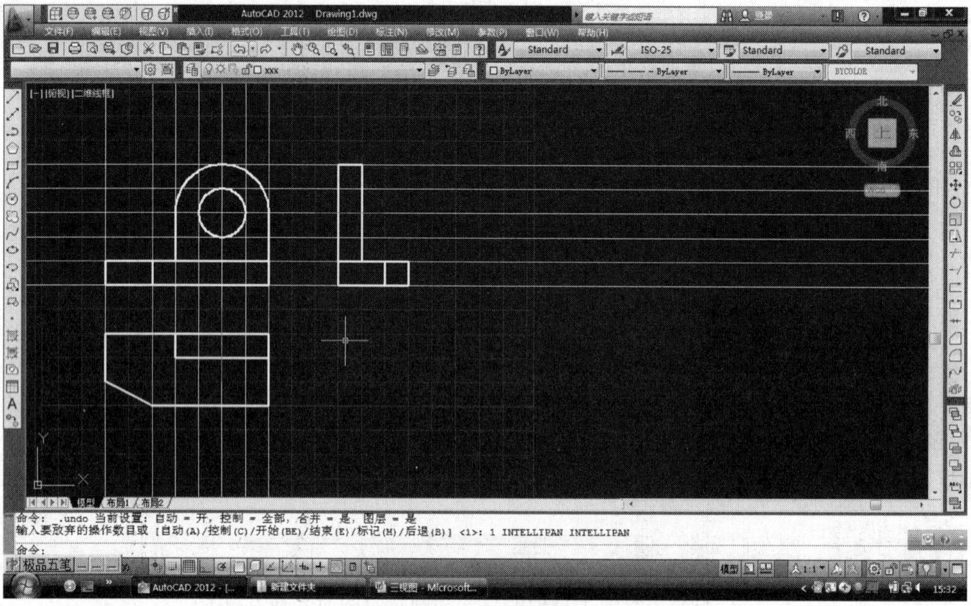

图 2-35 根据三等关系画俯视图和左视图

5. 编辑和删除多余线条

使用右侧修改工具栏的修剪、删除等编辑命令，将轮廓线多余部分和绘图辅助线删除，如图 2-36 所示。

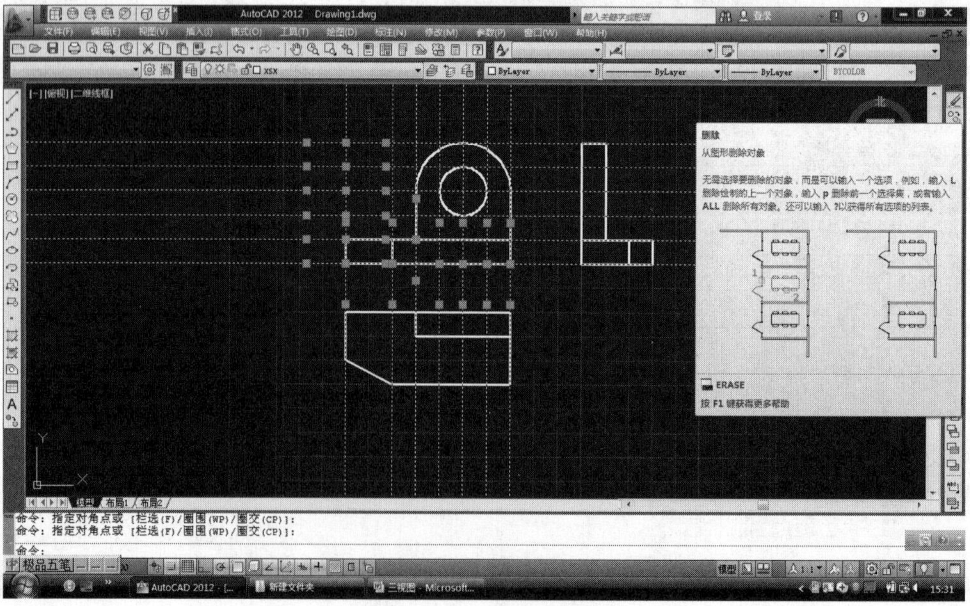

图 2-36 删除多余线条

6. 添加图框和标题栏

根据 A4 图纸幅面，画图纸边框。选择标准标题栏形式，画好标题栏。这样完整机件三视图绘制完毕，如图 2–37 所示。

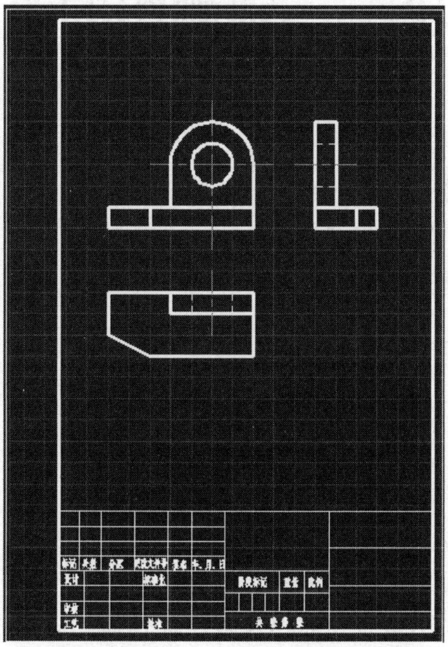

图 2–37　加图框和标题栏的机件三视图

五、存盘退出

以上画图步骤并不是一成不变的，可以根据自己的画图习惯和对 AutoCAD 2012 命令的熟练程度选择菜单、工具栏或输入命令等方法。单击标准工具栏保存按钮或菜单【文件】/【保存】，将画好的三视图实例重新保存，并退出 AutoCAD 2012 程序。在画图过程中要注意随时保存文件。

模块三　轴测图的绘制

模块目标：

（1）了解轴测图的形成、性质及常用轴测图的画法。

（2）掌握正等测和斜二测轴测图的画法。

（3）掌握 AutoCAD 的基本绘图方法。

任务一　正等测轴测图及其画法

任务目标

知识点：轴测图的形成、性质及常用轴测图的画法。

技能点：能正确绘制常见简单形体的正等测轴测图。

任务分析：工程上常采用富有立体感且直观性较强的轴测图作为辅助图样；同时，绘制各种形体的轴测图，也是提高空间想象力、进行实物构形的有效手段。

相关知识

一、轴测图的形成

物体上常常设置参考坐标系，X、Y、Z 三个方向分别表示物体在长、宽、高方向的长度。若采用平行投影法，沿不平行于任何一个坐标面的方向，将物体连同三根直角坐标轴一起投射在单一投影面（称轴测投影面）上，即得到能同时反映物体在长、宽、高三个方向形状的图形，这个图形称为轴测图，也称立体图。投射方向垂直于轴测投影面所形成的轴测图，称为正轴测图，如图 3-1（a）所示。投射方向倾斜于轴测投影面所形成的轴测图，称为斜轴测图，如图 3-1（b）所示。

在轴测投影图中，三根直角坐标轴的投影 O_1X_1、O_1Y_1、O_1Z_1，称为轴测轴；相邻两轴测轴之间的夹角 $\angle X_1O_1Y_1$、$\angle X_1O_1Z_1$、$\angle Y_1O_1Z_1$，称为轴间角；沿轴测轴上的投影长度与沿物体坐标轴上的对应真实长度之比，称为轴向伸缩系数，OX、OY、OZ 轴的轴向伸缩系数分别用 p、q、r 表示。

二、轴测图的基本性质

根据平行投影法的原理，可推知轴测图具有以下基本性质：

（1）物体上平行于某一坐标轴的线段，其轴测投影平行于相应的轴测轴，其轴向伸缩

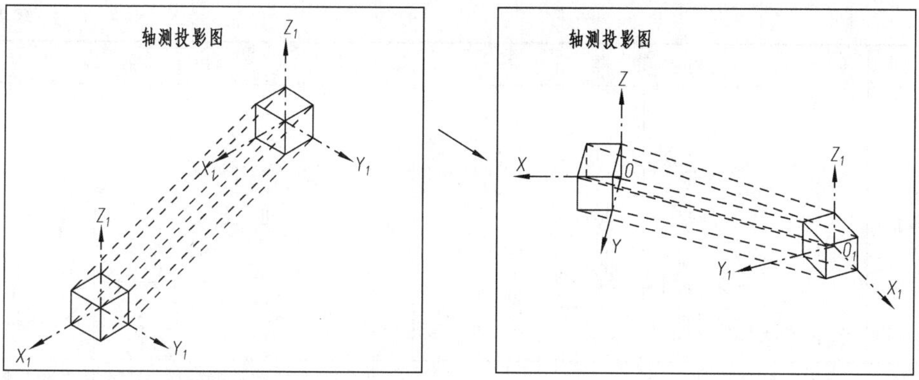

(a) 正轴测图　　　　(b) 斜轴测图

图 3-1　轴测图的形成

系数等于该轴的轴向伸缩系数。因此，绘制轴测图时，必须沿轴向测量尺寸。

（2）物体上相互平行的线段，其轴测投影也平行。与坐标轴平行的线段，其轴测投影必与相应的轴测轴平行。

三、常用轴测图

如改变物体与轴测投影面的相对位置，或者选择不同的投射方向，将使轴测图有不同的轴间角和轴向伸缩系数，按此分类，轴测图将有许多种。常用的轴测图有正等轴测图（简称正等测）和斜二轴测图（简称斜二测）两种，见表 3-1。

表 3-1　常用轴测图

类　别	正　等　测	斜　二　测
形成特点	1. 投射线与投影面垂直 2. 三根坐标轴都不平行于轴测投影面	1. 投射线与投影面倾斜 2. 坐标轴 *OX*、*OZ* 平行于轴测投影面
轴测图图例	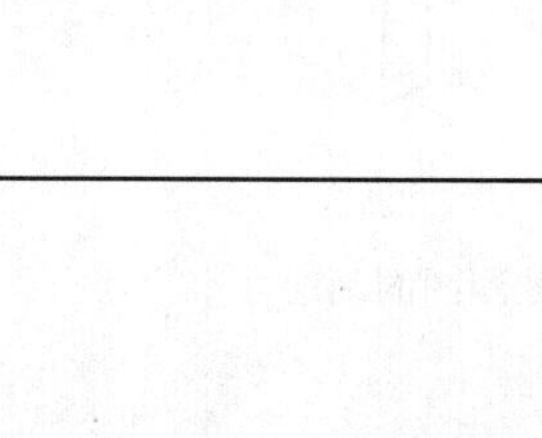	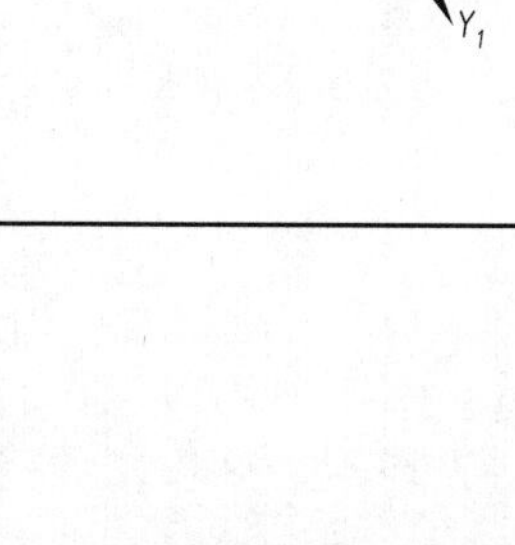

续表

类　别	正　等　测	斜　二　测
轴间角和轴向伸缩系数	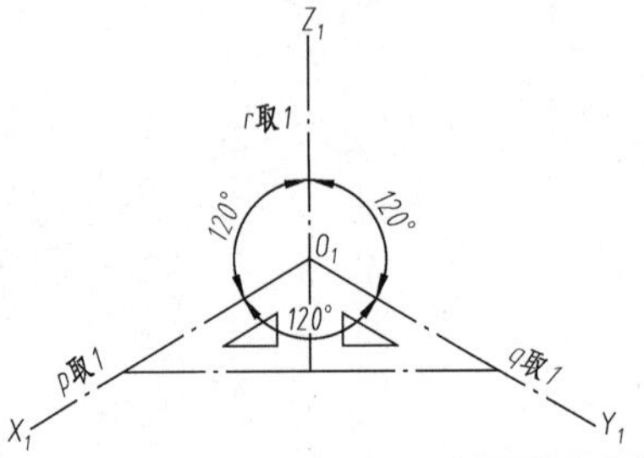	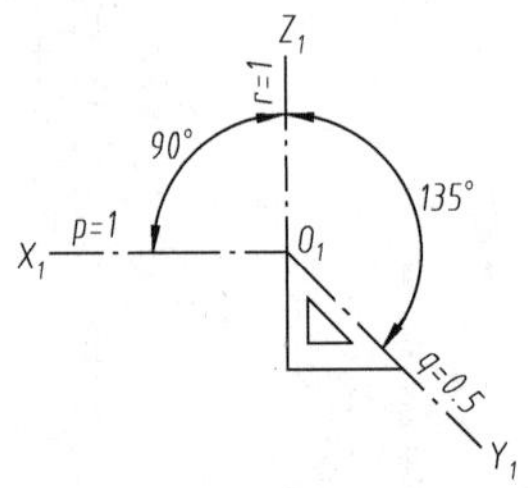
作图特点	沿轴测轴方向的尺寸分别按 1∶1 量取	平行于 *XOZ* 坐标面的线段或图形的斜二测按 1∶1 量取或画实形；沿轴测轴 Y_1 方向的尺寸减半量取

四、轴测图的画法

以下介绍正等轴测图及其画法。

1. 正等轴测图的轴间角、轴向伸缩系数

由表 3-1 可知，正等轴测图的轴间角 $\angle X_1O_1Y_1=\angle X_1O_1Z_1=\angle Y_1O_1Z_1=120°$；三根轴的轴向伸缩系数都近似等于 1。这样在绘制正等轴测图时，沿轴向的尺寸都可在投影图上的相应轴按 1∶1 的比例量取。

2. 画图步骤

（1）根据形体结构特点，选定坐标原点位置，一般定在形体的对称轴线上，且放在顶面或底面处，这样对画图较为有利。

（2）画轴测轴。

（3）按点的坐标作点、直线的轴测图，一般自上而下（或自下而上），根据轴测投影基本性质，逐步画图，不可见棱线通常不画出或画虚线。

3. 平面立体正等轴测图的画法

例 3-1　已知四棱柱的三视图［如图 3-2（a）所示］，作它的正等轴测图。

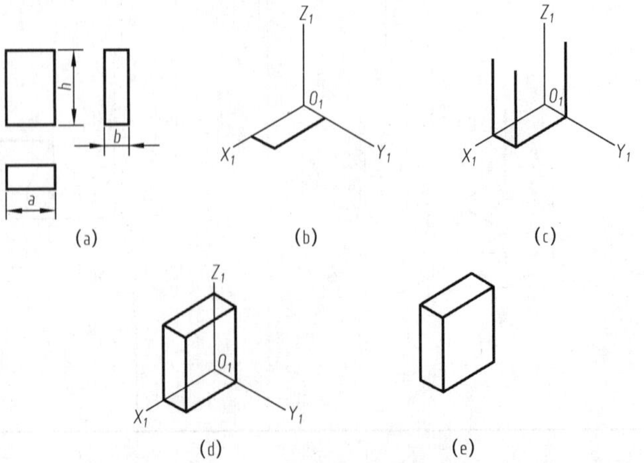

图 3-2　四棱柱正等轴测图的画法

分析：四棱柱共有八个顶点，用坐标确定各顶点在其轴测图中的位置，然后连接各顶点间的棱线即为所求。

设坐标原点在四棱柱的右后下角，从底面画起。

作图步骤：

(1) 画轴测轴 O_1X_1、O_1Y_1、O_1Z_1，如图 3-2 (b) 所示。

(2) 在 X 轴上量取物体的长 a，在 Y 轴上量取宽 b，画出物体的底面，如图 3-2 (b) 所示。

(3) 过四棱柱底面各端点画 Z_1 轴的平行线，在各线上量取形体的高度 h，画出形体顶面，如图 3-2 (c)、图 3-2 (d) 所示。

(4) 擦去看不见的棱线和多余的作图线，并描深有用图线，即得到四棱柱的正等测图，如图 3-2 (e) 所示。

例 3-2 已知正六棱柱的三视图［如图 3-3 (a) 所示］，作它的正等轴测图。

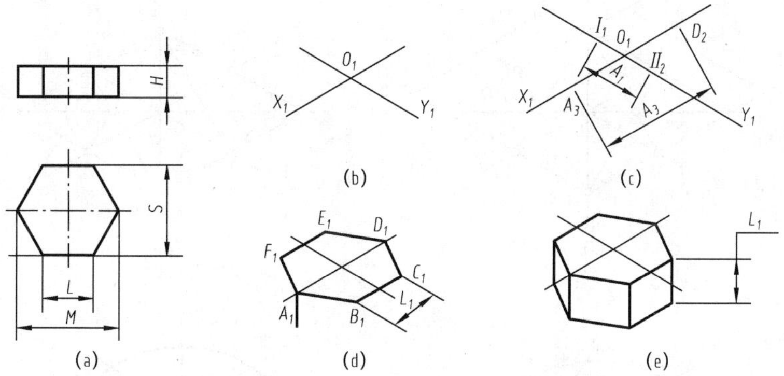

图 3-3 正六棱柱正等轴测图的画法

分析：正六棱柱的顶面、底面均为水平的正六边形，在轴测图中，顶面可见，底面不可见，宜从顶面画起，且使坐标原点与顶面正六边形的中心重合。

作图步骤：

(1) 为了清楚直观，在三视图中标出坐标原点及各顶点符号、尺寸，如图 3-3 (a) 所示。

(2) 画轴测轴 O_1X_1、O_1Y_1，并反向延长，如图 3-3 (b) 所示。

(3) 在 X 轴上量取物体的长 M，在 Y 轴上量取宽 S，得到点 A_1、D_1、I_1、II_1，如图 3-3 (c)所示。

(4) 过 I_1、II_1 两点作 X 轴的平行线，并量取 L_1 得 B_1、C_1、E_1、F_1，顺次连线，完成顶面的轴测图，如图 3-3 (d) 所示。

(5) 过点 A_1、B_1、C_1、D_1、E_1、F_1 向下作 Z_1 轴的平行线，分别截取棱线高度 H，定出底面上端点，并顺次连线，擦去多余作图线，加深轮廓线，完成作图，如图 3-3 (e) 所示。

4. 平行于坐标面的回转体轴测图画法

1) 平行于坐标面的圆的轴测图画法

例 3-3 已知圆柱体的三视图［如图 3-4 (a) 所示］，作它的正等轴测图。

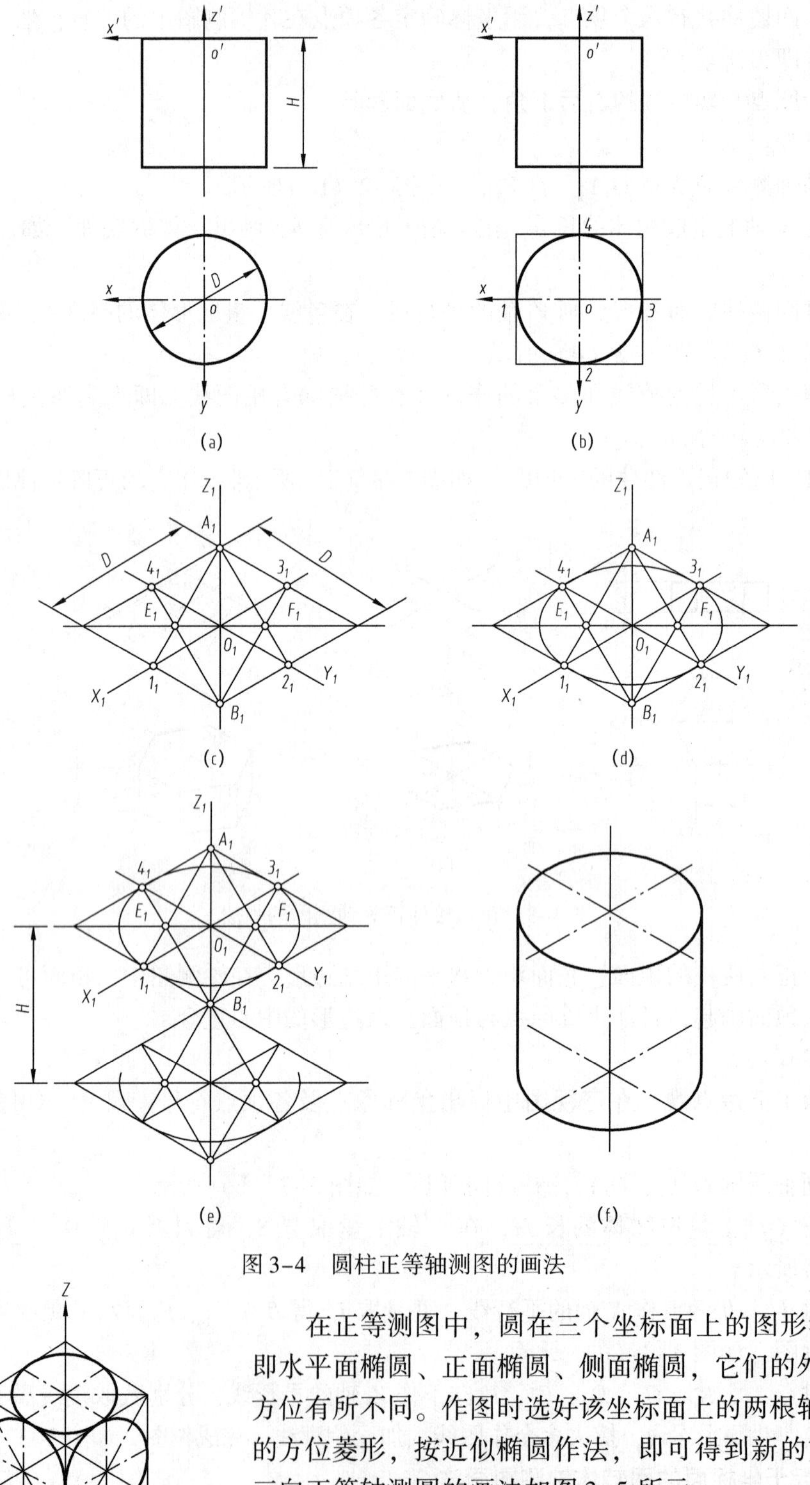

图 3-4　圆柱正等轴测图的画法

图 3-5　三向正等轴测圆的画法

在正等测图中，圆在三个坐标面上的图形都是椭圆，即水平面椭圆、正面椭圆、侧面椭圆，它们的外切菱形的方位有所不同。作图时选好该坐标面上的两根轴，组成新的方位菱形，按近似椭圆作法，即可得到新的方位椭圆。三向正等轴测圆的画法如图 3-5 所示。

2）正等测图中圆角画法

形体上常遇到由四分之一圆弧所形成的圆角，其正等测投影为四分之一的椭圆。图 3-6 所示为圆角的画法。

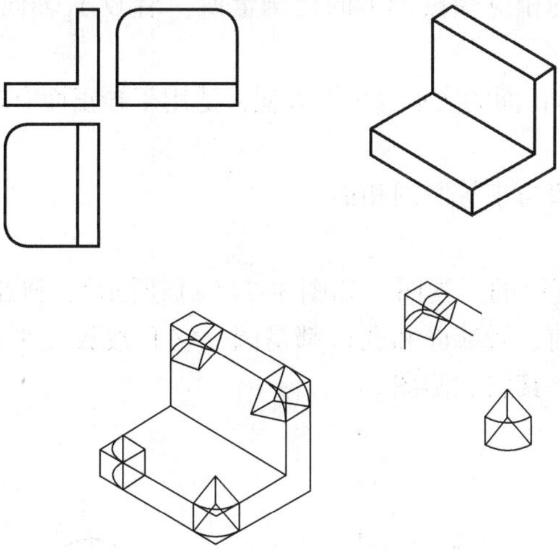

图 3-6　正等测图中圆角的画法

任务实践

根据三视图画出正等轴测图（尺寸从图中量取）。

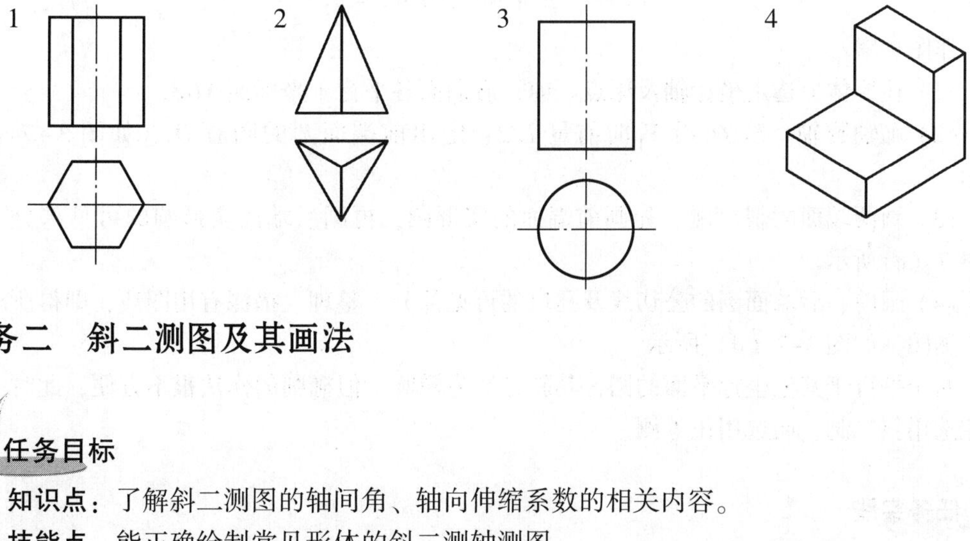

任务二　斜二测图及其画法

任务目标

知识点：了解斜二测图的轴间角、轴向伸缩系数的相关内容。

技能点：能正确绘制常见形体的斜二测轴测图。

任务分析：工程上常采用富有立体感且直观性较强的轴测图作为辅助图样；同时，绘制各种形体的轴测图，也是提高空间想象力、进行实物构形的有效手段。

相关知识

1. 斜二测图的轴间角、轴向伸缩系数

由表 3-1 可知，斜二测图的轴间角 $\angle X_1O_1Z_1 = 90°$，$\angle X_1O_1Y_1 = \angle Y_1O_1Z_1 = 135°$；三

根轴的轴向伸缩系数 $p=1$，$q=0.5$，$r=1$。这样在绘制斜二测图时，沿 O_1X_1、O_1Z_1 轴向的尺寸都可在投影图上的相应轴按 1∶1 的比例量取，沿 O_1Y_1 轴向的尺寸在投影图上的则要缩小一半量取。

斜二测图能反映物体正面的实形、画图方便，适用于画正面有较多圆的机件的轴测图。

2. 画图步骤

斜二测图的画图步骤与正等测图相似。

3. 斜二测画法

例 3-4 已知圆锥套筒的三视图［如图 3-7（a）所示］，画出它的斜二测图。

分析：圆锥套筒的前、后端面和孔口都是圆，它们被放成平行于坐标平面 XOZ 的位置，因此，可方便地作出其斜二测图。

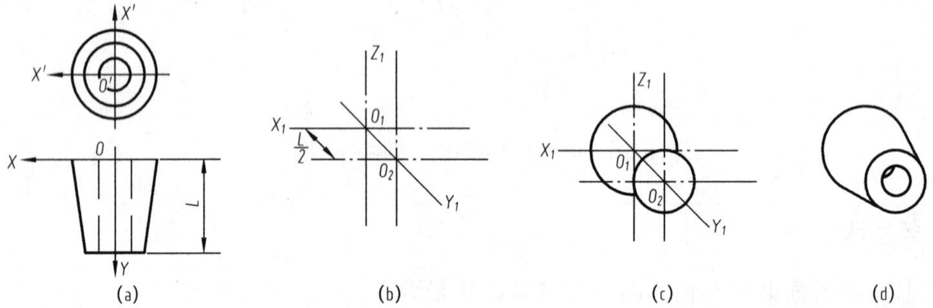

图 3-7　正等测图中圆角的画法

作图步骤：

（1）在形体上选定坐标轴及原点。前、后端面各平行于坐标面 XOZ。

（2）画轴测轴。从 O_1 沿 Y_1 向前量 $L/2$，定出前端面圆的圆心 O_2，如图 3-7（b）所示。

（3）画两端面的斜二测。先画前端面的实形圆，再画后端面实形圆的可见部分，如图 3-7（c）所示。

（4）画前、后端面圆的公切线及孔口的可见部分。整理、描深有用图线，即得所求的斜二测图，如图 3-7（d）所示。

对于平行于其他坐标平面的圆，其斜二测为椭圆，但椭圆的作法很不方便，此时一般避免选用斜二测，而选用正等测。

任务实践

根据视图画出斜二测轴测图。

1

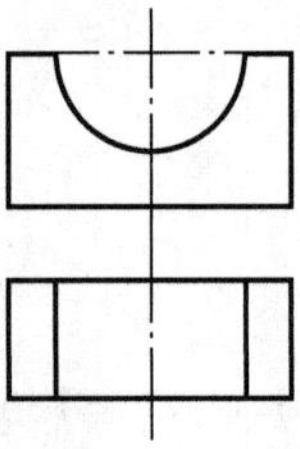

2

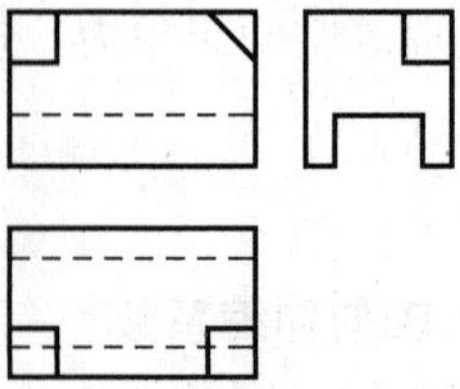

3

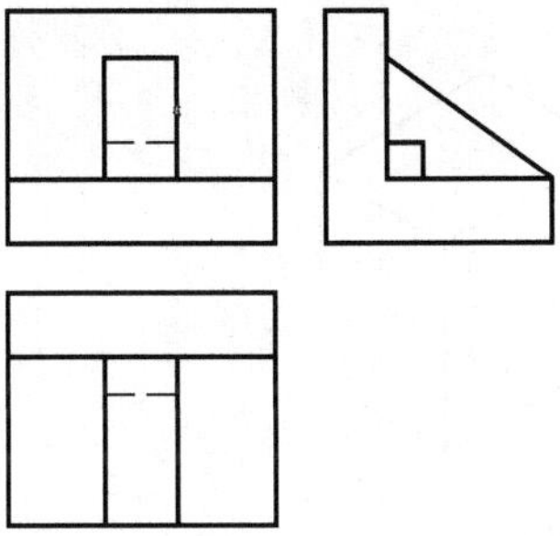

4

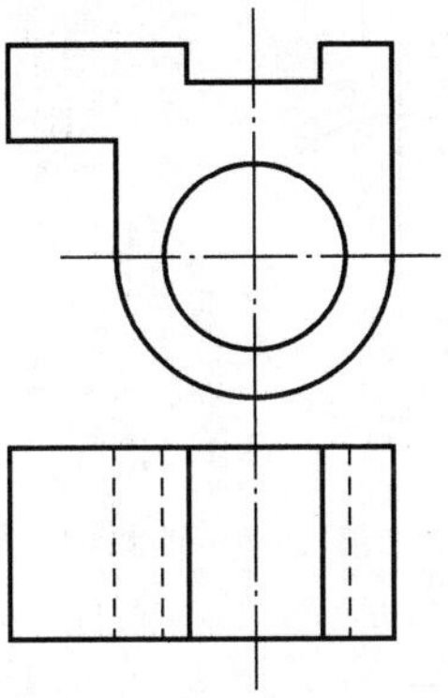

任务三　用 AutoCAD 绘制轴测图

任务目标

知识点：熟悉 AutoCAD 2012 的工作环境，掌握绘图环境的设置，了解基本的输入操作。

技能点：能正确设置绘图环境，能正确绘制出直线、圆、圆弧和文本的轴测图。

任务分析：学会了解轴测图与一般零件图的绘制区别，掌握在轴测投影模式下基本图形的绘制方法。

相关知识

一、轴测图的基本概念

1. 轴间角

在轴测投影中，坐标轴的轴测投影称为轴测轴，轴测轴之间的夹角称为轴间角。三个轴间角的夹角均为120°。

2. 轴测面

在三个轴测轴中，每两个轴测轴定义一个“轴测面”，它们分别为：

（1）由 *X* 轴和 *Z* 轴定义——右平面（RIGHT）。

（2）由 *Y* 轴和 *Z* 轴定义——左平面（LEFT）。

（3）由 *X* 轴和 *Y* 轴定义——俯平面（TOP）。

轴测轴、轴间角和轴测面等参数如图 3-8 所示。

3. 使用轴测图时的注意事项

（1）任何时候用户只能在一个轴测面上绘图。因此，绘制立体不同方位的同时，必须切换到不同的轴测面上作图。

（2）切换到不同的轴测面上作图时，光标的十字线、捕捉与栅格显示都会根据不同的轴测面进行调整，以便使其看起来像位于当前轴测面上。

（3）正交模式也要被调整。要在某一轴测面上画正交线，首先应使该轴测面成为当前

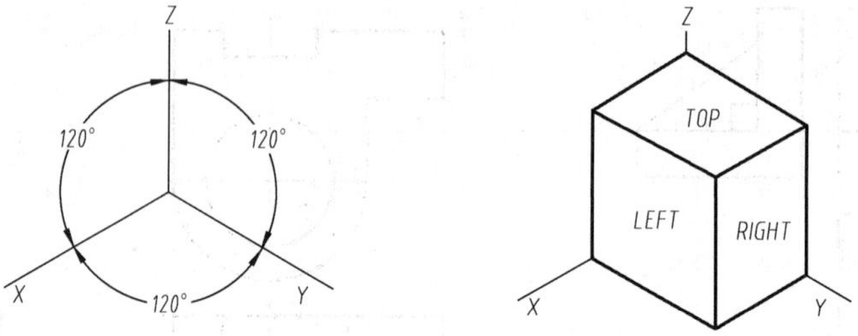

图 3-8　轴测轴、轴间角和轴测面

轴测面，然后打开正交模式。

（4）用户只能沿轴测轴的方向进行长度的测量，而沿非轴测轴方向的测量是不正确的。

二、轴测图的模式设置

轴测图的模式设置可以使用 DSETTINGS 命令和 SNAP 命令来进行。

1. 用 DSETTINGS 命令设置轴测模式

菜单：【工具】→【草图设置】。

图标菜单：状态栏→【捕捉】按钮→右击→设置。

命令行：DSETTINGS。

执行 DSETTINGS 命令后，屏幕上弹出如图 3-9 所示的【草图设置】对话框。

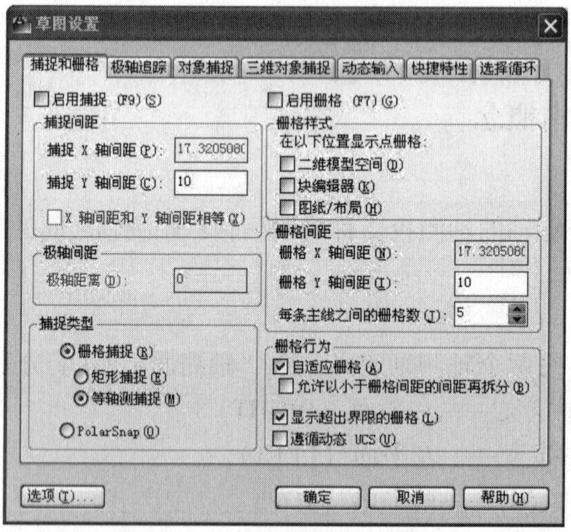

图 3-9　【草图设置】对话框

打开【捕捉与栅格】选项卡，然后在【捕捉类型】中，选择【等轴测捕捉】。要关闭轴模式，则可选择【矩形捕捉】。

在轴测模式下，鼠标的十字光标线随不同轴测面而变成夹角不同的交叉线。

2. 用 SNAP 命令设置轴测模式

可使用 SANP 命令设置等轴测模式。

```
命令:SANP〈Enter〉
指定捕捉间距或【开(ON)/关(OFF)/纵横向间距(A)/样式(S)/类型(T)】< 当前值 >: s < Enter > 输入捕捉栅格类型【标准(S)/等轴测(D)】〈S〉:i〈Enter〉    //选择等轴测模式
指定垂直间距〈当前值〉                                  //输入垂直间距
```

从十字光标线的变化上可以看出当前的绘图环境已处于轴测模式下。

3. 各轴测面的切换

由于立体的不同表面必须在相应的轴测面上绘制，这个正在绘制的轴测面成为“当前轴测面”。因此，用户在绘制轴测图的过程中，就要不断改变当前轴测面。

切换轴测面为当前轴测面有以下两种方法。

(1) 使用 ISOPLANE 命令：用户可以输入字母 L、T 和 R 来选择相应的轴测面，或者直接按 Enter 键在三个轴测面之间切换。

```
命令:ISOPLANE〈Enter〉
当前等轴测平面:左        //提示当前的等轴测平面
输入等轴测平面设置【左(L)/上(T)/右(R)】〈上〉:
```

(2) 使用 F5 键或组合键 Ctrl + E：可按（等轴测平面 左）、（等轴测平面 上）和（等轴测平面右）的顺序进行切换。

三、轴测图的绘制

设置为轴测模式后，可以非常方便地绘制出直线、圆、圆弧和文本的轴测图，并可由这些基本的图形对象组成复杂形体的轴测图。

1. 直线的轴测图

由轴测投影的性质可知：若两直线在空间相互平行，则它们的轴测投影仍相互平行。因此，和坐标轴平行的直线，其轴测图也一定和轴测轴平行。在绘图时，要分别把这些直线绘成与水平方向成 30°、150°和 90°。对于一般位置直线，则可以利用平行线来确定该直线的两个端点的轴测投影，然后连接这两个端点的轴测图就是一般位置直线的轴测图。

对于组成立体的平面多边形，它们的轴测图是由组成其直线的轴测线连成的。凡是在立体上与坐标平面平行的平面，它们的轴测图也与相应的轴测面平行；凡是与坐标平面平行的矩形，它们的轴测图是与相应的轴测面平行的平行四边形，该平行四边形的四条边与确定该轴测面的两轴测轴平行。直线的轴测图以及由直线组成的平面多边形的轴测图如图 3-10所示。

2. 圆的轴测图

圆内切于以圆的直径为边长的正方形，而正方形的轴测图是一个菱形，由此可知，圆的轴测图一定是一个内切于该菱形的椭圆，且椭圆的长轴和短轴分别与该菱形的两条对角线重合。因此，画圆的轴测图就必须把该圆画成内切于菱形的一个椭圆。

位于三个轴测面内椭圆的画法如图 3-11 所示。

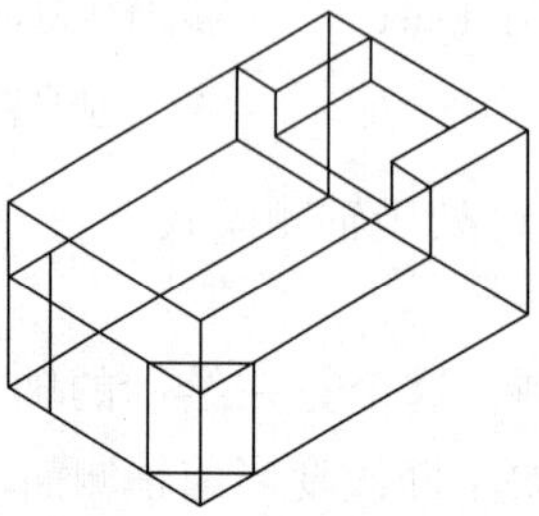

图 3-10　直线轴测图

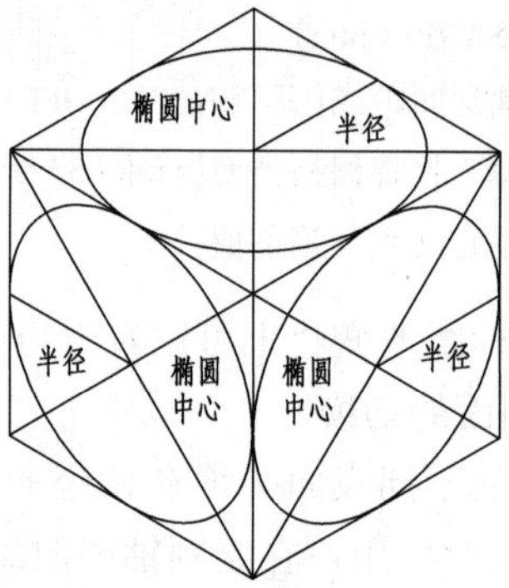

图 3-11　圆的轴测图

圆的轴测图的绘制过程为：

（1）把绘制环境设置为轴测模式。

（2）选定需要绘图的某一轴测面。

（3）绘制椭圆。

```
命令:ELLIPSE                                                    //调用椭圆命令
指定椭圆的端面或[圆弧(A)/中心点(C)/等轴测圆(I)]:i <Enter>       //选择等轴测圆
指定等轴测圆的圆心:                                              //输入圆心坐标
指定等轴测圆的半径或 [直径 (D)]:                                 //输入半径或直径
```

当命令行提示“指定等轴测圆的圆心:”时，可用捕捉目标方式捕捉椭圆中心（菱形对角线的交点）；当提示“指定等轴测圆的半径或[直径(D)]:”时，可输入半径（捕捉菱形边长的一半）。画出某一轴测面上的椭圆，即圆的轴测图。

同理，可以画出其他轴测面上的圆的轴测图。

3. 文字的轴测图

在轴测图上书写文字也应保持与相应的轴测面协调一致。一般的方法是将文字的旋转角和倾斜角变成30°的倍数。

（1）在顶平面内书写文字：打开【格式】菜单，选择【文字样式】选项，屏幕弹出【文字样式】的对话框。在对话框的【倾斜角度】文本框中输入 -30，表示将倾斜角度设置为 -30°，单击【应用】按钮，然后再单击【关闭】按钮，关闭对话框。

用 MTEXT 命令书写汉字。注意：在多行文字编辑器中，将【特性】选项中的【旋转角度】设置为30°，书写【顶平面】，如图 3-12 所示。

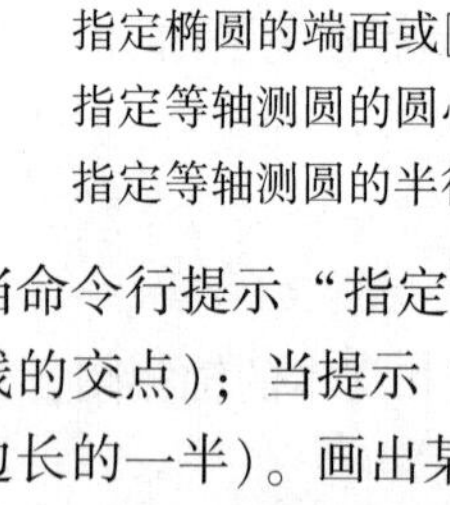

图 3-12　轴测图上的文字书写

（2）在左平面内书写文字：文字的倾斜角度不变，仍为 -30°，但旋转角度设置为 -30°，书写【左平面】，如图 3-12 所示。

（3）在右平面内书写文字：文字的倾斜角度设置为30°，旋转角度设置为 30°，书写【右平面】，如图 3-12 所示。

下面将以具体例子，介绍使用 AutoCAD 2012 绘制等轴测图的方法。

例 3-5　完成如图 3-13 所示轴测图的绘制。

(1) 设置图层。

图层名	颜色	线型	线宽
轮廓线	白色	Continuous	0. 3
中心线	红色	Center	默认

(2) 打开【草图设置】的【捕捉与栅格】选项卡，然后在【捕捉类型】中，选择【等轴测捕捉】单选按钮；在【草图设置】的【极轴追踪】选项卡中设置增量角为 30°，在【对象捕捉追踪设置】中选择【用所有极轴角设置追踪】选项。

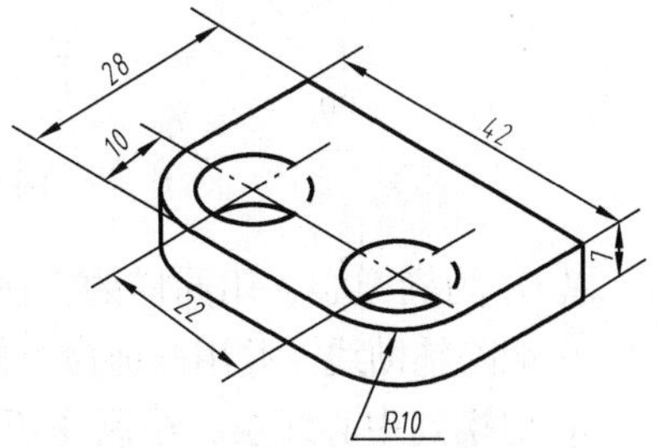

图 3-13　轴测图实例

(3) 将图层切换到轮廓线层，绘制如图 3-14 所示的轴测图。

① 用直线（LINE）命令或多义线（PLINE）命令绘制直线，如图 3-14（a）所示。

```
命令:LINE                                          //调用绘制直线的命令
指定第一点:50,50 <Enter>                           //给出 A 点坐标
指定下一点或[放弃(U)]:28 <Enter>                   //对象追踪 210°方向,输入 AB 距离
指定下一点或[放弃(U)]:42 <Enter>                   //对象追踪 150°方向,输入 BC 距离
指定下一点或[闭合(C)/放弃(U)]:28 <Enter>           //对象追踪 30°方向,输入 BC 距离
指定下一点或[闭合(C)/放弃(U)]:c <Enter>            //闭合四边形
```

② 绘制辅助线，这里使用夹点编辑移动（多重）方法完成直线的复制。

```
选择直线 AB,激活 B 处夹点,如图 3-14(b)所示。
**拉伸**
指定拉伸点或[基点(B)/复制(C)/放弃(U)/退出(X)]: <Enter>   //按 Enter 键或空格键
**移动**
指定移动或[基点(B)/复制(C)/放弃(U)/退出(X)]:c <Enter>    //沿 BC 复制 AB 边
**移动(多重)**
指定移动或[基点(B)/复制(C)/放弃(U)/退出(X)]:10 <Enter>   //输入距离 10
**移动(多重)**
指定移动或[基点(B)/复制(C)/放弃(U)/退出(X)]:32 <Enter>   //沿 BC 边复制另一条线
```

用同样方法，复制 *BC* 边的平行线，该平行线沿 *AB* 方向与 *BC* 边的距离为 10，如图 3-14（c）所示。

③ 按 F5 键，切换到俯平面，绘制圆角。用椭圆命令，并分别以 O_1 和 O_2 为椭圆心，绘制半径为 10 的等轴测圆，如图 3-15（a）所示。

```
命令:<等轴测平面 上>                               //按 F5 键切换到顶平面
命令:ELLIPSE                                       //调用绘制椭圆的命令
```

指定椭圆轴的端点或[圆弧(A)/中心点(C)/等轴测圆(I)]:i <Enter> //选择绘制等轴测圆
指定等轴测圆的圆心: //捕捉交点 O_1 为圆心
指定等轴测圆的半径或[直径(D)]:10 <Enter> //输入半径 10 并回车

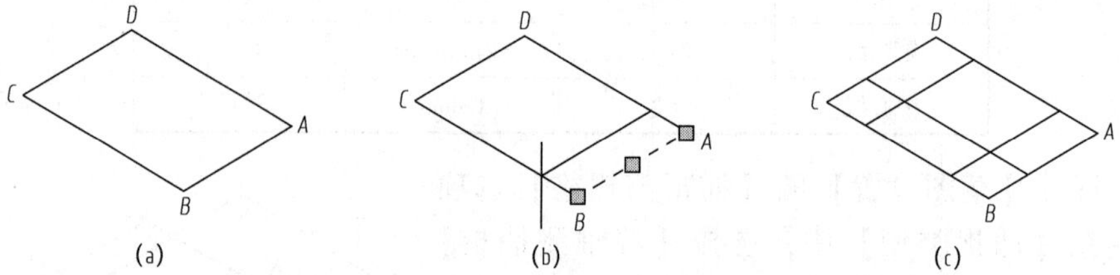

图 3-14 绘制直线及辅助线

以 O_2 为椭圆心，用同样的方法绘制另一个椭圆。

④ 删除辅助线，并用修剪命令修剪圆的多余部分，修剪后的图形如图 3-15（b）所示。

⑤ 切换到中心线层，绘制座板上两个 $\phi13$ 圆孔的中心线，如图 3-15（c）所示。

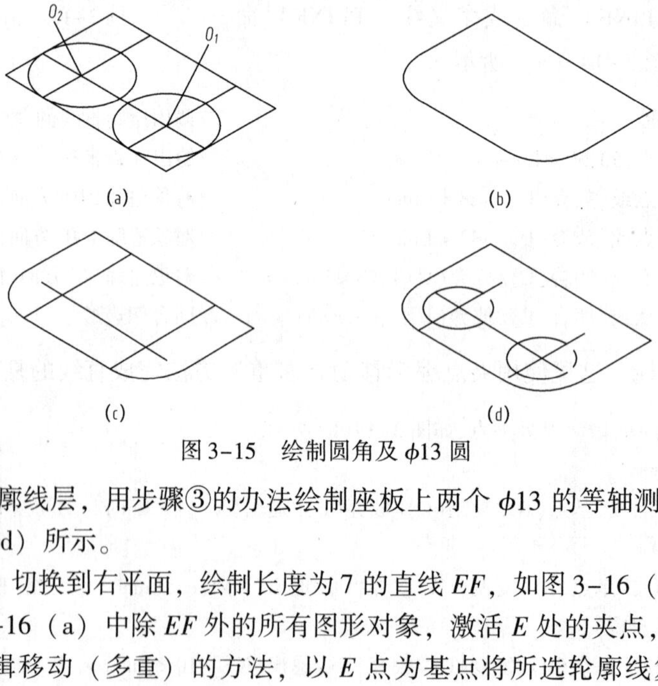

图 3-15 绘制圆角及 $\phi13$ 圆

⑥ 切换到轮廓线层，用步骤③的办法绘制座板上两个 $\phi13$ 的等轴测圆，并缩短中心线，如图 3-15（d）所示。

⑦ 按 F5 键，切换到右平面，绘制长度为 7 的直线 *EF*，如图 3-16（a）所示。

⑧ 选中图 3-16（a）中除 *EF* 外的所有图形对象，激活 *E* 处的夹点，如图 3-16（b）所示。用夹点编辑移动（多重）的方法，以 *E* 点为基点将所选轮廓线复制到 *F* 点，如图 3-16（c）所示。

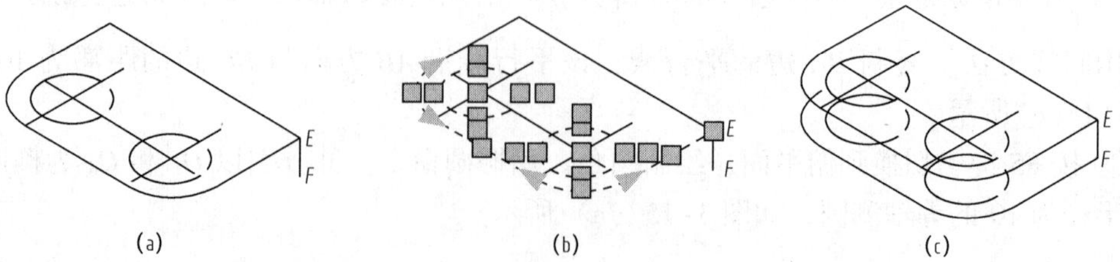

图 3-16 复制底面

⑨ 激活 LINE 命令，捕捉圆弧的中点，绘制直线 *MN*，如图 3–17（a）所示。

⑩ 用删除命令和修剪命令编辑图形，得到图 3–17（b）所示的图形。

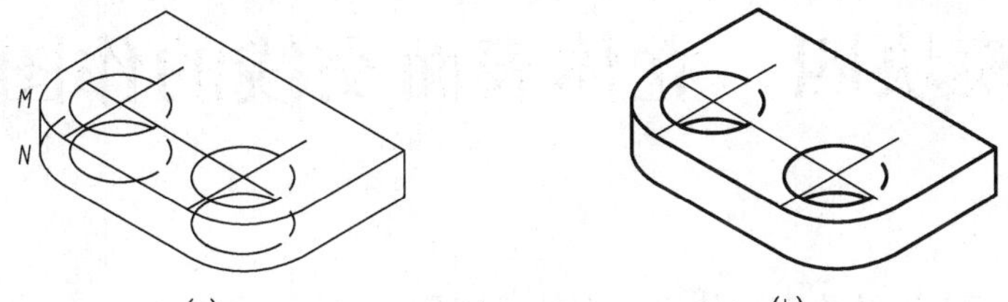

(a)　　　　(b)

图 3–17　编辑修剪图形

任务实践

进行以下实践：

（1）绘制如下图所示的轴测图。

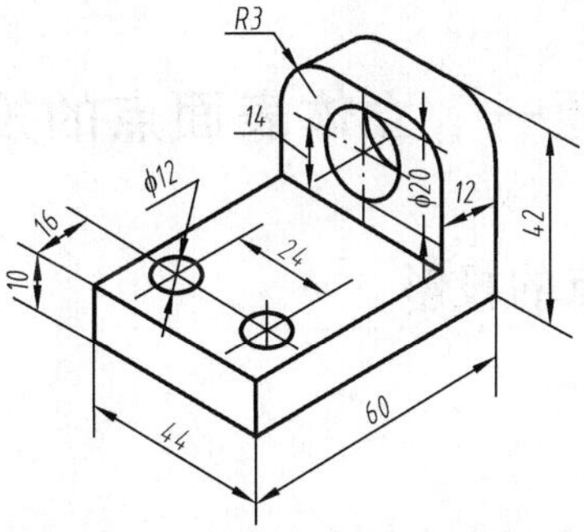

（2）绘制如下图所示的轴测图。

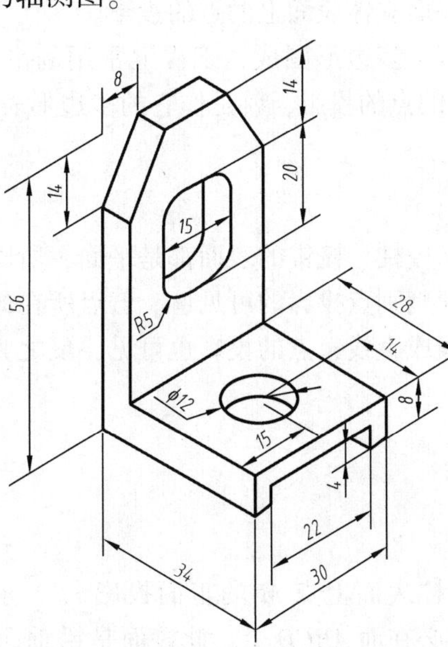

模块四　立体表面交线的作图

模块目标：

(1) 熟悉平面立体及曲面立体表面点的投影作图。
(2) 了解截交线的基本概念及截交线的特性。
(3) 熟悉平面体截交线的画法。
(4) 熟悉用特殊位置平面切割圆柱所得截交线的画法。
(5) 熟悉用特殊位置平面切割圆锥所得截交线的画法。
(6) 熟悉用特殊位置平面切割圆球所得截交线的画法。
(7) 熟悉 AutoCAD 的基本绘图方法。

课题一　立体表面点的投影

任务一　平面立体表面点的投影

任务目标

知识点：平面立体表面点的投影作图。

技能点：能准确地作出平面立体表面上的点的投影。

任务分析：平面立体由若干多边形围成，工程上常用的平面立体是棱柱和棱锥（包括棱台），作平面立体表面上的点的投影，就是作它的多边形表面上的点的投影。

相关知识

平面上取点的方法：由于棱柱、棱锥的表面都是平面，所以在它们的表面上取点与在平面上取点的方法相同，但须判别点投影的可见性。若点所在的平面的投影可见，点的投影也可见；若平面的投影积聚成直线，点的投影也可见，反之为不可见。不可见点的投影须加括号表示。

任务实践

1. 棱柱表面点的投影

如图 4-1 所示，已知棱柱表面上点 M 的正面投影 m'，求作它的其他两面投影 m、m''。因为 m' 可见，所以点 M 必在面 $ABCD$ 上。此棱面是铅垂面，其水平投影积聚成一条直线，故点 M 的水平投影 m 必在此直线上，再根据 m、m' 可求出 m''。由于 $ABCD$ 的侧面投影为可见，故 m'' 也为可见。

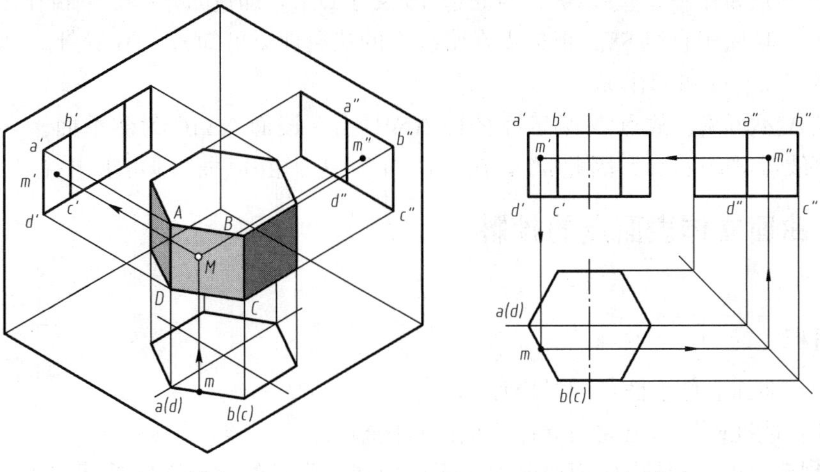

图 4-1　棱柱表面点的求法

特别强调：点与积聚成直线的平面重影时，不加圆括号。

2. 棱锥表面点的投影

方法：先利用点所在面的积聚性，如果不行，再用辅助线法。

首先确定点位于棱锥的哪个平面上，再分析该平面的投影特性。若该平面为特殊位置平面，可利用投影的积聚性直接求得点的投影；若该平面为一般位置平面，可通过辅助线法求得。

例 4-1　如图 4-2 所示，已知正三棱锥表面上点 M 的正面投影 m' 和点 N 的水平面投影 n，求作 M、N 两点的其余投影。

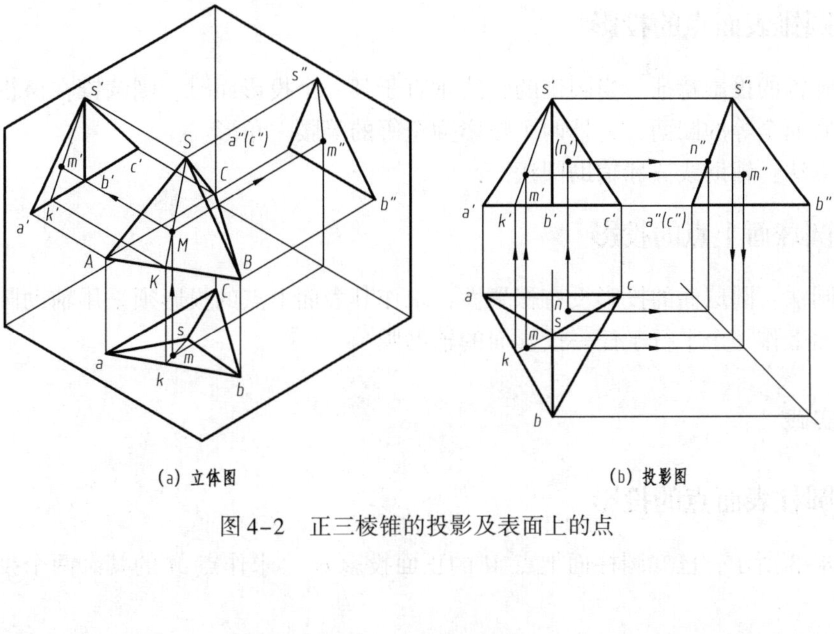

图 4-2　正三棱锥的投影及表面上的点

因为 m' 可见，因此点 M 必定在 $\triangle SAB$ 上。$\triangle SAB$ 是一般位置平面，采用辅助线法，过点 M 及锥顶点 S 作一条直线 SK，与底边 AB 交于点 K。即过 m' 作 $s'k'$，再作出其水平投影 sk。由于点 M 属于直线 SK，根据点在直线上的从属性质可知 m 必在 sk 上，求出水平投影 m，再根据 m、m' 可求出 m''。

因为点 N 不可见，故点 N 必定在棱面 $\triangle SAC$ 上。棱面 $\triangle SAC$ 为侧垂面，它的侧面投影积聚为直线段 $s''a''$（c''），因此 n'' 必在 $s''a''$（c''）上，由 n、n'' 即可求出（n'）。

任务二　曲面立体表面点的投影

任务目标

知识点：曲面立体表面点的投影作图。

技能点：能准确地作出曲面立体表面的点的投影。

任务分析：曲面立体由曲面或曲面和平面组成。常见的曲面立体是回转体，工程上用得最多的是圆柱、圆锥和球，有时也用到环和具有环面的回转体。作曲面立体表面上点的投影，就是作它的曲面或平面表面上的点。

相关知识

一、圆柱表面点的投影

（1）圆柱的投影特征：当圆柱的轴线垂直于某一个投影面时，必有一个投影为圆，另外两个投影为全等的矩形。

（2）方法：利用点所在的面的积聚性（因为圆柱的圆柱面和两底面均至少有一个投影具有积聚性）。

二、圆锥表面点的投影

（1）圆锥的投影特征：当圆锥的轴线垂直于某一个投影面时，则圆锥在该投影面上投影为与其底面全等的圆面，另外两个投影为全等的等腰三角形。

（2）方法：辅助线法和辅助圆法。

三、圆球面上点的投影

辅助圆法：圆球面的投影没有积聚性，求作其表面上点的投影须采用辅助圆法，即过该点在球面上作一个平行于任一投影面的辅助圆。

任务实践

一、圆柱表面点的投影

如图 4-3 所示，已知圆柱面上点 M 的正面投影 m'，求作点 M 的其余两个投影。

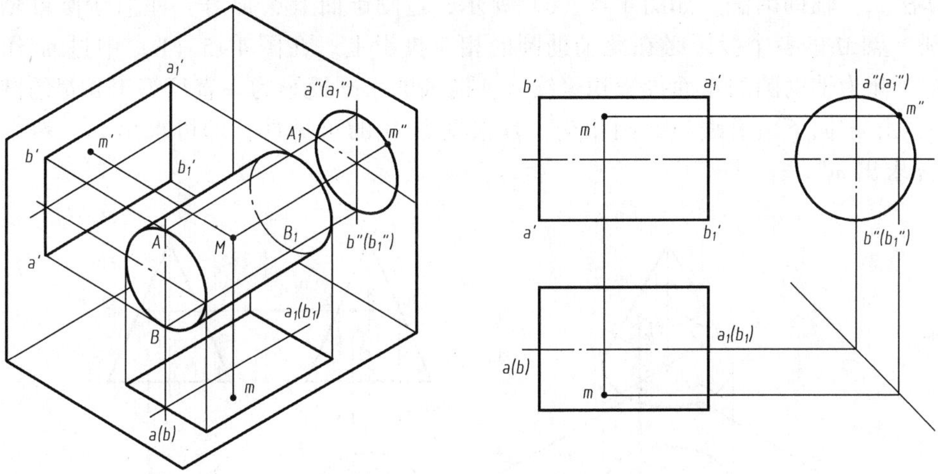

(a) 立体图　　　(b) 投影图

图 4-3　圆柱表面上的点

因为圆柱面的投影具有积聚性，圆柱面上点的侧面投影一定重影在圆周上。又因为 m'可见，所以点 M 必在前半圆柱面的上边，由 m'求得 m''，再由 m'和 m''求得 m。

二、圆锥表面点的投影

如图 4-4、图 4-5 所示，已知圆锥表面上 M 的正面投影 m'，求作点 M 的其余两个投影。因为 m'可见，所以 M 必在前半个圆锥面的左边，故可判定点 M 的另两面投影均为可见。作图方法有以下两种。

作法一：辅助线法。如图 4-4（a）所示，过锥顶 S 和 M 作一直线 SA，与底面交于点 A。点 M 的各个投影必在此 SA 的相应投影上。在图 4-4（b）中过 m'作 $s'a'$，然后求出其水平投影 sa。由于点 M 属于直线 SA，根据点在直线上的从属性质可知 m 必在 sa 上，求出水平投影 m，再根据 m、m' 求出 m''。

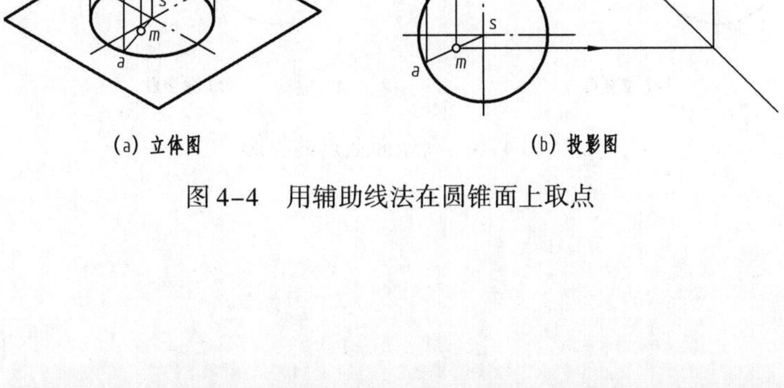

(a) 立体图　　　(b) 投影图

图 4-4　用辅助线法在圆锥面上取点

作法二：辅助圆法。如图 4-5（a）所示，过圆锥面上点 M 作一垂直于圆锥轴线的辅助圆，点 M 的各个投影必在此辅助圆的相应投影上。在图 4-5（b）中过 m' 作水平线 $a'b'$，此为辅助圆的正面投影积聚线。辅助圆的水平投影为一直径等于 $a'b'$ 的圆，圆心为 s，由 m' 向下引垂线与此圆相交，且根据点 M 的可见性，即可求出 m。然后再由 m' 和 m 求出 m''。

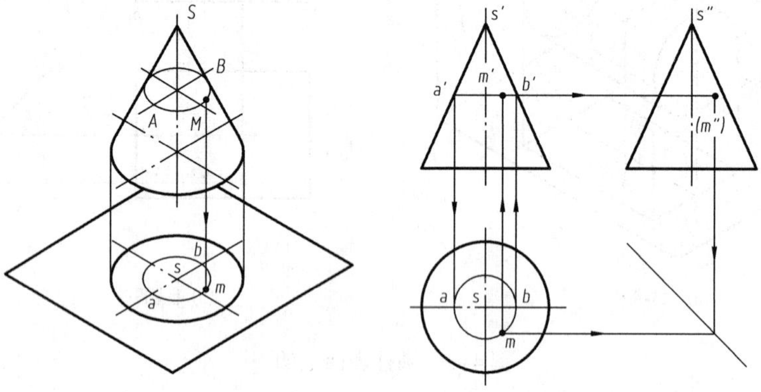

(a) 立体图　　(b) 投影图

图 4-5　用辅助圆法在圆锥面上取点

三、圆球面上点的投影

如图 4-6（a）所示，已知球面上点 M 的水平投影，求作其余两个投影。

过点 M 作一平行于正面的辅助圆，它的水平投影为过 m 的直线 ab，正面投影为直径等于 ab 长度的圆。自 m 向上引垂线，在正面投影上与辅助圆相交于两点。又由于 m 可见，故点 M 必在上半个圆周上，据此可确定位置偏上的点即为 m'，再由 m、m' 可求出 m''，如图 4-6（b）所示。

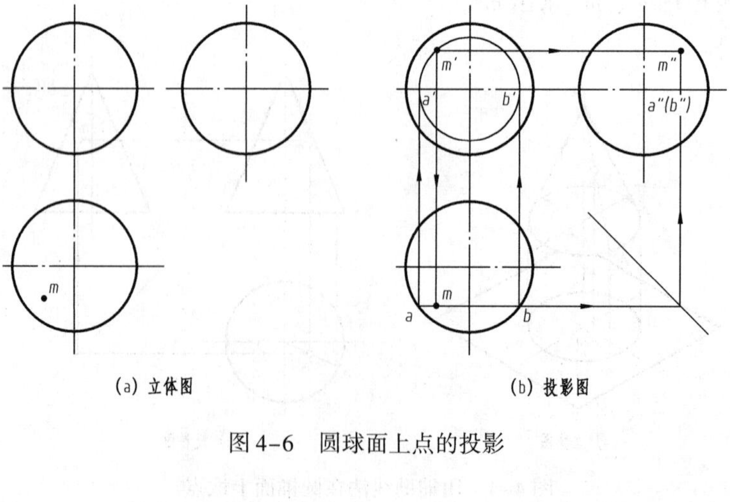

(a) 立体图　　(b) 投影图

图 4-6　圆球面上点的投影

课题二　截交线的投影作图

任务一　平面立体截交线的投影

任务目标

知识点：截交线的基本概念及特性，平面体截交线的画法。

技能点：能画立体表面上的常见截交线。

任务分析：掌握平面立体截切的视图画法，由简到繁，循序渐进，可以使后续组合体的画图和识读更加轻松易懂。截交线的形状取决于被截切基本体的形状以及切平面的方位，截交线三视图可根据切平面的方位和投影关系按步骤绘制。

相关知识

一、截交线概念、性质

平面截切立体后在立体表面上产生的交线称为截交线，这个平面称为截平面。截交线具有以下两个基本性质。

1. 共有性

截交线是截平面与立体表面的共有线，截交线上的每一点均为截平面与立体表面的共有点，如图 4-7所示。

2. 封闭性

任何立体都有一定的范围，所以截交线的投影一定是封闭的平面图形（多边形或平面曲线），如图 4-7 所示。

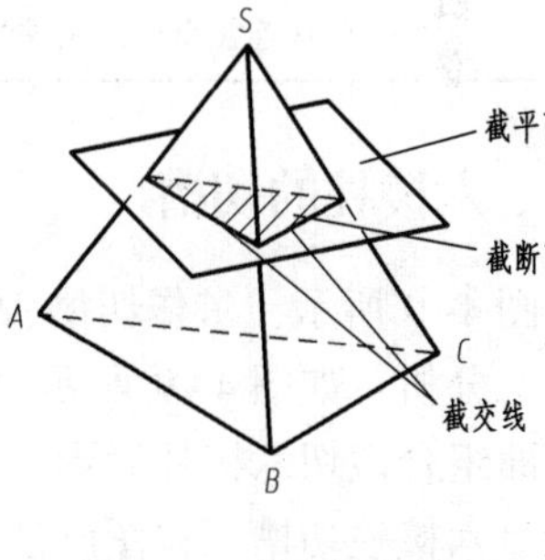

图 4-7　截交线的性质

由于截交线是截平面与立体表面的共有线，截交线上的点必定是截平面与立体表面的共有点，所以求作截交线的实质，就是求出截平面与立体表面的共有点的集合。

二、平面立体的截交线

平面与平面立体相交时的截交线是一个封闭的平面多边形，多边形的顶点是平面立体的棱线与截平面的交点，多边形的每条边是平面立体的棱面与截平面的交线。因此求作平面立体上的截交线，可以归纳为求出平面立体的各棱线与截平面的交点，或者求出平面立体的各表面与截平面的交线。

任务实践

一、四棱锥的截切

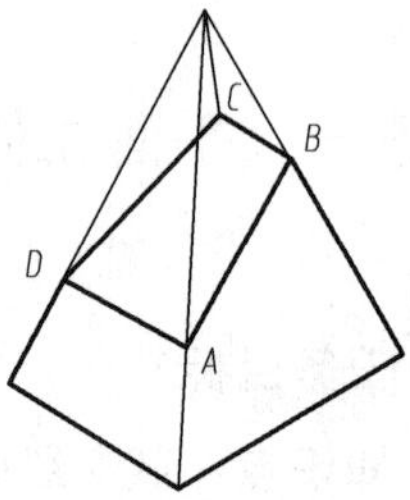

图 4-8　四棱锥的截交线

如图 4-8 所示，求作正垂面斜切正四棱锥的三视图。

分析：截平面与棱锥的四条棱线相交，可判定截交线是四边形，其四个顶点 *A*、*B*、*C*、*D* 分别是四条棱线与截平面的交点。因此，只要求出截交线的四个顶点在各投影面上的投影，然后依次连接顶点的同名投影，即得截交线的投影。

四棱锥的截切三视图画法步骤见表 4-1。

表 4-1　四棱锥的截切三视图画法

作图步骤	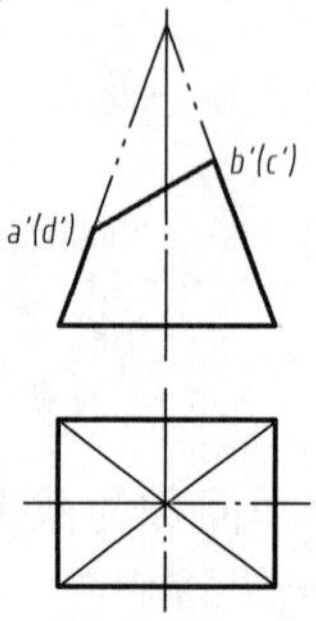	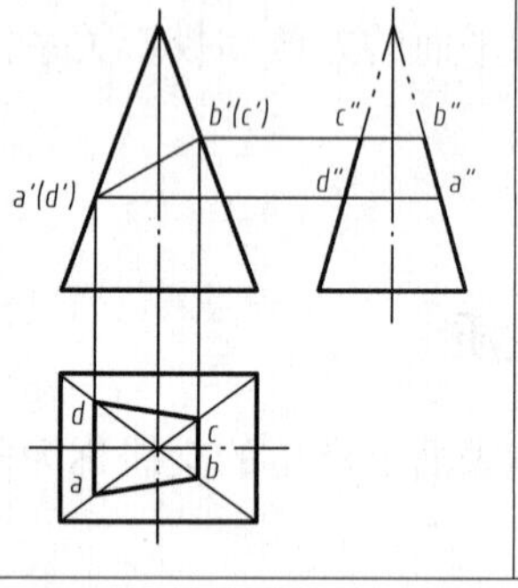	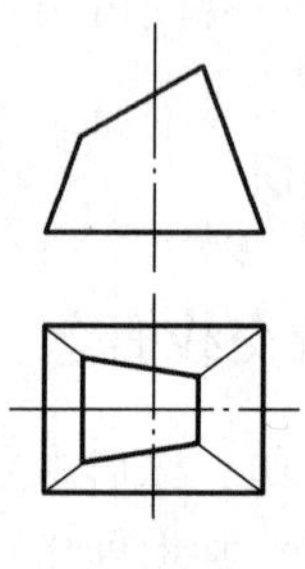
绘图提示	1. 绘制四棱锥的三视图，画主视图截交线的位置 2. 求出截交线的四个顶点在各投影面上的投影 3. 依次连接交点，完成截交线，擦去被截去的轮廓线，清理并加深图线		

二、六棱柱的切槽

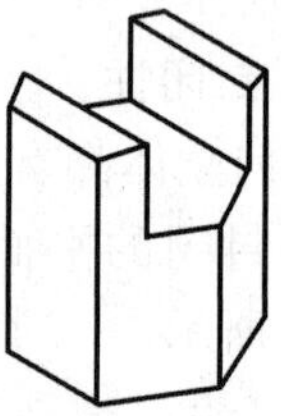
图 4-9　六棱柱的截交线

如图 4-9 所示，求作切槽六棱柱的三视图。

(1) 分析：如图 4-9 所示，该槽可看成由两个侧平面和一个水平面组合截切六棱柱后形成。

(2) 六棱柱切槽三视图画法步骤见表 4-2。

表 4-2　切槽六棱柱的截交线的画法

作图步骤	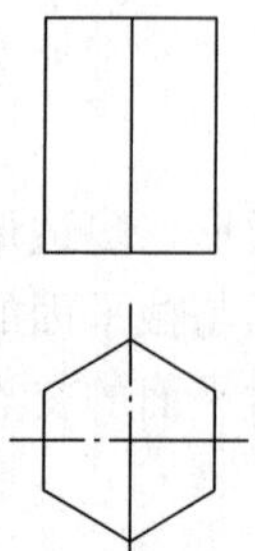	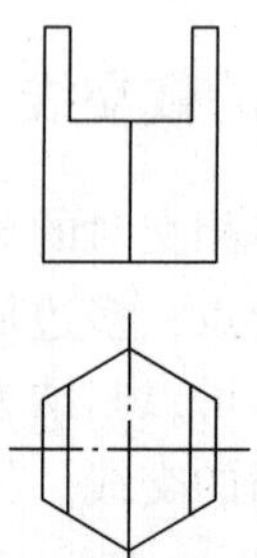

续表

画图提示	绘制六棱柱的三视图，先画俯视图，再画另两视图	绘制各截平面的主视图和俯视图，三个截平面的位置在主视图中最容易确定
作图步骤	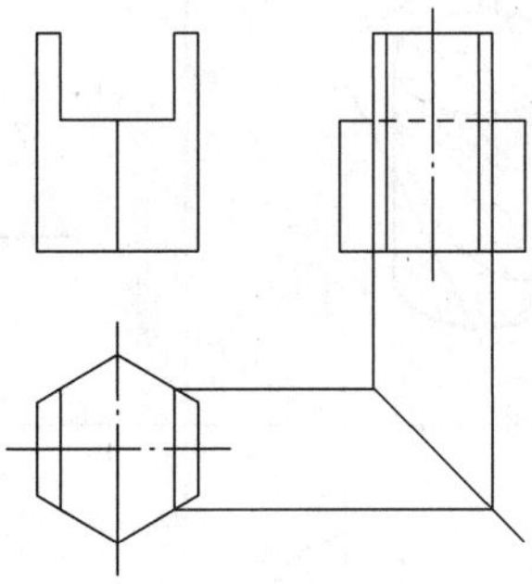	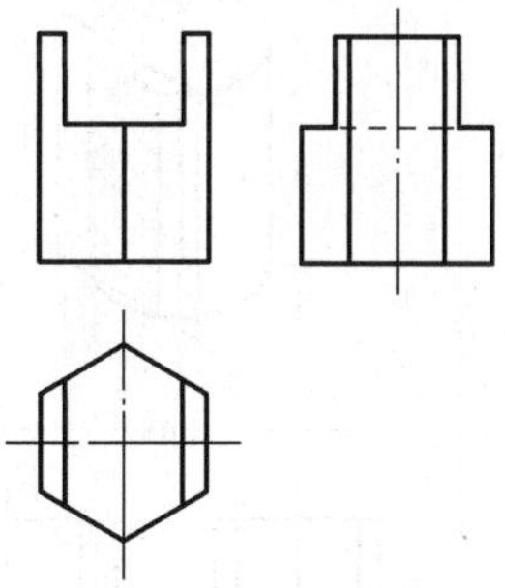
画图提示	绘制截平面的左视图	清理，加深图线

任务二　曲面立体截交线的投影

任务目标

知识点：曲面立体截交线的投影。

技能点：能准确完成截平面截切圆柱、圆锥、圆球后的三面投影。

任务分析：在一些零件上，常常出现平面与回转体表面相交的情况。曲面立体的截交线通常是一条封闭的平面曲线，也可能是截平面上的曲线和直线所围成的平面图形或多边形。截交线的形状与曲面立体的几何性质及其与截平面的相对位置有关。

相关知识

曲面立体的截交线一般是封闭的平面曲线，特殊情况下是直线。求非圆平面曲线的投影时，须先求出若干个共有点的投影，然后将它们依次光滑地连接起来。

任务实践

一、圆柱的截交线

（1）平面与圆柱相交，根据平面与圆柱相对位置的不同，其截交线有三种：矩形、圆和椭圆，见表4–3。

表 4-3　圆柱截交线的基本情况

截平面的位置	与圆柱轴线平行	与圆柱轴线倾斜	与圆柱轴线垂直
	矩形	椭圆	圆
轴测图	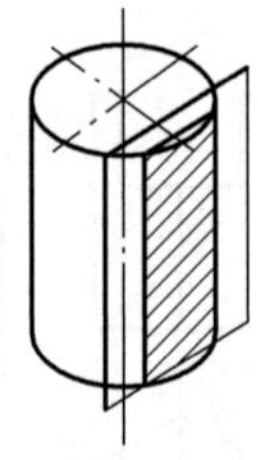	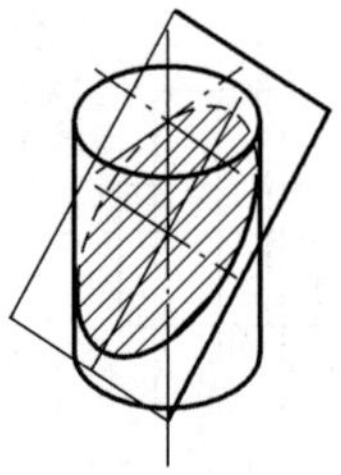	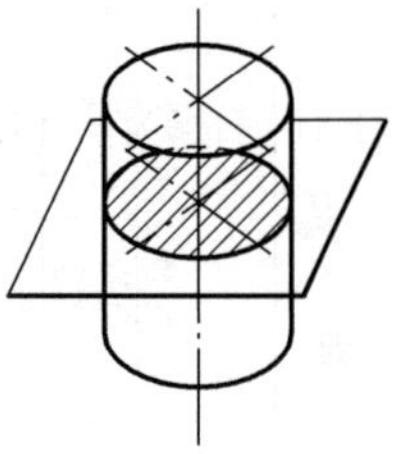
投影图	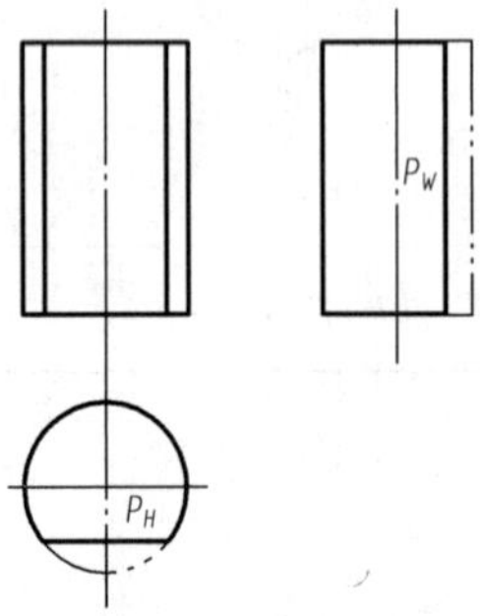	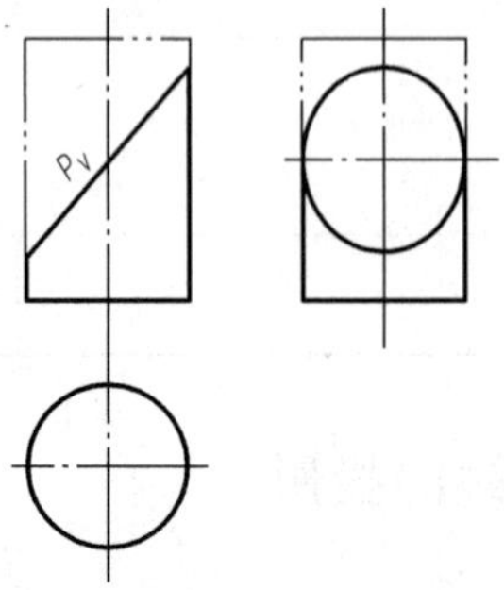	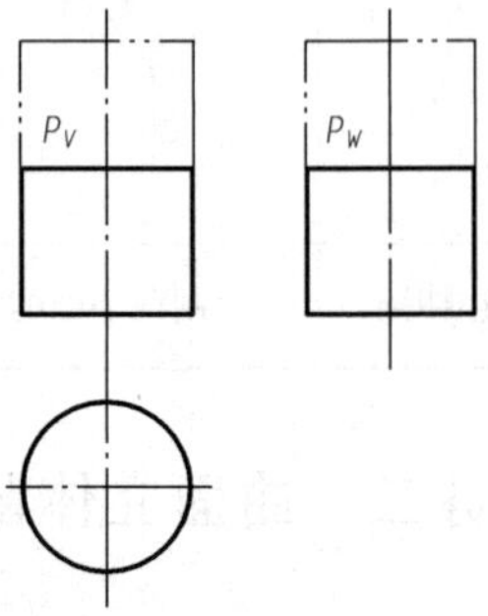

（2）圆柱切槽作图步骤。

如图 4-10 所示，求作切槽圆柱体的三视图。

分析：圆柱方形槽由三个截平面截切形成，两个左右对称且平行于圆柱轴线的侧平面，它们与圆柱面的截交线均为平行于圆柱轴线的两条直线，与上顶面的截交线为两条正垂线；另一个截平面是垂直于圆柱轴线的水平面，它与圆柱面产生的截交线是两段圆弧。同时，三个截平面之间产生两条交线，是正垂线。

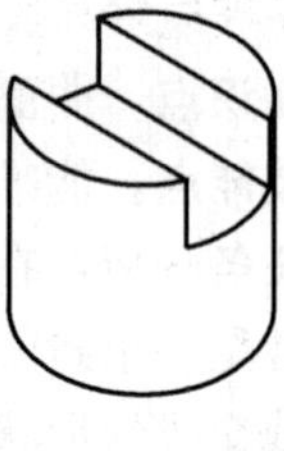

图 4-10　切槽圆柱体

（3）圆柱切槽三视图绘图步骤见表 4-4。

表 4-4　切槽圆柱体三视图作图步骤

作图步骤	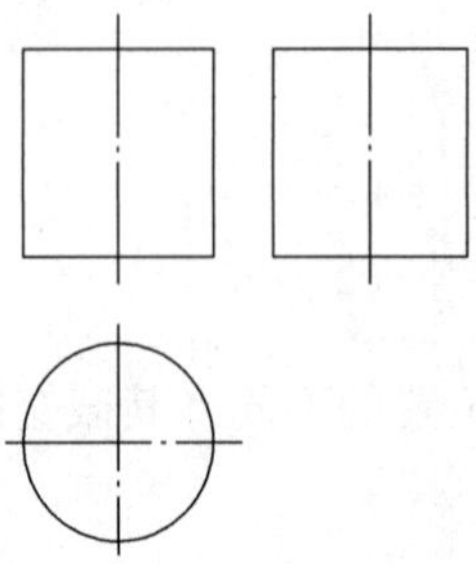	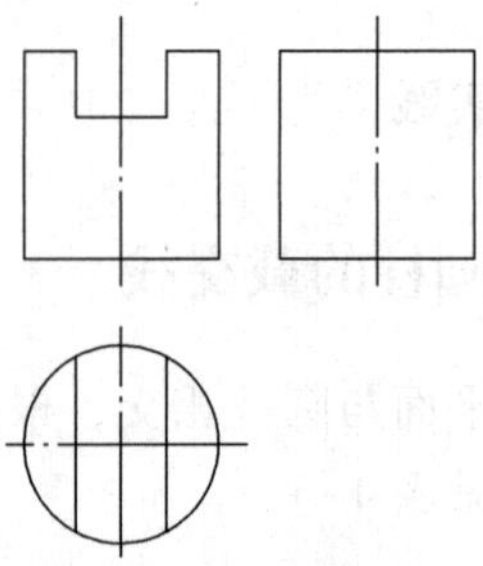

续表

画图提示	绘制圆柱的三视图，先画俯视图，再画另两视图	绘制各截平面的主视图和俯视图，三个截平面的位置在主视图中最容易确定
作图步骤	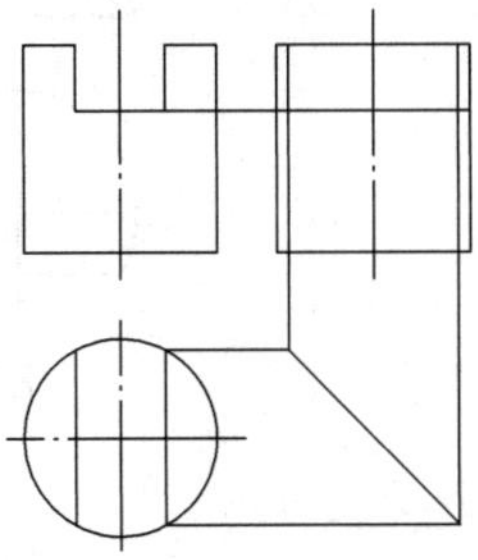	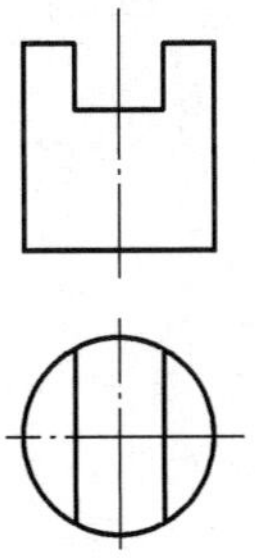
画图提示	绘制截平面的左视图	清理，加深图线

二、圆锥的截交线

（1）截平面与圆锥轴线的相对位置不同时，其截交线有五种不同的形状，见表4-5。

表4-5　圆锥截交线的基本情况

截平面的位置	截平面过圆锥的锥顶	截平面与圆锥轴线垂直	截平面与圆锥轴线倾斜	截平面与圆锥轴线平行	截平面与圆锥素线平行
	直线	圆	椭圆	双曲线	抛物线
截交线空间形状	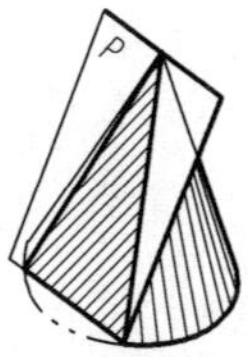	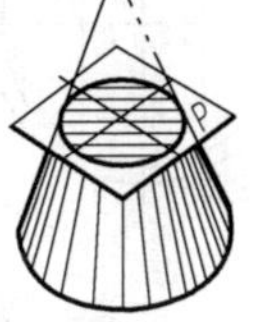	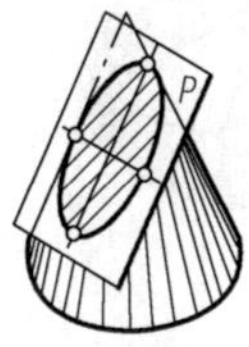	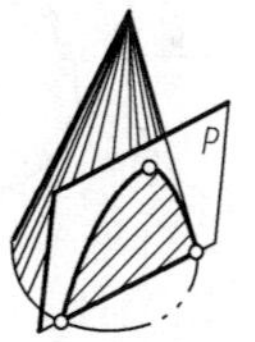	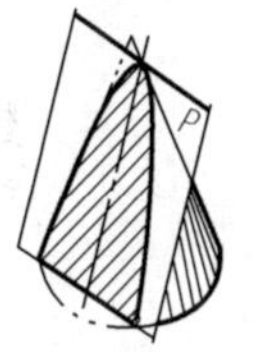
投影图	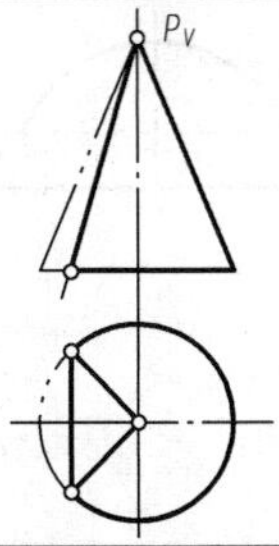	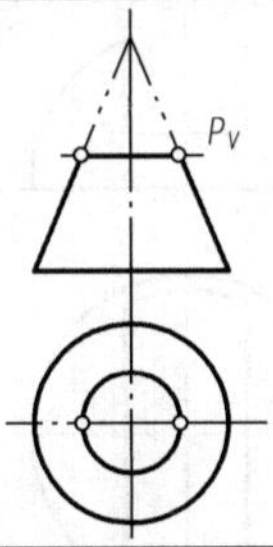	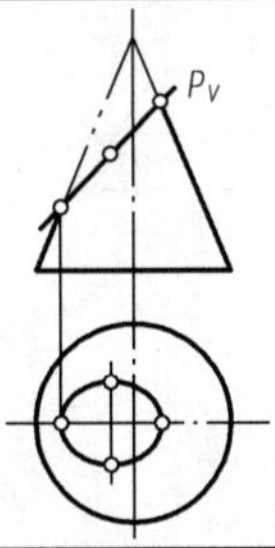	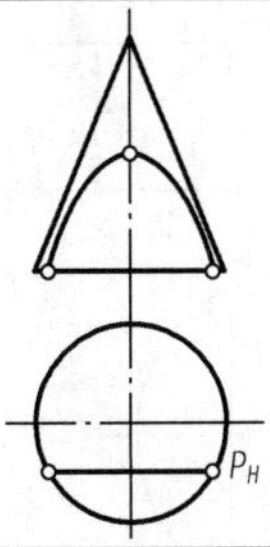	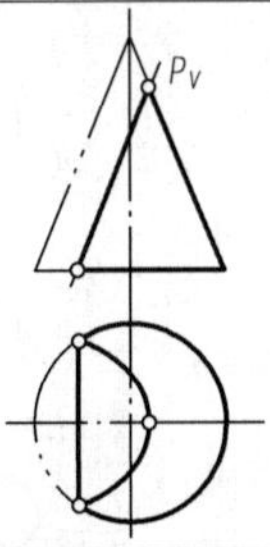

（2）如图4-11所示，求作切割圆锥体的三视图。

分析：圆锥被平行于轴线的平面 P 截切，截交线为双曲线，由截交线所围成的截平面为正平面，其水平投影面和侧立投影平面上的投影为直线，正面投影是由双曲线和直线围成的反映实形的平面图形，所以只要求出该截平面的正面投影即可。

（3）绘图步骤如图4-12所示。

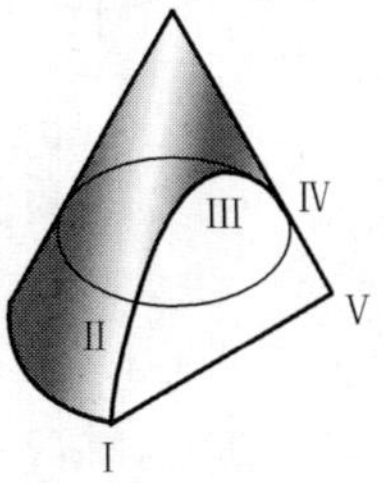

图4-11　切割圆锥体

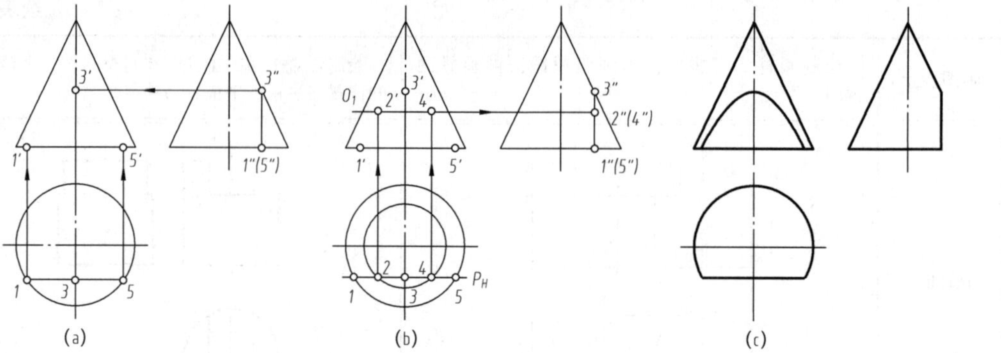

图 4-12　圆锥截切时的截交线画法

三、圆球的截平面

半圆球切槽绘图步骤如图 4-13 所示。

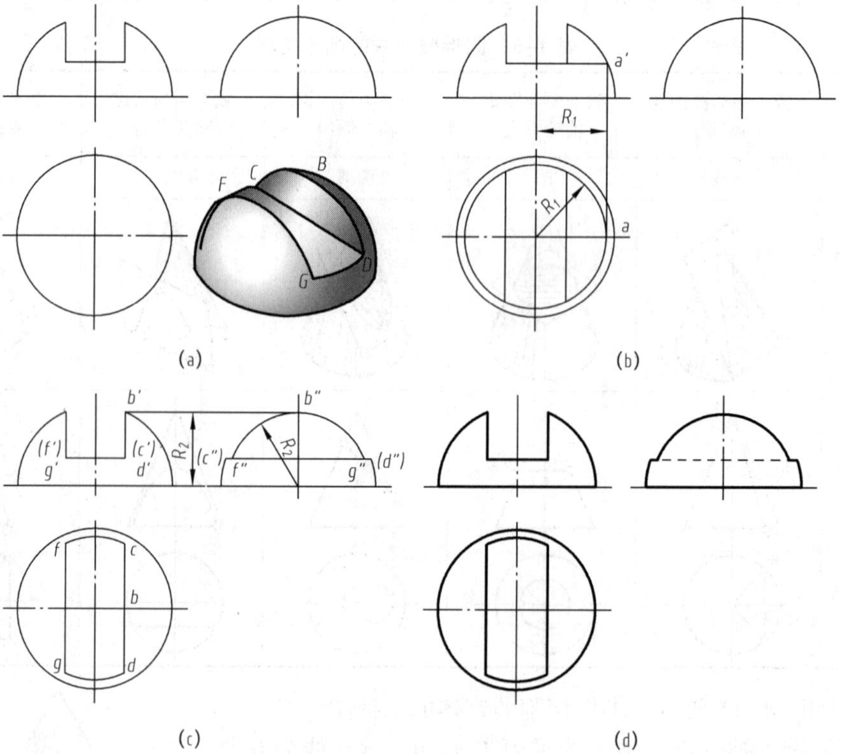

图 4-13　半圆球切槽绘图步骤

课题三　相贯线的投影作图

任务目标

知识点：相贯线的性质及相贯线的投影作图。

技能点：熟悉立体表面上常见相贯线的画法。

任务分析：相贯线也是机器零件的一种表面交线，与截交线不同的是，相贯线不是由平面切割立体形成的，而是由两个立体互相贯穿所产生的表面交线。零件表面的相贯线大都是圆柱、圆锥、圆球等曲面立体表面相交而成的。

相关知识

一、相贯线的概念

两个基本体相交（或称相贯），表面产生的交线称为相贯线。本课题只讨论最为常见的两个曲面立体相交的问题。

二、相贯线的性质

(1) 相贯线是两个相交立体表面的共有线，也是两个立体表面的分界线。相贯线上的点是两个立体表面的共有点。

(2) 两个立体的相贯线一般为封闭的空间曲线，特殊情况下可能是平面曲线或直线。

三、相贯线的画法

求两个立体相贯线的实质就是求它们表面的共有点。作图时，依次求出特殊点和一般点，判别其可见性，然后将各点光滑连接起来，即得相贯线。

任务实践

一、求正交两圆柱体的相贯线

画出如图 4-14（a）所示正交两圆柱体的相贯线。

分析：两圆柱体的轴线正交，且分别垂直于水平面和侧面。相贯线在水平面上的投影积聚在小圆柱水平投影的圆周上，在侧面上的投影积聚在大圆柱侧面投影的圆周上，故只需要求作相贯线的正面投影，如图 4-14 所示。

二、相贯线的近似画法

相贯线的作图步骤较多，如对相贯线的准确性无特殊要求，当两圆柱垂直正交且直径不一样时，可采用圆弧代替相贯线的近似画法。如图 4-15 所示，垂直正交两圆柱的相贯线可用大圆柱的 $D/2$ 为半径作圆弧来代替。

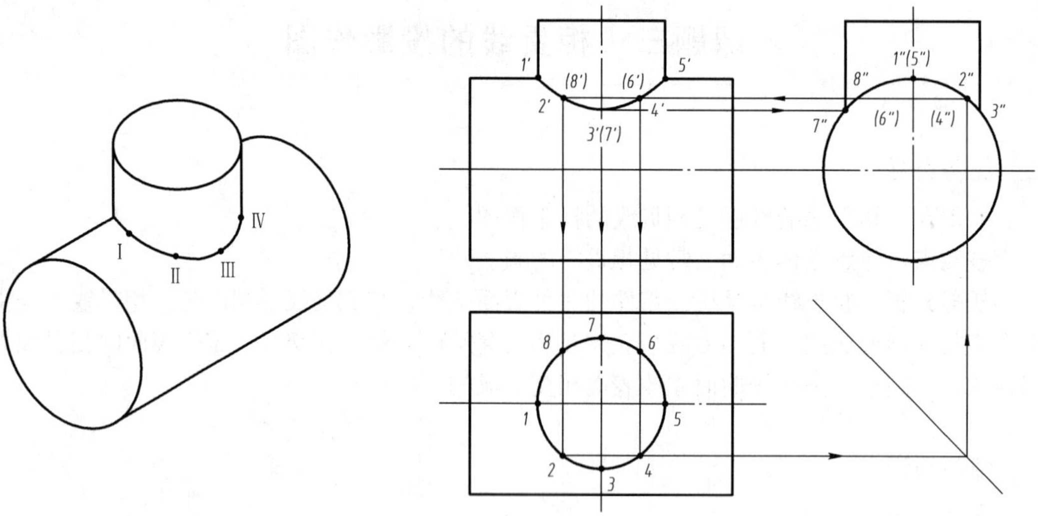

(a) 立体图　　(b) 三视图

图 4-14　正交两圆柱的相贯线

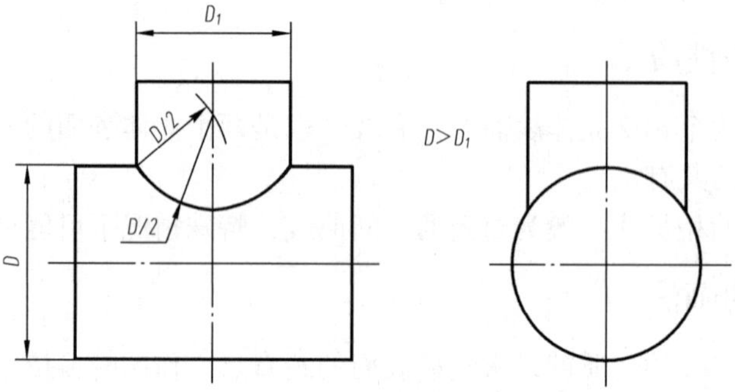

图 4-15　相贯线的近似画法

三、两圆柱正交的类型

两圆柱正交有三种情况：

（1）两外圆柱面相交；

（2）外圆柱面与内圆柱面相交；

（3）两内圆柱面相交。

这三种情况的相交形式虽然不同，但相贯线的性质和形状一样，求法也相同，如图 4-16 所示。

四、相贯线的特殊情况

两曲面立体相交，其相贯线一般为空间曲线，但在特殊情况下也可能是平面曲线或直线。

（1）两个曲面立体具有公共轴线时，相贯线为与轴线垂直的圆，如图 4-17 所示。

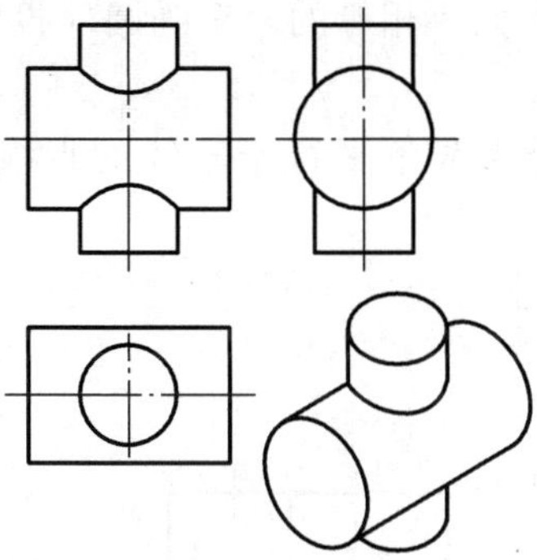

(a) 两外圆柱面相交

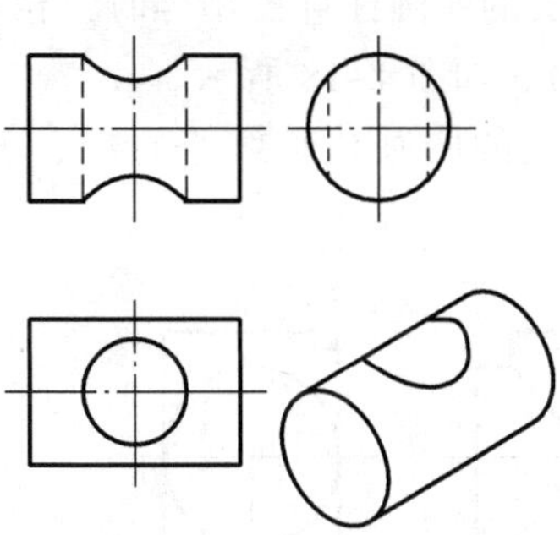

(b) 外圆柱面与内圆柱面相交

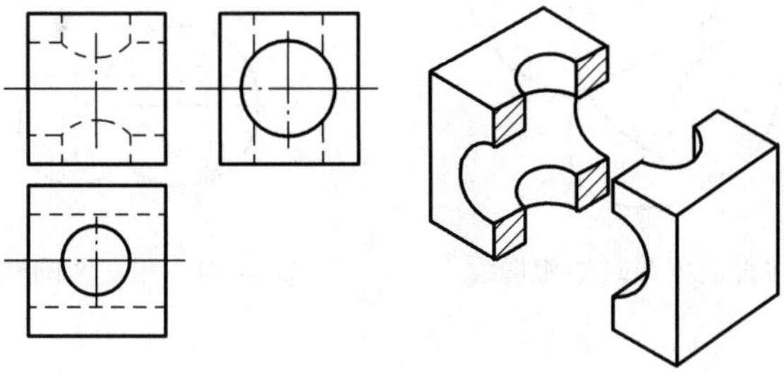

(c) 两内圆柱面相交

图 4-16　两正交圆柱相交的三种情况

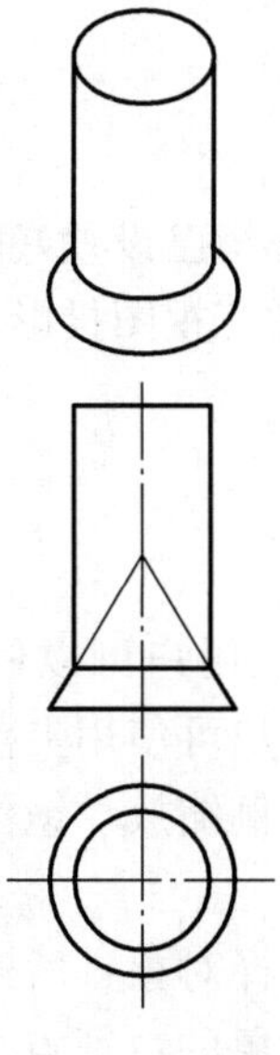

(a) 圆柱与圆锥

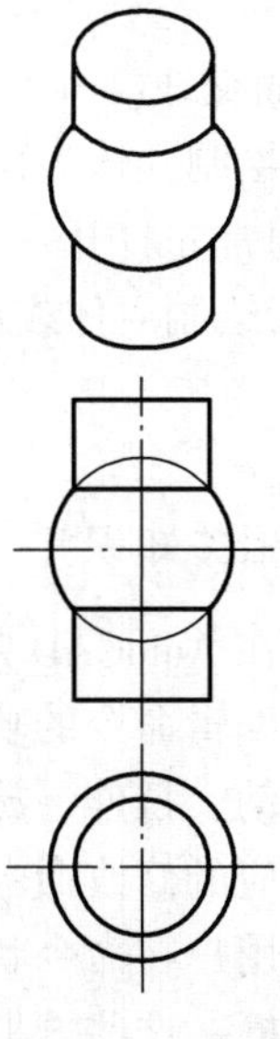

(b) 圆柱与圆球

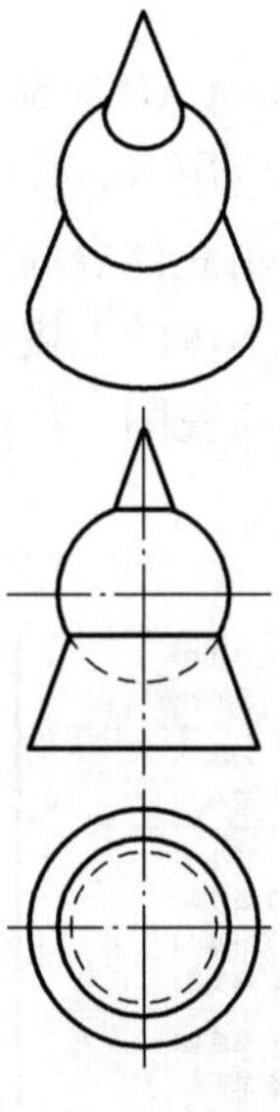

(c) 圆锥与圆球

图 4-17　两个同轴回转体的相贯线

（2）当正交的两圆柱直径相等时，相贯线为大小相等的两个椭圆（投影为通过两轴线交点的直线），如图 4-18 所示。

（3）当相交的两圆柱轴线平行时，相贯线为两条平行于轴线的直线，如图 4-19 所示。

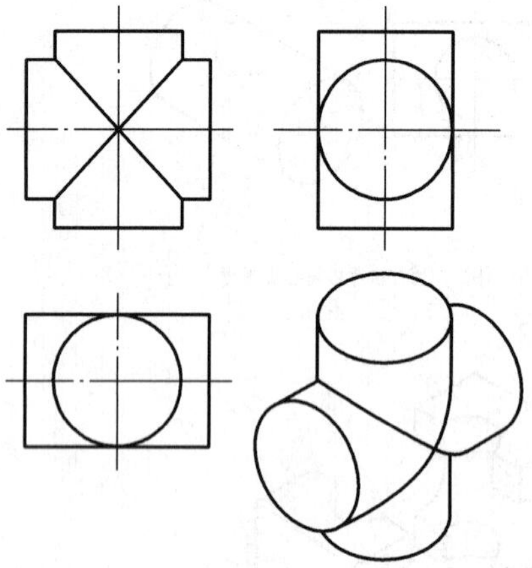

图 4-18　正交两圆柱直径相等时的相贯线

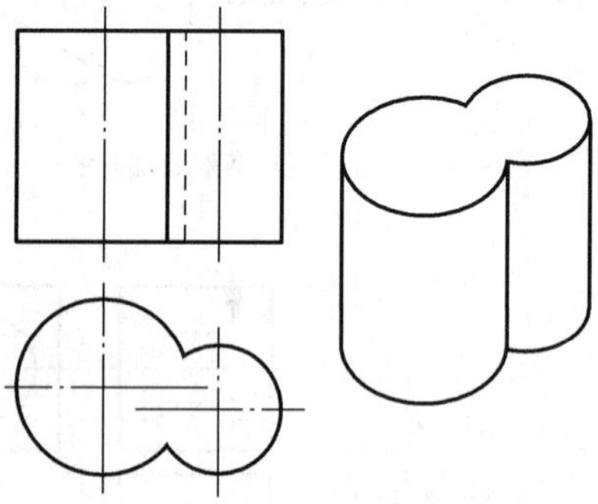

图 4-19　相交两圆柱轴线平行时的相贯线

课题四　用 AutoCAD 绘制立体表面交线

任务目标

知识点：用 AutoCAD 绘制立体表面交线。

技能点：熟练应用 AutoCAD 2012 绘制立体表面的交线。

任务分析：绘制立体表面交线，通常先打开一个绘图环境已设置好的样板图，使用基本绘图命令绘制基本体的三视图，然后绘制立体表面交线的三视图投影，加以必要的修改和编辑，整理完成三视图。

相关知识

在 AutoCAD 2012 中，用户可以使用夹点编辑完成某些编辑命令的功能。用户可使用夹点对选中的对象进行移动、拉伸、旋转、比例缩放、镜像处理，而不必激活相应的修改命令。

用户在命令状态下选择对象，所选对象上出现对象显示框，这些方框均为对象的特征点，称为夹点。拾取某一夹点使其成为红色，按命令提示进行如下操作，如图 4-20 所示。

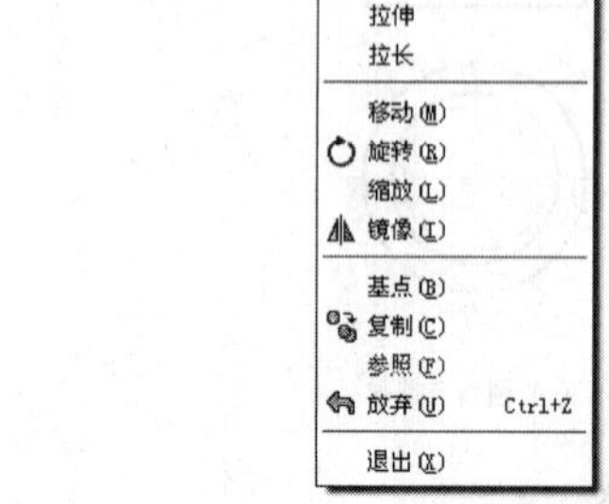

图 4-20

＊＊ 拉伸 ＊＊
指定拉伸点或［基点(B)/复制(C)/放弃(U)/退出(X)］:
＊＊ MOVE ＊＊
指定移动点 或［基点(B)/复制(C)/放弃(U)/退出(X)］:
＊＊ 旋转 ＊＊
指定旋转角度或［基点(B)/复制(C)/放弃(U)/参照(R)/退出(X)］:
＊＊ 比例缩放 ＊＊
指定比例因子或［基点(B)/复制(C)/放弃(U)/参照(R)/退出(X)］:
＊＊ 镜像 ＊＊
指定第二点或［基点(B)/复制(C)/放弃(U)/退出(X)］:

任务实践

绘制如图 4-21 所示的正四棱柱截切的三视图。

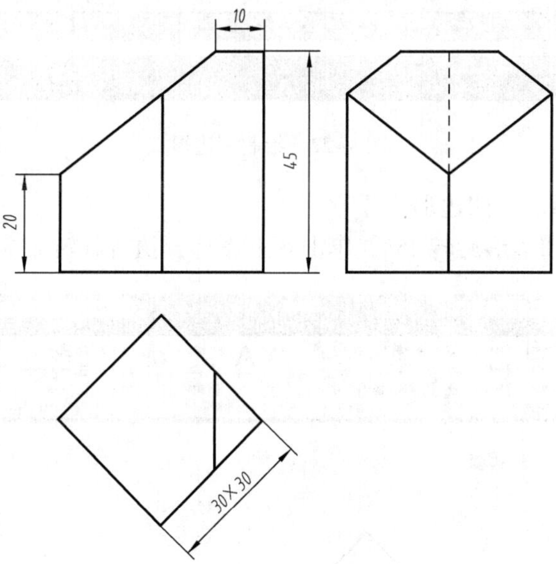

图 4-21　正四棱柱截切三视图

步骤一：设置作图环境。

调用 A4 样板图，设置图层，并存盘。

步骤二：绘制俯视图。

(1) 单击工具条上的多边形命令，如图 4-22 所示。

命令:polygon
输入侧面数 <4>: 4↙
指定正多边形的中心点或［边(E)］: E↙
指定边的第一个端点:　　　　//任意指定一点作为正四边形的端点
指定边的第二个端点:30↙　//打开极轴追踪 F10,极轴角度为 0°

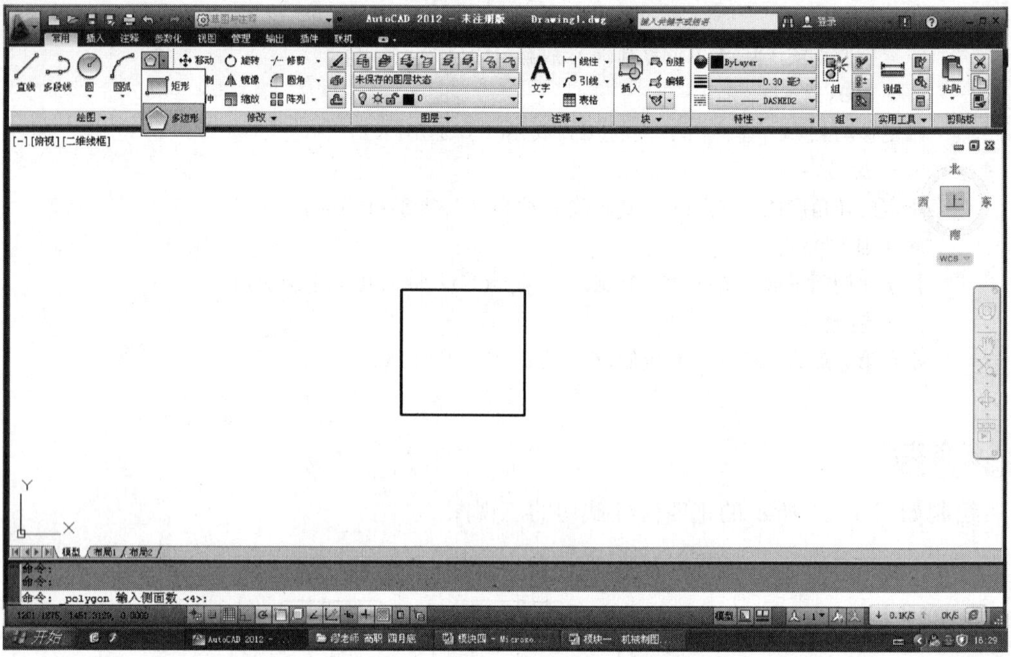

图 4-22　绘制多边形

完成如图 4-22 所示正四边形。

（2）将完成的正四边形旋转 45°，单击旋转图标，执行旋转命令，如图 4-23 所示。

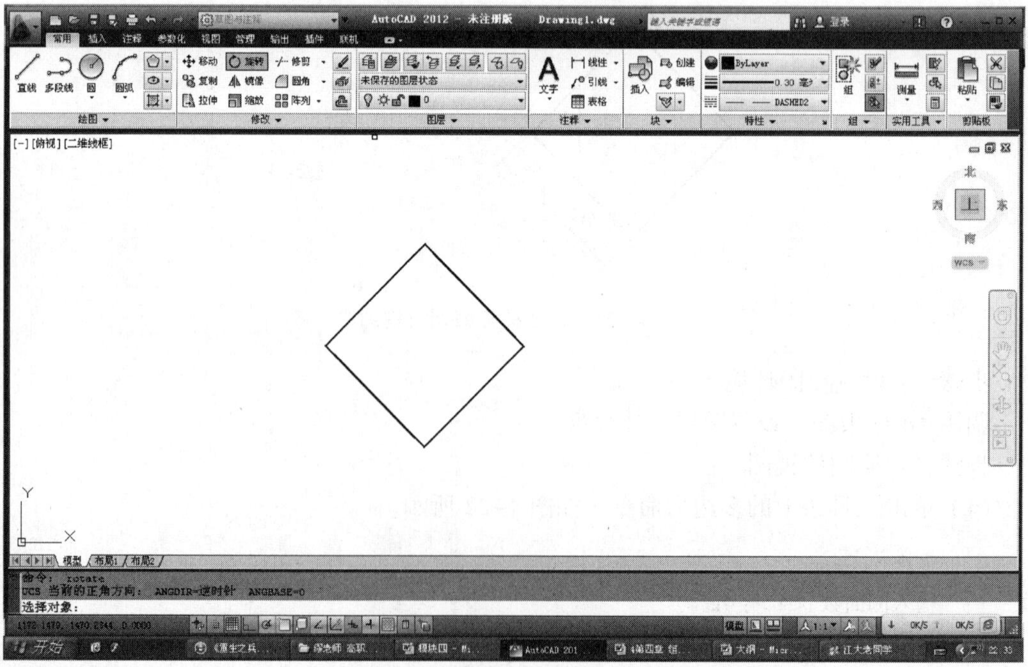

图 4-23　旋转

命令：_rotate

UCS 当前的正角方向： ANGDIR = 逆时针　ANGBASE = 0↙

选择对象：指定对角点：找到 4 个　　　　//选择正四边形

选择对象：↙

指定基点：确定旋转基点，可选任意一角

指定旋转角度，或［复制(C)/参照(R)］<0>：45↙

步骤三：绘制主、左视图。

绘制 45°辅助线，根据三视图“三等”规律绘制作图辅助线，如图 4-24 所示。整理图形，可使用夹点编辑对图线进行拉伸，完成该正四棱柱三视图绘制，如图 4-24 所示。

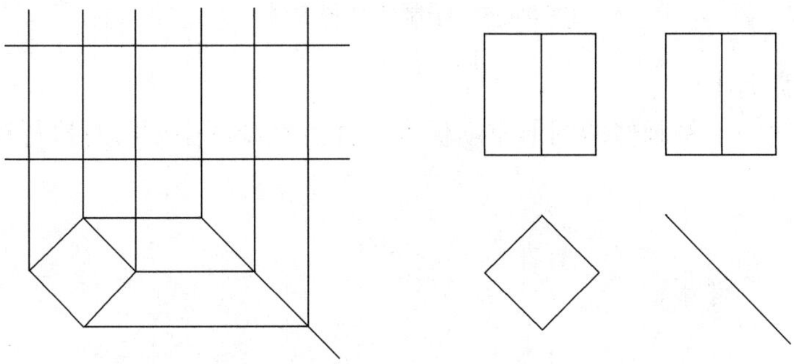

(a)　　　　(b)

图 4-24　绘制辅助线

步骤四：绘制截切平面的三视图投影。

(1) 用直线命令在主视图中作出截切平面的投影，如图 4-25 (a) 所示。

(2) 根据截切位置绘制相关点的三面投影，用直线命令在左、俯视图中分别作出该截切面的投影连线，如图 4-25 (b) 所示。

用直线命令连接所得投影点，即得到该切面在左视图中的投影，如图 4-25 (c) 所示。

整理图形，去除多余线条，将中间棱线用打断命令断开，将断开的上段放在虚线层中，其余轮廓线放到粗实线层中，如图 4-25 (d) 所示。

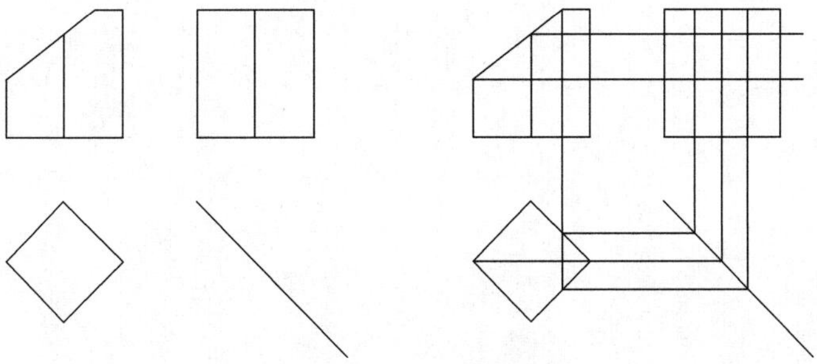

(a)　　　　(b)

图 4-25　绘制三视图

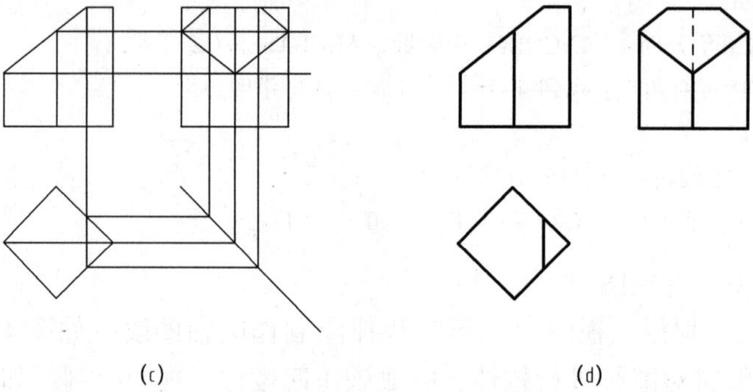

图 4-25　绘制三视图（续）

步骤五：存盘退出。

单击保存按钮，将画好的图形重新保存，注意在画图中要随时执行该操作。

模块五　组合体视图

模块目标：

（1）了解组合体的构成，熟练掌握组合体的形体分析法。

（2）掌握组合体的画图、读图和组合体的尺寸标注方法。

（3）熟练掌握组合体的读图方法和步骤。

（4）具备识读和绘制组合体三视图及正确标注尺寸的能力。

（5）掌握用 AutoCAD 绘制组合体三视图及正确标注尺寸的方法。

课题一　组合体三视图的画法

任务一　组合体组合形式

任务目标

知识点：掌握组合体的组合形式以及基本体之间表面的连接形式。

技能点：能用形体分析法分析基本的组合形式，会正确处理基本体之间表面连接处的连接关系。

任务分析：根据给出的组合体能够正确判别它的类型，分析组合体各部分之间的表面连接关系。

相关知识

由两个或两个以上基本几何体所组成的物体，称为组合体。

一、组合形式

组合体的组合形式，一般可分为叠加、切割和综合三种。叠加型组合体可以看成由若干基本几何形体叠加而成，如图 5-1（a）所示。切割型组合体可看成将一个完整的基本体经过切割或穿孔后形成，如图 5-1（b）所示。综合型组合体，既有叠加又有切割，是最常见的一种组合体，如图 5-1（c）所示。

二、基本形体之间的表面连接形式

在组合体中，无论是何种形式构成的组合体，各基本形体之间有一定的相对位置关

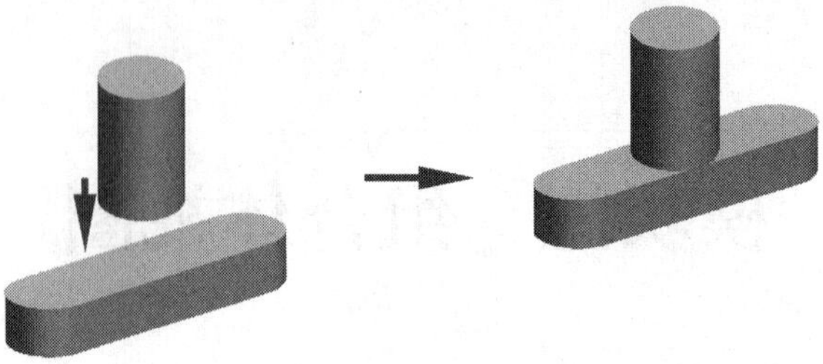

(a) 叠加型

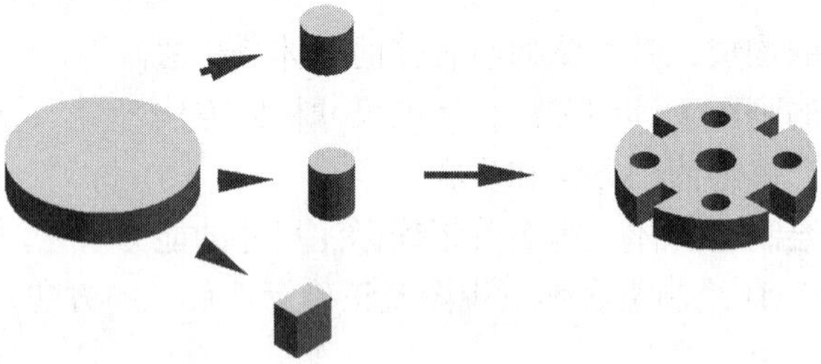

(b) 切割型

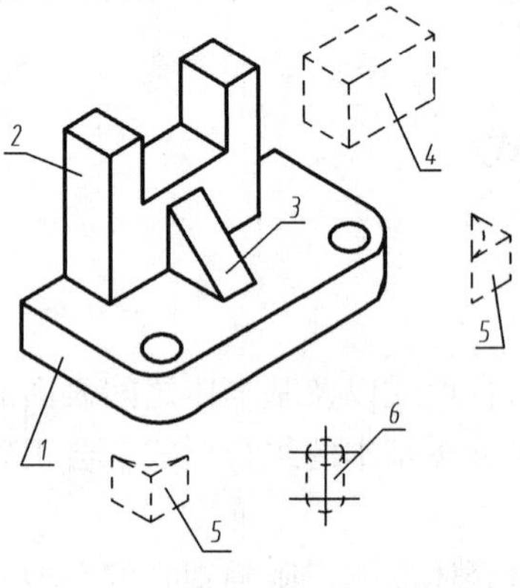

(c) 综合型

图 5-1　组合体的组合形式

系，并且各基本形体之间的表面也存在一定的连接关系，其连接形式可归纳为共面、不共面、相切、相交四种情况，如图 5-2 所示。

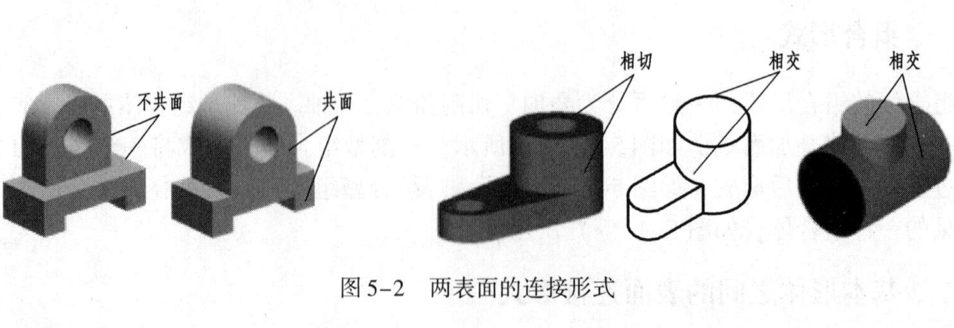

图 5-2　两表面的连接形式

1. 共面

两基本形体具有互相连接的一个面（共平面或共曲面）时，它们之间没有分界线，在视图上也不可画出分界线，如图5-3（a）所示。

2. 不共面

两基本形体互相叠合时，除叠合处表面重合外，没有公共表面，在视图中两个基本形体之间有分界线。当组合体上两基本体的表面相接不平齐时，在视图中两表面的投影之间应有线隔开，如图5-3（b）所示。

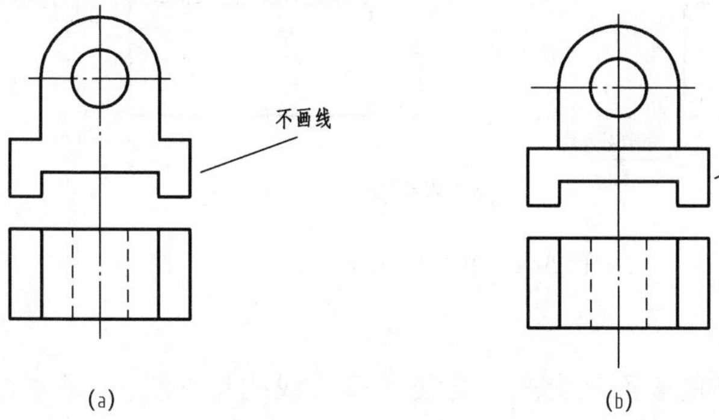

图5-3　两表面共面或不共面的画法

3. 相切

相切是指两个基本形体的相邻表面（平面与曲面或曲面与曲面）光滑过渡，如图5-4（a）所示，相切处不存在轮廓线，在视图上一般不画分界线。但有一种特殊情况必须注意，如图5-4（b）所示，两个圆柱面相切，当圆柱面的公共切平面垂直于投影面时，应画出两个圆柱面的分界线；若它们的公共切平面倾斜或平行于投影面，两个圆柱面之间不画分界线。

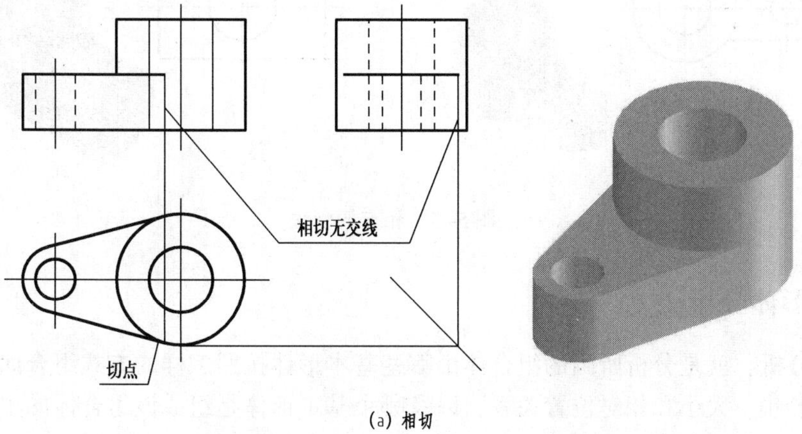

图5-4　相切的画法

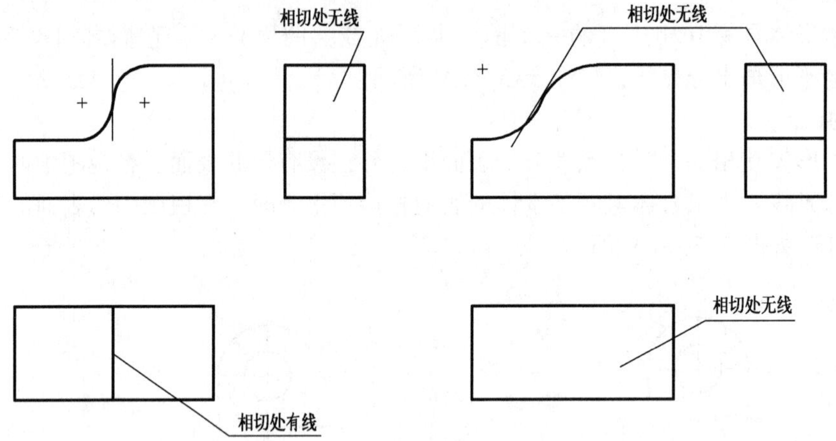

(b) 相切的特殊情况

图 5-4 相切的画法（续）

4. 相交

相交是指两基本形体的表面相交产生交线（截交线或相贯线），基本形体相交时，应画出交线的投影，如图 5-5 所示。

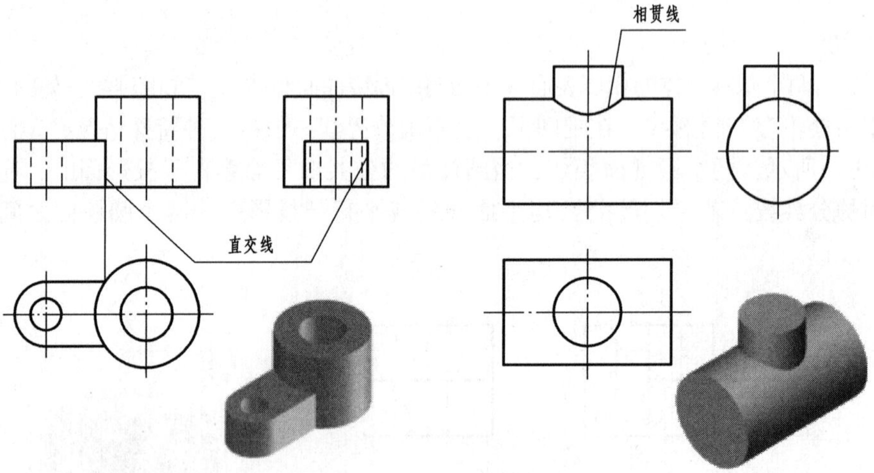

图 5-5 相交的画法

三、形体分析法

形体分析，就是分析所画的组合体由哪些基本形体按照怎样的方式组合而成，并明确各部分的形状、大小和相对位置关系，以及哪个基本形体是组成该组合体的主体部分，从而认清所画组合体的形体特征，这种分析方法称为形体分析法。

如图 5-6（a）所示的支架，可分解成图 5-6（b）所示的底板、竖板和凸台。它们之间的组合形式是叠加。竖板在底板的右上方，凸台在底板的上部。竖板中间的孔可以看成从中切出一个圆柱，底板和凸台结合后切出一个圆头长方体而形成长圆孔，底板下部切出一个长方体（四棱柱）。形体之间的表面连接关系是：底板与竖板有三个表面共面，凸台与底板不共面。通过以上分析，对支架的组合便有了较清楚的认识。

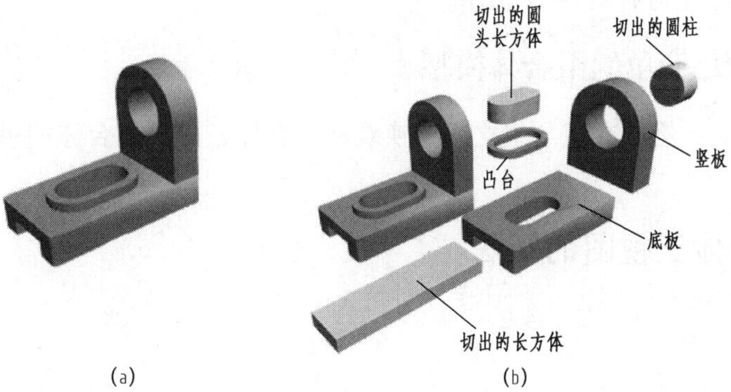

图 5-6　形体分析

任务实践

一、结合模型分析组合体的类型

如图 5-7 所示，动手拆一下组合体，该组合体由哪些部分组成？属于组合体的哪种类型？

(1) 组成：由小圆柱筒 G、大圆柱筒 N 和右侧板 H 三部分组成。

① 小圆柱筒 G：圆柱 A 中间挖切掉圆柱 D。

② 大圆柱筒 N：圆柱 B 中间挖切掉圆柱 E。

③ 右侧板 H：长方体 C 中间挖切掉小长方体 F。

(2) 组合体类型。

该组合体由大小圆柱筒 G 和 N，以及右侧板 H 切割而成，G、H 和 N 相互叠加，所以该组合体属于综合型组合体。

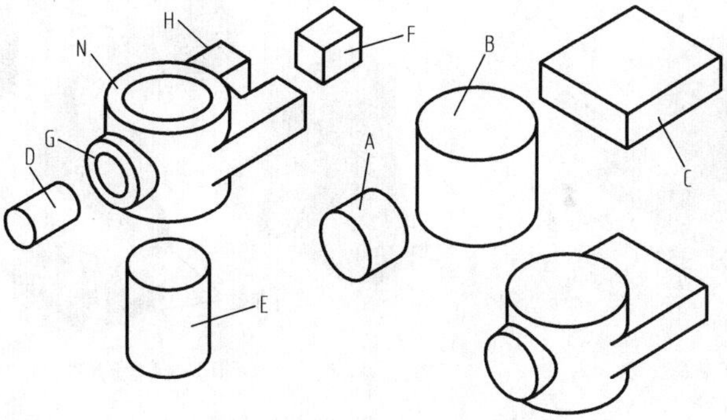

图 5-7　组合体

二、分析组合体各部分之间的表面连接关系

（1）小圆柱筒 G 与大圆柱筒 N 垂直相交。

（2）大圆柱筒 N 与右侧板 H 相切。

三、分组制作简单的组合体模型

分组制作模型，然后在组与组之间交换观察组合体，分析组合体的组合形式以及表面连接关系。

任务二　组合体三视图的画法

任务目标

知识要点：了解组合体三视图的画图步骤。

技能要点：能根据给出的轴测图，运用形体分析法，画出其三视图。

任务分析：画组合体三视图是必须具备的能力，结合叠加型和切割型的组合体，根据前面所学知识先进行形体分析，选择主视图投射方向，然后按照绘图步骤一步步正确绘制组合体三视图，养成独立思考、自主动手的习惯。

相关知识

画组合体的三视图时，首先要运用形体分析法将组合体分解为若干基本几何体，分析它们的组合形式和相对位置，判断形体间的表面连接形式是否存在共面、相切或相交的关系，然后逐个画出各基本形体的三视图。

一、叠加型组合体的视图画法

以图 5-8（a）所示轴承座为例，说明画组合体三视图的方法与步骤。

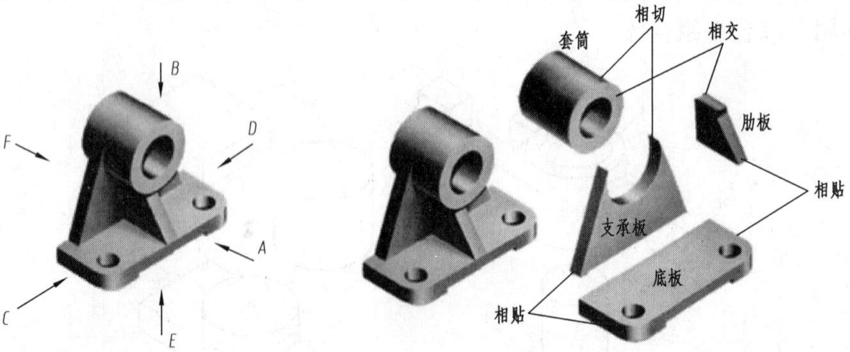

(a) 轴承座　　(b) 轴承座分解图

图 5-8　轴承座形体分析

1. 形体分析

图5-8（b）为轴承座组合体轴测图和组合体分解图，由分析可知，轴承座由底板、套筒、支承板和肋板叠加而成。底板和肋板之间的连接形式为相贴不共面，支承板的左右侧面和套筒外表面相切，肋板和套筒相交，支承板和底板相贴不共面，底板上钻出两个圆孔。由此可知轴承座属于综合型的组合形式。

2. 选择视图

选择组合体视图时，应以主视图为主。一般选择主视图应从三个方面考虑：第一，应按自然稳定或画图简便的位置放置，一般将大平面作为底面；第二，选择反映形状及各部分相互关系特征尽量多的方向作为投射方向；第三，尽量减少其他视图中的虚线（不可见轮廓）。如图5-8（a）所示，将轴承座按自然位置安放后，比较箭头所示的六投射方向，选择*A*向投射方向，能满足上述基本要求，可作为主视图。为了把轴承座各部分的形状和相对位置完整、清晰地表达出来，除了选用主视图外，还要进一步表达宽度方向以及底板的形状，必须画出俯视图；为表达肋板的形状必须画出左视图。

3. 布置视图

根据组合体的大小，定比例、选图幅，确定各视图的位置，画出各视图的基线，如组合体的底面、端面、对称中心线等。布置视图时应注意三个视图之间留有一定空间，以便标注尺寸。

4. 画视图底稿

画底稿时，应注意以下几点：

（1）画图的先后顺序，一般应从主视图入手。先画主要部分，后画次要部分；先画看得见的部分，后画看不见的部分；先画圆和圆弧，后画直线。

（2）画图时，组合体的每一个部分，最好是三个视图配合着画，每部分也应从反映形状特征的视图先画。而不是先画完一个视图后再画另一个视图。这样，不但可以提高绘图速度，还可避免漏画和多画图线。

5. 检查、描深

检查和描深图线。

二、切割型组合体的视图画法

图5-9所示组合体可看成由长方体切去基本形体1、2、3而形成。切割型组合体视图的画法可在形体分析的基础上结合线面分析法作图。

所谓线面分析法，是根据表面的投影特性来分析组合体表面的性质、形状和相对位置，从而完成画图和读图的方法。

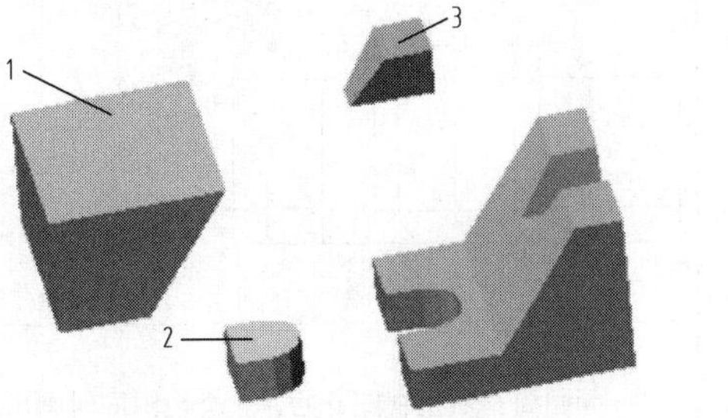

图5-9　切割型组合体

画图时应注意以下两个问题：

（1）作每个截面的投影时，应先从具有积聚性的投影开始，再按投影关系画出其他视图。例如，第一次切割，应先画其正面投影，再画出水平投影和侧面的投影；第二次切割，先画圆槽的俯视图，再画主、左视图中的图线；第三次切割，先画梯形槽的左视图，再画出主、俯视图中的图线。

（2）注意截面投影的类似性。

任务实践

一、结合相关知识绘制轴承座组合体的三视图，见表 5-1

表 5-1　轴承座画图步骤

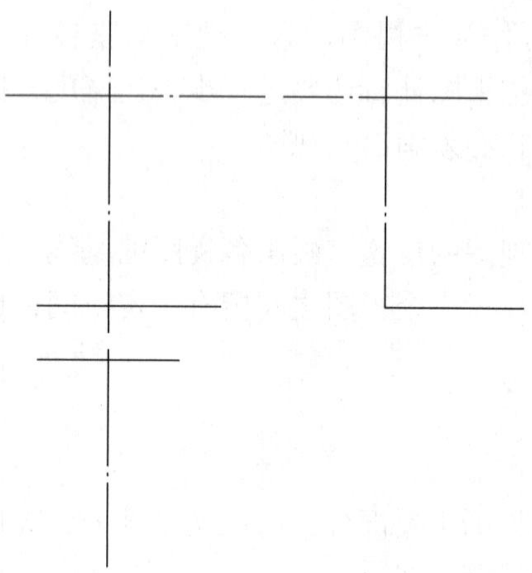	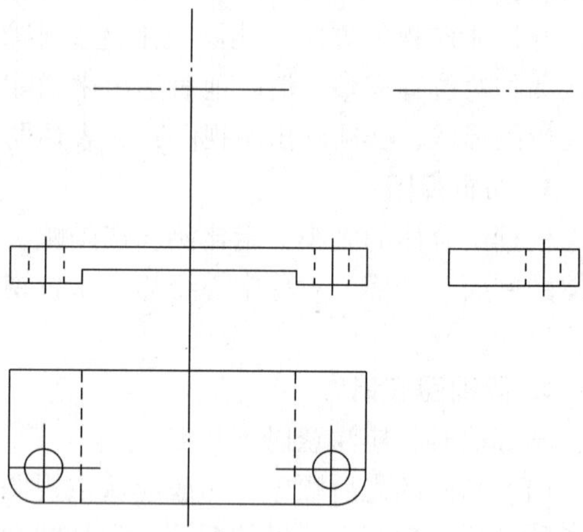
1. 布置视图，画基准。要注意视图间的长对正，高平齐，宽相等的对应关系	2. 画底板，定圆的中心，画圆孔，从俯视图开始，三个视图同时画出
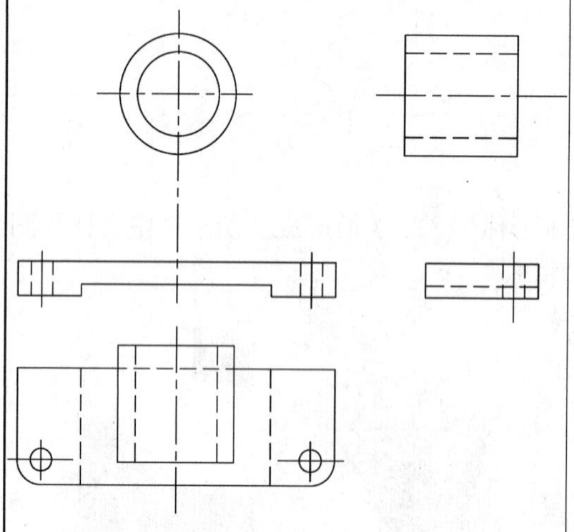	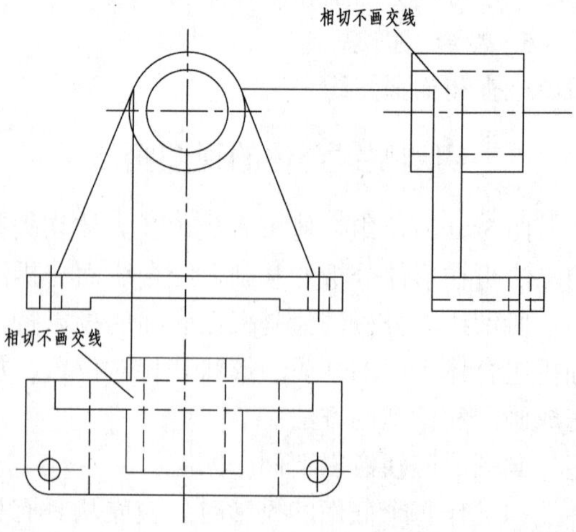
3. 画圆筒，从主视图开始，三个视图同时画出	4. 画支撑板，在主视图中自底板顶面的左、右两端点作圆筒的切线，截取支撑板厚度后，画左、俯视图时，注意切点位置

续表

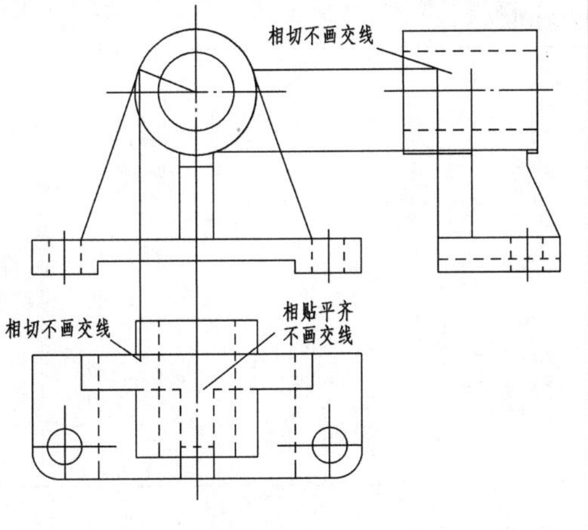	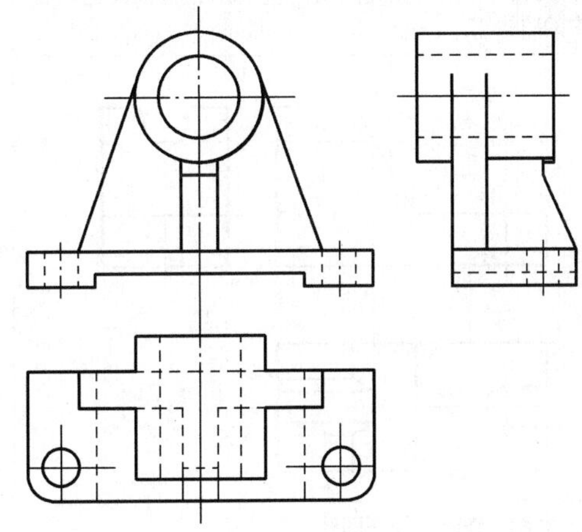
5. 画肋板，从主视图画起，注意左视图相交处的交线	6. 检查、修改、加深图线

二、画出图 5-9 所示切割型组合体的三视图，见表 5-2

表 5-2　切割型组合体画图步骤

	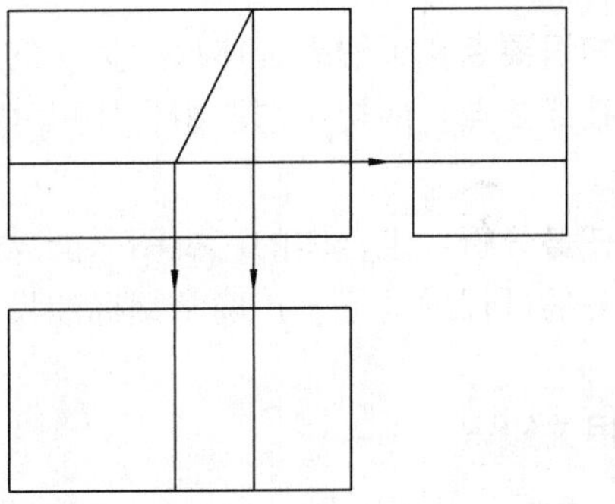
1. 长方体的三视图要注意视图间的长对正，高平齐，宽相等的对应关系	2. 第一次切割，从主视图开始，三个视图同时画出
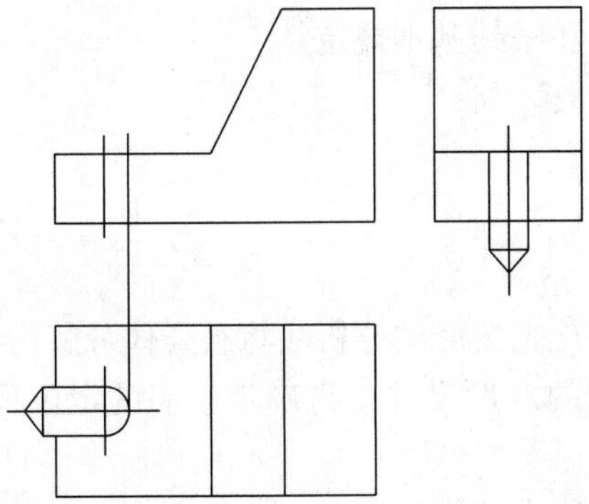	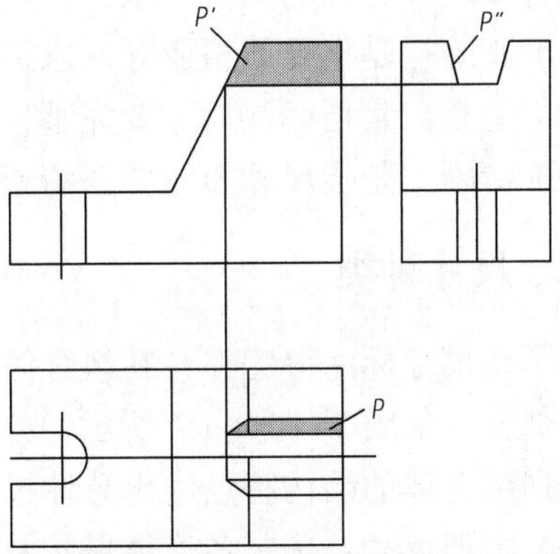

续表

3. 第二次切割，先画圆槽的俯视图，再画其他两视图中的图线	4. 第三次切割，先画梯形槽的左视图，再画主、俯视图中的图线
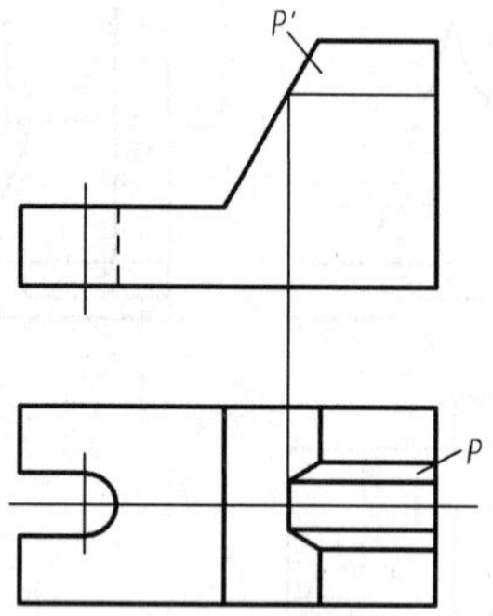	
5. 检查、修改、加深图线	

课题二　组合体的尺寸标注

任务目标

知识要点：了解组合体尺寸标注的基本要求、组合体尺寸的种类。

技能要点：能初步选取组合体尺寸三个方向的基准，并能正确、清晰、完整地标注其尺寸。

任务分析：组合体的三视图只能反映物体的形状，本任务能反映物体的真实大小，在做任务的过程中学习、正确掌握标注尺寸的方法。

相关知识

一、基本要求

组合体尺寸标注的基本要求是：正确、完整、清晰。

（1）正确：是指要严格遵守国家标准有关尺寸注法的基本规定。

（2）完整：是指标注尺寸要完整，并且不能重复。

（3）清晰：是指尺寸布置整齐清晰，便于读图。

二、尺寸种类

为了将尺寸标注得完整，在组合体的视图上，首先按形体分析法将组合体分解为若干个组成部分，如图5-10（a）所示，分别注出它们的定形尺寸，再确定它们的定位尺寸，最后根据组合体的结构特点注出总体尺寸。

（1）定形尺寸：确定各形体形状及大小的尺寸称为定形尺寸。

例如，底板的长、宽、高尺寸，底板上的圆孔和圆角尺寸，如图 5–10（b）所示。必须注意的是，以形体分析法标注组合体尺寸时，容易出现重复尺寸，因此，在所有部分的尺寸标注完成之后，最好再检查一次。相同的圆孔要注写数量，但相同的圆角不注数量，两者都不能重复标注。

(2) 定位尺寸：确定各形体之间相对位置的尺寸称为定位尺寸。

标注定位尺寸时，必须在长、宽、高三个方向分别选定尺寸基准，每个方向至少有一个尺寸基准，以便确定各基本形体在各方向上的相对位置。通常选择组合体的底面、端面、对称面或回转轴线等作为尺寸基准。如图 5–10（c）所示，组合体的左右对称平面为长度方向尺寸基准，后端面为宽度方向尺寸的基准，底面为高度方向尺寸基准（图中黑色三角形尖端所指）。

由长度方向尺寸基准注出底板上两圆孔的定位尺寸；由宽度方向尺寸基准注出底板上圆孔与后端面的定位尺寸，以及竖板与后端面的定位尺寸；由高度方向尺寸基准注出竖板上的圆孔与底面的定位尺寸。

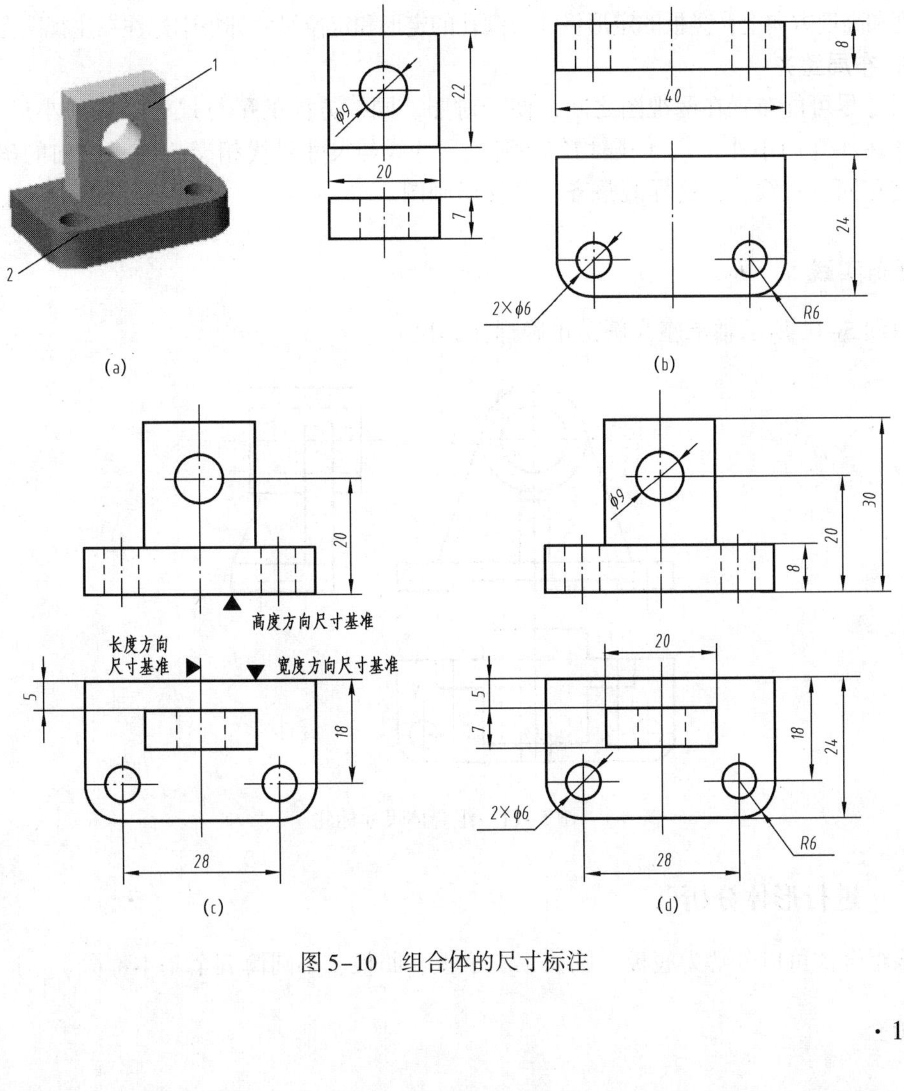

图 5–10　组合体的尺寸标注

（3）总体尺寸：表示组合体外形大小的总长、总宽和总高尺寸。

最后标注总体尺寸。标注组合体的总长和总宽尺寸及底板的长和宽，不要重复标注。总高尺寸应从高度方向尺寸基准处注出。总高尺寸标注以后，原来标注的竖板高度尺寸取消。必须注意，当组合体一端为同心圆孔的回转体时，通常仅标注孔的定位尺寸和外端圆柱面的半径，不标注总体尺寸。

三、尺寸布置

为了便于读图和查找相关尺寸，尺寸的布置必须整齐、清晰。

1. 突出特征

定形尺寸尽量标注在反映该部分形状特征的视图中，如底板的圆孔和圆角、竖板的圆孔，应分别标注在俯视图和主视图上。尽可能避免在虚线上标注尺寸。

2. 相对集中

形体某一部分的定形尺寸及有联系的定位尺寸尽可能集中标注，便于读图时查找。例如，在长度和宽度方向上，底板的定形尺寸及两小圆孔的定形和定位尺寸集中标注在俯视图上；而在长度和高度方向上，竖板的定形尺寸及圆孔的定形和定位尺寸都集中标注在主视图上。

3. 布局整齐

尺寸尽可能布置在两视图之间，便于对照。同一方向的平行尺寸，应使小尺寸在内、大尺寸在外（内小外大），间隔均匀，避免尺寸线与尺寸界线相交。同一方向的串联尺寸应排列在同一直线上，这样既整齐，又便于画图。

任务实践

以图 5-11 所示轴承座为例，正确标注其尺寸。

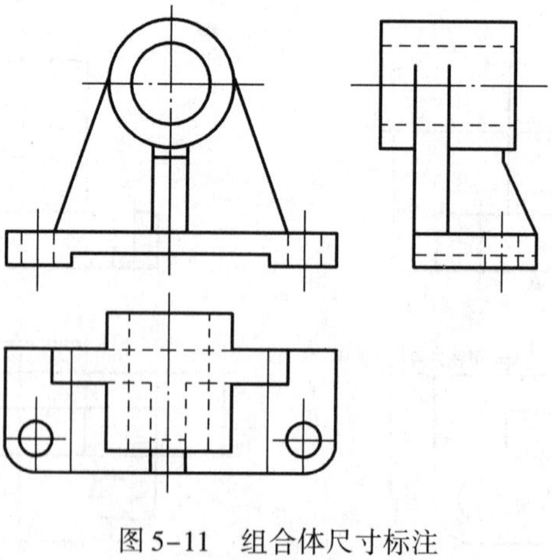

图 5-11　组合体尺寸标注

一、进行形体分析

该组合体可以分解为底板、圆筒、支承板、肋板、小圆筒五个基本部分。

二、选定尺寸基准

由图 5-11 可知轴承座左、右对称，因此选对称面为长度方向的主要尺寸基准。轴承座底面是安装面，把轴承座底面作为高度方向的主要尺寸基准，底板后端面作为宽度方向的主要尺寸基准。

三、逐个标注形体的定形尺寸和定位尺寸

1. 标注底板的尺寸

先标注底板的定形尺寸，即长 60、宽 22、高 6 和圆角 $R6$，再标注槽的长 36 和高 2，最后注出两圆孔的定形尺寸 $2\times\phi6$ 和定位尺寸 48 和 16。尺寸 48 表明两孔以中心线对称分布，距离各为 24，这样就完整地标注出了底板的尺寸，如图 5-12（a）所示。

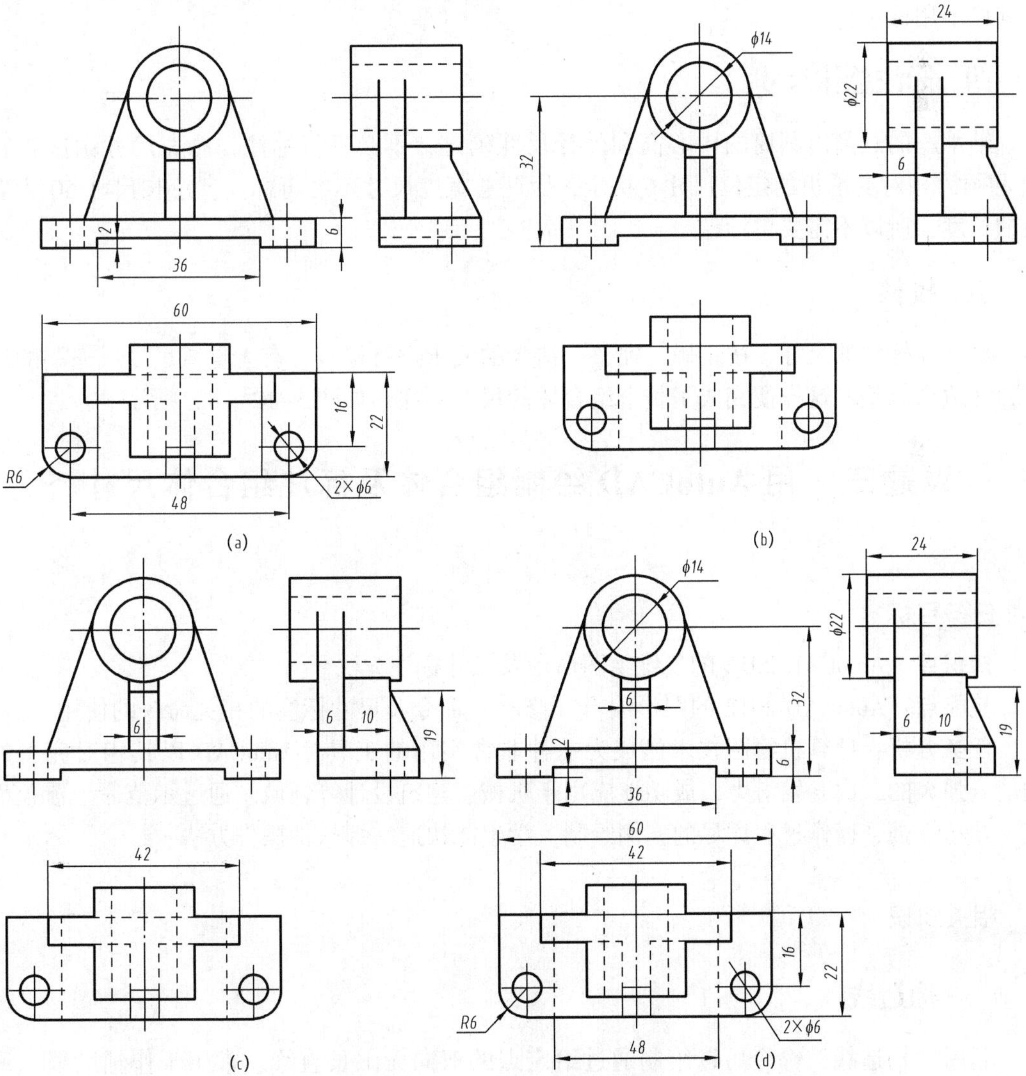

图 5-12　组合体尺寸标注

2. 标注圆筒的尺寸

先注出圆筒的定形尺寸 ϕ14、ϕ22 和宽 24，再标注出它的定位尺寸，即中心高 32 和与宽度基准的相对位置尺寸 6。圆筒的轴线在左右对称面上，长度方向的定位尺寸就不注了，如图 5–12（b）所示。

3. 标注支承板的尺寸

先标注底边长 42，左右两侧面与圆筒相切，可直接由作图确定，不用标注，再标注出板厚 6。支承板底面安放在底板上，后面为宽度基准面，左右与底板的对称面对称，因此定位尺寸均不用标注，如图 5–12（c）所示。

4. 标注肋板的尺寸

标注肋板的上部宽度 10、斜面高 19 和肋板厚 6，两侧面与圆筒的截交线由作图决定，不应标注高度尺寸。肋板底面的宽度尺寸由底板和支承板的尺寸确定，不用标注，定位尺寸同样不用标注。

四、标注总体尺寸

轴承座的总高由圆筒的中心高和外径尺寸确定，不必另行标注，总宽尺寸由底板宽 22 和圆筒相对支承板的定位尺寸 6 决定，因此总宽度尺寸不必再标注，总长尺寸 60 为底板的长度，所以不需要再标注。

五、校核

对已经标注的尺寸，按正确、完整、清晰的要求进行检查，有无重复尺寸或遗漏的尺寸，并适当调整，这样便完成了整个组合体的尺寸标注，如图 5–12（d）所示。

课题三　用 AutoCAD 绘制组合体及标注组合体尺寸

任务目标

知识点：AutoCAD 2012 的二维绘图命令及尺寸标注方法。

技能点：AutoCAD 2012 的图形编辑（修改）命令及尺寸标注的相关命令的使用。

任务分析：计算机绘图技术已成为一种非常实用的工具，AutoCAD 以其相对完善的功能，强大的二次开发潜力，成功地应用于机械、建筑设计等领域。通过示范命令覆盖面宽、技巧性强、操作过程详尽的实例绘制，学生能快速掌握软件操作方法。

相关知识

一、构造线

利用“构造线”命令可以绘制通过给定点的双向无限长直线，常用于作辅助线。调用命令的方式如下。

菜单：【绘图】→【构造线】。

工具栏：【绘图】→【构造线】。

键盘命令：XLINE 或 XL

该命令可重复执行，绘制多条构造线，各选项介绍如下。

1. “点”选项

绘制一条通过选定两点（点 1 和点 2）的构造线，如图 5-13（a）所示。

2. “水平”（H）选项

绘制一条通过选定点 1 的水平构造线，如图 5-13（b）所示。

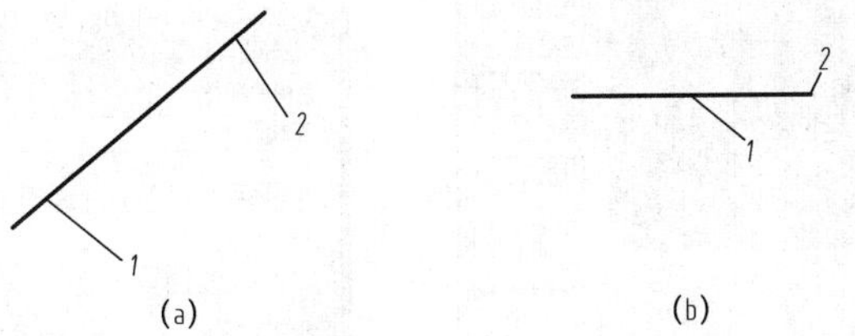

图 5-13　“点”和“水平”选项

3. “垂直”（V）选项

绘制一条通过选定点 1 的垂直构造线，如图 5-14 所示。

4. “角度”（A）选项

以指定的角度绘制一条构造线。

（1）输入构造线的角度：直接输入构造线与 X 轴正方向的夹角创建如图 5-15 所示的构造线。

（2）参照：指定一条已知直线，通过指定点绘制一条与已知直线成指定夹角的构造线。

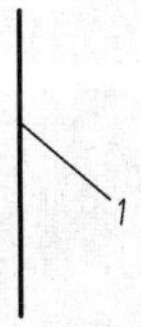

图 5-14　“垂直”选项

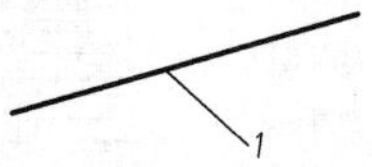

图 5-15　“角度”选项

5. “二等分”（B）选项

创建一条参照线，它经过选定的角顶点，并且将选定的两条线之间的夹角平分。

6. “偏移”（O）选项

创建平行于另一个对象的参照线。

二、射线

利用“射线”命令可以创建单向无限长的线，与构造线一样，通常作为辅助作图线。调用命令的方式如下。

菜单命令：【绘图】→【射线】。

键盘命令：RAY

三、设置尺寸标注样式

进行尺寸标注前，通常要按实际需要在系统默认的样式 ISO—25 的基础上，重新设置标注行的样式。标注样式可以控制尺寸标注的格式和外观，建立和执行图形的绘图标准，便于对标注格式进行修改。在 AutoCAD 中，可以利用【标注样式管理器】对话框创建和设置标注样式，如图 5-16 和图 5-17 所示。

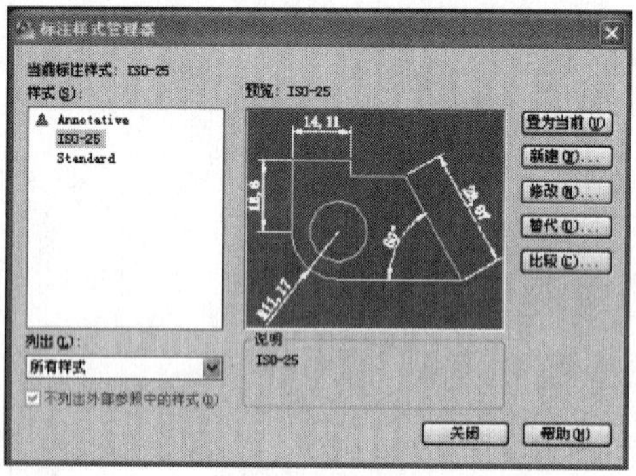

图 5-16 【标注样式管理器】对话框

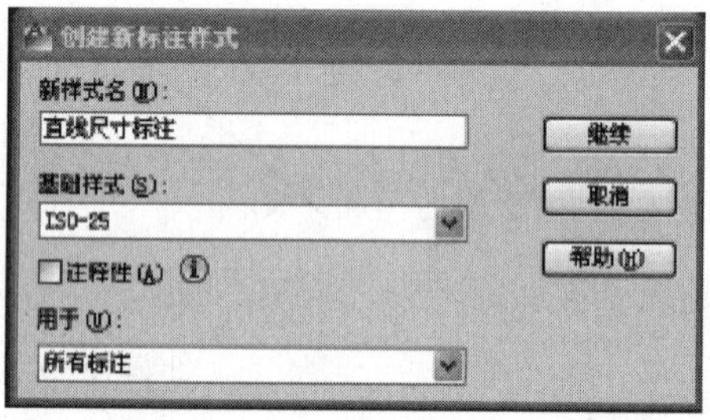

图 5-17 【创建新标注样式】对话框

在图 5-17 所示对话框内设置新标注样式的名称、基础样式和适用范围后，单击对话框中的【继续】按钮，系统打开【创建新标注样式：直线尺寸标注】对话框，如图 5-18 所示。该对话框中共有【线】、【符号和箭头】、【文字】、【调整】、【主单位】、【换算单位】和【公差】7 个选项卡。利用这些选项卡，可对新建的标注样式进行合理的设置。

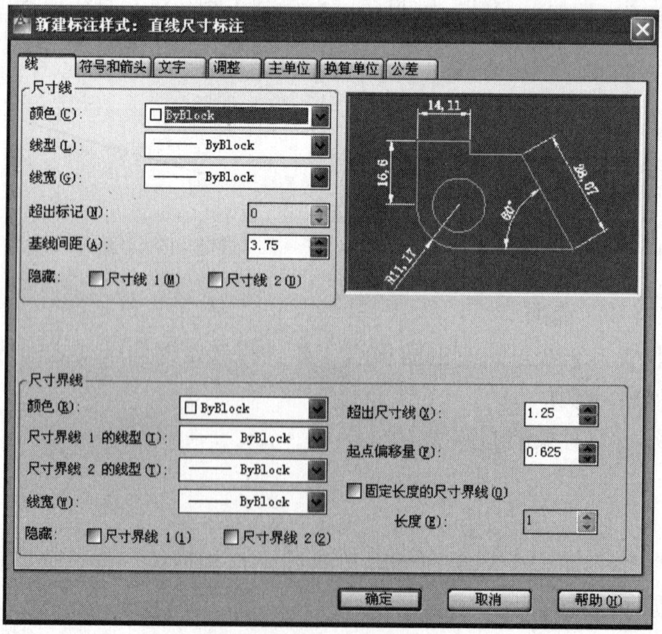

图 5-18 【创建新标注样式：直线尺寸标注】对话框

1.【线】选项卡

【线】选项卡包括【尺寸线】和【尺寸界线】两个选项组。

在【尺寸线】选项组中，可以对尺寸线的颜色、线宽、超出标记以及基线间距等属性进行设置。在【尺寸界线】选项组中，可对尺寸界线颜色、线宽、超出尺寸线的长度、起点偏移量和隐藏等属性进行设置。

2.【符号和箭头】选项卡

【符号和箭头】选项卡包括【箭头】、【圆心标记】、【折断标注】、【弧长符号】、【半径折弯标注】和【线性折弯标注】6 个选项组。

1)【箭头】选项组

在【箭头】选项组中，可设置尺寸线和引线箭头的类型及尺寸大小等。通常情况下，尺寸线的两个箭头一致。为满足不同类型的图形标注需要，AutoCAD 提供了 20 多种箭头样式，可从对应的下拉列表框中选择箭头。

2)【圆心标记】选项组

在【圆心标记】选项组中，可设置半径标注、直径标注和中心标注的圆心标记的类型和大小。

无：既不产生中心标记，也不产生中心线。

标记：中心标记为“+”字记号。

直线：中心标记采用中心线的形式。

3)【半径折弯标注】选项卡

在【半径折弯标注】选项卡中，可设置折弯 Z 字形半径标注的显示。折弯半径标注通常在中心点位于页面外时采用，在【折弯角度】文本框中可以输入连接半径标注的尺寸界线和尺寸线横向直线的角度。

3.【文字】选项卡

【文字】选项卡包括【文字外观】、【文字位置】和【文字对齐】3 个选项组。

1)【文字外观】选项组

在【文字外观】选项组中，可设置文字的样式、颜色、高度和分数高度比例，以及是否绘制文字边框等。

2)【文字位置】选项组

在【文字位置】选项组中，可设置文字的垂直位置、水平位置以及距尺寸线的偏移量等。

3)【文字对齐】选项组

在【文字对齐】选项组中，可以对标注文字是保持水平还是与尺寸线平行进行设置。

水平：可使标注文字水平放置，如图 5-19（a）所示。

与尺寸线对齐：可使文字方向与尺寸线方向一致，如图 5-19（b）所示。

ISO 标准：可使标注文字按 ISO 标准放置。当标注文字在尺寸界线内时，其方向与尺寸线方向一致；反之则水平放置，如图 5-19（c）所示。

4.【调整】选项卡

【调整】选项卡包括【调整选项】、【文字位置】、【标注特征比例】和【优化】4 个

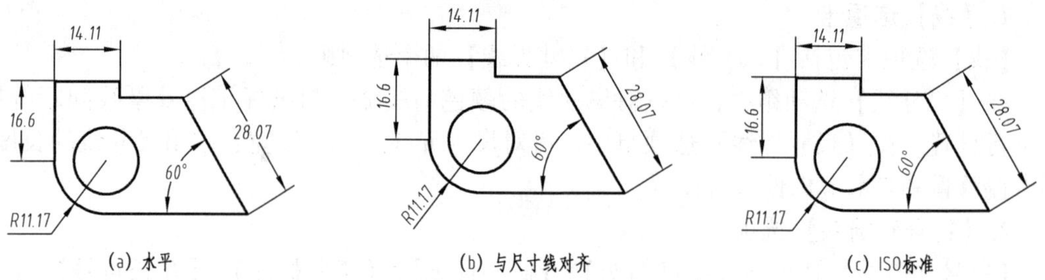

图 5-19　文字对齐方式

选项组。

在【调整选项】选项组中，可确定当尺寸界线之间没有足够的空间来同时放置标注文字和箭头时，应首先从尺寸界线之间移出对象。在【文字位置】选项组中，可设置当文字不在默认位置时的位置。在【标注特征比例】选项组中，可设置标注尺寸的特征比例，以便设置全局比例因子来增加或减少各标注的大小。

5.【主单位】选项卡

【主单位】选项卡包括【线性标注】和【角度标注】两个选项组。

在【线性标注】选项组中，可对线性标注的单位格式与精度进行设置。在【角度标注】选项组中，可选择【单位格式】下拉列表框中的选项来设置标注和角度单位；使用【精度】下拉列表框可设置标注角度的尺寸精度；【消零】选项可设置是否消除角度尺寸的前导和后续零。

6.【换算单位】选项卡

【换算单位】选项卡包括【换算单位】、【消零】和【位置】3 个选项组。

利用 AutoCAD 的【换算单位】选项卡，可转换使用不同测量单位制的标注。在标注文字中，换算标注单位显示在主单位旁边的方括号中。在【位置】选项组中，可控制标注文字中换算单位的位置。

7.【公差】选项卡

【公差】选项卡包括【公差格式】和【换算单位公差】两个选项组。在【公差格式】选项组中可设置公差的标准格式。其中上下偏差标注经常用到，下面简要介绍选项的含义。在【方式】下拉列表框中有【无】、【对称】、【极限偏差】、【极限尺寸】和【基本尺寸】等选项可供选择，各选项的标注效果如图 5-20 所示。

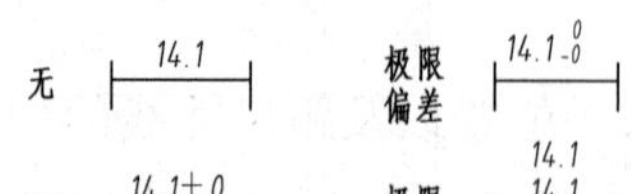

图 5-20　公差标注方式

四、字体和规范

1. 字号

字号及字体的高度，一般用 h 表示，其公称系列为 1.8mm、2.5mm、3.5mm、5mm、7mm、10mm、14mm、20mm。如需要书写更大的字，其高度应按 $\sqrt{2}$ 的比例递增。字号与图纸幅面之间的选用关系见表 5-3。

表 5-3 字号与图纸幅面之间的选用关系

幅面代号	A0	A1	A2	A3	A4
汉字（mm）	7	5	3.5	3.5	3.5
字母与数字（mm）	5	5	3.5	3.5	3.5

2. 字体

图样中文字体应为长仿宋体，高度不低于 3.5mm，宽度为 $h/\sqrt{2}$ 倍字体高度。文字中的字母和数字可写成斜体或正体。斜体字头向右倾斜，与水平线约成 75°。

3. 字距

适宜的字距可使整个版面美观大方。字体间的最小字距及间隔线或基准线与书写体之间的最小距离见表 5-4 所示。

表 5-4 字体间的最小字距及间隔线或基准线与书写体之间的最小距离

字　体	最小距离（mm）	
汉字	字距	1.5
	行距	2
	间隔线或基准线与汉字的间距	1
字母与数字	字符	0.5
	行距	1
	间隔线或基准线与书写字体的间距	1

任务实践

用 AutoCAD 2012 绘制图 5-21 所示的组合体三视图并标注尺寸。

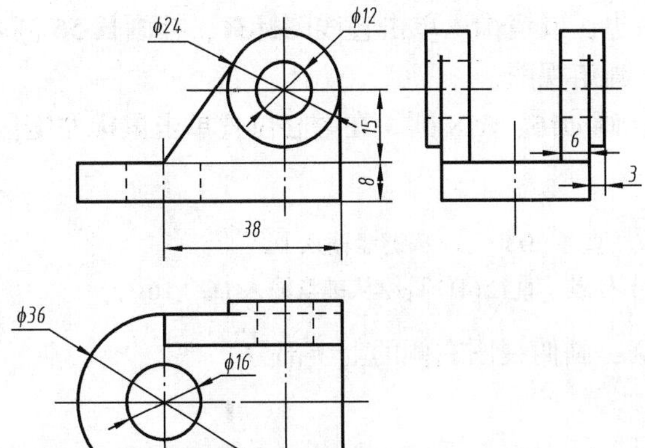

图 5-21 组合体尺寸标注后的三视图

利用各种绘图与编辑命令，用鼠标定位绘制图形。

所用命令：直线、圆、切线、中心线、镜像和尺寸标注等命令。

具体操作步骤如下。

(1) 建立图层命令。

(2) 选择中心线层，单击【直线】图标，画主、侧、俯视图的水平与垂直中心线。

(3) 切换至轮廓线层，画主视图。

① 单击【圆】图标，画 $\phi12$、$\phi24$ 圆。

命令行提示：

命令:CIRCLE 指定圆的圆心或［三点(3P)/两点(2P)/相切、相切、半径(T)］://在中心位置单击鼠标左键。

命令:指定圆的半径或［直径(D)］://从键盘输入 D↙。

命令:指定圆的半径或［直径(D)］://从键盘输入 12↙。以此类推画 $\phi24$ 圆。

② 画主视图下半部分。单击直线图标，在 $\phi24$ 右侧圆周水平线位置单击鼠标左键，在指定下一点的提示状态下，光标向要画线的方向移动，依次输入 15↙、56、8 和 56，再单击修剪图标和删除图标，编辑整理。

③ 画切线。单击直线图标和捕捉切点图标。

命令行提示：

指定第一点://在 $\phi24$ 左侧圆周适当位置单击鼠标左键；

指定下一点或［放弃(U)］://光标向左下角移动,在交点位置单击鼠标左键↙。

④ 换虚线层，单击直线图标，画虚线。

命令行提示：

line 指定第一点://移动鼠标单击 $\phi16$ 中心线上的点。

指定第一点://沿线往上移动鼠标到端点,等出现水平导航线时从键盘输入 8↙。

指定下一点或［放弃(U)］://移动鼠标往下一直到底边单击鼠标左键↙。

同理，可以画另一边，或镜像。单击直线图标，补画长 56 高 8 矩形中间虚线。

(4) 换轮廓线层，画俯视图。

① 单击圆图标，画 $\phi16$、$R18$ 圆。在中心位置单击鼠标左键。以此类推画 $R18$ 圆。

命令行提示：

指定圆的半径或［直径(D)］://从键盘输入 D↙。

命令:指定圆的半径或［直径(D)］://从键盘输入 D↙、16↙。

② 单击直线图标，画俯视图右侧的上半部分。

命令行提示：

line 指定第一点://在 $R18$ 右侧圆周水平位置单击鼠标左键。

指定下一点或［放弃(U)］://光标向右移动,输入 38↙。

指定下一点或［放弃(U)］://光标向右移动到中心线位置单击鼠标左键↙。

③ 绘制前后圆柱突出部分。单击直线图标。

命令行提示：

命令:line 指定第一点://在右侧角位置单击鼠标左键。
指定下一点或[放弃(U)]://光标向上移动,输入3↙。
指定下一点或[放弃(U)]://光标向左移动,利用对象追踪出现导航线时单击鼠标左键↙。

④ 完成俯视图上半部分。单击直线图标。
命令行提示:

命令:line 指定第一点://在 R18 圆周上部分位置单击鼠标左键。
指定下一点或[放弃(U)]://光标向下移动,输入6↙。
指定下一点或[闭合(C),放弃(U)]://光标向右移动到垂线,单击鼠标左键↙。
画切点辅助线。
单击镜像图标,完成下方的图形。

(5) 换轮廓线层,画左视图。
① 单击直线图标,画左视图左半边。
命令行提示:

line 指定第一点://利用对象追踪保证宽相等。在主视图 $\phi24$ 圆周上部分位置停留一下,到出现横向导航线时,向右移动光标,并从键盘输入30↙(主视图与左视图之间的距离)。
指定下一点或[放弃(U)]://光标向右继续移动,输入9↙。
指定下一点或[闭合(C),放弃(U)]://光标向下移动到底边,单击鼠标左键↙。

② 画左视图外轮廓线。单击直线图标。
命令行提示:

命令:line 指定第一点://移动鼠标单击端点。
指定下一点或[放弃(U)]://光标向下移动,输入24↙。
指定下一点或[放弃(U)]://光标向右移动,输入3↙。
指定下一点或[闭合(C),放弃(U)]://光标向下移动到底边,单击鼠标左键↙。
指定下一点或[闭合(C),放弃(U)]://光标向右移动到垂直中心线,单击左键↙。

③ 补相关性。单击直线图标。
命令行提示:

命令:Line 指定第一点://光标在底板端点停留一下,待出现导航线时向右移动鼠标,在所需位置单击鼠标左键。
光标继续向右移动,直到垂直中心线,单击鼠标左键↙。

④ 换虚线层,画虚线。单击直线图标。
命令行提示:

命令:指定第一点://光标在 $\phi12$ 顶端停留一下,待出现导航线时向右移动鼠标,在起点位置单击鼠标左键。
指定下一点或[放弃(U)]://光标继续向右移动,直到边线,单击鼠标左键↙。
同理,画下边两条,单击镜像图标,完成左视图右侧的图形。

⑤ 单击修剪图标和删除图标,编辑整理。

(6) 换尺寸线层，标注尺寸。

线性标注：按命令提示，标注主视图的高度尺寸、俯视图的长度尺寸、左视图的宽度尺寸。

直径标注：按命令提示，标注主视图 $\phi12$、$\phi24$ 尺寸，俯视图 $\phi16$ 尺寸。

半径标注：按命令提示，标注俯视图 $R18$ 尺寸。

(7) 存储文件。

模块六　机件的常用表达方法

模块目标：

（1）了解六个基本视图的名称、配置位置与三等关系，掌握斜视图和局部视图的画法及标注方法。

（2）理解各种剖视图和各种剖切方法的概念及特点。

（3）掌握各种剖视画法，及其适用场合及标注方法。

（4）掌握断面图画法及标注方法。

（5）了解其他简化画法。

（6）能合理选用机件的表达方法。

（7）熟练掌握图案填充命令，能够在工程设计中绘制各种断面图与剖视图。

课题一　机件的常用表达方法

任务一　视图的绘制

任务目标

知识点：六个基本视图的名称、配置位置与三等关系，斜视图和局部视图的画法及标注方法。

技能点：能绘制各种视图，并能正确标注。

任务分析：视图是根据有关国家标准和规定用正投影法原理将机件向投射面投射所得的图形。在机械图样中，主要用来表达机件外部结构和形状，一般只画出可见的部分，必要时才用虚线画出不可见的部分。根据国家标准 GB/T 17451—1998 的规定，视图包括基本视图、向视图、局部视图和斜视图四种。

相关知识

一、基本视图

将机件向基本投影面投射所得的视图称为基本视图。在原有三个投影面的基础上，再增加三个分别与原来三个投影面相平行的投影面，构成一个由六个侧面围成的六面体，好似一个透明的空“盒子”。这六个面称为基本投影面。将机件放在空“盒子”中（如图6-1所示），分别由前、后、上、下、左、右六个方向向六个基本投影面投射，得到六个视图。六个基本视图的名称与投射方向如下。

主视图：由前向后投射所得的视图。

俯视图：由上向下投射所得的视图。

左视图：由左向右投射所得的视图。

右视图：由右向左投射所得的视图。

仰视图：由下向上投射所得的视图。

后视图：由后向前投射所得的视图。

六个基本投影面连同投射其上的基本视图按照以下规定展开：主视图所在的投射面（*V* 面）保持位置不动，其他投影面按图 6-2 所示的方法展开到同一平面内，得到如图 6-3 所示的六个基本视图。

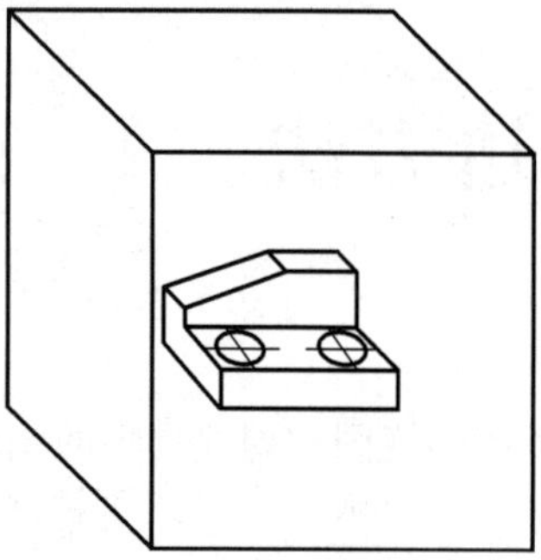

图 6-1　机件在“盒子”中

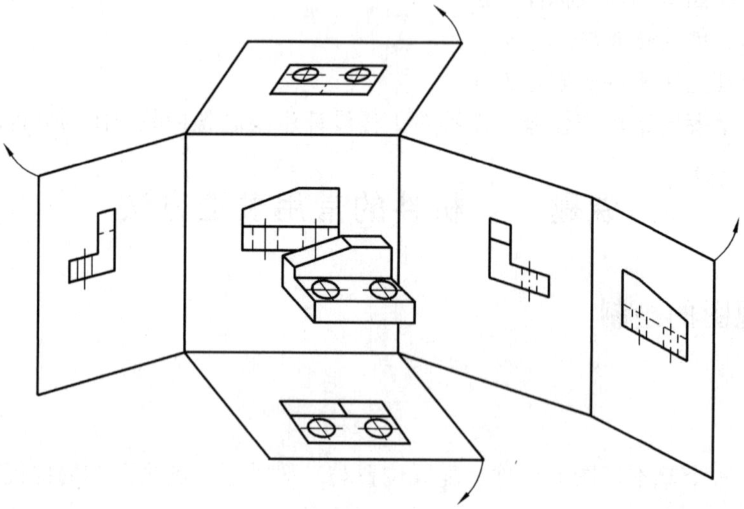

图 6-2　基本视图的展开

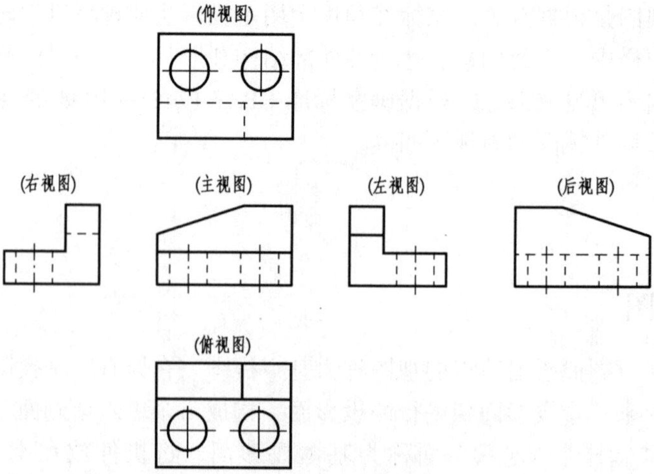

图 6-3　基本视图的配置

六个基本视图同前面学习的三视图一样，保持投影对应关系，符合“长对正，高平齐，宽相等”的投影规律。

表示机件时，不是任何机件都需要画出六个基本视图，而是根据机件的结构特点和复杂程度按实际需要选用必要的基本视图，但主视图是必不可少的，并且优先选用主、俯、左视图。

二、向视图

向视图是可以自由配置的视图。

画图时应在向视图的上方用大写拉丁字母标注，表示图形的名称，在相应视图的附近标注同样的字母，并用箭头指明投射方向，如图 6–4 所示。

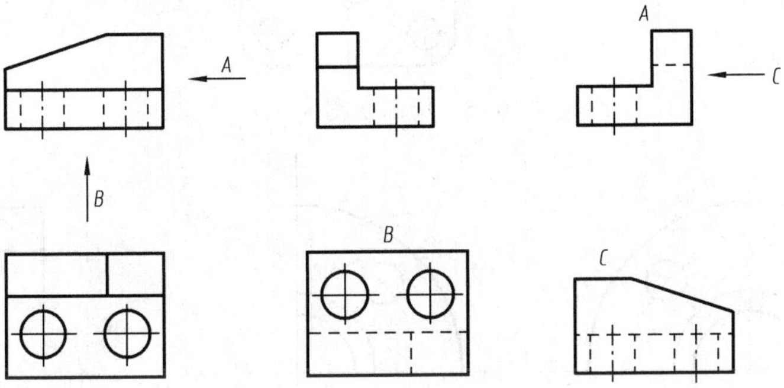

图 6–4　向视图

三、局部视图

将机件的某一部分向基本投影面投射所得的视图称为局部视图。

当采用一定数量的基本视图后，机件上仍有部分结构形状尚未表达清楚，而又没有必要再画出完整的其他基本视图时，可以采用局部视图来表达。如图 6–5 所示，用主视图、俯视图两个基本视图表达了机件的主体形状，但左下部、右上部的凸起以及下底板尚未表达清楚，如果用左视图、右视图和仰视图表达，则显得重复与烦琐，采用 *A*、*B*、*C* 三个局部视图来表达，既简练又能突出需要表达的重点。

局部视图可按基本视图的配置形式配置（图 6–5 的 *A*、*B* 向局部视图），也可按向视图的配置形式配置并标注（图 6–5 的 *C* 向局部视图）。

局部视图的标注与向视图相似，一般在局部视图的上方用大写字母标出视图的名称，在相应的视图附近用箭头指明投射方向并标注同样的字母，如图 6–5 所示。但当局部视图按基本视图位置配置，中间又没有其他视图隔开时，可以省略标注（图 6–5 的 *A*、*B* 向局部视图均可省略标注，为了说明问题方便，图中未省略）。

局部视图的断裂边界用波浪线或双折线表示，如图 6–5 的局部视图 *A*、*B*。当所表达部分的外形轮廓线完整而又封闭时，波浪线可以省略不画，如图 6–5 的局图视图 *C*。

另外，还有一种局部视图的特殊画法（也是一种简化画法），即对称机件的视图可以只画一半或四分之一，并在对称中心线的两端画两条与之垂直、等长的平行细实线，如图 6–6所示。

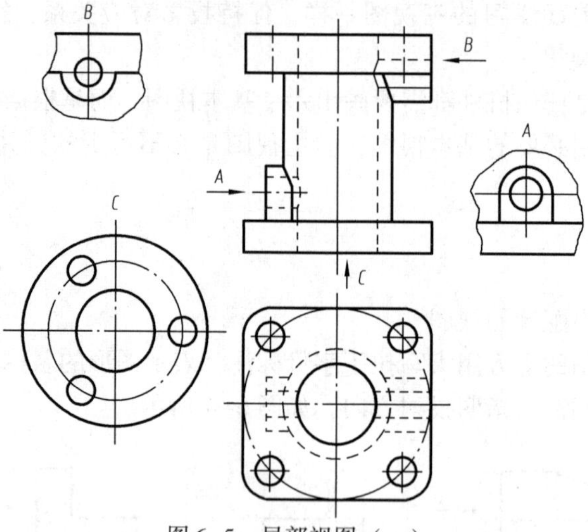

图 6-5　局部视图（一）

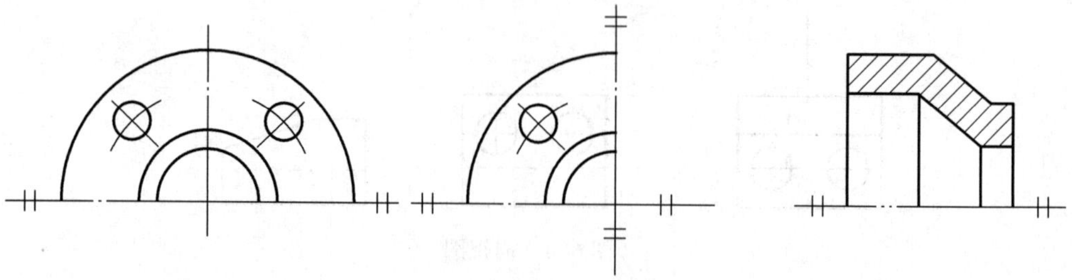

图 6-6　局部视图（二）

四、斜视图

将机件向不平行于任何基本投影面投射所得的视图称为斜视图。

斜视图一般按照投影关系配置，也可根据需要配置在适当的位置。斜视图的标注与向视图、局部视图也有相似之处，即在视图的上方标注视图的名称，在相应的视图附近用箭头指明投射方向，并注写相同的字母，如图 6-7 所示。

为了画图和看图方便，在不致引起误解的情况下，也可将斜视图旋转配置，具体标注形式如图 6-7 所示。

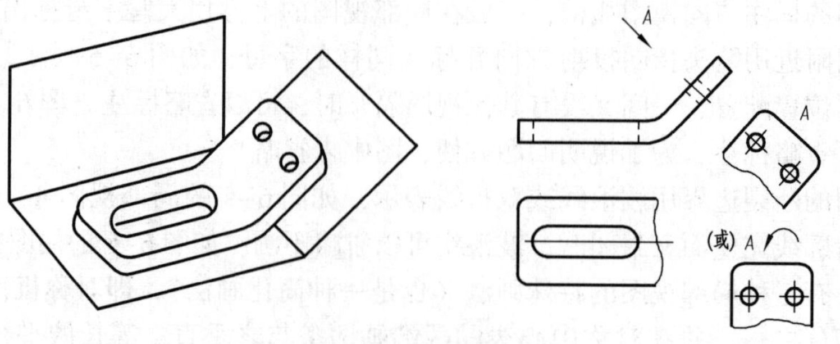

图 6-7　斜视图

任务实践

进行以下实践：

（1）根据三视图（如图6-8所示），补画右、后、仰视图。

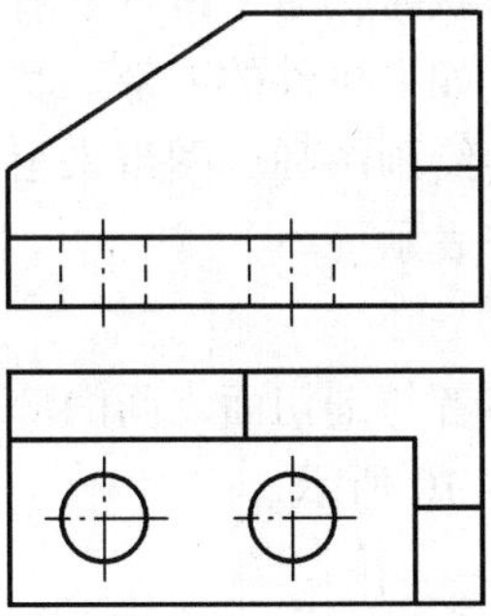

图6-8　基本视图

（2）参照直观图（如图6-9所示），画斜视图和局部视图，并标注（除题给尺寸，其余皆在主视图上量取）。

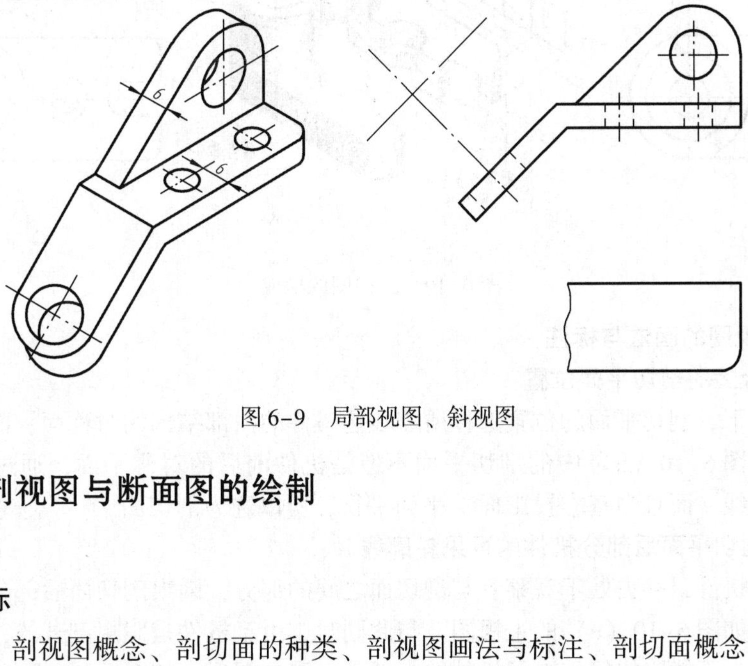

图6-9　局部视图、斜视图

任务二　剖视图与断面图的绘制

任务目标

知识点：剖视图概念、剖切面的种类、剖视图画法与标注、剖切面概念、断面图画法与标注。

技能点：能绘制各类剖视图和断面图，并能正确标注。

任务分析：前面所介绍的视图主要用来表达机件的外部形状，本节主要介绍机件内部结构形状表达的有关知识，主要内容包括剖视图与断面图两大部分，涉及的概念以及断面图与剖视图的区别均重在理解，不必机械记忆。重点内容是全剖视图与移出断面图，在学习的时候最好选做学习资源库中的相关习题，以此巩固和检验学习效果。

相关知识

一、剖视图

用前面学习过的视图表达机件结构形状时，对于机件上看不见的内部结构，如孔、槽等须用虚线表示，如图 6-10（a）所示。如果机件的内部形状较为复杂，则图上会出现较多的虚线，再加上虚线交叉、重叠，就会给画图和读图带来很大不便。为了清楚地表达机件的内部形状，国家标准规定用剖视图来表示。

（一）剖视图的概念与形成

假想用剖切面剖开机件，将处在观察者与剖切面之间的部分移去，而将其余部分向投影面投射所得的图形称为剖视图，如图 6-10 所示。

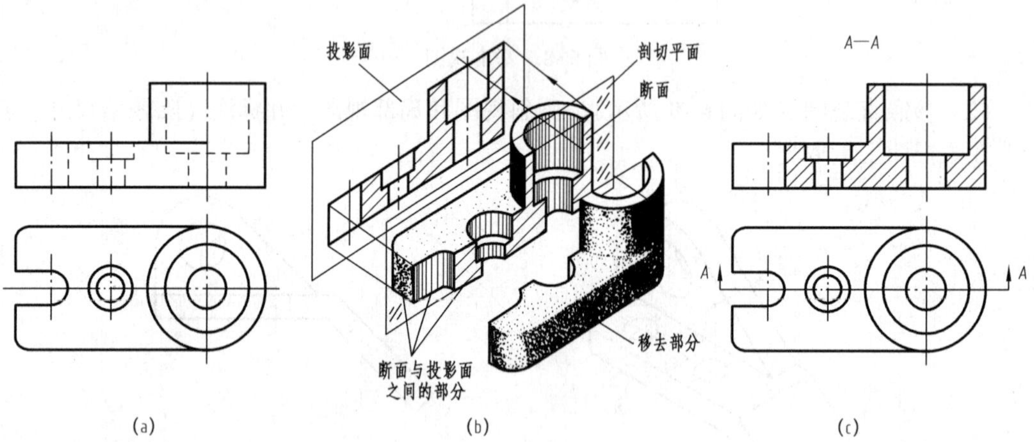

图 6-10　剖视图的形成

（二）剖视图的画法与标注

1. 确定合适的剖切平面位置

一般情况下，剖切平面的位置选择所需表达机件的内部结构的对称面，而且要平行于基本投影面。图 6-10（b）中的剖切平面不但是机件前后的对称平面，通过左右两个内部结构的轴心线，而且与基本投影面 V 平面平行，所以选为剖切面。

2. 画出剖切平面后部分机件的可见轮廓线

将剖开的机件，移去处于观察者与剖切面之间的部分，画出剖切面后部分机件的所有可见轮廓线，如图 6-10（c）的主视图。与此同时，由于机件是假想剖开的，其他各视图应保持完整性，不能因假想移去了机件的一部分而漏画图形，如图 6-10（c）的俯视图。

3. 画出剖面符号

为了区分机件内部的空与实，须在剖切面与机件截切所得的断面（剖面区域）上，即机件被剖切面截切到的实体部分，画上剖面符号，如图 6-10（c）所示。

剖面符号的画法因机件材料的不同而不同，国家标准对常见材料的剖面符号作了规定，见表 6-1。

表 6-1　剖面符号

金属材料（已有规定剖面符号者除外）	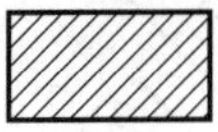	木质胶合板	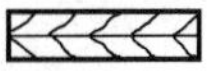
线圈绕组元件	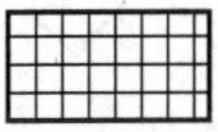	基础周围的泥土	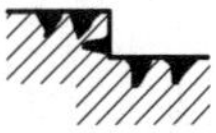
转子、电枢、变压器和电抗器等的叠钢片		混凝土	
非金属材料（已有规定剖面符号者除外）	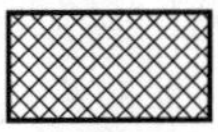	钢筋混凝土	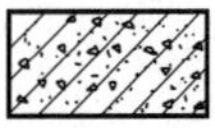
型砂、填砂、粉末冶金、砂轮、陶瓷刀片，硬质合金刀片等	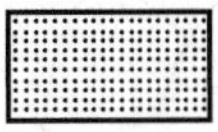	砖	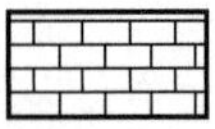
玻璃及供观察用的其他透明材料	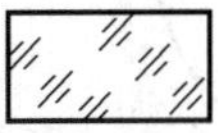	格网（筛网、过滤网等）	
木材　纵剖面		液体	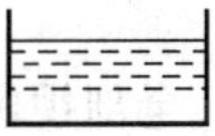
木材　横剖面	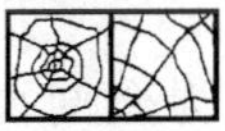		

金属材料的剖面符号通常也称剖面线，关于剖面线应注意：

（1）剖面线应画成向左或向右倾斜、间隔均匀的平行细实线。

（2）同一机件的所用视图中的剖面线的方向与间距应该一致。

（3）不用在剖面区域中表示材料的类别时，可采用通用剖面线表示。通用剖面线应以适当角度的细实线绘制，最好与主要轮廓线或剖面区域的对称线成 45°，如图 6-11 所示。

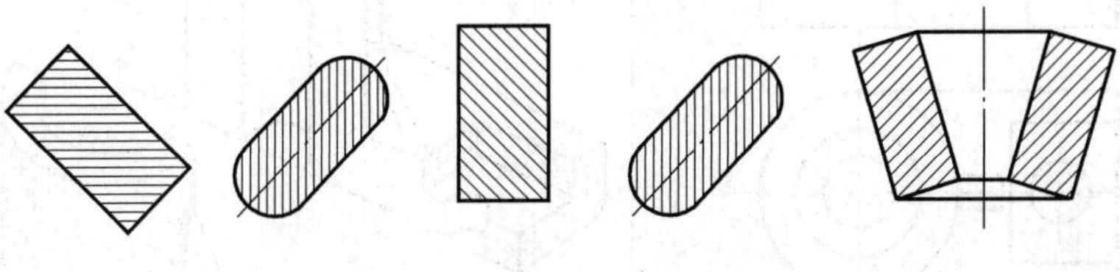

图 6-11　通用剖面线的画法

4. 必要的标注

为了便于识读，一般要在剖视图的上方用大写字母标注其名称，在相应的视图中用剖切符号（粗短画）表示剖切位置和投射方向，并标注相同的字母，如图 6-12 所示。

（三）剖视图的种类

根据机件被剖切范围的大小不同，剖视图可分为全剖视图、半剖视图和局部剖视图。

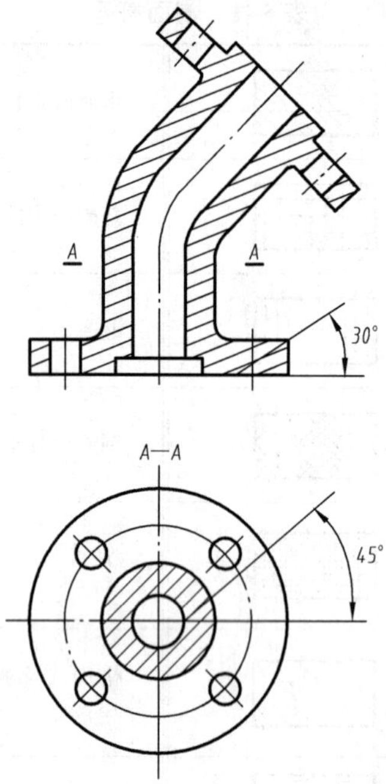

图 6-12　剖视图的标注

1. 全剖视图

用剖切面完全地剖开机件所得的剖视图称为全剖视图。图 6-10（c）、图 6-12、图 6-13（a）和图 6-14（c）的主视图均是全剖视图。

全剖视图一般用于表达外形比较简单、内部结构比较复杂的机件。

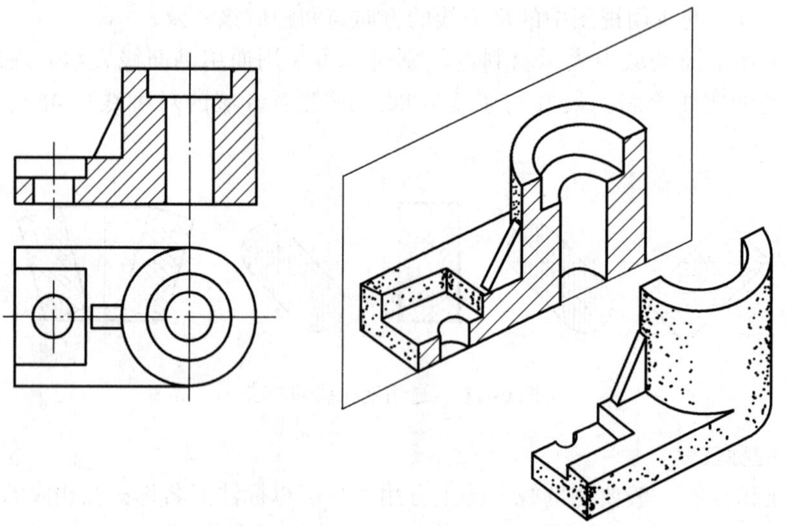

(a)　　(b)

图 6-13　全剖视图（一）

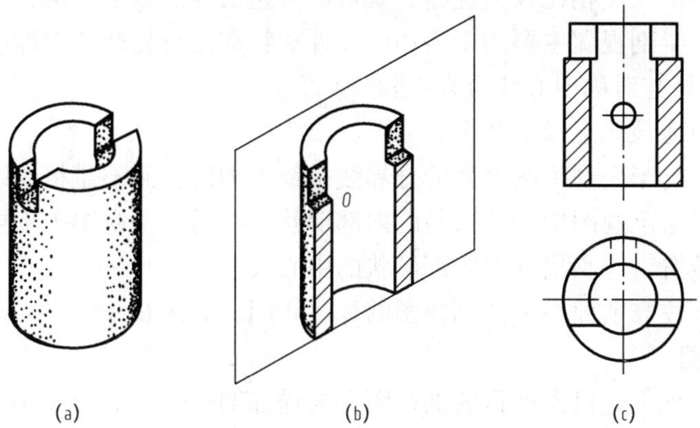

图 6–14　全剖视图（二）

2. 半剖视图

当机件具有对称平面时，在对称平面所垂直的投影面上投射所得的图形，可以对称中心线为分界，一半画成剖视图，一半画成视图，这种剖视图称为半剖视图，如图 6–15 所示。

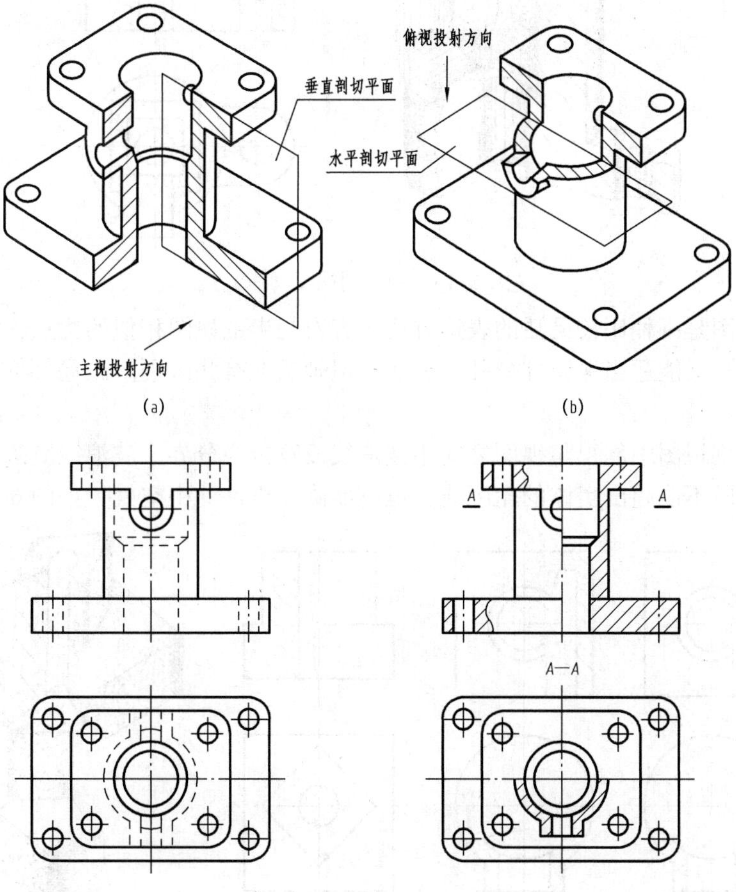

图 6–15　半剖视图

半剖视图与全剖视图相比较为优越，既可以表达机件的内部结构，又能适当保留部分外部形状，因此，半剖视图主要用于表达内、外形状都比较复杂的对称或基本对称的机件（机件的轮廓线恰好与对称中心线重合的除外）。

画半剖视图时应该注意以下几个方面：

（1）半个视图与半个剖视图之间的分界线是细点画线，而不是粗实线或其他线型。

（2）已经在半个剖视图中表达清楚的内部形状，在另一半视图中不再画出虚线。但为了表示孔、槽的位置，应画出这些内部形状的中心线。

半剖视图的标注与前面学习的剖视图的标注相同，如图 6–15 所示。

3. 局部剖视图

用剖切面局部地剖开机件所得的剖视图称为局部剖视图，如图 6–16 所示。

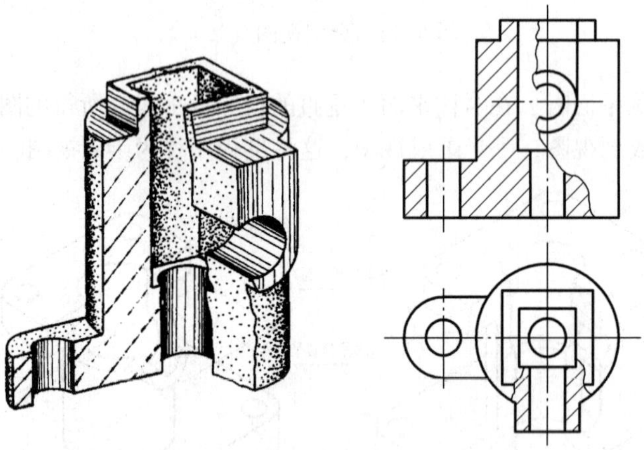

图 6–16　局图剖视图（一）

局部剖视图是一种比较灵活的表达方法，有着与半剖视图相似的优点，既可以表达机件的内部结构，又能适当保留部分外部形状，但画法上有些区别。画局部剖视图应注意以下几个方面。

（1）局部剖视图中剖视与视图之间用波浪线或双折线分界，波浪线应画在机件的实体上，即波浪线既不能超出实体的轮廓线，也不能画在机件的中空处，如图 6–17 所示。

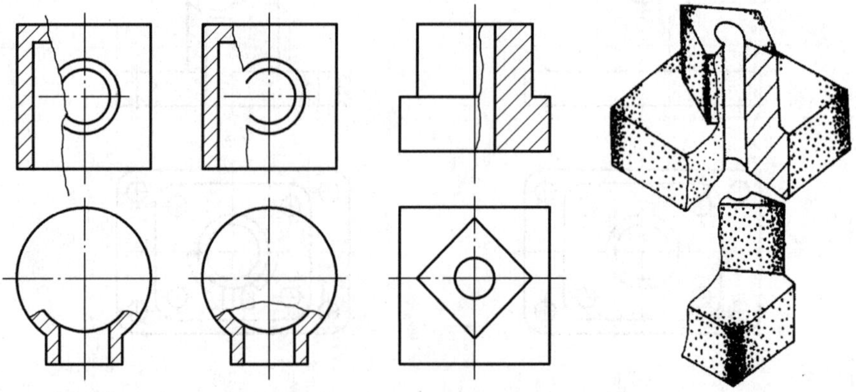

(a) 错误　(b) 正确　(c)

图 6–17　局图剖视图（二）

（2）波浪线不能与其他图线重合，也不能画在轮廓线的延长线上。

（3）一个视图中，局部剖视图的数量不宜过多。在不影响外部形状表达的情况下，可以采用较大范围的局部剖视图，来减少局部剖视图的数量，如图 6-18 所示。

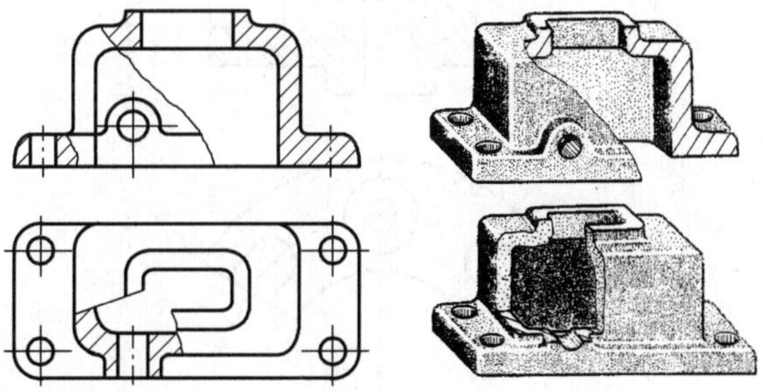

图 6-18　局图剖视图（三）

局部剖视图一般不用标注。

（四）剖切面的种类

剖切面的选择直接关系到剖视图能否清晰地表达机件的结构形状。由于机件内部结构的复杂多样，常常需要选择不同位置与数量的剖切面来剖切机件，才能得到更为清晰的机件内部形状。国家标准规定了单一剖切面、几个平行的剖切平面和几个相交的剖切面等三种剖切面，前面学习的全剖视图、半剖视图和局部剖视图都是用单一剖切面剖切得到的剖视图。

1. 单一剖切面

单一剖切面一般有平行于基本投影面（如图 6-10、图 6-12 所示）、不平行于基本投影面（如图 6-19 所示）和柱面（如图 6-20 所示）三种情况。用后两种面剖切机件时，剖视图需要标注，标注方法与斜视图的标注相似。

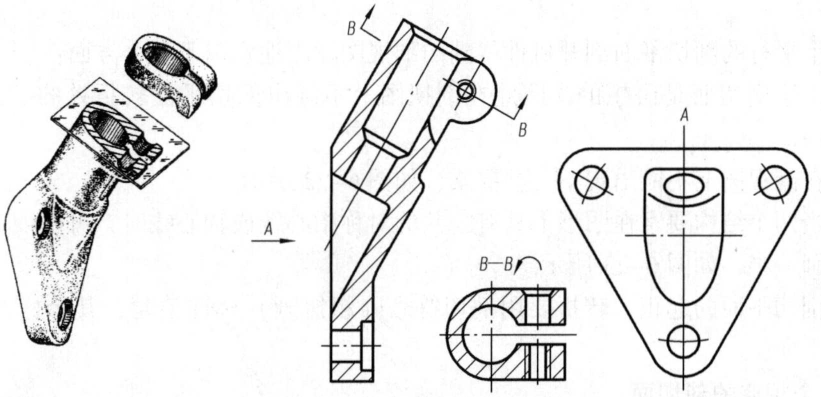

图 6-19　单一剖切面（一）

2. 几个平行的剖切平面

有些机件有几种不同的内部结构要素需要表达，而且这些内部结构要素的中心线位于几个平行的平面内（如图 6-21 所示），这就需要采用几个平行的剖切平面剖开机件。

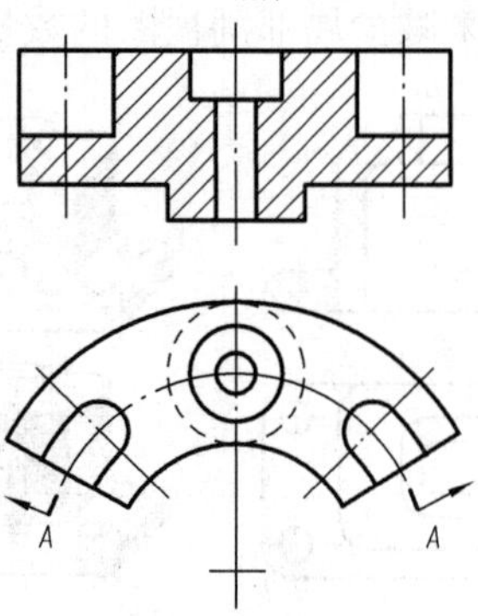

图 6-20　单一剖切面（二）

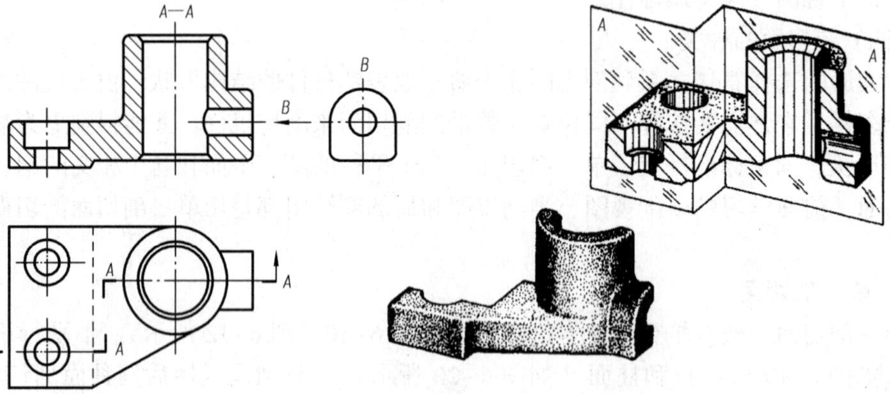

图 6-21　几个平行的剖切平面（一）

画几个平行的剖切平面剖开机件得到的剖视图时应注意以下几个方面：

（1）由于剖切面是假想的，因此在剖视图上不画出剖切平面转折处的“投影”，如图 6-21所示。

（2）在剖视图上不能出现不完整要素，如图 6-22 所示。

（3）当两个结构要素在图形上具有公共的对称中心线或轴心线时，可以细点画线为分界线，各画一半，如图 6-23 所示。

（4）剖切平面的起止、转折要用剖切符号（粗短画）标注清楚，其余标注与前面介绍的相同。

3. 几个相交的剖切面

有些机件需要用几个相交的剖切面（交线垂直于某一基本投影面）剖开，才能表达清楚其内部结构。图 6-24（a）所示机件，只有用两个相交、且交线垂直于正投影面的平面将其剖开，才能清楚地表达机件上部的小孔、中间键槽孔和均匀分布的四个小孔中的一个。剖开之后，应先假想把与倾斜于基本投影面的剖切面连同其剖到的结构，以两剖切面的交线为轴心线旋转至与选定的基本投影面平行，然后再投射得到剖视图，即“剖切、旋转、投射”。

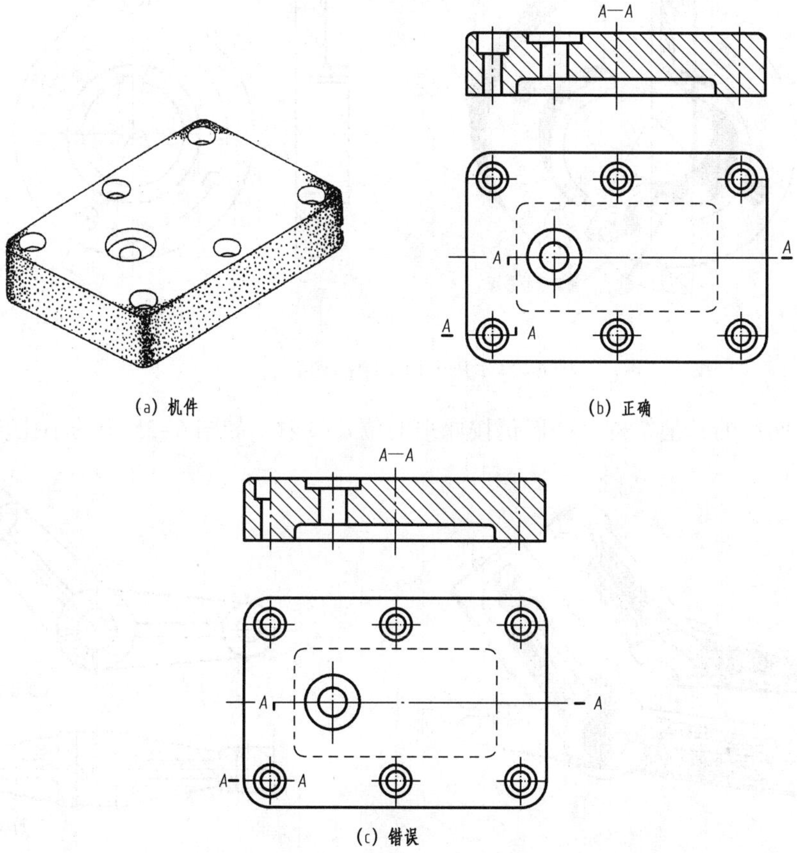

图 6-22　几个平行的剖切平面（二）

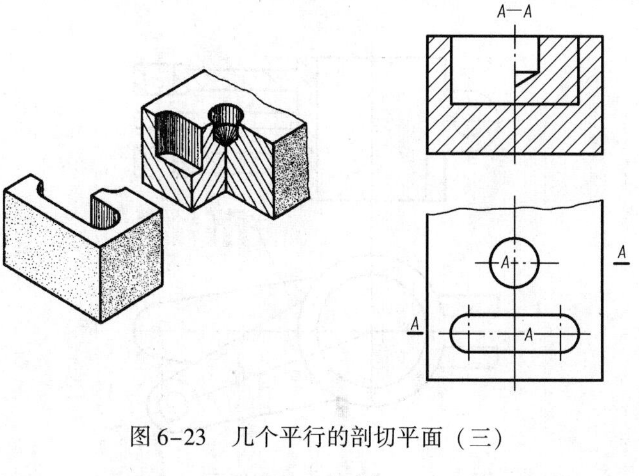

图 6-23　几个平行的剖切平面（三）

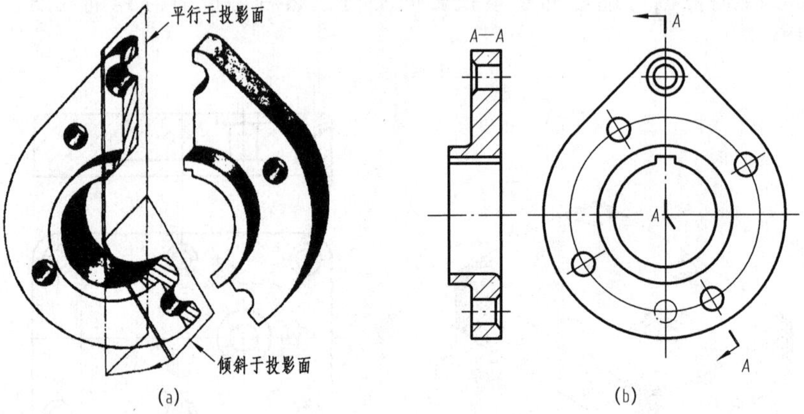

图 6-24　几个相交的剖切面（一）

在剖切面后的其他结构，一般仍按原来的位置投射，如图 6-25 中的小孔。

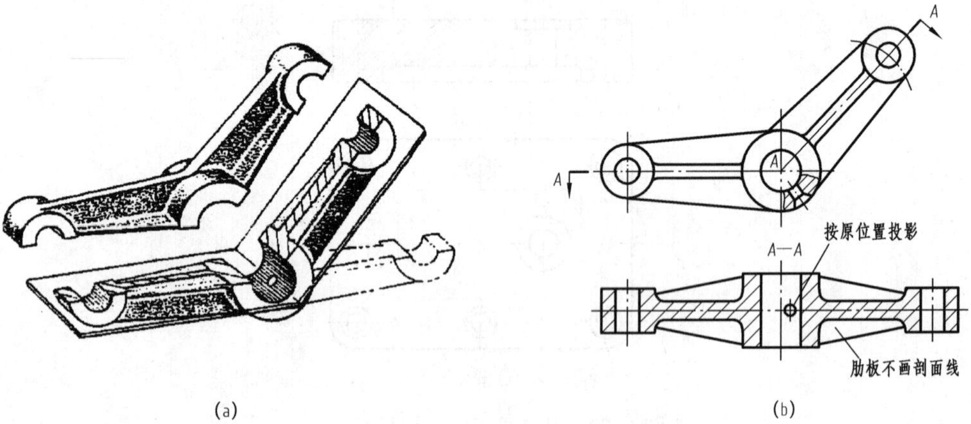

图 6-25　几个相交的剖切面（二）

剖切产生不完整要素时，该部分按不剖绘制，如图 6-26 所示。

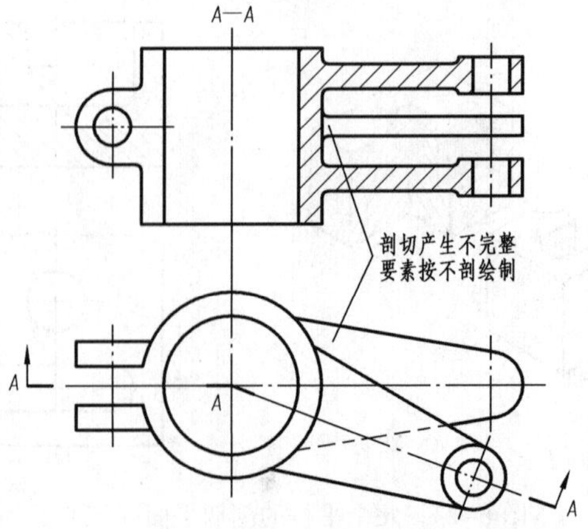

图 6-26　几个相交的剖切面（三）

二、断面图

（一）断面图的概念

假想用剖切面将物体的某处切断，仅画出该剖切面与物体接触部分的图形，该图形称为断面图，简称断面，如图 6-27 所示。图 6-27（b）的主视图只能表示键槽的形状和位置，虽然用视图或剖视图［如图 6-27（c）所示］可以表达键槽的深度，但显得不够简洁明了。使用断面图表达，则显得清晰、简洁。

运用断面图进行表达时，应注意断面图与剖视图的区别：断面图只画出断面的形状，而剖视图除了画出断面的形状还要画出断面后面所有能看到的该机件的轮廓的投影。

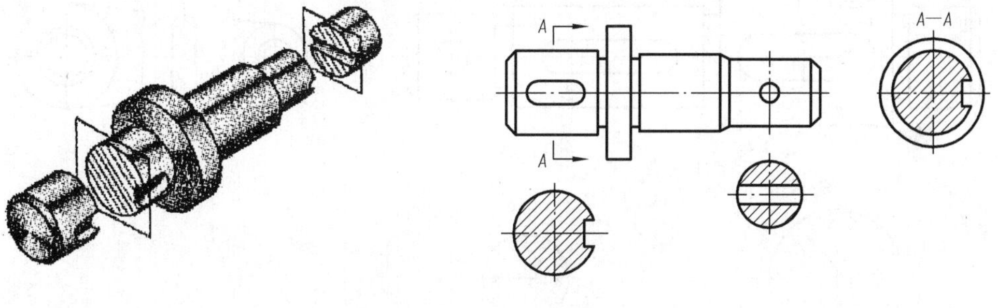

(a)　(b)　(c)

图 6-27　断面图的形成及其与剖视图的区别

断面图经常用于表达机件某处的断面形状，如机件上的轮辐、肋板、键槽、小孔等，如图 6-28 所示。

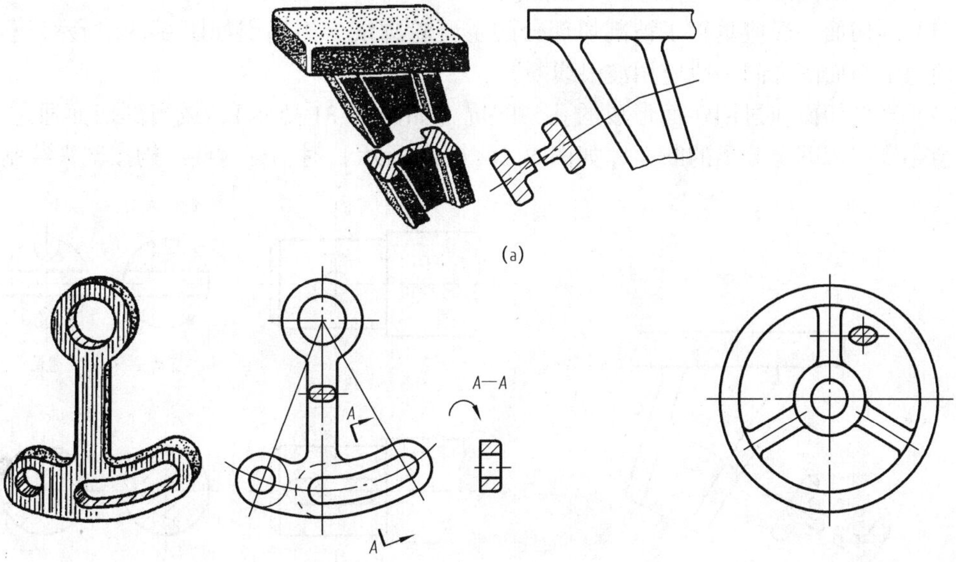

(b)　(c)

图 6-28　断面图表达实例

(二) 断面图的分类

根据断面图配置位置的不同，断面图可分为移出断面图和重合断面图。

1. 移出断面图

画在视图轮廓之外的断面图称为移出断面图，如图 6-27（b）、图 6-28（a）、图6-28（b）和图6-29 所示。

移出断面图的轮廓线用粗实线绘制。为了看图方便，移出断面图应尽量配置在剖切线的延长线上（如图6-27 所示），必要时，也可配置在其他适当的位置［如图6-29（a）所示］。当断面形状对称时，也可配置在视图的中断处，如图6-29（b）所示。

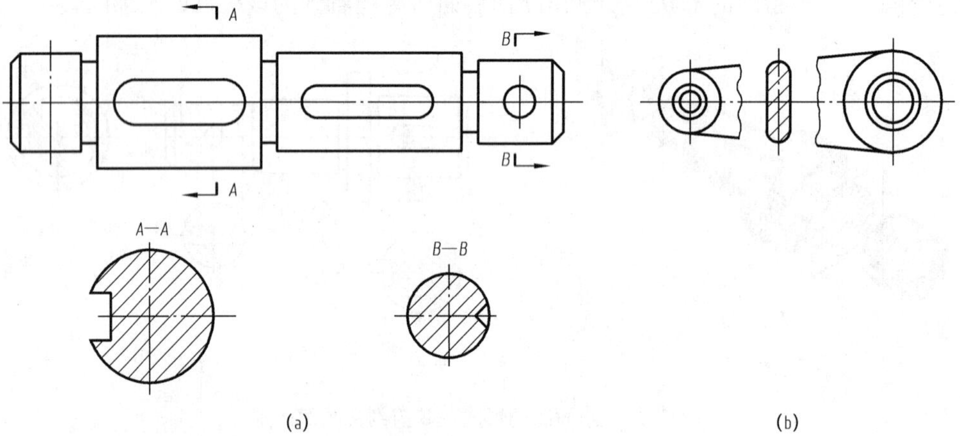

图6-29　移出断面图的画法（一）

移出断面图中的剖面线只画在剖切面与机件接触的剖切区域内。

绘制移出断面图时，应注意以下几点。

（1）剖切面一般应垂直于被剖切部分的主要轮廓线。当遇到如图6-30 所示结构时，画出的两个断面图之间一般应用波浪线断开。

（2）当剖切面通过回转面形成的孔、凹坑（如图6-31 所示），或当剖切面通过非回转孔会导致出现完全分离的断面［如图6-28（b）所示］时，则这些结构按剖视绘制。

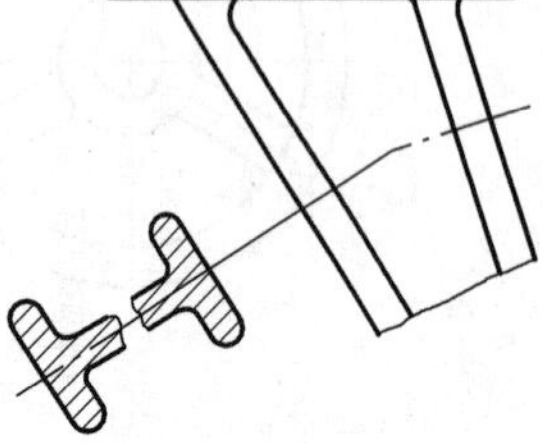

图6-30　移出断面图的画法（二）

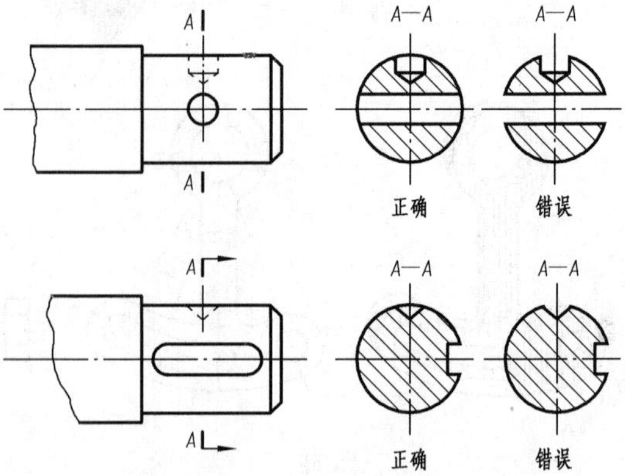

图6-31　断面图的剖视画法

移出断面图的标注规定参见表6-2。

表6-2　移出断面图的标注

断面图位置	对称的移出断面图	不对称的移出断面图	
配置在剖切线或剖切符号延长线上	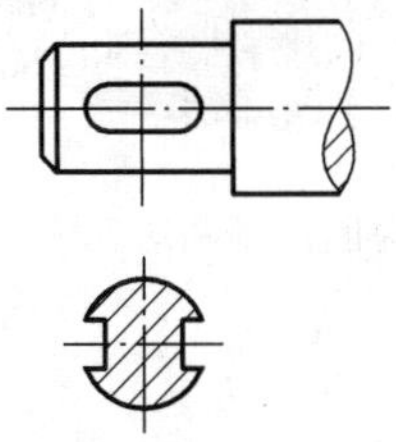	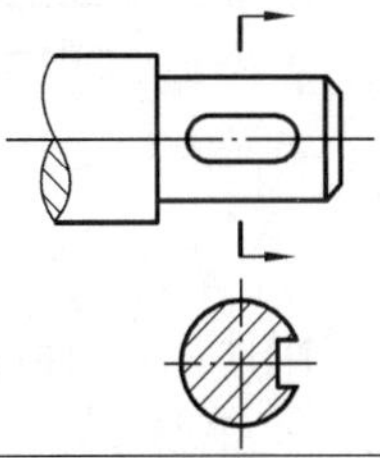	
	省略标注	省略字母	
配置在剖切符号延长线之外	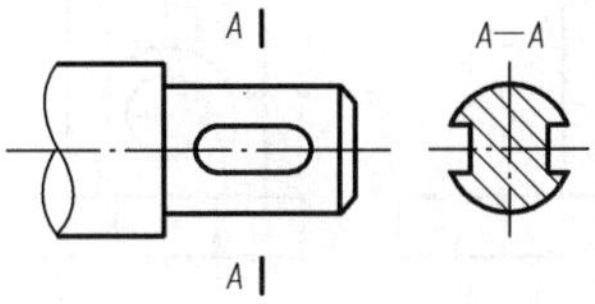	按投影关系配置	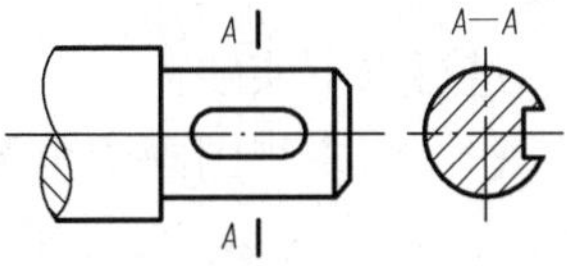
			省略箭头
		不按投影关系配置	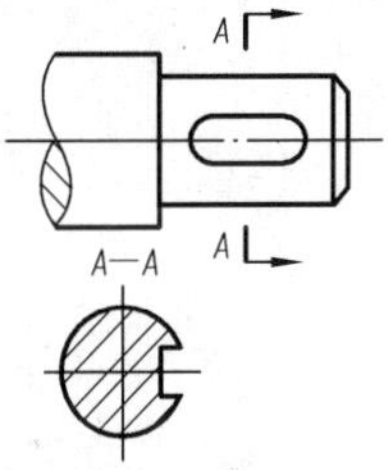
	省略箭头		须完整标注剖切符号和字母

2. 重合断面图

画在视图轮廓之内的断面图称为重合断面图，如图6-32、图6-33所示。

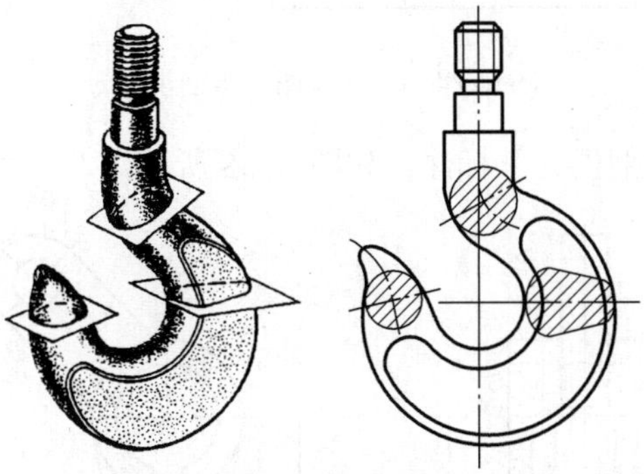

图6-32　重合断面图画法（一）

重合断面的轮廓线用细实线绘制。当视图中轮廓线与重合断面图的图形重叠时，视图中的轮廓线仍应连续画出，不可间断，如图6-33所示。

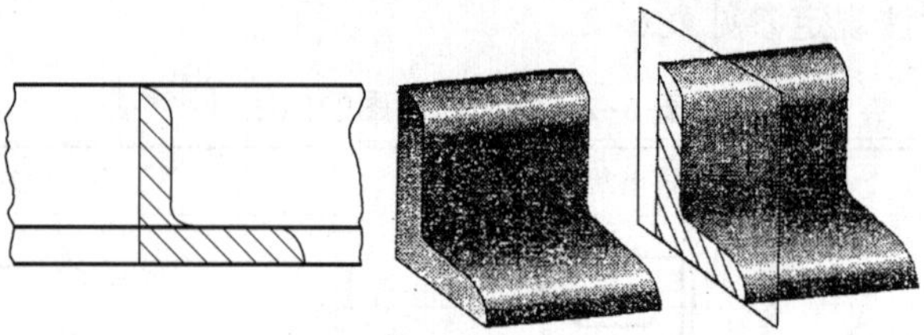

图 6-33　重合断面图画法（二）

重合断面图均不必标注。

任务实践

进行以下实践：

（1）将主视图画成全剖视图，左视图画成半剖视图，如图 6-34 所示。

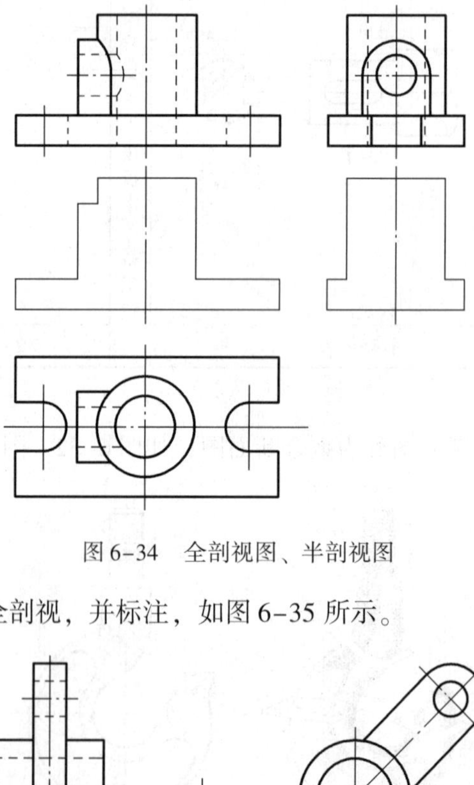

图 6-34　全剖视图、半剖视图

（2）将主视图画成全剖视，并标注，如图 6-35 所示。

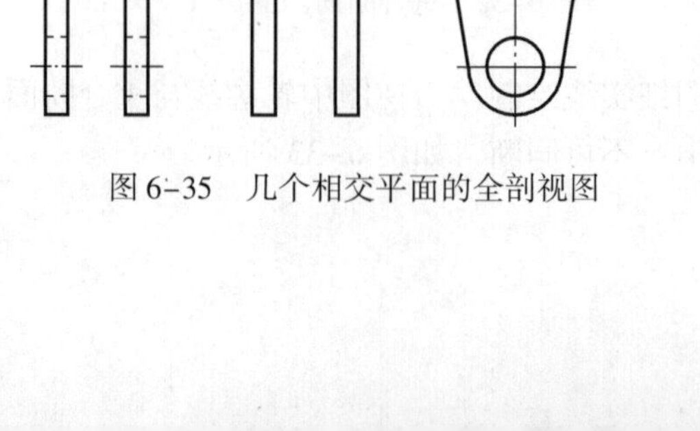

图 6-35　几个相交平面的全剖视图

（3）将主视图改画成适当的剖视图，如图 6-36 所示。

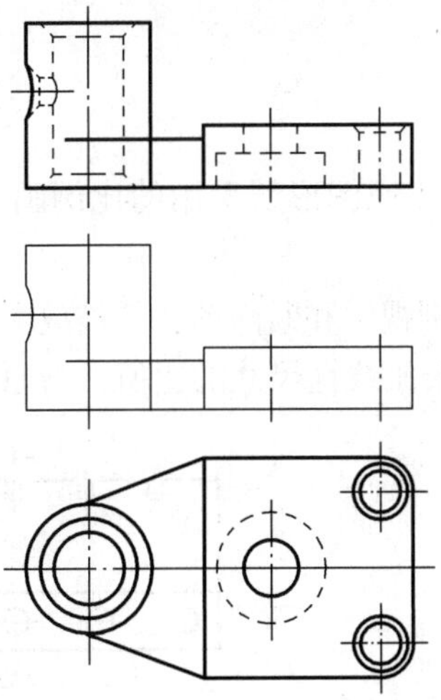

图 6-36　几个平行平面的全剖视图

（4）看懂给出的视图，在正确的 *B—B* 剖视图下方的字母上打“ √ ”。

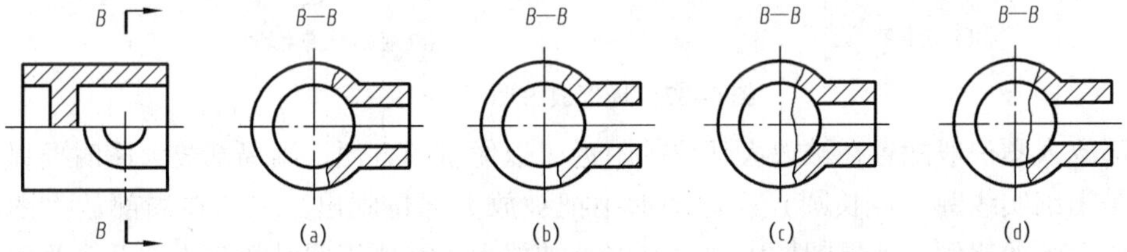

（5）为表达扁头，通孔和键槽，在空白处画出三个移出断面，并标注。

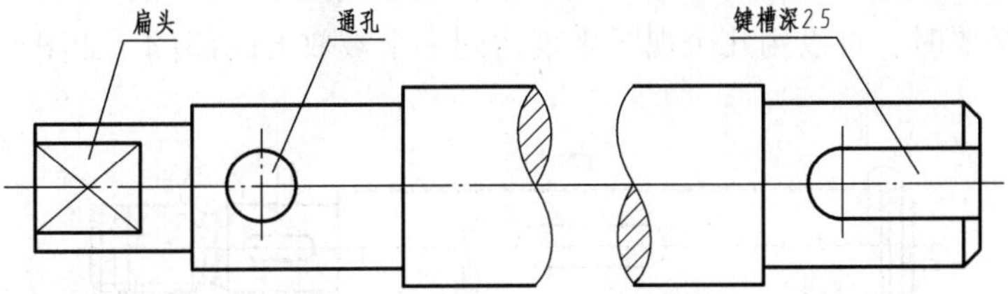

任务三　认识局部放大图、规定画法和简化画法等其他表达方法

任务目标

知识点：局部放大图的概念，肋、轮辐的剖切画法，断开缩短画法和局部放大图画法与标注。

技能点：能读懂局部放大图，掌握规定画法和简化画法等其他表达方法。

任务分析：为了使图形更清晰，画图更简便，在表达机件时除了运用视图、剖视图、断面图等表达方法之外，国家标准还规定了局部放大图、规定画法和简化画法等其他表达方法，以便必要时选用。

相关知识

一、局部放大图

把图样中部分细小结构用大于原图形所采用的比例画出的图形，称为局部放大图，如图 6-37、图 6-38 所示。

局部放大图可以画成视图、剖视图和断面图，与被放大部位的表达方法无关。局部放大图的比例是指放大图与机件相应要素线性尺寸的比值，与原图形所采用的比例毫无关系。

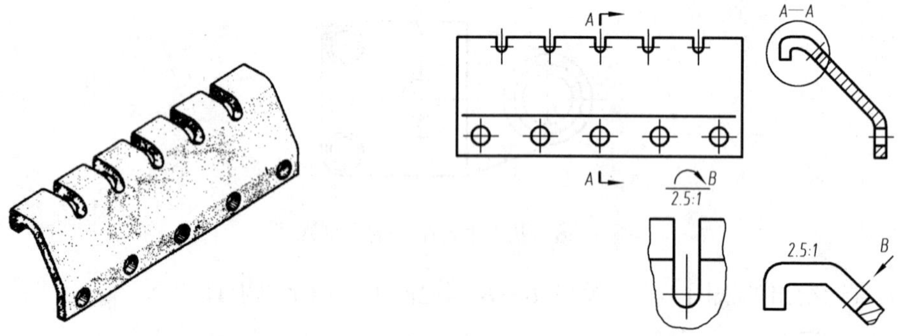

(a) 立体图　　(b) 视图和局部放大图

图 6-37　局部放大图（一）

局部放大图一般配置在被放大部位的附近，以便看图方便。画局部放大图时要做到两点：一是用细实线圆（或长圆）在原图形中把被放大部位圈出，二是在局部放大图的上方注写放大图的比例。如果图样中同时有多处被放大时，要用罗马数字Ⅰ、Ⅱ、Ⅲ等依次标明被放大的部位，并在相应局部放大图的上方标出相应的罗马数字（图形名称）和所采用的比例。必要时，可以用几个视图来表达同一个被放大的部位，如图 6-38 所示。

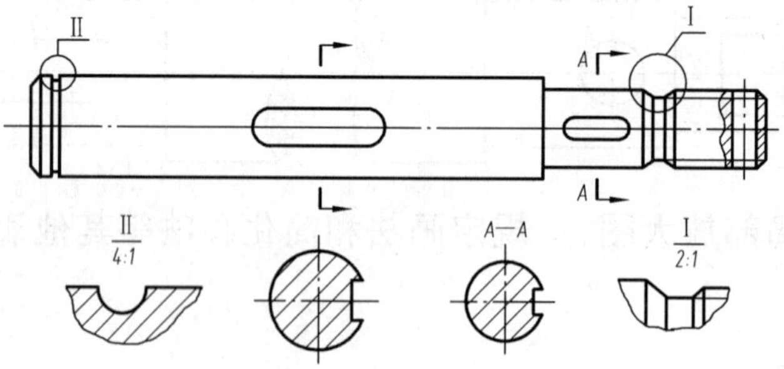

图 6-38　局部放大图（二）

二、简化画法

(1) 机件上的若干按一定规律分布的相同要素（如孔、槽等），可以只画出一个或几个，其余只画出中心线表示其中心位置，如图 6-39 所示。

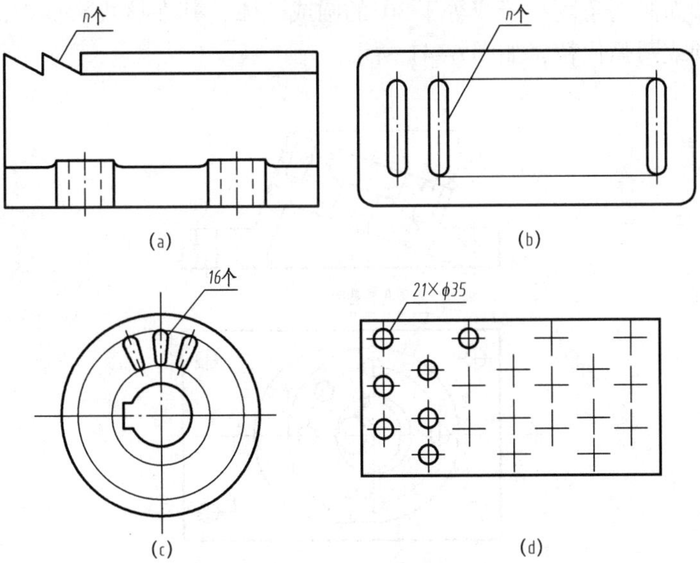

图 6-39　相同结构的简化画法

（2）在不致引起误解的前提下，机件上的过渡线、相贯线等可以简化，用圆弧或直线代替，如图 6-40 所示。

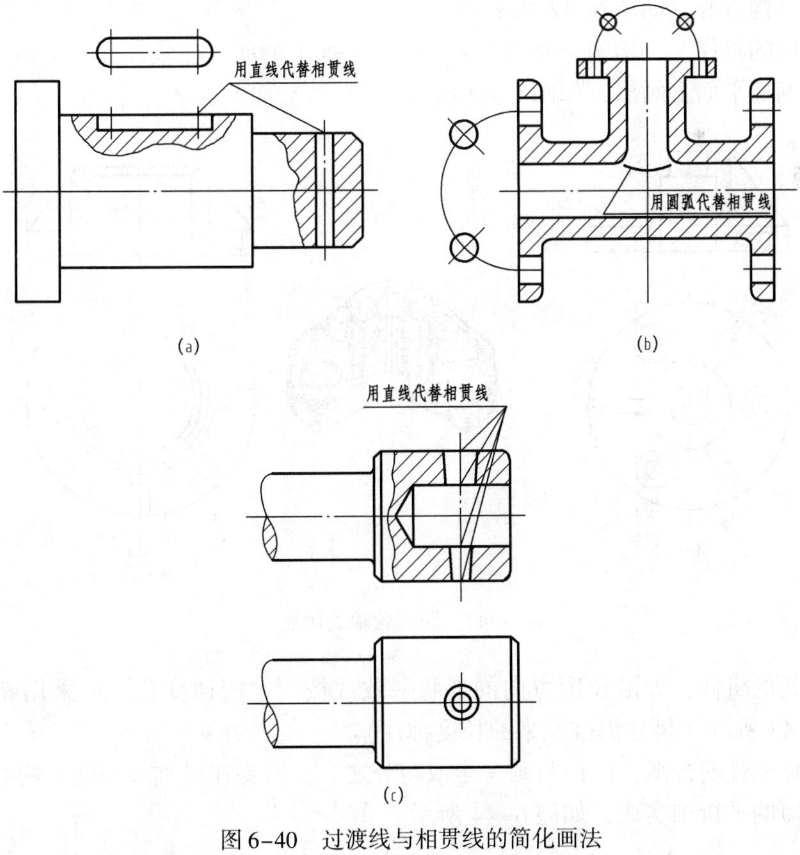

图 6-40　过渡线与相贯线的简化画法

（3）与投影面倾斜角度小于或等于 30°的圆或圆弧，其在该投影面上的投影可以不画成椭圆，而用圆或圆弧代替，如图 6-41 所示。

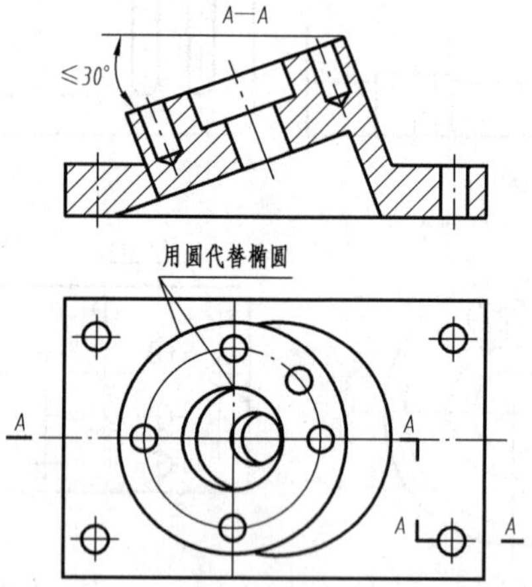

图 6-41　倾斜圆或圆弧的简化画法

（4）机件上的肋、轮辐等结构，若纵向剖切，则都不画剖面符号，只用粗实线将它们与其相邻的结构分开，如图 6-42 所示。

回转形成的机件上，均匀分布但不处于剖切平面上的肋、轮辐、孔等结构，可将这些结构旋转到剖切平面上画出，如图 6-42 所示。

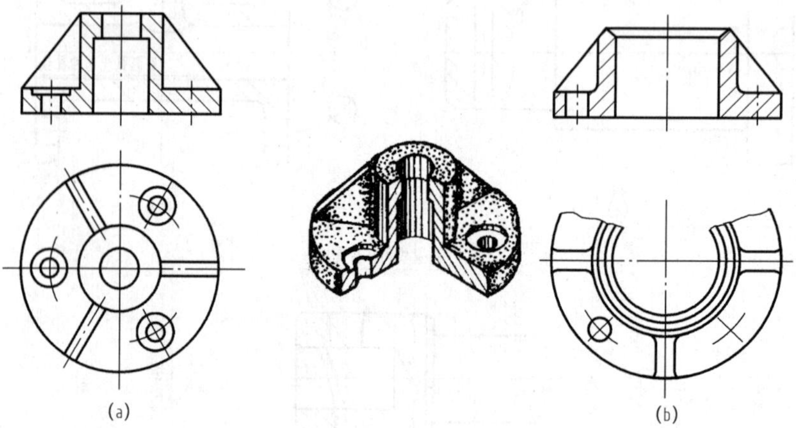

图 6-42　肋与轮辐的画法

（5）较长的机件，如沿长度方向的形状一致或按一定规律变化，可采用断开缩短绘制，如图 6-43 所示（尺寸仍按原来的长度标注）。

（6）对称机件的视图，可以只画一半或四分之一，但要在对称中心线的两端画出两条与其垂直的短的平行细实线，如图 6-44 所示。

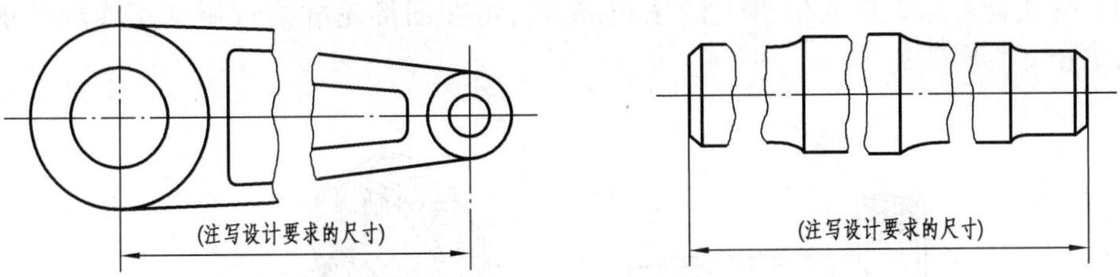

图 6-43　较长机件的简化画法

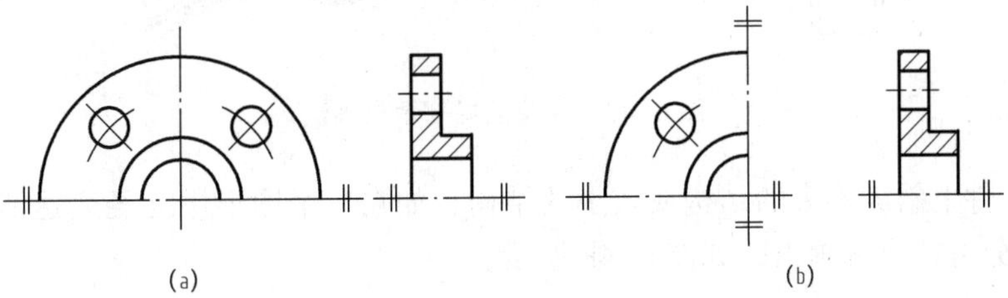

图 6-44　对称机件视图的画法

（7）由回转形成的机件上的平面在图形中不能充分表达时，可用两条相交的细实线表示，如图 6-45 所示。

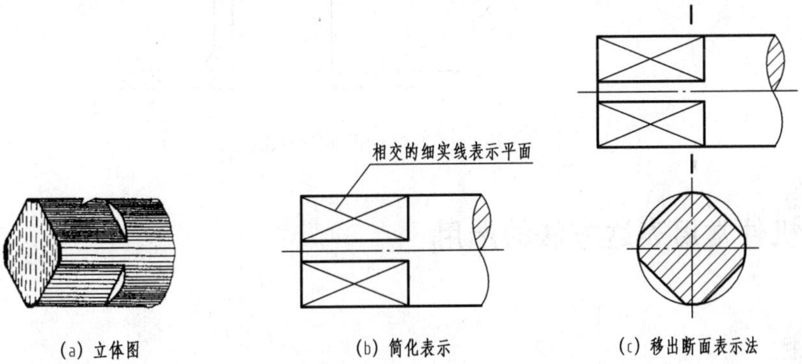

图 6-45　平面的表示法

（8）在不致引起误解的情况下，剖视图或断面图中的剖面符号可以省略不画，如图 6-46所示。

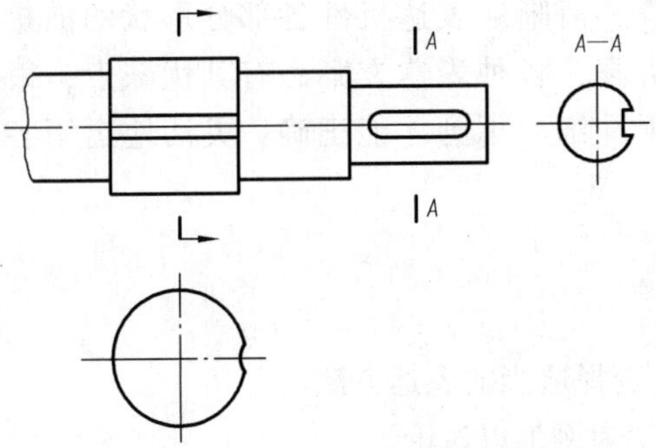

图 6-46　剖面符号的省略画法

(9) 网状物、编织物或机件上的滚花部分，可在图形轮廓附近用细实线局部示意画出，如图 6-47 所示。

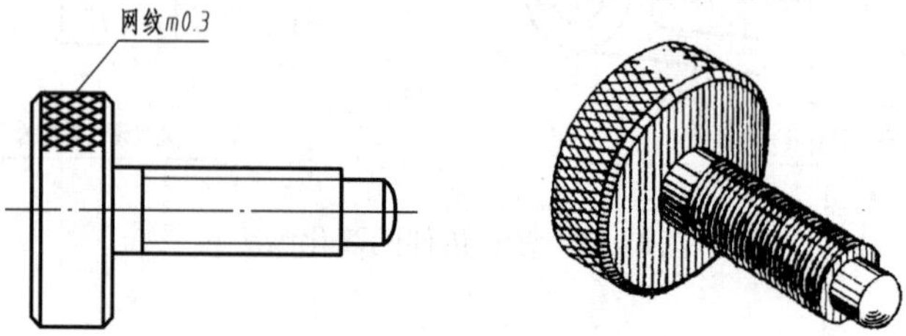

图 6-47　滚花的局部示意画法

(10) 机件上斜度不大的结构或较小的结构，如在一个图形中已经表达清楚，另外图形的倾斜部分可按小端画出，如图 6-48 所示。

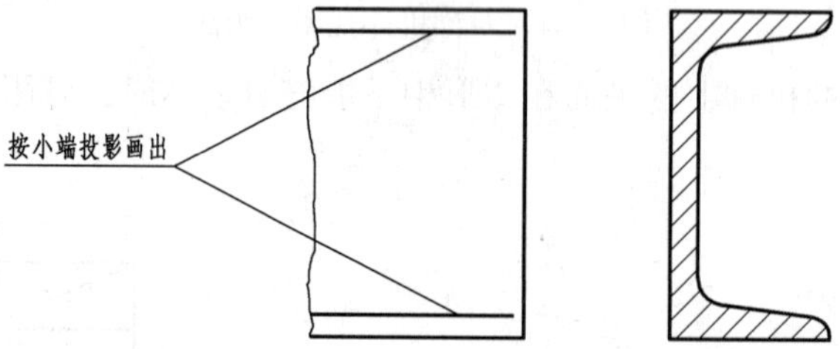

图 6-48　较小结构的简化画法

任务四　机件常用表达方法的选用

任务目标

知识点：选择表达方案，对机件图样进行视图分析、形体分析和尺寸分析。

技能点：能选择适当的表达方法。

任务分析：在绘制机件图样时，应首先考虑看图方便，根据机件的结构特点，选用适当的表达方法。在完整、清晰地表达机件各部分形状的前提下，力求制图简便。同一机件可以有多种表达方案，各种表达方案必有其优缺点，很难绝对地说某种方案为最佳，只有多看生产图纸并细心琢磨才能正确、灵活地运用各种表达方法，把机件表达得符合要求。

相关知识

根据实物或轴测图，选择适当的表达方法。

现以图 6-49 所示支架为例加以讨论。

(1) 形体分析：该支架的主体为 A、B 两轴座，中间由“工”字形肋板连接起来，在

B 端有倾斜凸耳 C，上有阶梯孔 D 和锥销孔 E。D、E 孔轴线所在平面同 B 孔轴线不平行。

（2）选择主视图：对于这一支架一般以工作位置或自然位置作为选取主视图的位置，如图 6-49 所示。以箭头 *G* 或 *H* 所指方向作为主视图的投影方向。当以 *G* 为投影方向画主视图时，A、B 孔及 C 的位置关系可真实地表示出来；以 *H* 为投影方向画主视图时，A、B 两平行轴线的特征反映得较清楚，但在主视图上 C 部分的形状将变形。现以 *H* 方向作为画主视图的投影方向加以讨论。

（3）确定其他视图：*H* 方向作为画主视图的投影方向后，以 *G* 方向作为画左视图的投影方向，为避免 C 部分在主视图上的变形，可将主视图沿 A、B 孔轴线所在平面剖开（图 6-50中 *A—A* 剖视图）。C 部分斜面的真实形状可作 *C* 向斜视图予以反映，*C* 向斜视图上同时反映了 D、E 两孔的真实距离。为表示 D、E 孔的内部结构。可通过 D、E 孔轴线所在的平面作剖切（*D—D*），得 *D—D* 剖视图，至此 A、B 及 C 凸耳上 D、E 孔之间的相互关系基本表示清楚。此外再作一移出断面图或重合断面图表示“工”字型肋板的截面形状，如图 6-50 中的移出断面图。

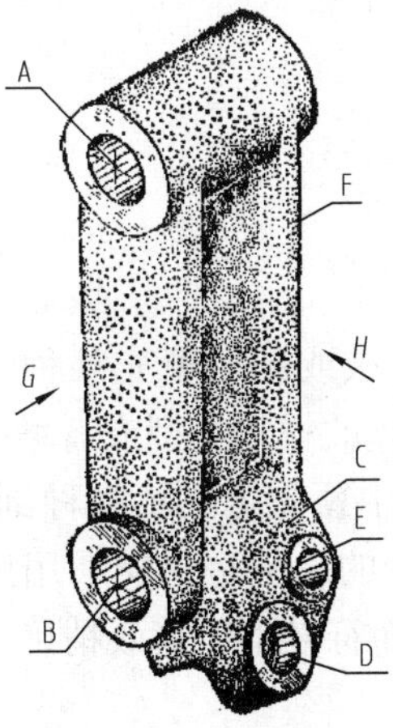

图 6-49　支架立体图

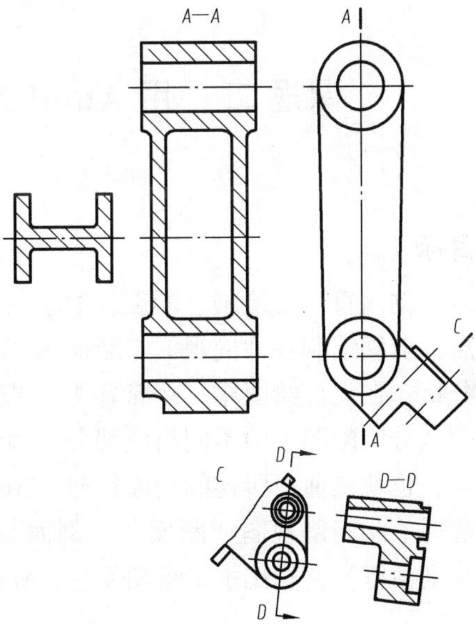

图 6-50　支架表达方法的选用

上面讨论了支架的一种表达方案，实际上还可有其他表达方案，如设想以 *G* 向作为画主视图的投影方向等，是否合理或可行？读者可自行讨论和比较，不再赘述。

任务实践

参照托架轴测图（如图 6-51 所示）及有关尺寸，以 1:1 运用适当的表达方法画全主视图并补画其他必要的视图。

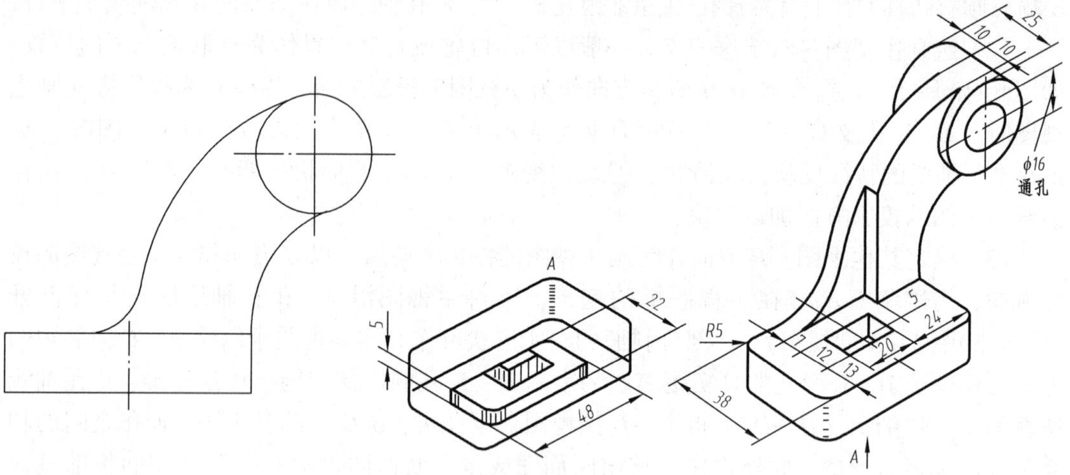

图 6-51 托架

课题二 用 AutoCAD 绘制机件图样

任务目标

知识点：剖面符号的绘制、断裂线的绘制。

技能点：能够绘制各种剖视图与断面图。

任务分析：在设计绘图中，经常需要对图形中的某些区域或剖面填充某种特定的图案，以帮助区分装配图中的不同组成部分，表示构成一个物体的材料类型或者增强图形的表面效果等，也就是前面所述的剖面符号。AutoCAD 在系统中预先定义了多种剖面符号，供绘图时选择。绘制剖视图或断面图，剖面符号是必不可少的。AutoCAD 采用区域填充的方式绘制剖面符号，相比手工绘图而言，AutoCAD 绘制剖面符号不但高效精确，而且操作简便。

相关知识

一、画剖面线

在绘制剖面线时，首先要指定填充边界，一般可用两种方法选定画剖面线的边界，一种是在闭合的区域中一点，AutoCAD 自动搜索闭合的边界，另一种是通过选择对象来定义边界。AutoCAD 为用户提供了许多标准填充图案，用户也可定制自己的图案，此外，还能控制剖面图案的疏密及剖面线条的倾角。

1. 填充封闭区域

填充封闭区域的操作步骤如下。

(1) 单击【绘图】工具栏上的按钮，打开【图案填充和渐变色】对话框，如图 6-52所示。

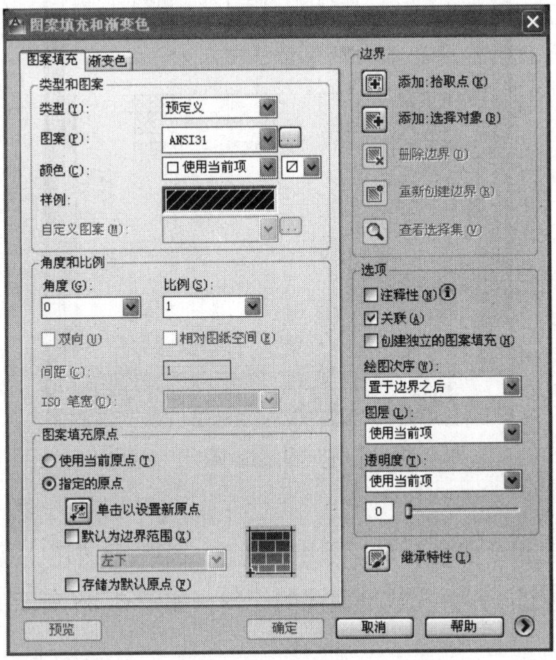

图 6-52　【图案填充和渐变色】对话框

该对话框中的常用选项如下。

添加：拾取点：单击按钮，在填充区域中单击一点，AutoCAD 自动分析边界集，并从中确定包围该点的闭合边界。

添加：选择对象：单击按钮，选择一些对象进行填充，此时无须对象构成闭合的边界。

删除边界：单击按钮，可用拾取框选择该命令中已定义的边界，选择一个删除一个。

重新创建边界：单击按钮（在执行修改命令时才可用）。

查看选择集：单击按钮，AutoCAD 显示当前的填充边界。

继承特性：单击按钮，AutoCAD 要求用户选择某个已绘制的图案，并将其类型及属性设置为当前图案类型及属性。

关联：若图案与填充边界关联，则修改边界时，图案将自动更新以适应新边界。

(2) 单击【自定义图案】右边的按钮，打开【填充图案选项板】对话框，再单击【ANSI】选项卡，然后选择剖面线为 ANSI31，如图 6-53 所示。

(3) 在【图案填充和渐变色】对话框中，单击按钮。

（4）在想要填充的区域中选定点，此时可以观察到 AutoCAD 自动寻找一个闭合的边界，如图 6-54 所示。

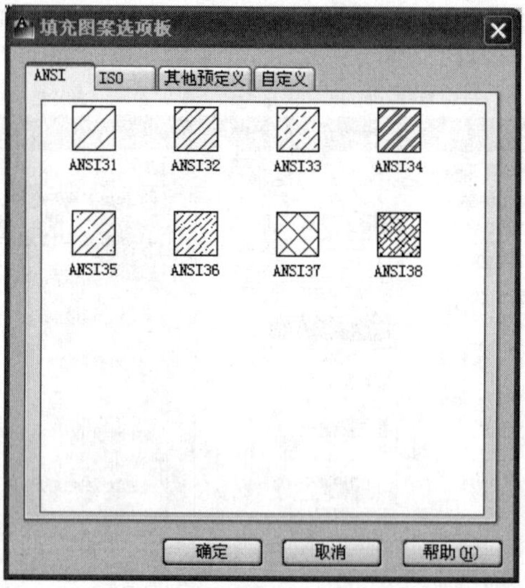

图 6-53 【填充图案选项板】对话框

（5）按 Enter 键。

（6）在【图案填充和渐变色】对话框中，单击 预览 按钮，观察填充的预览图，如果满意，再单击 确定 按钮，完成剖面线的绘制，如图 6-55 所示。

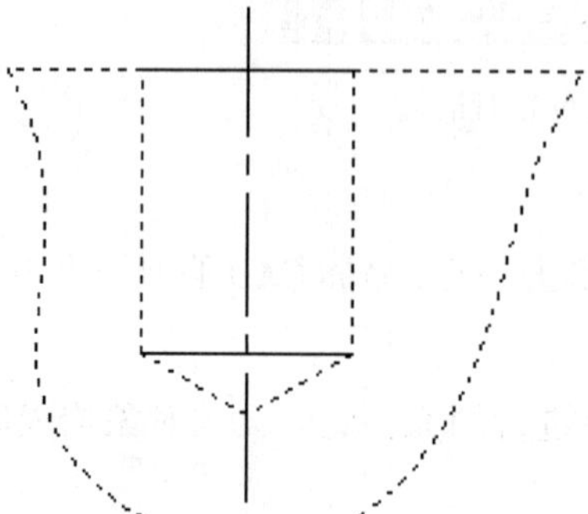

图 6-54 填充区域边界

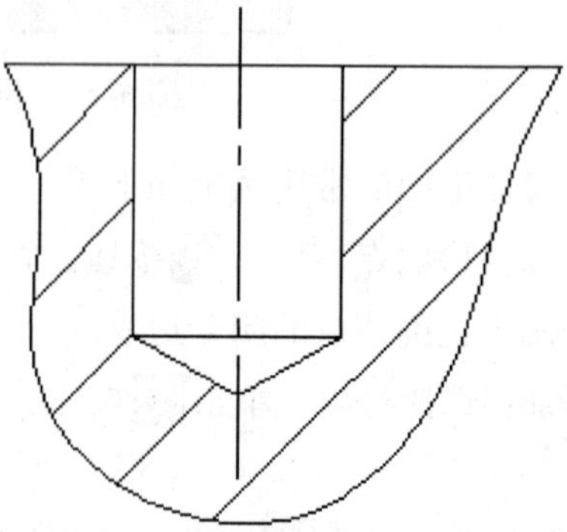

图 6-55 在封闭区域内画剖面线

2. 剖面线的比例

在 AutoCAD 中，预定义剖面线图案的默认缩放比例是 1，但用户可在【图案填充和渐变色】对话框的【比例】中设定其他比例值，如图 6-52 所示。画剖面线时，若没有指定特殊比例值则 AutoCAD 按默认值绘制剖面线，当输入一个不同于默认值的缩放比例时，可以增加或减小剖面线的间距，图 6-56 所示是剖面线比例为 1、2、0.5 时的情况。

注意，在选定图案比例时，可能不小心输入了太小的比例值，此时会产生很密集的剖面线。在这种情况下，预览剖面线或实际绘制都要耗费相当长的时间（几分钟甚至十几分钟）。当看到剖面线区域有任何闪动时，说明没有死机。此外，如果使用了过大的比例，可能观察到剖面线没有被绘制出来，这是因为剖面线间距太大而不能在区域中插入任何一个图案。

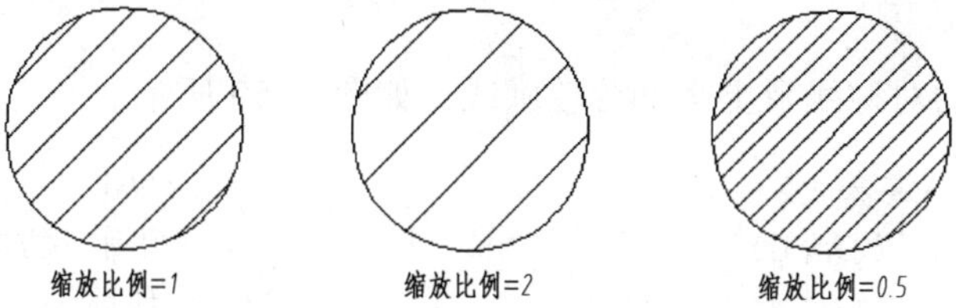

图 6–56　不同比例剖面线的形状

3. 剖面线角度

除剖面线间距可以控制外，剖面线的倾斜角度也可以控制。读者可能已经注意到在【图案填充和渐变色】对话框的【角度】中（如图 6–52 所示），图案的角度是 0，而此时剖面线（ANSI31）与 *X* 轴夹角却是 45°。因此在角度参数中显示的角度值并不是剖面线与 *X* 轴的倾斜角度，而是剖面线以 45°线方向为起始位置的转动角度。

当分别输入角度值 45°、90°、15°时，剖面线将逆时针转动到新的位置，它们与 *X* 轴的夹角是 90°、135°、60°，如图 6–57 所示。

图 6–57　输入不同角度时的剖面线

二、端盖绘制实例

端盖的主视图和左视图如图 6–58 所示，下面我们绘制出这两个视图。此练习的目的是使读者掌握对称及均布几何特征的绘制方法，并学会填充剖面图案。

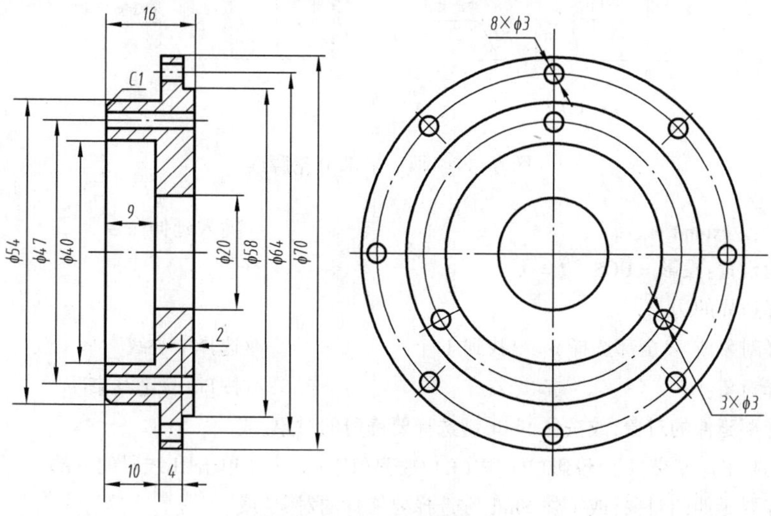

图 6–58　端盖的视图

（1）打开极轴追踪、对象捕捉及自动追踪功能，并设置对象捕捉方式为端点和交点两种方式。

（2）画主视图的对称线及上半部分轮廓线，如图 6-59 所示。

```
命令：_line 指定第一点：                          //单击一点
指定下一点或［放弃(U)］：                          //沿水平方向追踪,再单击一点
指定下一点或［放弃(U)］：                          //按Enter键结束
命令：                                            //重复命令
LINE 指定第一点：                                 //从对称线的端点追踪到 A 点
指定下一点或［放弃(U)］：27                        //向上追踪并输入 AB 线段长度
指定下一点或［放弃(U)］：10                        //向右追踪并输入 BC 线段长度
指定下一点或［闭合(C)/放弃(U)］：8                  //向上追踪并输入 CD 线段长度
指定下一点或［闭合(C)/放弃(U)］：4                  //向右追踪并输入 DE 线段长度
指定下一点或［闭合(C)/放弃(U)］：6                  //向下追踪并输入 EF 线段长度
指定下一点或［闭合(C)/放弃(U)］：2                  //向右追踪并输入 FG 线段长度
指定下一点或［闭合(C)/放弃(U)］：19                 //向下追踪并输入 GH 线段长度
指定下一点或［闭合(C)/放弃(U)］：7                  //向左追踪并输入 HI 线段长度
指定下一点或［闭合(C)/放弃(U)］：10                 //向上追踪并输入 IJ 线段长度
指定下一点或［闭合(C)/放弃(U)］：                   //向左追踪并捕捉交点 K
指定下一点或［闭合(C)/放弃(U)］：                   //按Enter键结束
```

结果如图 6-59（a）所示。

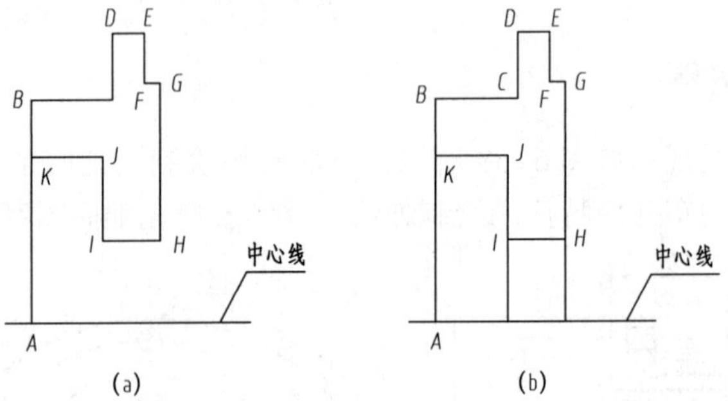

图 6-59　画上半部分轮廓线

```
命令：_extend                                     //输入延伸命令
当前设置：投影 = UCS，边 = 无
选择边界的边...
选择对象或 <全部选择>：  找到 1 个                   //选择中心线
选择对象：                                        //按Enter键结束
选择要延伸的对象，或按住 Shift 键选择要修剪的对象，或
［栏选(F)/窗交(C)/投影(P)/边(E)/放弃(U)］：          //单击 JI 线段的下部
选择要延伸的对象，或按住 Shift 键选择要修剪的对象，或
［栏选(F)/窗交(C)/投影(P)/边(E)/放弃(U)］：          //单击 GH 线段的下部
```

选择要延伸的对象，或按住 Shift 键选择要修剪的对象，或
[栏选(F)/窗交(C)/投影(P)/边(E)/放弃(U)]：　//按Enter键结束

结果如图 6-59（b）所示。

（3）绘制端盖上的孔，如图 6-60 所示。

命令：_offset　//输入偏移命令，绘制 AB 的平行线 CD
当前设置：删除源 = 否　图层 = 源　OFFSETGAPTYPE = 0
指定偏移距离或[通过(T)/删除(E)/图层(L)] <通过>:23.5　//输入平行线间的距离
选择要偏移的对象，或[退出(E)/放弃(U)] <退出>：　//选择 AB 线段
指定要偏移的那一侧上的点，或[退出(E)/多个(M)/放弃(U)] <退出>：
//在 AB 线上方单击一点
选择要偏移的对象，或[退出(E)/放弃(U)] <退出>：　//按Enter键结束
命令：_line 指定第一点：1.5　//E 点向上追踪并输入距离 1.5
指定下一点或[放弃(U)]：　//向右追踪并捕捉交点 G
指定下一点或[放弃(U)]：　//按Enter键结束
命令：_offset　//绘制 HI
当前设置：删除源 = 否　图层 = 源　OFFSETGAPTYPE = 0
指定偏移距离或[通过(T)/删除(E)/图层(L)] <23.5>：3　//输入平行线间的距离
选择要偏移的对象，或[退出(E)/放弃(U)] <退出>：　//选择 AB 线段
指定要偏移的那一侧上的点，或[退出(E)/多个(M)/放弃(U)] <退出>：
//在 FG 线下方单击一点
选择要偏移的对象，或[退出(E)/放弃(U)] <退出>：　//按Enter键结束

用同样的方法绘制另一个小孔，结果如图 6-60 所示。

（4）绘制倒角，如图 6-61 所示。

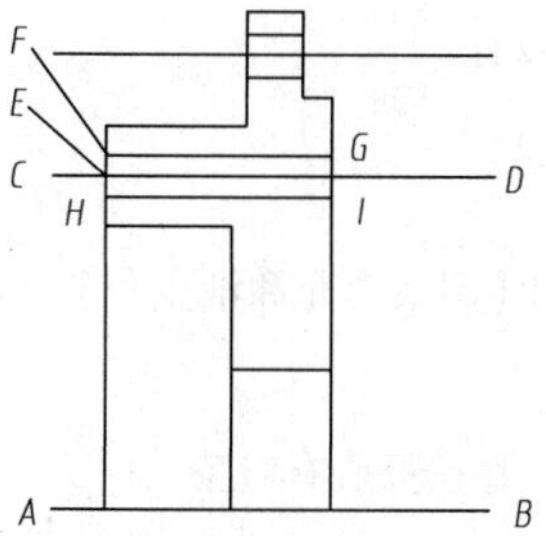

图 6-60　画端盖上的孔

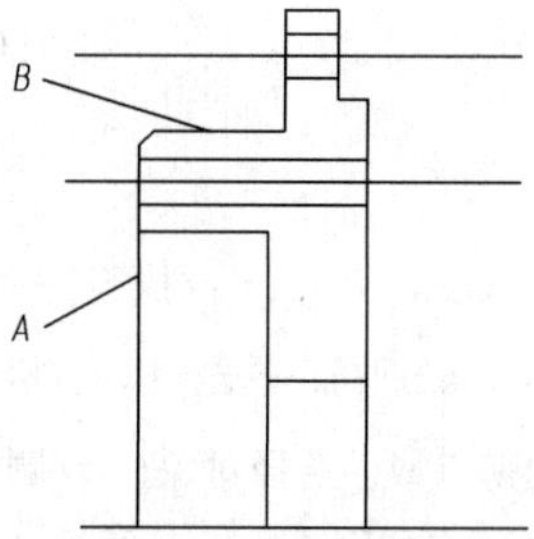

图 6-61　绘制倒角

命令：_chamfer　//输入倒角命令
（“修剪”模式）当前倒角距离 1 = 0.0000，距离 2 = 0.0000
选择第一条直线或[放弃(U)/多段线(P)/距离(D)/角度(A)/修剪(T)/方式(E)/多个(M)]：d　//选择距离选项，设置倒角距离
指定 第一个 倒角距离 <0.0000>：1　//输入第一个倒角距离
指定 第二个 倒角距离 <1.0000>：　//输入第二个倒角距离或回车确认同第一个倒
//角距离相同

选择第一条直线或［放弃(U)/多段线(P)/距离(D)/角度(A)/修剪(T)/方式(E)/多个(M)］： //选择第一个倒角边直线 A

选择第二条直线，或按住 Shift 键选择直线以应用角点或［距离(D)/角度(A)/方法(M)］： //选择第二个倒角边直线 B

结果如图 6-61 所示。

(5) 绘制剖面线，如图 6-63 所示。

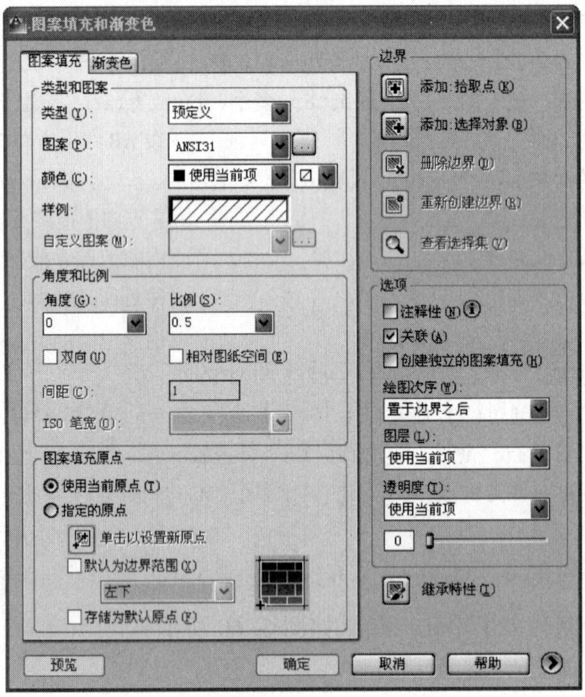

图 6-62 图案填充设置

命令：_hatch //执行【图案填充】命令，弹出【图案填充和渐变色】对话框，设置图案、比例如图 6-62 所示，单击“添加：拾取点”按钮。

拾取内部点或［选择对象(S)/删除边界(B)］： 正在选择所有对象...

//拾取 A 点如图 6-63(a)所示

正在选择所有可见对象...

正在分析所选数据...

正在分析内部孤岛...

拾取内部点或［选择对象(S)/删除边界(B)］： 正在选择所有对象...

//拾取 B 点如图 6-63(a)所示

正在选择所有可见对象...

正在分析所选数据...

正在分析内部孤岛...

拾取内部点或［选择对象(S)/删除边界(B)］：正在选择所有对象...
//拾取 C 点,如图 6-63 所示
　　正在选择所有可见对象...
　　正在分析所选数据...
　　正在分析内部孤岛...
　　拾取内部点或［选择对象(S)/删除边界(B)］：
//按回车键,返回【图案填充和渐变色】对话框,最后单击【确定】按钮完成填充。

结果如图 6-63（b）所示。

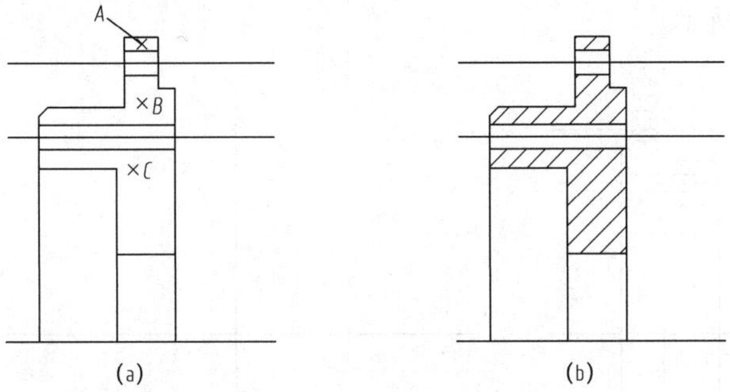

图 6-63　绘制剖面线

（6）镜像图形的上半部分，如图 6-64 所示。

命令：_mirror
选择对象：指定对角点：找到 18 个　　　　//用交叉窗口选择图形的上半部分
选择对象：　　　　//按 Enter 键确认
指定镜像线的第一点：　　　　//捕捉 A 点
指定镜像线的第二点：　　　　//捕捉 B 点
要删除源对象吗？［是(Y)/否(N)］＜N＞：　　　　//按 Enter 键不删除源对象

结果如图 6-64 所示。

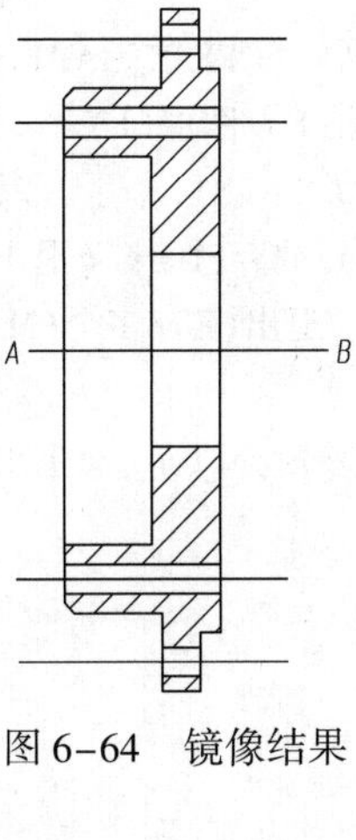

图 6-64　镜像结果

(7) 绘制左视图的定位线，如图 6-65 所示。

命令：_line 指定第一点：　　//从 E 向右追踪到 A 点
指定下一点或［放弃(U)］：　　//再向右追踪到 B 点
指定下一点或［放弃(U)］：　　//按Enter键结束
命令：　　//重复命令
LINE 指定第一点：　　//在 C 点处单击点
指定下一点或［放弃(U)］：　　//向下追踪到 D 点
指定下一点或［放弃(U)］：　　//按Enter键结束

结果如图 6-65 所示。

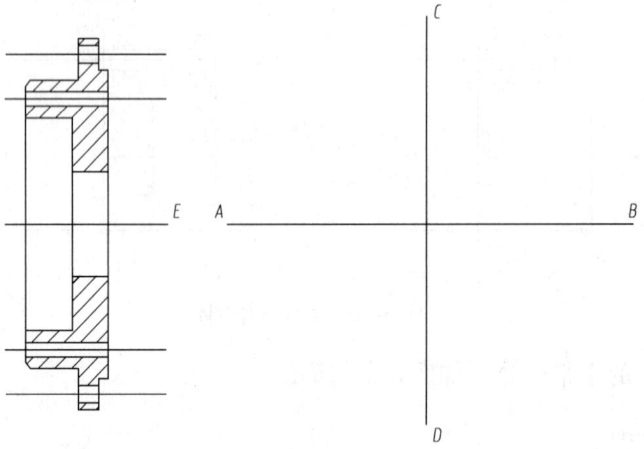

图 6-65　画左视图的定位线

(8) 绘制同心圆，如图 6-66 所示。

命令：_circle 指定圆的圆心或［三点(3P)/两点(2P)/切点、切点、半径(T)］：
　　//捕捉中心线的交点 A
指定圆的半径或［直径(D)］：35　　//输入圆的半径
命令：_offset　　//向内偏移圆
当前设置：删除源 = 否　图层 = 源　OFFSETGAPTYPE = 0
指定偏移距离或［通过(T)/删除(E)/图层(L)］ <32.0000>： 8
　　//输入偏移距离
选择要偏移的对象，或［退出(E)/放弃(U)］ <退出>：//选择圆 B
指定要偏移的那一侧上的点，或［退出(E)/多个(M)/放弃(U)］ <退出>：
　　//在圆内单击一点
选择要偏移的对象，或［退出(E)/放弃(U)］ <退出>：//按Enter键结束
继续绘制下列同心圆：
向内偏移圆 B，偏移距离为 15。
向内偏移圆 B，偏移距离为 25。

结果如图 6-66 所示。

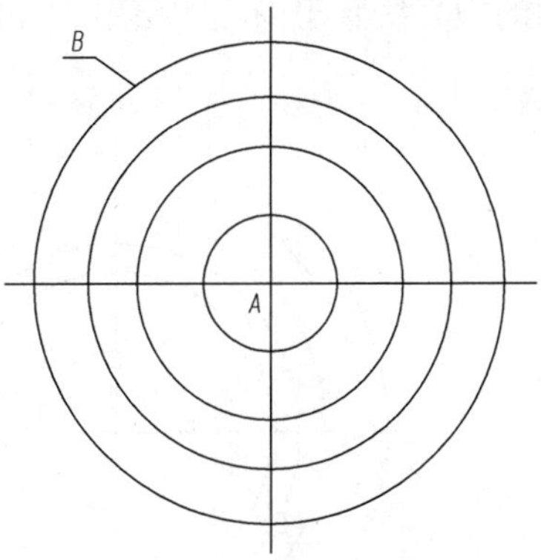

图 6-66　创建同心圆

(9) 绘制均布的小圆，如图 6-67 所示。

用偏移命令绘制定位圆 ϕ64。

命令：_arraypolar　　//用修改菜单输入环形阵列命令
选择对象：指定对角点：找到 2 个　　//选择圆 A 和中心线 B
选择对象：　　//按Enter键确认
类型 = 极轴　关联 = 是
指定阵列的中心点或［基点(B)/旋转轴(A)］：
输入项目数或［项目间角度(A)/表达式(E)］ <4>：8　//输入阵列数目
指定填充角度(+ =逆时针、- =顺时针)或［表达式(EX)］ <360>：
　　//按Enter键
按 Enter 键接受或［关联(AS)/基点(B)/项目(I)/项目间角度(A)/填充角度(F)/行(ROW)/层(L)/旋转项目(ROT)/退出(X)］
<退出>：　　//按Enter键结束

绘制定位圆 ϕ47，再绘制圆 C，并阵列此圆，结果如图 6-67 所示。

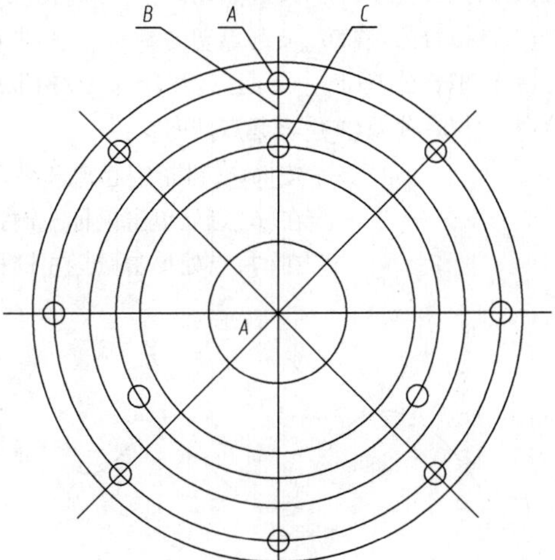

图 6-67　绘制均布的小圆

(10) 将图形的对称线、圆的中心线置于中心图层中，并用打断命令修饰图形。结果如图 6-68 所示。

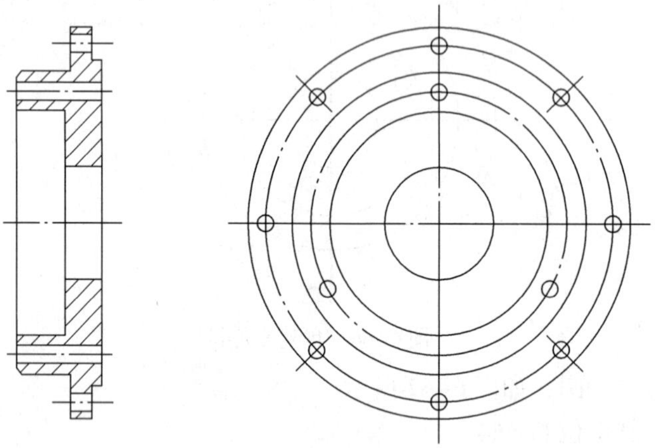

图 6-68　修饰图形

三、绘制断裂线

SPLINE 命令可以绘制光滑曲线，此曲线是非均匀有理 B 样条线，AutoCAD 通过拟合给定的一系列数据点形成这条曲线。绘制时，用户可以设定样条线的拟合公差，拟合公差控制着样条曲线与指定拟合点间的接近程度。公差值越小，样条曲线与拟合点越接近，若公差值为 0，样条线就通过拟合点。在绘制机械图时，用户可以利用 SPLINE 命令画断裂线。

单击［绘图］工具栏上的~按钮，或输入 SPLINE 命令，AutoCAD 提示：

```
命令： _spline
指定第一个点或[对象(O)]：                              //拾取(1)点,如图 6-69 所示
指定下一点：                                           //拾取(2)点
指定下一点或[闭合(C)/拟合公差(F)]<起点切向>：          //拾取(3)点
指定下一点或[闭合(C)/拟合公差(F)]<起点切向>：          //拾取(4)点
指定下一点或[闭合(C)/拟合公差(F)] <起点切向>：         //拾取(5)点
指定下一点或[闭合(C)/拟合公差(F)]<起点切向>：
                                   //按Enter键指定起点及终点切线方向
指定起点切向：                     //在(6)点处单击鼠标左键指定起点切线方向
指定端点切向：                     //在(7)点处单击鼠标左键指定终点切线方向
```

结果如图 6-69 所示。

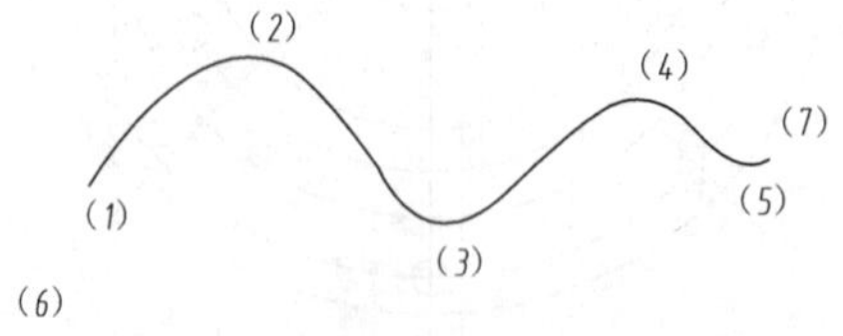

图 6-69　绘制样条曲线

下面介绍 SPLINE 命令选项的功能。

对象（O）：该选项把用 PEDI 丁命令的“SPLINE”选项建立的近似样条线转化为真正的样条线。

闭合（C）：使样条线闭合。

拟合公差（F）：控制样条曲线与数据点的接近程度。

任务实践

绘制下列机件图样（尺寸不标），如图 6-70、图 6-71 所示。

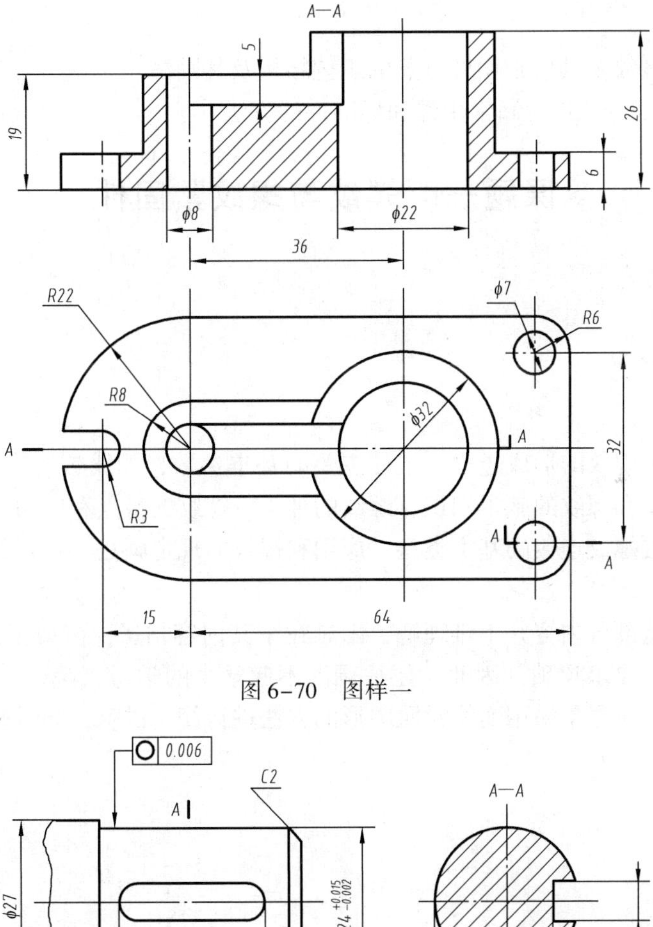

图 6-70　图样一

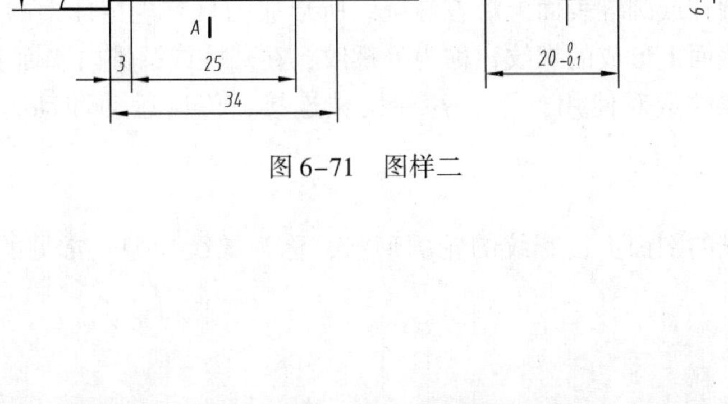

图 6-71　图样二

模块七　常用件与标准件表达

模块目标：

（1）了解各种标准件与常用件的名称、种类及作用，并掌握它们的规定画法和标注。

（2）熟练掌握螺纹、螺纹连接的规定画法及其标注，能看懂具有螺纹要素的各类零件图。

（3）了解与螺纹及其他常用件有关的工艺结构及其画法。

（4）掌握用 AutoCAD 绘制常用件和标准件的方法。

课题一　螺纹与螺纹紧固件

任务一　螺纹

任务目标

知识点：了解螺纹的形成过程，记住主要的基本参数，如线数、旋向、大径、螺矩、升角与自锁的关系和螺纹的基本知识、螺纹的种类、螺纹的特点和应用。

技能点：掌握螺纹连接的基本类型、应用和螺纹的规定画法，特别是内外螺纹的旋合画法。

任务分析：这部分内容并不难理解，困难在于其内容枯燥，多属于需要记忆的规定；再加上图形简单，要求烦琐，因此，往往调动不起学生的学习兴趣，以致思想上不够重视。所以讲课时，应尽量采用实物对照图形的方法进行简要讲解，同时教给学生一些有用的记忆方法。

相关知识

一、螺纹要素

螺纹是指在圆柱或圆锥表面上沿着螺旋线所形成的具有规定牙型的连续凸起和沟槽。在圆柱或圆锥外表面上形成的螺纹，称为外螺纹；在圆柱或圆锥内表面上形成的螺纹，称为内螺纹。内外螺纹成对使用，用于各种机械连接、传递运动和动力。螺纹具有以下要素。

1. 牙型

通过螺纹轴线的剖面上，螺纹的轮廓形状，称为螺纹牙型。常见的螺纹牙型有三角形、梯形、锯齿形等。

2. 螺纹的直径

(1) 大径：与外螺纹的牙顶或内螺纹的牙底相切的假想圆柱的直径。外螺纹的大径用“d”表示，内螺纹的大径用“D”表示。

(2) 小径：与外螺纹的牙底或内螺纹的牙顶相切的假想圆柱的直径。外螺纹的小径用“d_1”表示，内螺纹的小径用“D_1”表示。

(3) 中径：通过牙型上沟槽和凸起宽度相等处的假想圆柱的直径。外螺纹中径用“d_2”表示，内螺纹中径用“D_2”表示。

公称直径是代表螺纹尺寸的直径，一般指螺纹大径的基本尺寸，如图 7-1 所示。

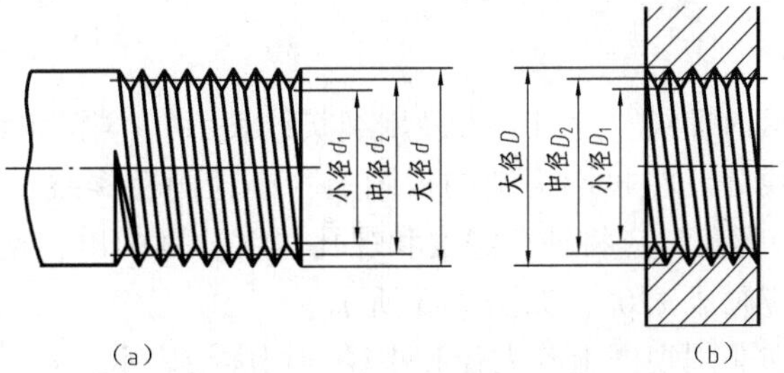

图 7-1　螺纹要素

3. 线数

螺纹有单线和多线之分。沿一条螺旋线形成的螺纹，称为单线螺纹；沿两条或两条以上螺旋线形成的螺纹，称为多线螺纹，螺纹的线数用 n 来表示。

4. 螺距和导程

相邻两牙在中径线上对应两点间的轴向距离，称为螺距，用“P”表示。同一螺旋线上的相邻两牙在中径线上对应两点间的轴向距离，称为导程，用“P_h”表示。若线数为 n，则导程与螺距有如下关系：

$$P_h = nP$$

5. 旋向

螺纹分左旋和右旋两种，沿旋进方向观察，顺时针旋转时旋入的螺纹，称为右旋螺纹；逆时针旋转时旋入的螺纹，称为左旋螺纹。常用的螺纹为右旋螺纹。

内外螺纹必须成对配合使用，只有当牙型、公称直径、螺距、线数和旋向五个要素完全相同时，内外螺纹才能相互旋合。

二、螺纹规定画法

1. 外螺纹的画法

外螺纹的画法如图 7-2 所示，外螺纹大径用粗实线表示，小径用细实线表示，螺杆的倒角和倒圆部分也要画出，小径可近似地画成大径的 0.85 倍，螺纹终止线用粗实线表示。在投影为圆的视图上，表示牙底的细实线只画约 3/4 圈，螺杆端面的倒角圆省略不画。

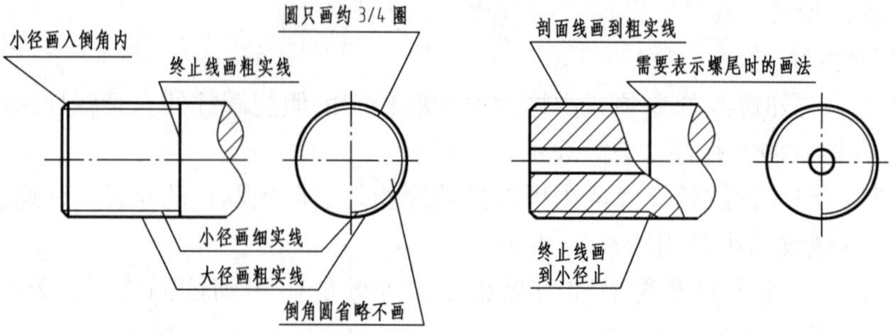

图 7-2　外螺纹的画法

2. 内螺纹的画法

一般以剖视图表示内螺纹。此时，大径用细实线表示，小径和螺纹终止线用粗实线表示，剖面线画到粗实线处。在投影为圆的视图上，小径画粗实线，大径用细实线只画约 3/4 圈。对于不穿通的螺孔，应将钻孔深度和螺孔深度分别画出，钻孔深度比螺孔深度深 0. 5d。底部的锥顶角应画成 120°，如图 7-3 所示。

内螺纹不剖时，在非圆视图上其大径和小径均用虚线表示。

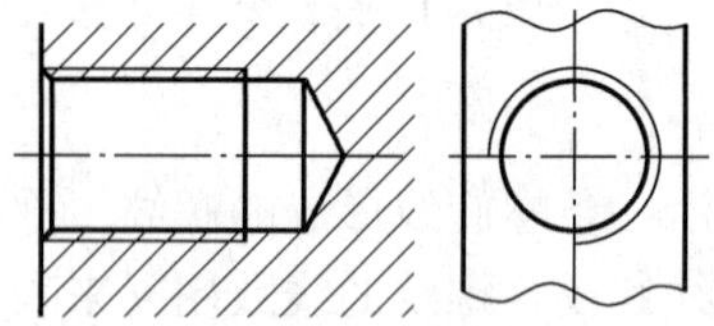

图 7-3　内螺纹的画法

3. 螺纹连接的画法

以剖视图表示内外螺纹连接时，旋合部分按外螺纹的画法绘制，即大径画成粗实线，小径画成细实线。其余部分仍按各自的规定画法绘制，如图 7-4 所示。在剖视图上，剖面线均应画到粗实线。

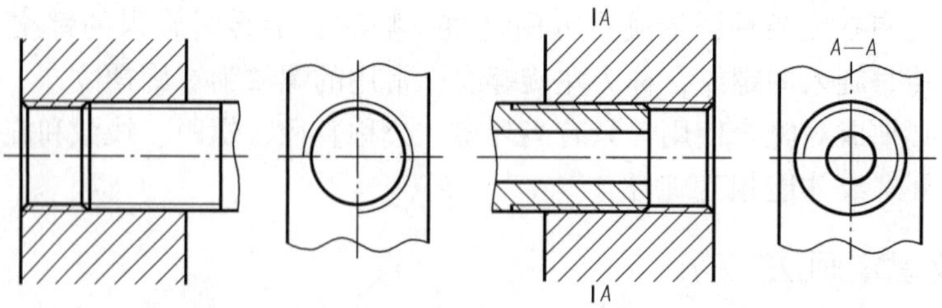

图 7-4　螺纹连接的画法

三、常用螺纹的标记

1. 普通螺纹标记

普通螺纹的完整标记由螺纹代号、尺寸代号、公差带代号和旋合长度代号和旋向代号五部分组成，其格式如下：

螺纹特征代号 公称直径×导程（螺距）旋向－中径公差带、顶径公差带－旋合长度

单线螺纹的尺寸代号是由螺纹公称直径和螺距组成的，粗牙的尺寸代号不标注螺距。

公差带代号由中径公差带和顶径公差带组成，它们都由表示公差等级的数字和表示公差带位置的字母组成。大写字母表示内螺纹，小写字母表示外螺纹。若两组公差带相同，则只标注一组。

旋合长度分为短（S）、中（N）、长（L）三种，中等旋合长度最为常用。当采用中等旋合长度时，不标注旋合长度代号。

当螺纹为左旋时，标注“LH”，右旋不注旋向。

例如，M16×3（P1.5）LH－5g6g－L，其含义为：

普通螺纹外螺纹，公称直径为16mm，细牙，导程为3mm，螺距为1.5mm，双线，左旋，中、顶径公差带代号分别为5g、6g，长旋合长度。

例如，M8×1－6H，其含义为：

普通螺纹内螺纹，公称直径为8mm，螺距为1mm，单线，细牙，右旋，中、顶径公差带均为6H，中等旋合长度。

2. 梯形螺纹的标记

梯形螺纹的完整标记形式与普通螺纹相似，也是由螺纹代号、螺纹公差带代号和螺纹旋合长度代号三部分组成，其格式如下：

螺纹特征代号 公称直径×导程（*P*螺距）旋向－中径公差带－旋合长度

梯形螺纹的特征代号用Tr表示，单线螺纹用“公称直径×螺距”表示，多线螺纹用“公称直径×导程（*P*螺距）”表示。当螺纹为左旋时，标注“LH”，右旋时不标注。其公差带代号只标注中径的，旋合长度只分中旋合长度和长旋合长度两种。当采用中等旋合长度时，不标注旋合长度代号。

例如，Tr50×16（P8）LH－7e－L，其含义为：

梯形外螺纹，公称直径为50mm，导程为16mm，螺距为8mm，双线，左旋，中径公差带代号为7e，长旋合长度。

例如，Tr40×7－7H，其含义为：

梯形内螺纹，公称直径为40mm，螺距为7mm，单线，右旋，中径公差带代号为7H，中等旋合长度。

3. 锯齿形螺纹的标记

锯齿形螺纹的特征代号为“B”，它的标注形式基本与梯形螺纹一致。

4. 管螺纹的标记

管螺纹的完整标记由螺纹特征代号、尺寸代号、公差等级和旋向四部分组成，其格式如下：

螺纹特征代号 尺寸代号 公差等级－旋向

55°非密封管螺纹其特征代号为“G”，尺寸代号可查表，有1/2、1、3/4等，外螺纹公差等级分A、B两级，内螺纹只有一种，不标注。当螺纹为左旋时，标注“LH”。螺纹特征代号见表7-1。

内外螺纹旋合时，其公差带代号用斜线分开，左方表示内螺纹公差带代号，右方表示外螺纹公差带代号，标记示例如下：

M16×1.5—6H/6g

Tr24×5—7H/7e

表 7-1 列出了普通螺纹、梯形螺纹、锯齿形螺纹和管螺纹的标记式样。

表 7-1　常用标准螺纹的标记方法

序号	螺纹类别		标准编号	特征代号	标记示例	螺纹副标记示例	附　注
1	普通螺纹		GB/T 197—2003	M	M8X1 - LH M8 M16XPh6P2—5g6g—L	M20—6H/5g6g M6	多线时注出 P_h（导程）、P（螺距）
2	梯形螺纹		GB/T 5796.4—1986	Tr	Tr40X7—7H Tr40X14（P7）LH—7e	Tr36X6—7H/7c	
3	锯齿形螺纹		GB/T 13576—1992	B	B40X7 - 7a B40X14（P7）LH—8c—L	B40X7—7A/7c	
4	55°非密封管螺纹		GB/T 7307—2001	G	G1/2A G1/2—LH	G1/2A	外螺纹公差有 A、B 两级，内螺纹仅一种，螺纹副仅注外螺纹的标记
5	55°密封管螺纹	圆锥外螺纹	GB/T 7306.1～7306.2—2000	R_1	$R_1 3$	$R_C/R_2 3/4$ $R_P/R_1 3$	R_1 表示与圆柱内螺纹相配的圆锥外螺纹，R_2 表示与圆锥内螺纹相配的圆锥外螺纹。表示螺纹副时，尺寸代号只注写一次
				R_2	$R_2 3/4$		
		圆锥内螺纹		R_C	$R_C 1/2$—LH		
		圆柱内螺纹		R_P	$R_P 1/2$		

任务实践

进行以下实践：

（1）圈出螺纹画法中的错误，按正确画法画在下面。

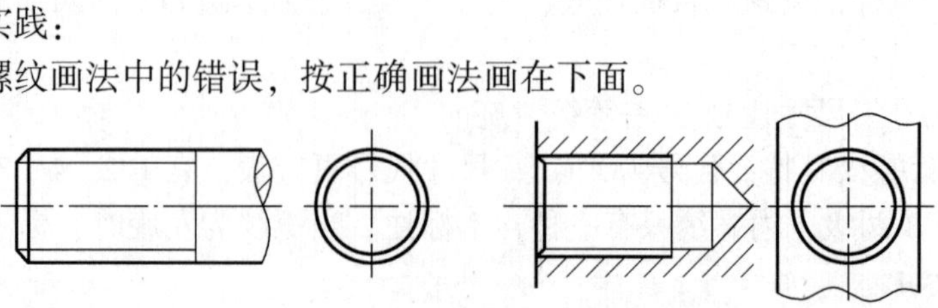

（2）分析螺纹连接画法中的错误，将正确画法画在右面。

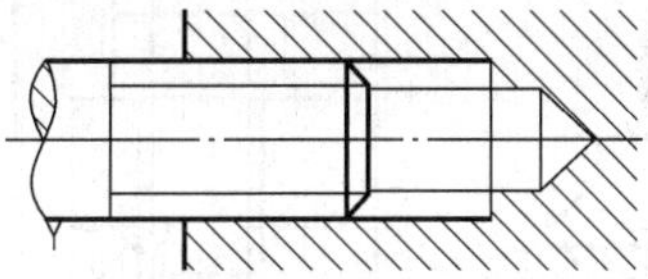

（3）根据给定的螺纹要素，在图上标注出螺纹代号或标记。

① 粗牙普通螺纹，大径 $d=30$，螺距 $p=3.5$，右旋，中径、顶径公差代号为 6h，中等旋合长度。

② 非螺纹密封管螺纹，尺寸代号为 3/4，公差带代号为 A。

③ 梯形螺纹，大径 $d=32$，双线，导程 $P_h=12$，左旋，公差带代号为 7h，中等旋合长度。

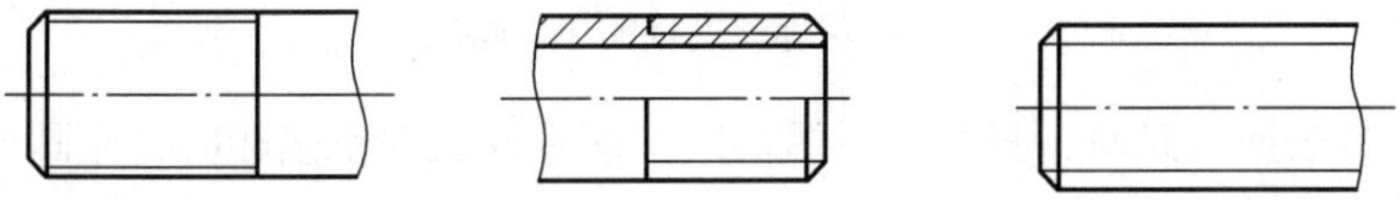

任务二　螺纹紧固件的画法

任务目标

知识点：比较三种螺纹连接的异同，掌握螺栓连接、双头螺柱连接及螺钉连接的规定画法。

技能点：熟练使用绘图工具，巩固螺纹紧固件的比例画法，掌握螺纹紧固件的连接画法。

任务分析：所有连接的规定画法都是国家标准规定的特定画法。因此学生在理解上有难度，不能找出其中的规律。教师要做的事就是帮助他们创造情境，设计活动，把抽象的线条变成形象的图案。

相关知识

螺纹紧固件是用一对内、外螺纹来连接和紧固一些零部件的零件。常用的螺纹紧固件有六角头螺栓、双头螺柱、螺钉、螺母、垫圈等。它们都是标准件，在图中只要按规定进行标记，根据标记就可从国家标准中查到它们的结构形式和尺寸数据。为提高绘图速度，在画螺纹连接图时通常采用比例画法，如图 7-5 所示。

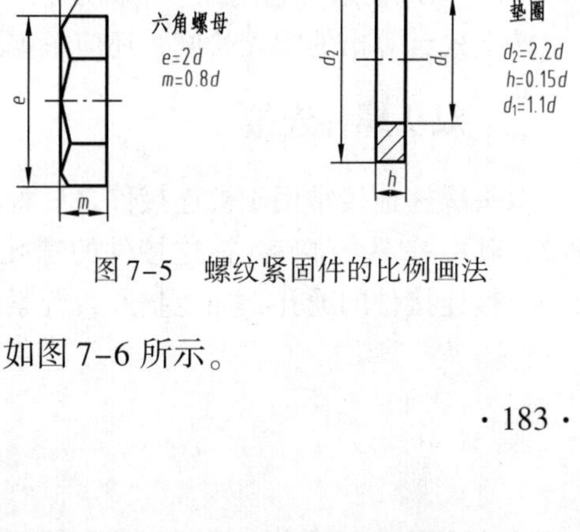

图 7-5　螺纹紧固件的比例画法

常用螺纹紧固件连接的基本形式有螺栓连接、双头螺柱连接、螺钉连接等。

在螺纹连接的装配图中，有以下规定画法，如图 7-6 所示。

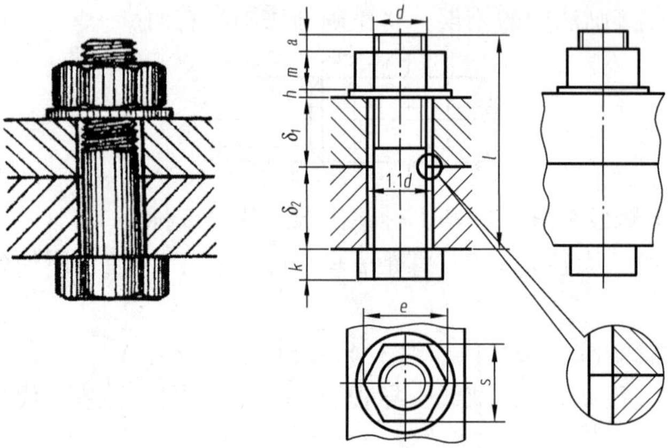

图 7-6　螺栓连接的比例画法

相邻两零件表面接触时，只画一条粗实线。两零件表面不接触时，应画成两条线，如间隙太小，可夸大画出。

在剖视图中，当剖切平面通过螺纹紧固件的轴线时，螺纹紧固件按不剖画出。

在剖视图中，相邻两被连接件的剖面线方向应相反，必要时也可以相同，但要相互错开或间隔不等。在同一张图纸上，同一零件的剖面线在各个剖视图中方向应相同，间隔应相等。

螺纹紧固件的工艺结构，如倒角、退刀槽等均可省略不画。

一、螺栓连接

螺栓连接适用于连接两个不太厚的零件。螺栓穿过两被连接件上的通孔，加上垫圈，拧紧螺母，就将两个零件连接在一起了。

为了作图方便，一般采用简化方法画图，采用简化画法画图时，其六角头螺栓头部和六角螺母上的截交线可省略不画。

$$l \geqslant \delta_1 + \delta_2 + h + m + a$$

式中，l——螺栓有效长度；

δ_1、δ_2——被连接件的厚度（已知条件）；

h——平垫圈厚度（根据标记查表）；

m——螺母高度（根据标记查表）；

a——螺栓末端超出螺母的高度，一般可取 $a=(0.2\sim0.4)d$。

按上式计算出的螺栓长度，还应根据螺栓的标准长度系列，选取标准长度值。

二、双头螺柱连接

双头螺柱连接常用于被连接件之一太厚而不能加工成通孔的情况。双头螺柱两端都有螺纹，其中一端全部旋入被连接件的螺孔内，称为旋入端。其长度用 b_m 表示；另一端穿过另一被连接件的通孔，加上垫圈，旋紧螺母，如图 7-7 所示。

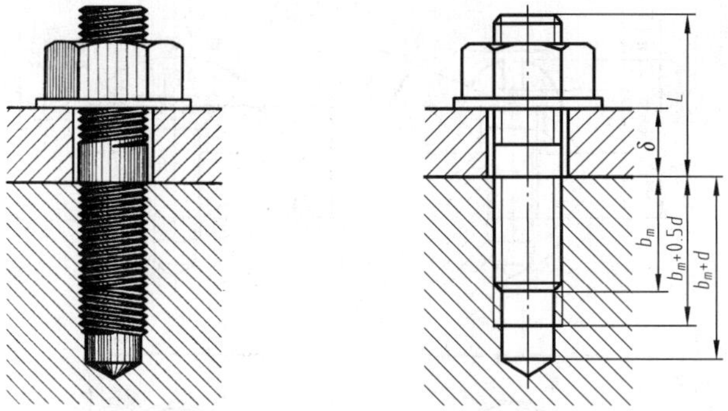

图 7-7　双头螺柱连接的比例画法

旋入端螺纹长度 b_m 是根据被连接件的材料来决定的，被连接件的材料不同，则 b_m 的取值不同。通常 b_m 有以下几种不同的取值：

被连接件材料为钢或青铜时，$b_m=1d$（GB/T 897—1988）；

被连接件材料为铸铁时，$b_m=1.25d$（GB/T 898—1988）或 $1.5d$（GB/T 899—1988）；

被连接件材料为铝合金，时 $b_m=2d$（GB/T 900—1988）。

双头螺柱旋入端长度 b_m 应全部旋入螺孔内，即双头螺柱下端的螺纹终止线应与两个被连接件的结合面重合，画成一条线。故螺孔的深度应大于旋入端长度，一般取 $b_m+0.5d$。

螺柱的公称长度 L 按下式计算后取标准长度：

$$L \geqslant \delta + s + m + a$$

式中，L——螺栓的公称长度；

δ——连接件厚度（已知条件）；

s——弹簧垫圈厚度（根据标记查表）；

m——螺母的高度（根据标记查表）；

a——螺柱末端超出螺母的高度，一般可取 $a=(0.2\sim0.4)d$。

三、螺钉连接

螺钉连接一般用于受力不大而又不经常拆卸的地方，如图 7-8 所示。被连接的零件中一个为通孔，另一个为不通的螺纹孔。螺孔深度和旋入深度的确定与双头螺柱连接基本一致，螺钉头部的形式很多，应按规定画出。

螺钉的公称长度计算如下：

$$L \geqslant \delta\ (\text{通孔零件厚}) + b_m$$

b_m 为螺钉的旋入长度，其取值与螺柱连接相同。按上式计算出公称长度后再查表取标准值。

螺钉的螺纹终止线应画在两个被连接件的结合面之上，这样才能保证螺钉的螺纹长度与螺孔的螺纹长度都大于旋入深度，使连接牢固。

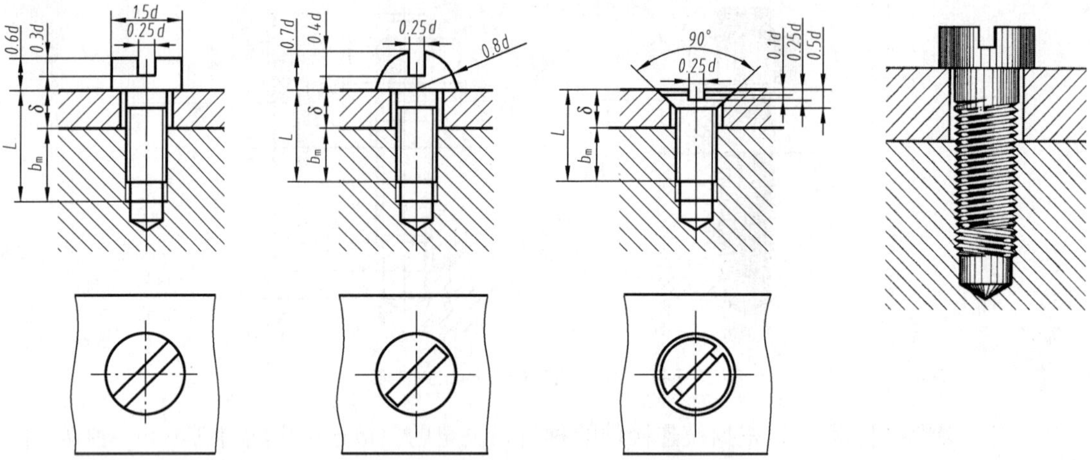

图 7-8　螺钉连接的比例画法

任务实践

进行以下实践：

（1）指出下图中螺栓连接装配图中的错误，并加以改正。

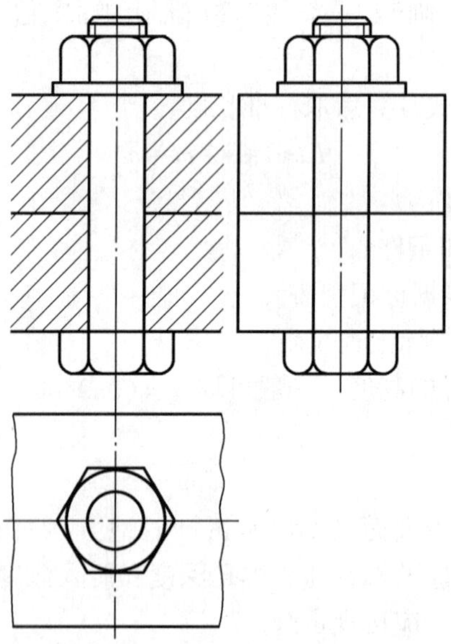

（2）画出两板的螺栓连接图。

已知两板厚 $d_1 = d_2 = 20$mm，板长为 24mm，宽为 50mm。

螺栓 GB 5782—86—M20 × L（L 计算后取标准值）。

螺母 GB 6170—86—M20，垫圈 GB 97.1—85—20。

要求：按比例 1∶1 画出螺栓装配图的三视图（主视图作全剖视）。

（3）画出零件的螺钉连接图。

已知：上板厚 $d_1 = 8$mm，下板厚 $d_2 = 32$mm，材料为铸铁。

螺钉 GB 68—85—M10 × L（L 计算后取标准值）。

要求：按比例 2∶1 画出螺钉装配图的两个视图（主视图作全剖视）。

课题二　键、销连接

任务一　键

任务目标

知识点：了解键的作用、型式，普通平键的画法和标记。

技能点：掌握键连接的装配画法和零件上键槽的画法和尺寸标注。

任务分析：使学生掌握各种常用键连接的画法，能根据轴的直径，查表选择键的型式，确定轴和孔的键槽尺寸，并能正确标出键的规定标记，标注键槽尺寸。

相关知识

键主要用来连接轴和装在轴上的传动零件（如带轮、齿轮等），起传递扭矩的作用，如图 7-9 所示。

常用的键有普通平键、半圆键和钩头楔键等。

普通平键根据其头部结构的不同可以分为圆头普通平键（A 型）、平头普通平键（B 型）和单圆头普通平键（C 型）三种型式，如图 7-10 所示。

采用普通平键连接时，键的长度 L 和宽度 b 要根据轴的直径 d 和传递的扭矩大小从标准中选取适当值。轴和轮毂上的键槽的表达方法及尺寸如图 7-11 所示。

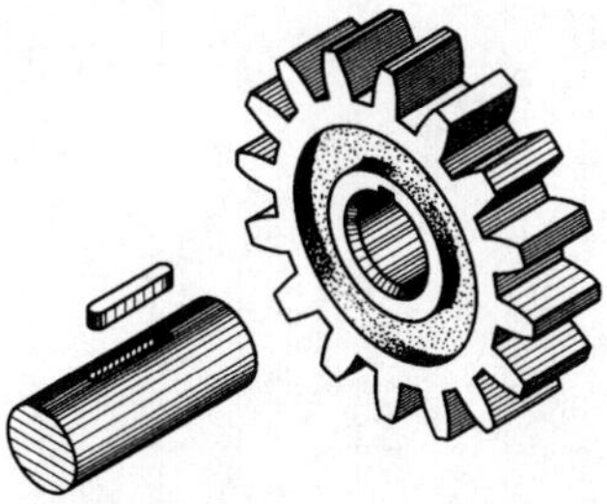

图 7-9　键连接

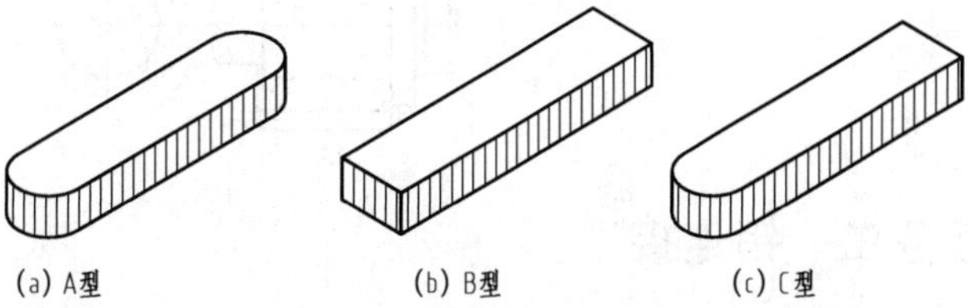

图 7-10　普通平键的型式

在键连接画法中，普通平键的两侧面应与轴和轮毂上的键槽侧面接触，其底面与轴上键槽底面接触，均应画一条线。键的顶面与轮毂上键槽的顶面之间有间隙，应画成两条线，如图 7-11 所示。

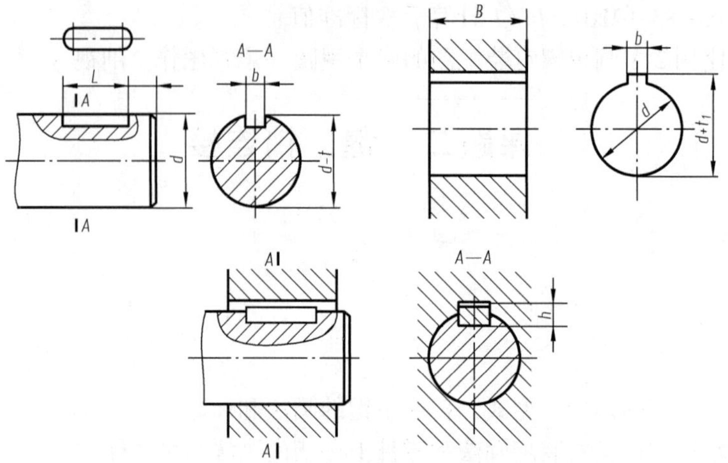

图 7-11　平键连接画法

任务实践

已知齿轮和轴用 A 型普通平键连接，轴、孔直径为 20mm ，键长为 20mm 。要求写出键的规定标记，查表确定键槽的尺寸，画全下列各视图和断面图中缺漏的图线，并在轴的断面图和齿轮的局部视图中标注轴、孔直径和键槽的尺寸。

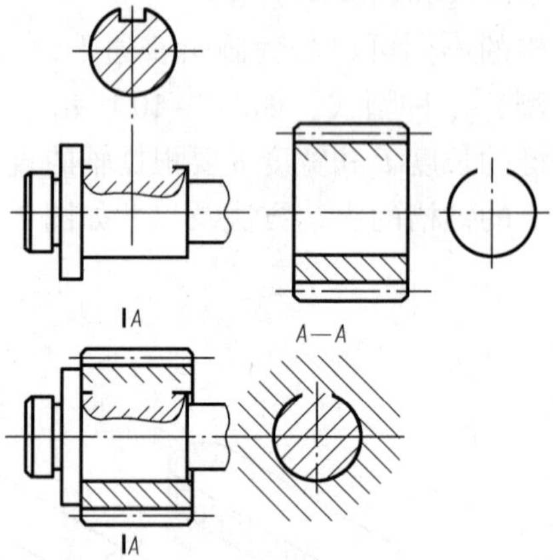

任务二　销连接

任务目标

知识点： 了解销的作用、型式、规定标记和连接画法。

技能点： 掌握销的规定标记、查表方法和销连接的装配画法。

任务分析： 使学生能正确识读圆柱销、圆锥销和开口销的规定标记及其连接的规定画法，学会查表的方法。

相关知识

销主要用来固定零件之间的相对位置，起定位作用，也可用于轴与轮毂的连接，传递不大的载荷，还可作为安全装置中的过载剪断元件。

销有圆柱销、圆锥销、开口销三种，均已标准化。圆柱销利用微量过盈固定在销孔中，经过多次装拆后，连接的紧固性及精度降低，故只宜用于不常拆卸处。圆锥销有1∶50的锥度，装拆比圆柱销方便，多次装拆对连接的紧固性及定位精度影响较小，因此应用广泛。销的连接画法如图 7–12 所示。

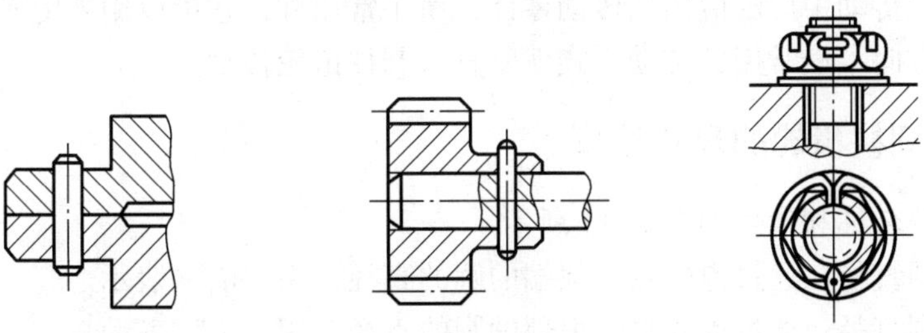
(a) 圆柱销　(b) 圆锥销　(c) 开口销

图 7–12　销连接的画法

任务实践

齿轮与轴用直径为 10mm 的圆柱销连接如下所示，画全销连接的剖视图，比例为1∶1，并写出圆柱销的规定标记。

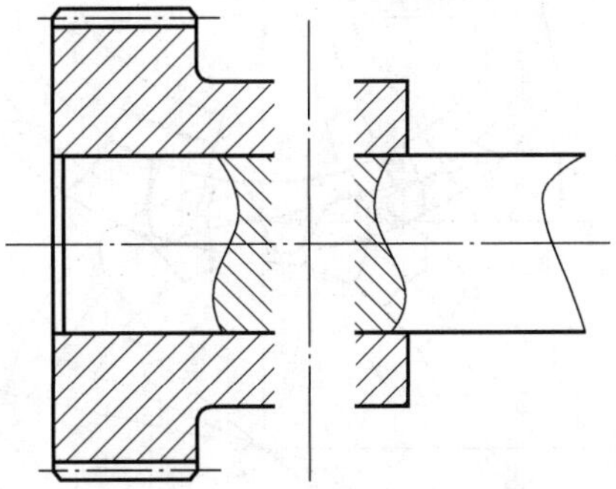

课题三　齿　　轮

任务目标

知识点：了解齿轮的种类、用途及模数的定义。掌握直齿圆柱齿轮的的画法、尺寸标注和啮合画法。掌握直齿圆柱齿轮的各部分的名称、定义和尺寸计算方法。

技能点：应使学生明确，一个完整的齿轮，由轮齿和轮体两部分组成。轮齿部分是标准结构要素，规定用保持投影关系的示意画法表示。轮体部分和其他零件一样，应按其结构形状的真实投影绘制。

任务分析：利用实物模型和课件组织教学，要在黑板上演示直齿圆柱齿轮和直齿圆锥齿轮的啮合画法，不能全用课件演示，否则学生不能掌握正确的画图步骤。在讲解齿轮测绘时要利用量具真实地演示尺寸测量和处理过程，并绘制出齿轮工作图。

相关知识

齿轮是机械传动中广泛应用的传动零件，属于常用件。它可以用来传递动力、改变转速大小和旋转方向。最常用的传动形式就是直齿圆柱齿轮传动。

一、直齿圆柱齿轮的尺寸计算

齿轮各部分名称和代号如图 7-13 所示。

（1）齿顶圆直径：通过齿轮轮齿顶端的圆的直径，用“d_a”表示。

（2）齿根圆直径：通过齿轮轮齿根部的圆的直径，用“d_f”表示。

（3）分度圆直径：分度圆是一个假想圆，在该圆上的齿厚 s 与齿槽宽 e 相等，分度圆直径用“d”表示。

（4）齿顶高：分度圆到齿顶圆之间的径向距离，称为齿顶高，用“h_a”表示。

（5）齿根高：分度圆到齿根圆之间的径向距离，称为齿根高，用“h_f”表示。

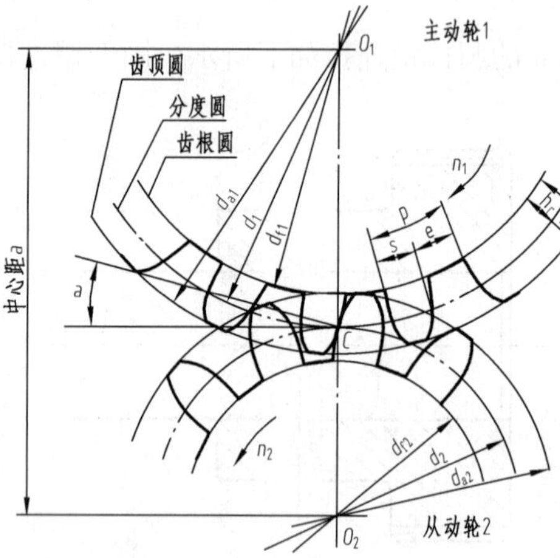

图 7-13　齿轮各部分名称和代号

（6）齿高：齿顶圆到齿根圆之间的径向距离，称为齿高，用“h”表示，$h = h_a + h_f$。

（7）齿厚：在分度圆上，同一齿两侧齿廓之间的弧长，称为齿厚，用“s”表示。

（8）齿槽宽：在分度圆上，齿槽宽度的一段弧长，称为齿槽宽，用“e”表示。

（9）齿距：在分度圆上，相邻两齿同侧齿廓之间的弧长，称为齿距，用“p”表示。

（10）齿形角：渐开线圆柱齿轮基准齿形角为 20°，用字母“α”表示。

（11）中心距：两圆柱齿轮轴线之间的最短距离称为中心距，用“a”表示。

(12) 模数：如果齿轮有 z 个齿，则

$$分度圆周长 = \pi d = pz \quad 或 \quad d = zp/\pi$$

令 $m = p/\pi$，则 $d = mz$。

m 称为模数，单位为毫米。模数的大小直接反映轮齿的大小。一对相互啮合的齿轮，其模数必须相等。为了便于设计和制造齿轮，减少齿轮加工的刀具，模数已标准化，其系列值见表 7-2。

表 7-2　齿轮模数系列 (mm)

第一系列	1　1.25　1.5　2　2.5　3　4　5　6　8　10　12　16　20　25　32　40　50
第二系列	1.75　2.25　2.75　(3.25)　3.5　(3.75)　4.5　5.5　(6.5)　7　9　(11)　14　18　22　28　36　45

直齿圆柱齿轮各部分尺寸计算公式及计算举例见表 7-3。

表 7-3　直齿圆柱齿轮的尺寸计算公式及举例

基本参数：模数 m、齿数 z			已知：$m=3$，$z_1=22$，$z_2=42$	
名称	代号	尺寸公式	计算举例	
分度圆	d	$d=mz$	$d_1=66$	$d_2=126$
齿顶高	h_a	$h_a=m$	$h_a=3$	
齿根高	h_f	$h_f=1.25m$	$h_f=3.75$	
齿高	h	$h=h_a+h_f=2.25m$	$h=6.75$	
齿顶圆直径	d_a	$d_a=d+2h_a=m(z+2.5)$	$d_{a1}=72$	$d_{a2}=132$
齿根圆直径	d_f	$d_f=d-2h_f=m(z-2.5)$	$d_{f1}=58.5$	$d_{f2}=118.5$
齿距	p	$p=\pi m$	$p=9.42$	
齿厚	s	$s=p/2$	$s=4.71$	
中心距	a	$a=d_1+d_2/2=m(z_1+z_2)/2$	$a=96$	

二、直齿圆柱齿轮的画法

1. 单个齿轮的画法

单个齿轮的表达一般只采用两个视图，其中平行于齿轮轴线的投影面的视图常画成全剖视图或半剖视图。单个齿轮的表达也可采用一个视图和一个局部视图。当需要表示斜齿轮和人字齿轮的齿线方向时，可用三条与齿线方向一致的细实线表示。齿顶线和齿顶圆用粗实线绘制，分度线和分度圆用细点画线绘制，齿根线和齿根圆用细实线绘制，也可省略不画。在剖视图中，当剖切平面通过齿轮轴线时，齿根线用粗实线绘制，轮齿按不剖处理，即轮齿部分不画剖面线，如图 7-14 所示。

2. 齿轮的啮合画法

在平行于圆柱齿轮轴线的投影面上的全剖视图中，啮合区的一个齿轮的轮齿用粗实线绘制，另一个齿轮轮齿的齿顶被遮住，应画虚线。在平行于圆柱齿轮轴线的投影面上的外形视图中，啮合区不画齿顶线，只用粗实线画出节线，如图 7-15 所示。

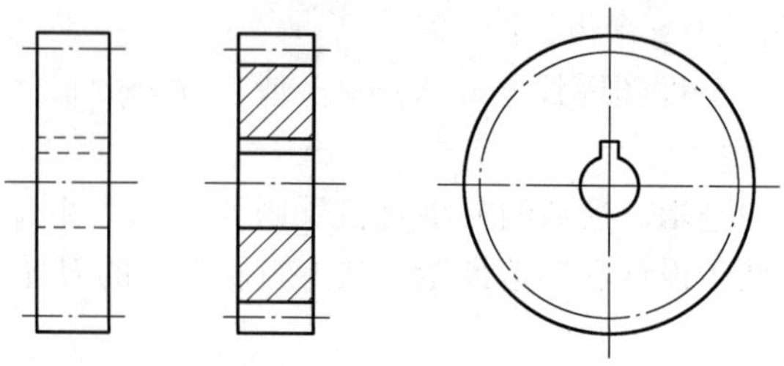

图 7-14　齿轮的画法

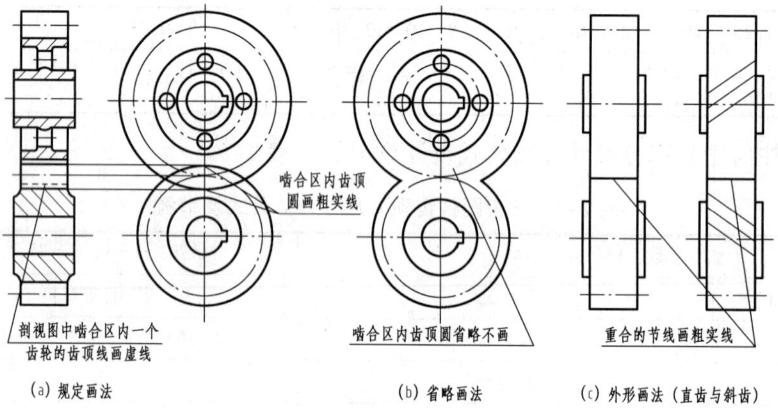

图 7-15　齿轮的啮合画法

任务实践

已知标准直齿圆柱齿轮的模数 $m=3$，齿数 $z=24$，计算出该齿轮的分度圆、齿顶圆和齿根圆直径。并按 1∶2 的比例完成图中的两个视图（主视图为外形视图，左视图为全剖视图），并补全尺寸。

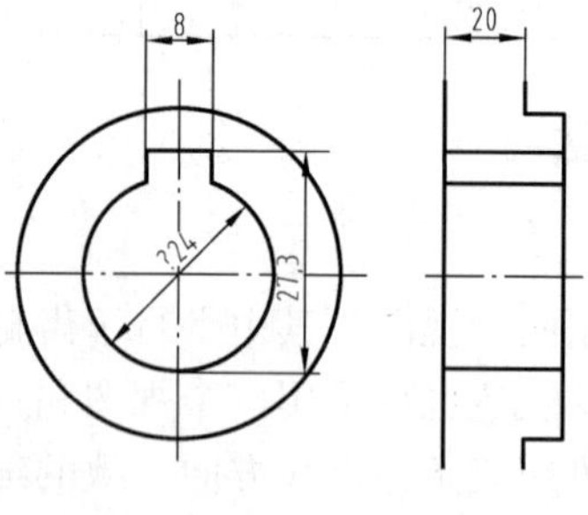

课题四　滚动轴承、弹簧

任务一　滚动轴承

任务目标

知识点：了解滚动轴承的类型和代号，并能正确识读所给轴承代号的含义。能正确选择滚动轴承的类型。

技能点：通过本任务，掌握滚动轴承类型的选择方法，了解轴承使用的场合，并能够将理论运用到实践中去。培养学生认真学习理论知识的态度，从而提高学生的动手、动脑能力。

任务分析：滚动轴承是机器中常用的部件，在装配图中，只是用简化画法或示意画法来表示滚动轴承的结构类型。为了能正确识读有滚动轴承的装配图，要了解常见滚动轴承的名称、类型和代号。

相关知识

滚动轴承是支撑转动轴的标准部件。由于滚动轴承可以极大地减少轴与孔相对旋转时的摩擦力，具有机械效率高、结构紧凑等优点，已被广泛采用。

一、常用滚动轴承的结构、型式及代号

滚动轴承的种类很多，但从结构上看，一般都由内圈、外圈、滚动体及保持架四部分组成（如图 7–16 所示）。外圈装在机座的轴孔内，一般固定不动；内圈装在轴上，随轴一起转动。图 7–16 所示为三种常用的滚动轴承。

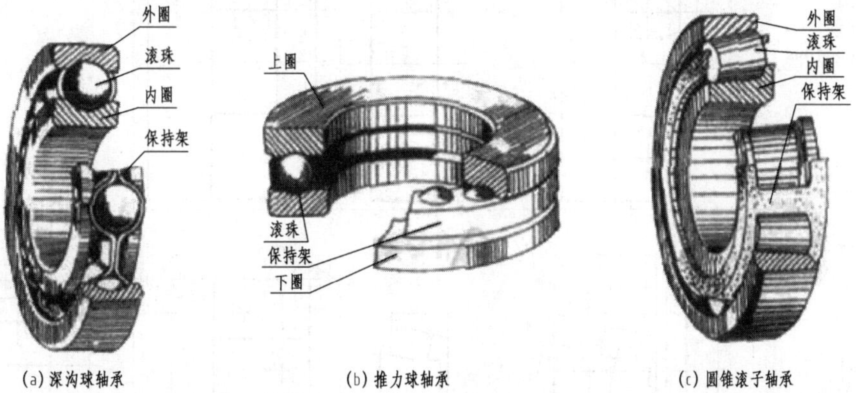

图 7–16　常用的滚动轴承

滚动轴承的类型、结构和尺寸均已标准化，并规定用代号表示。滚动轴承的代号一般由一组数字组成，例如，代号“6203”表示轴承内径 $d=17$mm，尺寸系列代号为 02 的深沟球轴承。代号的详细意义可查阅国家标准《滚动轴承代号表示方法》（GB/T 272—1993）。

二、滚动轴承的画法

滚动轴承由专业厂家生产，使用时只需要根据型号选购，无须画出零件图。在装配图中，也只是根据所支承的轴径 d，从标准中查得相应的轴承外径 D、内径 d、宽度 B 等几个尺寸，然后按简化画法或规定画法绘制。但必须在装配图的明细栏中注出轴承的代号。表 7–4 所示为常用滚动轴承的画法。

（1）简化画法。简化画法包括通用画法和特征画法，但在同一图样中一般只采用其中一种画法。

① 通用画法。在剖视图中，当不需要确切地表示滚动轴承的外形轮廓、载荷特性、

结构特征时，可用矩形线框及位于线框中央正立的十字形符号（用粗实线绘制）表示。通用画法应绘制在轴的两侧，其尺寸比例见表 7–4。

② 特征代号。在剖视图中，如需较形象地表示滚动轴承的结构特征时，可采用在矩形线框内画出其结构要素符号的方法表示。几种轴承的结构要素符号（用粗实线绘制）见表 7–4。特征画法应绘制在轴的两侧，其尺寸比例见表 7–4。

（2）规定画法。必要时，在滚动轴承的产品图样、产品样本、产品标准、用户手册和使用说明中，可采用规定画法。规定画法一般绘制在轴的一侧，另一侧按通用画法绘制。规定画法的尺寸比例见表 7–4。采用规定画法绘制剖视图时，轴承的滚动体不画剖面线，其各套圈等可画成方向和间隔相同的剖面线。在不致引起误解时，剖面线允许省略。

表 7–4　常用滚动轴承的画法（GB/T 4459. 7—1998）

画法 / 名称	规定画法	简化画法	
		特征画法	通用画法
深沟 球轴承 GB/T 276—1994	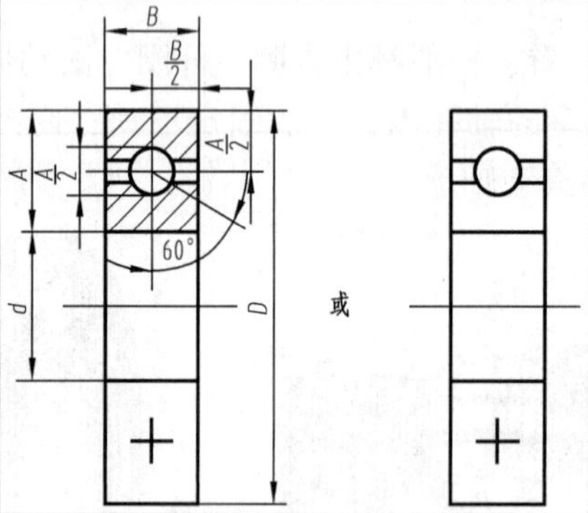	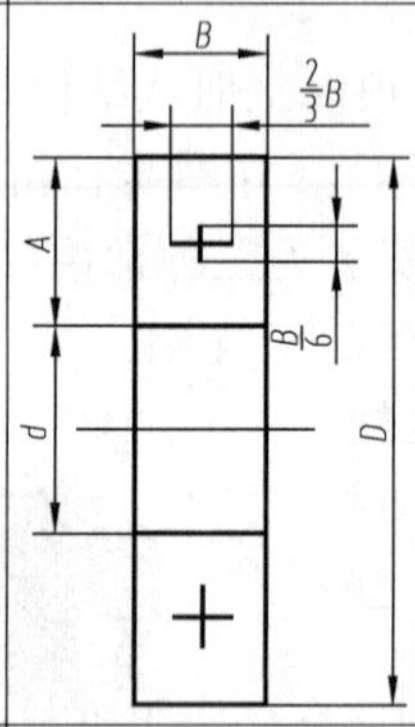	
圆锥 滚子轴承 GB/T 277—1994	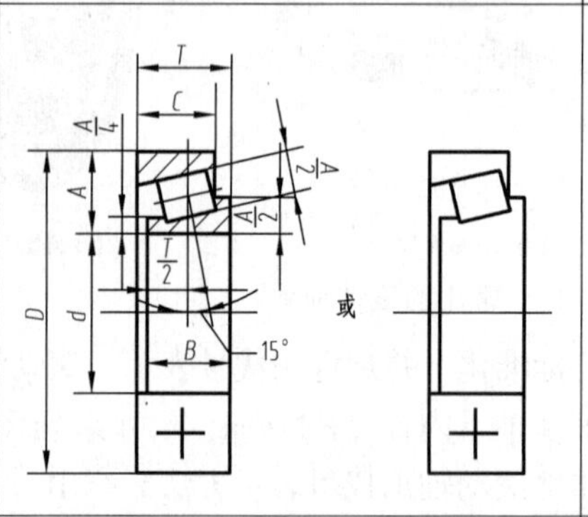	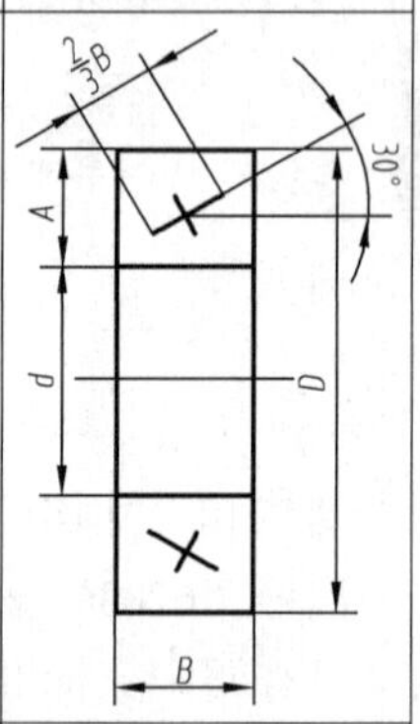	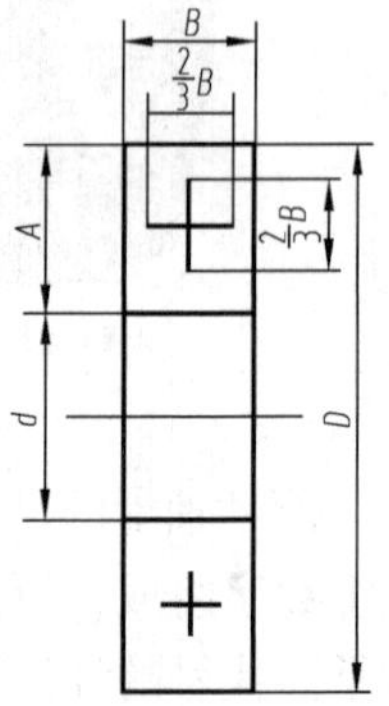
推力 球轴承 GB/T 301—1994	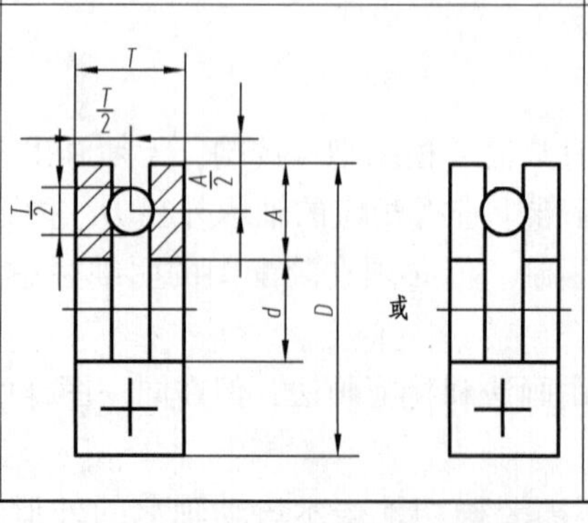	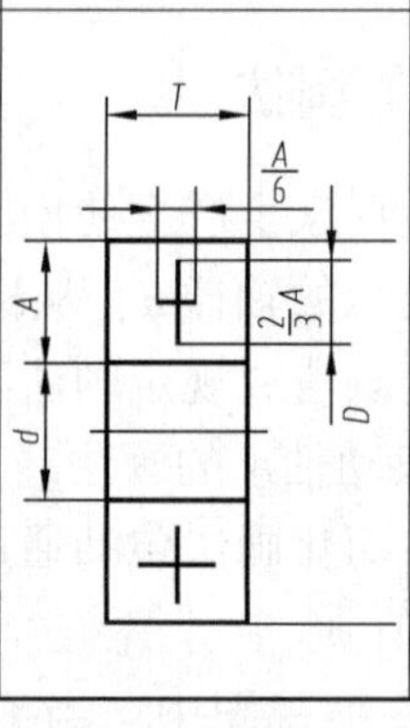	

任务实践

查表并用规定画法画出指定的滚动轴承：

（1）深沟球轴承 6206；（2）圆锥滚子轴承 30206；（3）推力球轴承 51206。

任务二 弹簧

任务目标

知识点：了解弹簧的用途、种类，以及圆柱螺旋压缩弹簧的尺寸关系及规定画法。

技能点：能正确识读弹簧零件图和有关弹簧的装配图；能计算圆柱螺旋压缩弹簧的尺寸，并能画出符合要求的弹簧零件图。

任务分析：弹簧是机械中一种常用的零件，分析其用途和种类，主要是分析圆柱螺旋压缩弹簧的尺寸关系及画法。

相关知识

弹簧是一种起减震、测力和夹紧等作用的常用件。它的种类很多，本节只简要介绍常用的普通圆柱螺旋压缩弹簧的画法。

一、圆柱螺旋压缩弹簧各部分的名称及尺寸关系（如图 7-17 所示）

（1）簧丝直径 d：弹簧钢丝直径。

（2）弹簧直径。

外径 D：弹簧的最大直径。

内径 D_1：弹簧的最小直径。

中径 D_2：弹簧内径和外径的平均值。

$$D_2 = (D + D_1)/2 = D - d = D_1 + d$$

（3）圈数。

支承圈数 n_2：为使弹簧工作时受力均匀，增加弹簧的平稳性，弹簧两端通常并紧并磨平。并紧磨平的各圈只起支撑作用，故称支承圈。支承圈数有 2.5、2、1.5 圈三种，常用的是 2.5 圈。此时，两端各并紧 1/2 圈，磨平 3/4 圈（即每一端的支承圈数为 11/4圈）。

有效圈数 n：除支承圈以外的圈数。

总圈数 n_1：支承圈数和有效圈数之和。

$$n_1 = n + n_2$$

（4）节距 t：除支承圈外，相邻两圈对应点之间的轴向距离。

（5）自由高度 H_0：弹簧在不受外力作用时的高度。

$$H_0 = nt + (n_2 - 0.5)d$$

（6）展开长度 L：制造弹簧时所需钢丝的长度。

$$L \approx n_1 \sqrt{(\pi D_2)^2 + t^2}$$

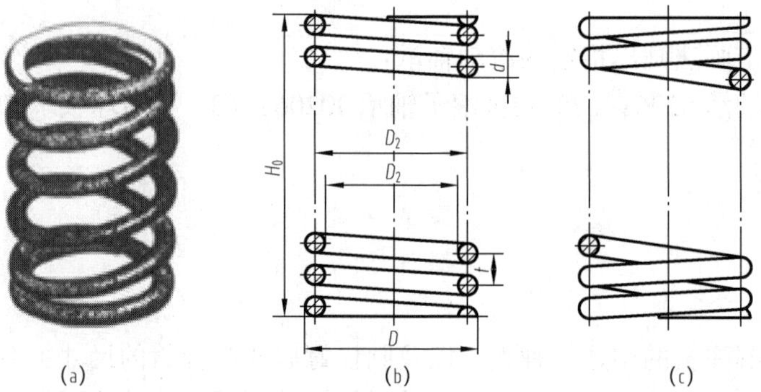

图 7-17　螺旋压缩弹簧各部分的名称及规定画法

二、圆柱螺旋压缩弹簧的规定画法

如图 7-17 所示，螺旋弹簧可用视图或剖视图表示。国家标准（GB/T 4459.4—1984）对螺旋弹簧的画法做了如下规定。

（1）在平行于螺旋弹簧轴线的投影面的视图中，弹簧各圈的轮廓应画成直线。

（2）有效圈数在四圈以上的螺旋弹簧，中间部分可以省略，并可适当缩短图形的长度。

（3）螺旋弹簧均可画成右旋，但左旋弹簧不论画成左旋或右旋，应一律注出旋向“左”字。

（4）在装配图中，被弹簧挡住的结构一般不画出，可见部分应从弹簧的外轮廓线或从弹簧钢丝断面的中心线画起，如图 7-18（a）所示。当弹簧被剖切时，如弹簧钢丝直径在图形上等于或小于 2mm 时，其断面可用涂黑表示［如图 7-18（b）所示］，也可用示意画法［如图 7-18（c）所示］。

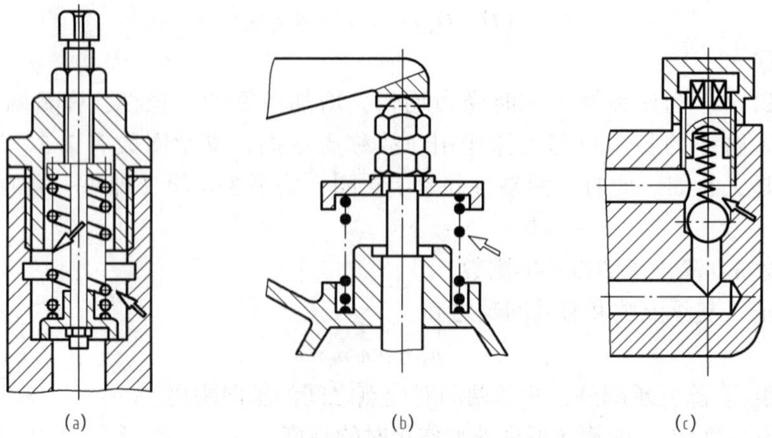

图 7-18　装配图中螺旋弹簧的规定画法

三、圆柱螺旋压缩弹簧的画图步骤

对于两端并紧、磨平的螺旋压缩弹簧，不论支承圈数多少和末端并紧情况如何，均可按图 7-19 所示步骤绘制。

作图时，下列数据应为已知：自由高度 H_0、弹簧钢丝直径 d、弹簧外径 D（或内径 D_1）、有效圈数 n（或总圈数 n_1）及旋向。

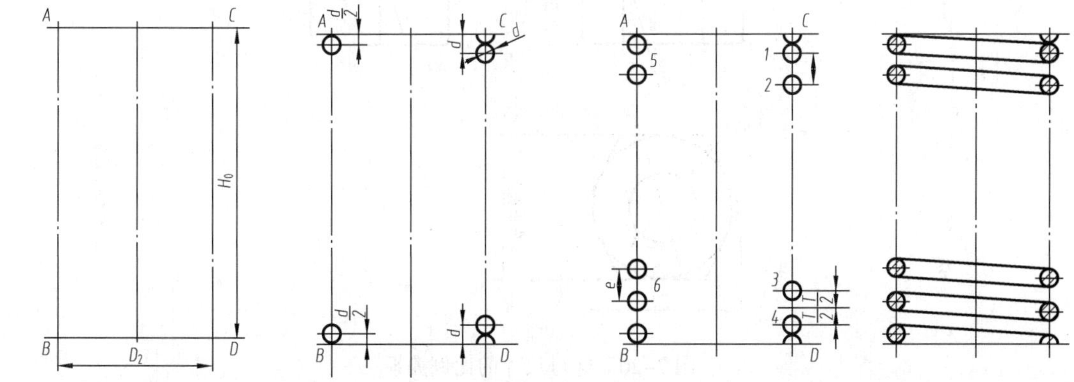

(a) 以自由高度 H_0 和中径 D_2 作矩形 ABCD　(b) 根据弹簧钢丝直径画出有效圈部分　(c) 根据节距 t 切线，最后画出剖面完成作图　(d) 画出支承圈部分

图 7-19　螺旋压缩弹簧的作图步骤

任务实践

已知一圆柱螺旋弹簧的参数：$d = 5\text{mm}$，$D = 55\text{mm}$，$n = 7$，$n_1 = 9.5$，$t = 10\text{mm}$，两端并紧并磨平、左旋。用 1∶1 的比例画出弹簧的主视图（全剖视图）并标注尺寸。

课题五　用 AutoCAD 画常用件

任务目标

知识点：熟悉 AutoCAD 的基本绘图命令和基本编辑命令。

技能点：能利用 AutoCAD 的基本绘图命令和基本编辑命令绘制常用件和标准的图形。

任务分析：了解常用件的画法标准，并运用绘图命令及编辑命令画常用件。

相关知识

一、绘制螺母

螺母的绘制过程分两部分：对于俯视图，由多边形和圆构成，可直接绘制；对于主视图，则须利用与俯视图的投影关系进行定位和绘制。螺母各部分尺寸都是以螺纹大

径 d 为基础画出的，如图 7-20 所示。只要知道了螺纹大径 d，就可以根据比例绘制出螺母。

假设已知螺纹大径 $d=30$mm，然后根据图 7-20 所示的比例关系就可以绘制出相应的螺母的三视图。通过参阅机械制图方面的书籍可查得螺纹大径 d。在这里以螺栓 GB/T 6170 M30 为例，螺纹规格是 M30，相应的螺纹大径是 30mm。

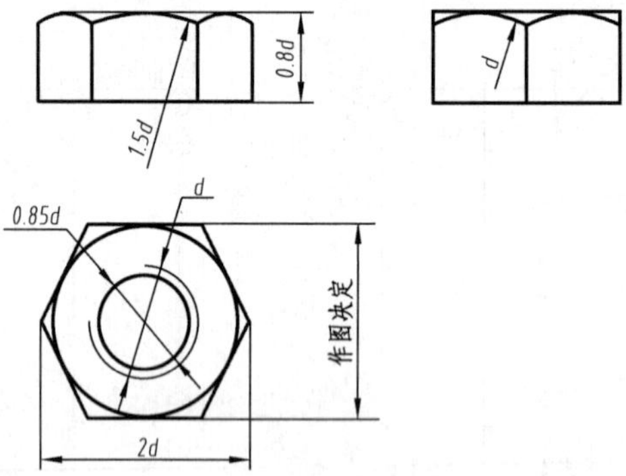

图 7-20　螺母尺寸的比例关系

操作步骤如下。

1. 创建新图形

参照本书前面介绍的知识进行图层设置和图框绘制等操作，或直接以光盘中的文件 Gb - a4 - h. dwt 为样板建立新图形。

2. 绘制俯视图

(1) 将“中心线”图层设为当前图层，执行 line 命令，分别绘制距离为 60mm 的两条水平中心线和一条垂直中心线。

(2) 将“粗实线”图层设为当前图层。单击【绘图】工具栏上的【正多边形】按钮，或执行【绘图】/【正多边形】命令，即执行 polygon 命令，绘制一个正六边形。执行结果如图 7-21 所示。

(3) 单击【绘图】工具栏上的【圆】按钮，或执行【绘图】/【圆】/【三点(3)】命令，即执行 circle 命令，绘制内切圆和内螺纹的小径。

(4) 执行【绘图】/【圆弧】/【圆心、起点、角度】命令，即执行 arc 命令，绘制内螺纹的大径。执行结果如图 7-22 所示。

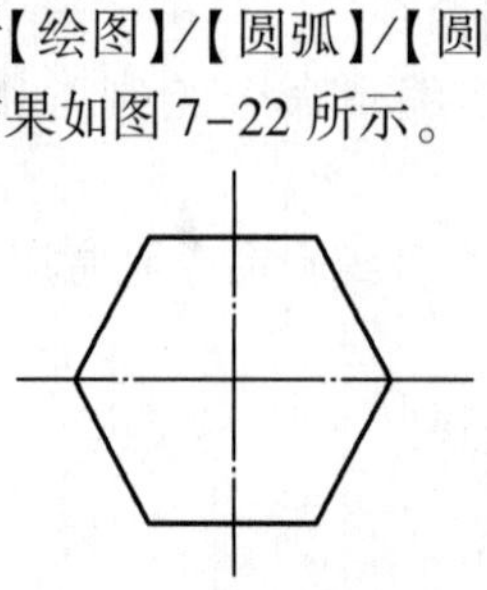

图 7-21　绘制正六边形

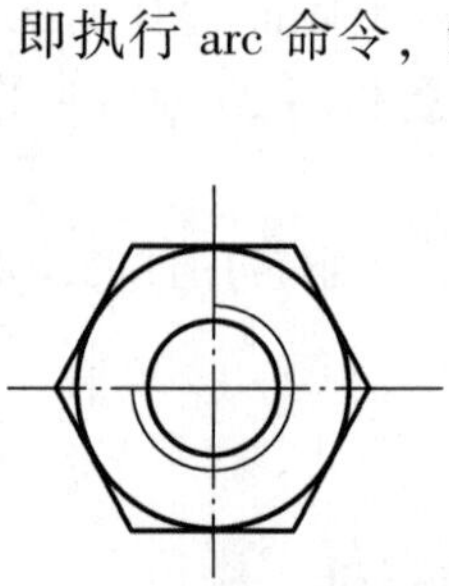

图 7-22　绘制内切圆和螺纹

3. 绘制主视图

（1）绘制辅助线并修剪，执行结果分别如图 7-23 和图 7-24 所示。

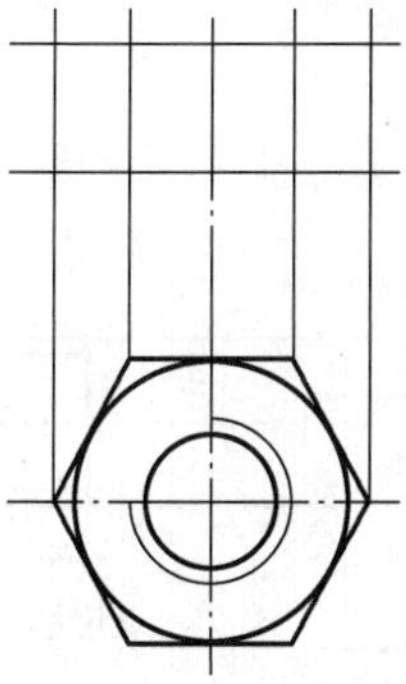

图 7-23　绘制辅助直线

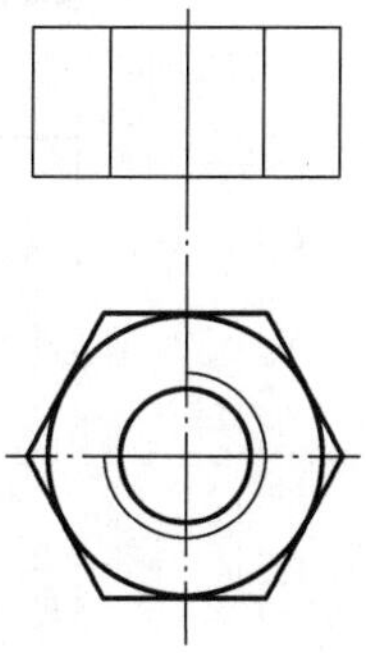

图 7-24　修剪结果

（2）绘制半径为 45mm 的圆弧 、辅助直线，然后进行修剪处理，主视图的最终完成结果如图 7-25 所示。

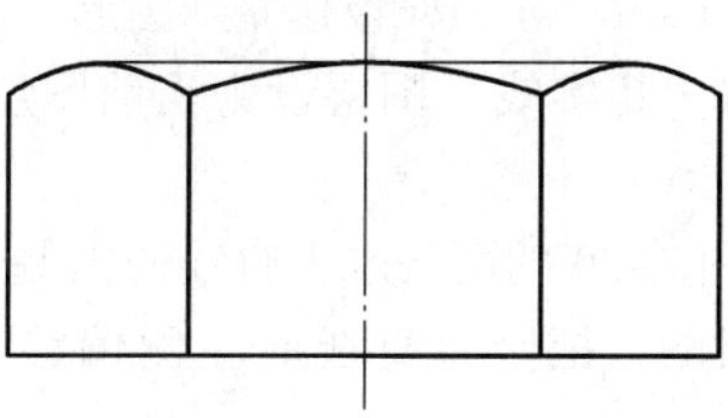

图 7-25　主视图最终图

4. 绘制左视图

（1）根据俯视图的投影关系绘制如图 7-26 所示左视图的辅助直线。

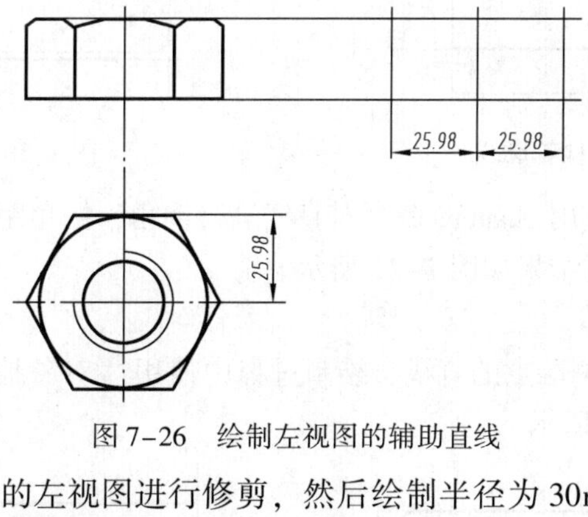

图 7-26　绘制左视图的辅助直线

（2）对图 7-26 所示的左视图进行修剪，然后绘制半径为 30mm 的圆弧，再对左视图进行镜像和修剪，执行结果如图 7-27 所示。

二、绘制螺栓

螺栓各部分尺寸与大径 d 的比例关系如图 7-28 所示，除螺栓头部厚度为 $0.7d$ 之外，其余尺寸的比例关系和画法与螺母相同。这里以螺栓 GB/T 5782 M30 × 120 为例，$d = 30$mm。

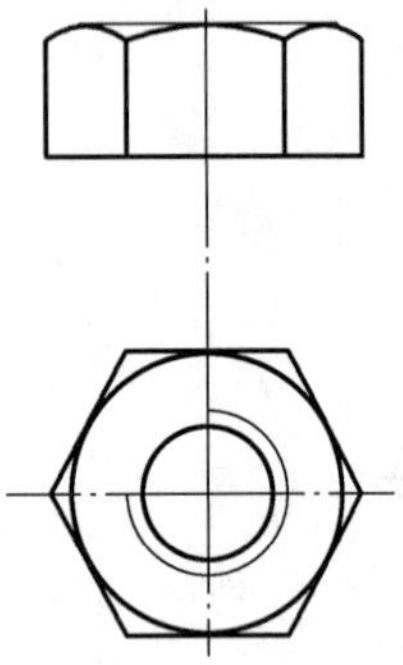

图 7-27　螺母完成图

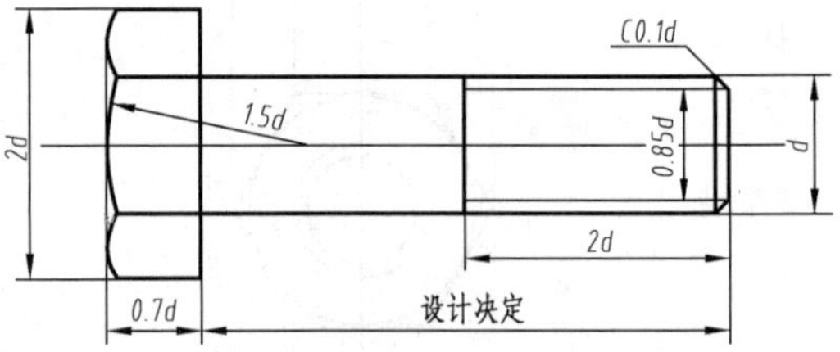

图 7-28　螺栓尺寸的比例关系

操作步骤如下。

（1）首先创建新图形，并参照本书前面介绍的知识进行图层设置和图框绘制等操作，或直接以光盘中的文件 Gb - a4 - h. dwt 为样板建立新图形。

（2）绘制螺栓轮廓线，将“粗实线”图层设为当前图层。执行 line 命令，绘制螺栓的轮廓线，结果如图 7-29 所示。

（3）绘制螺栓小径，把图 7-29 的两条水平直线向内侧均偏移 2. 25mm，这个值是通过（$d - 0.85d$）/2 计算得到的，把竖直直线向左侧偏移 60mm，执行结果如图 7-30 所示。

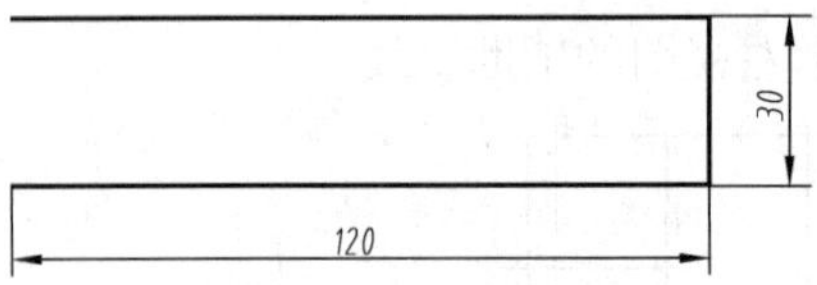

图 7-29　绘制螺栓轮廓线

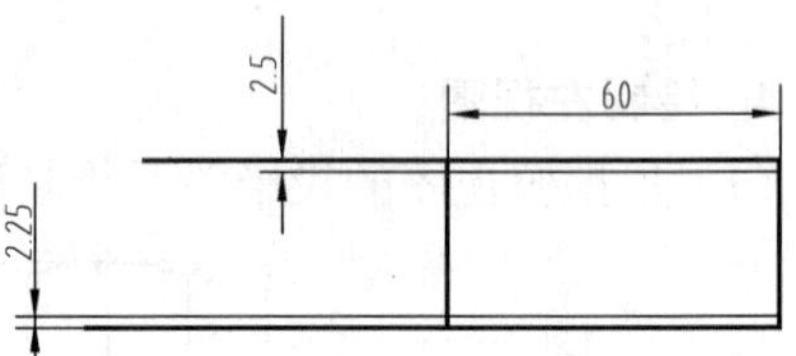

图 7-30　绘制螺栓小径

（4）修剪和倒角，使用 chamfer 命令对直线进行倒角，倒角距离为 3mm，使用 trim 命令对直线进行修剪，执行结果如图 7-31 所示。

（5）绘制螺栓的头部。

① 绘制一条连接左侧端点的直线，绘制过程中使用“对象捕捉”功能使绘制更为准确，执行结果如图 7-32 所示。

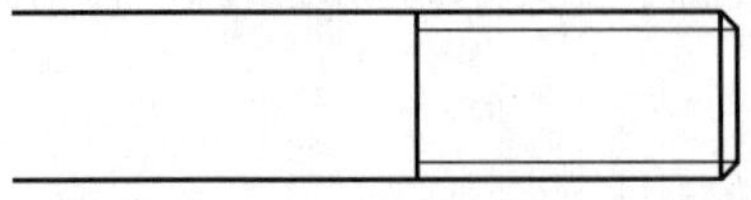

图 7-31　修剪和倒角

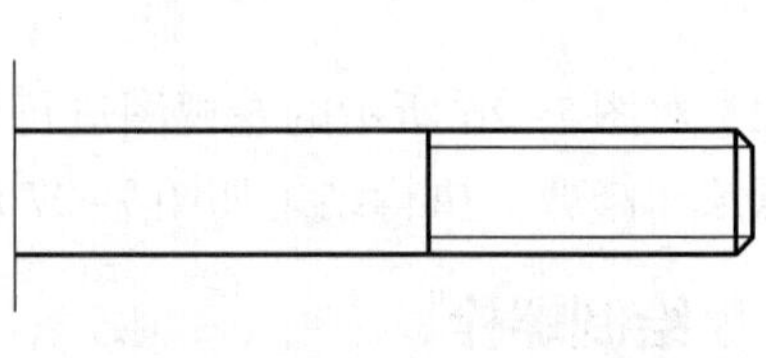

图 7-32　绘制左侧直线

② 使用偏移和延伸命令，继续绘制表示头部轮廓的直线，执行结果如图 7-33 所示。

③ 修剪后结果如图 7–34 所示。

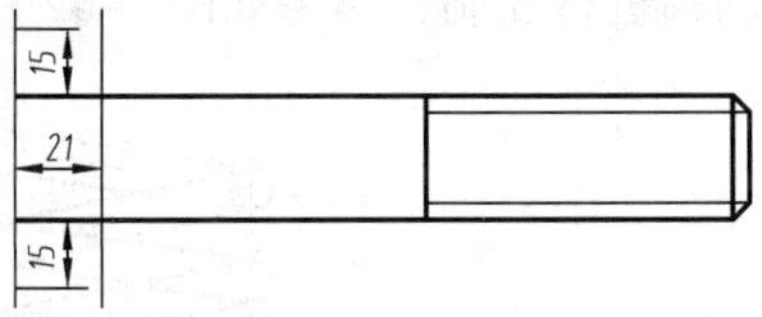

图 7–33　绘制直线

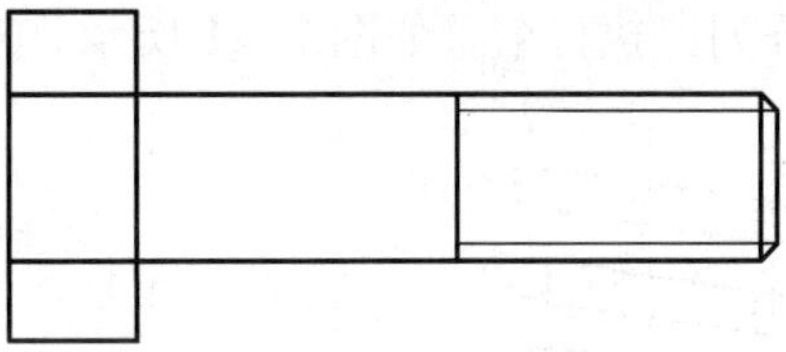

图 7–34　修剪后的轮廓线

(6) 绘制螺栓头部圆弧，参考绘制螺母圆弧的方法绘制螺栓头部圆弧，结果如图 7–35所示。

(7) 绘制中心线，将“中心线”图层设为当前图层，绘制一条水平的中心线，最终完成图如图 7–36 所示。

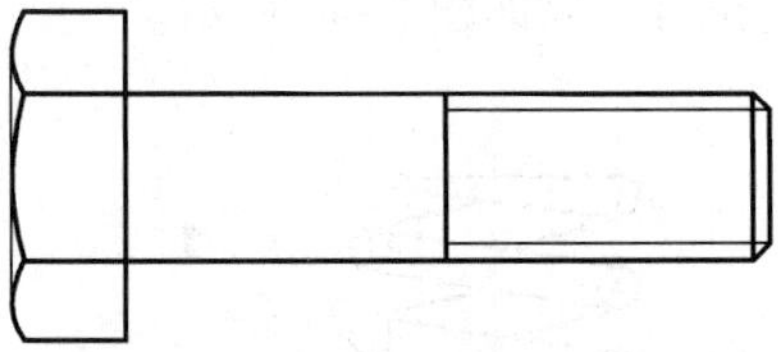

图 7–35　绘制螺栓头部圆弧

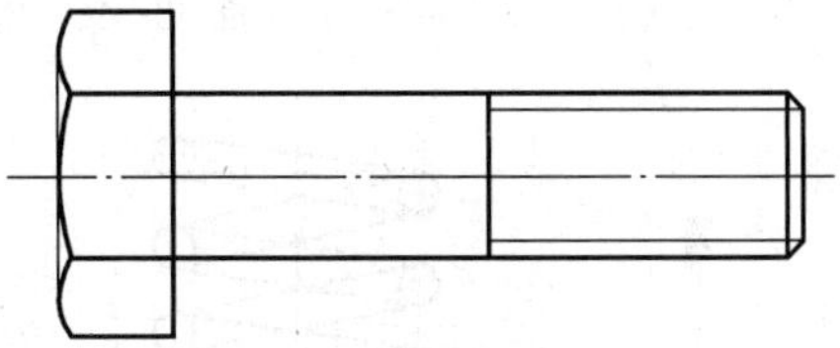

图 7–36　完成图

三、绘制弹簧

绘制弹簧，如图 7–37 所示。

操作步骤如下。

(1) 首先创建新图形。参照本书前面介绍的知识进行图层设置和图框绘制等操作，或直接以光盘中的文件 Gb – a4 – v. dwt 为样板建立新图形。

(2) 绘制中心线和辅助线。将“中心线”图层设为当前图层。

(3) 执行 line 命令和 offset 命令，得到三条竖直的垂线，直线长度为 140mm。结果如图 7–38 所示。再次执行 line 命令，绘制辅助倾斜直线 ，长度为 60mm ，倾斜角度为 8 度。在斜线与中心线交点处以 4mm 为半径绘制两个圆，通过对象捕捉功能绘制两个圆的切线，如图 7–39 所示。

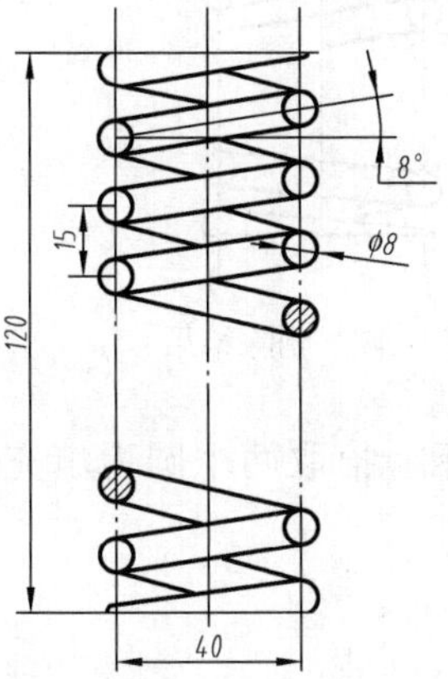

图 7–37　弹簧

图 7–38　绘制中心线和辅助线

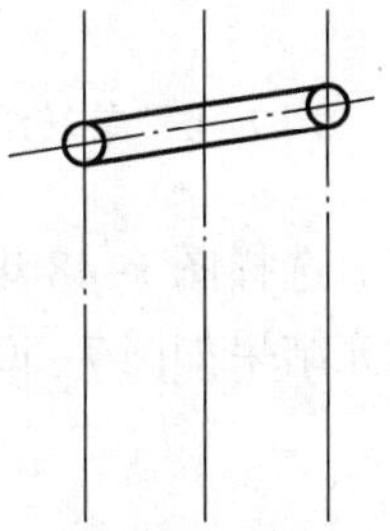

图 7–39　绘制圆和切线

（4）对圆和切线进行阵列，阵列结果如图 7-40 所示。绘制圆的切线，对绘制的切线进行阵列，执行结果如图 7-41 所示。对右侧最下方的圆进行复制，结果如图 7-42 所示。

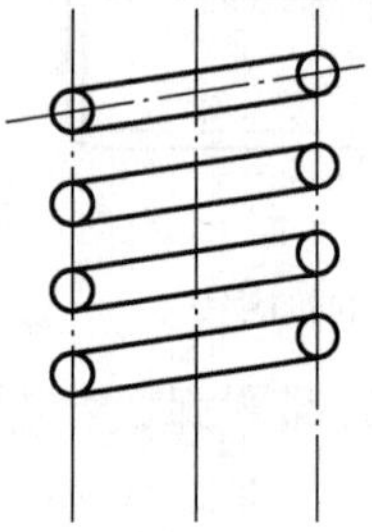

图 7-40　阵列

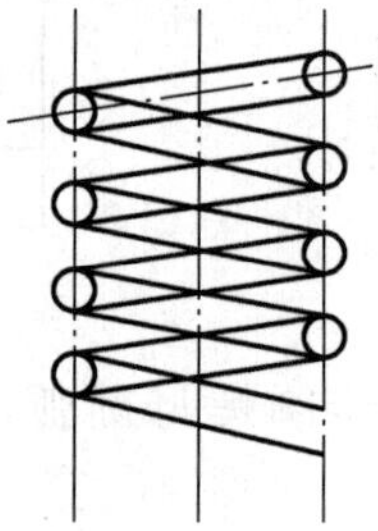

图 7-41　阵列切线

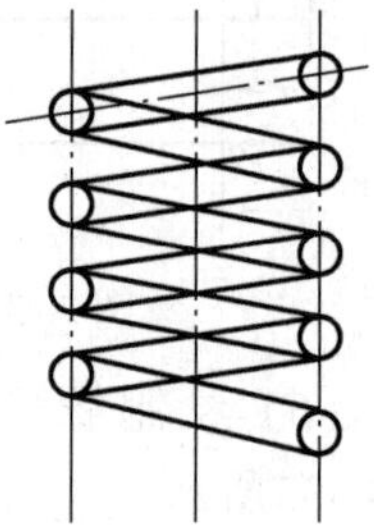

图 7-42　复制圆

（5）绘制如图 7-43 所示辅助线，然后进行修剪，执行结果如图 7-44 所示。

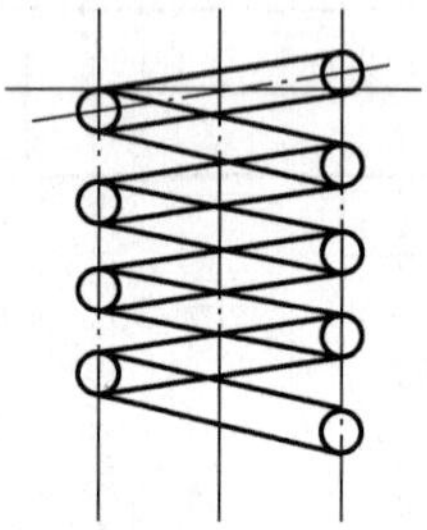

图 7-43　绘制辅助线

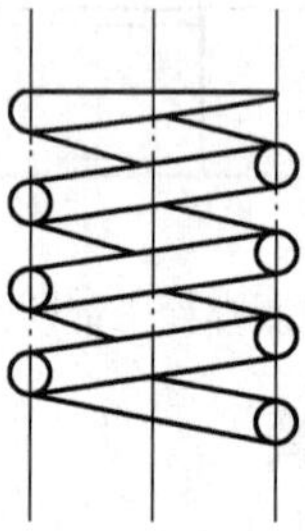

图 7-44　修剪结果

（6）选择除三条竖直垂线以外的所有其他图形向下 120mm 进行复制，把复制得到的图形旋转 180°，结果如图 7-45 所示。

（7）参考图 7-46 选择删除对象，结果如图 7-47 所示。

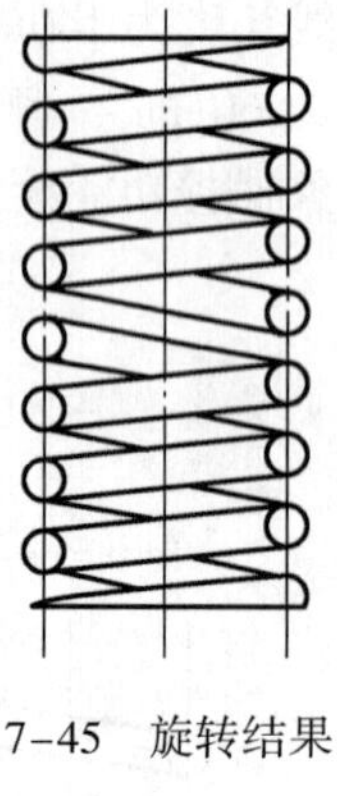

图 7-45　旋转结果图

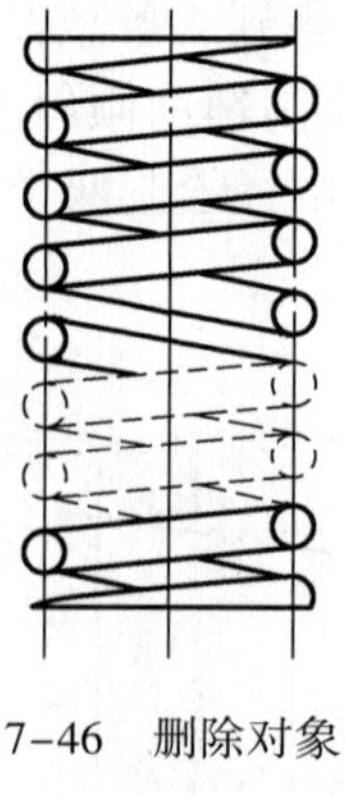

图 7-46　删除对象图

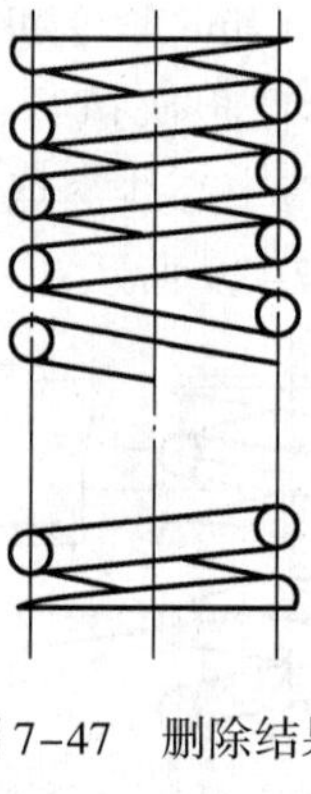

图 7-47　删除结果

（8）选择图 7-48 虚线部分向下移动 30mm，如图 7-49 所示。拾取两个圆为填充边界，填充结果如图 7-50 所示。

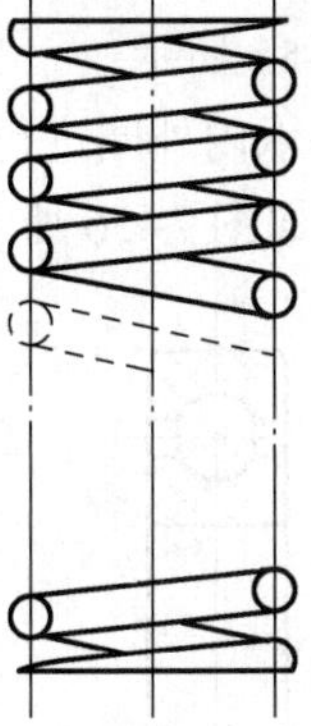

图 7-48　选择对象

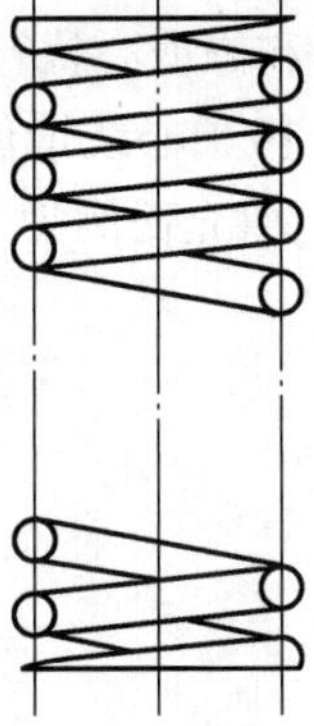

图 7-49　移动结果

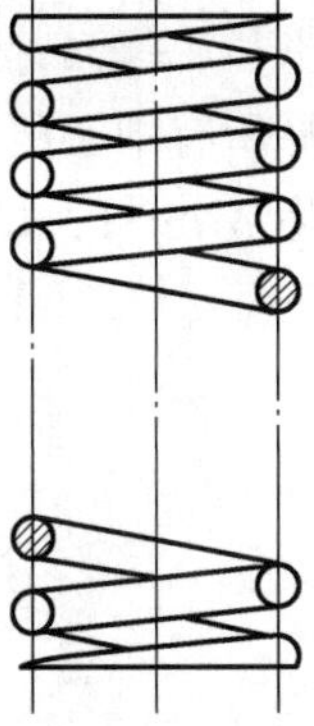

图 7-50　填充结果

四、绘制深沟球轴承

本节绘制 GB/T 276—1994 型深沟球轴承，轴承型号为 6220，查表得知 $d=100\text{mm}$，$D=180\text{mm}$，$B=34\text{mm}$，$A=40\text{mm}$，$r=2.1\text{mm}$，深沟球轴承简化画法如图 7-51 所示。

操作步骤如下。

（1）首先创建新图形，并参照本书前面介绍的知识进行图层设置和图框绘制等操作，或直接以光盘中的文件 Gb－a3－v. dwt 为样板建立新图形。

（2）绘制中心线及轴承轮廓线 ，结果如图 7-52 所示。

（3）对图 7-52 进行修剪。通过【图层】工具栏，将图 7-52 中表示轴承轮廓线的线段从“中心线”图层更改到“粗实线”图层，执行结果如图 7-53 所示。

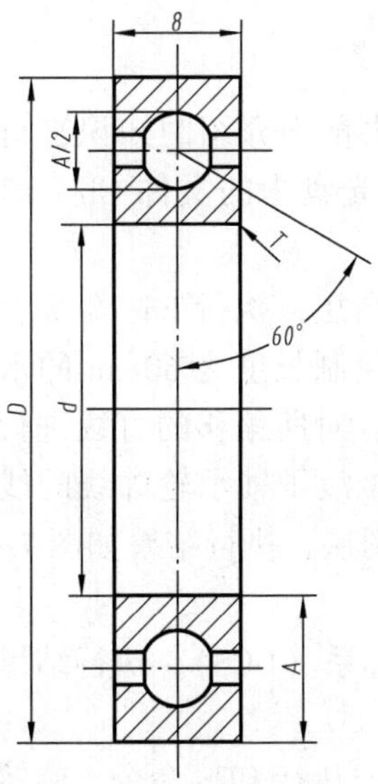

图 7-51　简化画法

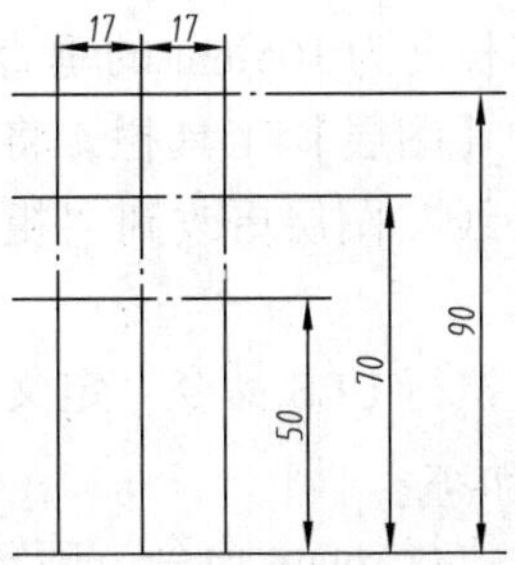

图 7-52　绘制中心线

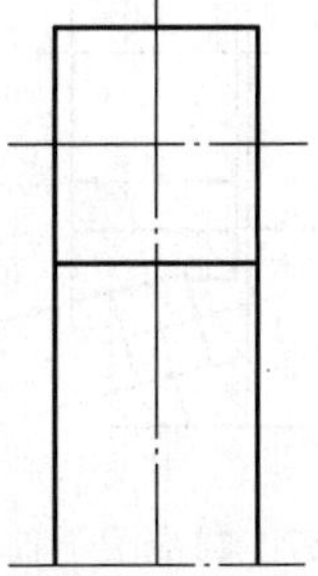

图 7-53　修剪结果

（4）执行 circle 命令，绘制表示滚动体的圆。执行 line 命令，绘制辅助斜线 。执行 line 命令，采用“对象捕捉”中的交点和垂足捕捉模式，绘制直线，如图 7-54 所示。

（5）将所绘制的直线分别按水平和垂直中心线镜像，然后删除辅助斜线，最后将内外圈的直线按半径 $r=2.1$mm 进行倒圆角和修剪，执行结果如图 7-55 所示。

（6）选择所有中心线以上的对象，按中心线镜像，然后对轴承内外圈进行填充，将填充图案选择为 ANSI31，填充角度为 0，填充比例为 1，执行结果如图 7-56 所示。

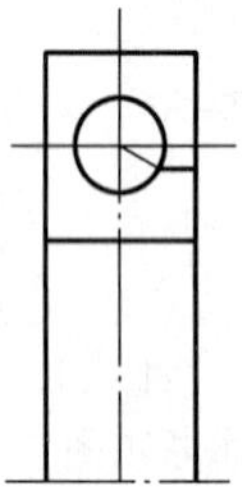

图 7-54　绘制辅助线

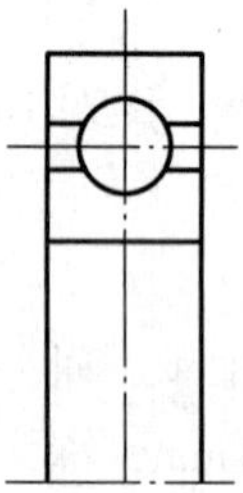

图 7-55　镜像和圆角

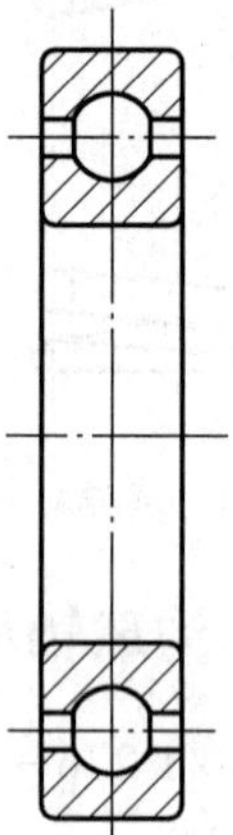

图 7-56　镜像和填充

五、绘制圆锥滚子轴承

本节将绘制 GB/T 297—1994 型圆锥滚子轴承，轴承型号为 30318，通过查表得知 $d=90$mm，$D=190$mm，$C=36$mm，$T=46.5$mm，$B=43$mm，$A=50$mm，圆锥滚子轴承简化画法如图 7-57 所示。

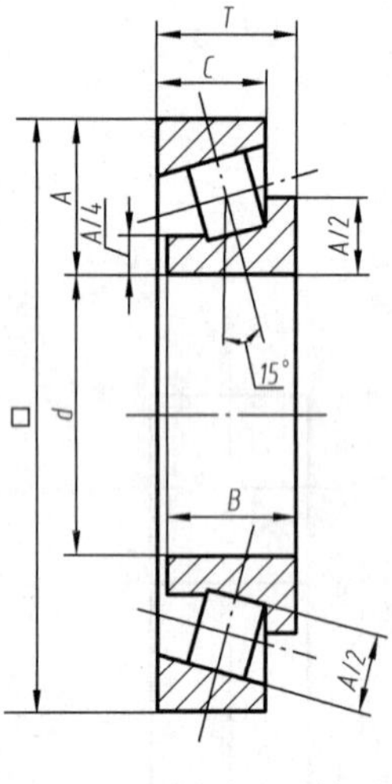

图 7-57　圆锥滚子轴承

操作步骤如下。

（1）首先创建新图形，并参照本书前面介绍的知识进行图层设置和图框绘制等操作，或直接以光盘中的文件 Gb - a3 - v. dwt 为样板建立新图形。

（2）将“中心线”图层设为当前图层，执行 line 命令，采用“对象捕捉”中的中点捕捉模式，绘制长度为 60mm 的水平中心线和长度为 105mm 的垂直中心线，对所偏移的直线进行修剪。通过【图层】工具栏，将表示圆锥滚子轴承轮廓线的线段从“中心线”图层更改到“粗实线”图层，执行结果如图 7-58 所示。

（3）执行 UCS 命令，定义用户坐标系（UCS）。执行结果如图 7-59 所示。

（4）执行 rotate 命令，旋转中心线。执行 UCS 命令，旋转坐标系，执行结果如图 7-60 所示。

（5）绘制平行线并偏移，执行结果如图 7-61 所示。

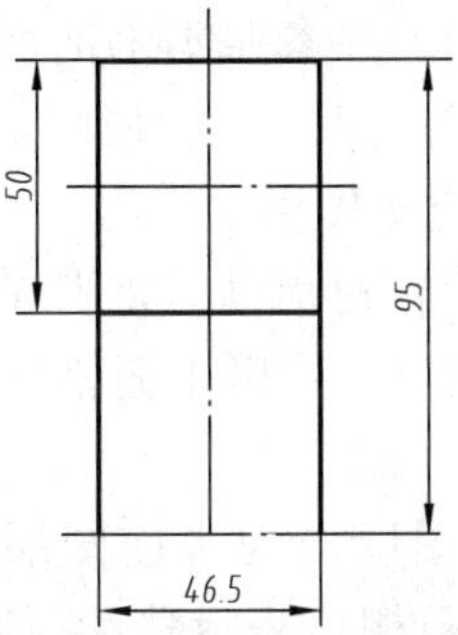

图 7-58　绘制中心线和轮廓线

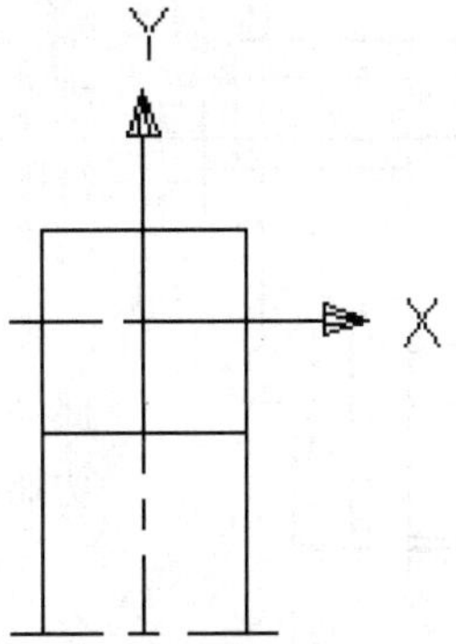

图 7-59　定义用户坐标系统

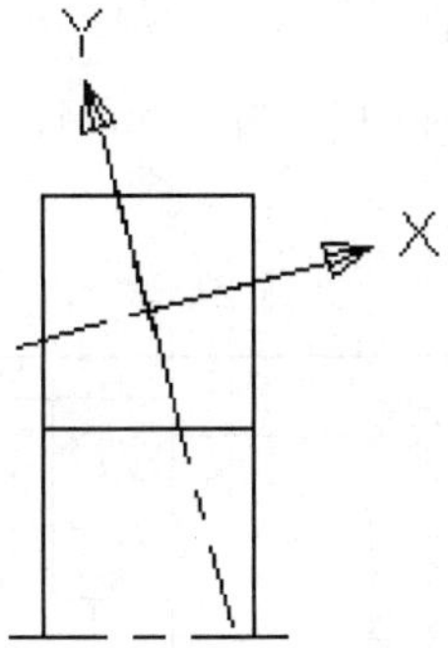

图 7-60　旋转坐标系和中心线

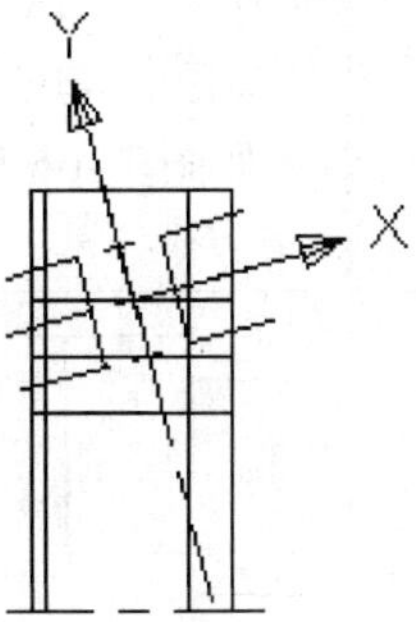

图 7-61　绘制并偏移直线

（6）参照图 7-62 对图 7-61 进行修剪 ，在菜单栏上执行【工具】/【新建 UCS】/【世界】命令，将坐标系调回世界坐标系。选择所有中心线以上的对象，按中心线镜像，然后对轴承内外圈进行填充，执行结果如图 7-63 所示。

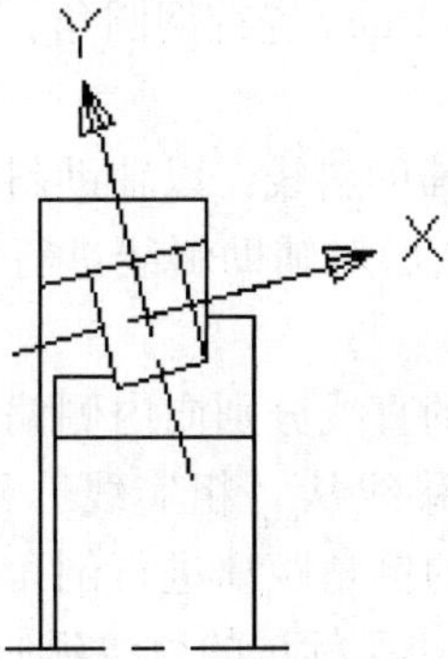

图 7-62　修剪结果

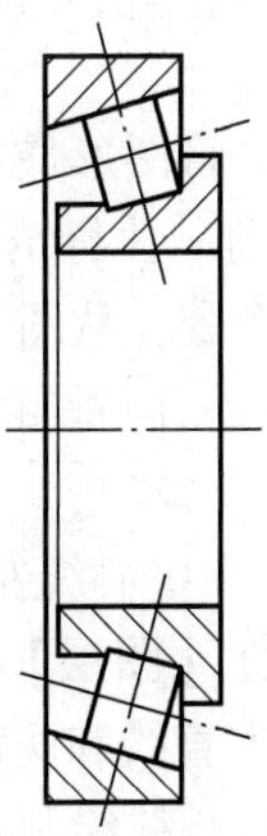

图 7-63　镜像和填充

六、综合实例——绘制油杯

绘制油杯，如图 7-64 所示。可以看出，主要尺寸均是偶数，且线条集中，因此，使用栅格与栅格捕捉功能绘制本例比较方便。

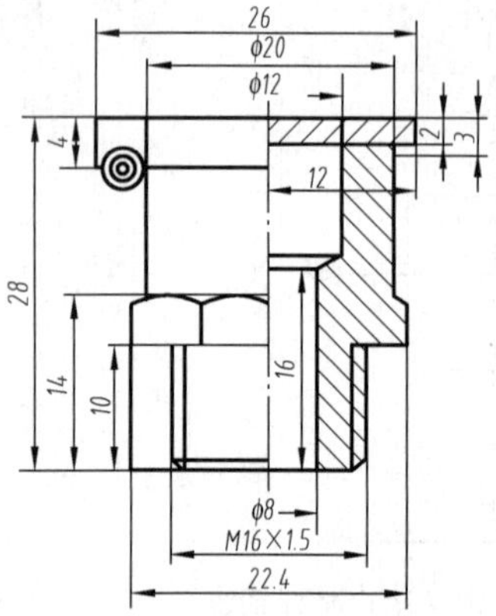

图 7-64　弹簧盖油杯

操作步骤如下。

（1）首先创建新图形，并参照本书前面介绍的知识进行图层设置和图框绘制等操作，或直接以光盘中的文件 Gb - a4 - v. dwt为样板建立新图形。

（2）打开【草图设置】对话框，将沿 *X* 和 *Y* 方向的捕捉间距与栅格间距均设为 2，并启用栅格捕捉与栅格显示功能 。

（3）将“中心线”图层设为当前图层，执行 line 命令，沿垂直方向移动 16 行栅格表示移动距离是 32mm。将“粗实线”图层设为当前图层，执行 line 命令绘制轮廓线，执行结果如图 7-65 所示。

（4）在图 7-65 中以有小叉的位置为圆心，分别绘制半径为 0. 5mm、1mm、1. 5mm 的圆，并修剪，执行结果如图 7-66 所示。

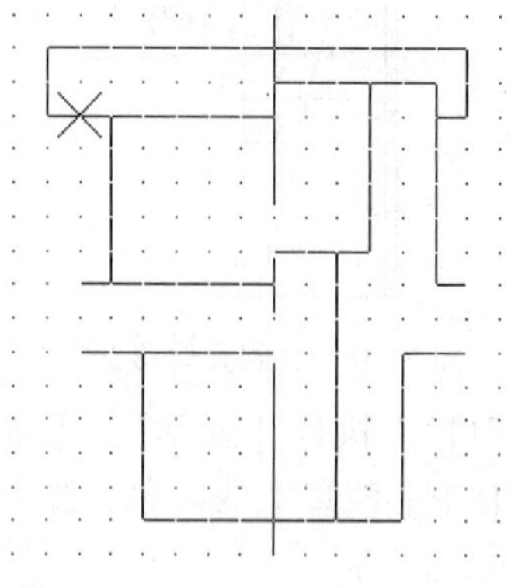

图 7-65　绘制中心线和轮廓线

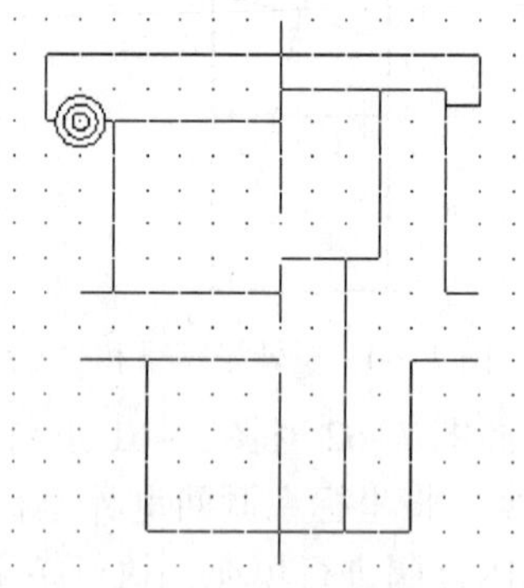

图 7-66　绘制铰链圆

（5）创建圆角，将图形最右上的直角以半径 1. 2 mm 进行倒圆角，把下方的短直线向上偏移 1mm，并修剪。执行结果如图 7-67 所示。

（6）执行 line 命令，从图 7-67 中的 × 点绘制辅助斜线，以辅助斜线与 × 点右侧垂直直线的交点为起始点，向垂直中心线绘制垂线，然后对辅助斜线进行修剪，执行结果如图 7-68所示。

（7）将图 7-68 中中心线左右两侧有小叉标记的直线分别向内侧偏移 1. 5mm，用来表示螺纹内径，再通过【图层】工具栏，将两条偏移线从“粗实线”图层更改到“细实线”图层。将最下方直线和两侧的直线按 1. 5mm 的倒角距离进行倒角。在左下角部位的螺纹倒角处向垂直中心线绘制水平线。将上面标有小叉标记的直线延伸至表示螺纹内径的直线，执行结果如图 7-69 所示。

（8）绘制辅助六边形 ，结果如图 7-70 所示。执行 line 命令，从六边形对应端点绘制辅助垂直线，如图 7-71 所示，修剪结果如图 7-72 所示。

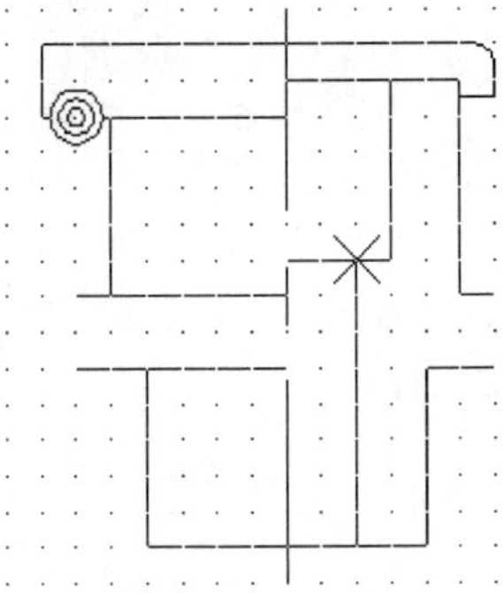
图 7-67　创建圆角

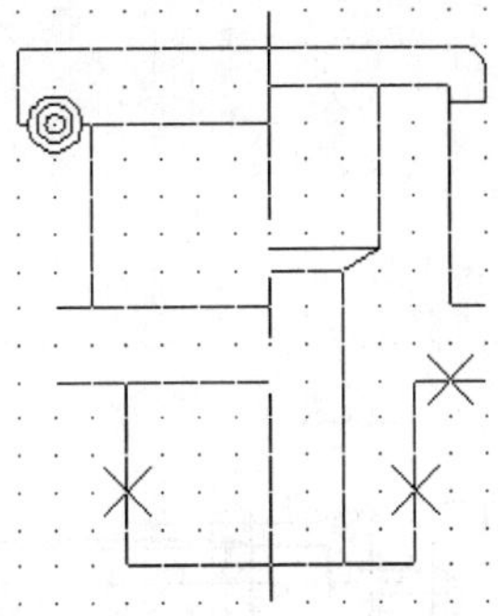
图 7-68　向中心线绘制垂线

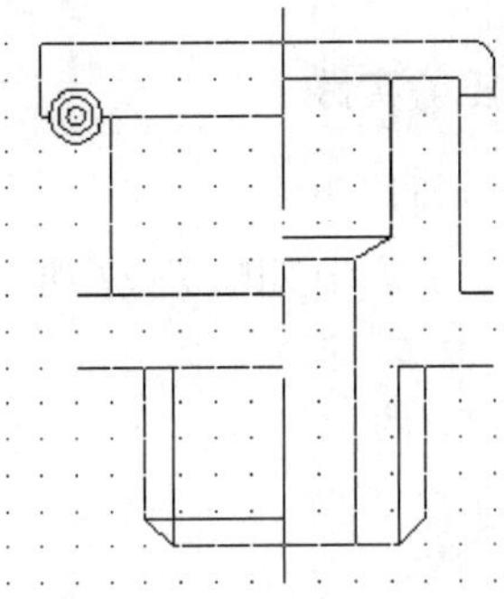
图 7-69　绘制螺纹内径直线

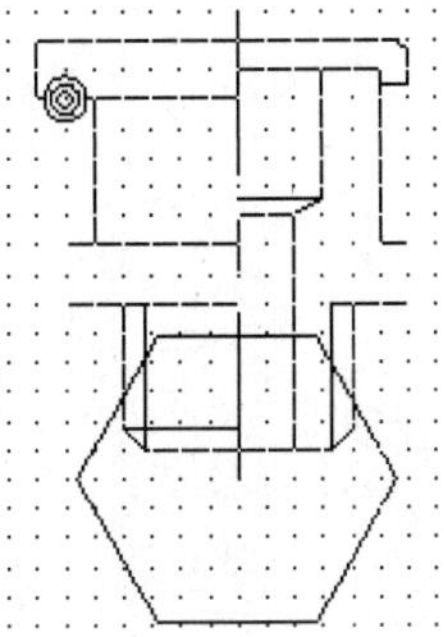
图 7-70　绘制辅助六边形

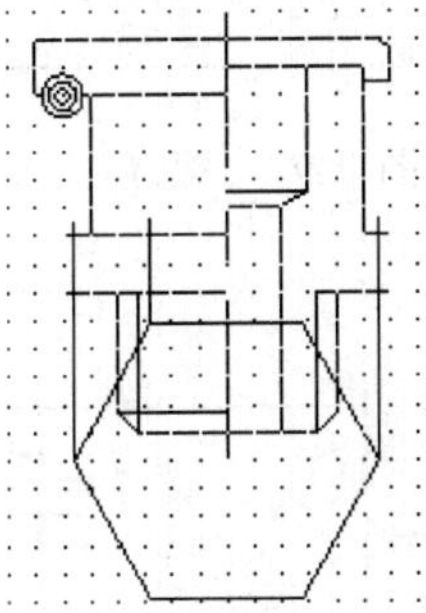
图 7-71　绘制辅助垂直线

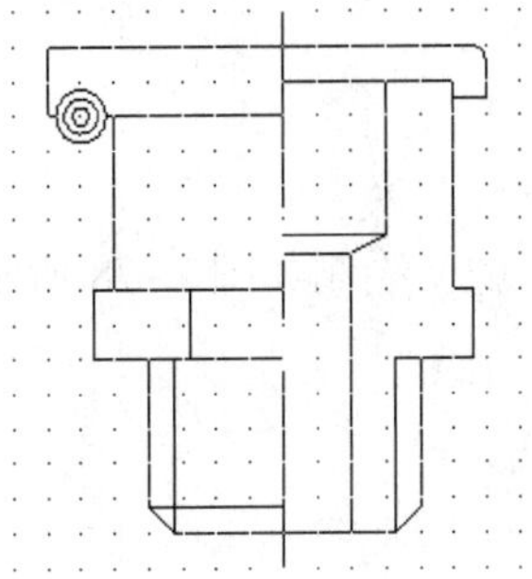
图 7-72　修剪结果

（9）绘制六角头部位对应的圆弧，执行结果如图 7-73 所示。执行 line 命令，在有小叉标记的点上绘制斜线，执行结果如图 7-74 所示。

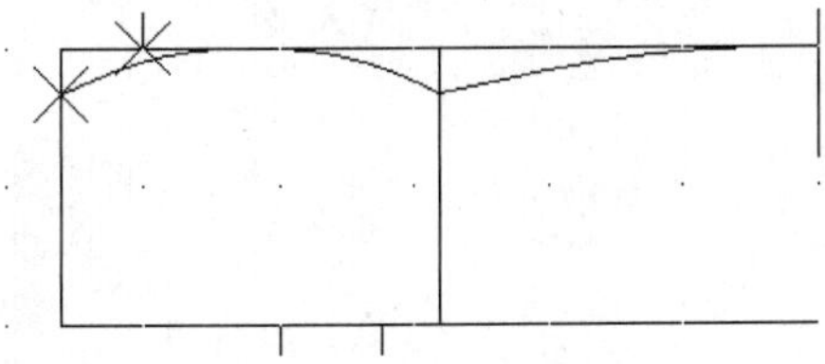
图 7-73　绘制圆弧

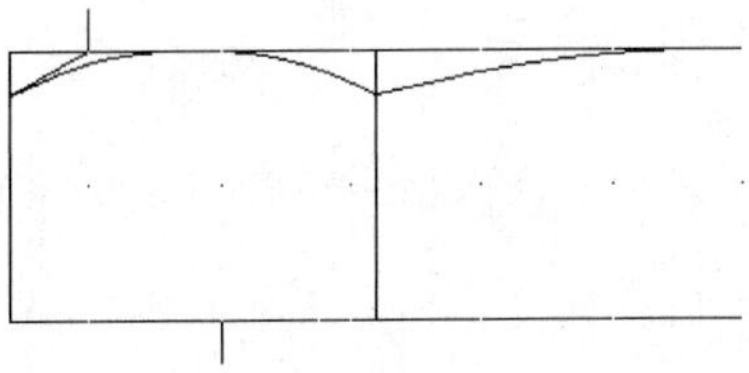
图 7-74　绘制斜线

（10）将短斜线按垂直中心线镜像，然后修剪，执行结果如图 7-75 所示。

（11）填充图案，最终执行结果如图 7-76 所示。

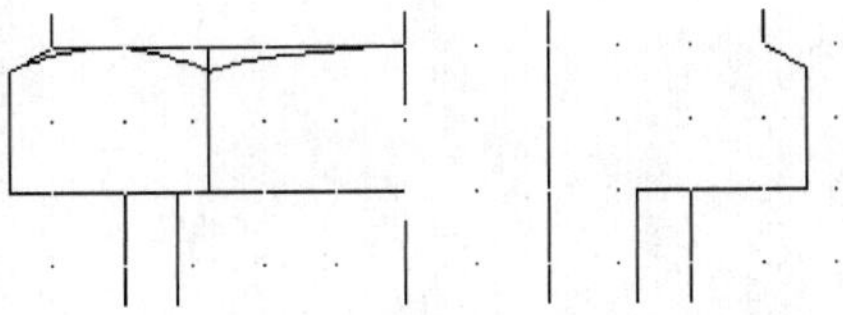
图 7-75　修剪、镜像

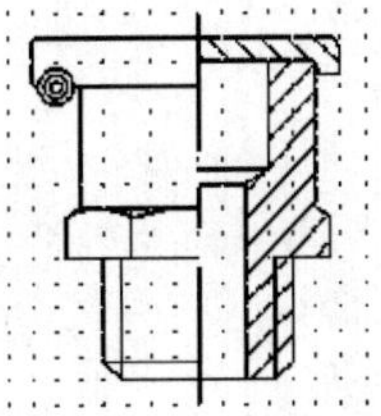
图7-76　填充结果

任务实践

进行以下实践：

(1) 绘制如图 7-77 所示螺钉。

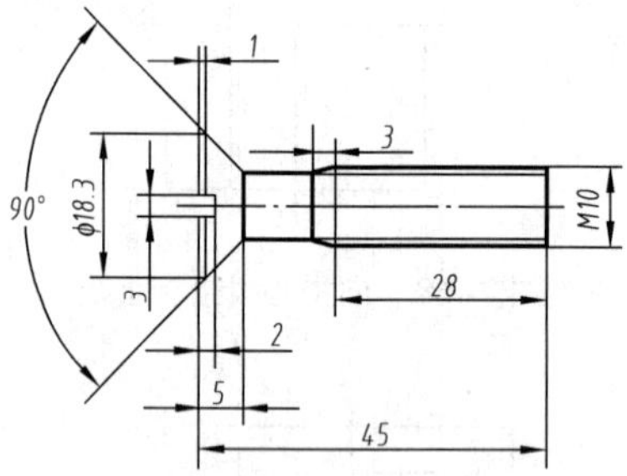

图 7-77　螺钉

(2) 绘制如图 7-78 所示压板。

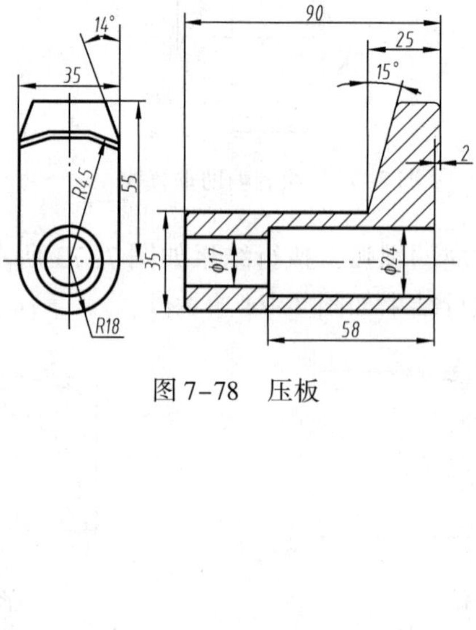

图 7-78　压板

模块八　零　件　图

模块目标：

(1) 熟悉零件图的内容和作用。

(2) 了解各类典型零件的结构特点和表达特点。

(3) 了解零件上常见工艺结构的用途。

(4) 理解极限与配合、形位公差和表面结构等技术要求的基本概念，掌握其标注方法。

(5) 初步掌握零件图的尺寸标注方法。

(6) 能识读中等复杂程度的零件图。

课题一　零件图的识读

任务一　认识零件图及选择零件的表达方法

任务目标

知识点：零件图的内容和作用、零件的视图表达原则和选择视图时应注意的问题。

技能点：能合理选择零件的表达方法。

任务分析：零件图是制造和检验零件用的图样。它包含零件形状、大小、加工精度、材料、热处理等信息。在形状表达方面，为把零件的结构正确、完整、清晰地表达出来，又能使读图方便，绘图简便，关键是合理地选择表达方案，即应认真考虑主视图的选择及其他视图的数量、画法的选择。

相关知识

一、零件图的作用

一台机器由若干个零件按一定的装配关系和技术要求装配而成，构成机器的最小单元称为零件。如图 8-1 所示的齿轮泵就是由齿轮、轴、螺母、螺栓、箱体等若干零件组成的。

零件图是表达单个零件的机械图样。它是生产和检验零件的依据，是设计和生产部门的重要技术文件，如图 8-2 所示。

图 8-1　齿轮泵轴测分解图

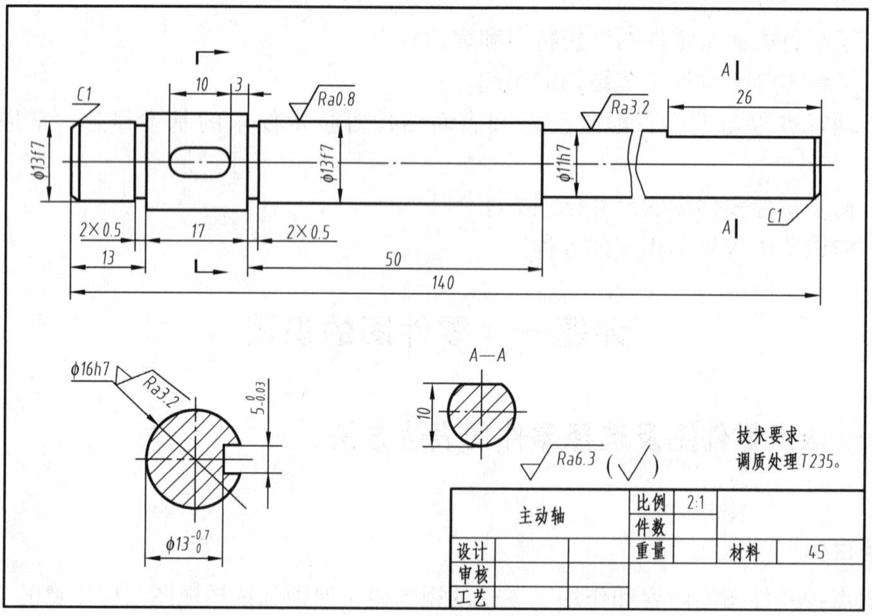

图 8-2　主动轴零件图

二、零件图的内容

由图 8-2 所示主动轴的零件图可见，一张零件图应包括下列内容。

1. 一组视图

用恰当的视图、剖视图、断面图等，完整、清晰地表达零件各部分的结构形状。

2. 完整的尺寸

零件制造和检验所需的全部尺寸。所标注的尺寸必须正确、完整、清晰、合理。

3. 技术要求

零件制造和检验应达到的技术指标。除用文字在图纸空白处书写出技术要求外，还有用符号表示的技术要求，如表面结构、尺寸公差、几何公差等。

4. 标题栏

位于图纸的右下角，标题栏中填写零件的基本信息及必要签署。

三、零件的视图表达

为满足生产的需要，零件图的一组视图应视零件的功用及结构形状的不同而采用不同的视图及表达方法。

例如，套筒用两个视图即可表达清楚，如图 8-3 所示。如果加上尺寸标注，只需要一个视图即可，如图 8-4 所示。

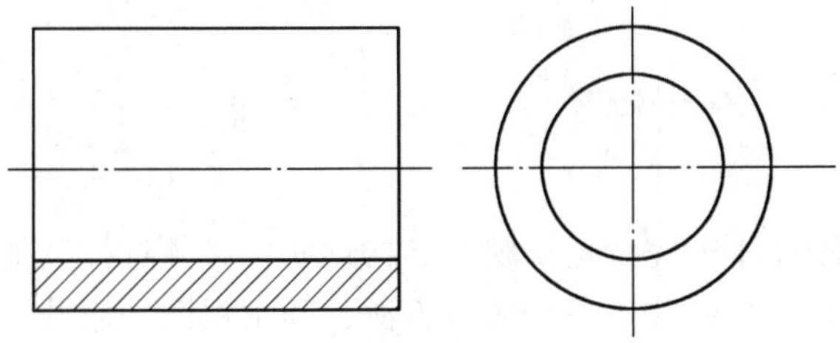

图 8-3 套筒的表达（一）

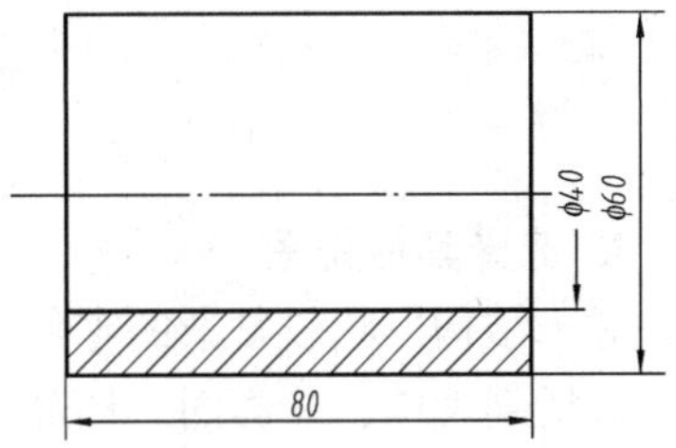

图 8-4 套筒的表达（二）

（一）视图选择的要求

1. 完全

零件各部分的结构、形状及其相对位置表达完全且唯一确定。

2. 正确

视图之间的投影关系及表达方法要正确。

3. 清楚

所画图形要清晰易懂，便于识读。

（二）选择视图的方法及步骤

1. 零件分析

要表达一个零件，首先要了解该零件在机器或部件中的作用、位置和加工方法，然后要对该零件进行形体分析和结构分析，分析零件的内、外部形状，以及各部分之间的相对位置，找出各部分的特征和表达的关键点。

2. 选择主视图

主视图是一组图形的核心，主视图在表达零件结构形状、画图和看图中起着关键作用，因此，应把主视图的选择放在首位。选择主视图时，应考虑以下几个方面。

（1）形状特征原则：主视图应以尽可能多地反映零件各部分形状及组成零件各功能部分的相对位置作为视图的投射方向，以便于设计和读图。

（2）工作位置原则：主视图的表达应尽量与零件的工作位置一致。便于想象零件在机器中的工作状况，方便阅读零件图。像叉架、箱体等零件由于结构形状比较复杂，加工面较多，并且需要在各种不同的机床上加工。因此，这类零件的主视图应该按该零件在机器中的工作位置画出，以便于按图装配，如图 8-5 所示。

（3）加工位置原则：为便于工人生产，主视图所表示的零件位置应和零件在主要工序中的装夹位置保持一致，以便于加工时读图形、看尺寸。轴、套、轮、盖等零件的主视图，一般按车削加工位置画出，如图 8-3、图 8-4 所示。

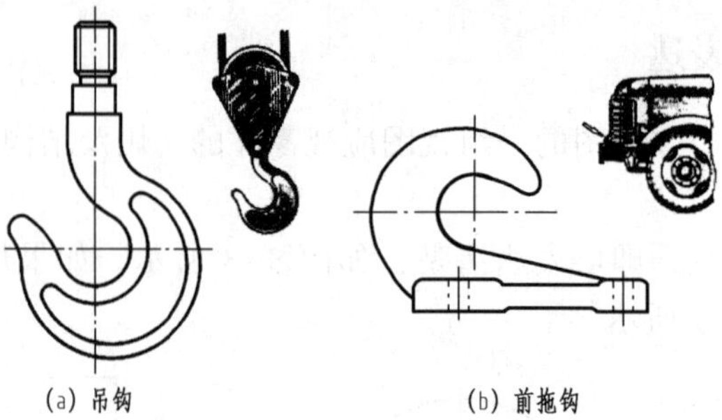

(a) 吊钩　　(b) 前拖钩

图 8-5　主视图的选择

3. 选择其他视图

对于结构形状较复杂的零件，主视图还不能完全地反映其结构形状，必须选择其他视图，包括剖视图、断面图、局部放大图和简化画法等各种表达方法，和主视图一起共同表达零件。

选择其他视图的原则是：在完整、清晰地表达零件内、外结构形状的前提下，尽量减少图形数量，以方便画图和看图。图 8-6（a）所示的轴承端盖，其主视图为全剖视图，四周均匀分布的螺孔采用简化画法来表达，省去了左视图。图 8-6（b）所示的轴，除主视图外，又采用了移出两处断面图、一处局部视图、一处局部剖视图和两处局部放大图来表达销孔、键槽和退刀槽等局部结构。

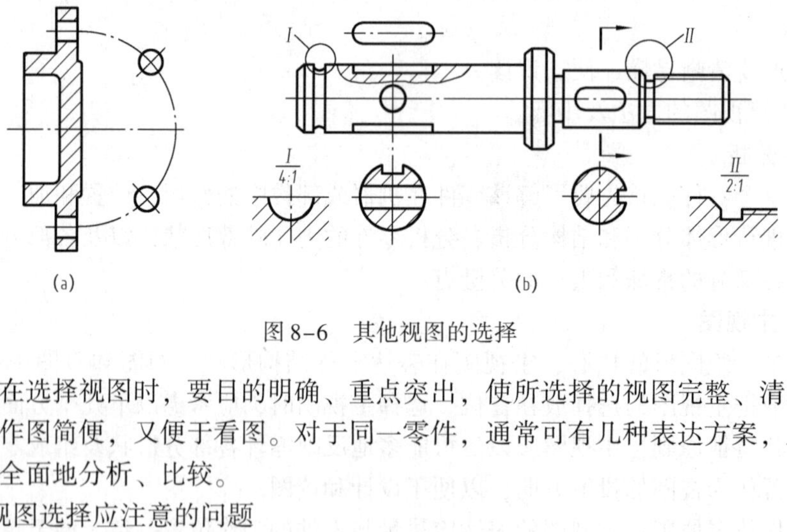

(a)　　(b)

图 8-6　其他视图的选择

总之，在选择视图时，要目的明确、重点突出，使所选择的视图完整、清晰、数量适当，做到既作图简便，又便于看图。对于同一零件，通常可有几种表达方案，且往往各有优缺点，须全面地分析、比较。

（三）视图选择应注意的问题

在选择表达某一零件的视图时，应注意以下几个方面。

(1) 优先选用基本视图。

(2) 对于内、外形的表达，可以作如下考虑：内形复杂、外形比较简单的零件，可以采取全剖视图；内、外形都比较复杂的，须相互兼顾，在不影响清楚表达的前提下，可以采取半剖视图或局部剖视图。

(3) 尽量不用虚线表示零件的轮廓线，但是当用少量虚线可节省视图数量而又不在虚线上标注尺寸时，可适当采用虚线。

(4) 选择最佳表达方案。择优的原则是：

① 在零件的结构形状表达清楚的基础上，视图的数量越少越好，在多种方案中比较、择优。

② 避免不必要的细节重复。

任务实践

根据下面的轴测图，选择合适的表达方法并标注尺寸。

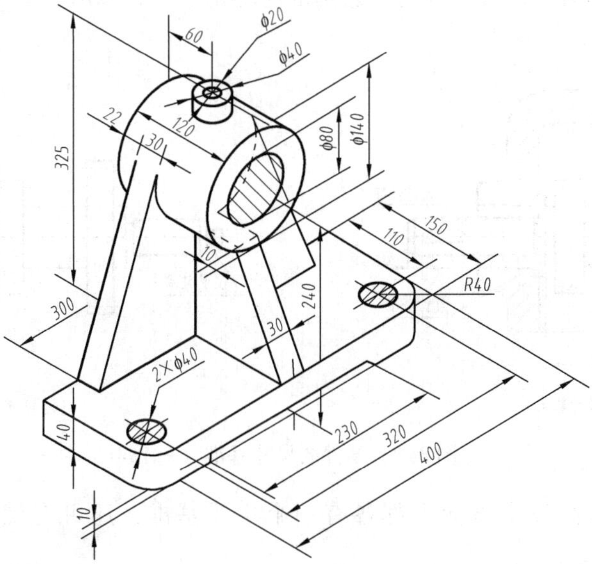

任务二　零件图上的尺寸分析

任务目标

知识点：零件图的尺寸基准、标注时应注意的问题。

技能点：能合理标注零件图的尺寸。

任务分析：零件图的尺寸是加工和检验零件的重要依据。标注零件图的尺寸，除满足正确、完整、清晰的要求外，还必须使标注的尺寸合理，符合设计、加工、检验和装配的要求。关于如何做到尺寸的正确、完整和清晰，在前面有关章节中已经介绍过了，下面主要介绍合理标注尺寸的一些基本知识。

相关知识

一、零件图的尺寸基准

尺寸基准是确定零件上尺寸位置的几何元素，是测量或标注尺寸的起点。通常将零件上的一些面（主要加工面、两零件的结合面、对称面）和线（轴、孔的轴线，对称中心线等）作为尺寸基准。根据基准在生产过程中的作用不同，一般将基准分为设计基准和工艺基准。

1. 设计基准

设计基准是根据零件的结构和设计要求而选定的基准，如轴、盘类零件的轴线。它也是零件的主要基准。

2. 工艺基准

工艺基准是根据零件的加工和测量要求选定的基准。

在标注零件尺寸时，设计基准与工艺基准应尽量统一，以减少加工误差，提高加工质量，如图 8-7 所示。

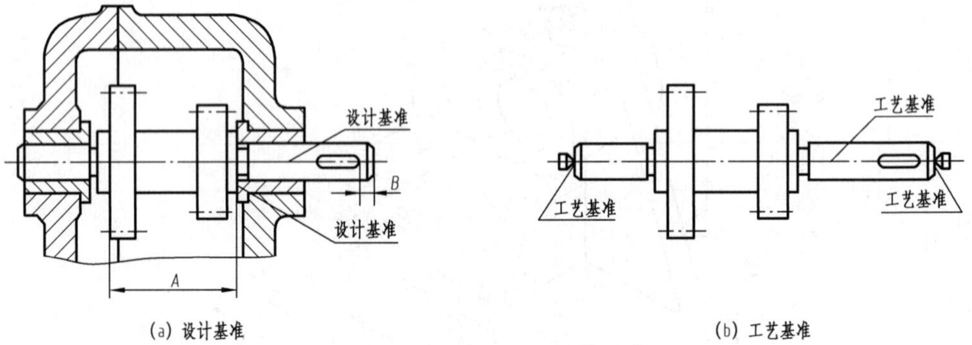

图 8-7　零件的尺寸基准（一）

零件的长、宽、高三个方向上都各有一个主要基准，还可有辅助基准，如图 8-8 所示。

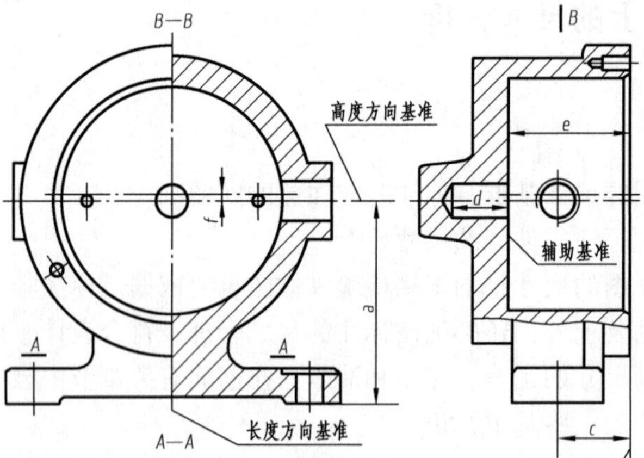

图 8-8　零件的尺寸基准（二）

主要基准和辅助基准之间必须有尺寸联系，基准选定后，主要尺寸应从主要基准出发进行标注，如图 8-9 所示。

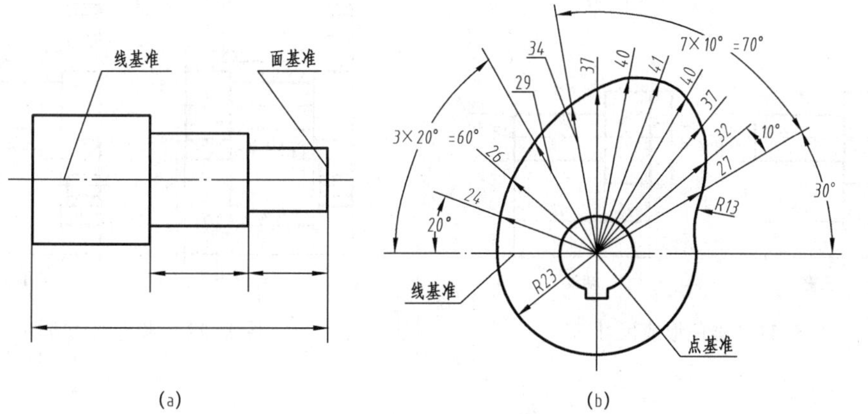

图 8-9 零件的尺寸基准（三）

二、尺寸标注要点

1. 零件的重要尺寸必须从基准直接注出

加工好的零件尺寸存在误差，为使零件的重要尺寸不受其他尺寸的影响，应在零件图中把重要尺寸直接从尺寸基准直接注出，不可通过几个尺寸累加的形式进行标注。重要尺寸指影响产品性能、工作精度和配合的尺寸，非主要尺寸指非配合的直径、长度、外轮廓尺寸等尺寸，如图 8-10 所示。

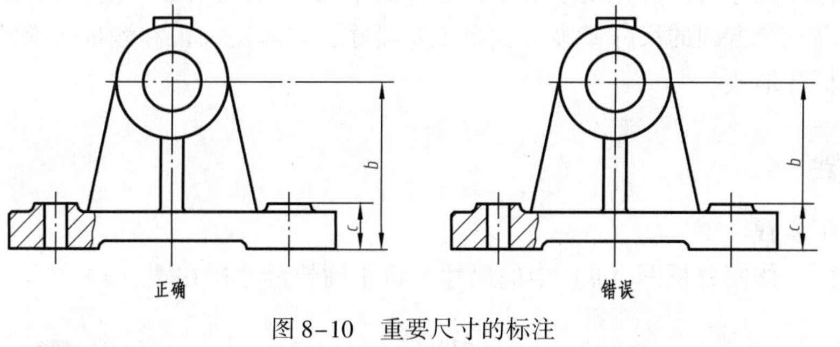

图 8-10 重要尺寸的标注

2. 避免形成封闭尺寸链

同一方向的尺寸串联并头尾相接组成封闭的图形，称为封闭尺寸链，如图 8-11 所示。

3. 标注的尺寸要便于测量

在满足设计要求的前提下，应尽量考虑使用通用测量工具进行测量，避免或减少使用专用量具。如图 8-12（a）中所注长度方向的尺寸 A 在加工和检验时测量均较困难。图 8-12（b）所示的标注形式，测量较为方便。

4. 标注尺寸时应考虑便于加工

图 8-13 所示的轴是按加工顺序标注尺寸的。考虑到该零件在车床上要调头加工，因

此其轴向尺寸以两端面为基准，而尺寸 20 ±0.1、25 ±0.1 两段长度要求较严，故直接注出。

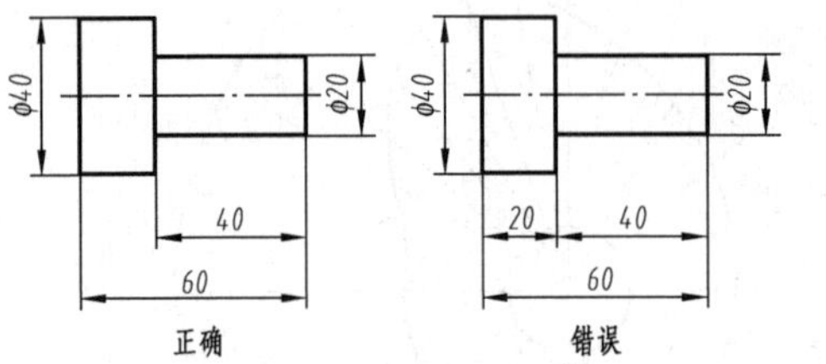

图 8-11 避免形成尺寸链

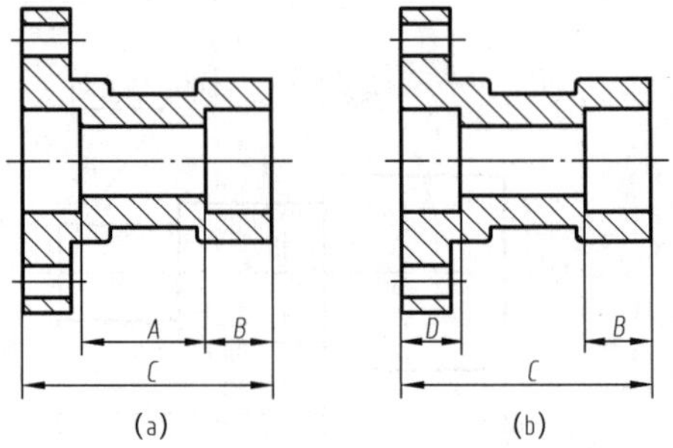

图 8-12 考虑测量方便

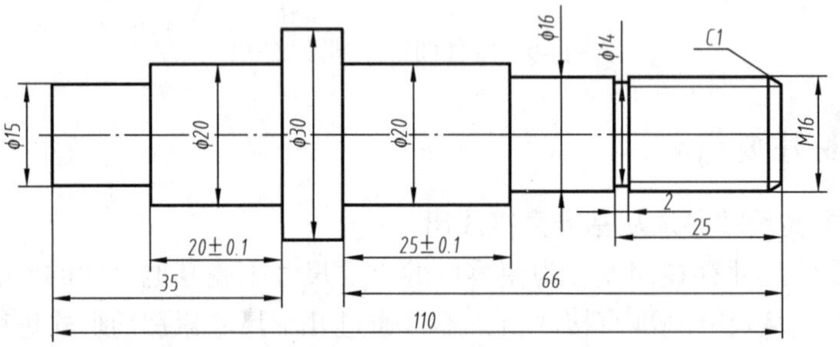

图 8-13 标注尺寸要便于加工

总之，标注尺寸时，首先要了解零件在机器中的作用，其次对零件进行形体分析。弄清长、宽、高三个方向的尺寸基准，找出主要尺寸，在满足加工和测量要求的前提下选择恰当的尺寸标注形式。

任务实践

进行以下实践：

(1) 参照立体图分析图 (b) 中的尺寸，将正确的尺寸标在图 (a) 中。

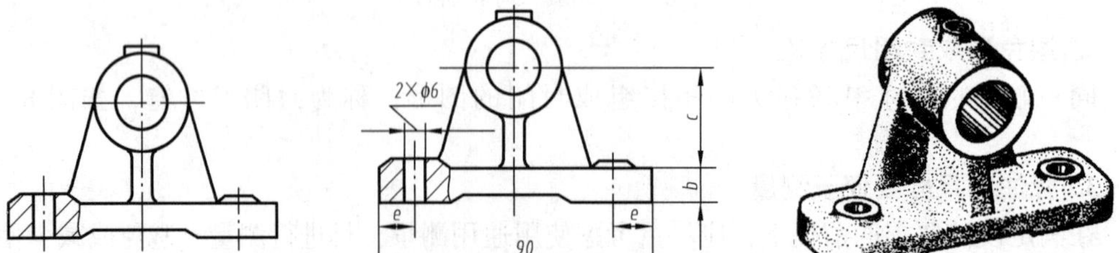

(a) (b) (c) 轴承座立体图

(2) 分析图 (b) 中的尺寸，将正确的尺寸标在图 (a) 中。

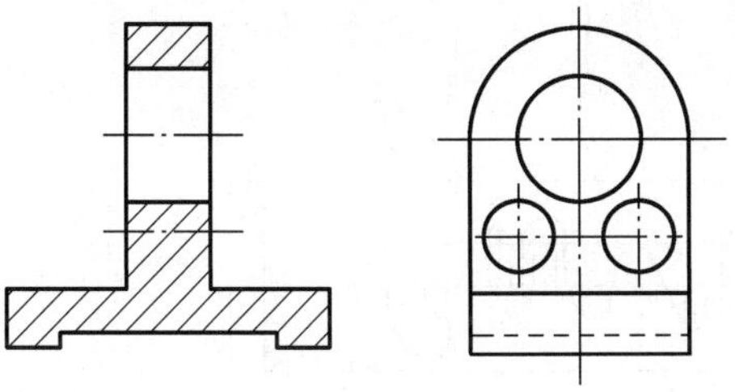

(a)

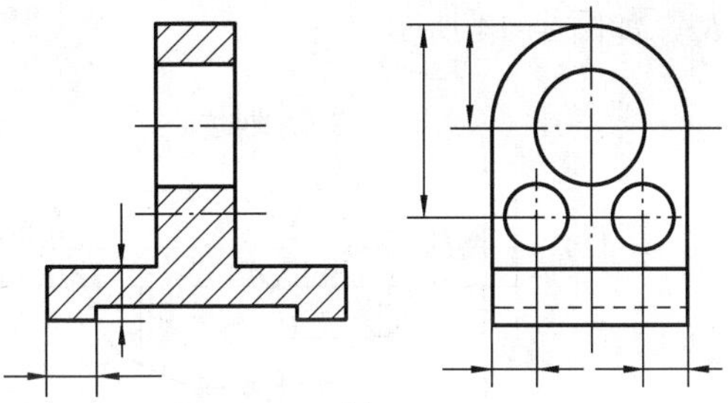

(b)

任务三　零件图上技术要求的注写

任务目标

知识点： 极限与配合、识读与标注、形位公差识读与标注、表面结构识读与标注。

技能点： 能在零件图上正确注写极限与配合、形位公差和表面结构等技术要求。

任务分析： 零件图上的图形与尺寸尚不能完整反映对零件的全面要求。因此，零件图还必须给出必要的技术要求，以便控制零件质量。技术要求主要是指零件几何精度方面的要求，如表面结构、尺寸公差、几何公差、热处理及表面处理等。这些技术要求，有的用规定的符号和代号直接标注在视图上，有的则以简明的文字注写在标题栏的上方或左侧。

相关知识

一、表面结构

在机械图样上，为保证零件装配后的使用要求，除了对零件各部分结构给出尺寸和几何公差外，还要求根据功能需求对零件的表面质量——表面结构给出要求。表面结构是表面粗糙度、表面波纹度、表面缺陷、表面纹理和表面几何形状的总称。表面结构的各项要求在图样上的表示方法在 GB/T 131—2006 中均有具体规定。下面主要介绍常用的表面结构表示法。

1. 表面粗糙度及其评定参数

不论采用何种加工方法所获得的零件表面，都不是绝对平整和光滑的。由于刀具在零件表面上留下的刀痕、切削时表面金属的塑性变形和机床振动等因素的影响，使零件表面存在微观凹凸不平的轮廓峰谷，这种表示零件表面具有较小间距和峰谷所组成的微观几何不平度，称为表面粗糙度。表面粗糙度与加工方法、切削刃形状和进给量等因素都有密切关系。

表面粗糙度是评定零件表面质量的一项重要技术指标，对于零件的配合、耐磨性、耐蚀性以及密封性都有显著影响，是零件图中必不可少的一项技术要求。

国家标准规定，表面结构以参数值的大小评定。在生产中，轮廓参数是目前我国机械图样中最常用的评定参数。这里仅介绍评定粗糙轮廓（R 轮廓）中的两个高度参数 *Ra* 和

Rz，如图 8-14 所示。

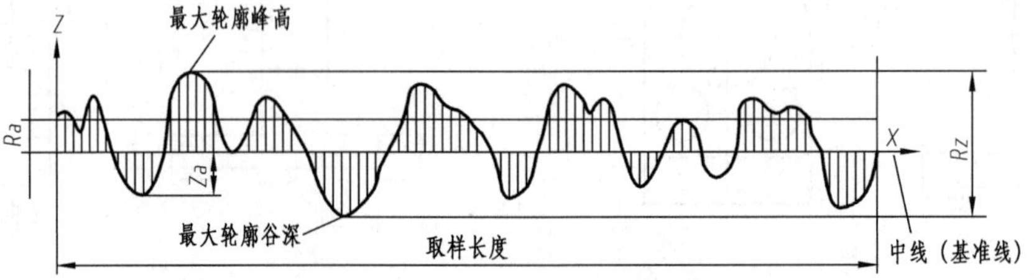

图 8-14　轮廓的算术平均偏差 Ra 和轮廓最大高度 Rz

(1) 算术平均偏差 Ra 是指在一个取样长度内纵坐标值 Z (x) 绝对值的算术平均值。

(2) 轮廓的最大高度 Rz 是指在同一取样长度内，最大轮廓峰高和最大轮廓谷深之和。

表面结构的选用，应该既要满足零件表面的功能要求，又要考虑经济合理。一般情况下，凡零件上有配合要求或有相对运动的表面，粗糙度值要小，其值越小，表面质量越高，但加工成本越高。因此，在满足使用要求的前提下，应尽量选用较大的参数值，以降低成本。

表 8-1 列出了零件表面结构数值不同的表面情况以及对应的加工方法和应用举例。

表 8-1　表面结构 *Ra* 值与加工方法

Ra/μm	表面特征	加工方法	应用举例
50 25 12.5	粗面	粗车、粗铣、粗刨、钻孔、锯断以及铸、锻、轧制等	多用于粗加工的非配合表面，如机座底面、轴的端面、倒角、钻孔、键槽非工作面，以及铸、锻件的不接触面等
6.3 3.2 1.6	半光面	精车、精铣、精刨、铰孔、刮研、拉削（钢丝）等	较重要的接触面和一般配合表面，如键槽和键的工作面、轴套及齿轮的端面、定位销的压入孔表面
0.8 0.4 0.2	光面	精铰、精磨、抛光等	要求较高的接触面和配合表面，如齿轮工作面、轴承的重要表面、圆锥销孔等
0.1 0.05 0.025	镜面	研磨、超级精密加工等	高精度的配合表面，如要求密封性能好的表面、精密量具的工作表面等

2. 表面结构的图形符号

表面结构的图形符号见表 8-2。

表 8-2　表面结构的图形符号

符号名称	符　号	含　义
基本图形符号		未指定工艺方法的表面，当通过一个注释时可单独使用
扩展图形符号	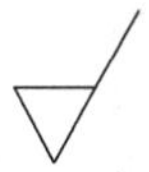	用去除材料方法获得的表面，仅当其含义是“被加工表面”时可单独使用
	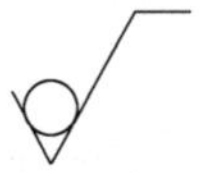	不去除料的表面，也可用于保持上道工序形成的表面，不管这种状况是通过去除或不去除材料形成的
完整图形符号		在以上各种符号的长边上加一横线，以便注写对表面结构的各种要求

3. 表面结构代号

表面结构符号中注写了具体参数代码及数值等要求后即称为表面结构代号。

表面结构符号、代号的画法及其在零件图中的标注方法见表 8-3

表 8-3　表面结构符号、代号的画法及其在图样上的标注

符号代号规定画法	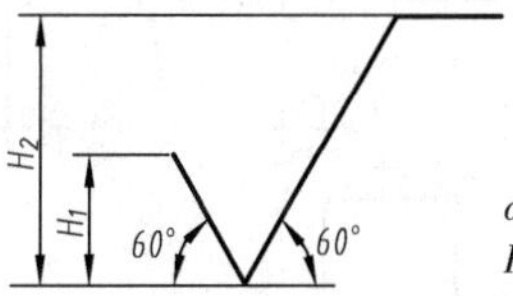 d'（符号线宽）=0.25 H_1 =3.5 H_2 =7.5
标注示例	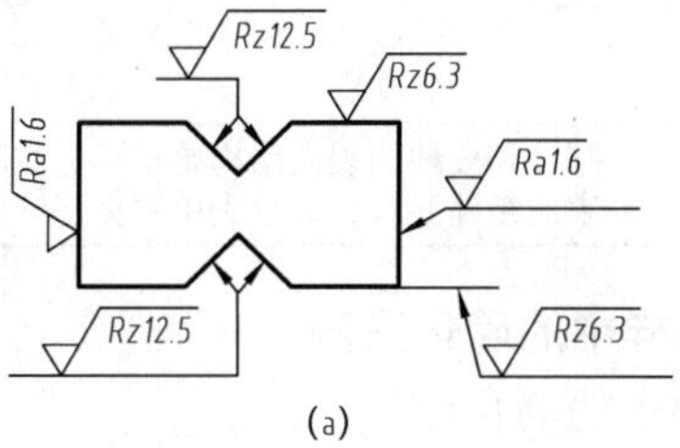 (a) 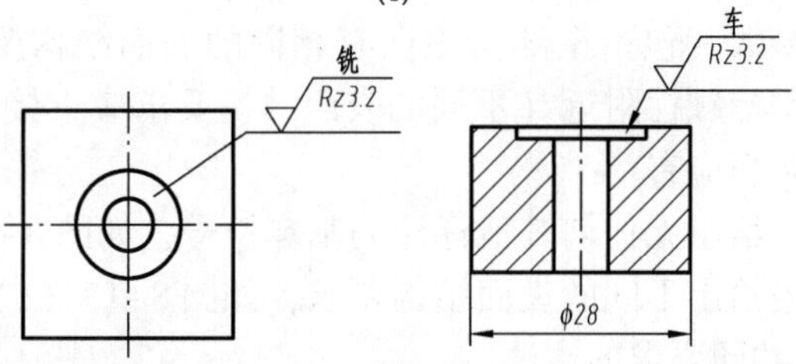 (b)
说明	表面结构的注写和读取方向与尺寸的注写和读取方向一致。表面结构要求可标注在轮廓线上，其符号应从材料外指向表面［图（a）］。必要时，表面结构也可用带箭头或黑点的指引线引出标注［图（b）］

续表

<table>
<tr><td>标注示例</td><td>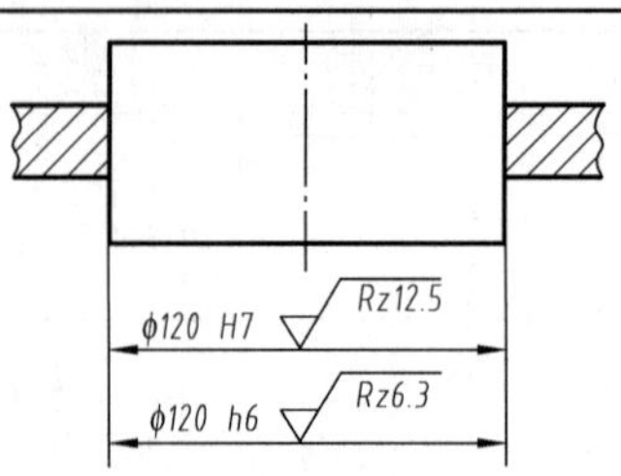

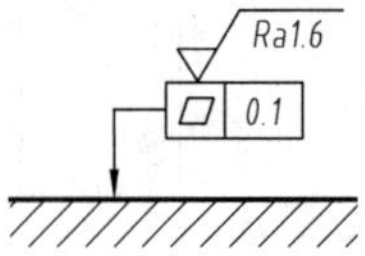

(c)
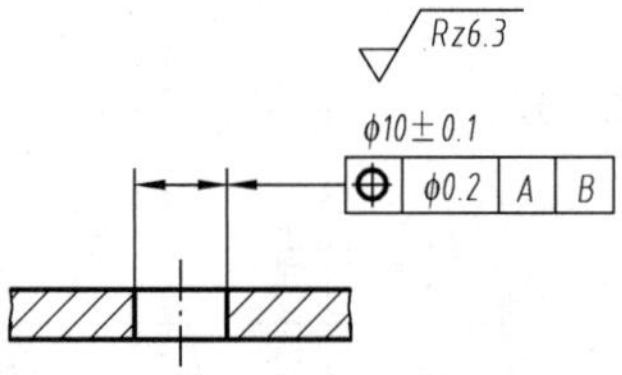

(d)</td></tr>
<tr><td>说明</td><td>在不致引起误解时，表面结构要求可以标注在给定的尺寸线上［图（a）］，表面结构要求也可以标注在几何公差框格的上方［图（d）］</td></tr>
<tr><td>标注示例</td><td>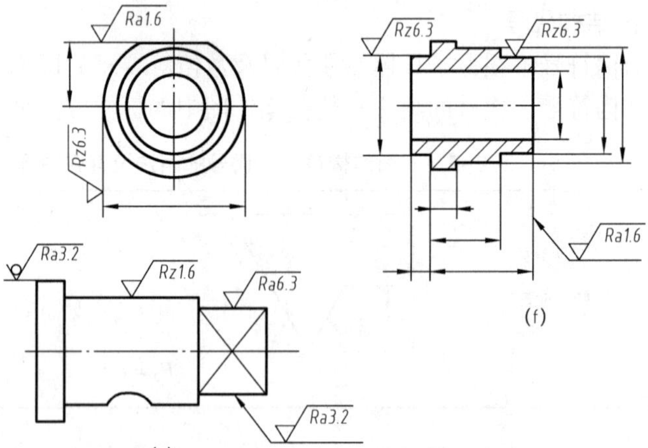

(e) (f)</td></tr>
<tr><td>说明</td><td>圆柱和棱柱的表面结构要求只标注一次［图（e）］。如果每个棱柱表面有不同的表面粗糙要求，应分别单独标注［图（f）］</td></tr>
</table>

4. 表面结构要求在图样中的简化注法

1）有相同表面结构要求的简化注法

如果在工件的多数（包括全部）表面有相同的表面结构要求时，则其表面结构要求可统一标注在图样的标题栏附近（不同的表面结构要求应直接标注在图形中）。此时，表面结构要求的符号后面应有：

（1）在圆括号内给出无任何其他标注的基本符号，如图 8-15（a）所示。

（2）在圆括号内给出不同的表面结构要求，如图 8-15（b）所示。

2）多个表面有共同要求的注法

（1）用带字母的完整符号的简化注法。如图 8-16 所示，用带字母的完整符号以等式的形式，在图形或标题栏附近对有相同表面结构要求的表面进行简化标注。

（2）只用表面结构符号的简化注法。如图 8-17 所示，用表面结构符号以等式的形式给出多个表面共同的表面结构要求。

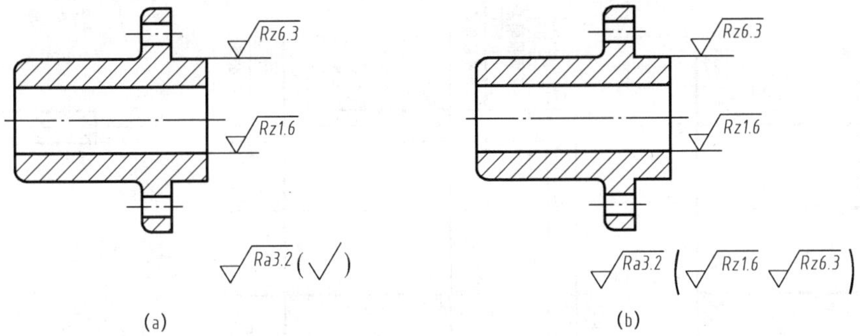

图 8-15　大多数表面有相同表面结构要求的简化注法

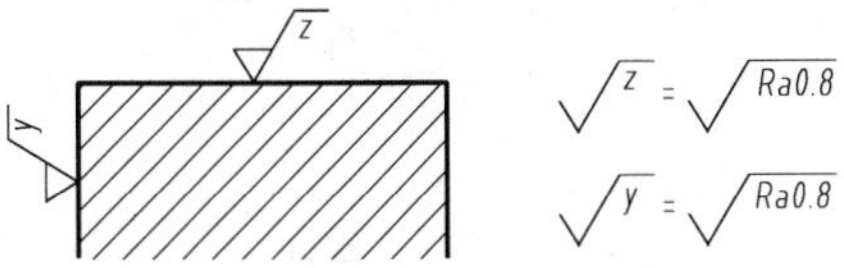

图 8-16　在图纸空间有限时的简化注法

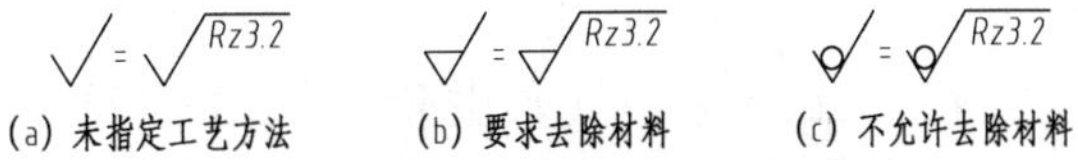

图 8-17　多个表面结构要求的简化注法

二、极限与配合

机器中同种规格的零件，任取其中一个，不经挑选和修配，就能装到机器中去，并满足机器性能的要求，零件的这种性质称为互换性。零件具有互换性，不仅能组织大规模的专业化生产，而且可以提高产品质量、降低成本、便于维修。为了正确地了解公差与配合的有关内容，下面将常用的基本概念、术语及定义分别进行介绍。

（一）尺寸公差

在生产过程中，由于设备条件（如机床、工具、量具等）和技术水平的影响，零件的尺寸不可能做得绝对准确，而且在使用中也无此必要。因此，在设计零件时，应根据它的使用要求，并考虑加工的可能性和经济性，给零件的尺寸规定一个允许的变动量，这个变动量即称为公差。

现以孔为例，将有关尺寸公差的术语及定义介绍如下。

1. 公差尺寸

设计给定的尺寸，如图 8-18（a）中的尺寸 $\phi50$。

通过它应用上、下极限偏差可算出极限尺寸。公称尺寸可以是一个整数值或一个小数值。图中剖面符号较密的部分，表示尺寸允许的变动量，称为公差带。

2. 实际尺寸

通过实际测量所得的尺寸。由于存在测量误差，实际尺寸并非被测尺寸的真值。

（1）上极限尺寸：两个界限值中较大的一个，如图 8-18（b）中的尺寸 $\phi50.007$。

（2）下极限尺寸：两个界限值中较小的一个，如图 8-18（b）中的尺寸 $\phi49.982$。

3. 尺寸偏差（简称偏差）

其为某一尺寸减其公称尺寸所得的代数差。偏差数值可以是正值、负值和零。

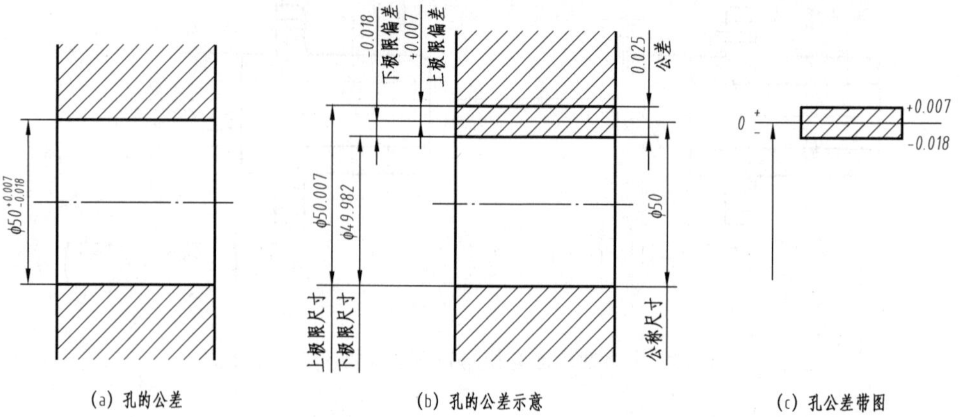

图 8-18　公差的基本术语

1）上极限偏差（孔用 ES、轴用 es 表示）

其为上极限尺寸减其公称尺寸所得的代数差。如图 8-18（b）中，孔的上极限偏差为 ES = 50.007 − 50 = +0.007。

2）下极限偏差（孔用 EI、轴用 ei 表示）

其为下极限尺寸减其公称尺寸所得的代数差。如图 8-18（b）中，孔的下极限偏差 EI = 49.982 − 50 = −0.018。

实际尺寸减去公称尺寸所得的代数差称为实际偏差。实际偏差在上、下极限偏差所决定的区间内才算合格。上、下极限偏差统称极限偏差。极限偏差可以为正、负或零值。

4. 尺寸公差（简称公差）

其为允许尺寸的变动量。公差等于上极限尺寸与下极限尺寸之差，也等于上极限偏差与下极限偏差之差，是一个没有符号的绝对值。图 8-18（b）中公差 = 50.007 − 49.982 = 0.007 − (−0.018) = 0.025。

5. 公差带

为了便于分析尺寸公差和进行有关计算，以公称尺寸为基准（零线），用夸大了间距的两条直线表示上、下极限偏差。这两条直线所限定的区域称为公差带，用这种方法画出的图称为公差带，如图 8-18（c）所示 。

在公差带图中，零线是确定正、负偏差的基准线，正偏差位于零线之上，负偏差位于零线之下。公差带沿零线垂直方向的宽度反映了公差带的大小。公差值越小，零件尺寸的精度越高，反之则尺寸精度越低。

（二）配合

1. 配合

公称尺寸相同的、互相结合的孔和轴公差带之间的关系称为配合。孔和轴配合时，由于它们的实际尺寸不同，将产生间隙或过盈。

2. 间隙或过盈

孔的尺寸减去相配合的轴的尺寸所得的代数差为正时是间隙，为负时是过盈，如图 8-19所示。

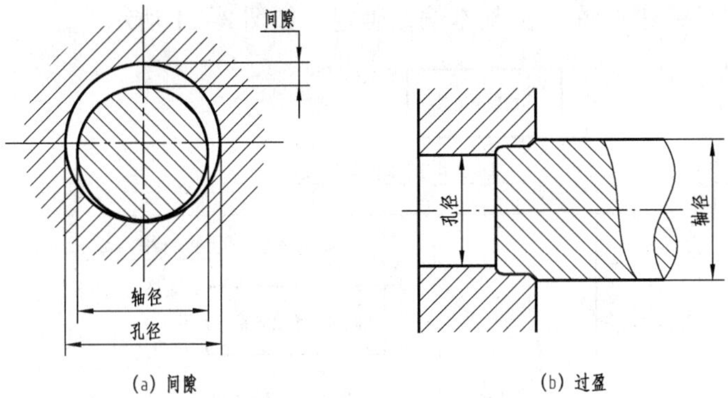

图 8-19　间隙和过盈

3. 配合类别

根据孔、轴公差带相对位置不同，或按配合零件的结合面形成间隙或过盈的不同，配合分为以下三类。

（1）间隙配合：具有间隙（包括最小间隙等于零）的配合，此时孔的公差带在轴的公差带之上，如图 8-20（a）所示。

最大间隙：孔的上极限尺寸减轴的下极限尺寸所得的代数差。

最小间隙：孔的下极限尺寸减轴的上极限尺寸所得的代数差。

（2）过盈配合：具有过盈（包括最小过盈为零）的配合，此时孔的公差带在轴的公差带之下，如图 8-20（c）所示。

最大过盈：孔的下极限尺寸减轴的上极限尺寸所得的代数差。

最小过盈：孔的上极限尺寸减轴的下极限尺寸所得的代数差。

（3）过渡配合：可能具有间隙或过盈的配合。此时孔的公差带与轴的公差带相互交叠，如图 8-20（b）所示。对过渡配合，一般只计算最大间隙和最大过盈。

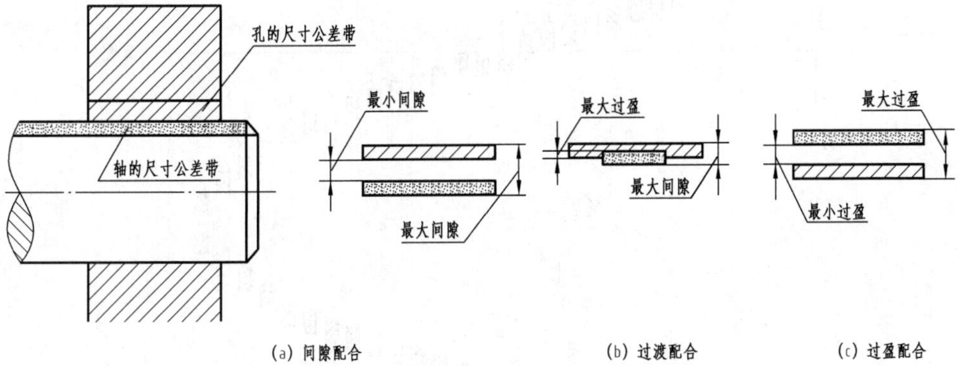

图 8-20　配合的类别

在规定具有过渡配合性质的一批零件的公差时，虽然允许得到间隙或过盈的配合，但对已装配好的一对具体零件，则只能得到一种结果，即为间隙或过盈。

（三）标准公差与基本偏差

公差带由“公差带大小”和“公差带的位置”这两个要素组成。“公差带大小”由标准公差确定，“公差带位置”由基本偏差确定，如图 8-21 所示。

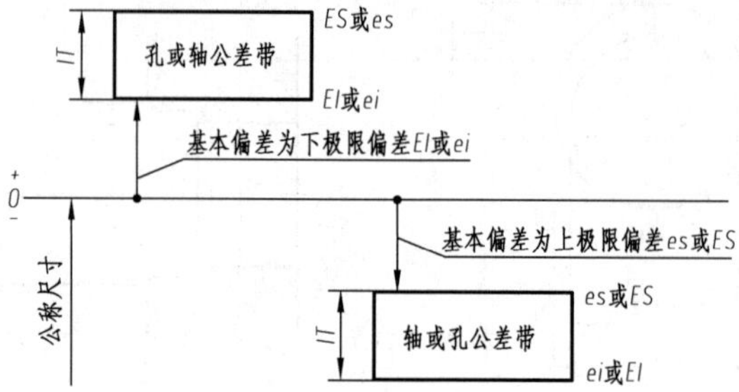

图 8-21 公差带大小及位置

1. 标准公差的等级、代号及数值

根据尺寸制造的精密程度，将标准公差的等级分为 20 级，分别用 IT01、IT0、IT1、…、IT18 表示。IT 表示标准公差，数字表示公差等级。由 IT01 至 IT18，公差等级依次降低，即尺寸的精确程度依次降低，而公差数值则依次增大。标准公差数值，可以查阅相关手册，它的大小与公称尺寸分段和公差等级有关。

2. 基本偏差代号及系列

基本偏差是指尺寸的两个极限（上极限偏差或下极限偏差）中靠近零线的一个，它用来确定公差带相对于零线的位置，如图 8-21 所示。当公差带在零线的上方时，基本偏差为下极限偏差；反之，基本偏差为上极限偏差。如图 8-22 所示，基本偏差共有 28 个，它的代号用拉丁字母表示，大写为孔，小写为轴。

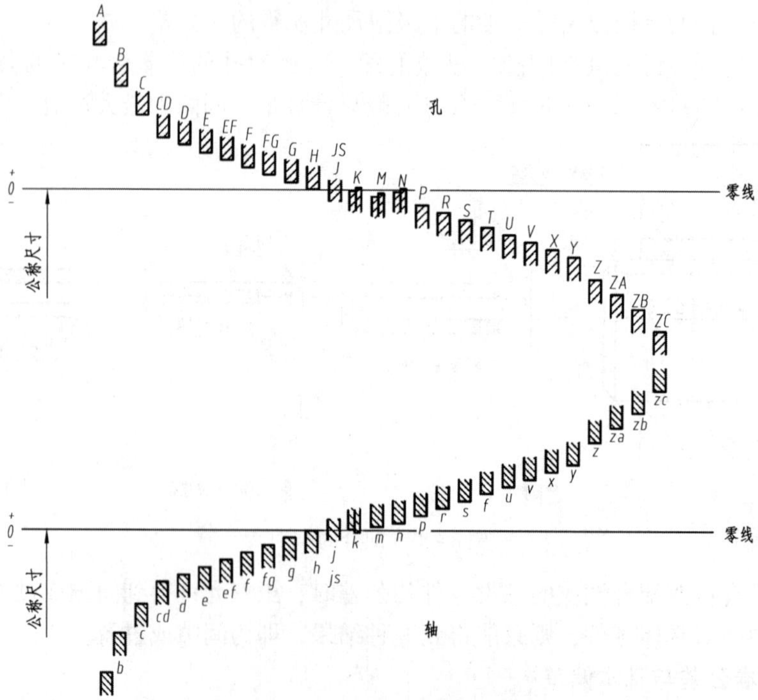

图 8-22 基本偏差系列

从图 8-22 中可以看出，轴的基本偏差中：从 a 到 h 为上极限偏差 es，而且是负值（h 为零），其绝对值依次减小。js 的公差带对称于零线，故基本偏差可为上极限偏差（es = +IT/2）或下极限偏差（ei = -IT/2）。从 j 到 zc，基本偏差为下极限偏差 ei。其中 j 是负值，而 k 至 zc 为正值，其绝对值依次加大。

基本偏差系列图只表示公差带的位置，不表示公差带的大小，因此公差带的一端是开口的，开口的另一端由标准公差限定。

根据孔、轴的基本偏差和标准公差，就可计算出孔、轴的另一个偏差。

对于孔，另一个偏差为

ES = EI + IT 或 EI = ES - IT

对于轴，另一个偏差为

es = ei + IT 或 ei = es - IT

3. 公差带代号

孔、轴的公差带代号由基本偏差代号与公差等级代号组成。例如 H8、F8、K7、P7 等为孔的公差带代号，h7、f7、k7、p6 等为轴的公差带代号。

4. 配合制

为了得到不同性质的配合，可以同时改变两配合零件的极限尺寸，也可以将一个零件的极限尺寸保持不变，只改变另一配合零件的极限尺寸以达到要求的配合性质。为了获得最大的技术经济效果，《极限与配合》标准中规定了两种体制的配合系列——基孔制和基轴制。

（1）基孔制：基本偏差为一定的孔的公差带，与不同基本偏差的轴的公差带形成各种配合的一种制度。在基孔制中，孔为基准孔，根据国家标准规定，基准孔的代号用大写字母“H”表示，其下极限偏差（EI）为零，如图 8-23（a）所示。

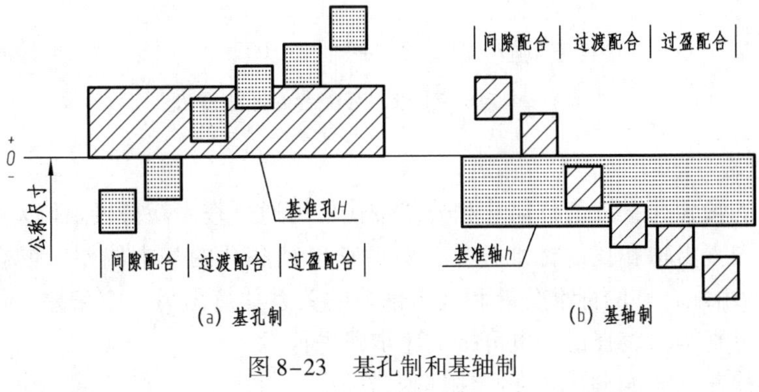

图 8-23　基孔制和基轴制

（2）基轴制：基本偏差为一定的轴的公差带，与不同基本偏差的孔的公差带形成各种配合的一种制度。在基轴制中，轴为基准轴，根据国家标准规定，基准轴的代号用小写字母“h”表示，其上极限偏差（es）为零，如图 8-23（b）所示。

（3）基准制的选择。

在实际生产中，选用基孔制还是基轴制，主要从机器结构、工艺要求和经济性等方面来考虑。

一般情况下，常采用基孔制，因为加工相同等级的孔和轴时，孔的加工比轴要困难些。特别是加工小尺寸的精确孔时，须采用价值昂贵的定值刀量具（如绞刀、拉刀等），这种刀具每种规格一般只用于加工一种尺寸的孔，故需求量大。如采用基孔制，就可减少刀具和量具的数量。而轴的加工则不然，用同一刀具可以加工出不同尺寸的轴，因而采用基孔制的经济效果较好。

（四）极限与配合的标注与查表

1. 在装配图上的标注

在装配图上标注公差与配合，采用组合式注法，如图 8-24（a）所示，它是在公称尺寸 $\phi18$ 和 $\phi14$ 后面，分别用一分式表示：分子为孔的公差带代号，分母为轴的公差带代号。对于基孔制的基准孔，基本偏差用 H 表示；对于基轴制的基准轴，基本偏差用 h 表示。

2. 在零件图上的标注

在零件图上标注公差的方法有三种形式：只注公差带代号，如图 8-24（b）所示；只注极限偏差数值，如图 8-24（c）所示；注出公差带代号及极限偏差数值，如图 8-24（d）所示。

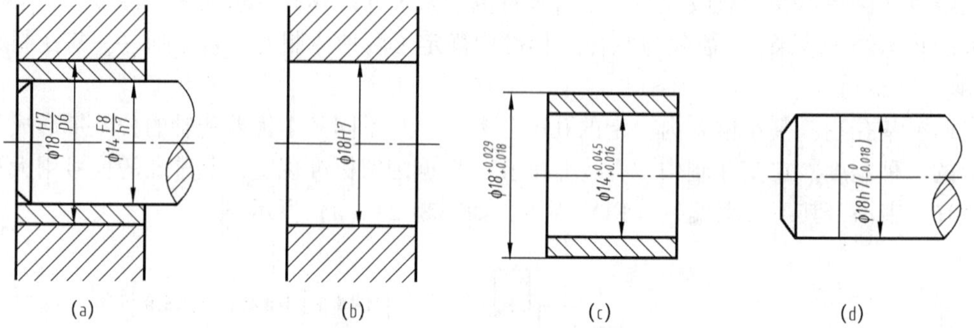

图 8-24　图样上极限与配合的标注方法

3. 查表方法

互相配合的轴和孔，按公称尺寸和公差带代号可通过查表获得极限偏差数值。查表的一般步骤是：先查出轴和孔的标准公差，然后查出轴和孔的基本偏差（配合件只列出一个偏差）；最后由配合件的标准公差和基本偏差的关系，算出另一个偏差。优先及常用配合的极限偏差可直接由表查得，也可按上述步骤进行。

例 8-1　查表写出 $\phi18H8/f7$ 的极限偏差数值。

解：对照附录 Q 可知，H8/f7 是基孔制的优先配合，其中 H8 是基准孔的公差带代号，f7 是配合轴的公差带代号。

（1）$\phi18H8$ 基准孔的极限偏差，可由附录查得。在表中由公称尺寸从大于 14 至 18 的行和公差带 H8 的列相交处查得 ${}^{+27}_{\ 0}$（即 ${}^{+0.027}_{\ 0}$ mm），这就是基准孔的上、下极限偏差，所以 $\phi18H8$ 可写成 $\phi18^{+0.027}_{\ 0}$。

（2）$\phi18f7$ 配合轴的极限偏差，可由附录 P 查得。在表中由公称尺寸从大于 14 至 18 的行和代号 f7 的列相交处查得 $^{-16}_{-34}$，就是配合轴的上极限偏差（es）和下极限偏差（ei），所以 $\phi18f7$ 可写成 $\phi18^{-0.016}_{+0.034}$。

三、几何公差

几何公差是指零件的实际形状和实际位置对理想形状和理想位置的允许变动量。在机器中某些精确程度较高的零件，不仅需要保证其尺寸公差，而且还要保证其几何公差（形状、方向、位置和跳动公差）要求。几何公差在图样上的注法应按照 GB/T 1182—2008 的规定进行。

对一般零件来说，它的几何公差，可由尺寸公差、加工机床的精度等加以保证。对要求较高的零件，则根据设计要求，在零件图上注出有关的几何公差。如图 8-25（a）所示，为了保证滚柱工作质量，除了注出直径的尺寸公差外，还要注滚柱轴线的形状公差——直线度，它表示滚柱实际轴线必须限定在 $\phi0.006$mm 的圆柱面内。又如图 8-25（b）所示，箱体上两个孔是安装锥齿轮的轴的孔，如果两孔轴线歪斜太大，就会影响锥齿轮的啮合传动。为了保证正常的啮合，应该使两轴线保持一定的垂直位置，所以要注上方向公差——垂直度，图中代号表示水平孔的轴线，必须位于距离为 0.05mm、且垂直于铅垂孔的轴线的两平行平面之间。

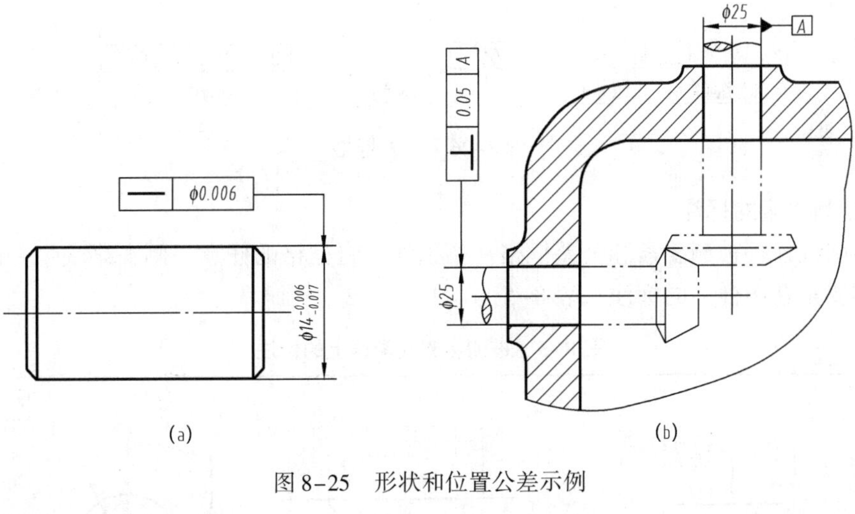

图 8-25　形状和位置公差示例

1. 几何公差的代号

国家标准规定用代号来标注几何公差。在实际生产中，当无法用代号标注几何公差时，允许在技术要求中用文字说明。

几何公差代号包括几何公差特征符号（见表 8-4）、公差框格及指引线、几何公差数值和其他有关符号，以及基准代号等。

表 8-4　几何公差的几何特征和符号

公差类型	几何特征	符号	有无基准
形状公差	直线度	—	无
	平面度	▱	无
	圆度	○	无
	圆柱度	⌭	无
	线轮廓度	⌒	无
	面轮廓度	⌓	无
方向公差	平行度	//	有
	垂直度	⊥	有
	倾斜度	∠	有
	线轮廓度	⌒	有
	面轮廓度	⌓	有

公差类型	几何特征	符号	有无基准
位置公差	位置度	⌖	有或无
	同心度（用于中心点）	◎	有
	同轴度（用于轴线）	◎	有
	对称度	⌯	有
	线轮廓度	⌒	有
	面轮廓度	⌓	有
跳动公差	圆跳动	↗	有
	全跳动	⌰	有

2. 几何公差在图样上的标注

1）公差框格

用公差框格标注几何公差时，公差要求注写在划分成两格或多格的矩形框格内，如图 8-26所示。

图 8-26　公差框格

2）被测要素的标注

用指引线连接被测要素和公差框格。指引线引自框格的任意一侧，终端带一箭头。

被测要素在图样上的标注见表 8-5。

表 8-5　被测要素在图样上的标注

标注示例	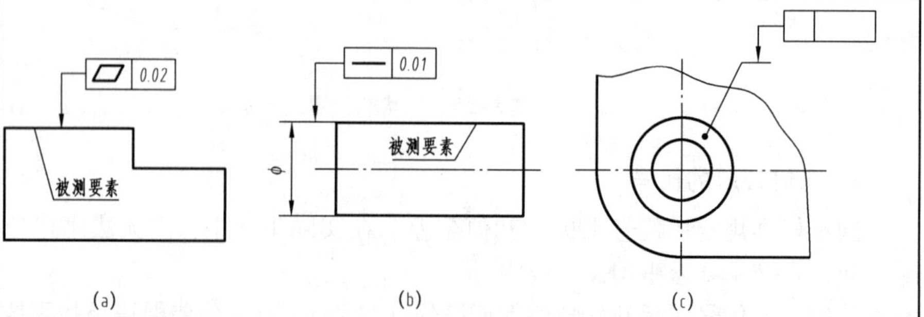
说明	当被测要素是轮廓线或表面时，指引线的箭头指向该要素的轮廓线或其延长线上（应与尺寸线明显错开），如图（a）、图（b）所示。箭头也可以指向引出线的水平线，引出线引自被测面，如图（c）所示

续表

<table>
<tr><td>标注示例</td><td>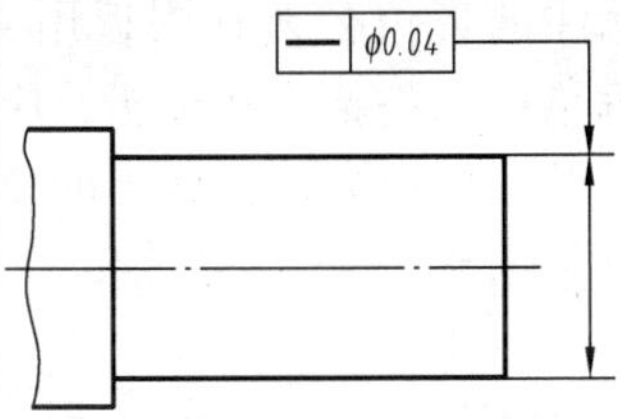

(d)
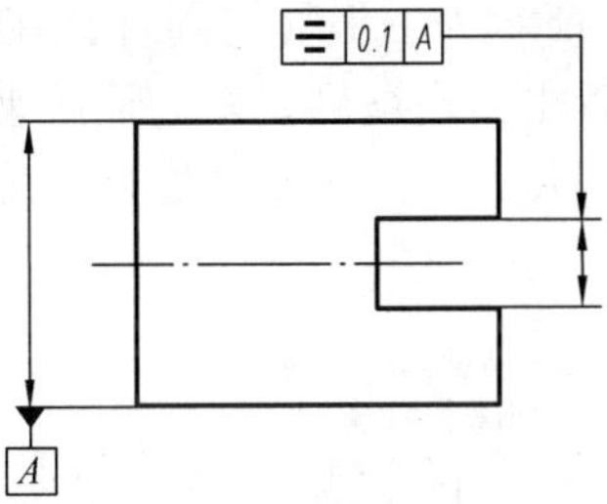

(e)</td></tr>
<tr><td>说明</td><td>被测要素为轴线或中心平面时，箭头应位于尺寸线的延长线上，如图（d）、图（e）所示，公差值前加注 φ，表示给定的公差带为圆形或圆柱形</td></tr>
</table>

3）基准要素的标注

基准要素是零件上用于确定被测要素的方向和位置的点、线或面，用基准符号（字母写在基准方格内，与一个涂黑的三角形相连）表示，表示基准的字母也应注写在公差框格内。

带基准字母的基准三角形应按表 8-6 规定放置。

表 8-6　基准要素在图样上的标注

<table>
<tr><td>标注示例</td><td>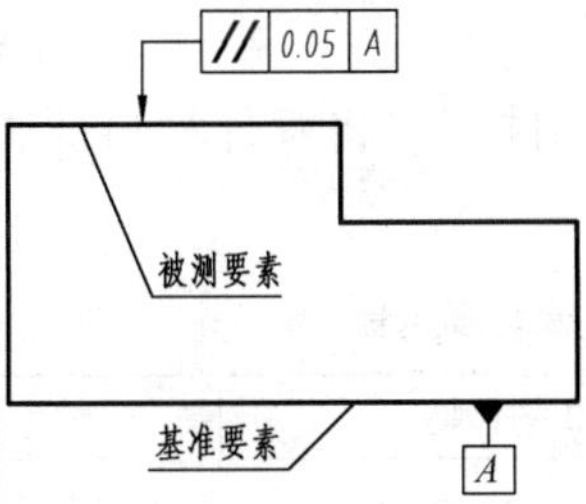

(a)
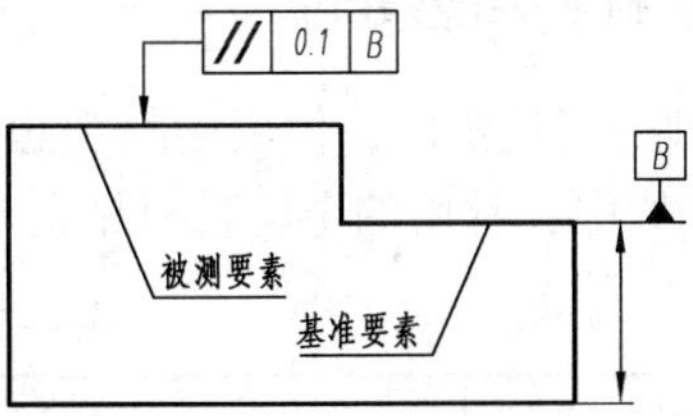

(b)</td></tr>
<tr><td>说明</td><td>当基准要素是轮廓线或轮廓面时，基准三角形放置在要素的轮廓线或其延长线上（与尺寸线明显错开），如图（a）、图（b）所示</td></tr>
<tr><td>标注示例</td><td>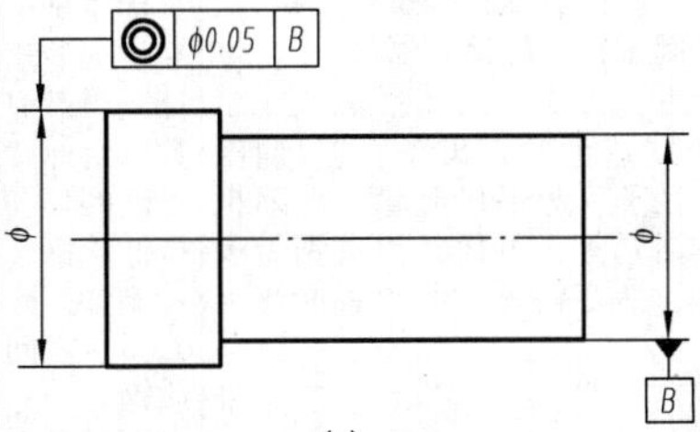

(c)
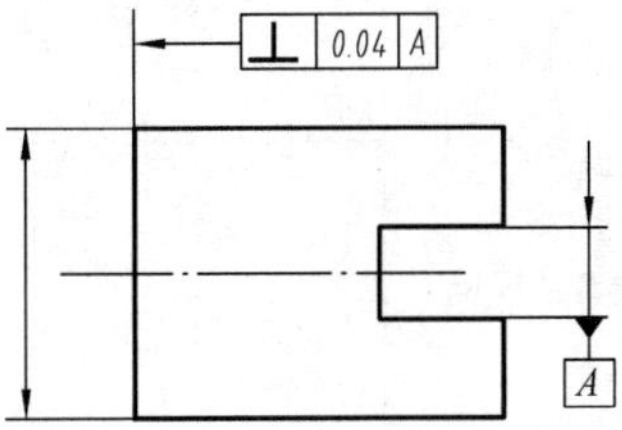

(d)</td></tr>
<tr><td>说明</td><td>当基准要素是轴线或中心平面时，基准三角形应放置在该尺寸线的延长线上，如图（c）所示。如果没有足够的位置标注基准要素尺寸的两个尺寸箭头，则其中一个箭头可用基准三角形代替，如图（d）所示</td></tr>
</table>

3. 几何形位公差标注示例

图 8-27 所示为一根气门阀杆，在图中对所标注的形位公差在附近用文字进行说明。从图中可以看出，当被测要素为线或表面时，从框格引出的指引线箭头，应指在该要素的轮廓线或其延长线上。当基准要素是轴线时，应将其基准符号与该要素的尺寸线对齐，如基准 A。

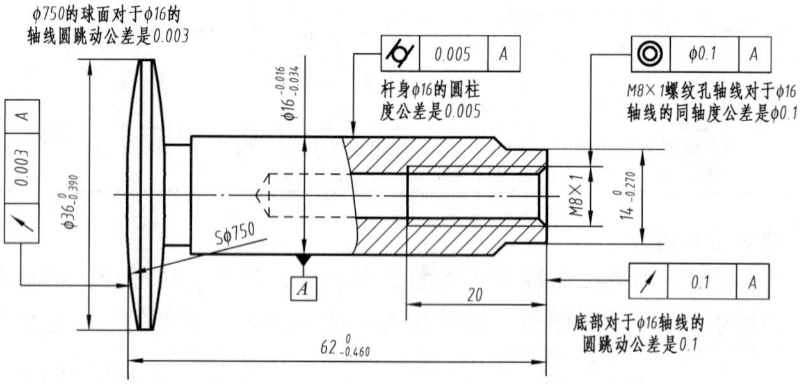

图 8-27　形位公差代号、基准代号及其含义

四、材料和热处理

零件的用途不同，使用的材料也不同。在零件图中将零件材料的牌号填入标题栏的“材料”栏中，常用的金属材料见表 8-7。

表 8-7　零件常用牌号及用途

名称	牌　号	应用举例	说　明
碳素结构钢	Q235 - A	吊钩、拉杆、车钩、套圈、气缸、齿轮、螺钉、螺母、螺栓、连杆、轮轴、楔、盖及焊接件	其牌号由代表屈服强度的字母(Q)、屈服强度值、质量等级符号(A、B、C、D）表示
优质碳素结构钢	15	常用低碳渗碳钢，用做小轴、小模数齿轮、仿形样板、滚子、销子、摩擦片、套筒、螺钉、螺柱、拉杆、垫圈、起重钩、焊接容器等	优质碳素结构钢牌号数字表示平均碳的质量分数（以万分之几计），锰的质量分数较高的钢须在数字后标“Mn” 碳的质量分数≤0.25%的碳钢是低碳钢（渗碳钢） 碳的质量分数在 0.25% ~ 0.06%之间的碳钢是中碳钢（调质钢） 碳的质量分数大于 0.60%的碳钢是高碳钢
	45	用于制造齿轮、齿条、连接杆、蜗杆、销子、透平机叶轮、压缩机和泵的活塞等，可代替渗碳钢做齿轮曲轴、活塞销等，但须表面淬火处理	
	65Mn	适于制造弹簧、弹簧垫圈、弹簧环，也可用做机床主轴、弹簧卡头、机床丝杠、铁道钢轨等	

续表

名称	牌　号	应用举例	说　明
灰铸铁	HT150	用于制造端盖、齿轮泵体、轴承座、阀壳、管子及管路附件、手轮、一般机床底座、床身、滑座、工作台等	"HT"为"灰铁"二字汉语拼音的第一个字母，数字表示抗拉强度 如 HT150 表示灰铸铁的抗拉强度 $\sigma_b \geqslant 175 \sim 120$MPa（2.5mm < 铸件壁厚≤50mm）
	HT200	用于制造气缸、齿轮、底架、机体、飞轮、齿条、衬筒、一般机床铸有导轨的床身及中等压力（8MPa 以下）的油缸、液压泵和阀的壳体等	
一般工程用铸钢	ZG270 - 500	用途广泛，可用做轧钢机机架、轴承座、连杆、箱体、曲拐、缸体等	"ZG"系"铸钢"二字汉语拼音的第一个字母，后面的第一组数字代表屈服强度值，第二组数字代表抗拉强度值
5-5-5 锡青铜	ZCuSn5Pb5 - Zn5	在较高负荷、中等滑动速度下工作的耐磨、耐腐蚀零件，如轴瓦、衬套、缸套、活塞、离合器、泵体压盖以及蜗轮等	铸造非铁合金牌号的第一个字母"Z"为"铸"字汉语拼音第一个字母。基本金属元素符号及合金化元素符号，按其元素含量的递减次序排列在"Z"的后面，含量相等时，按元素符号在周期表中的顺序排列

在机器制造和修理过程中，为改善材料的机械加工工艺性能（好加工），并使零件能获得良好的力学性能和使用性能，在生产过程中常采用热处理的方法。热处理可分为退火、正火、淬火、回火及表面热处理等。

当零件表面有各种热处理要求时，一般可按下述原则标注：

（1）零件表面须全部进行某种热处理时，可在技术要求中用文字统一加以说明。

（2）零件表面须局部热处理时，可在技术要求中用文字说明，也可在零件图上标注。需要将零件局部热处理或局部镀（涂）覆时，应用粗点画线画出其范围并标注相应的尺寸，也可将要求注写在表面结构符号长边的横线上，如图 8-28 所示。

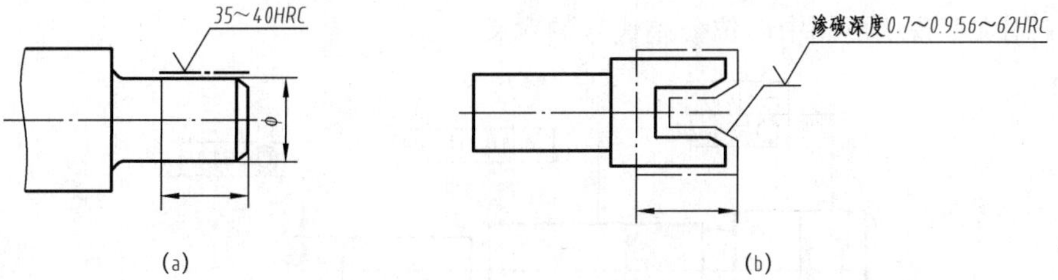

图 8-28　表面局部热处理标注

任务实践

进行以下实践：

（1）分析左图中表面结构的标注错误，将正确的标注在右图中。

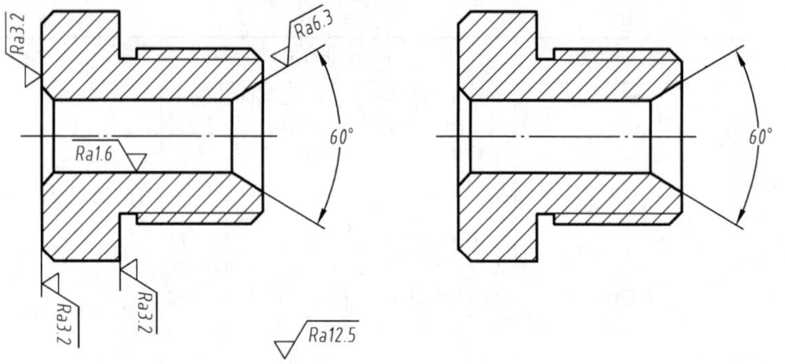

（2）按规定的要求标注零件的表面结构。

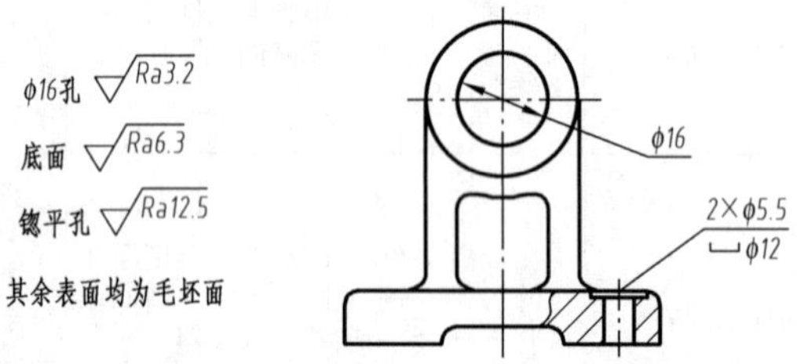

（3）解释配合代号的含义，并根据配合代号查表，分别标注出孔和轴的极限偏差值。

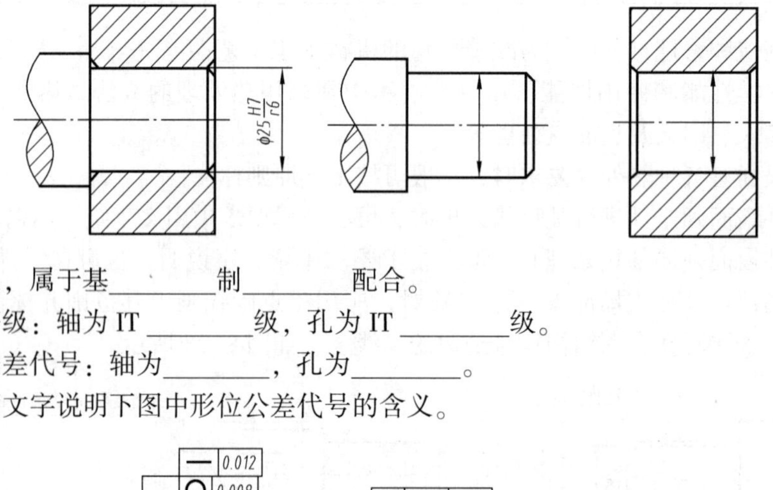

轴与孔，属于基________制________配合。

公差等级：轴为 IT ________级，孔为 IT ________级。

基本偏差代号：轴为________，孔为________。

（4）用文字说明下图中形位公差代号的含义。

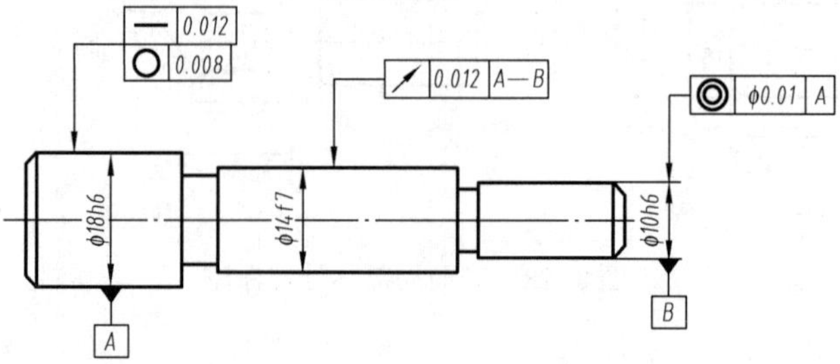

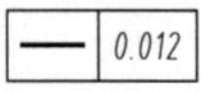

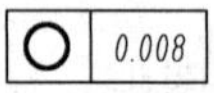

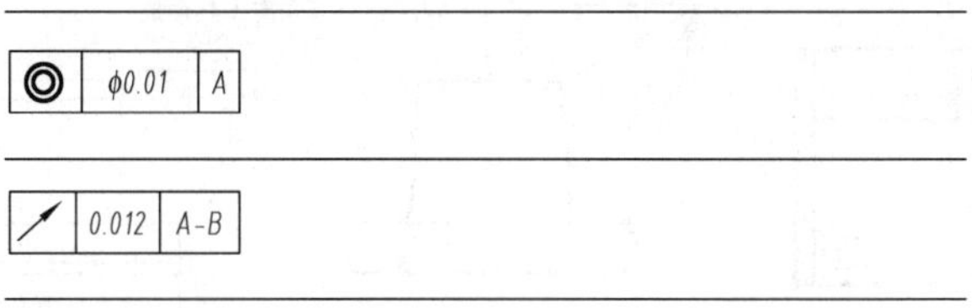

（5）指出图中形位公差代号标注上的错误。

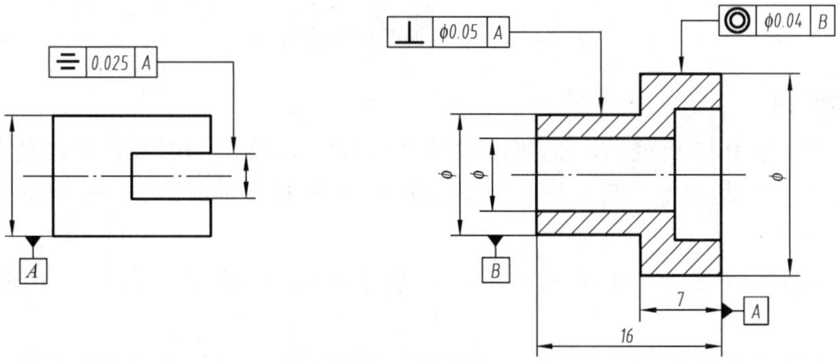

任务四　认识零件上的工艺结构

任务目标

知识点：铸造拔模斜度、铸造圆角、壁厚以及机加工的凸台与凹坑、倒角、倒圆、退刀槽。

技能点：能识读零件上的工艺结构，并理解其作用。

任务分析：零件的结构形状，不仅要满足零件在机器中使用的要求，而且在制造零件时还要符合制造工艺的要求。所以，在设计和绘制一个零件时，应考虑到它的可加工性，以便在现有的设备和工艺条件下能够方便地制造出这个零件。

任务实践

一、铸造零件的工艺结构

在铸造零件时，一般先用木材或其他容易加工制作的材料制成模样，将模样放置于型砂中，当型砂压紧后，取出模样，再在型腔内浇入铁水或钢水，待冷却后取出铸件毛坯。对零件上有配合关系以及要求较高的表面，还要切削加工，才能使零件达到最后的技术要求。

1. 拔模斜度

铸件在造型时，为便于取出木模，沿脱模方向做出 1∶20 的拔模斜度（约 3°），如图 8-29（a）所示。浇铸后这一斜度留在铸件表面。铸造斜度在画图时，一般不画出，必要时可在技术要求中注明。

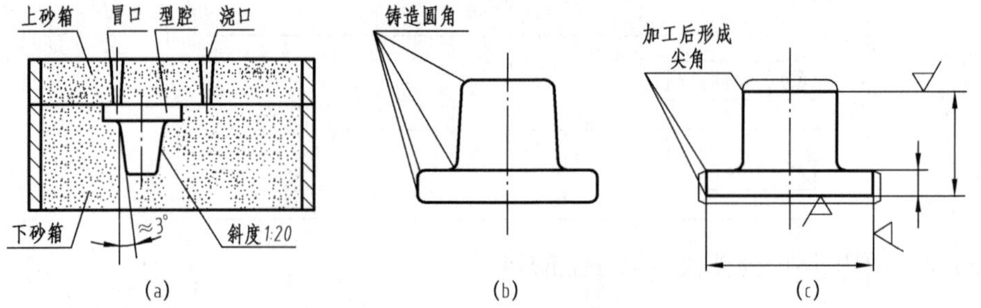

图 8-29 铸造斜度和铸造圆角

2. 铸造圆角

为了便于取模和防止浇铸时金属溶液冲坏砂型，以及冷却时转角处产生裂纹，铸件表面的相交处应制成过渡的圆弧面，画图时这些相交处应画成圆角——铸造圆角，如图 8-29（b）所示。

两相交的铸造表面，如果有一个表面经切削加工，则应画成尖角，如图 8-29（c）所示。

铸造圆角的半径在 2～5mm 之间，视图中一般不标注，而是集中注写在图样右下角技术要求里，如“未注明铸造圆角 *R*2～3”。

由于有铸造圆角，铸件各表面的交线理论上不存在，但在画图时，这些交线用粗实线按无圆角时的情况画出，只是交线的起讫处与圆角的轮廓线断开（画至理论尖点处），这样的线称为过渡线，如图 8-30 所示。

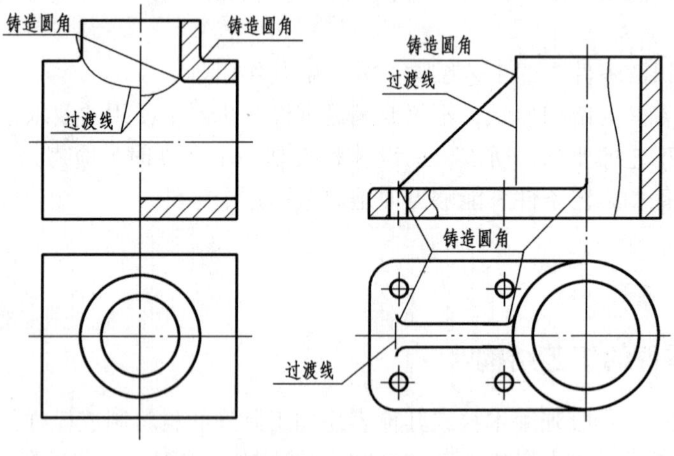

图 8-30 过渡线的画法

3. 铸件的壁厚

铸件的壁厚应尽量保持一致，如不能一致，应使其逐渐均匀地变化。铸件的壁厚如不能一致，容易在冷却时因冷却速度不同而在壁厚处形成缩孔，如图 8-31 所示。

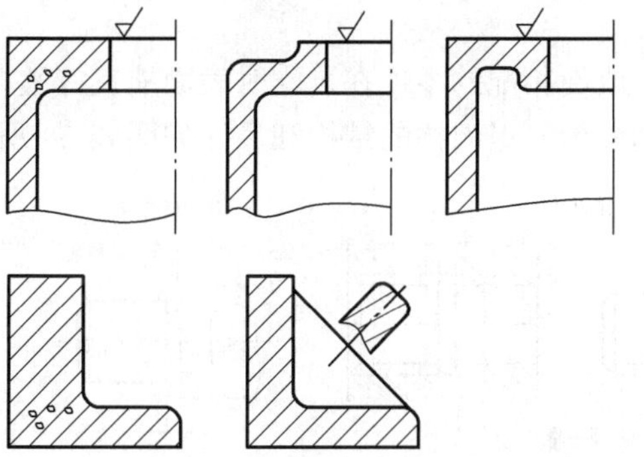

图 8-31 铸件的壁厚

二、机加工常见工艺结构

1. 凸台与凹坑

零件上与其他零件接触或配合的表面一般应切削加工。为了减少加工面、保持良好的接触和配合，常在接触面处设计出凸台或凹坑，如图 8-32 所示。

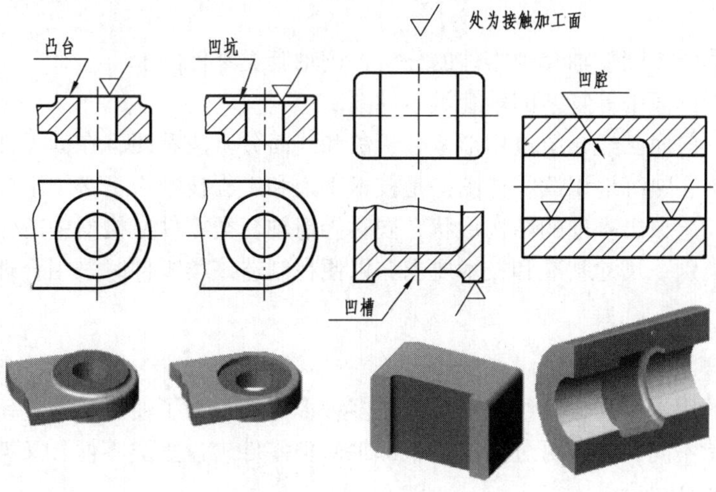

图 8-32 凸台、凹坑和凹槽

2. 倒角和倒圆

为便于装配并防止锐角伤人，在轴端、孔口及零件的端部，常常加工出倒角。倒角的型式如图 8-33 所示。

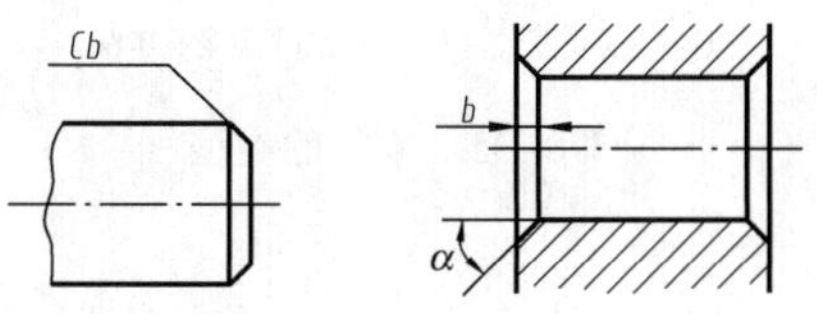

倒角宽度 b 按轴（孔）径数值标准确定（Cb 表示 $b\times45°$，$\alpha=45°$，也可为 30°、60°）

图 8-33 倒角的型式

3. 退刀槽和砂轮越程槽

在车削螺纹时为便于退刀，或使相配的零件在装配时表面能良好地接触，需要在待加工面末端先切出退刀槽或砂轮越程槽，退刀槽的结构和尺寸如图 8-34 所示。

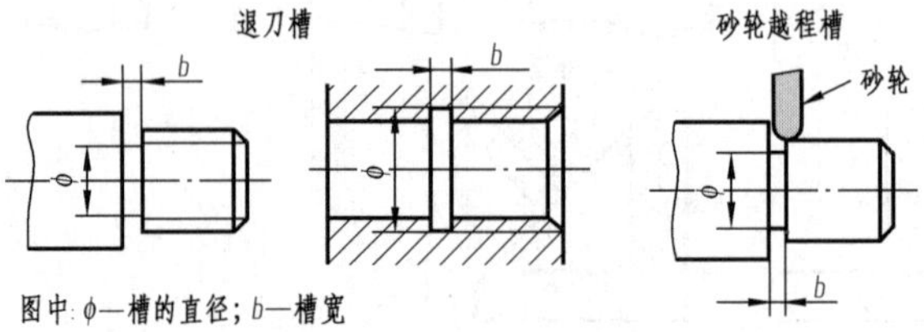

图 8-34　退刀槽和砂轮越程槽

课题二　读零件图

任务一　读轴套类零件图

任务目标

知识点：读图步骤、轴套类零件的分析、读轴套类零件图。

技能点：能读懂中等复杂的轴套类零件图。

任务分析：前面已经介绍过用形体分析法和线面分析法看图，在读零件图时这些方法仍然适用。正确、熟练地识读零件图，是技术工人和工程技术人员必须掌握的基本功。读轴套类零件图，想象出零件的结构形状，同时弄清轴套类零件在机器中的作用，零件的自然概况、尺寸类别、尺寸基准和技术要求，以便在制造该类零件时采用合理的加工方法。

相关知识

由于零件的用途不同，其结构形状也是多种多样的，为了便于了解、研究零件，根据零件的结构形状不同，大致可分为四类，即轴套类零件、盘盖类零件、叉架类零件、箱体类零件，如图 8-35 所示。

(a) 轴套类零件　(b) 叉架类零件　(c) 盘盖类零件　(b) 箱体类零件

图 8-35　零件的类型

一、读零件图的目的

读零件图，就是根据零件图想象出零件的结构形状，同时弄清零件在机器中的作用，零件的自然概况、尺寸类别、尺寸基准和技术要求，以便在制造零件时采用合理的加工方法。

二、读零件图的步骤

1. 概括了解

根据标题栏了解零件的名称、材料、编号以及图形的比例大小等。必要时还需要结合装配图或其他设计资料，弄清它在什么机器上使用，并大致了解零件的功用和形状。

2. 分析视图，想象形状

首先找出主视图，确定各视图间的关系，并找到剖视、断面的剖切位置、投射方向等，然后再研究各视图的表达重点。

3. 形体分析

根据零件的功用和视图特征，从图上对零件进行形体分析，把它分解成几个部分。从主视图入手，将所分的几个部分，逐个分析，利用投影规律，结合其他有关视图、剖视图、断面图，找出有关该部分的图形，特别是要找出反映它们形状特征和位置特征的图形，再把这些图联系起来，运用结构分析和投影分析，想象它的空间形状，然后综合各部分形状，弄清它们之间的相对位置，最后确定零件的整体结构形状。

看图的一般顺序：首先分析并看懂零件“外部”由哪些几何形体组成，其次分析并看懂零件“内部”形状。对于零件上内、外部的交线，应分析清楚它们的成因和性质。零件上的倒角、圆角、小孔和键槽等可视为细节，不必单独作为几何形体进行分析。

4. 尺寸分析

根据零件图上标注尺寸的原则来分析尺寸，首先找出各个方向的主要基准，再按形体分析图样上标注的各个尺寸，分清哪些是零件的主要尺寸。

5. 了解技术要求

首先了解零件的加工精度、公差和表面结构。其次再分析了解零件图中所注写的其他技术要求和说明（如热处理要求等）。

三、轴套类零件分析

1. 结构与用途分析

轴套类零件的基本形状是回转体，轴向尺寸大，径向尺寸小，沿轴线方向通常有轴肩、倒角、退刀槽、键槽等结构要素，如图 8-36 所示。这类零件主要用来支承传动零件和传递动力。

2. 视图选择分析

这类零件一般在车床或磨床上加工，因此它们一般只有一个主视图，按加工位置和反映轴向特征原则，将其轴线水平放置，再根据各部分结构特点，选用适当的断面图或局部放大图。

3. 尺寸标注分析

图 8-36 所示的轴，其径向尺寸基准是轴线，沿轴线方向分别注出各段轴的直径尺寸。轴的左端面为长度方向尺寸基准，从基准出发向右注出 7、88，并注出轴的总长尺寸

128。两个键槽长度方向的定位尺寸分别为 44、97.5，其键槽宽度和深度尺寸在两个移出剖面图中标注。

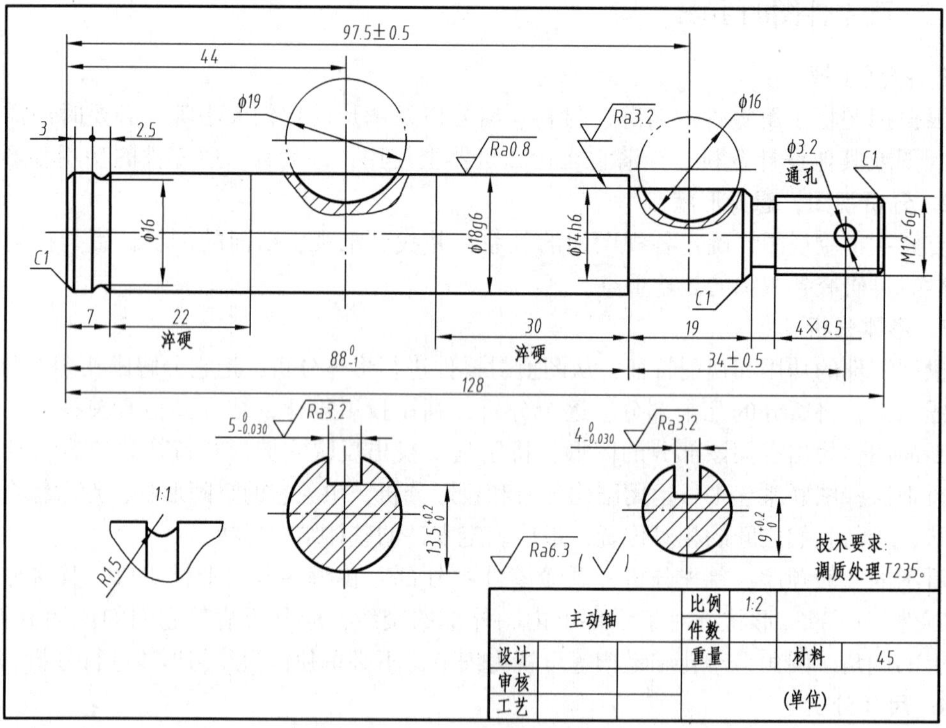

图 8-36 轴套类零件图

任务实践

读零件图，回答问题。

（1）该零件的名称是________，零件图用了________个基本视图，________个移出断面图，一个________图。

（2）断面图用来表达______________。

（3）零件的材料是______________。

（4）在图上（用→）标出该零件长度方向的主要尺寸基准。

（5）ϕ15h6 表示公称尺寸是________，基本偏差代号是________，公差等级是 IT ________级，其上极限尺寸是________。

（6）该零件的表面结构共有________种要求；表面结构要求最高的表面，其 *Ra* 值为________，要求最低的表面其表面结构代号为________。

（7）解释尺寸 2×1 含义：____。

（8）解释尺寸 M20×1.5-6g 的含义：____。

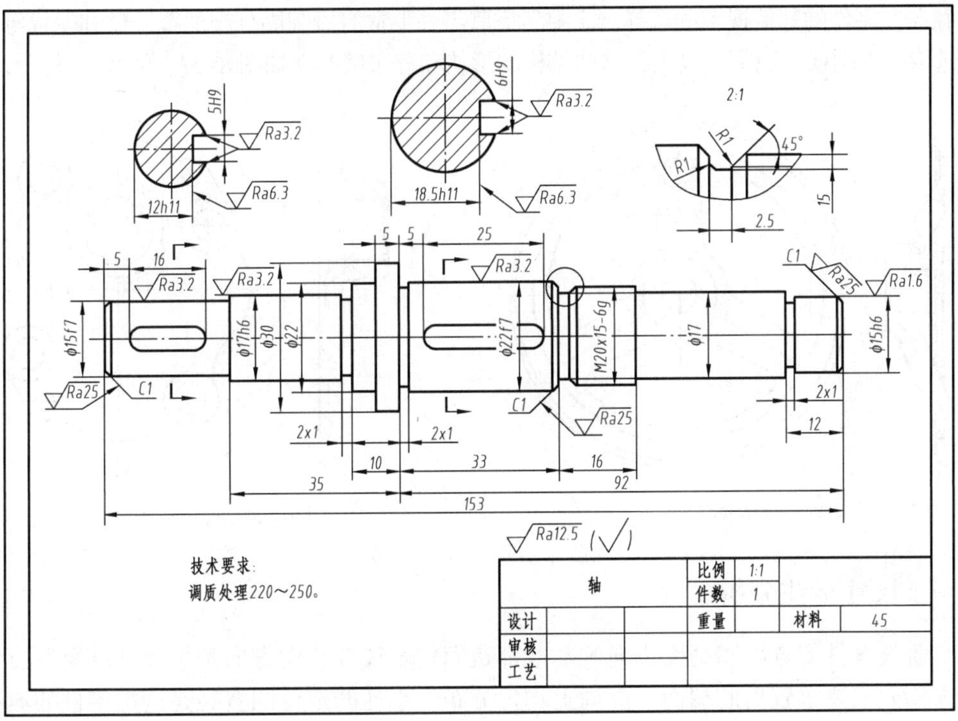

任务二　读盘盖类零件图

任务目标

知识点：盘盖类零件的分析、读盘盖类零件图。

技能点：能读懂中等复杂的盘盖类零件图。

任务分析：读盘盖类零件图，想象出零件的结构形状，同时弄清盘盖类零件在机器中的作用，零件的自然概况、尺寸类别、尺寸基准和技术要求，以便在制造该类零件时采用合理的加工方法。

相关知识

一、结构与用途分析

这类零件主要包括轮、盘、盖等。轮一般用来传递动力和扭矩，盘主要起支撑、轴向定位等作用，盖主要用来密封。盘盖类零件的结构形状特点是轴向尺寸小而径向尺寸较大，零件的主体多数由同轴回转体构成，也有主体形状是矩形的，并在径向分布有螺孔或光孔、销孔、轮辐等结构，如各种端盖、齿轮、带轮、手轮、链轮、箱盖等。

二、视图选择分析

盘盖类零件的主要加工面通常是在车床或磨床上加工的。因此，选择其主视图时，一般应按加工位置，即将轴线放成水平，并取适当剖视，以表达某些结构。

盘盖类零件的其他视图的选择，主要考虑其零件上常有沿圆周分布的孔、槽和轮辐等，故还须选取左视图或右视图，以表达这些结构的形状和分布情况，如图 8-37、图 8-38 所示。

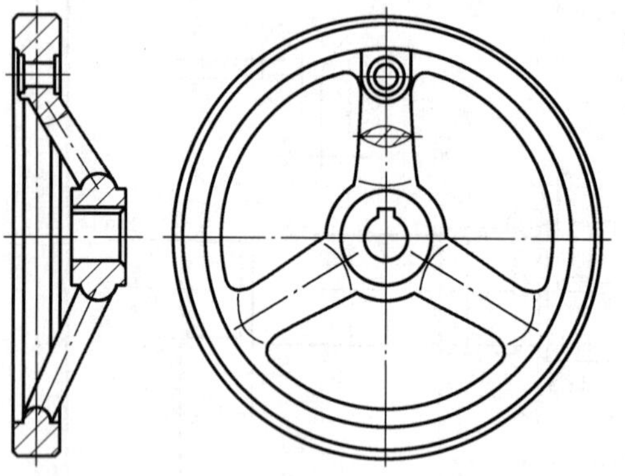

图 8-37　盘盖类零件（一）

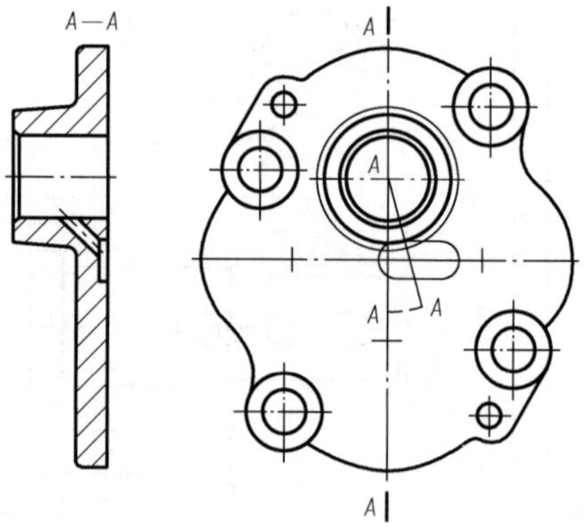

图 8-38　盘盖类零件（二）

三、尺寸标注分析

盘盖类零件的宽度和高度方向的基准都是回转轴线，长度方向的主要基准是经过加工的较大端面或要求较高的端面。圆周上均匀分布的小孔的定位圆直径是这类零件的典型定位尺寸。如图 8-39 所示的泵盖，长度方向的主要基准为右端面，宽度方向的主要基准为

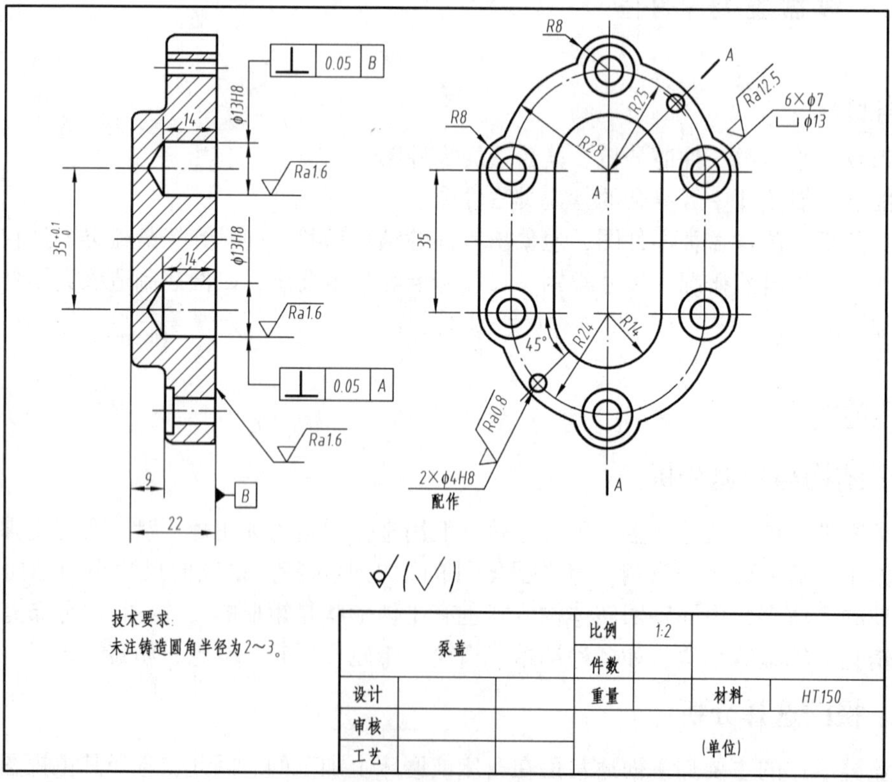

图 8-39　盘盖类零件（三）

前后的近似对称平面，高度方向的主要基准为下部 ϕ13H8 主动轴孔的轴线。

对于沿圆周分布的孔、键、肋及轮辐等结构，其定形和定位尺寸应尽量注在反映分布情况的视图中，以便读图，如图 8-39 所示泵盖左视图中孔的尺寸。

任务实践

读下面的零件图，回答问题。

（1）该零件的名称是________，该零件图用了________个视图，分别为________和________。

（2）主视图反映了零件的______________位置和形状特征。主视图采用________剖视，另一个视图采用______________剖视，主要为了表达______________。

（3）零件的材料是____。

（4）在图上（用→）标出三个方向的主要尺寸基准。

（5）在图上圈出定位尺寸。

（6）ϕ70d11 表示公称尺寸是________，基本偏差代号是________，公差等级是 IT ________级。

（7）图中表面Ⅰ的粗糙度代号是________，表面Ⅱ的粗糙度代号是________，表面Ⅲ的粗糙度代号是________。其中________表面的精糙度要求最高。

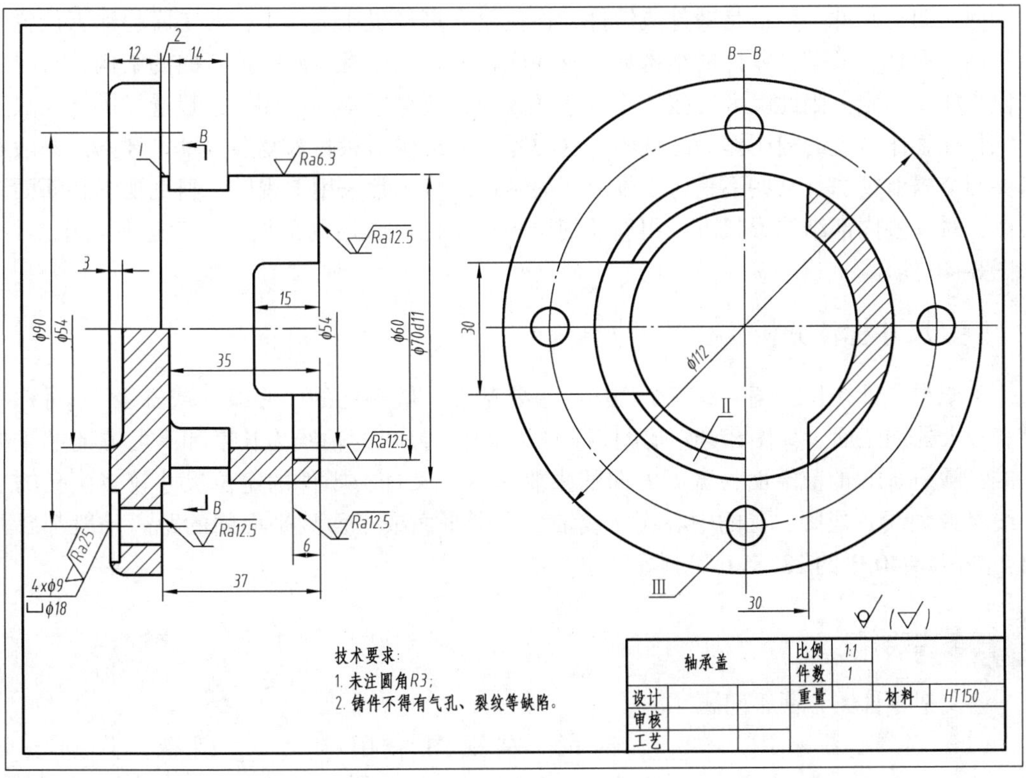

任务三　读叉架类零件图

任务目标

知识点： 叉架类零件的分析、读叉架类零件图。

技能点： 能读懂中等复杂的叉架类零件图。

任务分析： 读叉架类零件图，想象出零件的结构形状，同时弄清叉架类零件在机器中的作用，零件的自然概况、尺寸类别、尺寸基准和技术要求，以便在制造该类零件时采用合理的加工方法。

相关知识

一、结构与用途分析

这类零件包括各种用途的拨叉和支架。拨叉主要用在机床、内燃机等各种机器的操纵机构上，操纵机器、调节速度。

二、视图选择分析

因叉架类零件一般都是锻件或铸件，往往要在多种机床上加工，各工序的加工位置不尽相同，而且，叉架类零件的结构形状有的比较复杂，还常有倾斜或弯曲的结构，有时工作位置亦不固定，因此除考虑按工作位置摆放外，还考虑画图简便，一般选择最能反映其形状特征工作位置的视图作为主视图。这类零件的结构形状较为复杂且不太规则，一般都需要两个以上视图。某些不平行于投影面的结构形状，常采用斜视图、斜剖视图和断面图表达，对一些内部结构形状可采用局部剖视表达，也可采用局部放大图表达其较小结构，如图 8-40 所示。

三、尺寸标注分析

叉架类零件在长、宽、高三个方向的主要基准一般为孔的中心线（或轴线）、对称平面和较大的加工面。如图 8-40 所示杠杆的左端孔 ϕ9H9 的轴线为长度和高度方向的主要基准、圆筒 ϕ16 的前端面为宽度方向的主要基准。叉杆类零件的定位尺寸较多，孔的中心线（或轴线）之间、孔的中心线（或轴线）到平面或平面到平面间的距离一般都要注出，如图 8-40 中的 28、50、75°等尺寸。

任务实践

读支架零件图，回答问题。

（1）主视图采用________剖视，左视图采用________剖视，分别表示其______________。

（2）零件上有三个沉孔，其大圆直径为________，小圆直径为________，三个沉孔的

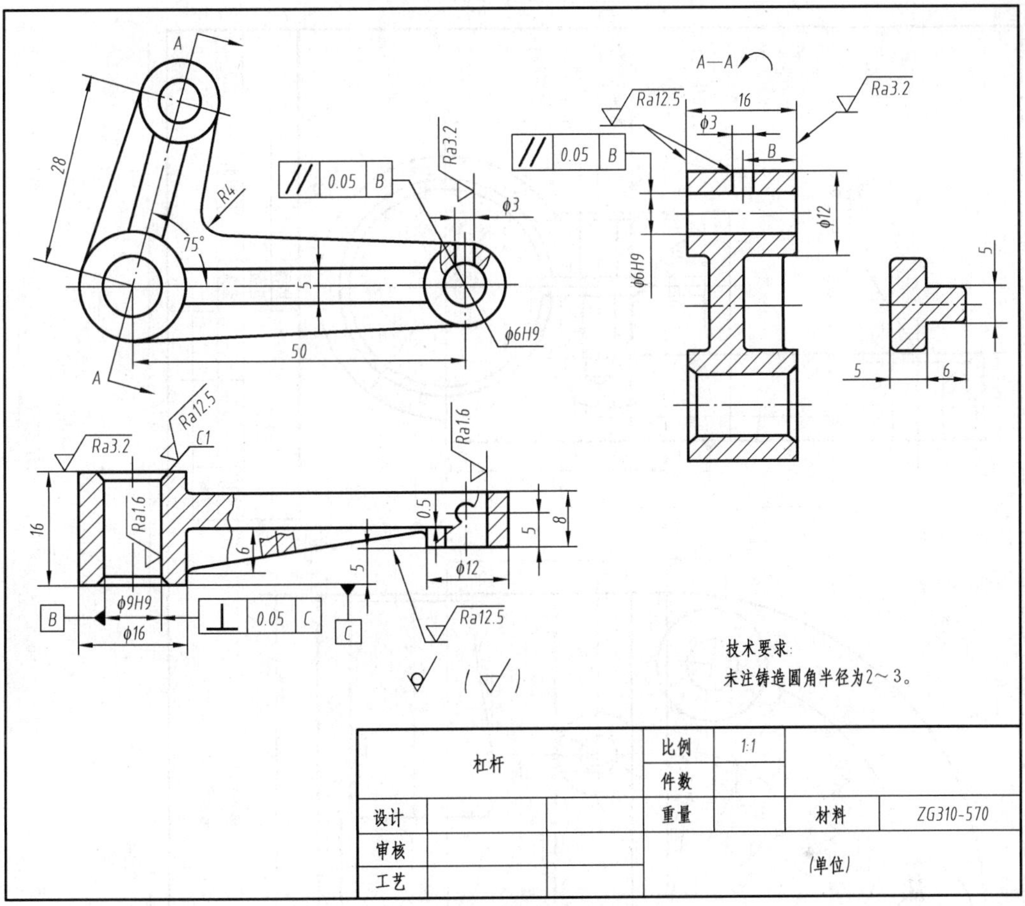

图 8-40　叉架类零件

定位尺寸是________。

（3）零件上有________个螺孔，其螺孔代号为________，定位尺寸是________。

（4）主视图中的虚线画出的圆是否是通孔________（填“是”或“不是”）。其直径是________，深度是________。

（5）在图上（用→）标出三个方向的主要尺寸基准。

（6）2 × M10 - 7H 的含义：________个螺纹大径为________，旋向为________，中径和________径的公差带代号都为________，________旋合长度的________（填“内”或“外”）螺纹。

（7）零件上 ϕ58H7 和 ϕ63 孔的表面结构，________的表面加工要求高。

（8）| // | 0.01 | A | 的含义：基准要素是________，被测要素是________，公差项目是________，公差值为________。

（9）根据主、左视图，补画零件的俯视图。

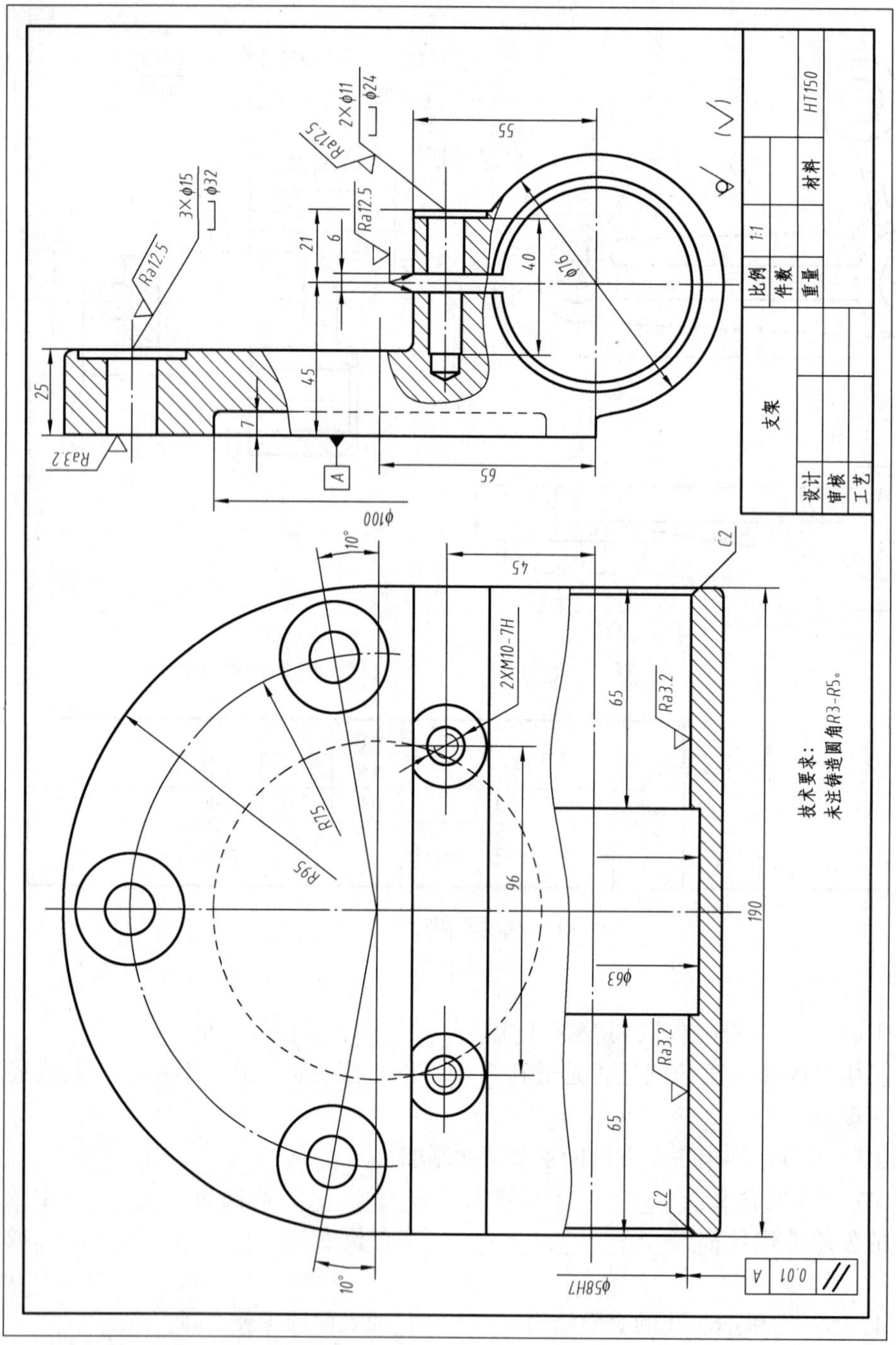
技术要求：
未注铸造圆角R3-R5。
支架
比例 1:1
件数
重量
材料 HT150
设计
审核
工艺
2×M10-7H
3×ϕ15
ϕ32
2×ϕ11
ϕ24
ϕ100
ϕ63
ϕ58H7
ϕ76
R75
R95
Ra12.5
Ra3.2
C2
0.01 A

任务四 读箱体类零件图

任务目标

知识点：箱体类零件的分析、读箱体类零件图。

技能点：能读懂中等复杂的程度的箱体类零件图。

任务分析：读箱体类零件图，想象出零件的结构形状，同时弄清箱体类零件在机器中的作用，零件的自然概况、尺寸类别、尺寸基准和技术要求，以便在制造该类零件时采用合理的加工方法。

相关知识

一、结构与用途分析

箱体类零件包括机座、箱体或机壳等。这类零件一般是机器或部件的主体部分，它起着支承、包容其他零件的作用，因此多为中空的壳体，其周围一般分布有连接螺孔等，结构形状复杂，加工工序亦较多，一般多为铸件。

二、视图选择分析

箱体类零件的加工工序较多，装夹位置又不固定，因此一般均按工作位置和形状特征原则选择主视图，其他视图至少有两个或两个以上。如果外部结构形状简单，内部形状复杂，且具有对称平面时，可采用半剖视表达；如果外部形状复杂，内部形状简单，且具有对称平面时，可采用局部剖视或虚线表示；如果内外部结构形状都较复杂，投影不重叠时，可采用局部剖视图；重叠时，内、外部结构形状应分别表达；对局部内、外结构形状可采用局部视图、局部剖视和断面来表达。箱体零件上常常会出现一些截交线和相贯线，该类零件多为铸件，还经常会出现一些过渡线。

三、尺寸标注分析

箱体类零件的长、宽、高三个方向的主要基准采用中心线、轴线、对称平面和较大的加工平面。因结构形状复杂，定位尺寸多，各孔中心线（或轴线）间的距离一定要直接注出来。此类零件中，凡与其他零件有配合或装配关系的尺寸和影响机器性能的尺寸，均属于主要尺寸，必须注意与其他零件的一致性，并直接从基准注出。如图 8-41 中的 85 ± 0.1、$\phi 98H7$、120、52、30 等尺寸，而轴孔 $\phi 14H7$ 的深度尺寸 24，则从辅助基准注出。

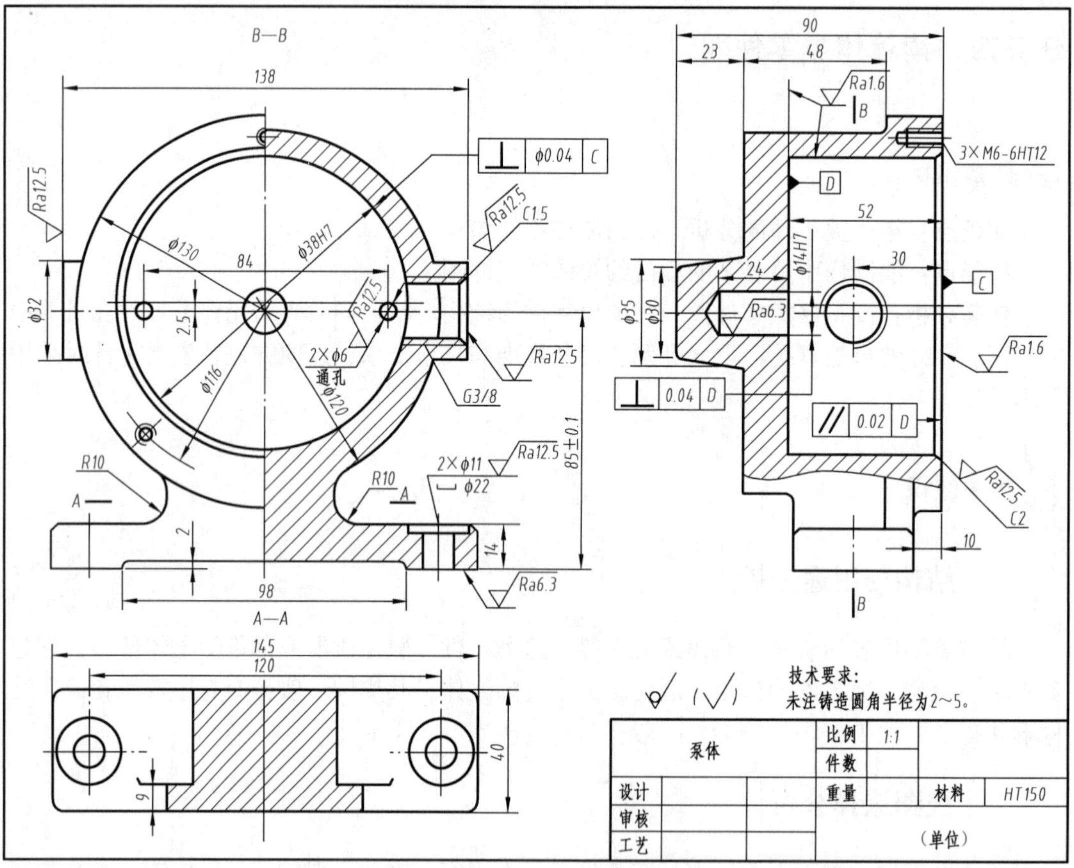

图 8-41 箱体类零件

任务实践

读泵体零件图，并回答问题。

（1）该零件共用________个图形表达，主视图用________剖视，左视图用________剖视，俯视图用________剖视。

（2）主视图不画剖面线的七个线框，试在另两个图形中指出它们的投影。

（3）在图上（用→）标出三个方向的主要尺寸基准，并在图上圈出定位尺寸。

（4）图中 G1/2 表示：________螺纹，1/2 表示________，是________（内、外）螺纹。

（5）φ36H8 表示：φ36 是________，H8 是________，H 是________，8 是________。

（6）该零件________表面质量要求最高，其粗糙度代号是________。

（7）标题栏中 HT200 表示____。

（8）画出右视图（外形）。

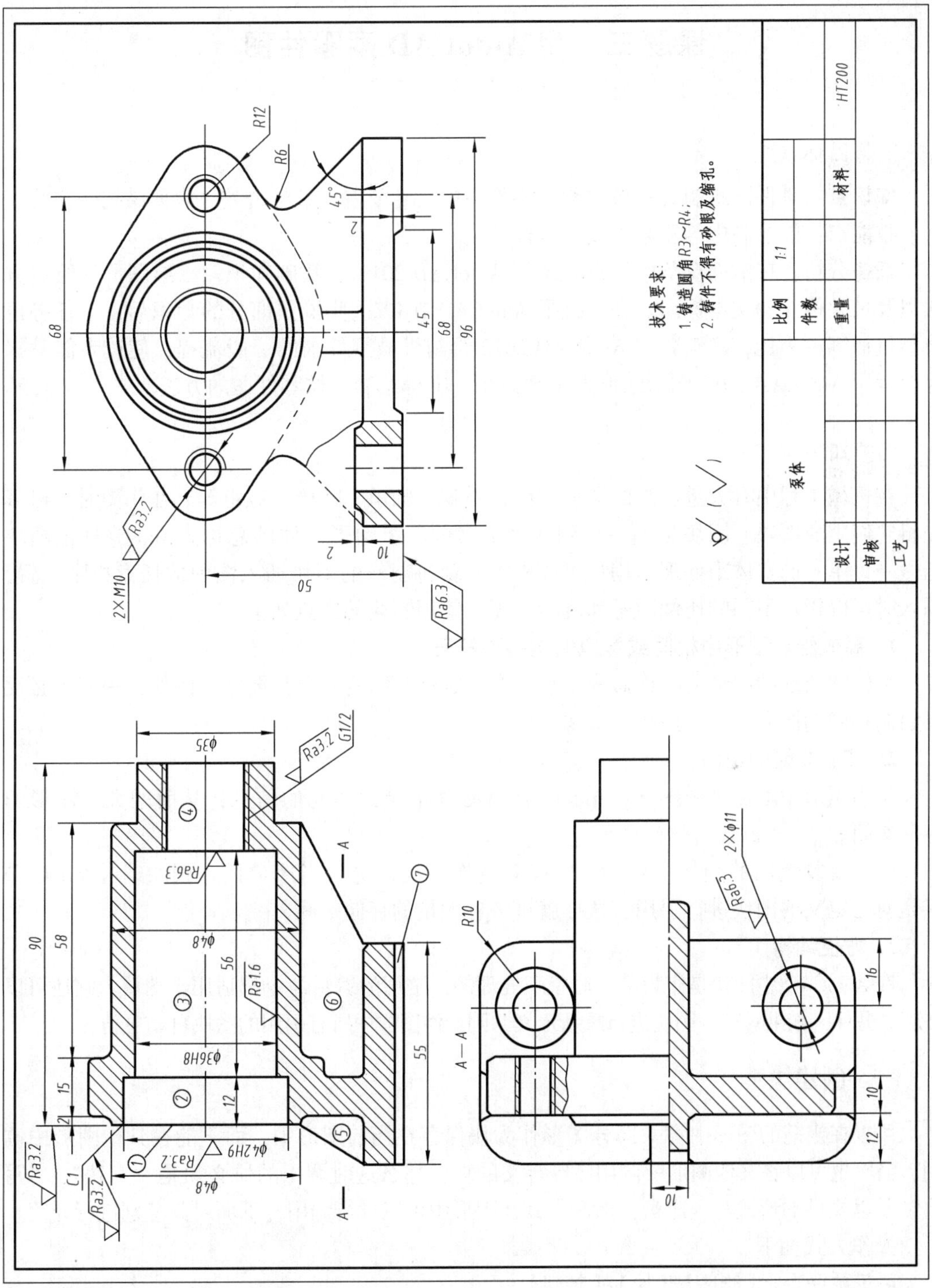
技术要求：
1. 铸造圆角R3~R4；
2. 铸件不得有砂眼及缩孔。
泵体
比例 1:1
件数
重量
材料 HT200
设计
审核
工艺
A—A
2×M10
2×ϕ11
G1/2
R12
R6
R10
45°
ϕ35
ϕ48
ϕ36H8
ϕ42H9
C1
Ra3.2
Ra6.3
Ra1.6

课题三 用 AutoCAD 画零件图

任务目标

知识点：零件图绘制的一般过程，零件图中尺寸公差、形位公差、表面结构的注写。

技能点：能绘制中等复杂程度的零件图。

任务分析：在前面章节中详细介绍了 AutoCAD 2012 的基础知识、二维图形的绘制方法以及尺寸标注和文本标注。在掌握了 AutoCAD 2012 这些操作部分的知识后，本任务以典型机械零件为例，详细介绍 AutoCAD 2012 绘制机械零件图的一般流程，使读者能掌握综合运用 AutoCAD 2012 图形绘制及编辑命令，准确绘制机械零件图的方法。

相关知识

在机械工程中有大量反复的图形，如粗糙度、轴承、螺栓、螺钉等。在作图时，可事先将它们生成图块。图块是用一个图块名命名的一组图形实体的总称。AutoCAD 把图块当做一个单一的实体来处理。用户可以根据需要将制作的图块插入图中的任意指定位置，插入时可以指定不同的比例因子和旋转角度。使用图块的优点如下。

1. 高效绘制图形中相同或类似的结构和符号

将经常出现的图形或结构做成图块，在绘制这些结构时，只要插入图块，因而不必反复绘制相同的图元，大大提高了效率。

2. 节省存储的空间

每当图形中增加一个图元，AutoCAD 就必须记录此图元的信息，从而增大了图形的存储空间。

对于反复使用的图块，AutoCAD 仅对其作一次定义。当用户插入图块时，AutoCAD 只是对已定义的图块进行引用，这样就可节省大量的存储空间。

3. 方便编辑

在 AutoCAD 中图块是作为单一对象来处理的，常用的编辑命令都适用于图块。它还可以嵌套。另外，如果对某一图块进行重新定义，则会使图样中所有引用的图块自动更新。

一、创建块

可以在当前的图形中将一部分图形作为块保存在当前图形中，而不能在其他图形中调用，当然也可以在其他图形中调用已经定义的块，那么这时调用的块必须是“写块”，“写块”是以文件的形式写入磁盘，然后在其他图形中可以进行调用，下面对其分别进行介绍。

操作方式如下。

- 菜单命令：【绘图】/【块】/【新建】。
- 工具栏：单击【绘图】工具栏中的按钮。
- 命令行：block（b）

执行【绘图】/【块】/【新建】命令，即直接执行 block 命令，打开【块定义】对话框，如图 8-42 所示。

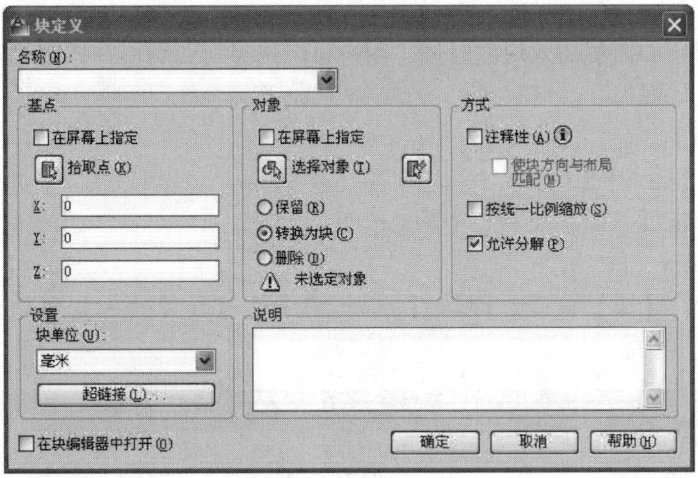

图 8-42 【块定义】对话框

部分选项说明如下。

【名称】下拉列表框：用于输入或者选择图块名称。

【基点】选项组：用于设置插入块的基点位置，可以直接在【X】、【Y】、【Z】文本框中直接输入坐标，也可以单击按钮切换回绘图窗口，直接通过鼠标选择基点。

【对象】选项组：用于在绘图窗口中选择组成图块的图形对象。

通过以上方法创建的块将保存在块所在的文件当中，并且只有在块所在的文件中才能使用，如果在命令行中输入 wblock 命令，创建的图块可以直接保存在计算机的硬盘中，并能够在其他图形中进行调用。

执行 wblock 命令，打开【写块】对话框，如图 8-43 所示。单击该对话框中【目标】选项组中的路径另存为按钮，就可以将图块存储到合适的位置，在使用的时候直接使用。

图 8-43 【写块】对话框

二、插入块

在绘图的过程中需要插入块的时候，用户可以选择需要的块并指定块的插入点、缩放比例、旋转角度等属性。

操作方式如下。

菜单命令：【插入】/【块】。

工具栏：单击【绘图】工具栏中的按钮。

命令行：insert（i）

执行【插入】/【块】命令，即执行 insert 命令，打开【插入】对话框，如图 8-44 所示。

图 8-44 【插入】对话框

三、编辑块

如果发现已经插入的块有一些参数不符合设计的要求，用户可以根据自己的需要进行修改。

操作方式如下。

菜单命令：【修改】/【特性】，然后选择要修改的块。

工具栏：单击【标准】工具栏中的按钮。

命令行：properties（pr）。

快捷键：Ctrl + L。

执行菜单【修改】/【特性】，即执行 PROPERTIES 命令，打开【特性】对话框，选择需要修改的块，可以很方便地修改块的插入点、比例因子、旋转角度等特性。

四、定义块属性

块属性就是附加到图块上的一些文字信息，它是块中一个不可缺少的部分，并进一步增强了块的功能。属性从属于块，当删除块的时候，属性也同时被删除了。

要创建带有属性的块，首先必须创建描述属性特征的属性定义，然后再创建带有属性的块，具体操作步骤详见操作实例。

操作方式如下。

菜单命令：【绘图】/【块】/【定义属性】。

命令行：attdef

五、修改块属性

（1）当用户在块属性定义过程中发现错误时，可以进行修改。

操作方式如下。

菜单命令：【修改】/【对象】/【属性】/【块属性管理器】。

命令行：battman

执行【修改】/【对象】/属性】/【块属性管理器】命令，即执行 battman 命令，打开【块属性管理器】对话框，如图 8-45 所示，单击 编辑(E)... 按钮，打开【编辑属性】对话框，如图 8-46 所示，这时可以对属性的标记、提示和默认进行修改。

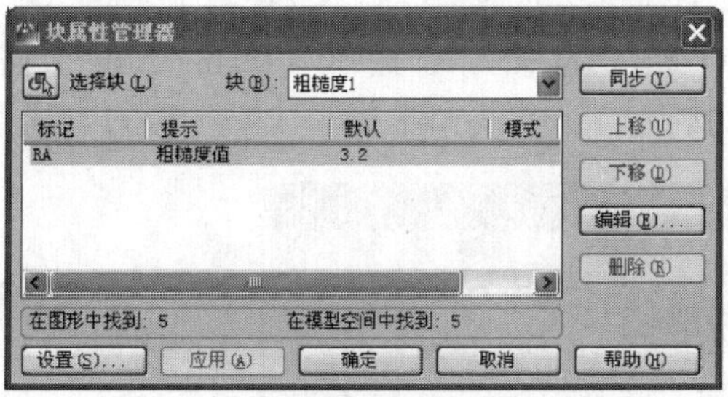

图 8-45 【块属性管理器】对话框

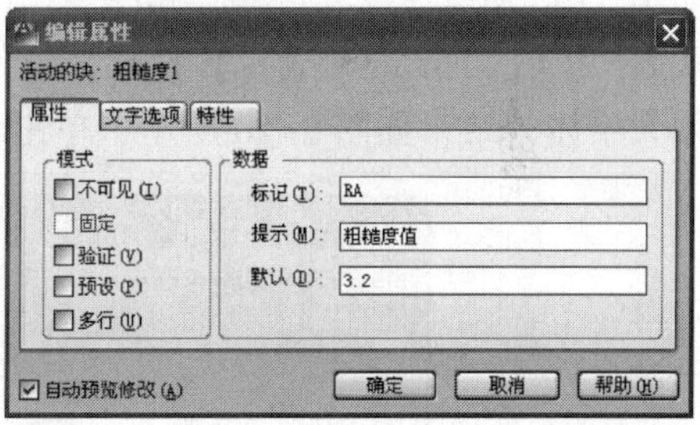

图 8-46 【编辑属性】对话框

（2）当用户发现在块属性定义中出现了错误并且块已经插入图形中，这时也可以根据用户的需要进行修改。

操作方式如下。

菜单命令：【修改】/【对象】/【属性】/【单个】。

命令行：eattedit

执行【修改】/【对象】/【属性】/【单个】命令，即执行 eattedit 命令，打开【增强属性编辑器】对话框，如图 8-47 所示，利用该对话框可以修改图块的属性值、文本样式及图层特性等参数。

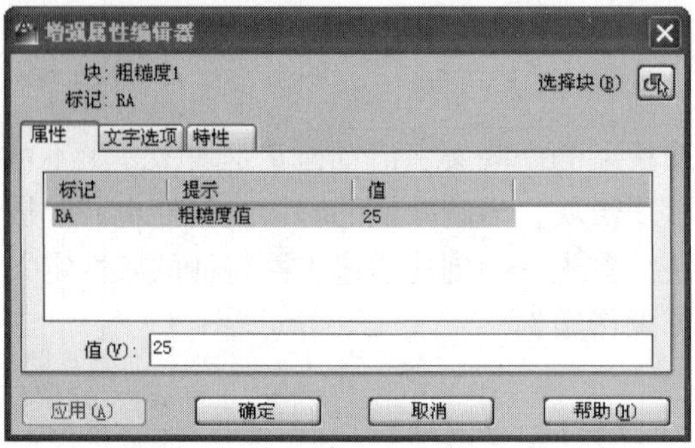

图 8-47 【增强属性编辑器】对话框

六、实例——创建表面结构块

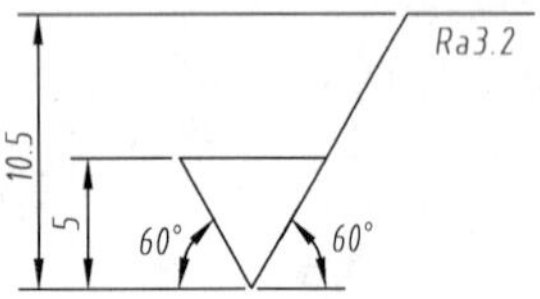

图 8-48 表面结构符号

表面结构是机械制图中经常使用的图元，在 AutoCAD 中，工程设计人员经常将表面结构制作成块，以提高绘图的效率。创建如图 8-48 所示的表面结构符号（不用标注尺寸）。

操作过程：

（1）绘制图 8-48 中的图形。首先创建新图形，并进行图层设置。画出粗糙度符号中的图形。

（2）设置文字样式。执行【格式】/【文字样式】命令，弹出【文字样式】对话框，如图 8-49 所示。单击 新建(N)... 按钮弹出【新建文字样式】对话框，新建文字样式，输入样式名“机械”，单击【确定】按钮，返回【文字样式】对话框，设置字体为 gbeitc. shx，使用大字体，结果如图 8-50 所示，单击【应用】按钮。

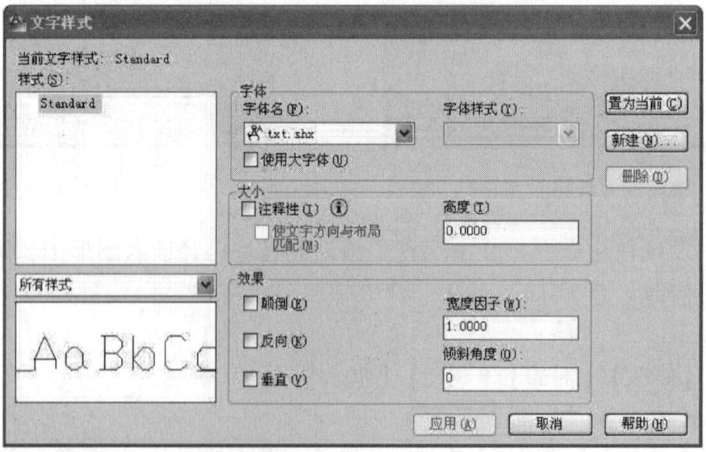

图 8-49 【文字样式】对话框

（3）定义块属性。执行【绘图】/【块】/【定义属性】命令，弹出【属性定义】对话框，在对话框中进行设置，在【标记】文本框中输入“RA”，在【提示】文本框中输入“请输入粗糙度值”，在【默认】文本框中输入“3. 2”，在【文字设置】选项组中将【文字样式】选择为“机械”，在【对正】选项中选择“左对齐”，如图 8-51 所示。

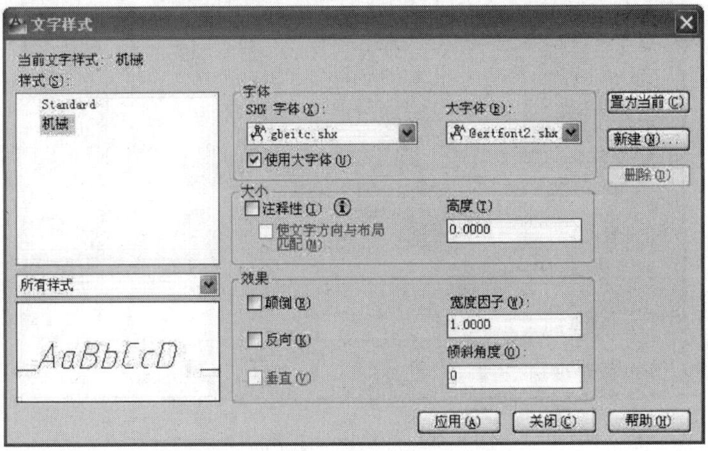

图 8-50　设置好的文字样式

单击【确定】按钮，在命令行中出现“指定起点”，在表面结构符号的适当位置拾取点，即可完成对标记 RA 的属性定义，如图 8-52 所示。

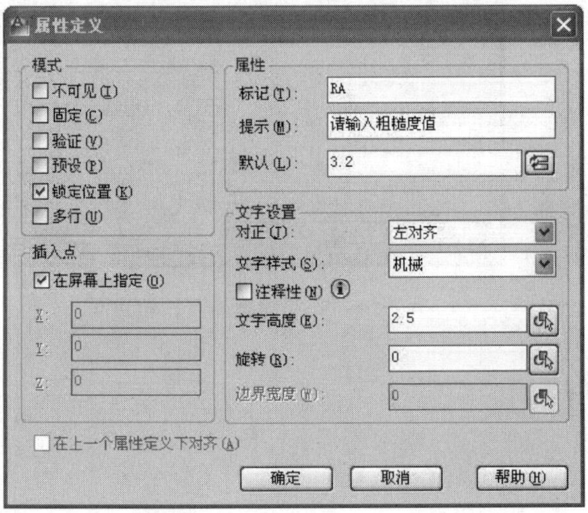

图 8-51　【属性定义】对话框

图 8-52　粗糙度块的属性定义

(4) 定义块。执行【绘图】/【块】/【创建】命令，弹出【块定义】对话框，如图 8-53 所示。

在【名称】文本框中输入“粗糙度”，单击按钮，返回绘图窗口，如图 8-54 左图所示选择基点。单击按钮，返回绘图窗口，如图 8-54 右图所示选择相应的块。

单击确定按钮，弹出【编辑属性】对话框，在【请输入粗糙度值】文本框中输入合适的值，如图 8-55 所示，完成块的定义。

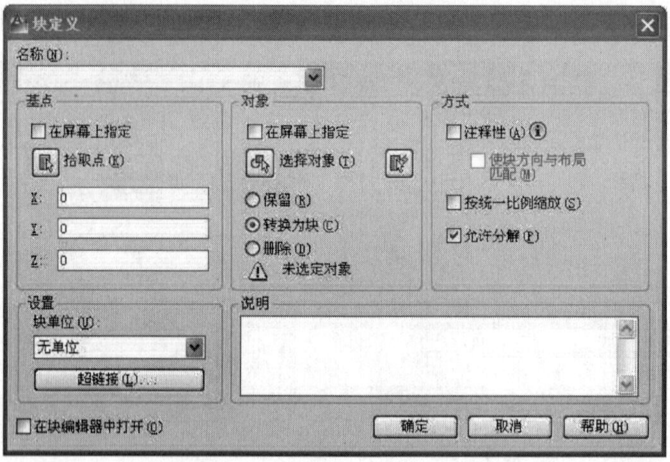

图 8–53 【块定义】对话框

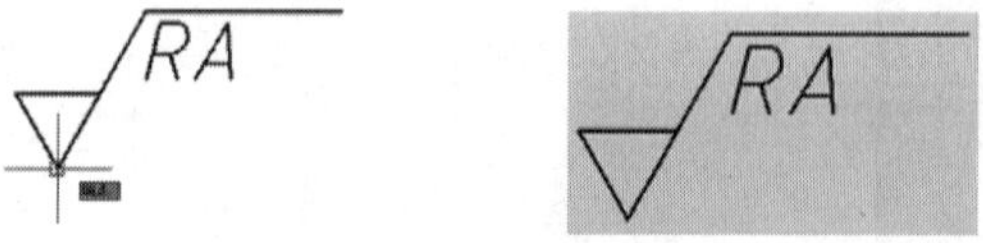

图 8–54 选择基点与选择块

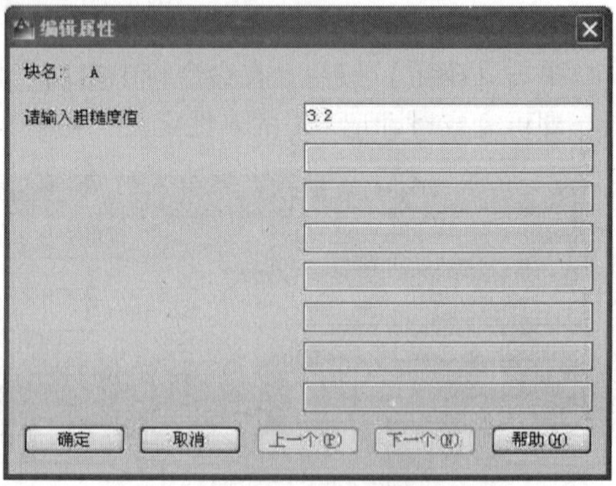

图 8–55 【编辑属性】对话框

七、在图 8–56 中标注表面结构

结果如图 8–57 所示。

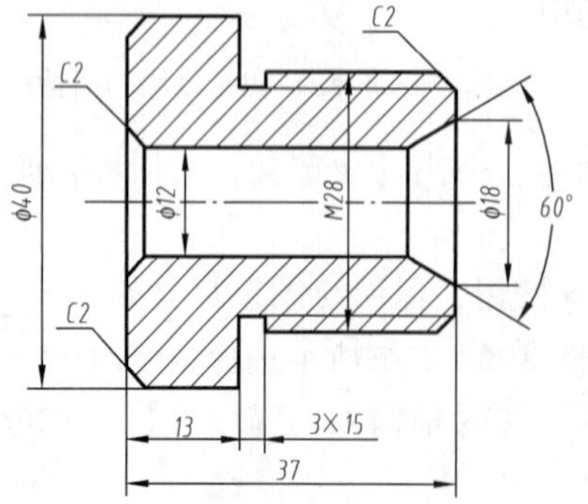

图 8–56 原图

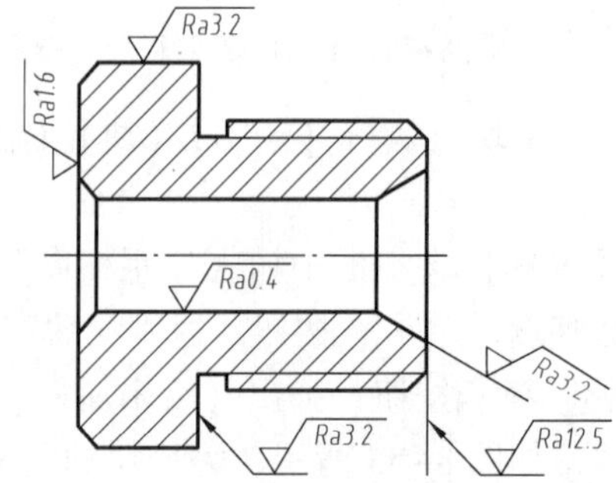

图 8–57 标注表面结构后的图

操作过程：

(1) 按尺寸要求绘制图形。

(2) 创建带属性的粗糙度块（创建过程同前面的实例）。

(3) 标注 ϕ40 圆柱面、ϕ12 孔的表面结构。

执行 insert 命令，打开【插入】对话框，在【名称】中选择块名，【比例】、【旋转】选项采用默认设置，单击【确定】按钮，在图形中选择图形表面适当的位置，命令行中出现以下提示：

指定插入点或［基点(B)/比例(S)/X/Y/Z/旋转(R)］： //选择适当的点
输入属性值
请输入粗糙度的值 <3.2>：↙ //粗糙度为默认值,直接按 Enter 键

完成表面结构的标注。

用同样的方法标注 ϕ12 孔的粗糙度。

(4) 标注左端面和右侧锥孔的表面结构。

执行 insert 命令，打开【插入】对话框，在【名称】中选择块名，单击【确定】按钮，在图形中选择图形表面适当的位置，命令行中出现以下提示：

指定插入点或［基点(B)/比例(S)/X/Y/Z/旋转(R)］：r //输入旋转选项
指定旋转角度 <0>：90 //指定旋转角度
指定插入点或［基点(B)/比例(S)/X/Y/Z/旋转(R)］： //选择适当的点
输入属性值
粗糙度值 <3.2>：1.6 //指定粗糙度值

完成表面结构的标注。

用同样的方法标注右侧锥孔的表面结构。

(5) 标注右侧面和 ϕ40 圆柱右端面的粗糙度。

这两处的粗糙度标注可以再做一个倒置的粗糙度块，然后用同样方法插入块。

结果如图 8-57 所示。

任务实践

按尺寸绘制下图，并标注表面结构。

相关知识

尺寸公差是指在切削加工中零件尺寸允许的变动量。在公称尺寸相同的情况下，尺寸公差越小，则尺寸精度越高。

设计人员在用 AutoCAD 绘制图纸的时候，可以通过以下两种方法来创建尺寸公差。

在【替代当前样式】对话框的【公差】选项卡中设置尺寸的上、下极限偏差。

标注时利用【多行文字】选项打开多行文字编辑器，然后采用堆叠文字方式标注公差。

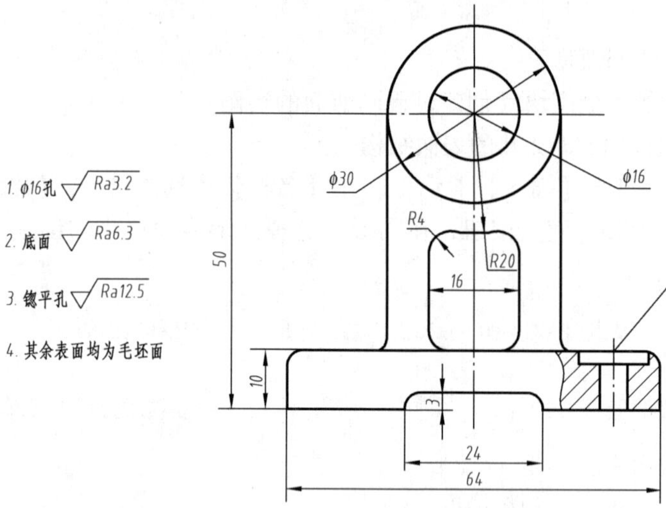

一、利用当前样式覆盖标注尺寸公差

（1）按尺寸绘制图形，如图 8-58 所示。

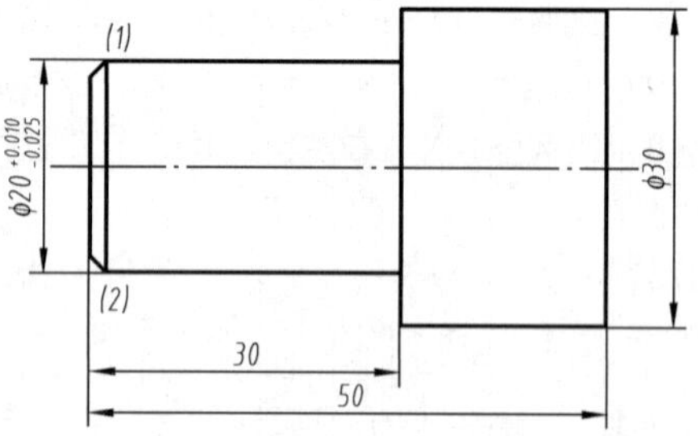

图 8-58　标注尺寸公差

（2）执行【格式】/【标注样式】命令，或者输入 dimstyle 命令，弹出【标注样式管理器】对话框，单击里面的替代(O)...按钮，打开【替代当前样式】对话框，再单击【公差】选项卡，如图 8-59 所示。

（3）在【方式】、【精度】和【垂直位置】下拉列表框中分别选择“极限偏差”、“0.0000”、“中”，在【上偏差】、【下偏差】、【高度比例】微调框中分别输入“0.01”、“0.025”、“0.75”，如图 8-59 所示。

（4）单击【主单位】选项卡，在【前缀】文本框中输入“%%c”，如图 8-60 所示。

（5）单击确定按钮，返回【标注样式管理器】对话框，单击关闭按钮，返回 AutoCAD 图形窗口，并执行 dimlinear 命令，AutoCAD 提示：

命令：_dimlinear

指定第一个尺寸界线原点或 <选择对象>：　　　　//捕捉(1)点

指定第二条尺寸界线原点：　　　　//捕捉(2)点

指定尺寸线位置或

[多行文字(M)/文字(T)/角度(A)/水平(H)/垂直(V)/旋转(R)]:

//移动光标指定尺寸线位置

标注文字 =20

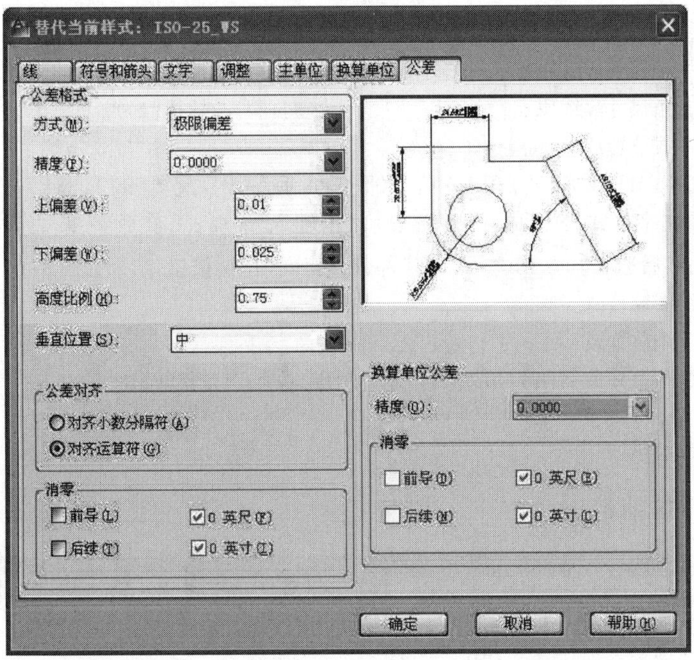

图 8-59 【公差】选项卡

结果如图 8-58 所示。

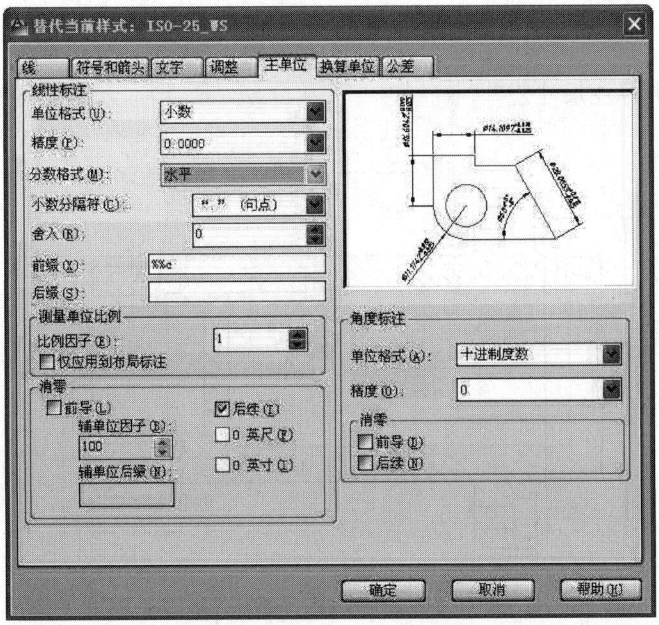

图 8-60 【主单位】选项卡

二、通过堆叠文字方式标注尺寸公差

执行 dimlinear 命令，AutoCAD 提示：

命令：_dimlinear

指定第一个尺寸界线原点或 <选择对象>：　　　　//捕捉(1)点

指定第二条尺寸界线原点：　　　　//捕捉(2)点

指定尺寸线位置或

[多行文字(M)/文字(T)/角度(A)/水平(H)/垂直(V)/旋转(R)]：m

//打开【文字格式】对话框，在数字 20 之前输入“%%c”，在数字 20 之后输入“+0.010^-0.025”，然后选取“+0.010^-0.025”部分，最后单击按钮，结果如图 8-61 所示，单击确定按钮返回绘图窗口。

指定尺寸线位置或

[多行文字(M)/文字(T)/角度(A)/水平(H)/垂直(V)/旋转(R)]：

//移动光标指定尺寸线位置

标注文字 =20

结果如图 8-58 所示。

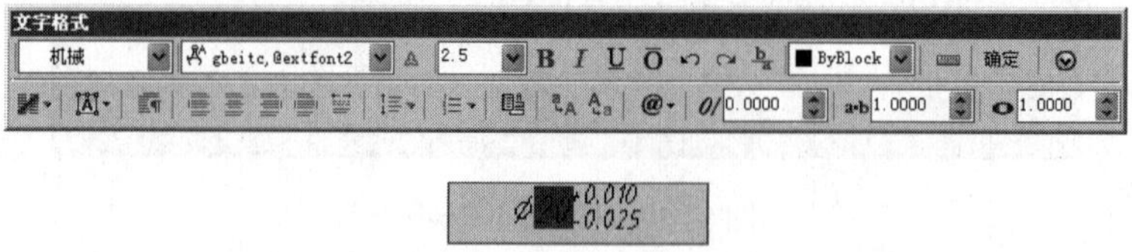

图 8-61 【文字格式】对话框

任务实践

绘制下图，并标注尺寸公差。

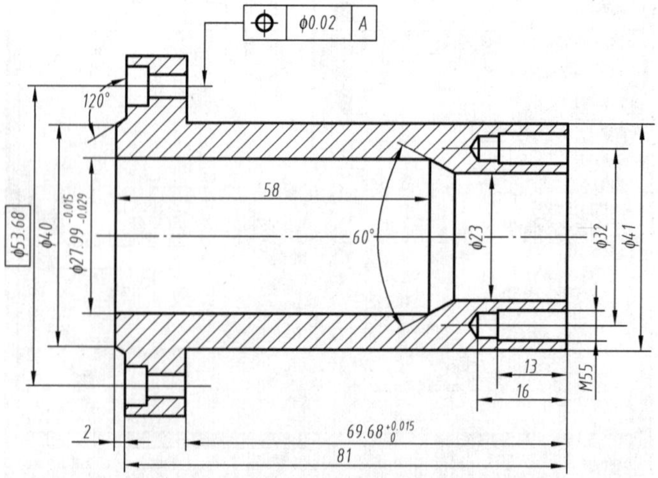

相关知识

一、形位公差的操作方式

菜单命令：【标注】/【公差】。

工具栏：单击【标注】工具栏中的按钮。

命令行：tolerance（tol）

以上3种方法都可以进行形位公差的标注，执行【标注】/【公差】命令，弹出【形位公差】对话框，如图8-62所示。

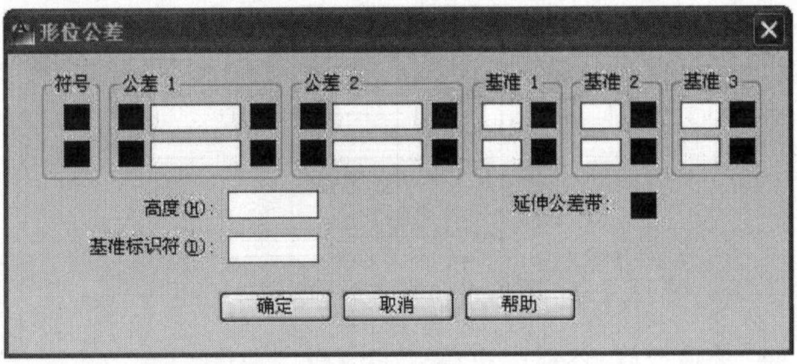

图8-62　【形位公差】对话框

选项说明如下。

【符号】：单击【形位公差】对话框【符号】选项对应的黑色方框，弹出【特征符号】选项板，可以在这里选择相应的形位公差符号，如图8-63所示。

【公差1】/【公差2】：该选项可以设置公差样式，每个选项下面对应有三个方框，第一个黑色方框是设定是否选用直径符号“Φ”，中间空白方框输入公差值，第三个方框选择“附加符号”，单击该选项对应的黑色方框，如图8-64所示。

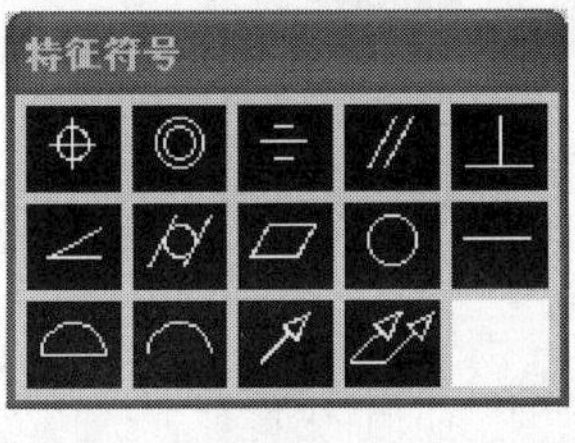

图8-63　【特征符号】选项板

图8-64　【附加符号】选项板

【基准1】/【基准2】：该选项中的空白处输入形位公差的基准要素代号，黑色方框添加的是“附加符号”。

【高度】：该选项创建特征控制框中的投影公差零值。

【延伸公差带】：该选项在延伸公差带值的后面插入延伸公差带符号。

【基准标志符】：该选项创建由参照字母组成的基准标志符。

依照上述方法创建的形位公差没有引线，只是带形位公差的特征控制框，如图8-65

所示。然而在多数情况下，创建的形位公差都需要带有引线，如图 8-66 所示，因此标注形位公差的时候经常采用【引线设置】对话框中的【公差】选项。

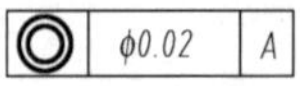

图 8-65　不带引线的形位公差

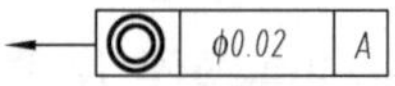

图 8-66　带引线的形位公差

二、用引线标注命令 qleader 标注形位公差，如图 8-67 所示

（1）按尺寸绘制图形。

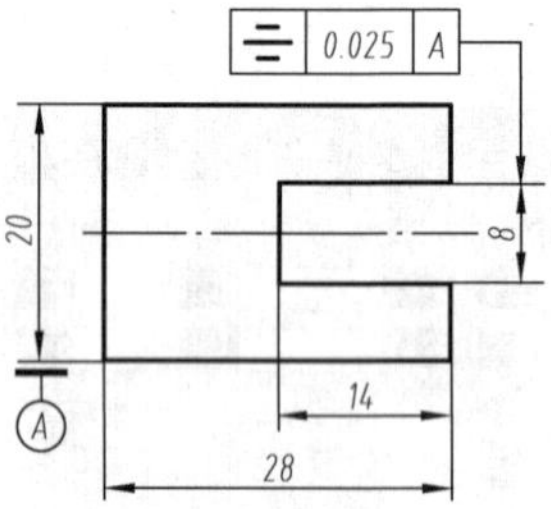

图 8-67　标注形位公差

（2）输入 qleader 命令，AutoCAD 提示：

命令：_qleader ↙

指定第一个引线点或［设置（S）］＜设置＞：s ↙　//输入选项“s”，打开【引线设置】对话框，如图 8-68 所示，在【注释】选项卡中选择注释类型为“公差”，然后切换到【引线和箭头】选项卡，如图 8-69 所示，在这里进行相关设置，设置完成后单击 确定 按钮。

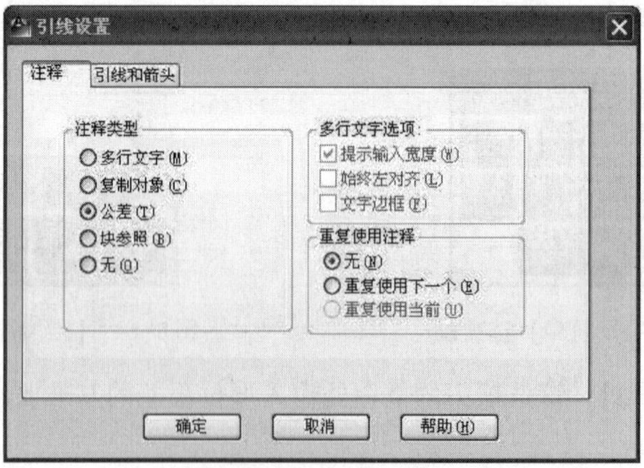

图 8-68　【引线设置】对话框

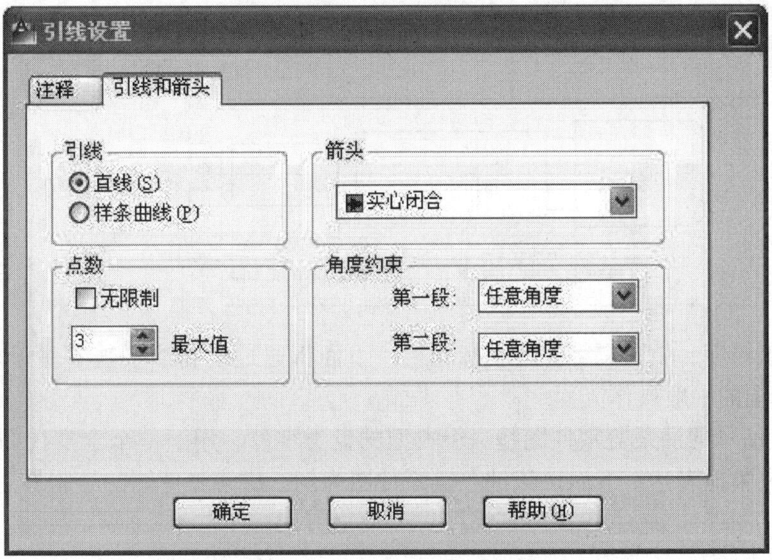

图 8-69 【引线和箭头】选项卡

指定第一个引线点或[设置(S)] <设置>: <对象捕捉 开> //选择"8"尺寸线上的端点
指定下一点: //向上拖动鼠标在适当的位置单击
指定下一点: //向左拖动鼠标在适当的位置单击，弹出图 8-70 所示的【形位公差】对话框，设置完成后单击 确定 按钮。

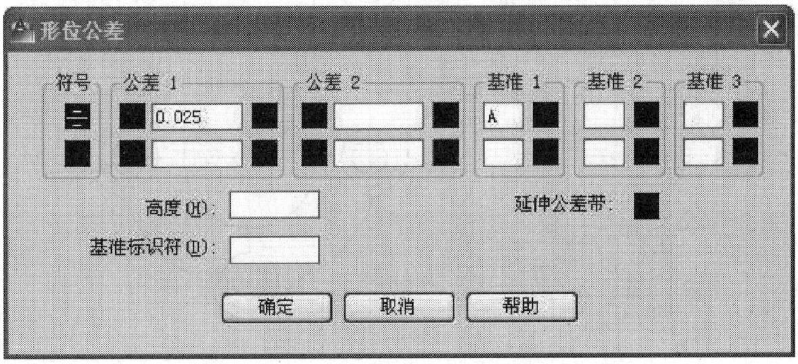

图 8-70 【形位公差】对话框

任务实践

绘制下图，并标注形位公差。

相关知识

在使用 AutoCAD 2012 绘制工程图时，仅仅掌握绘图命令是远远不够的，要做到能够高效精确地绘图，还必须掌握计算机绘图的基本步骤，即设置绘图环境、绘制图形、标注

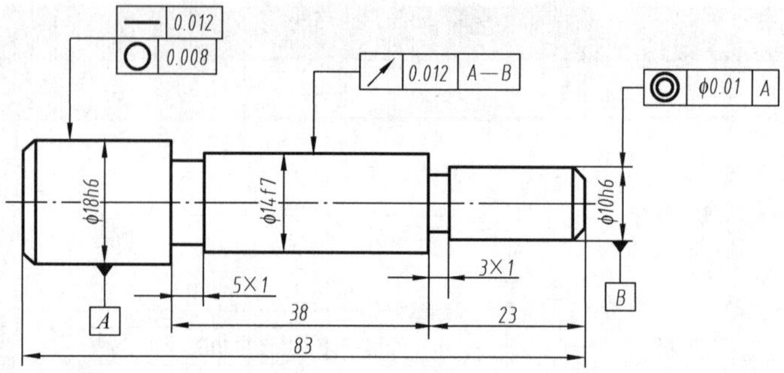

尺寸、标注粗糙度、填写文字注释和标题栏。下面将通过绘制油泵盖零件图来阐述 AutoCAD 2012 绘图的一般操作流程。

图 8-71 所示的油泵盖零件图是一个典型的盘类零件，用了一个全剖视的主视图和一个左视图来完整地表达。下面以该油泵盖零件图为例，讲解零件图的绘制方法。

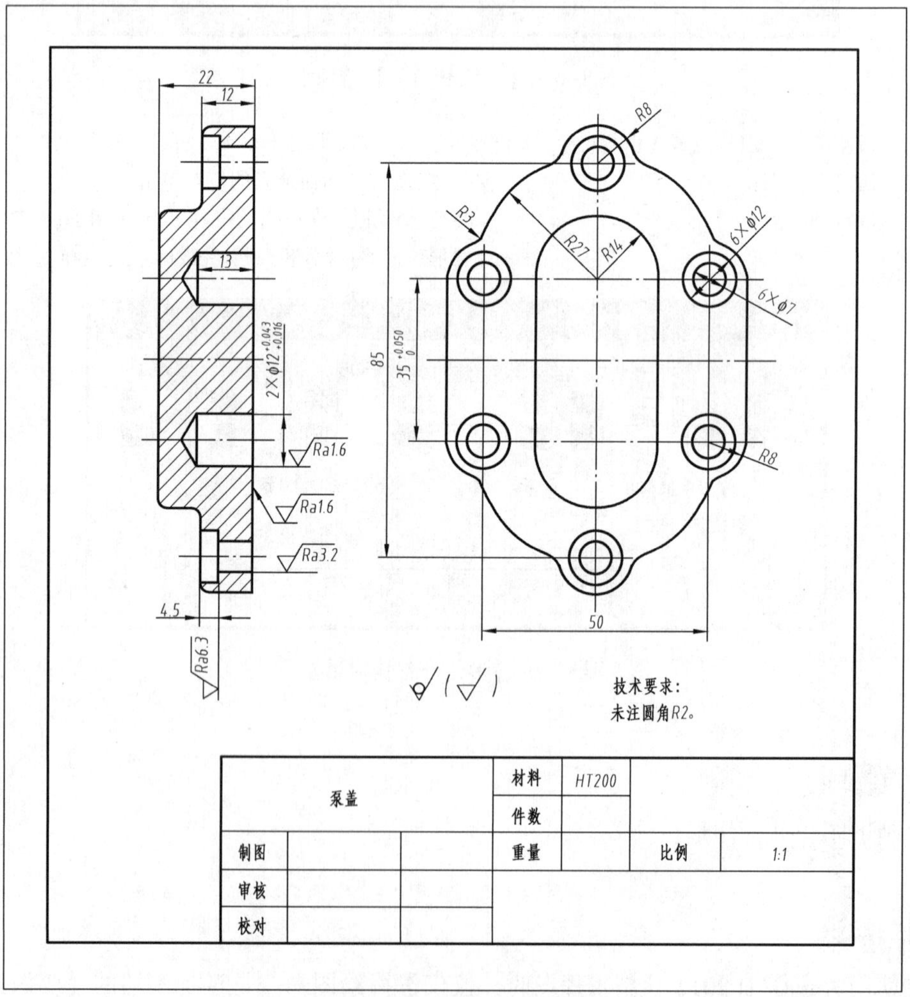

图 8-71　泵盖零件图

一、绘图环境的设置

根据图形大小，可以选用A4图幅按1∶1的比例输出图纸。下面采用默认设置启动、手动操作来完成绘图环境的设置。

1. 图形界限设置

选择【格式】/【图形界限】命令，命令窗口提示“重新设置模型空间界限”，并给出左下角点坐标“0，0”，单击接受。同样接受系统给出的右上角点坐标“210，297”，完成A4图幅的图形界限设置。按下状态栏中的“栅格”按钮，图形界限范围以网格点显示。

2. 图层设置

设置图层包括设置层名、设置图层颜色、设置线型 、设置线宽。

机械零件图一般需要用到轮廓粗实线、剖视分界线、剖面线和中心线4种图元，故首先创建4个用于放置这些不同图元的图层。

选择【格式】/【图层】命令，在【图层特性管理器】对话框中，按前面介绍的方法完成表8-8中的图层设置。

表8-8 图层的设置

图 层 名	颜 色	线 型	线 宽	对应图中的图线
0	黑色	Continuous	默认	图框、标题栏（超宽线0.7）
点画线	红色	Center	默认	中心线
尺寸标注	绿色	Continuous	默认	尺寸标注、粗糙度
剖面线	蓝色	Continuous	默认	剖面线
轮廓线	黑色	Continuous	0.3	粗实线
虚线	青色	Dashed	默认	虚线
注释文字	紫色	Continuous	默认	文本、注释
细实线	黄色	Continuous	默认	细实线

3. 绘制图框线

（1）用矩形命令绘制表示图幅大小的矩形框，操作步骤如下：

```
命令：_rectang
指定第一个角点或［倒角(C)/标高(E)/圆角(F)/厚度(T)/宽度(W)］：0,0
指定另一个角点或［面积(A)/尺寸(D)/旋转(R)］：210,297
```

（2）用矩形命令绘制图框。

```
命令：_rectang
指定第一个角点或［倒角(C)/标高(E)/圆角(F)/厚度(T)/宽度(W)］：w
指定矩形的线宽 <0.0000>：0.7
指定第一个角点或［倒角(C)/标高(E)/圆角(F)/厚度(T)/宽度(W)］：25,5
指定另一个角点或［面积(A)/尺寸(D)/旋转(R)］：205,292
```

4. 绘制标题栏

标题栏的格式国家标准（GB 10609.1—1989）已做了统一规定，绘图时应遵守。为简便起见，学生作图时可将标题栏的格式加以简化，建议采用图 8-72 所示的格式。

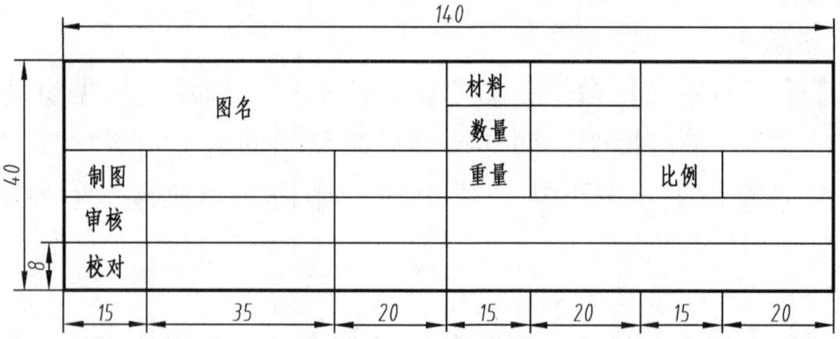

图 8-72　标题栏格式

5. 保存成样板文件

将图框和标题栏保存成样板文件，样板图如图 8-73 所示。

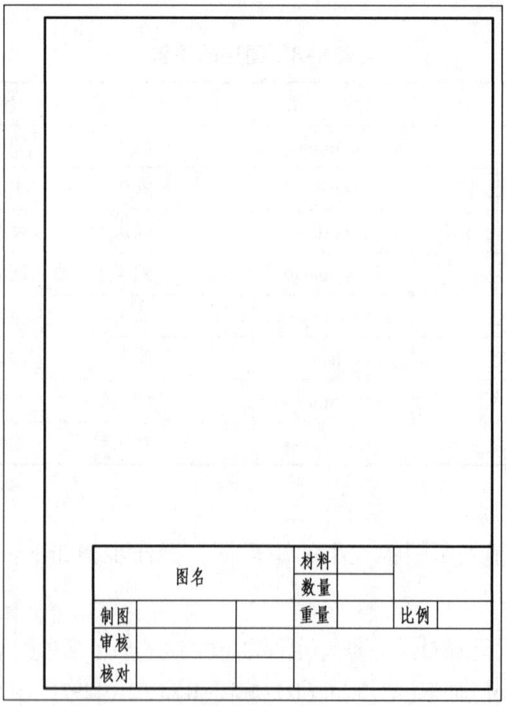

图 8-73　加入标题栏后的样板图

操作过程：选择【文件】/【另存为】命令，弹出【图形另存为】对话框，输入文件名“A4（210×297）”，文件类型选择“AutoCAD 图形样板（*.dwt）”，单击 保存(S) 按钮，如图 8-74 所示。

图 8–74 【图形另存为】对话框

二、绘制图形

1. 新建文件

用样板“A4（210×297）”新建文件，文件名为“泵盖”。

2. 绘制中心线

中心线是作图的基准线，作图的基准线确定后，视图的位置也就确定了。因此，在定位中心线时，应考虑到最终完成的图形在图框内布置要匀称。中心线的线型为 Center（点画线），通过对象特性工具栏将它设为当前层，然后用 line 命令绘出主视图和左视图的中心线和轴线，如图 8–75 所示，确定了两个视图的位置。

3. 绘主视图上半部分的轮廓线

在绘主视图时，我们可以通过 Offset（偏移）和 Trim（修剪）两个编辑命令完成大部分图形的操作，偏移后如图 8–76 所示。步骤如下。

（1）以中心线 1 为参照，偏移出直线 a。

（2）以中心线 1 为参照，偏移出直线 b。

（3）以中心线 2 为参照，偏移出直线 c。

（4）以中心线 2 为参照，偏移出直线 d。

（5）对其进行修剪。

（6）进行第一处圆角编辑，如图 8–77 所示。

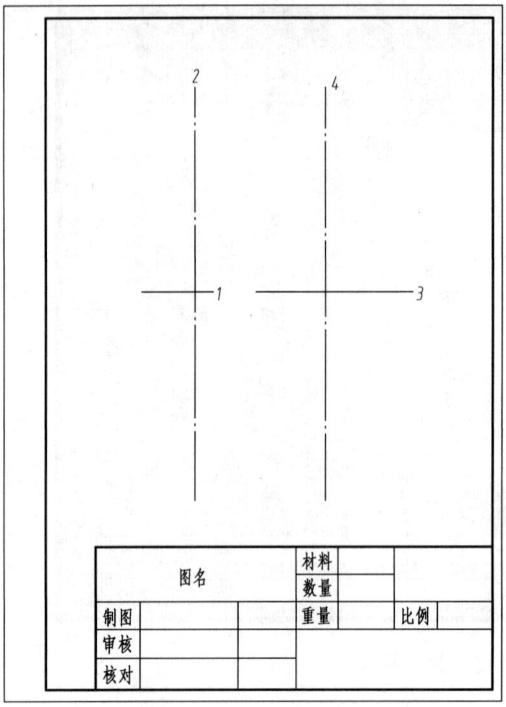

图 8-75　绘制中心线

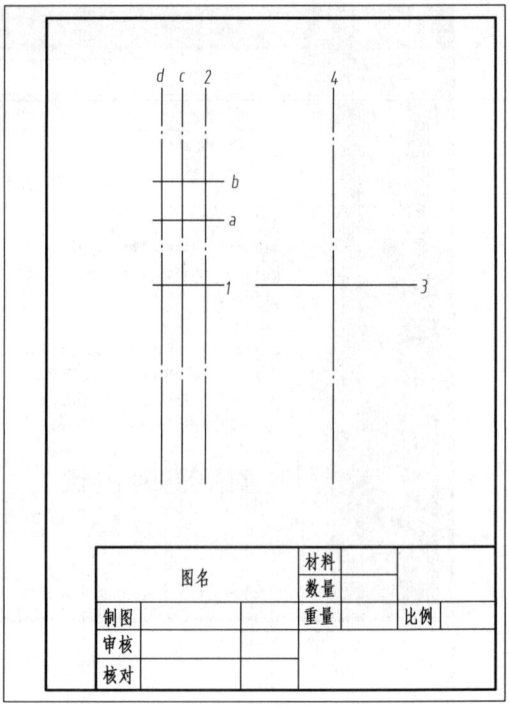

图 8-76　偏移

(7) 进行第二处圆角编辑。

(8) 进行第三处圆角编辑。

(9) 绘制出相对于中心线 1 的距离为 42.5 的螺孔轴线 e，如图 8-78 所示。

(10) 绘制出相对于中心线 1 的距离为 17.5 的螺孔轴线 g，如图 8-78 所示。

(11) 绘制螺孔轮廓线。

(12) 再修剪掉多余的线段，如图 8-79 所示。

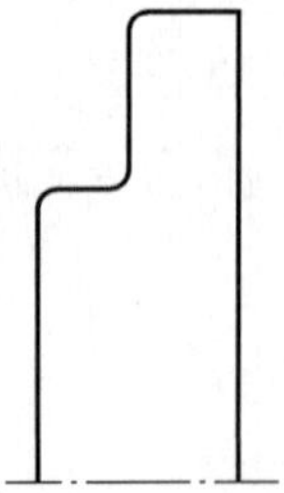

图 8-77　倒圆角

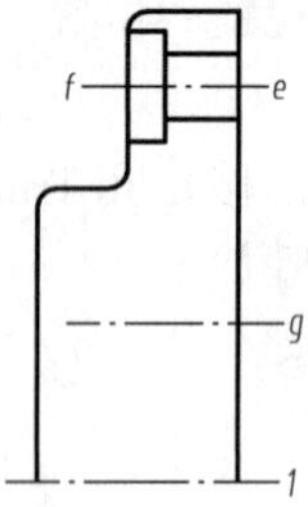

图 8-78　修剪多余线

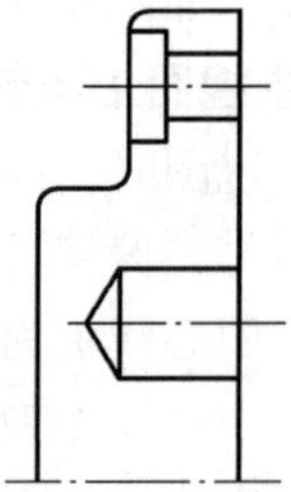

图 8-79　修剪编辑后的图形

4. 镜像主视图下半部分的轮廓线

其结果如图 8-80 所示。

5. 绘制剖面线

激活 hatch 命令，会弹出【Boundary Hatch】对话框，在该对话框中设置好填充图案、角度、比例等选项后，选择需要填充的范围即可，填充效果如图 8-81 所示。

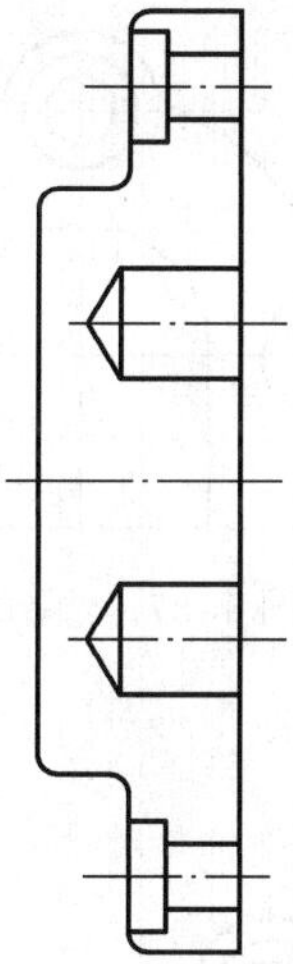

图 8-80 镜像后的效果

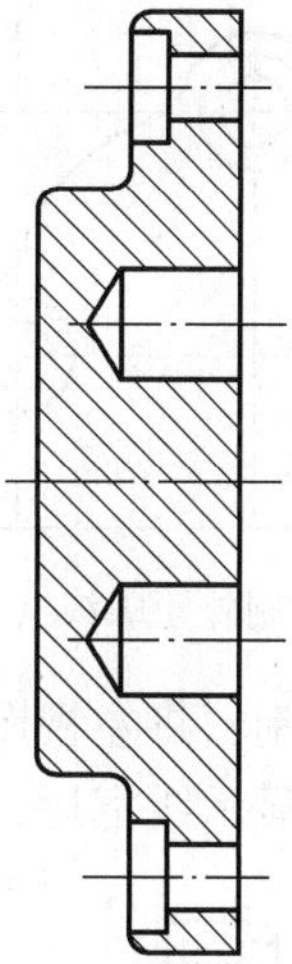

图 8-81 填充效果

6. 绘制左视图

（1）定位水平点画线上方三个阶梯孔的中心，通过对左视图中心线的偏移来实现，如图 8-82 所示。

（2）绘制三个孔，如图 8-83 所示。

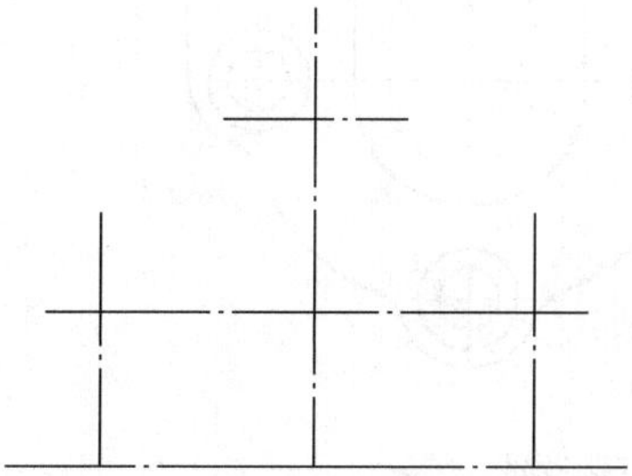

图 8-82 绘制基准线

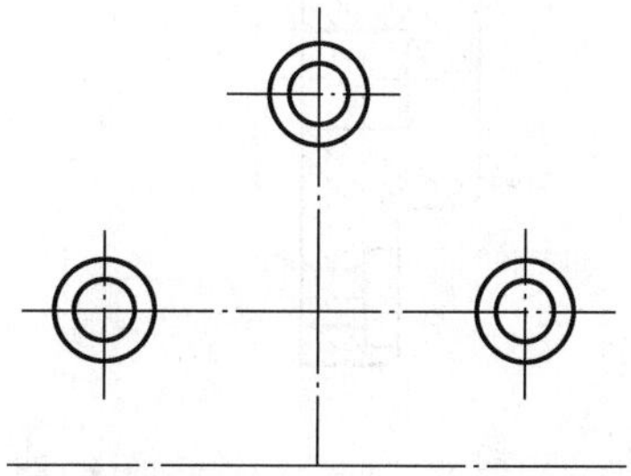

图 8-83 绘制三个孔

（3）绘制外轮廓线，如图 8-84、图 8-85、图 8-86 所示。

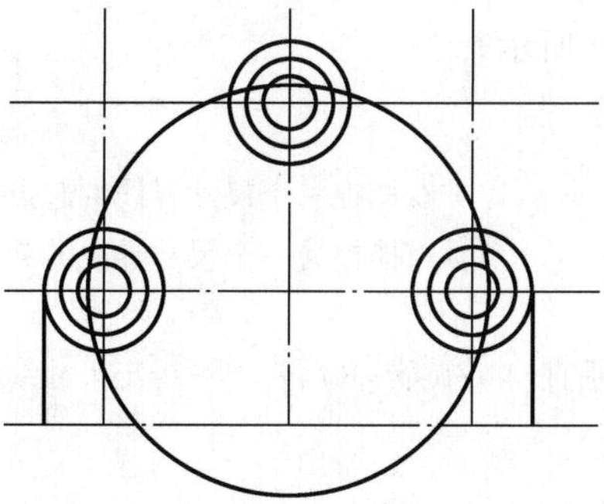

图 8-84 绘制外轮廓线（一）

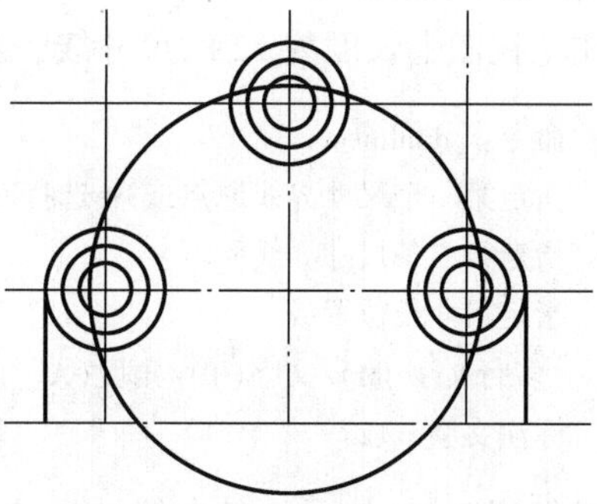

图 8-85 绘制外轮廓线（二）

（4）通过圆和直线命令绘制出内轮廓线，如图 8-87 所示。

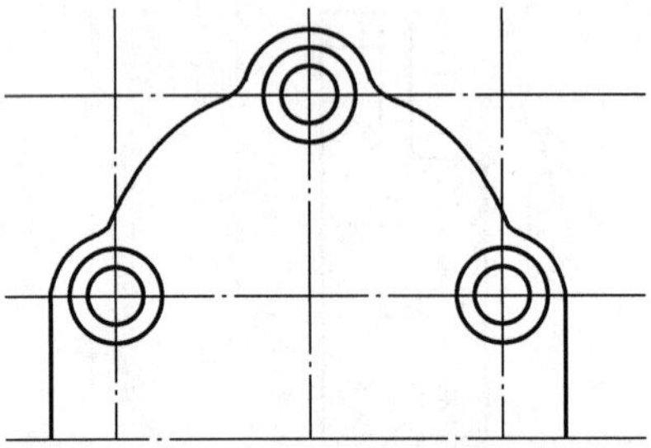

图 8-86　绘制外轮廓线（三）

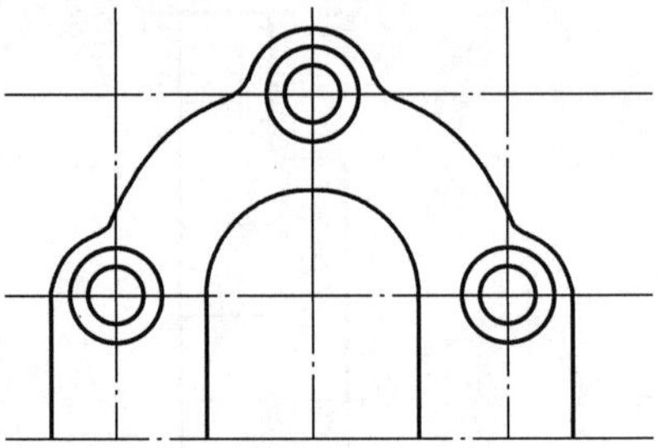

图 8-87　绘制内轮廓线

（5）通过镜像复制，将左视图的所有轮廓线绘制出来。

（6）修饰图形，显示线宽后，如图 8-88 所示。

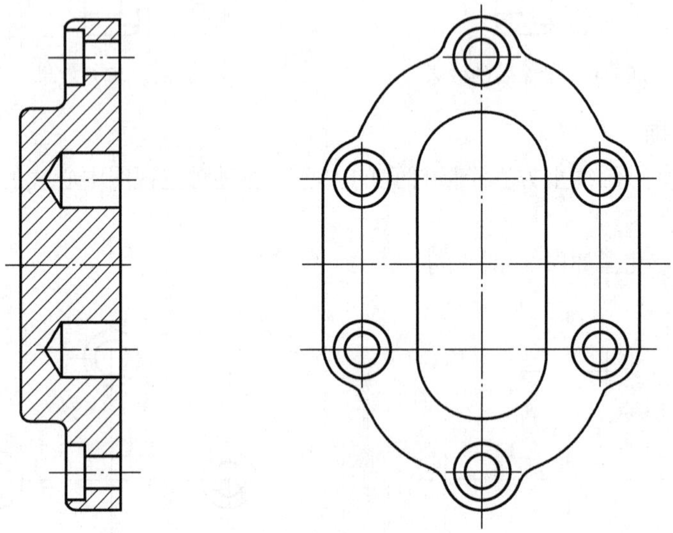

图 8-88　完成所有轮廓线

三、尺寸标注

1. 线性尺寸标注

标注主视图上长度为 12 的尺寸线，如图 8-89 所示。

命令：_dimlinear

指定第一个尺寸界线原点或 <选择对象>：　　　　//捕捉一个尺寸界线的起点

指定第二条尺寸界线原点：　　　　//捕捉另一个尺寸界线的起点

指定尺寸线位置或

[多行文字(M)/文字(T)/角度(A)/水平(H)/垂直(V)/旋转(R)]：　//指定尺寸线的位置

标注文字 = 12

结果如图 8-89 所示，其余线性尺寸注法相同。

2. 半径标注

标注左视图上一个半径为 3 的尺寸，操作步骤如下：

命令：_dimradius
选择圆弧或圆：　　　　　　　　　　　　　　　　　　//选择左视图上的一个圆弧
标注文字 =3
指定尺寸线位置或［多行文字(M)/文字(T)/角度(A)］：　//指定尺寸线的位置。

其余半径尺寸注法相同，结果如图 8-90 所示。

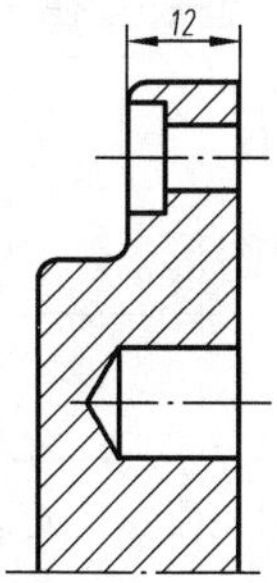

图 8-89　线性尺寸标注

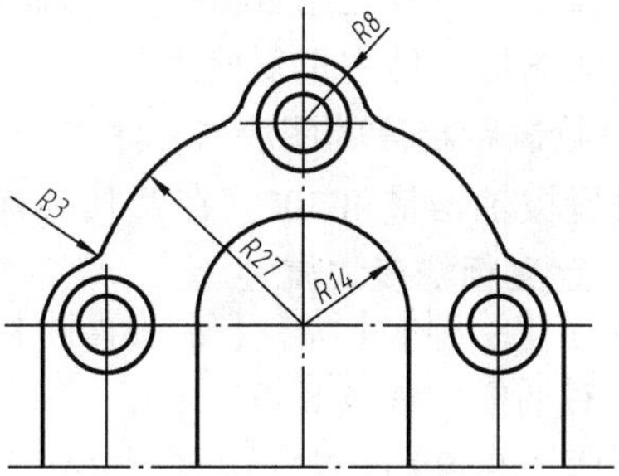

图 8-90　半径尺寸的标注

3. 直径标注

标注直径为 12 和直径为 7 的两个圆的尺寸，如图 8-91 所示。

命令：_dimdiameter
选择圆弧或圆：　　　　　　　　　　　　　　　　//在左视图上选择直径为 12 的圆
标注文字 =12
指定尺寸线位置或［多行文字(M)/文字(T)/角度(A)］：m
//输入"多行文字"选项，打开［文字格式］对话框，在尺寸数字前输入"6 ×"
指定尺寸线位置或［多行文字(M)/文字(T)/角度(A)］：//指定尺寸线的位置。

用同样的方法标注直径 7 的圆。

4. 公差标注

标注主视图上直径为 12 的盲孔的公差尺寸，如图 8-92 所示。

标注左视图上两个孔间距的公差尺寸，如图 8-93 所示。

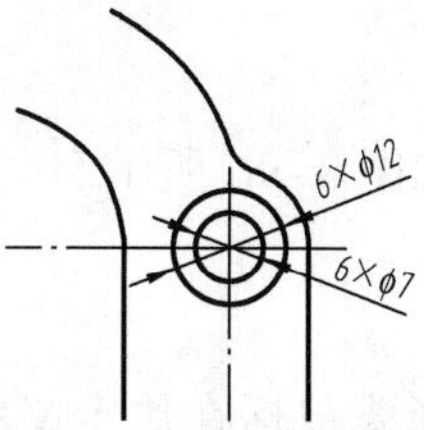

图 8-91　直径标注

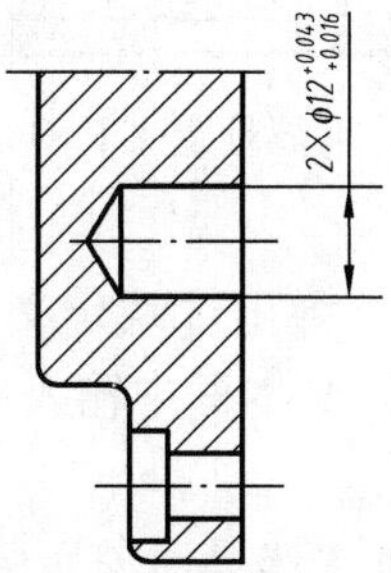

图 8-92　盲孔直径标注

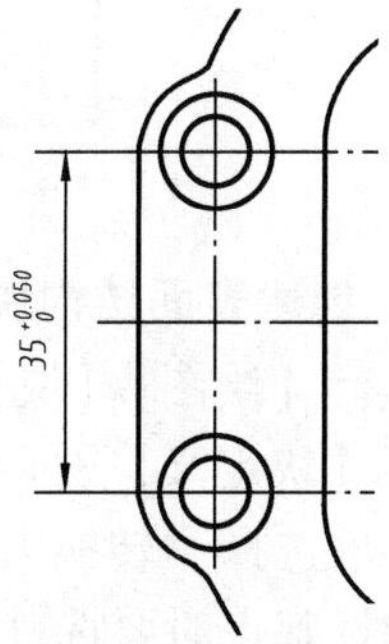

图 8-93　孔间距标注

四、粗糙度标注

机械制图中的表面结构有专用的符号，并且有参数代号、参数值及文字说明，需要制定带有属性的块，通过块来实现表面结构的自动标注。用 AutoCAD 绘图的最大优点就是 AutoCAD 具有库的功能且能重复使用图形的部件。利用 AutoCAD 提供的块、写入块和插入块等操作就可以把用 AutoCAD 绘制的图形作为一种资源保存起来，在一个图形文件或者不同的图形文件中重复使用。

1. 绘制粗糙度的图块

设置极轴增量角 30°，在“尺寸标注”层内按图 8-94 绘制图形。

2. 定义粗糙度块属性

执行【绘图】/【块】/【定义属性】命令，打开【属性定义】对话框，如图 8-95 所示。

参照图 8-95 设置标记名“RA”、提示语“输入粗糙度值”、默认值“3.2”、文字“左对齐”等，然后单击【确定】按钮，返回图形窗口，指定插入点。

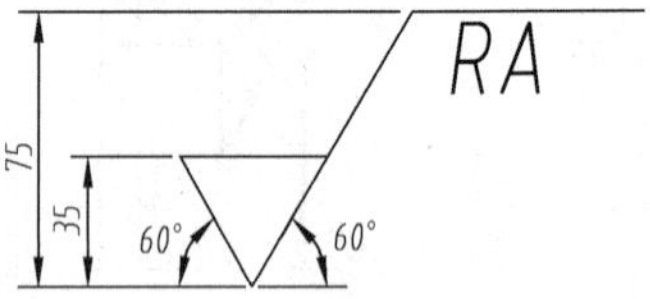

图 8-94　粗糙度符号

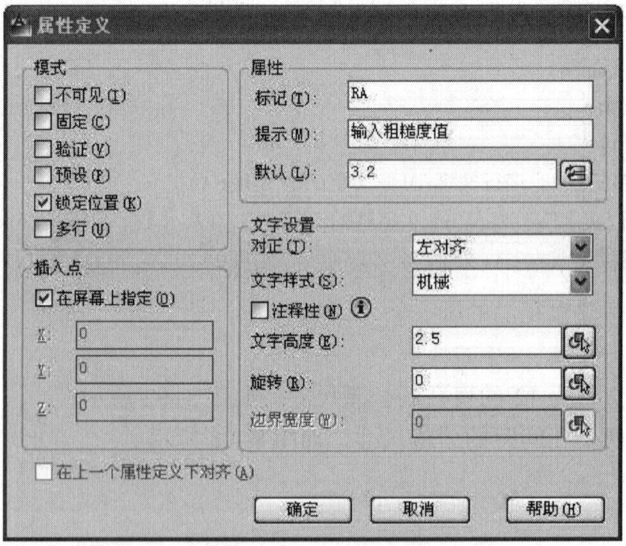

图 8-95　【属性定义】对话框

3. 创建表面结构块

执行【绘图】/【块】/【创建】命令，弹出【块定义】对话框，如图 8-96 所示。

在【块定义】对话框中的【名称】文本框中输入块名“粗糙度”。

对象选择“转换为块”。

选择基点时要选符号的尖端，选择“选择对象”，使用鼠标选择要包括在块定义中的对象，单击【确定】按钮完成块定义。

4. 插入表面结构

执行【插入】/【块】命令，打开【插入】对话框，在【名称】文本框中输入块名，在屏幕上选取插入点，设置比例、旋转角度，如图 8-97 所示。

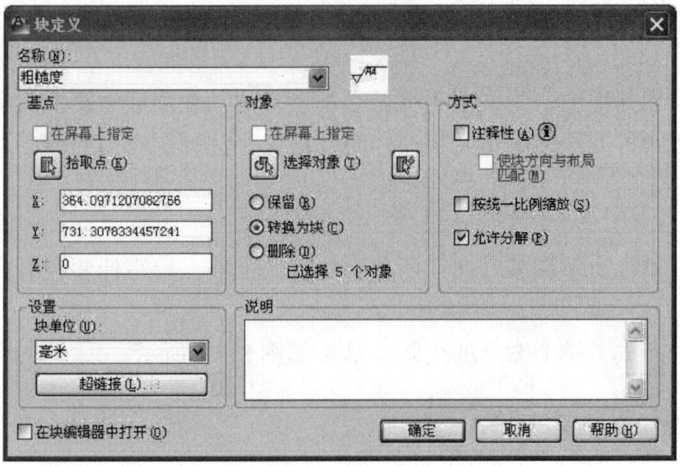

图 8-96 【块定义】对话框

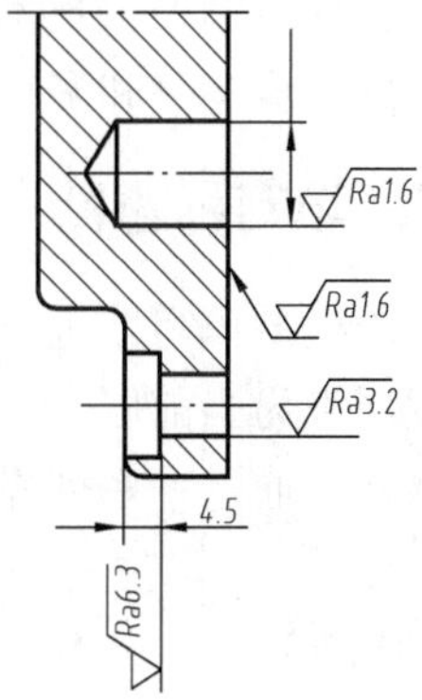

图 8-97 插入表面结构

提示：使用插入命令在零件图上标注粗糙度，在插入时系统会提示修改属性值。

注意：块定义命令 BLOCK 建立的是内部块，即只能在当前图中插入。

5. 写块

写块命令可以创建外部块，用户可以建立自己的零件库，系统将外部块存放于指定的目录中。

在命令行输入写块命令，打开【写块】对话框，创建外部块。

注意：写块命令建立的外部块，可以插入任何图形中。

完成泵盖零件图的绘制和标注，效果如图 8-98 所示。

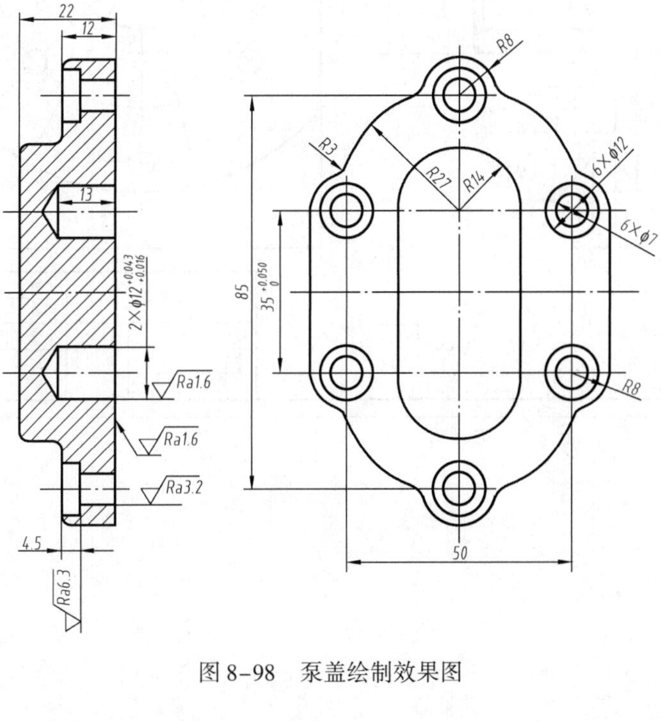

图 8-98 泵盖绘制效果图

五、文字注释

在工程绘图中，技术要求和其他的一些文字注释是必不可少的。在图形中插入文字注释可以用单行文字和多行文字两种方法。编辑文字注释时，把文字注释层设为当前层。

六、填写标题栏

标题栏的填写，也可以用单行文字和多行文字两种方法输入文字。填写标题栏时，将标题栏层设为当前层。

这样，通过一系列操作，完成了整个图形的绘制，结果如图 8-71 所示。

任务实践

绘制下列零件图。

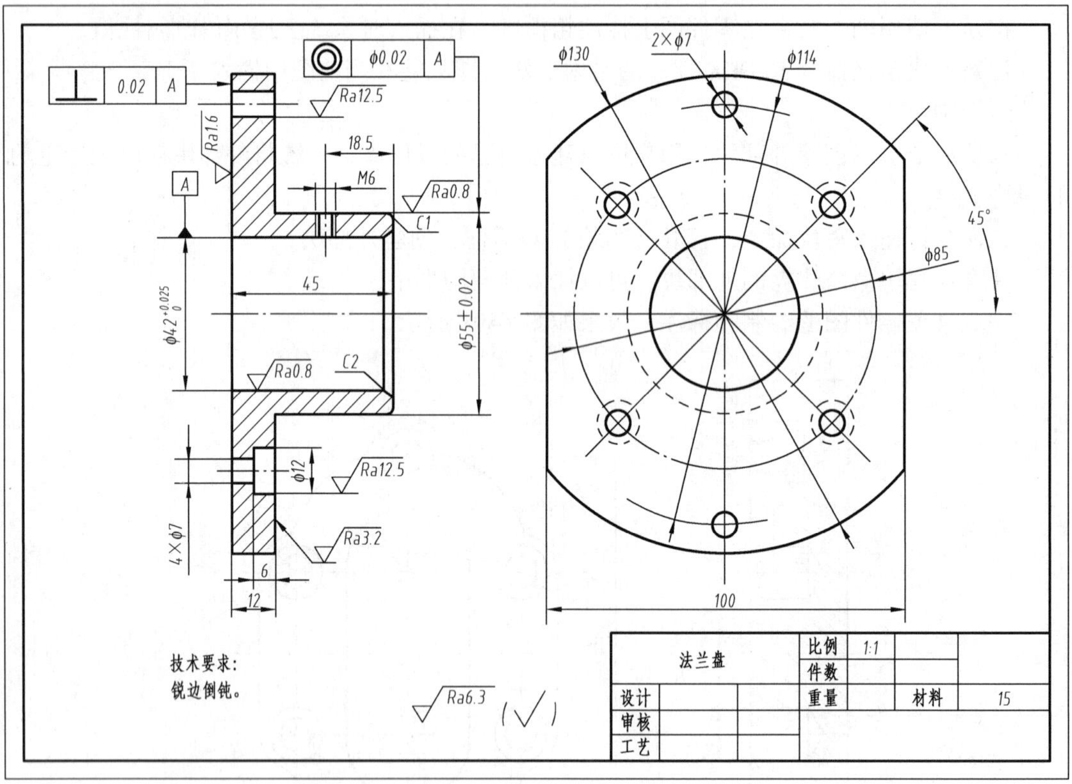

模块九 装 配 图

模块目标：

(1) 知道装配图的作用与内容。

(2) 能根据需要选择装配图的视图表达方案。

(3) 能正确识读装配图的尺寸标注、明细栏和技术要求。

(4) 能正确识读装配图的视图并拆画零件图。

(5) 能在 AutoCAD 中运用外部参照功能绘制装配图。

课题一 识读装配图

任务目标

知识点：

知道装配图的作用及其内容，熟悉装配图的规定画法、特殊表达方法和装配图视图表达方案的选择。知道装配图的几种常见尺寸。熟悉常见的接触面或配合面的结构、螺纹连接的合理结构、滚动轴承定向固定的合理结构以及防漏结构等。

技能点：

能根据装配图说出其四个方面的具体内容。能正确识读装配图中的规定画法、特殊表达方法。能判明装配图中尺寸的类别，能编排装配图中零件的序号，会填写明细栏。

任务分析：在设计过程中通常先按设计要求画出装配图以表达机器或部件的工作原理、传动路线和零件间的装配关系，并通过装配图表达各零件的作用、结构和它们之间的相对位置及连接方式，以便拆画出零件图。在生产过程中，先根据零件图进行零件加工，然后再依照装配图将零件装配成部件或机器。此外，在机器或部件的使用以及维修时也都需要使用装配图。因此，装配图既是制定装配工艺规程，进行装配、检验、安装及维修的技术文件，也是表达设计思想、指导生产和交流技术的重要技术文件。

相关知识

表示机器（或部件）的图样为装配图。表示一台完整机器的图样，称为总装配图；表示一个部件的图样，称为部件装配图。

一、装配图的内容

从图 9-1、图 9-2 可以看出，一张完整的装配图包括以下几项基本内容。

图 9-1　滑动轴承

1. 一组图形

装配图中的一组图形用来表达机器（或部件）的工作原理、装配关系和结构特点。前面所述机件的表达方法可以用来表达装配图，但由于装配图表达重点不同，还需要一些规定的表示法和特殊的表示法。

2. 必要的尺寸

标注出反映机器（或部件）规格（性能）的尺寸、安装尺寸，以及零件之间的装配尺寸和外形尺寸等。

3. 技术要求

用文字或符号注写机器（或部件）的质量、装配、检验、使用等方面的要求。

4. 标题栏、零件序号和明细栏

根据生产组织和管理的需要，在装配图上对每个零件编注序号，并填写明细栏。在标题栏中写明装配体名称、图号、绘图比例以及有关人员的责任签字等。

二、画装配图的基本规则

根据国家标准的有关规定，并综合前面章节中的有关表述，装配图画法有以下基本规则，如图 9-3 所示。

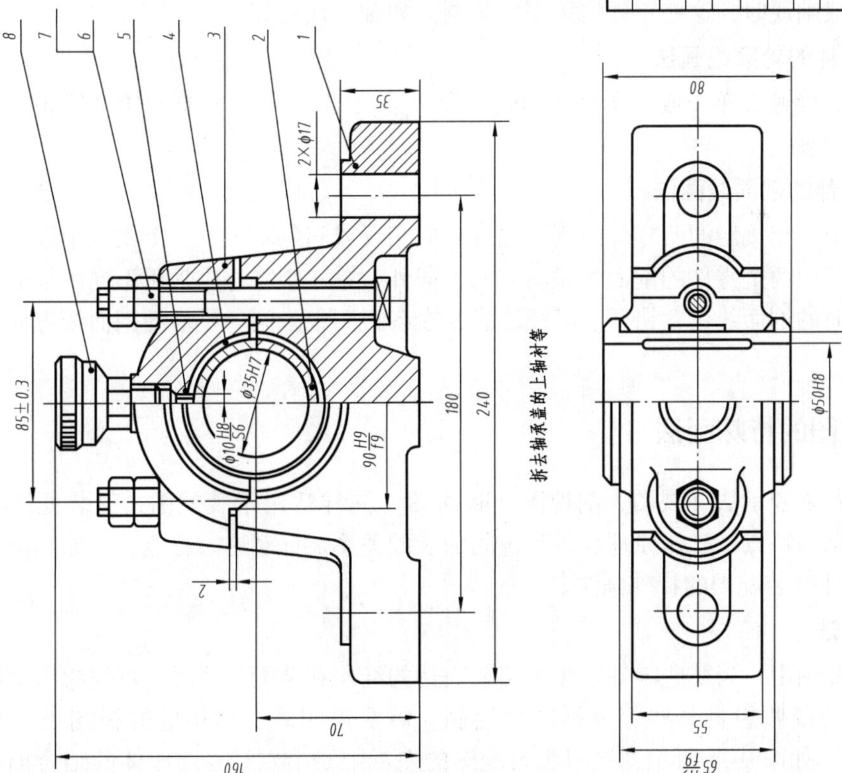

技术要求：

1. 上、下轴衬与轴承座及轴承盖之间应保证接触良好；
2. 轴衬最大压力$P \leq 29.4$MPa；
3. 轴衬与轴颈最大线速度$v \leq 8$m/s；
4. 轴承温度低于120℃。

序号	名称	数量	材料		备注
8	油杯12	1			JB/T 7940.3—1995
7	螺母M12	4			GB/T 6171—2000
6	螺栓M12×130	2			GB/T 5782—2000
5	轴衬固定套	1			
4	上轴衬	1	ZQA19-4		
3	轴承盖	1	HT150		
2	下轴衬	1	ZQA19-4		
1	轴承座	1	HT150		
设计			共 张	第 张	(单位)
校核			质量		滑动轴承
审核			比例	1:2	(图号)

图 9-2 滑动轴承装配图

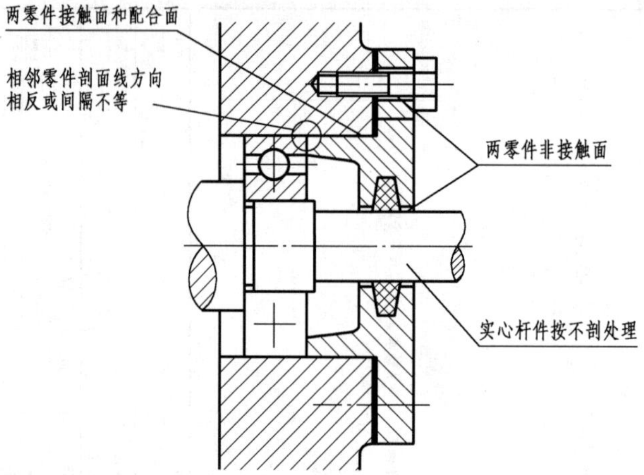

图 9-3　装配图画法

1. 实心零件画法

在装配图中，对于紧固件以及轴、键、销等实心零件，若按纵向剖切，且剖切平面通过其对称平面或轴线时，这些零件均按不剖绘制，如轴、螺钉等。

2. 相邻零件的轮廓线画法

两个零件的接触表面（或基本尺寸相同的配合面），只用一条共有的轮廓线表示；非接触面画两条轮廓线。

3. 相邻零件的剖面线画法

在剖视图中，相接触的两零件的剖面线方向应相反或间隔不等。三个或三个以上零件相接触时，除其中两个零件的剖面线倾斜方向不同外，第三个零件应采用不同的剖面线间隔或者与同方向的剖面线位置错开。必须注意，在各视图中，同一零件的剖面线方向与间隔必须一致。

三、装配图的特殊画法

零件图的各种表示法（视图、剖视图、断面图）同样适用于装配图，但装配图着重表达装配体的结构特点、工作原理和各零件间的装配关系。针对这一特点，国家标准制定了机器（或部件）装配图的特殊画法。

1. 简化画法

（1）在装配图中，当某些零件遮住了需要表达的结构和装配关系时，可假想沿某些零件的结合面剖切或假想将某些零件拆卸后绘制。需要说明时，在相应的视图上方加注“拆去 × × 等”。如图 9-4 所示，铣刀头装配图的左视图是沿左端盖与座体的结合面剖切后拆去零件 1、2、3、4、5，再投射后画出的。

（2）装配图中对规格相同的零件组，如图 9-4 中的螺钉连接，可详细地画出一处，其余用细点画线表示其装配位置。

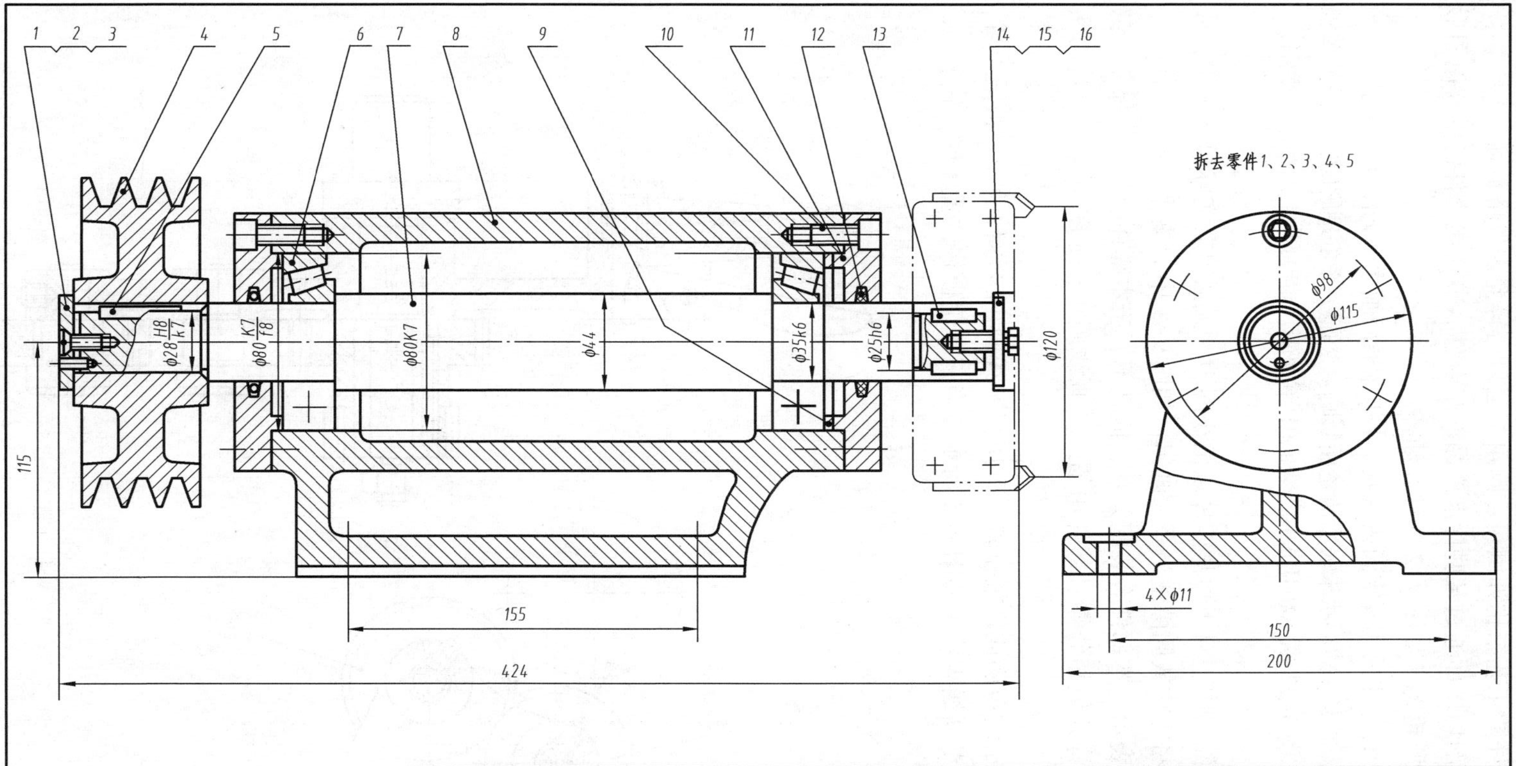

16	GB/T 93—1987	垫圈6	1	65Mn		6	GB/T 294—1994	轴承30307	2		
15	GB/T 5783—2000	螺栓M6×20	1	Q235-A		5	GB/T 1096—2003	键8×40	1	45	
14	GB/T 892—1986	挡圈B32	1	35		4		V带轮	1	HT150	
13	GB/T 1096—2003	键6×20	2	45		3	GB/T 119.1—2000	销3×12	1	35	
12		毛毡25	2	222-36	无圈	2	GB/T 68—2000	螺钉M6×18	1	Q235-A	
11		端盖	2	HT200		1	GB/T 891—1986	挡圈35	1	Q235-A	
10	GB/T 70.1—2000	螺钉M6×20	12	Q235-A		序号	代号	名称	数量	材料	备注
9		调整环	1	35		设计		共 张 第 张		铣刀头	
8		座体	1	HT200		校核		重量			
7		轴	1	45				比例			

图 9–4 铣刀头装配图

（3）在装配图中，零件的工艺结构如倒角、圆角、退刀槽等允许省略不画。

（4）在装配图中，当剖切平面通过某些标准产品的组合件，或该组合件已由其他图形表达清楚时，可只画出外形轮廓，如图 9-2 的件 8 油杯。

装配图中的滚动轴承允许一半采用规定画法，另一半采用通用画法（如图 9-3 所示）。

（5）在装配图中，当某个零件的形状未表示清楚而影响对装配关系的理解时，可另外单独画出该零件的某一视图，如图 9-22 所示机用虎钳装配图中单独画出件 2 钳口板的 B 向视图。

2. 特殊画法

（1）夸大画法。在装配图中，对于薄片零件或微小间隙，无法按其实际尺寸画出，或图线密集难以区分时，可将零件或间隙适当夸大画出，如图 9-3 中的垫片。

（2）假想画法。为了表示与本部件有装配关系，但又不属于本部件的其他相邻零、部件时，可采用假想画法，将其他相邻零、部件用细双点画线画出，如图 9-4 所示铣刀头主视图中的铣刀盘。

为了表示运动零件的运动范围或极限位置，可用粗实线画出该零件的一个极限位置，另一个极限位置则用细双点画线表示。如图 9-5 所示，当三星轮板在位置 I 时，齿轮 2、

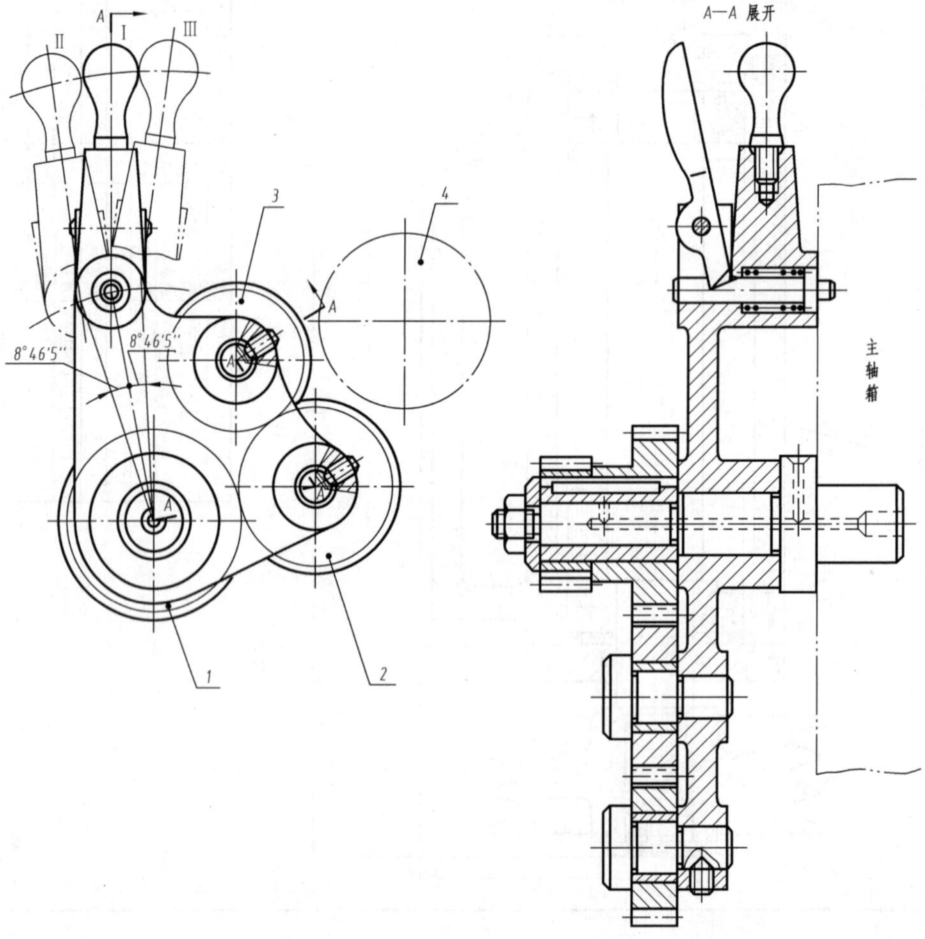

图 9-5　展开画法

3 均不与齿轮 4 啮合；当处于位置Ⅱ时，齿轮 2 与 4 啮合，传动路线为齿轮 1 - 2 - 4；当处于位置Ⅲ时，传动路线为齿轮 1 - 2 - 3 - 4。由此可见，齿轮板的位置不同，齿轮 4 的转向和转速也不同。图中工作（极限）位置Ⅱ、Ⅲ 均采用双点画线画出。

（3）展开画法。为了展示传动机构的传动路线和装配关系，可假想按传动顺序沿轴线剖切，然后依次展开，将剖切平面均旋转到与选定的投影面平行的位置，再画出其剖视图，这种画法称为展开画法，如图 9-5 所示三星齿轮传动机构 $A-A$ 展开图。

四、装配图的尺寸标注

装配图上标注尺寸与零件图上标注尺寸的目的不同，因为装配图不是制造零件的直接依据，所以在装配图中不用标注零件的全部尺寸，而只注出下列几种必要的尺寸。

1. 规格（性能）尺寸

其为表示机器、部件规格或性能的尺寸，是设计和选用部件的主要依据。如图 9-4 中铣刀盘的尺寸 $\phi120$。

2. 装配尺寸

其为表示零件之间装配关系的尺寸，如配合尺寸和重要相对位置尺寸。如图 9-4 中 V 带轮与轴的配合尺寸 $\phi28H8/K7$ 等。

3. 安装尺寸

其为将部件安装到机器上或将整机安装到基座上所需的尺寸。如图 9-4 中铣刀头座体的底板上四个沉孔的定位尺寸 155、150。

4. 外形尺寸

其为表示机器或部件外形轮廓的大小，即总长、总宽和总高的尺寸，可为包装、运输、安装所需的空间大小提供依据。

除上述尺寸外，有时还要标注其他重要尺寸，如运动零件的极限位置尺寸、主要零件的重要结构尺寸等。

五、装配图的零、部件序号和明细栏

为了便于看图和图样管理，对装配图中所有零、部件均须编号，同时，在标题栏上方的明细栏中与图中序号一一对应地予以列出。

1. 序号

常用的编号方式有两种：一种是对机器或部件中的所有零件（包括标准件和专用件）按一定顺序进行编号，如图 9-6 所示；另一种是将装配图中标准件的数量、标记按规定标注在图上，标准件不占编号，而将非标准零件（即专用件）按顺序进行编号。

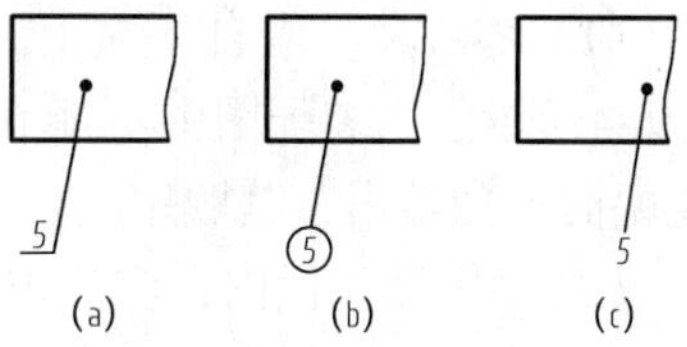

图 9-6　序号标注

装配图中编写序号的一般规定如下。

（1）装配图中，每种零件或部件只编一个序号，一般只标注一次，必要时，多处出现的相同零、部件也可用同一个序号在各处重复标注。

（2）装配图中，零、部件序号的编写方式如下。

① 在指引线的基准线（细实线）上或圆（细实线圆）内注写序号，序号字高比该装配图上所注尺寸数字的高度大一号或两号，如图 9–6（a）、图 9–6（b）所示。

② 在指引线附近注写序号，序号字高比该装配图上所注尺寸数字的高度大一号或两号，如图 9–6（c）所示。

（3）指引线应自所指部分的可见轮廓内引出，并在末端画一圆点，如图 9–6 所示。若所指部分（很薄的零件或涂黑的剖面）不便画圆点时，可在指引线末端画出箭头，并指向该部分的轮廓，如图 9–7 所示。

（4）指引线相互不能相交，当通过剖面线的区域时，指引线不能与剖面线平行。必要时允许将指引线画成折线，但只允许转折一次，如图 9–4 中的序号 9 所示。

（5）对一组紧固件或装配关系清楚的零件组，可以采用公共指引线，如图 9–8 所示。

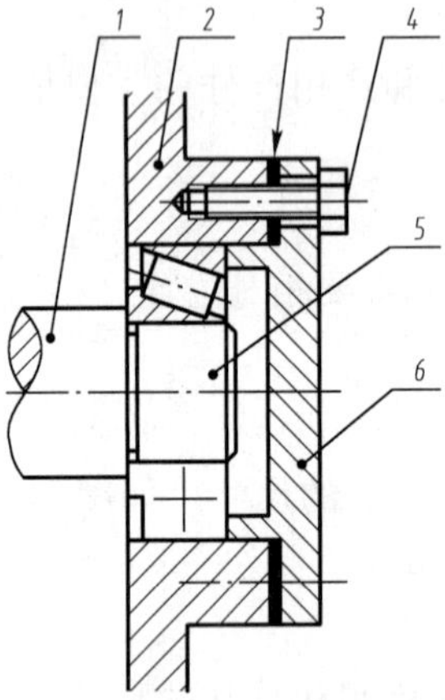

图 9–7　指引线末端画箭头

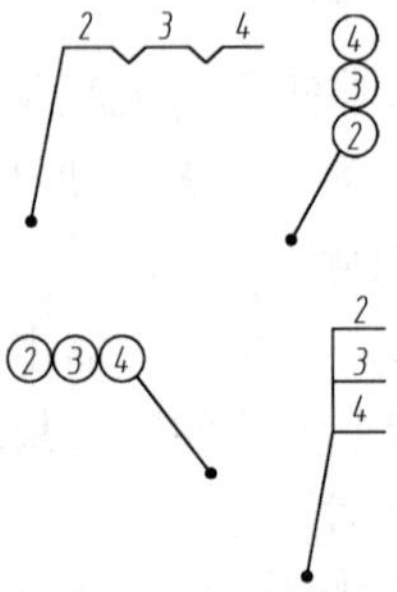

图 9–8　公共指引线

（6）同一装配图编注序号的形式应一致。

（7）序号应标注在视图的外面。装配图中的序号应按水平或铅垂方向排列整齐，并按顺时针或逆时针方向顺序排列。在整个图上无法连续时，可只在水平或铅垂方向顺序排列。

2. 明细栏

明细栏是所绘装配图中全部零件的详细目录，其内容和格式详见国家标准《明细栏》（GB/T 10609.2—2009）。明细栏画在装配图右下角标题栏的上方，栏内分格线为细实线，左边外框线为粗实线，栏中的编号与装配图中的零、部件序号必须一致。填写内容应遵守下列规定。

（1）零件序号应自下而上。如位置不够时，可将明细栏顺序画在标题栏的左方，如图 9–4所示。当装配图中不能在标题栏的上方配置明细栏时，可作为装配图的续页，按 A4 幅面单独给出，其顺序应自上而下（即序号 1 填写在最上面一行）。

（2）“代号”栏内，应注出每种零件的图样代号或标准件的标准编号。

（3）“名称”栏内，注出每种零件的名称，若为标准件应注出规定标记中除标准号以外的其余内容，如螺栓 M12 × 130。对齿轮、弹簧等具有重要参数的零件，还应注出参数。

（4）“材料”栏内，填写制造该零件所用的材料标记，如 HT150。

（5）“备注”栏内，可填写必要的附加说明或其他有关的重要内容，齿轮的齿数、模数等。制图作业中建议使用图 9–9 所示格式。

12	30	46	12	20	20	
8	JB/T 7940.3—1995	油杯B12	1			7
7	GB/T 6170—2000	螺母M12	4			7
6	GB/T 8—1988	螺栓M12×130	2			7
5		轴衬固定套	1	Q235-A		7
4		上轴衬	1	QAL9-4		7
3		轴承盖	1	HT150		7
2		下轴衬	1	QAL9-4		7
1		轴承座	1	HT150		7
序号	代 号	名 称	数量	材料	备注	10

设计				(单 位)	7
校核			比 例	滑动轴承	7
审核			共 张 第 张	(图 号)	7

12

图 9-9 标题栏和明细栏格式

六、常见的装配结构

在绘制装配图时，应考虑装配结构的合理性，以保证机器和部件的性能，使其连接可靠且便于装拆。

1. 接触面与配合面结构的合理性

（1）两个零件在同一方向上只能有一个接触面和配合面，如图 9-10 所示。

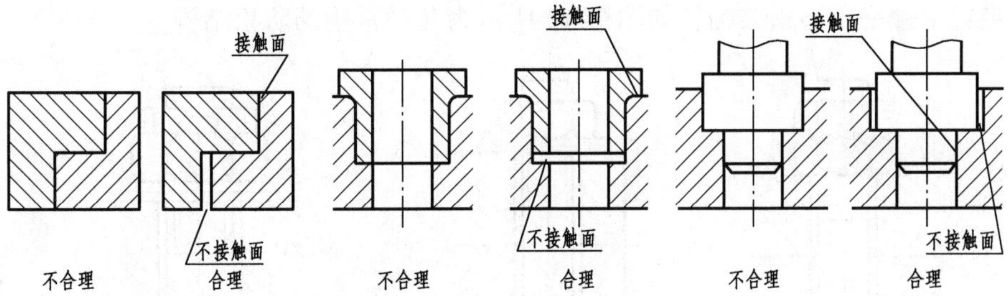

图 9-10 常见装配结构（一）

（2）为保证轴肩端面与孔端面接触，可在轴肩处加工出退刀槽，或在孔的端面加工出倒角，如图 9-11 所示。

2. 密封装置

为防止机器或部件内部的液体或气体向外渗漏，同时也避免外部的灰尘、杂质等侵入，必须采用密封装置。图 9-12（a）、图 9-12（b）所示为两种典型的密封装置，通过压盖或螺母将填料压紧而起防漏作用。

滚动轴承需要进行密封，一方面是防止外部的灰尘和水分进入轴承，另一方面也要防止轴承的润滑剂渗漏。常见的密封方法如图 9-12（c）所示。

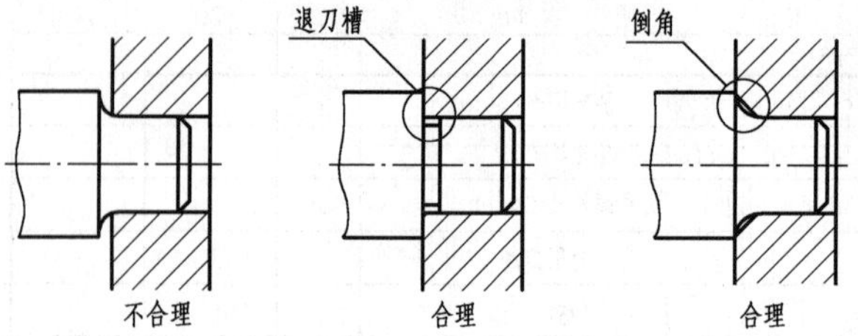

图 9-11　常见装配结构（二）

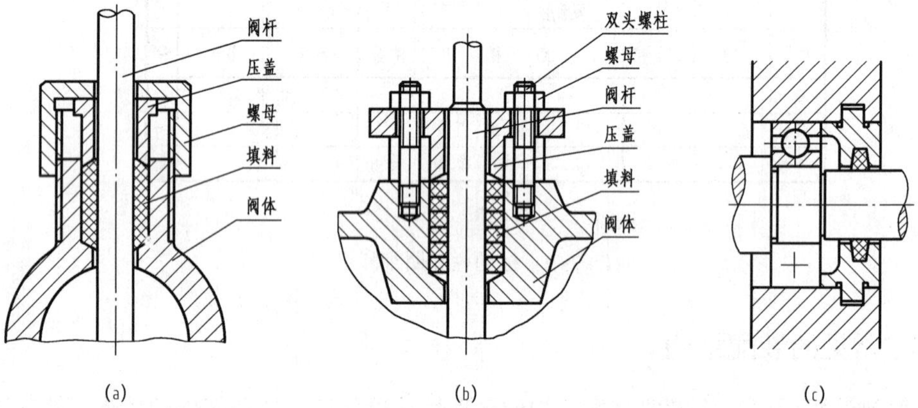

图 9-12　密封装置

3. 防松装置

机器或部件在工作时，由于受到冲击或振动，一些紧固件可能产生松动现象。因此，在某些装置中须采用防松结构，如图 9-13 所示为几种常用的防松结构。

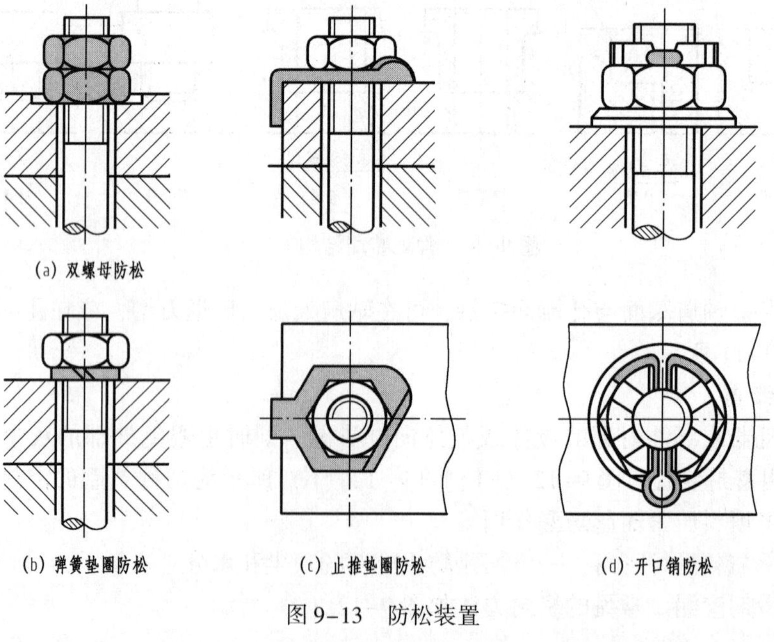

图 9-13　防松装置

任务实践

读球阀装配图（如图 9–14、图 9–15 所示）。

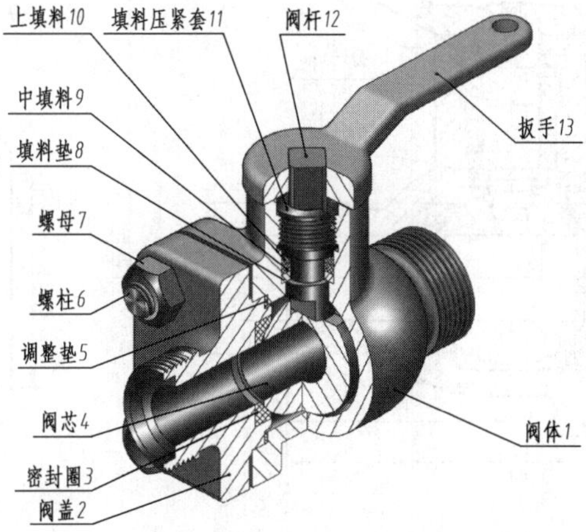

图 9–14 球阀

在机械行业中，组装、检验、使用和维修机器，或技术交流、技术革新，都会用到装配图。因此，技能型人才必须具备识读装配图的能力。读装配图的要求如下：

（1）了解装配体的名称、用途、性能、结构和工作原理。

（2）读懂各主要零件的结构形状及其在装配体中的功用。

（3）明确各零件之间的装配关系、连接方式，了解装拆的先后顺序。

下面以图 9–15 所示球阀装配图为例来说明识读装配图的方法与步骤（参考图 9–14 所示球阀轴测装配图，对照阅读）。

1. 概括了解

从标题栏中了解装配体的名称和用途。从明细栏和序号可知零件的数量和种类，从而略知其大致的组成情况及复杂程度。从视图的配置、标注的尺寸和技术要求可知该部件的结构特点和大小。

如图 9–15 所示装配图的名称是球阀。阀是管道系统中用来启闭或调节流体流量的部件，球阀是阀的一种。从明细栏可知球阀由 13 种零件组成，其中标准件有两种。按序号依次查明各零件的名称和所在位置。球阀装配图由三个基本视图表达。主视图采用全剖视，表达各零件之间的装配关系。左视图采用拆去扳手的半剖视，表达球阀的内部结构及阀盖方形凸缘的外形。俯视图采用局部剖视，主要表达球阀的外形。

2. 了解装配关系和工作原理

分析部件中各零件之间的装配关系，并读懂部件的工作原理，是读装配图的重要环节。通过对球阀的阀杆、阀盖和阀体等主要零件的分析和识读，对球阀各零件之间的装配关系和连接方式已比较清楚。球阀的工作原理比较简单，装配图所示阀芯的位置为阀门全部开启，管道畅通。当扳手按顺时针方向旋转 90°时（图 9–15 中双点画线为扳手转动的

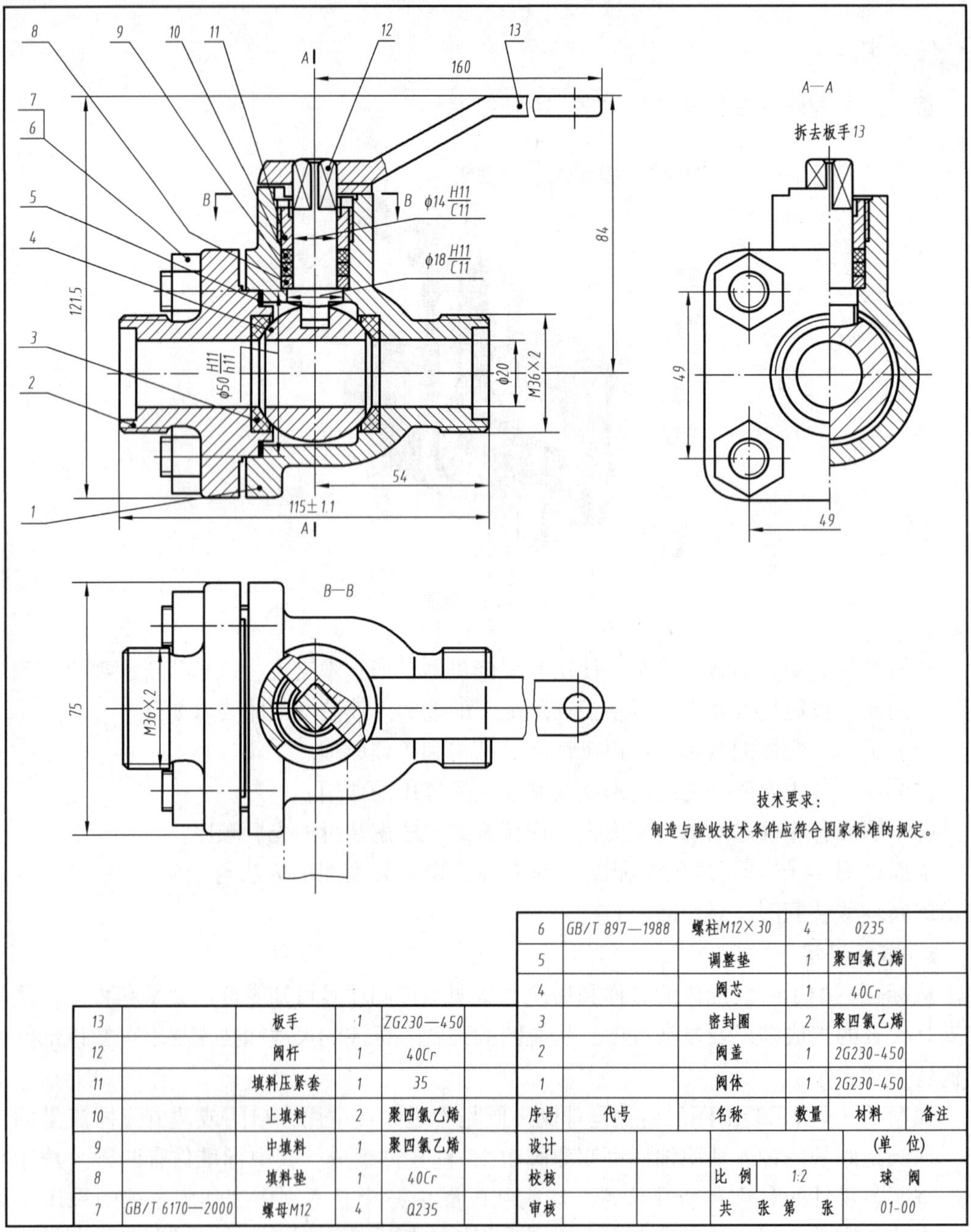

序号	代号	名称	数量	材料	备注
13		板手	1	ZG230—450	
12		阀杆	1	40Cr	
11		填料压紧套	1	35	
10		上填料	2	聚四氯乙烯	
9		中填料	1	聚四氯乙烯	
8		填料垫	1	40Cr	
7	GB/T 6170—2000	螺母M12	4	Q235	
6	GB/T 897—1988	螺柱M12×30	4	Q235	
5		调整垫	1	聚四氯乙烯	
4		阀芯	1	40Cr	
3		密封圈	2	聚四氯乙烯	
2		阀盖	1	ZG230-450	
1		阀体	1	ZG230-450	

设计			(单 位)
校核		比 例 1:2	球 阀
审核		共 张 第 张	01-00

图 9-15 球阀装配图

极限位置)，阀门全部关闭，管道断流。所以，阀芯是球阀的关键零件。下面针对阀芯与有关零件之间的包容关系和密封关系做进一步分析。

1) 包容关系

阀体 1 和阀盖 2 都带有方形凸缘，它们之间用四个双头螺柱 6 和螺母 7 连接，阀芯 4 通过两个密封圈定位于阀体空腔内，并用合适的调整垫 5 调节阀芯与密封圈之间的松紧程度。通过填料压紧套11与阀体内的螺纹旋合将零件8、9、10固定于阀体中。

2）密封关系

两个密封圈3和调整垫5形成第一道密封。阀体与阀杆之间的填料垫8及填料9、10用填料压紧套11压紧，形成第二道密封。

3. 分析零件，读懂零件结构形状

利用装配图特有的表达方法和投影关系，将零件的投影从重叠的视图中分离出来，从而读懂零件的基本结构形状和作用。

例如，球阀的阀芯，从装配图的主、左视图中根据相同的剖面线方向和间隔，将阀芯的投影轮廓分离出来，结合球阀的工作原理以及阀芯与阀杆的装配关系，从而完整想象出阀芯是一个左、右两边截成平面的球体，中间是通孔，上部是圆弧形凹槽，如图9-16所示。

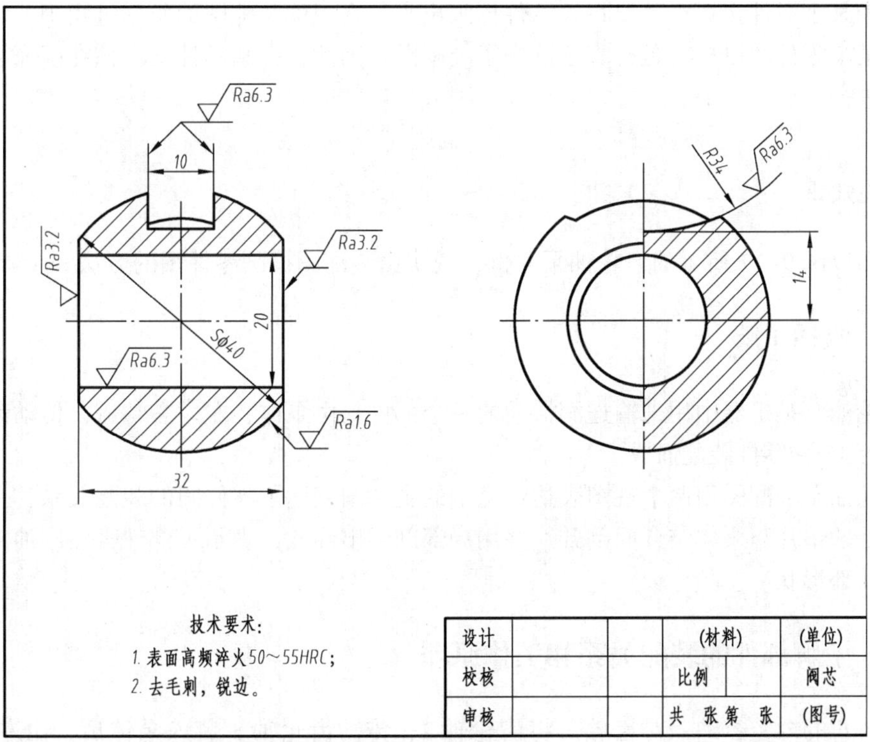

图9-16　球阀阀芯零件图

4. 分析尺寸，了解技术要求

装配图中标注了必要的尺寸，包括规格（性能）尺寸、装配尺寸、安装尺寸和总体尺寸。其中装配尺寸与技术要求有密切关系，应仔细分析。

例如，球阀装配图中标注的装配尺寸有三处：ϕ50H11/h11是阀体与阀盖的配合尺寸，ϕ14H11/c11是阀杆与填料压紧套的配合尺寸，ϕ18H11/c11是阀杆下部凸缘与阀体的配合尺寸。为了便于装拆，三处均采用基孔制间隙配合。此外，技术要求还包括部件在装配过程中或装配后必须达到的技术指标（如装配的工艺和精度要求），以及对部件的工作性能、调试与试验方法、外观等的要求。

课题二　由装配图拆画零件图

任务目标

知识点：识读装配图的基本要求与一般方法步骤。

技能点：能正确识读简单装配图，能初步根据装配图拆画零件图。

任务分析：机器在设计过程中先画出装配图，再由装配图拆画零件图。维修机器时，如果其中某个零件损坏，也要将该零件拆画出来。在识读装配图的教学过程中，常要求拆画其中某个零件图以检查是否真正读懂了装配图。因此，拆画零件图应该在读懂装配图的基础上进行。

相关知识

下面以图 9-17 所示的齿轮油泵为例，说明由装配图拆画零件图的方法和步骤。

一、概括了解

齿轮油泵是机器中用来输送润滑油的一个部件，由泵体，左、右端盖，传动齿轮轴和齿轮轴等 15 种零件装配而成。

齿轮油泵装配图用两个视图表达。全剖的主视图表达了零件间的装配关系，左视图沿左端盖处的垫片与泵体结合面剖开，并用局部剖画出油孔，表示了部件吸、压油的工作原理及其外部形状。

二、了解部件的装配关系和工作原理

泵体 6 的内腔容纳一对齿轮。将齿轮轴 2、传动齿轮轴 3 装入泵体后，由左端盖 1、右端盖 7 支承这一对齿轮轴的旋转运动。由销 4 将左、右端盖与泵体定位后，再用螺钉 15 连接。为防止泵体与泵盖结合面及齿轮轴伸出端漏油，分别用垫片 5 及密封圈 8、压盖 9、压盖螺母 10 密封。

左视图反映了部件吸、压油的工作原理。如图 9-18 所示，当主动轮逆时针方向转动时，带动从动轮顺时针方向转动，两轮啮合区右边的油被齿轮带走，压力降低形成负压，油池中的油在大气压力作用下，进入油泵低压区内的吸油口，随着齿轮的转动，齿槽中的油不断地沿箭头方向被带至左边的压油口把油压出，送至机器需要润滑的部分。

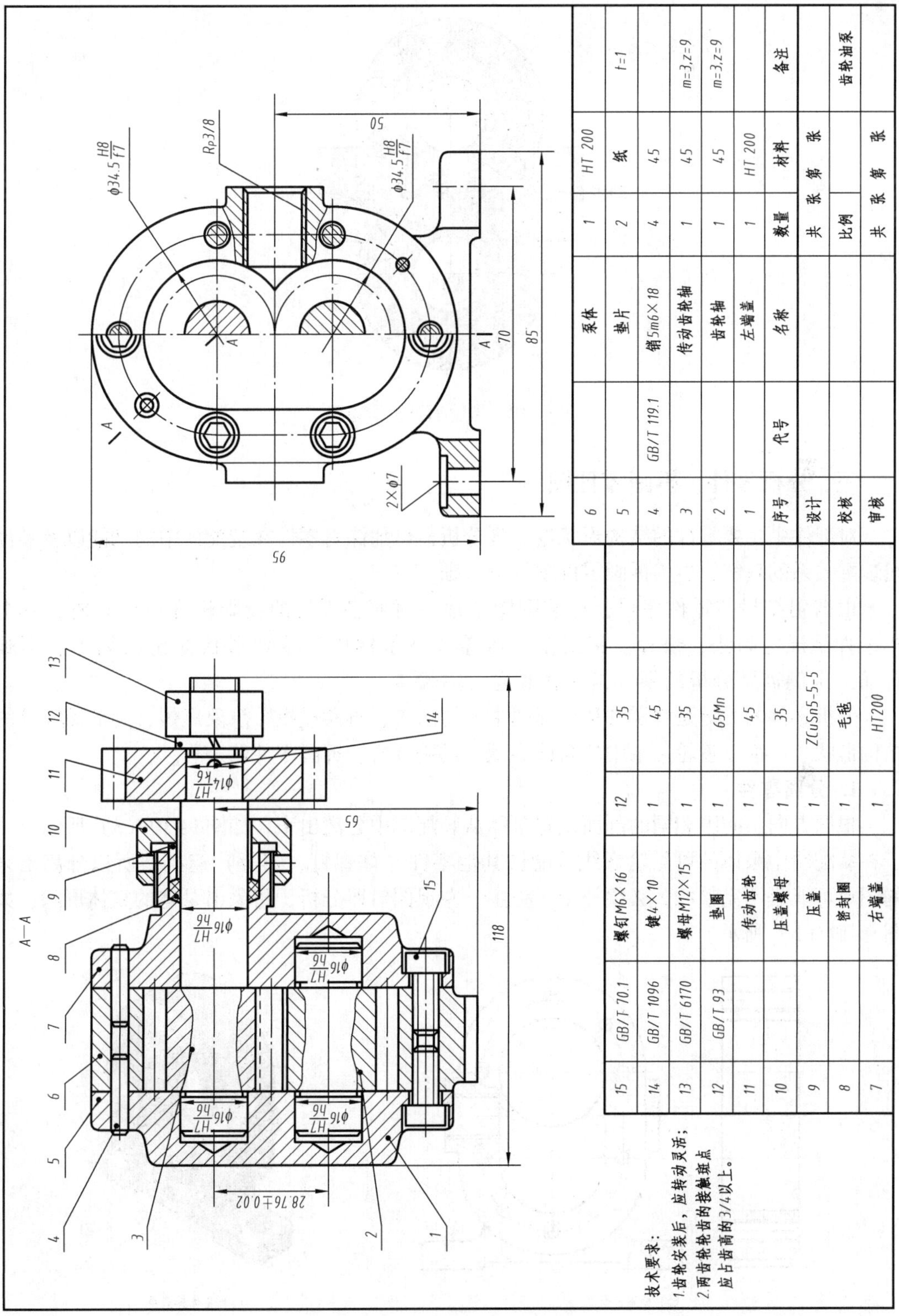

图 9-17 齿轮油泵装配图

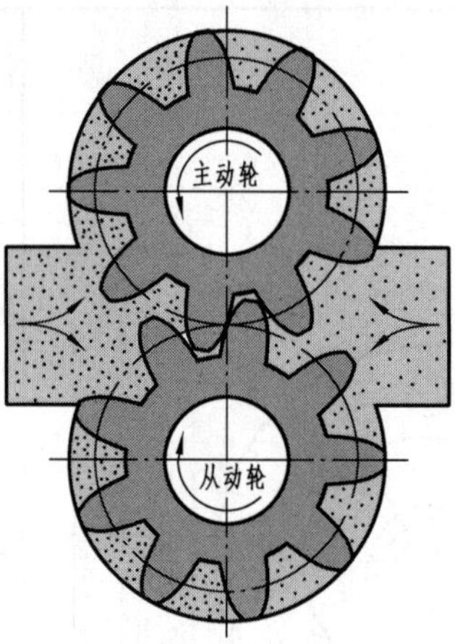

图 9-18　齿轮油泵工作原理

三、分析零件，拆画零件图

对部件中主要零件的结构形状进一步分析，可加深对零件在装配体中的功能以及零件间装配关系的理解，也为拆画零件图打下基础。

根据明细栏与零件序号，在装配图中逐一对照各零件的投影轮廓进行分析，其中标准件是规定画法，垫片、密封圈、压盖和压紧螺母等零件形状都比较简单，不难看懂。本例需要分析的零件是泵体和左、右端盖。

分析零件的关键是将零件从装配图中分离出来，再通过投影想象形体，弄清该零件的结构形状。下面以齿轮油泵中的泵体为例，说明分析和拆画零件的过程。

1. 分离零件

根据方向、间隙相同的剖面线将泵体从装配图中分离出来，如图 9-19（a）所示。由于在装配图中泵体的可见轮廓线可能被其他零件（如螺钉、销等）遮挡，所以分离出来的图形可能是不完整的，必须补全。将主、左视图对照分析，想象出泵体的整体形状，如图 9-19（b）所示。

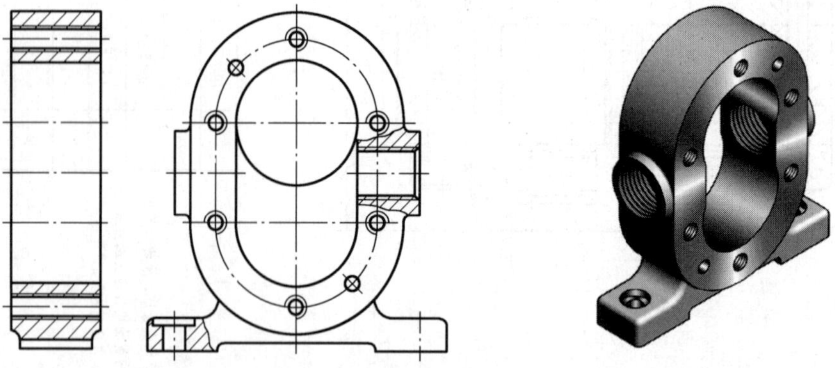

(a) 分离出泵体　　(b) 泵体轴测图

图 9-19　拆画泵体

2. 确定零件的表达方案

零件的视图表达应根据零件的结构形状确定，而不是从装配图中照抄。在装配图中，泵体的左视图反映了容纳一对齿轮的长圆形空腔以及与空腔相通的进、出油孔，同时也反映了销钉与螺钉孔的分布以及底座上沉孔的形状。因此，画零件图时将这一方向作为泵体主视图的投射方向比较合适。装配图中省略未画出的工艺结构，如倒角、退刀槽等，在拆画零件图时应按标准结构补全。

3. 零件图的尺寸标注

装配图中已经注出的重要尺寸直接抄注在零件图上，如 ϕ34.5H8/f7 是一对啮合齿轮的齿顶圆与泵体空腔内壁的配合尺寸，28.76 ± 0.02 是一对啮合齿轮的中心距尺寸，R_p3/8 是进、出油口的管螺纹尺寸。另外，还有油孔中心高尺寸 50，底板上安装孔定位尺寸 70 等。其中配合尺寸应标注公差带代号，或查表注出上、下偏差数值。

装配图中未注的尺寸，可按比例从装配图中量取，并加以圆整。某些标准结构，如键槽的深度和宽度、沉孔、倒角、退刀槽等，应查阅有关标准注出。

4. 零件图的技术要求

零件的表面粗糙度、尺寸公差和形位公差等技术要求，要根据该零件在装配体中的功能以及该零件与其他零件的关系来确定。零件的其他技术要求可用文字注写在标题栏附近，图 9-20 所示为根据齿轮油泵装配图拆画的泵体零件图。

任务实践

读机用虎钳（如图 9-21 所示）成套图样。

在生产中，将零件装配成部件（或机器），改进或维修旧设备，经常要阅读和分析包括装配图和全部零件图在内的成套图样。只有将装配图与零件图反复对照分析，搞清各个零件的结构形状和作用，才能做到对装配图所表达的内容更深入地理解。下面以机用虎钳为例进行说明。

图 9-22 所示为机用虎钳的装配图，图 9-23 所示为机用虎钳的全部零件图（不包括标准件螺钉和销），读图时，可对照机用虎钳轴测装配图［如图 9-21（a）所示］和轴测分解图［如图 9-21（b）所示］来识读。

一、概括了解

机用虎钳是安装在机床工作台上，用于夹紧工件，以便进行切削加工的一种通用工具。它由 11 种零件组成，其中螺钉 10、圆柱销 7 是标准件，其他为专用件。

机用虎钳装配图采用三个基本视图和一个表示单独零件的视图（2 号零件）来表达。主视图采用全剖视图，反映机用虎钳的工作原理和零件间的装配关系。俯视图反映了固定钳座的结构形状，并且通过局部剖视表达了钳口板与钳座连接的局部结构。左视图采用 $A-A$ 半剖视图，剖切位置可从主视图中查找。

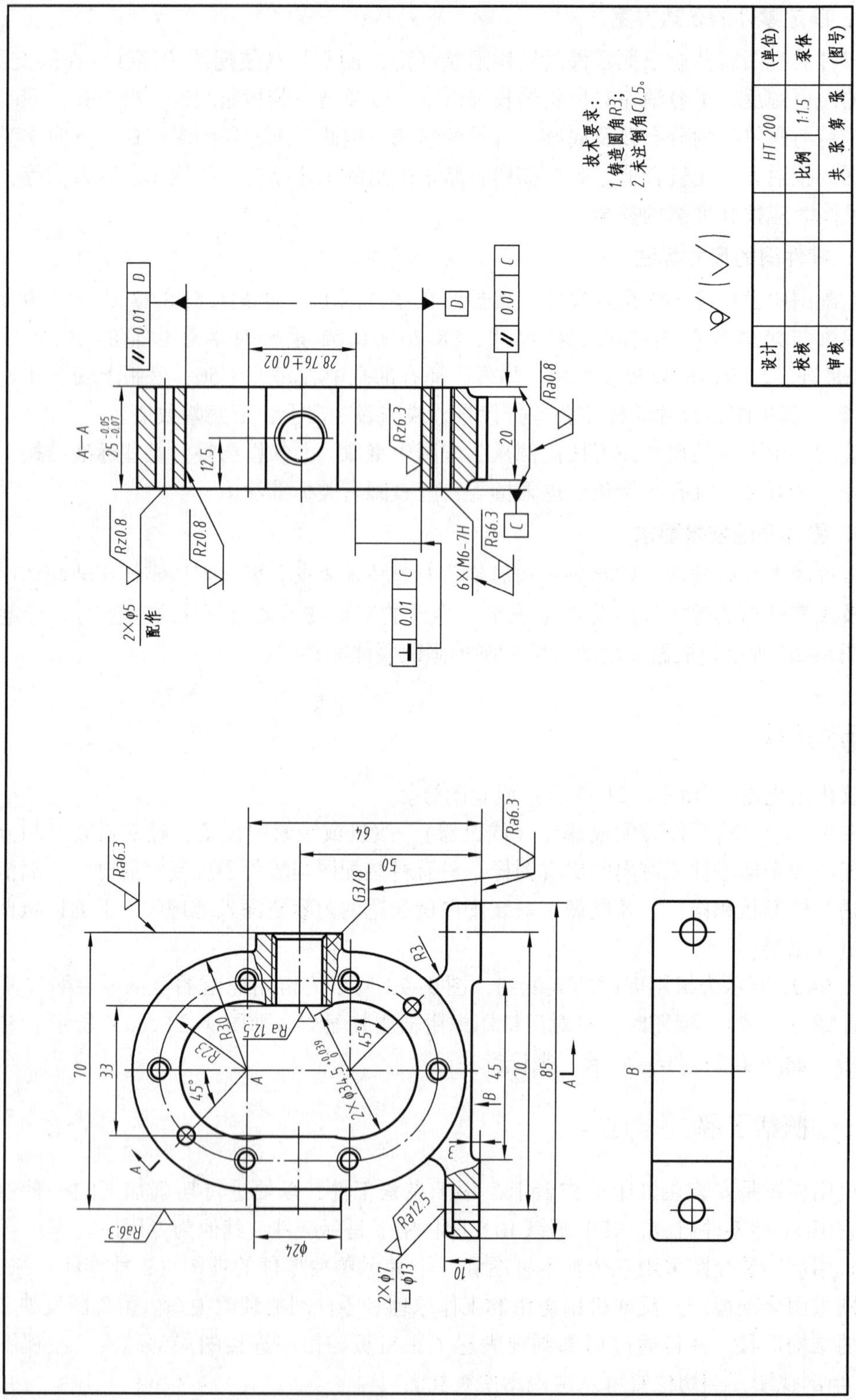
技术要求：
1.铸造圆角R3；
2.未注倒角C0.5。
HT 200
(单位)
比例
1:1.5
泵体
共 张 第 张
(图号)
设计
校核
审核
A—A
28.76±0.02
12.5
20
6×M6-7H
2×ϕ5
配作
Rz0.8
Ra0.8
Rz6.3
Ra6.3
0.01
G3/8
64
50
70
33
45
85
R3
R30
R23
45°
Ra 12.5
ϕ24
2×ϕ7
ϕ13
10

图 9–20　泵体零件图

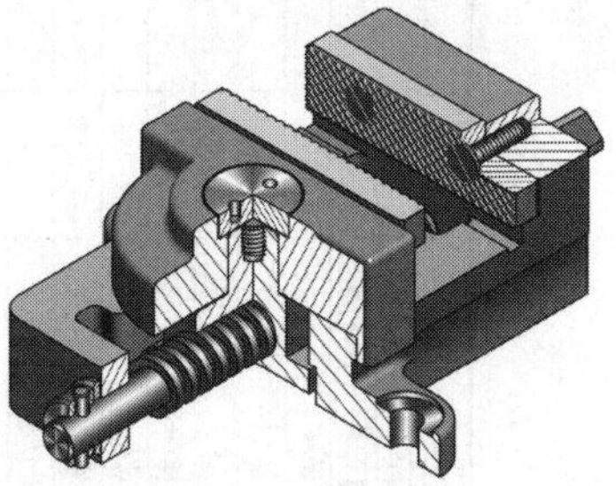

(a) 机用虎钳轴测分解图

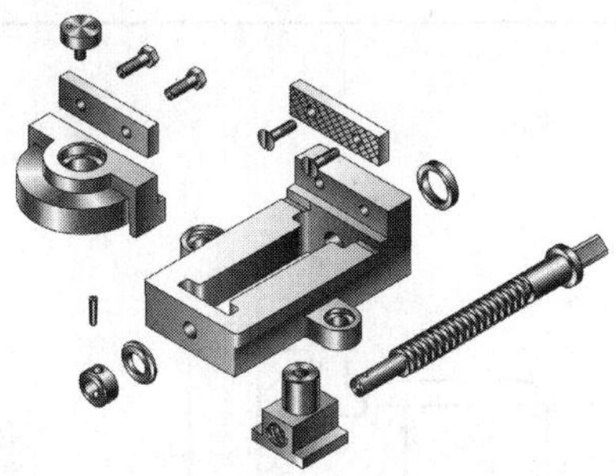

(b) 机用虎钳轴测装配图

图 9-21 机用虎钳

二、工作原理和装配关系

主视图基本上反映了虎钳的工作原理：旋转螺杆 8 使螺母块 9 带动活动钳身 4 作水平方向左右移动，夹紧工件进行切削加工。最大夹持厚度为 70mm，图中的细双点画线表示活动钳身的极限位置。

主视图反映了主要零件的装配关系：螺母块从固定钳座 1 的下方空腔装入工字形槽内，再装入螺杆，并用垫圈 11、垫圈 5 及环 6 和圆柱销 7 将螺杆轴向固定；通过螺钉 3 将活动钳身与螺母块连接，最后用螺钉 10 将两块钳口板 2 分别与固定钳座和活动钳身连接。

三、分析零件

机用虎钳的主要零件是固定钳座、螺杆、螺母块和活动钳身等，它们在结构和尺寸上均有非常密切的联系，要读懂装配图，必须仔细分析有关的零件图。在分析零件的结构时，应根据装配图上所反映出来的零件的作用和装配关系等进行分析。

（1）如图 9-23（d）所示固定钳座下部空腔的工字形槽，是为了装入螺母块，并使螺母块带动活动钳身随着螺杆顺（逆）时针旋转时作水平方向左右移动的。所以固定钳座工字形槽的上、下导面均有较高的表面粗糙度要求，Ra 值为 1.6μm。同样，图 9-23（c）中的活动钳身底面的表面粗糙度值 Ra 值为 1.6μm。

（2）螺母块在机用虎钳工作中起重要作用，它与螺杆旋合，随着螺杆的转动，带动活动钳身在钳座上左右移动。如图 9-23（a）中螺母块零件图所示，螺纹有较高的表面粗糙度要求，同时为了使螺母块在钳座上移动自如（对照装配图中的左视图），它的下部凸台也有较高的表面粗糙度要求，Ra 值为 1.6μm。螺母块的整体结构是上圆下方，上部圆柱与活动钳身相配合，注出尺寸公差 $\phi20_{-0.021}^{\ 0}$。螺母块可通过螺钉 3 调节松紧度，使螺杆转动灵活，活动钳身移动自如。

（3）为了使螺杆在钳座左、右两圆柱孔内转动灵活，螺杆两端轴颈与圆孔采用基孔制间隙配合（ϕ18H8/f7、ϕ12H8/f7）。

（4）为了使活动钳身在钳座工字形槽的水平导面上移动自如，活动钳身与固定钳座导面两侧的结合面采用了基孔制间隙配合（82H8/f7）。

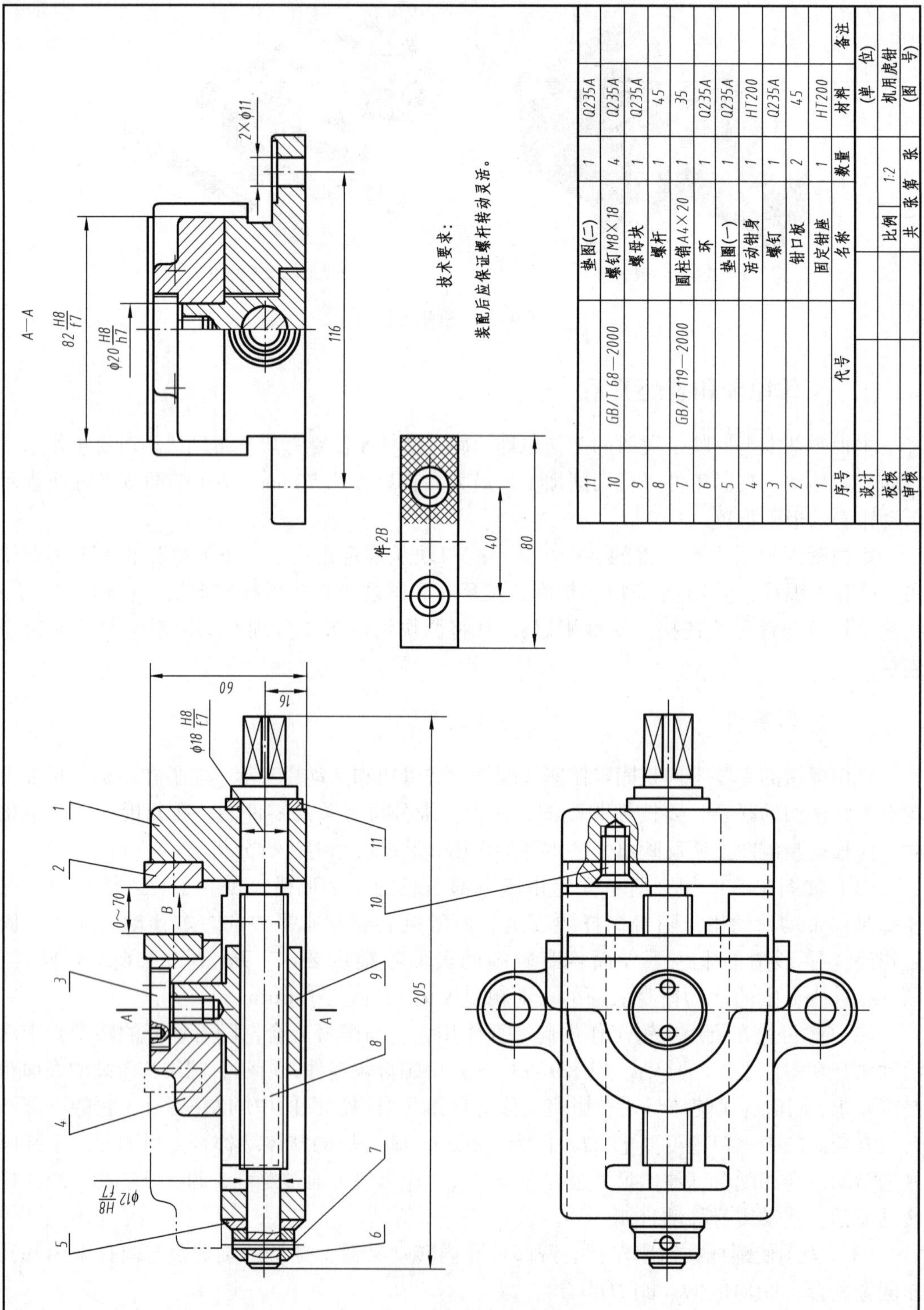

图 9-22　机用虎钳装配图

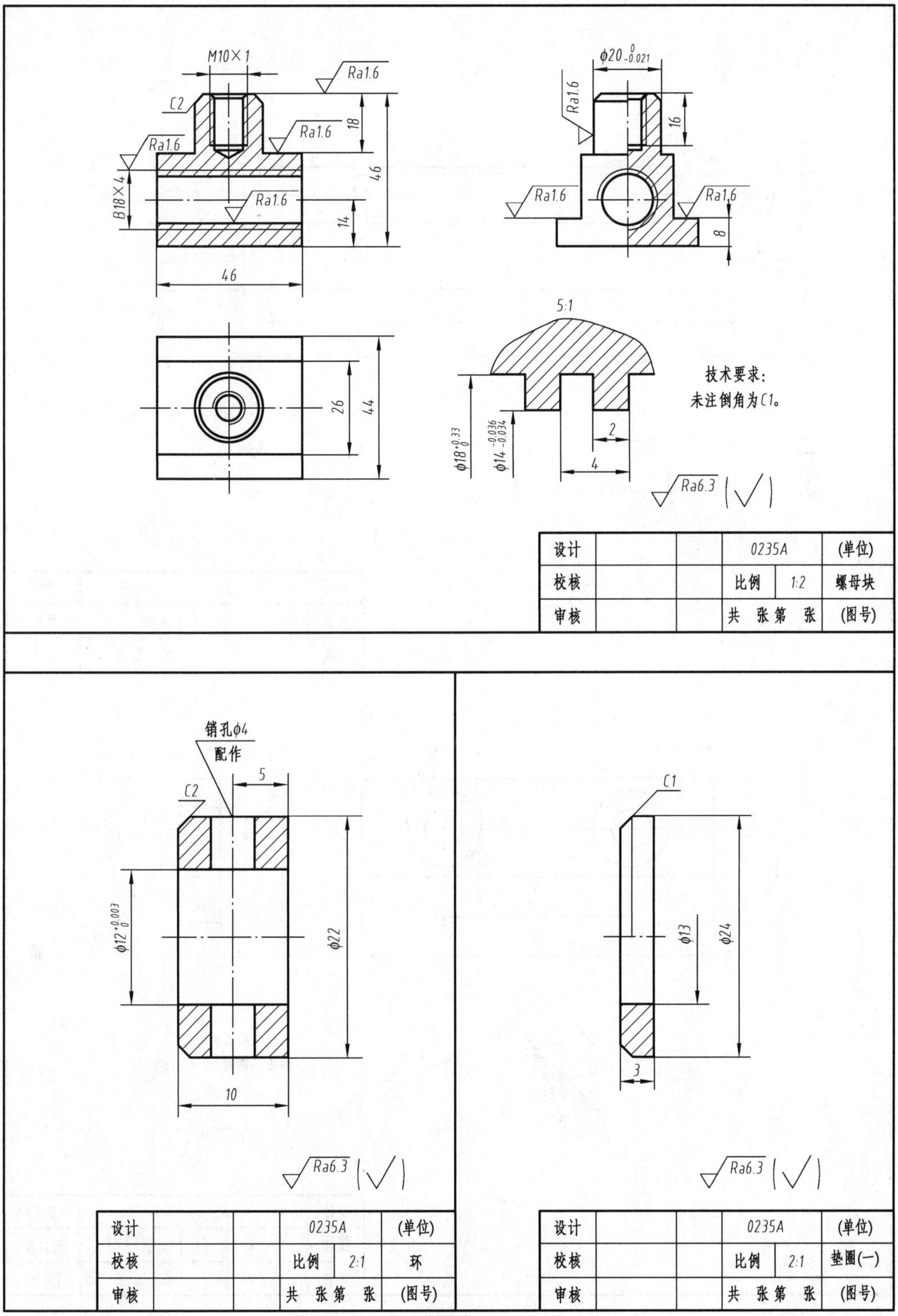

(a) 机用虎钳零件图(一)

图 9-23 机用虎钳零件图

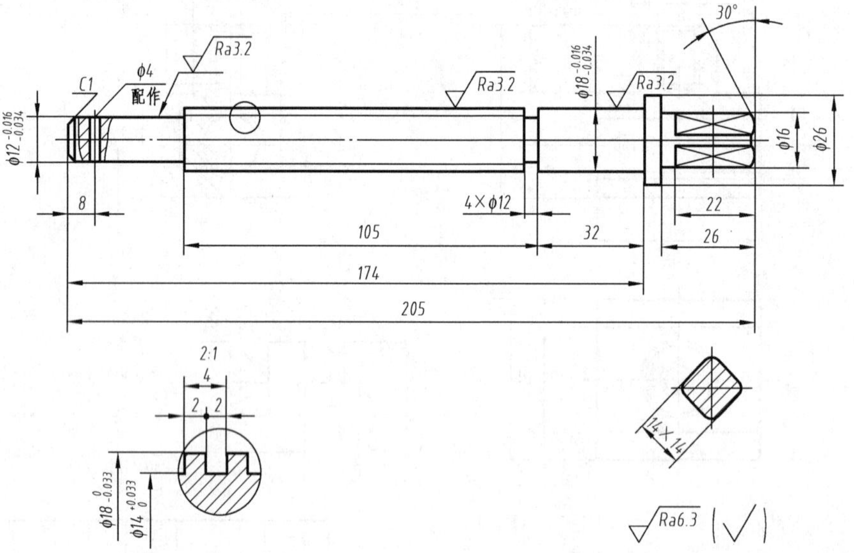

设计			45		(单位)
校核			比例		螺杆
审核			共 张 第 张		(图号)

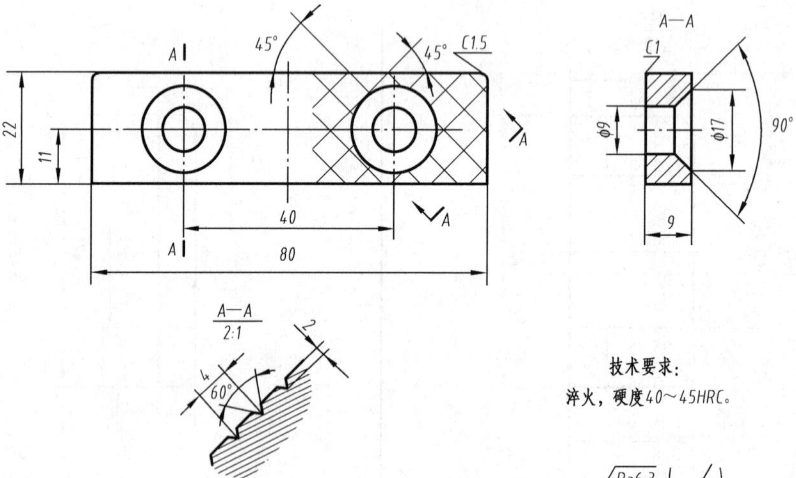

技术要求：
淬火，硬度40～45HRC。

设计			45		(单位)
校核			比例	1:1	钳口板
审核			共 张 第 张		(图号)

(b) 机用虎钳零件图(二)

图 9-23　机用虎钳零件图（续）

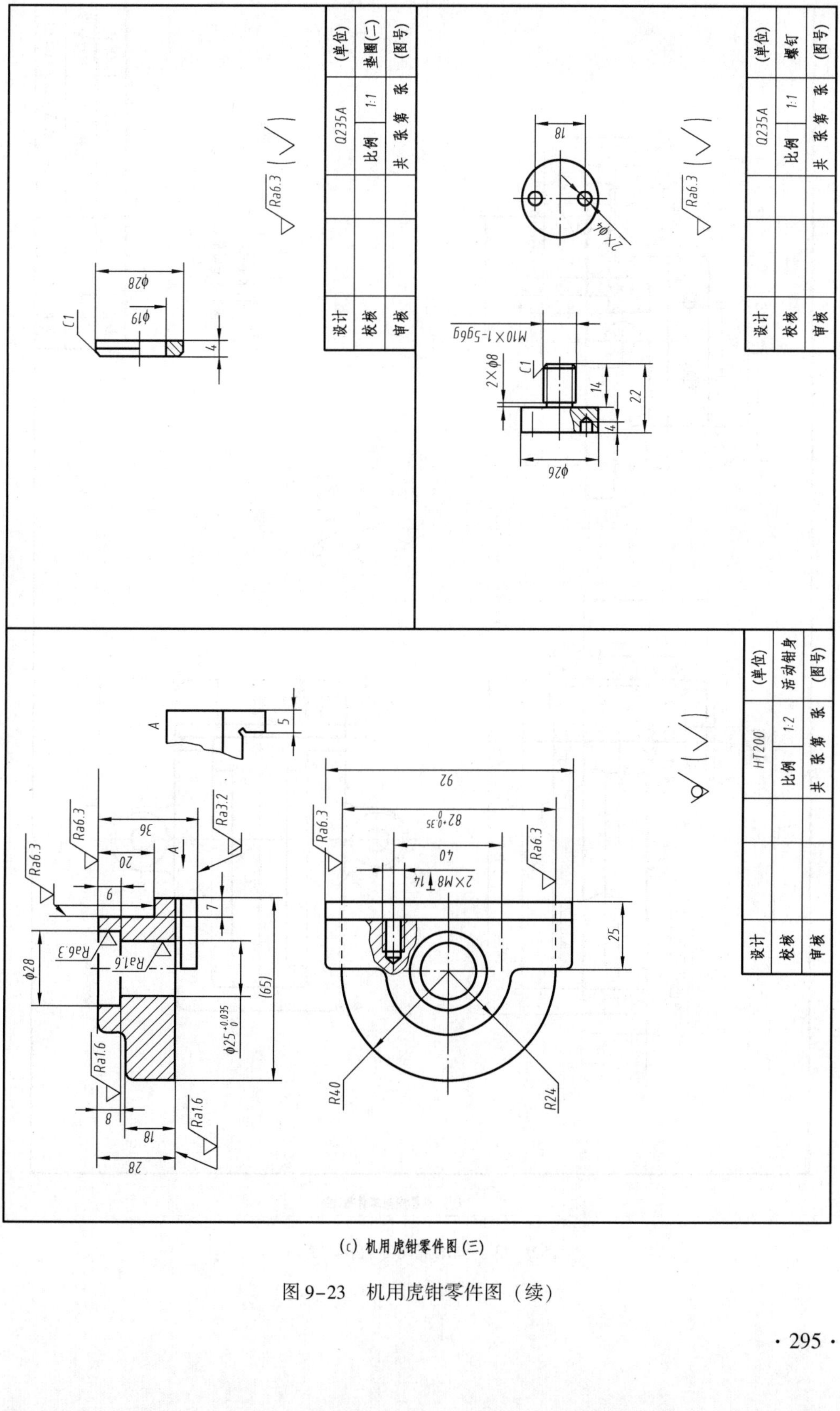

(c) 机用虎钳零件图(三)

图 9-23 机用虎钳零件图(续)

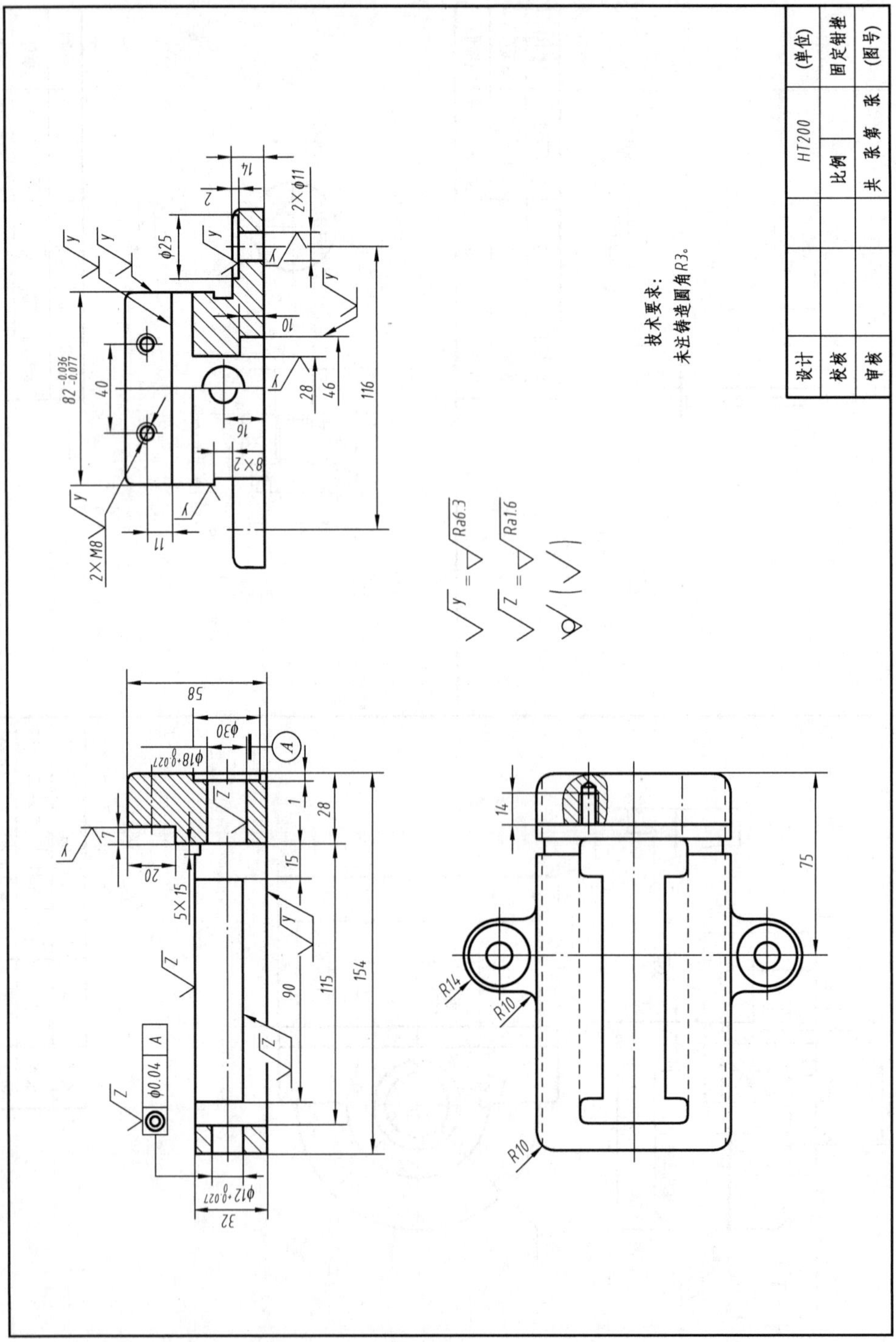

(d) 机用虎钳零件图(四)

图 9-23　机用虎钳零件图（续）

课题三　画装配图的方法与步骤

任务一　画装配图

任务目标

知识点： 熟悉装配图绘制的一般方法与步骤。

技能点： 能绘制简单的装配图。

任务分析： 绘制机械图样有新设计和测绘之分。新设计时，无实物参照，应先画出表达总体设计方案的装配图，再画出零件图。测绘是指根据实物测量绘制机械图样。下面以铣刀头为例介绍装配图的画法。

相关知识

画装配图和画零件图的方法与步骤类似，但还要从装配体的整体结构特点、装配关系和工作原理上考虑，确定恰当的表达方案。下面以铣刀头（如图 9-4 所示）为例，说明画装配图的方法与步骤。

一、了解、分析装配体

首先将装配体的实物或装配轴测图（如图 9-24 所示）、轴测分解图（如图 9-25 所示）对照装配示意图[①]（如图 9-26 所示）及配套零件图（略）进行分析，了解装配体的用途、结构特点，各零件的形状、作用和零件间的装配关系，以及装拆顺序、工作原理等。

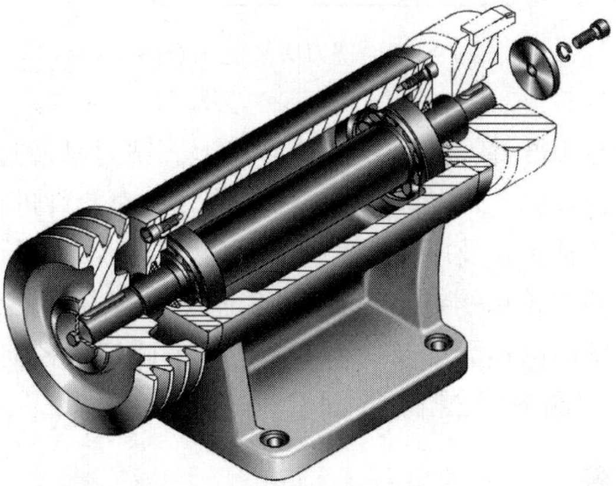

图 9-24　铣刀头装配轴测图

① 装配示意图的画法没有严格规定，除机械传动部分应该按 GB/T 4460—1984 中规定的机构运动简图符号绘制外，其他零件均可用单线条画出其大致轮廓。

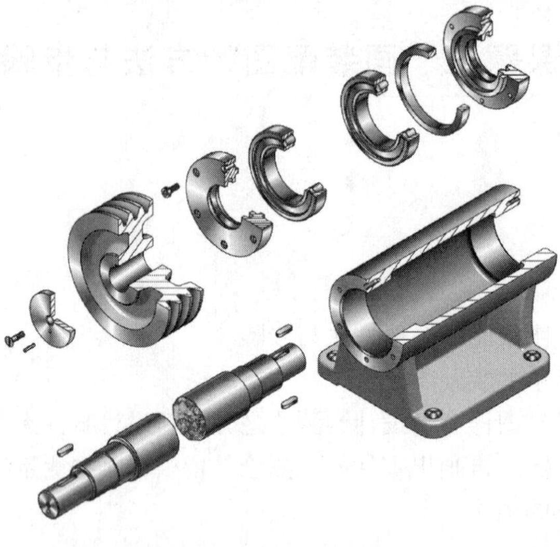

图 9-25　铣刀头装配轴测图分解图

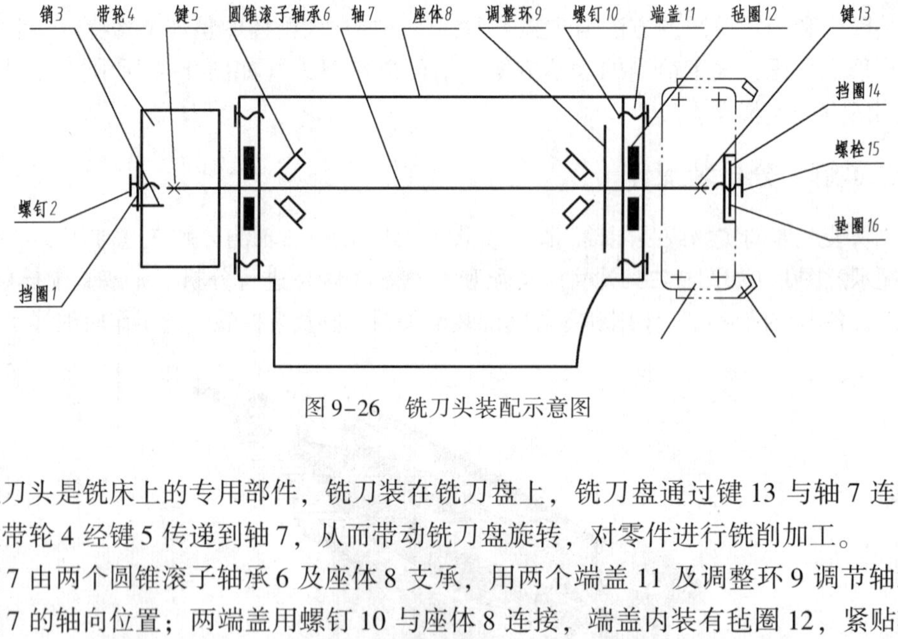

图 9-26　铣刀头装配示意图

铣刀头是铣床上的专用部件，铣刀装在铣刀盘上，铣刀盘通过键 13 与轴 7 连接。动力通过带轮 4 经键 5 传递到轴 7，从而带动铣刀盘旋转，对零件进行铣削加工。

轴 7 由两个圆锥滚子轴承 6 及座体 8 支承，用两个端盖 11 及调整环 9 调节轴承的松紧和轴 7 的轴向位置；两端盖用螺钉 10 与座体 8 连接，端盖内装有毡圈 12，紧贴轴 7 起密封防尘作用；带轮 4 轴向由挡圈 1 及螺钉 2、销 3 来固定，径向由键 5 固定在轴 7 上；铣刀盘与轴由挡圈 14、垫圈 16 及螺栓 15 固定。

二、确定表达方案

1. 主视图的选择

主视图的投射方向应能反映部件的工作位置和部件的总体结构特征，同时能较集中地反映部件的主要装配关系和工作原理。铣刀头座体水平放置，主视图是通过轴 7 轴线的全剖视图，并在轴两端作局部剖视，如图 9-4 所示。为反映铣刀头的主要功能，右端采用了假想画法，用双点画线将铣刀盘画出，这样就把各零件间的相互位置、主要的装配关系和工作原理表达清楚了。

2. 其他视图的选择

其他视图的选择，主要应考虑对尚未表达清楚的装配关系及零件形状等加以补充。图 9-4 中的左视图进一步将座体的形状以及座体底板与其他零件的安装情况表达清楚。为了突出座体的主要形状特征，左视图采用了装配图的拆卸画法。

三、确定比例、图幅，合理布图

画装配图前，应根据部件结构的大小、复杂程度及其拟订的表达方案，确定画图的比例、图幅，要考虑为尺寸标注、零件序号、明细栏及技术要求等留出位置，使布局合理。

任务实践

画铣刀头装配图的步骤如下。

（1）画图框、标题栏和明细栏，画出各视图的主要基准线，如铣刀头的座体底平面、轴线、中心线等，画出主要装配干线上轴的主视图［如图 9-27（a）所示］。

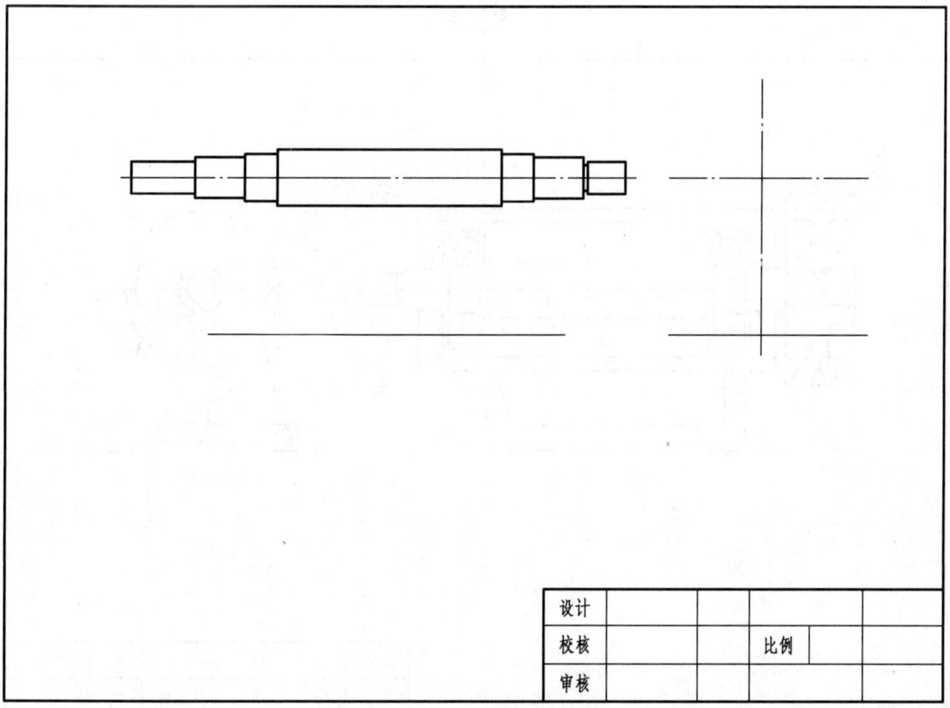

(a) 铣刀头装配图（一）

图 9-27　铣刀头装配图画图步骤

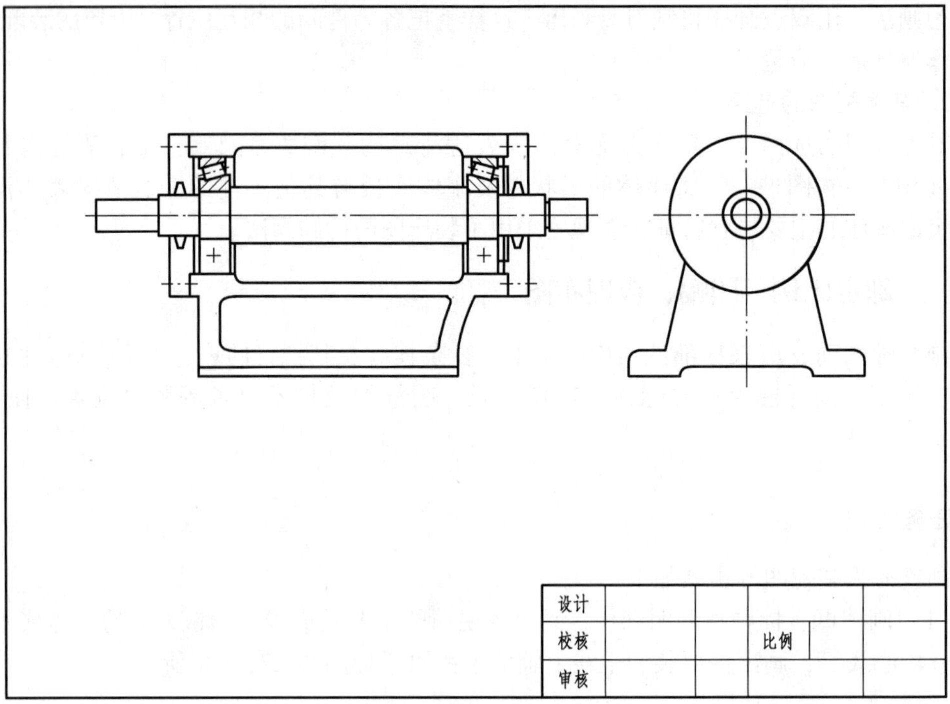

(b) 铣刀头装配图（二）

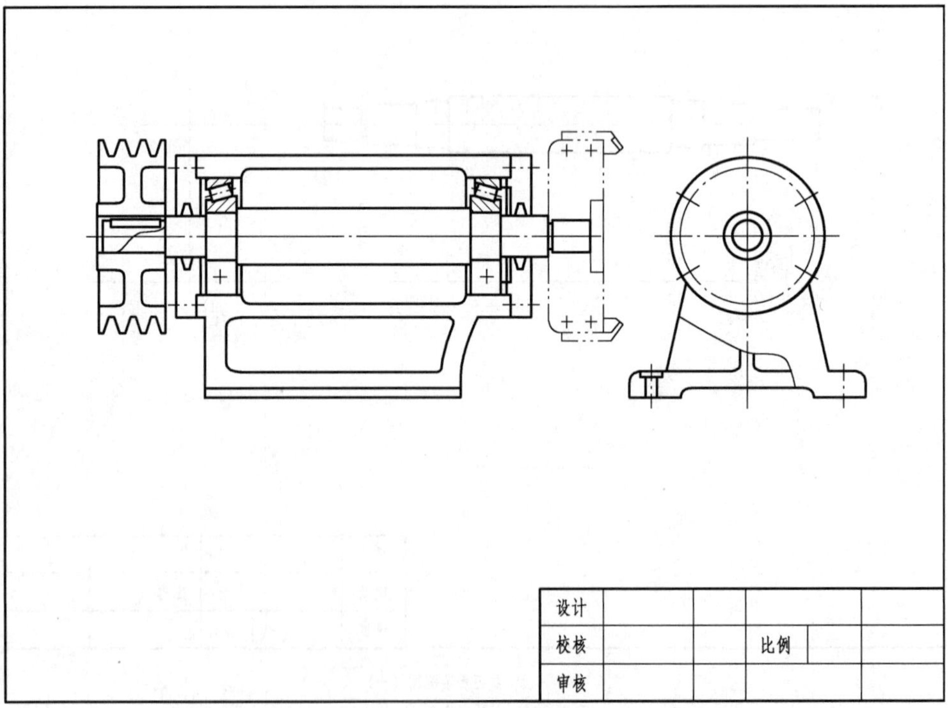

(c) 铣刀头装配图（三）

图 9-27　铣刀头装配图画图步骤（续）

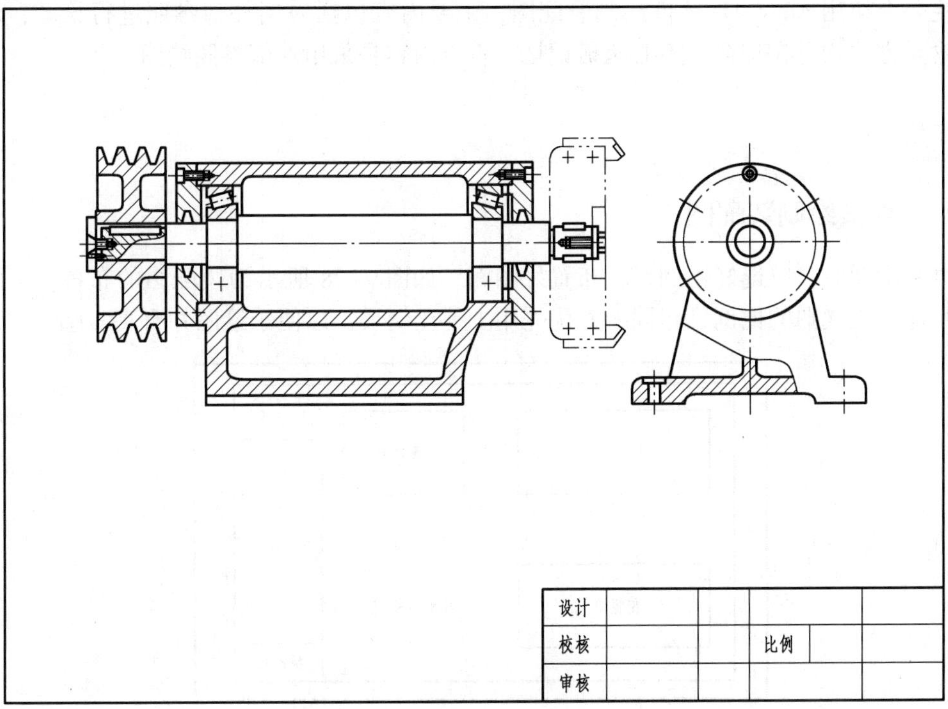

(d) 铣刀头装配图（四）

图 9-27　铣刀头装配图画图步骤（续）

（2）逐层画出各视图。围绕主要装配干线，由里向外，逐个画出零件的图形。一般从主视图入手，并兼顾各视图的投影关系，几个基本视图结合起来进行。画图时还要考虑以下原则：先画主要零件（如轴、座体），后画次要零件；先画大体轮廓，后画局部细节；先画可见轮廓（如带轮、端盖等），被遮部分（如轴承端面轮廓和座体孔的端面轮廓等）可不画出。具体步骤如图 9-27（b）～图 9-27（d）所示。其中，座体与轴之间在长度方向的定位，是根据端盖压入的长度及滚动轴承与轴肩之间的尺寸关系确定的。

（3）校核，描深，画剖面线。

（4）标注尺寸，编排序号。

（5）填写技术要求、明细栏、标题栏，完成全图（如图 9-4 所示）。

任务二　用 AutoCAD 画装配图

任务目标

知识点： 外部参照绘图。

技能点： 会用 AutoCAD 直接绘制装配图。

任务分析： 前面介绍过了手工绘制装配图的一般方法与步骤，由于计算机绘图的快速发展和广泛使用，手工画图一般只是帮助构思，实际应用的图样大多是计算机绘制的。本任务主要介绍用 AutoCAD 软件绘制装配图，主要内容包括采用外部参照进行绘图，涉及的概念及方法均重在理解，不必机械记忆。重点内容是采用外部参照绘图。

相关知识

一、直接绘制装配图

画装配图时，应选好比例尺，布置好图面。如图 9-28 所示为装配图的布置。草图的比例尺应与正式图的比例尺相同，并优先用 1∶1 比例尺，以便于绘图并有真实感。

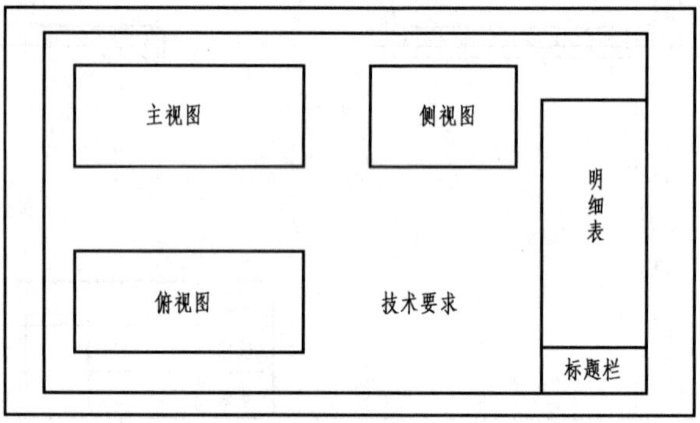

图 9-28　装配图的布置

装配图图面布置好以后，即可根据所给的装配图按绘制零件图的方法进行绘制，最后将图形保存。

二、根据已有零件图形绘制装配图

用外部参照装配，其命令调用方式如下。

命令行：xattach（或 xa）

菜单：【插入】→【外部参照】，弹出对话框，如图 9-29 所示。

单击左上角的附着图标，如图 9-30 所示。

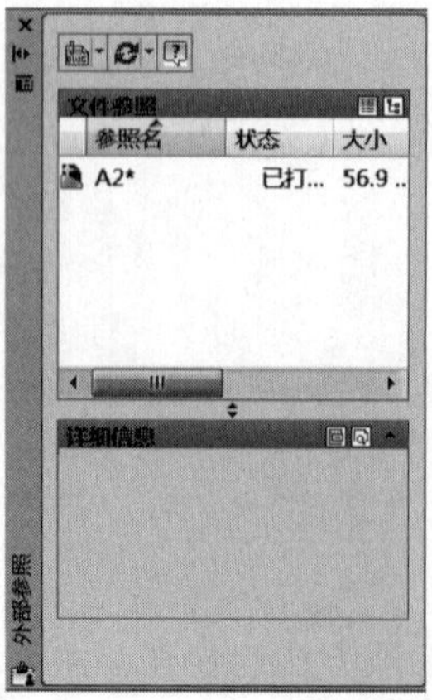

图 9-29　外部参照

图 9-30　附着图标

在绘图过程中，可以将一幅图形作为外部参照附加到当前图形，这是一种重要的共享数据的方法。当一个图形文件作为外部参照插入当前图形时，外部参照中每个图形的数据仍然分别保存在各自的源图形文件中，当前图形中所保存的只是外部参照的名称和路径。可对外部参照进行比例缩放、移动、复制、镜像或旋转等操作，还可以控制外部参照的显示状态，但这些操作都不会影响到原来的文件。AutoCAD 允许在绘制当前图形的同时，显示多达 32 000 个图形参照，并且可以对外部参照进行嵌套，嵌套的层次可以为任意多层。当打开或打印附着有外部参照的图形文件时，AutoCAD 自动对每一个外部参照图形文件进行重载，从而确保每个外部参照图形文件反映的都是它们的最新状态。

外部参照与块有相似的地方，但它们的主要区别是：一旦插入了块，该块就永久性地插入当前图形，成为当前图形的一部分。而以外部参照方式将图形插入某一图形（称为主图形）后，被插入图形文件的信息并不直接加入主图形，主图形只是记录参照的关系，例如，参照图形文件的路径等信息。另外，对主图形的操作不会改变外部参照图形文件的内容。当打开具有外部参照的图形时，系统会自动把各外部参照图形文件重新调入内存并在当前图形中显示出来。

任务实践

装配机用虎钳，根据机用虎钳的图形文件：螺母块 . dwg、环 . dwg、垫圈（一）. dwg、螺杆 . dwg、钳口板 . dwg、垫圈（二）. dwg、螺钉（M10）. dwg、活动钳身 . dwg、固定钳座 . dwg，绘制机用虎钳。

（1）新建图形文件。

步骤一：打开 A2 模板后另存为“虎钳装配图 . dwg”，如图 9-31 所示。

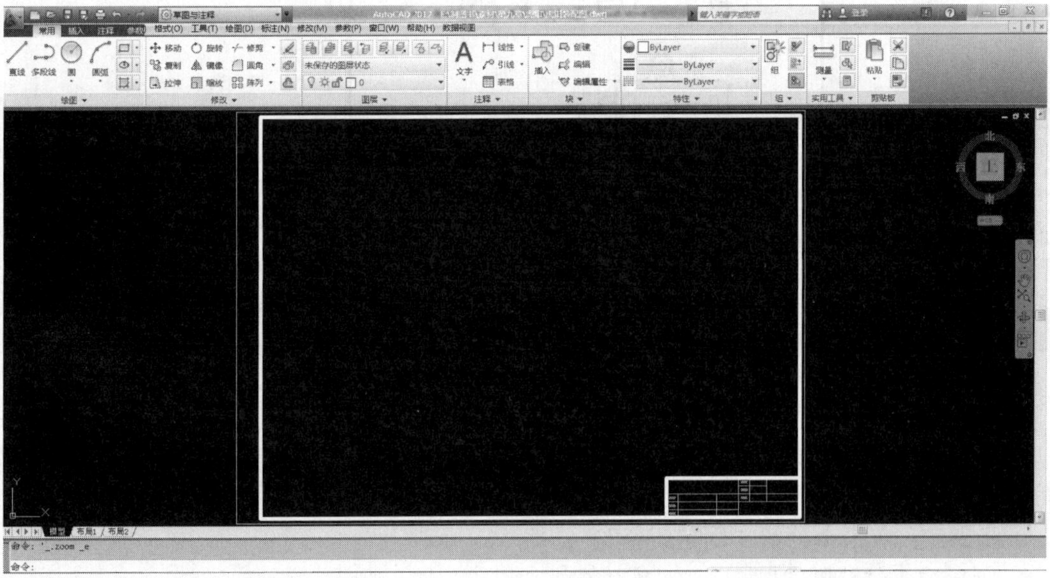

图 9-31　A2 模板

（2）插入“固定钳座”。

步骤一：选择【插入】→【附着】→命令，弹出如图 9-32 所示对话框，打开固定钳座，插入界面中，如图 9-33 所示。

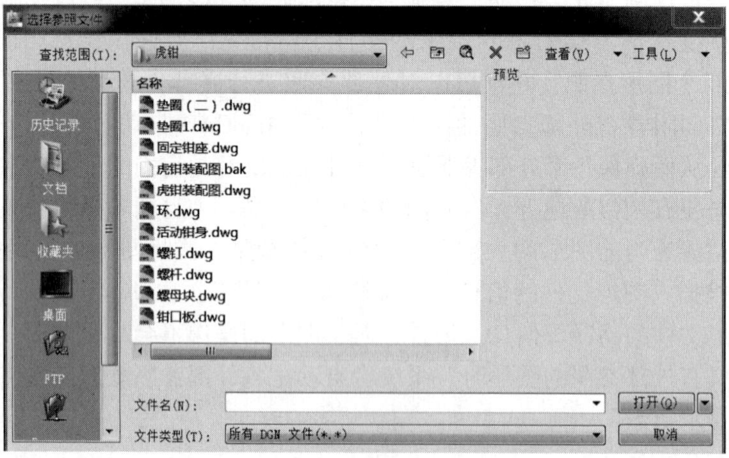

图 9-32　选择参照文件

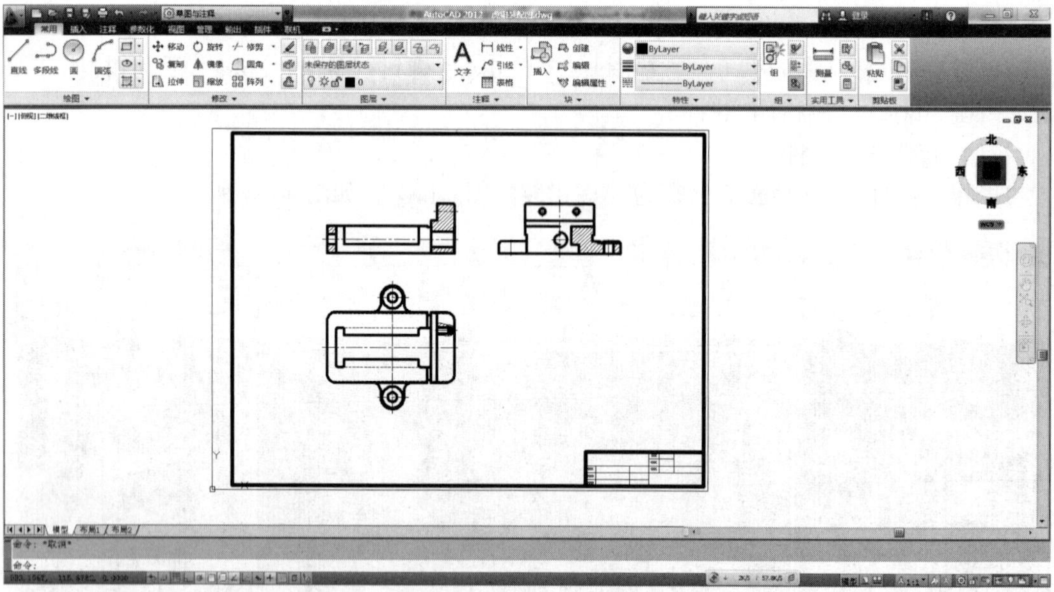

图 9-33　插入钳座

步骤二：单击外部参照，弹出对话框，如图 9-34 所示，右击“固定钳座”，设置成绑定。

步骤三：单击分解“固定钳座”。

（3）插入“垫圈二”。

步骤一：重复（2）的步骤，插入垫圈二，如图 9-35 所示。

步骤二：把垫圈二移动到“固定钳座”主视图的对应位置，如图 9-36 所示。

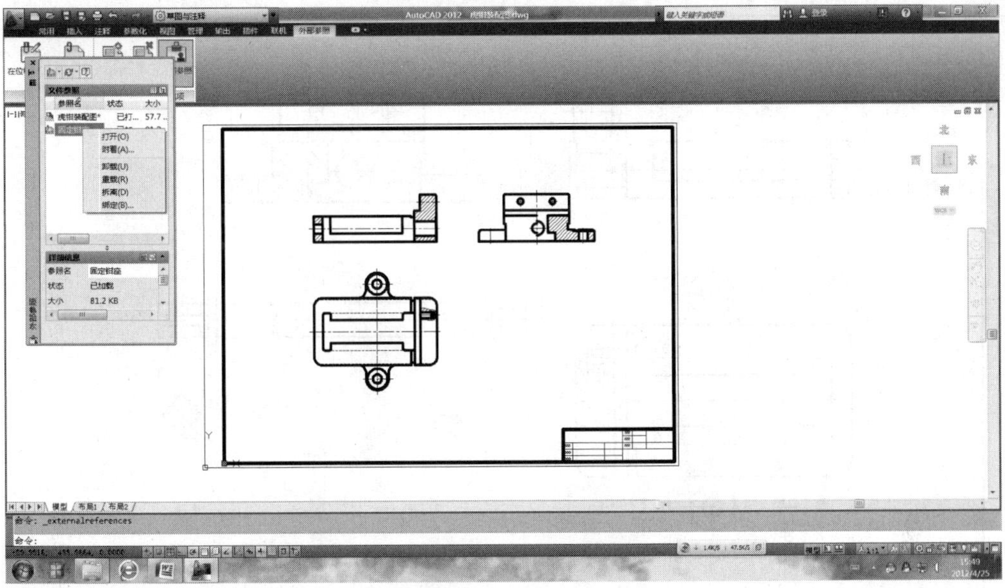

图 9-34 外部参照

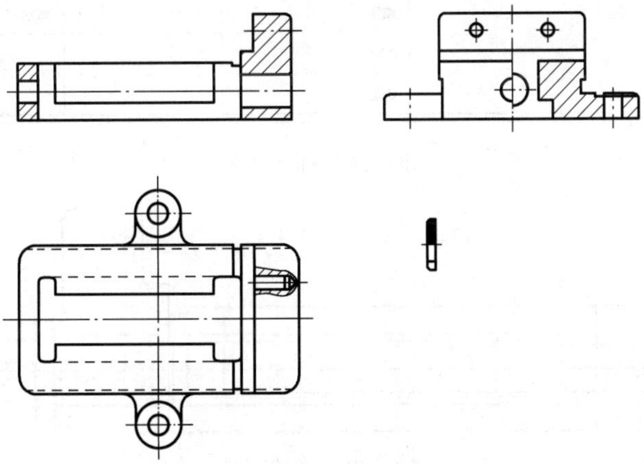

图 9-35 插入垫圈

步骤三：整理、修剪或删除不需要的线，如图 9-37 所示。

图 9-36 移动垫圈

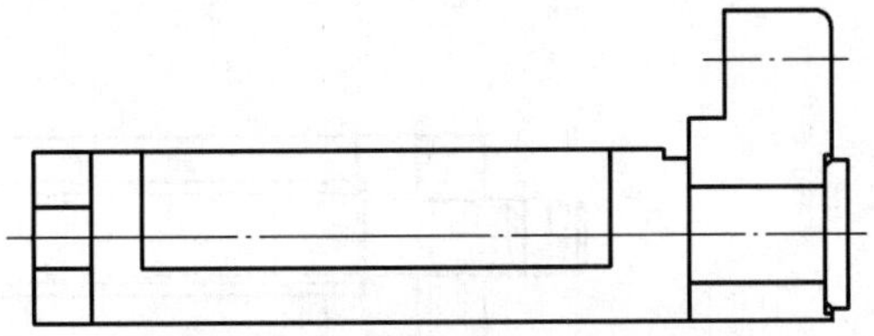

图 9-37 删除多余线条

(4) 插入“螺杆”。

步骤一：插入螺杆，如图 9-38 所示。

步骤二：把螺杆的主视图移动到“固定钳座”主视图的对应位置，如图 9-39 所示。

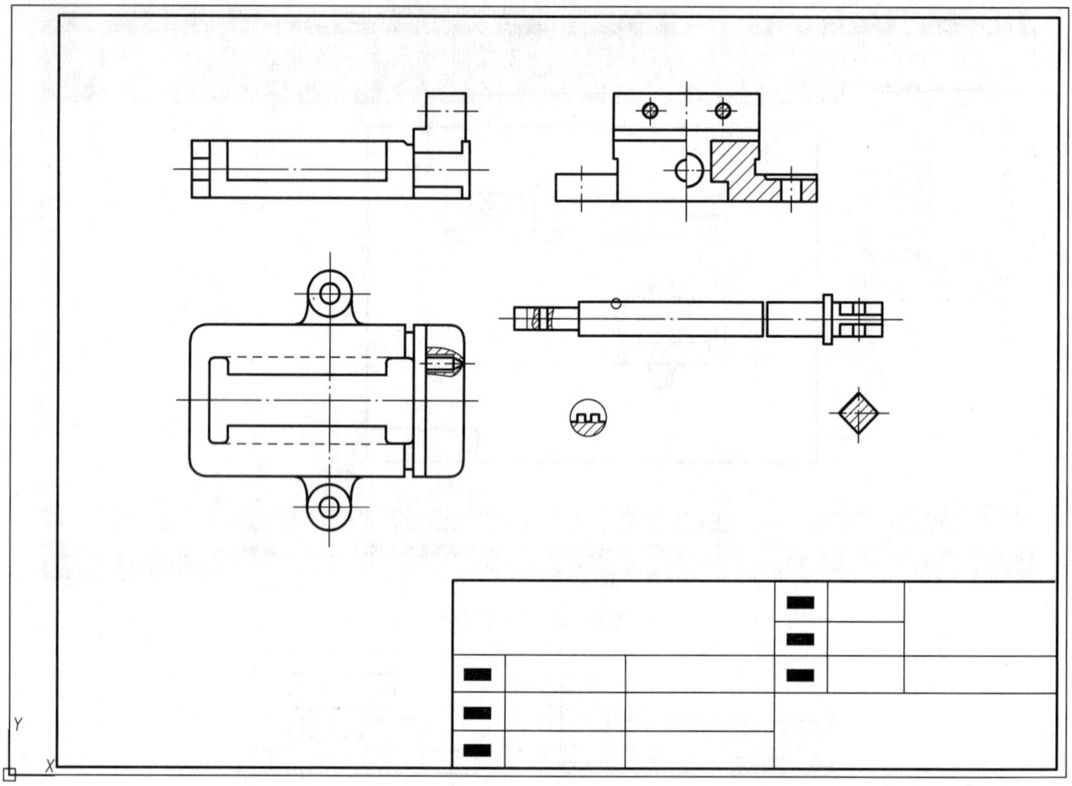

图 9-38　插入螺杆

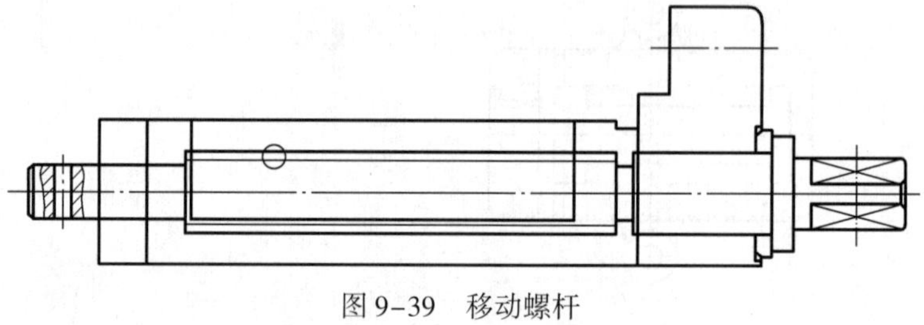

图 9-39　移动螺杆

步骤三：整理、修剪或删除不需要的线，如图 9-40 所示。

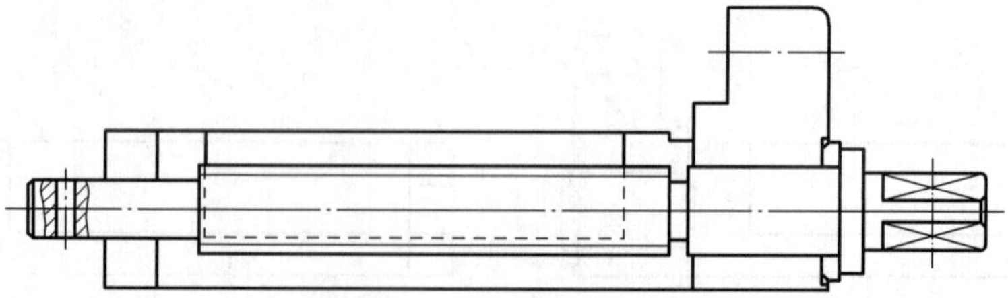

图 9-40　删除多余图线

（5）按照此方法依次插入各零件，如图 9-41 所示。

（6）把“活动钳身”的俯视图插入“固定钳身”的俯视图的对应位置并进行修剪、整理，如图 9-42 所示。

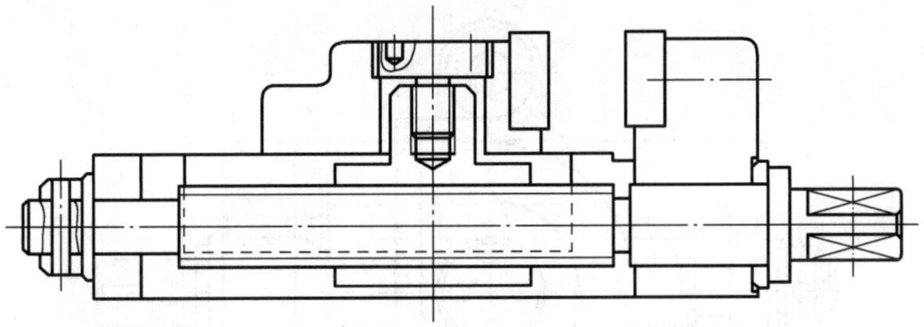

图 9-41 依次插入其他的零件

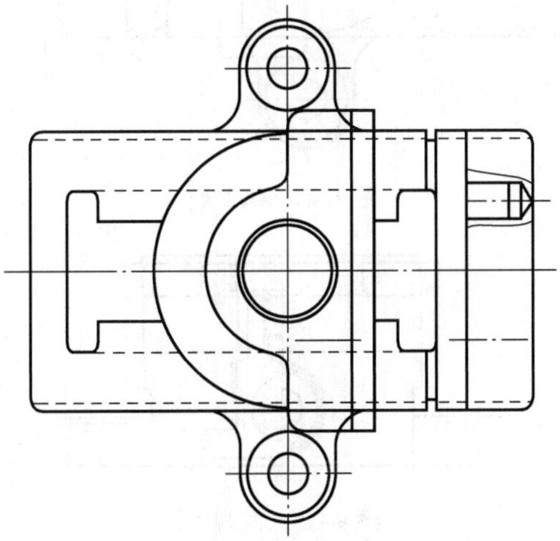

图 9-42 插入俯视图

（7）把主视图中的螺杆、垫圈和环复制到俯视图中，并进行修剪，如图 9-43 所示。

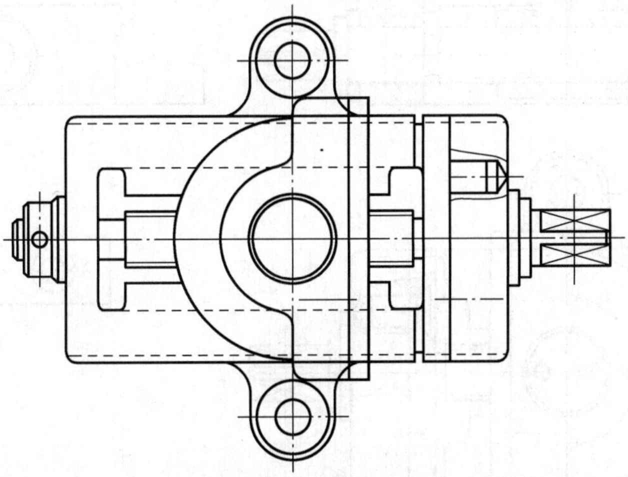

图 9-43 螺杆、垫圈和环复制到俯视图

（8）画螺钉 M8 × 18 及螺钉 3 的俯视图，整理、修剪，如图 9-44 所示。

（9）运用绘制、修剪、复制等方法在“固定钳座”上画出左视图，如图 9-45 所示。画上剖面线，整理好装配图，如图 9-46 所示。

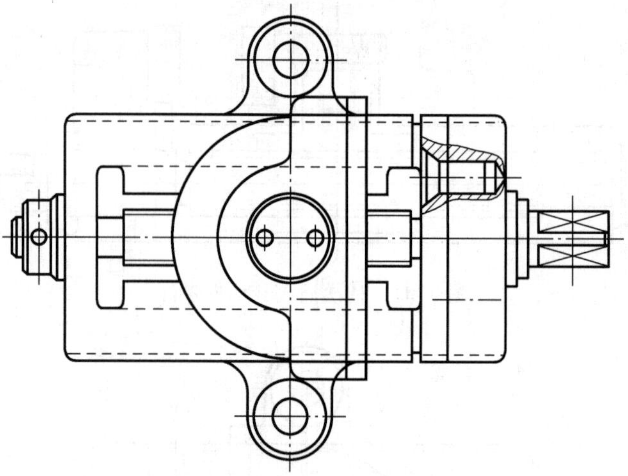

图 9-44　画螺钉

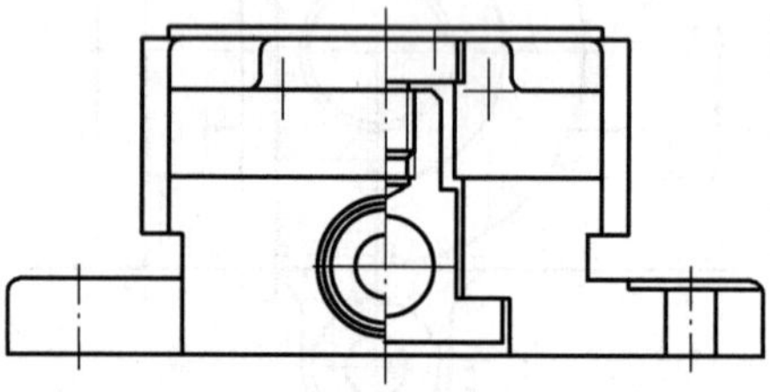

图 9-45　左视图

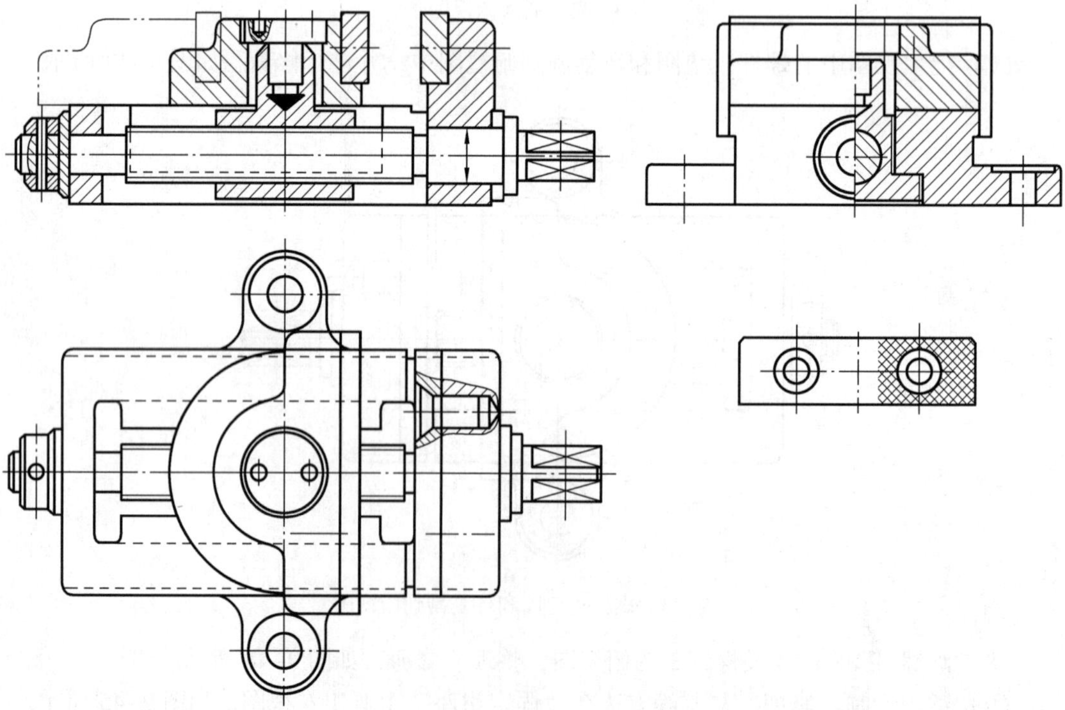

图 9-46　整理好的装配图

任务三 装配图尺寸标注及明细栏的标注

任务目标

知识点：堆叠、序号标注、表格插入。

技能点：能用堆叠功能标注装配尺寸、用引线标注序号、用表格功能设置明细栏。

任务分析：在介绍了 AutoCAD 2012 尺寸标注的基础上，对于装配图中尺寸的注法要求进行进一步提高，使读者能够灵活运用。

相关知识

一、堆叠文字

堆叠文字是指应用于多行文字对象和多重引线中的字符的分数和公差格式。

1. 使用特殊字符可以指示如何堆叠选定的文字

斜杠（/）：以垂直方式堆叠文字，由水平线分隔。

磅字符（#）：以对角形式堆叠文字，由对角线分隔。

插入符号（^）：创建公差堆叠（垂直堆叠，且不用直线分隔）。

2. 手动堆叠

要在在位文字编辑器中手动堆叠字符，选择要进行格式设置的文字（包括特殊的堆叠字符），然后右击，从快捷菜单中，单击“堆叠”命令。

3. 自动堆叠数字字符和公差字符

可以指定自动堆叠斜杠、磅字符或插入符号前后输入的数字字符。例如，如果输入1#3并后接非数字字符或空格，默认情况下将显示【自动堆叠特性】对话框，并且可在该对话框中更改设置以指定首选格式。自动堆叠功能可应用于堆叠斜杠、磅字符和插入符号前后紧邻的数字字符，对于公差堆叠，+、-和小数点字符也可以自动堆叠。

二、序号标注

1. 访问方法

按钮：引线 ▾。

菜单：【标注】/【多重引线】。

工具栏：多重引线。

2. 设置多重引线（如图 9-47 所示）

多重引线对象通常包含箭头、水平基线、引线（或曲线）和多行文字对象（或块）。多重引线可创建为箭头优先、引线基线优先或内容优先。如果已使用多重引线样式，则可以从该指定样式创建多重引线。

新建多重引线后可对引线格式、结构及内容按要求进行设置，如图 9-48 所示。

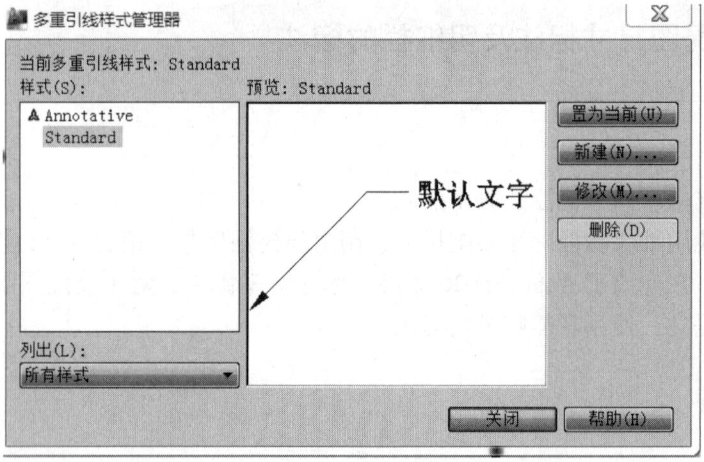

图 9-47 【多重引线样式管理器】对话框

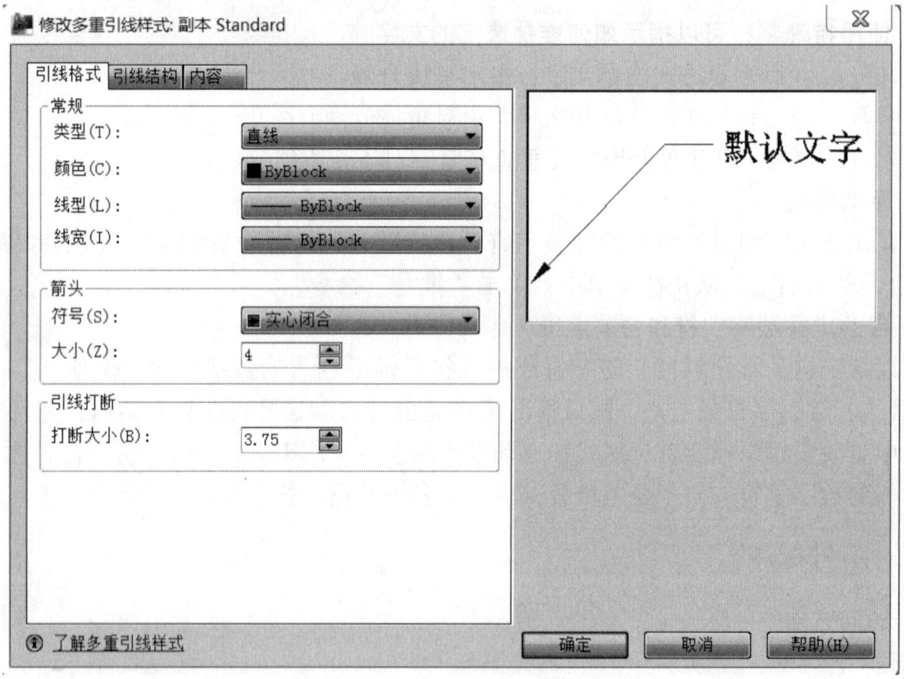

图 9-48 修改多重引线样式

三、表格

1. 访问方法

按钮：表格。

菜单：【绘图】/【表格】。

工具栏：绘图。

2. 设置表格（如图 9-49 所示）

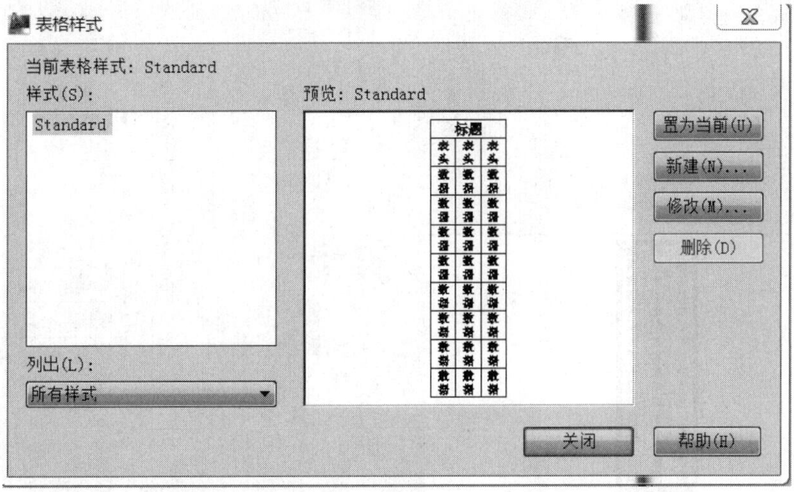

图 9-49 【表格样式】对话框

新建样式，如图 9-50 所示，按要求进行修改。

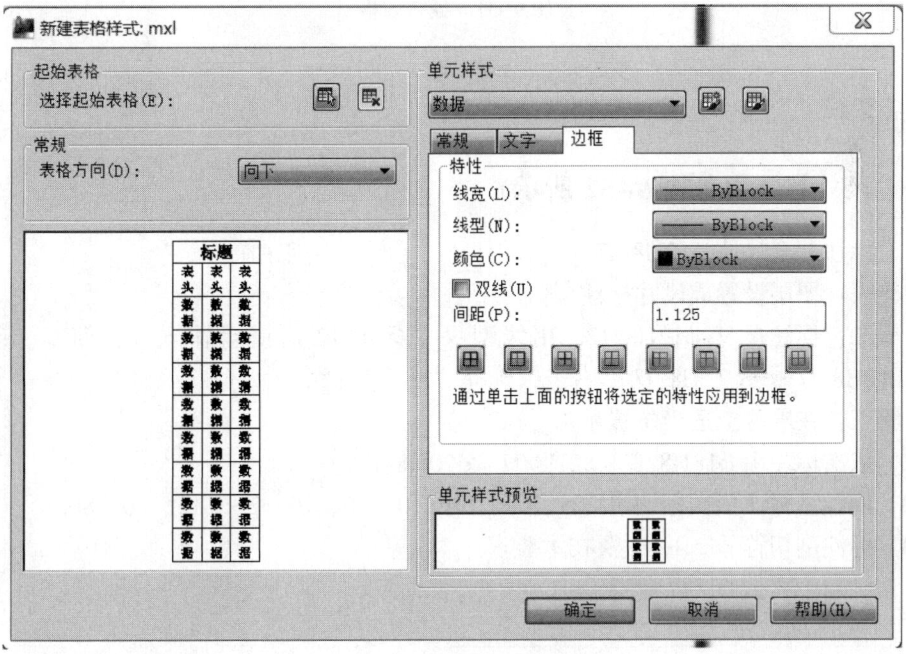

图 9-50 新建表格样式

3. 插入表格

如图 9-51 所示，按要求插入明细栏。

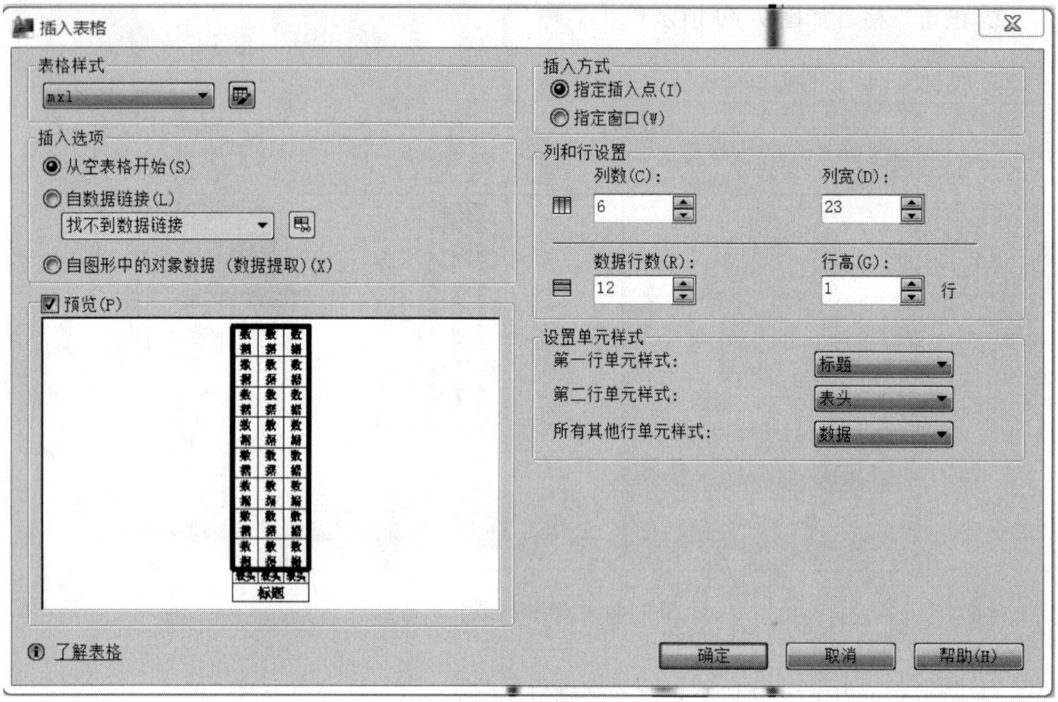

图 9-51　插入表格

任务实践

一、尺寸标注（如图 9-52 所示）

（1）标注配合尺寸 ϕ12H8/f7。

步骤一：图层设置成尺寸标注层。

步骤二：标注尺寸 ϕ12H8/f7，用线型尺寸标出 12 后键盘输入 m，回车，键盘输入%%c12H8/f7，选中 H8/f7 后右击，选择“堆叠”命令。

步骤三：在屏幕上适当位置单击。

（2）依次标注出 ϕ18H8/f7、82H8/f7、ϕ20H8/h7。

（3）用线型标注依次标注出 205、60、116、0～70、16、2×ϕ11、40、80。

（4）标注剖切符号、*A*—*A* 及技术要求。

二、标注序号

1. 设置多重引线

步骤一：打开多重引线样式管理器。

步骤二：新建并命名为 zpt1。

引线格式：箭头符号改为“无”。

引线结构：去除掉自动包含基线。

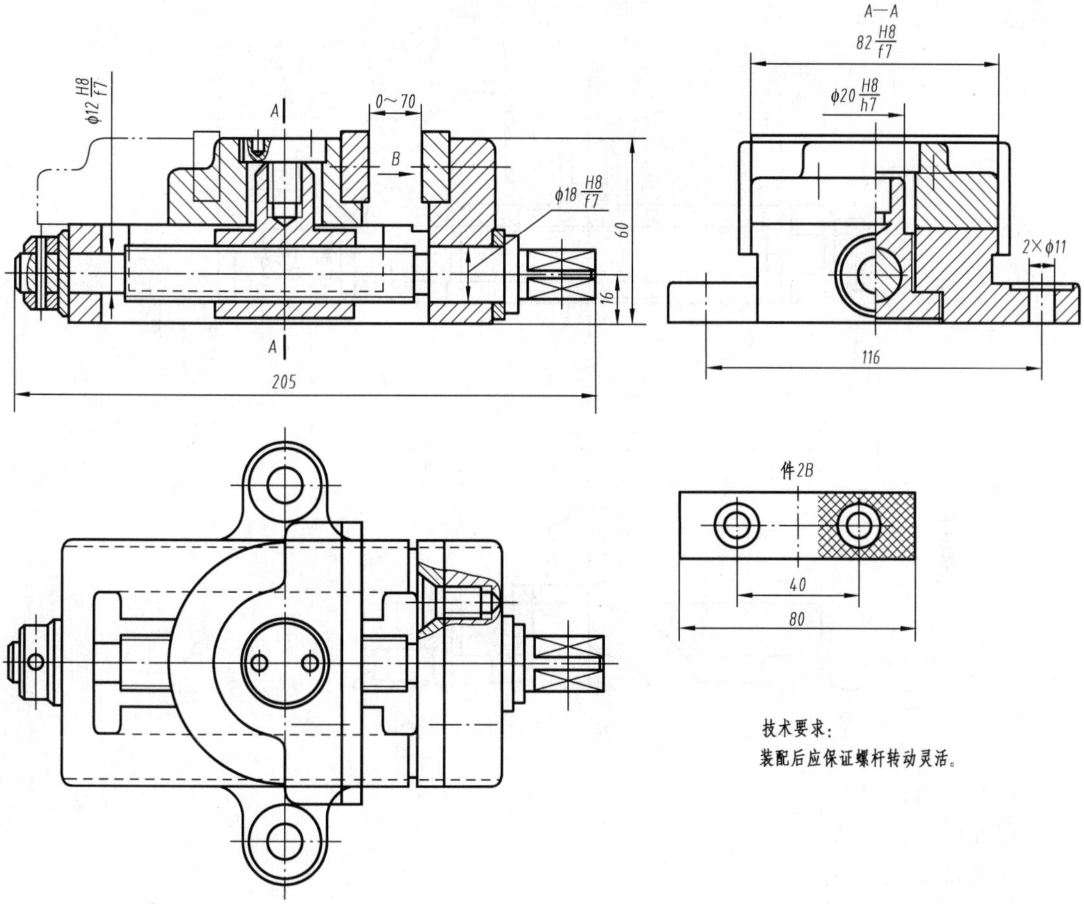

图 9-52　尺寸标注

内容：文字高度为 5。

引线连接：水平。

连接位置左右：最后一行加下画线。

步骤三：单击【确定】按钮。

2. 用多重引线标注（如图 9-53 所示）

步骤一：单击 引线 ▾。

步骤二：按要求在要标注的零件上单击，拉出引线后在平面适当位置单击输入零件序号。

步骤三：依次标注每个零件，注意运用极轴追踪功能使序号在同一直线上。

三、用表格命令制作明细栏

1. 设置表格

步骤一：打开表格样式。

步骤二：新建并命名为 mxl。

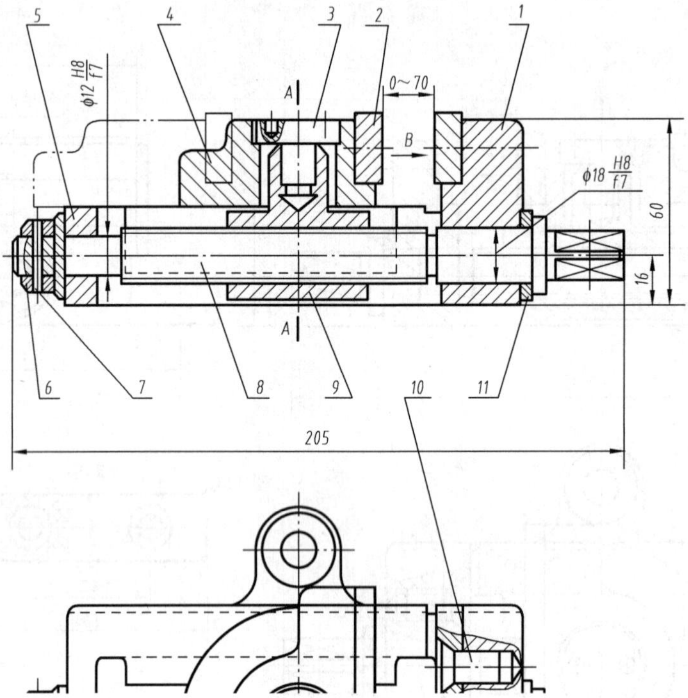

图 9-53　序号标注

表格方向：向上。

单元样式：数据。

常规特性：正中。

文字高度：5。

边框：线宽为 0.7，外边框。

步骤三：置为当前并关闭。

2. 插入表格

步骤一：单击表格图标，弹出对话框，如图 9-54 所示。

表格样式：mxl。

插入方式：指定窗口。

列数：6。

第一行单元样式：数据。

第二行单元样式：数据。

所有其他行单元样式：数据。

步骤二：单击确定。

```
命令：_table
指定第一个角点：                          //单击标题栏的左上角
指定第二角点：@140,88                     //键盘输入
```

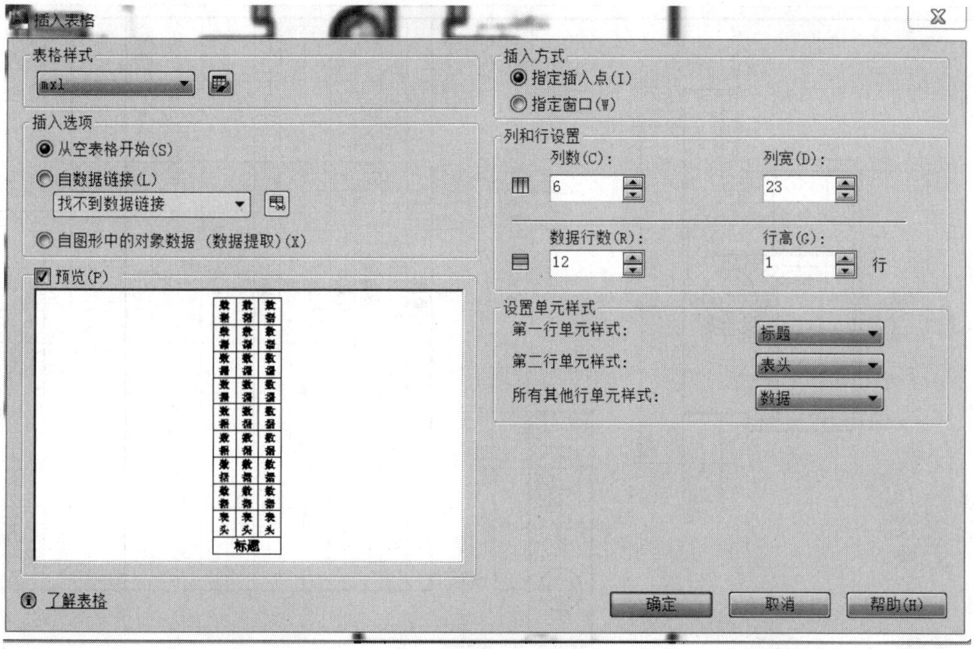

图 9-54　插入表格

步骤三：用鼠标拖动改变列宽。

步骤四：按要求填写明细栏（如图 9-55 所示）。

11		垫圈(二)	1	Q235A	
10	GB/T 68—2000	螺钉M8×18	4	Q235A	
9		螺母块	1	Q235A	
8		螺杆	1	45	
7	GB/T 119—2000	圆柱销A4×20	1	35	
6		环	1	Q235A	
5		垫圈(一)	1	Q235A	
4		活动钳身	1	HT200	
3		螺钉	1	Q235A	
2		钳口板	2	45	
1		固定钳座	1	HT200	
序号	代号	名称	数量	材料	备注
			比例		
			件数		
制图			重量		
描图					
审核					

图 9-55　填写标题栏

四、整理并保存

整理后，保存“机用虎钳 . dwg”，如图 9-56 所示。

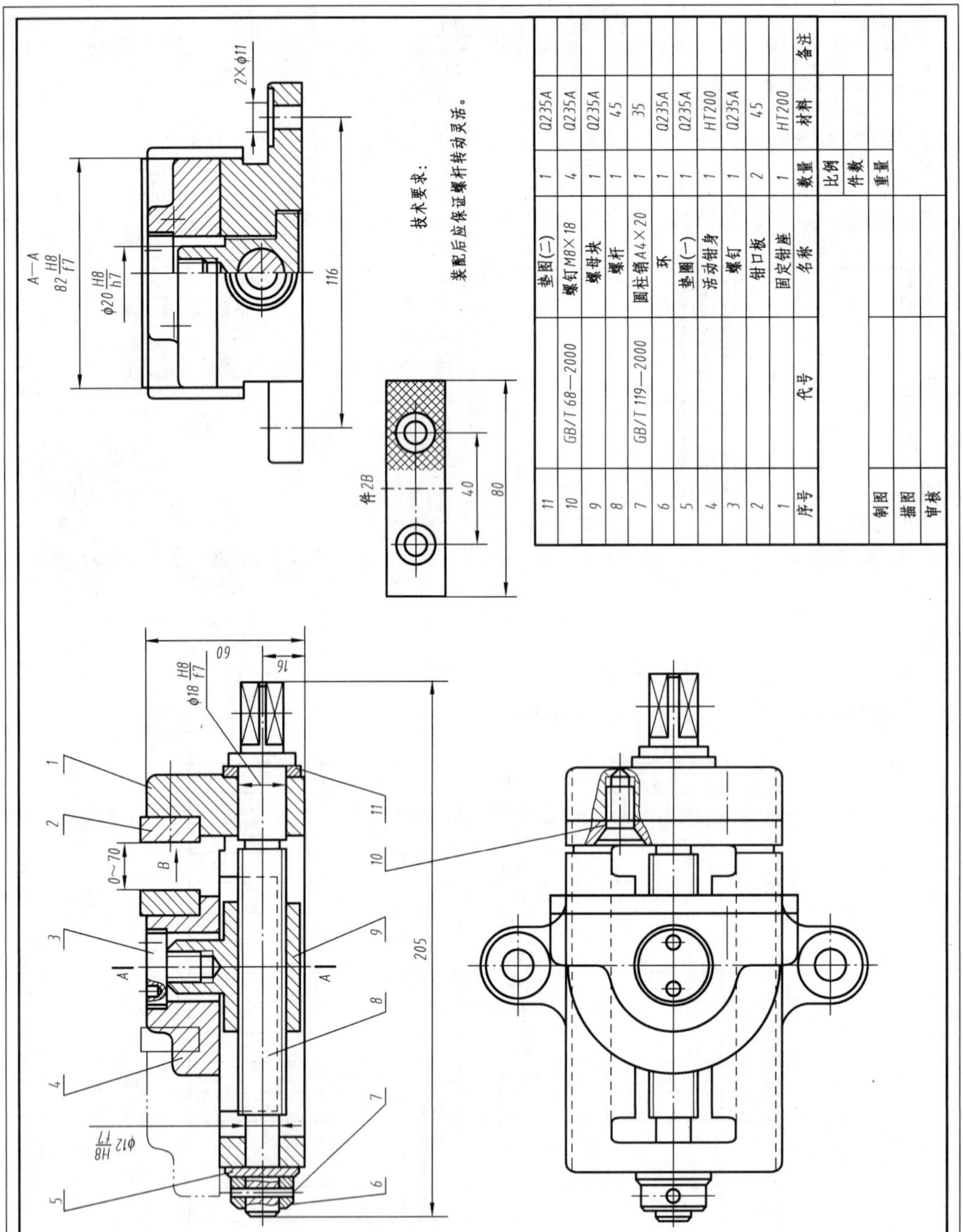

图 9-56　机用虎钳装配图

模块十　机械测绘及技术训练

模块目标：

（1）掌握机械测绘的方法和步骤。

（2）能正确使用常用测量工具测绘零件。

（3）能用 AutoCAD 实用命令绘制二维零件图及装配图。

课题一　机械零件测绘

任务一　机械测绘基本知识

任务目标

知识点：掌握标准件的测绘方法。

技能点：能正确使用常用测量工具测绘零件。

任务分析：针对测绘项目明确测绘目的和要求，对标准件进行正确的测绘。标准件的测绘就是测量主要尺寸，再查阅有关设计手册，确定它们的规格、代号、标注方法、材料和质量等。

相关知识

一、零件测绘训练的目的与要求

1. 目的

（1）熟悉测绘方法，培养手工和用计算机绘制各种机械图样的能力。

（2）培养学生独立分析、思考和动手实践的能力。

（3）为后续的课程设计和毕业设计奠定基础。

2. 要求

（1）明确测绘的目的、要求、内容、方法和步骤。

（2）熟悉与测绘有关的内容，如视图表达、尺寸测量方法、标准件和常用件、零件图与装配图。

（3）认真绘图，保证图样质量，做到正确、完整、清晰、整洁。

（4）做好准备工作，如测量工具、绘图工具、资料、手册、仪器用品等。

（5）在测绘中要独立思考，一丝不苟，有错必改，反对不求甚解、照抄照搬、容忍错

误的做法。

二、零件测绘训练的内容、任务和进度计划

1. 测绘训练内容

一级圆柱齿轮减速箱的测绘。

2. 测绘任务

（1）手工绘制零件工作图和装配图一套。

（2）用计算机绘制零件工作图和装配图一套。

3. 测绘工作量及进度计划表

见表 10-1。

表 10-1　测绘工作量及进度表

序　　号	内　　容	时间（天）
1	布置测绘任务，组织分工，学习测绘注意事项，拆卸部件，绘制装配示意图	0.5
2	绘制轴、齿轮、齿轮轴、箱盖、机座零件草图，测量尺寸	2.5
3	绘制零件工作图	2.0
4	绘制装配图	1.5
5	用 AutoCAD 绘制零件工作图	2.0
6	用 AutoCAD 绘制装配图	1.0
7	装订图样，归还物品，总结、验收	0.5
8	合　　计	10.0

三、测绘的准备工作

1. 学生分组

（1）根据班级学生人数，组成若干个学习小组。根据学生的学习成绩、动手能力、组织能力等均衡分组，以便学生之间能取长补短，保证测绘能顺利进行。

（2）每组指定一个小组长，负责测绘体、工量具、资料的借取、保管和返还，并能督促组员遵守工作纪律，保持工作场地的整洁。

2. 准备工作

（1）测绘指导书：每人一份。

（2）测绘装配体：每组一台，测绘之前应对测绘体进行清理、检查。

（3）量具和工具：0～150mm 游标卡尺、0～25mm 千分尺、25～50mm 千分尺、钢直尺、活络扳手、螺纹量规、内卡钳、外卡钳等。

（4）测绘工具：图板、丁字尺、绘图仪器、绘图纸等绘图用品。

（5）参考资料：教科书《机械制图》，国家标准《机械制图》，参考书《机械设计手册》、《机械制图习题图册》。

（6）测绘教室：测绘用教室（绘图桌、凳）、计算机绘图教室（计算机及相应软件）。

四、测绘工具的使用

常用测量工具如图 10-1 ~ 图 10-4 所示。

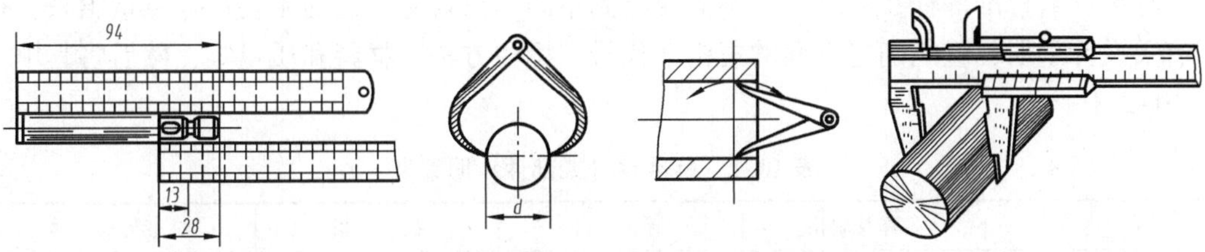

(a) 用钢直尺测一般轮廓尺寸　(b) 用外长钳测外径　(c) 用内卡钳测内径　(d) 用游标卡尺测精确尺寸

图 10-1　线性尺寸及内、外径尺寸的测量方法

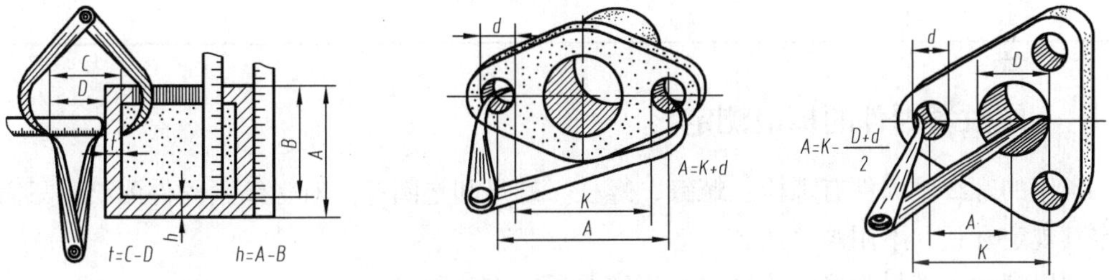

(a) 测量壁厚　(b) 测量孔间距　(c) 测量孔间距

图 10-2　壁厚、孔间距的测量方法

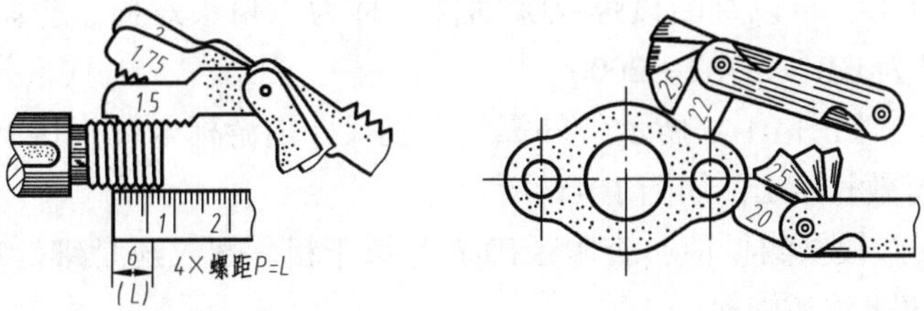

(a) 用螺纹样板测量螺距　(b) 用半径样板测量圆弧半径

图 10-3　螺距、圆弧半径的测量方法

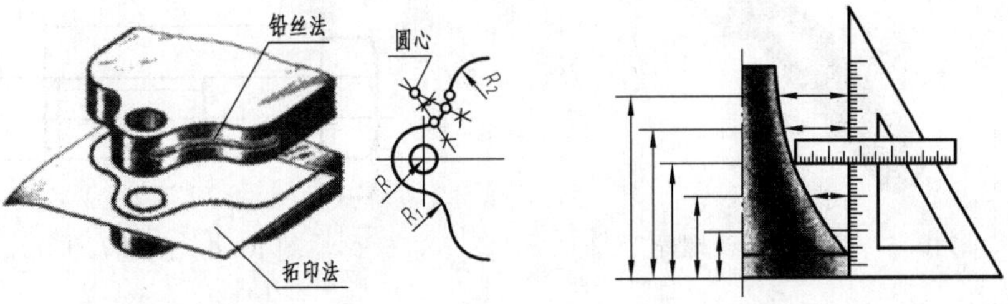

(a) 用铅丝法和拓印法量曲面　(b) 用坐标法测量曲线

图 10-4　曲面、曲线的测量方法

任务实践

标准件（或部件）的处理方法：

标准件或标准部件在测绘中，不需要绘制草图，只要将它们的主要尺寸测量出来，查阅有关设计手册，就能确定它们的规格、代号、标注方法、材料和质量等，然后将其填入表 10–2 中。

表 10–2　标准件（或部件）明细表

序　　号	名称及规格	材　　料	数　　量	标准号或代号

一、螺纹紧固件的标记测定

常用的螺纹紧固件有螺栓、螺钉、螺柱、螺母和垫圈等。对螺纹紧固件测绘后只需要确定其规定标记，不用画草图。

现以螺栓、螺母为例介绍确定其规定标记的方法和步骤。

（一）通过测量确定如图 10–5 所示六角头螺栓的规定标记

1. 确定标记的方法与步骤

① 观察螺栓外形，可以判断该螺纹紧固件名称为六角头螺栓，查附录或相关设计手册确定其标准代号为 GB/T 5782—2000。

② 测量大径 d，如图 10–6 所示。外螺纹大径尺寸用游标卡尺直接测量取整。

③ 测量螺栓有效长度 L，如图 10–6 所示。

④ 测量螺距 p。根据测量值，查附录确定 P 属于粗牙螺纹还是细牙螺纹。

⑤ 目测螺纹的线数和旋向。

⑥ 将测量结果与手册中的参数进行比对，选取相近的标准数值，确定螺栓的标记。

图 10–5　测量六角头螺栓

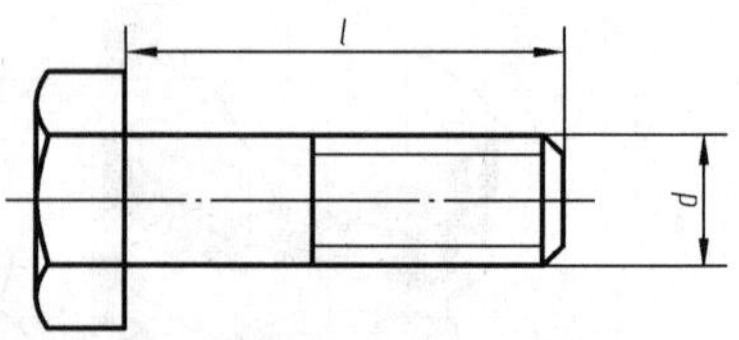

图 10–6　测量 L 和 d

2. 说明

① 测量螺距通常有两种方法。

方法一：直接测量法［如图 10–3（a）所示］。直接用螺纹规测量螺纹螺距，这是常用方法。

方法二：用压痕法测量螺距（如图 10-7 所示）。在没有螺纹规的情况下，可采用该方法。首先将被测的螺纹部分放在纸上压出一段螺距的线痕（线痕数不少于 10），再用直尺量出 n 个（n 最好为 5、10）螺距线痕间的总距离 L_1，然后将 L_1 值除以螺距的数量 n，即 $P = L_1/n$。

② 标准螺纹中，牙型为三角形的有普通螺纹和管螺纹两种。将测得的螺距 P 先查附录（GB/T 196—2003），如无对应值，可确定不属于普通螺纹。再查 GB/T 7307—2001，看是否属于管螺纹（如 55°非密封管螺纹等），如果属于则按管螺纹尺寸代号确定。

③ 在画装配图时，螺纹紧固件按比例画法或特殊表示法绘出，并在零件明细栏中填写标准件国家标准编号、规定标记、名称、数量等。

（二）通过测量确定图 10-8 所示的螺母的规定标记

1. 测绘方法与步骤

① 观察螺母外形，可以判断该螺纹紧固件名称为六角螺母，查附录或相关设计手册，确定其标准代号为 GB/T 6170—2000。

② 测量小径 D_1，如图 10-9 所示。

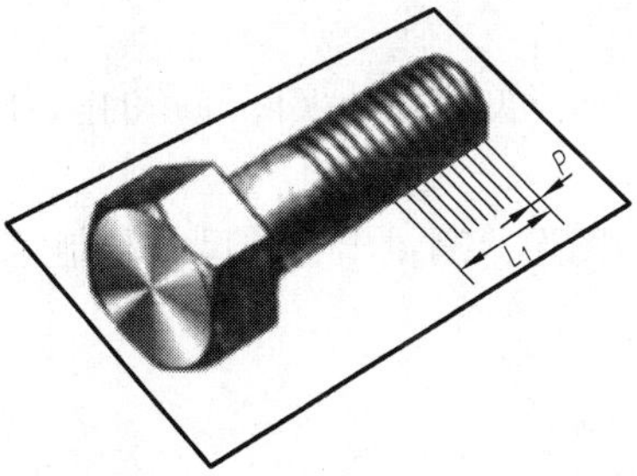

图 10-7　用压痕法测量螺距

图 10-8　测绘螺母

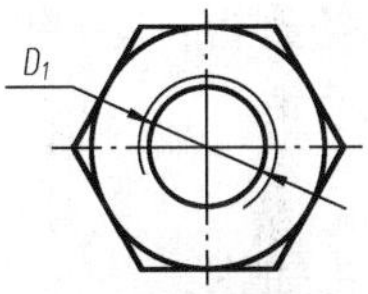

图 10-9　螺母视图

③ 测螺距 P。用螺纹规直接测量螺纹螺距或采用压痕法测量螺距。

④ 根据小径 D_1 和螺距 P 查附录，确定螺母标准大径 D。

⑤ 目测螺纹的线数和旋向。

⑥ 确定螺母的规定标记。

2. 说明

确定螺母的螺纹大径时，如有与螺母配对的螺栓，则用游标卡尺直接测出螺栓的螺纹大径，该大径即为螺母内螺纹的大径。如没有，则先用游标卡尺量出螺母的螺纹小径，再根据其类型和螺距查表得出标准大径值。

二、键的规定标记的测定

通过测量，确定图 10-10 所示的 A 型平键的标记。

（一）测绘步骤

（1）根据外形观察，可以判断该键属 A 型平键，查附录或相关手册确定其标准代号为 GB/T 1096—2003。

图 10-10　测绘平键

(2) 测量键宽度 b、高度 h、长度 L。

(3) 将测量结果与手册中的参数值进行比对，根据相近的标准数值，确定键的标记。

(二) 说明

(1) 键宽 b、键高 h、键长 L 用游标卡尺测量，并圆整测量值。

(2) 平键测绘后只要确定其标记，不用画草图。

(3) 其他类型的键的测绘尺寸和标记确定可参照前面章节。

三、滚动轴承的测定

一般情况下直接查看印刻在轴承上的轴承代号及标记，根据轴承代号由设计手册查出轴承的外径 D、内径 d、宽度 B 等几个主要尺寸，然后将其他部分的尺寸按主要尺寸的比例关系画出。

任务二　典型机械零件测绘

任务目标

知识点： 知道零件测绘方法和步骤。

技能点： 提高机械图样的表达能力，培养综合运用所学知识解决实际问题的能力和独立工作能力。

任务分析： 零件的测绘就是依据实际零件画出它的图形，测量出它的尺寸和制定出它的技术要求。

相关知识

一、零件测绘的步骤

零件的测绘步骤如图 10-11 所示。

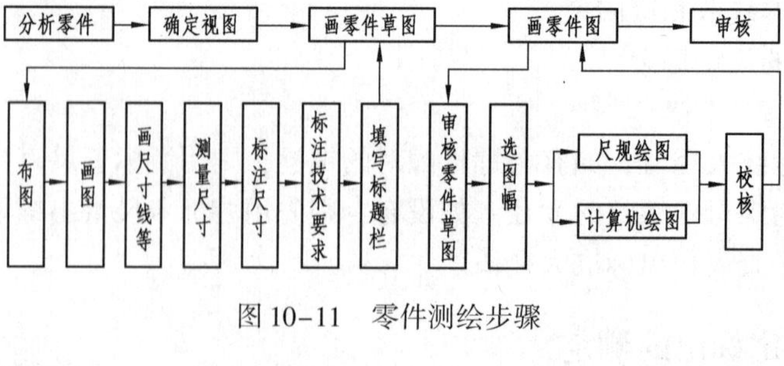

图 10-11　零件测绘步骤

1. 了解和分析零件

了解零件的名称、材料、在装配体上的作用、与其他零件的关系，然后对零件的结构形状、制造工艺过程、技术要求及热处理等进行全面的了解和分析。

2. 确定表达方案

在对零件全面了解、认真分析的基础上，根据零件表达方案的选择原则，确定最佳表达方案。表 10–3 给出了常见四种典型零件的表达特点。

表 10–3　常见典型零件的表达

零件类型	结构特点	加工特点	表达特点	基本视图数量
轴套类	主体：由直径不等的回转体组成 局部结构：销孔、键槽、退刀槽、螺孔、圆角、倒角、中心孔等	以车削、磨削为主	主视图：选加工位置，反映主体形状和各部分相对位置 投影方向：垂直轴线 其他视图：断面图、局部视图、局部剖视图、局部放大图等，反映内部结构和局部结构	一般 1 个
盘盖类	主体：回转体 其他结构：轮辐、轮齿、键槽、连接孔、螺孔等	以车削为主	主视图：选加工位置（轴线水平），可以采用全剖或半剖，反映主要部分和孔、槽等结构 其他视图： ① 基本视图（左视图或右视图），反映零件外形和各部分（如孔、轮辐等）的相对位置 ② 断面图、局部视图和斜视图，表达局部结构	2
叉架类	形状不规则、较复杂	多道工序加工	主视图：选工作位置或放正位置（对于倾斜安装的零件） 投影方向：选最能反映零件主要形状特征的方向 表达方法：局部剖图、半剖或全剖，反映主要结构的外、内形状 其他视图： ① 基本视图（如左视图或俯视图），进一步反映主要结构的形状 ② 局部视图、斜视图或采用简化画法，反映不完整或倾斜结构的外形 ③ 剖视图、局部剖视图、断面图等，表达内部结构和断面形状	2 ~ 3
箱体类	结构、形状较复杂	多道工序加工	主视图：选工作位置 投影方向：选最能反映零件主要形状特征的方向 表达方法：半剖、局部剖视图等，反映主体结构的内外形状 其他视图： ① 两个以上基本视图，进一步反映零件主要部分的结构形状 ② 局部视图、斜视图、断面图等，反映局部或倾斜结构形状	3 个以上

注意事项：

（1）对于同一个零件，所选择的表达方案可以有所不同，但必须以视图表达清晰和看图方便为前提来选择一组图形。

（2）选用视图、剖视图和断面图应统一考虑，内外兼顾。同一视图中，若出现投影重叠，可根据需要选用几个图形（如视图、剖视或断面图），分别表达不同层次的结构形状。

3. 画零件草图

零件草图是指在测绘现场绘制，不用借助尺规等专用绘图工具，以目测实物的大致比例徒手画出的零件图样，并标注尺寸界线和尺寸线。

4. 根据零件草图，整理画出零件工作图。

零件草图是在现场测绘的，表达不一定完善、合理。因此，在画零件工作图之前，应进一步对草图反复进行校对、检查、审核和整理。整理的内容有：

（1）检查零件的视图投影关系是否正确，表达方案是否完整、清晰。

（2）尺寸标注及布局是否齐全、合理，如不合理应及时修改。

（3）尺寸公差、形位公差和表面粗糙度等技术要求是否合理，应尽量标准化和规范化。

经过复查、补充、修改后，将整理好的零件草图利用绘图仪器或计算机绘制出正规的零件工作图，由此完成全部测绘工作。

二、绘制零件草图的步骤与要求

零件草图是绘制零件工作图的依据，它必须具备零件工作图的全部内容，应努力做到：内容完整、表达正确、图线清晰、比例均匀、要求合理、字体工整。

（一）画零件草图的步骤

1. 了解和分析测绘对象

首先应了解零件的名称、用途、材料以及它在机器（或部件）中的位置和作用，然后对该零件进行结构分析和制造方法的大致分析。

2. 确定视图表达方案

根据显示形状特征的原则，按零件的加工位置或工作位置确定主视图；再按零件的内外结构特点选用必要的其他视图、剖视、断面等表达方法。

3. 绘制零件草图

下面以图 10-12 所示套筒的零件草图为例说明零件草图的绘制步骤。

（1）在图纸上定出各视图的位置。画出各视图的基准线、中心线，如图 10-12（a）所示。安排各视图的位置时，要考虑到各视图间应有标注尺寸的地方，右下角留有标题栏的位置。

（2）详细地画出零件外部和内部的结构形状，如图 10-12（b）所示。

（3）选择基准和画尺寸线、尺寸界线及箭头，注出零件各表面粗糙度符号。经过仔细校核后，描深轮廓线，画好剖面线，如图 10-12（c）所示。

（4）测量尺寸，定出技术要求，并将尺寸数字、技术要求记入图中，填写标题栏，如图 10-12（d）所示。

注意事项：

① 注意保持零件各部分的比例关系及各部分的投影关系。

② 零件的制造缺陷，如气孔、砂眼、刀痕及磨损部位不要画出。

③ 零件上因制造、装配需要的工艺结构，如倒角、倒圆、退刀槽、铸造圆角、凸台、凹坑等，必须画出。

④ 测量尺寸时应在画好视图、注全尺寸界线和尺寸线后集中填写尺寸数字。

（二）画零件草图的要求

1. 尺寸数字的处理

零件的尺寸有的可以直接量得，有的要经过一定的运算后才能得到，如中心距等，测量所得的尺寸还必须进行尺寸处理。

① 一般尺寸，大多数情况下要圆整到整数。

② 重要的直径要取标准值。

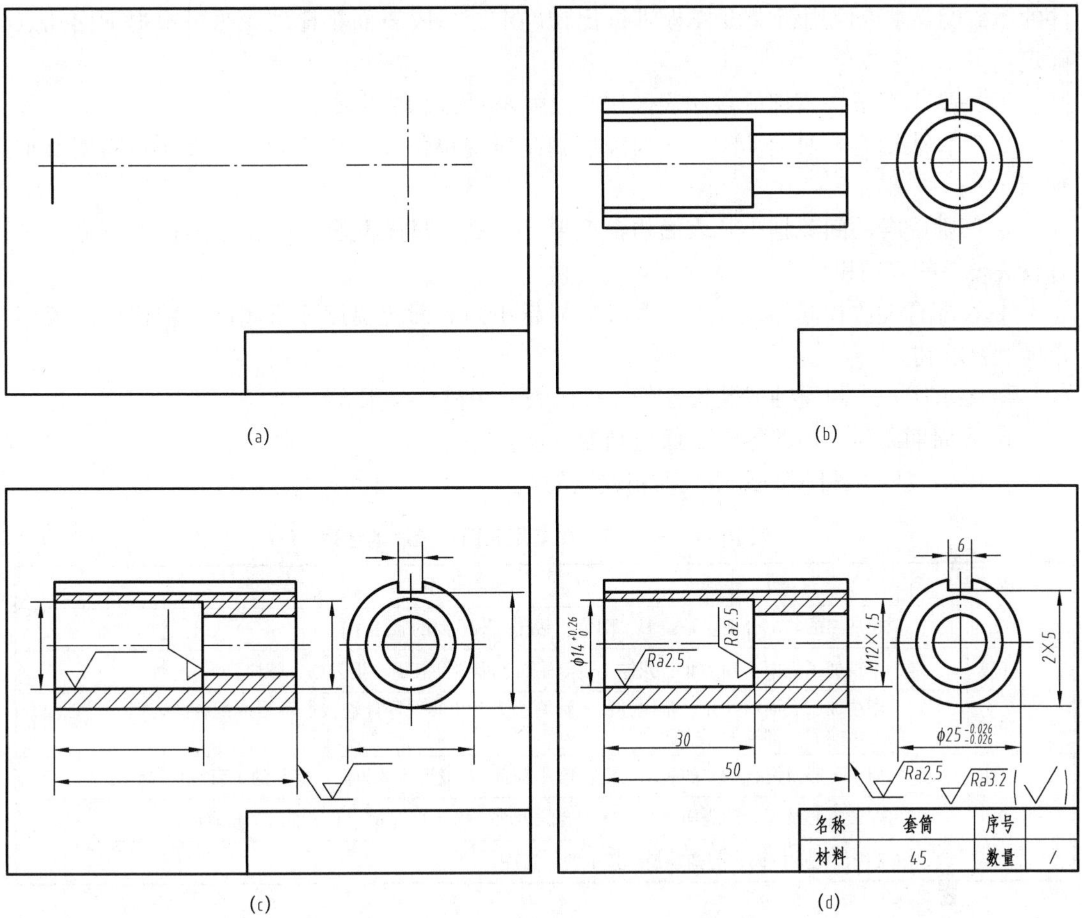

图 10–12　零件草图绘图步骤

③ 标准结构（如螺纹、键槽、齿轮的轮齿）的尺寸要取相应的标准值。

④ 没有配合关系的尺寸或不重要的尺寸，一般圆整到整数。

⑤ 有配合关系的尺寸（配合孔轴）只测量它的基本尺寸，其配合性质和相应公差值应查阅手册。

⑥ 有些尺寸要进行复核，如齿轮传动轴孔中心距要与齿轮的中心距核对。

⑦ 因磨损、碰伤等原因而使尺寸变动的零件要进行分析，标注复原后的尺寸。

⑧ 零件的配合尺寸要与相配零件的相关尺寸协调，即测量后尽可能将这些配合尺寸同时标注在有关零件上。

2. 技术要求的确定

1）材料

零件材料可根据实物结合有关标准、手册初步确定。常用的金属材料有碳钢、铸铁、铜、铝及其合金，或参考同类型零件的材料，用类比法确定。

2）表面粗糙度

零件表面粗糙度等级可根据各个表面的工作要求及精度等级来确定，可以参考同类零件的粗糙度要求或使用粗糙度样板进行比较确定。一般表面粗糙度等级可根据下面几点确定：

① 一般情况下，零件的接触表面比非接触表面的粗糙度要求高。

② 零件表面有相对运动时，相对速度越高所受单位面积压力越大，表面粗糙度要求越高。

③ 间隙配合的间隙越小，表面粗糙度要求越高，过盈配合为了保证连接的可靠性也有较高要求的表面粗糙度。

④ 在配合性质相同的条件下，零件尺寸越小则表面粗糙度要求越高，轴比孔的表面粗糙度要求高。

⑤ 要求密封、耐腐蚀或装饰性的表面的表面粗糙度要求高。

⑥ 受周期载荷作用的零件表面粗糙度要求应较高。

表 10–4 为一般机械中常用表面粗糙度的选用。

表 10–4　一般机械中常用表面粗糙度的选用

Ra 值	应　用
12.5	粗加工的非配合面：轴端面、倒角、钻孔、不重要的表面
6.3	半精加工表面：轴、套、壳体、盖等端面、齿顶圆表面、退刀槽、螺栓孔等
3.2	半精加工表面：外壳、箱体、盖、套筒、支架和其他零件连接而不形成配合的表面，定心配合的支承端面，键槽的工作面
1.6	要求定心及配合的孔的表面、定位销孔表面、8 级齿轮的齿面、蜗轮的齿面
0.8	保证定心及配合的表面、与轴承配合的表面、蜗杆的齿面、毛毡油封的轴表面
0.4	7 级齿轮的齿面、与橡胶油封接触的轴表面

3）形位公差

标注形位公差时可参考同类型零件，用类比法确定，无特殊要求时一律不标注。具体标注方法参阅有关手册。

表 10–5、表 10–6、表 10–7 为一些常见零件形位公差的选用。

表 10–5　轴的形位公差推荐标注项目

类　别	标 注 项 目	公差等级	备　注
形状公差	与滚动轴承相配合的轴的圆度或圆柱度	5 ~ 6	建议标注圆度公差，公差等级取 6 级
	与齿轮等传动件相配合的轴的圆度或圆柱度	7 ~ 8	可不标注
位置公差	与滚动轴承相配合的轴颈表面对中心线的圆跳动	5 ~ 6	可以两端中心孔的公共轴线为基准要素
	轴承定位端面对中心线的垂直度或端面圆跳动	6 ~ 8	
	与齿轮等传动零件相配合表面对中心线的圆跳动	6 ~ 8	可以两端轴承的支承轴颈公共轴线为基准要素
	齿轮等传动零件的定位端面对中心线的垂直度或端面圆跳动	6 ~ 8	
	键槽对轴中心线的对称度（要求不高时可不注）	7 ~ 9	

表 10-6　齿轮等传动件的形位公差推荐标注项目

标注项目	公差等级	备　注
齿顶圆对孔中心线的圆跳动	6 ~ 7	当齿顶圆作为加工、检验基准时
基准端面对孔中心线的圆跳动	6 ~ 7	当端面作为加工、检验、安装基准时
轮毂键槽对孔中心线的对称度	7 ~ 9	

说明：齿轮精度等级采用 7 ~ 8 级时，可查 GB/T 13924—2008 相关资料。

表 10-7　箱体形位公差推荐标注的项目

类　别	标注项目	公差等级	备　注
形状公差	轴承座孔的圆度（或圆柱度）	5 ~ 6	可不标注
	分箱面的平面度	8	
位置公差	轴承座孔中心线间的平行度	6	
	轴承座孔端面对其中心线的垂直度	7 ~ 8	采用嵌入式盖可不注
	锥齿轮减速器等的轴承各孔中心线间的垂直度	7	蜗杆蜗轮减速器可参照标注
	两轴承座孔中心线的同轴度	6 ~ 8	

4）公差配合的选择

公差配合的选择可参考类似部件的公差配合，通过分析比较来确定。如在齿轮油泵和减速器中，齿轮与轴之间、滚动轴承轴承座与泵体孔之间、轴承内圈与轴之间都有配合要求，选择时可参考有关手册。一般减速器齿轮精度为 7 ~ 8 级（第Ⅱ公差组），中心距公差按 IT8 选用，极限偏差对称分布，即为 ± Fa。（Fa = IT8/2，也可按 GB/T 13924—2008 选用）。

5）技术要求

凡是用符号不便于表示，而在制造时或加工后又必须保证的条件和要求都可注写在“技术要求”中，其内容参阅有关资料手册，用类比法确定。

任务实践

测绘一级圆柱齿轮减速器上的典型零件。

一、输出轴的测绘

1. 了解和分析零件

了解零件的名称、材料、用途、结构形状、大致加工方法、在机器（或部件）中的位置、作用和与相邻零件的关系。

如图 10-13 所示零件是一级圆柱齿轮减速器上的传动轴，材料为 45 钢，作用是支承其上的大齿轮，并装有轴承、键等标准件和其他定位零件。经形体分析，该轴由六段不同轴径的圆柱构成，表面有越程槽、两个键槽，两端面均有倒角。

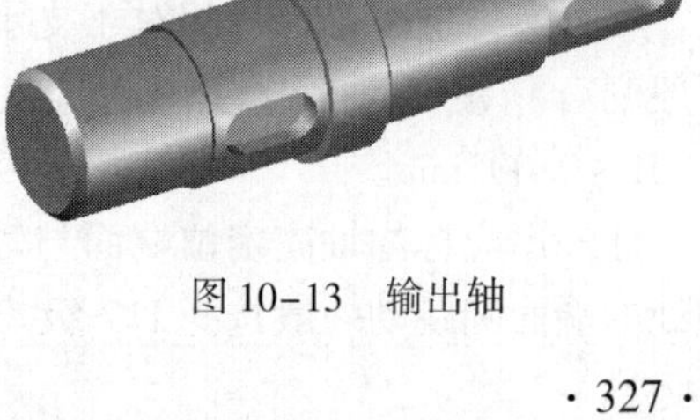

图 10-13　输出轴

2. 确定表达方法

根据轴类零件的结构特征，一般选取一个基本视图（主视图），零件轴线水平放置。局部细节结构常用局部视图、局部剖视图、断面图及局部放大图等表达。其作图步骤与画零件图相同。

3. 画零件草图

（1）在确定表达方案的基础上，选定比例。布置图面，画好各视图的基准线（视图的中心位置）。

（2）画出基本视图的外部轮廓。

（3）画出其他各视图必要的图线。

（4）选择轴向、径向方面标注尺寸的基准，画出尺寸线、尺寸界线。

（5）标注必要的尺寸和技术要求，填写标题栏，检查有无错误和遗漏。

4. 测量方法说明

1）轴径尺寸的测量

由测量工具直接测量的轴径尺寸要经过圆整，使其符合国家标准（GB/T 2822—1981）推荐的尺寸系列，与轴承配合的轴径尺寸要和轴承的内孔系列尺寸相匹配。

2）轴径长度尺寸的测量

轴径长度尺寸一般为非功能尺寸，用测量工具测出的数据圆整成整数即可。需要注意的是，长度尺寸要直接测量，不要用各段轴的长度累加计算总长。

3）键槽尺寸的测量

键槽尺寸主要有槽宽 b、深度 t 和长度 L，从外观即可判断与之配合的键的类型（本例为 A 型平键），根据测量出的 b、t、L 值，结合轴径的公称尺寸，查阅附录 J，取标准值。

5. 技术要求的确定

1）尺寸公差的选择

轴与齿轮和轴承的接触段有配合要求，应标注尺寸公差。根据轴的使用要求并参考同类型零件，用类比法可确定配合处的轴的直径尺寸公差等级一般为 IT5 ~ IT9 级，本例中轴与轴承内径的配合处尺寸公差带选为 k6，与齿轮孔的配合尺寸公差带选为 k6。

对于阶梯轴的各段长度尺寸可按使用要求给定尺寸公差。

2）形状公差的选择

由于轴类零件通常是用轴承支承在两段轴颈上，这两个轴颈是装配基准，其几何精度（圆度、圆柱度）应有形状公差要求。对精度要求一般的轴颈，其几何形状公差应限制在直径公差范围内。如轴颈要求较高，则可直接标注其允许的公差值，一般为 IT6、IT7 级。

3）位置公差的选择

轴类零件的配合轴径相对于支承轴径的同轴度通常用径向圆跳动来表示，以便测量。一般配合精度的轴径，其支承轴径的径向圆跳动取 0. 01 ~ 0. 03mm，高精度的轴为 0. 001 ~ 0. 005mm。

此外还应标注轴向定位端面与轴线的垂直度，对轴上键槽两工作面应标注对称度。轴颈处的端面圆跳动一般选择 IT7 级。

4）表面粗糙度的选择

本例中轴的支承轴颈表面粗糙度等级较高，选择 $Ra3.2 \sim Ra0.8$，其他配合轴径的表面粗糙度为 $Ra6.3 \sim Ra3.2$，非配合表面粗糙度则选择 $Ra12.5$。

5）材料与热处理的选择

轴类零件材料的选择与工作条件和使用要求有关，材料不同所选择的热处理方法也不同。轴的材料常采用优质碳素钢或合金钢，如 35、45、40Cr 等，常采用调质、正火、淬火等热处理方法，以获得一定的强度、韧性和耐磨性。

本例中轴的材料为 45 钢，应调质处理。

6. 画零件工作图

根据零件草图，结合实物，进行认真的检查、校对，完成零件工作图，如图 10-14 所示。

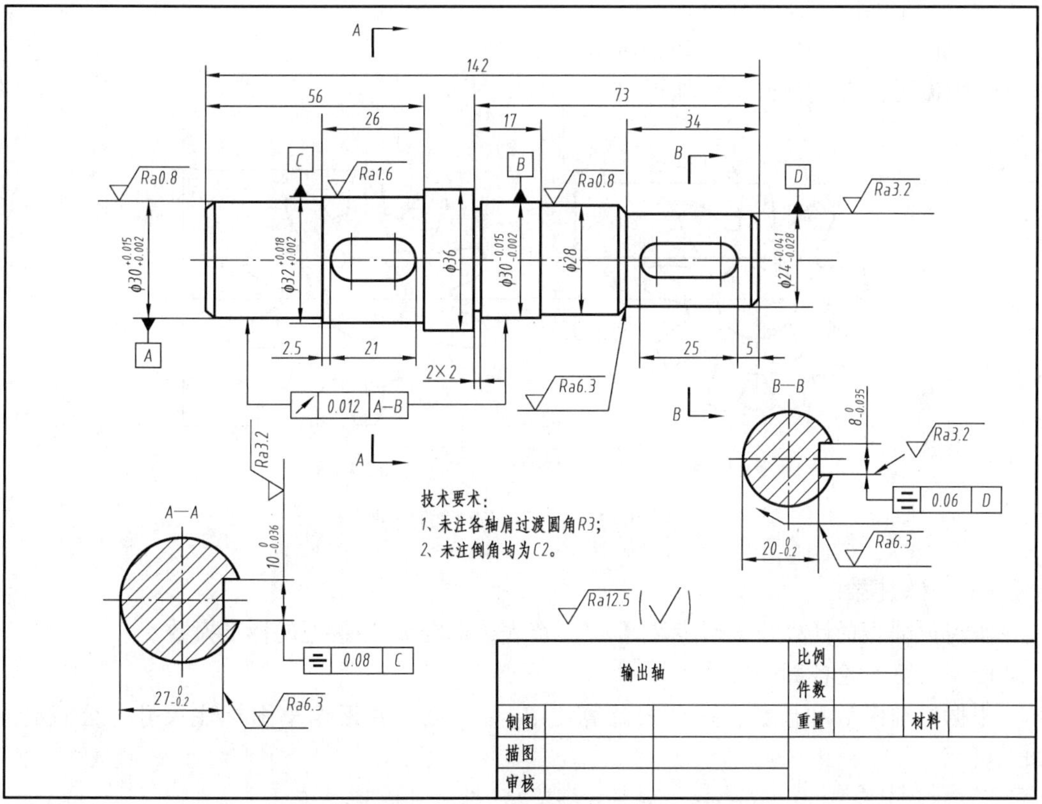

图 10-14　输出轴零件图

二、齿轮的测绘

1. 了解和分析零件

该零件是一级圆柱齿轮减速器上的齿轮，材料为 45 钢，齿轮在轮毂处有轴线贯通的键槽，用键与从动轴实现轴向连接，从而将运动和动力传给从动轴。圆柱齿轮属于轮盘类零件，外形是圆柱形，由轮齿、轮盘、幅板（或辐条）、轮毂等组成，如图 10-15 所示。

图 10-15　齿轮

2. 确定表达方法

根据轮盘类零件的结构特征，选择主视图时，应以形状特征和加工位置为主，轴段横放。一般需要两个视图，以投影为非圆的视图作为主视图，且常采用轴向剖视图来表达内部结构；另一个视图往往选择左视图或右视图。对没有表达清楚的部位，可选择向视图、局部视图、移出断面图或局部放大图来表达外形。其作图步骤与画零件图相同。

3. 画零件草图

（1）目测画出草图，并标出尺寸（不写出数值）。

（2）数齿数 z。

（3）测量实际齿顶圆直径 d_a。

奇数齿时：$d_a = d + 2e$，如图 10-16（a）所示。

偶数齿时：直接测出 d_a，如图 10-16（b）所示。

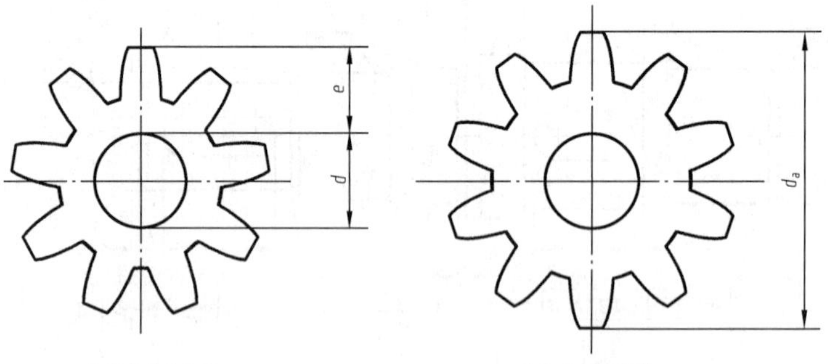

(a) 齿数为奇数　　(b) 齿数为偶数

图 10-16　齿顶圆直径的测量

（4）确定模数。

按齿顶圆直径计算公式初步计算 m'，查表选取与 m' 最接近的标准模数。

（5）计算齿轮各部分尺寸。

根据标准模数和齿数，按公式计算出 d、d_a、d_f，并根据草图标注尺寸。公式计算如下：

$$d = mz,\quad d_a = m(z+2),\quad d_f = m(z-2.5)$$

（6）测量齿轮其他部分尺寸（测量方法与一般零件相同）。

4. 材料及处理方法

用类比法确定齿轮的材料为 45 钢，热处理为齿面淬火 20～30HRC。

5. 画零件工作图

在齿轮零件图中，除具有一般零件图的内容外，齿顶圆直径、分度圆直径及有关齿轮的基本尺寸要直接注出，齿根圆直径一般加工时由刀具尺寸决定，图上可以不注。其他主要参数在图纸右上角列表说明，如图 10-17 所示。

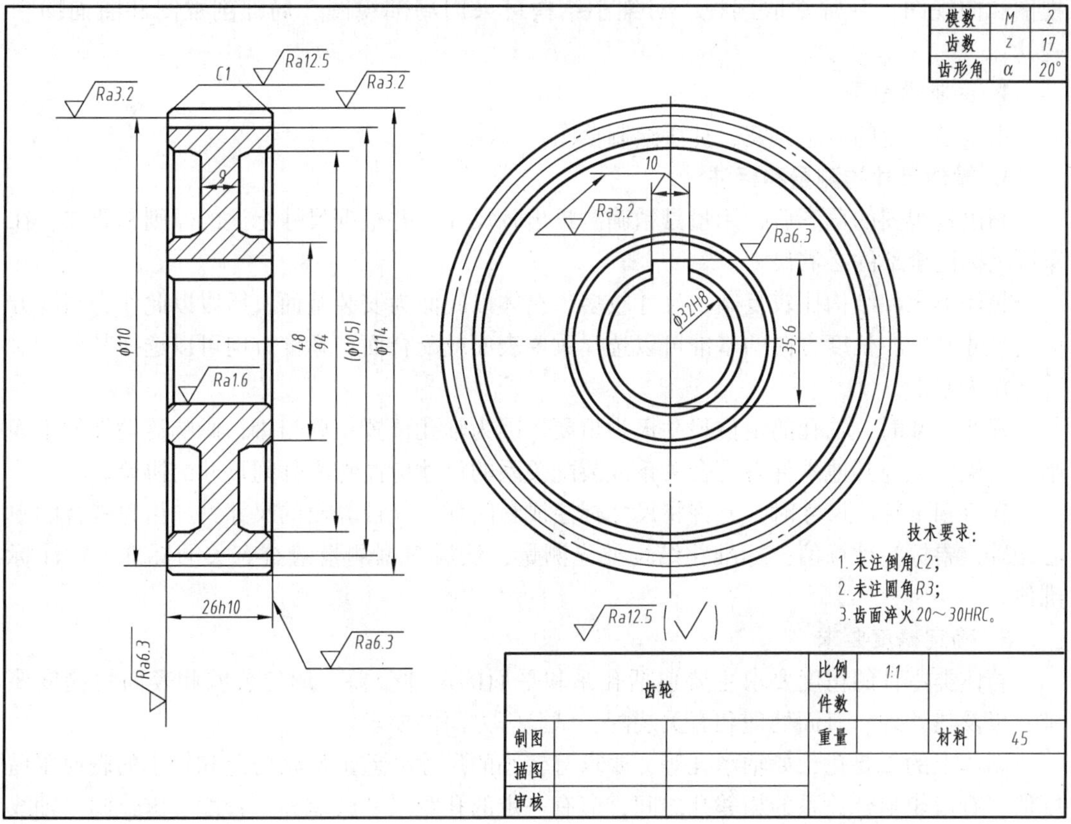

图 10-17　齿轮零件图

三、机座的测绘

1. 了解和分析测绘对象

该箱体是减速器的一个重要零件，它的作用是支承和固定轴系零件，内可装油，使箱体里的零件具有良好的润滑和密封性能。箱体与箱盖的结合面上均匀地分布着六个螺栓孔和两个销孔。箱壁上加工有对称的两对半圆形的轴承孔（与箱盖的半圆形轴承孔配合成完整圆孔），轴承孔里有安装端盖的密封沟槽。箱体的左侧下方设计了放油孔，右侧下方设计了测油孔。箱体的左右两侧各有钩状的加强肋，供吊装运输用。此外，机座上还有许多细小结构，如凸台、凹坑、起模斜度、铸造圆角、螺孔、销孔、倒圆等，如图 10-18 所示。

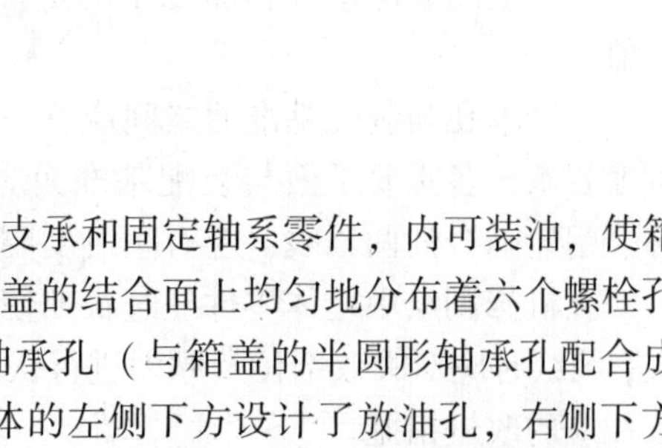

图 10-18　机座

2. 确定表达方案

箱体类零件由于结构复杂，加工位置变化多，所以一般以工作位置和最能反映形状特征及各部分相对位置的一面作为主视图。

表达箱体类零件一般需要三个以上的基本

视图和向视图，并常常取剖视。对细小结构可采用局部视图、局部剖视图和断面图来表达。

3. 画零件草图

根据已选定的表达方案，徒手绘制草图。

4. 零件尺寸的测量和标注

画出各视图的草图后，用量具精确测量出各尺寸，并根据尺寸标注的原则和要求，在草图上标注全部的必需尺寸。

箱体类零件结构比较复杂，尺寸较多。箱体以底面为安装基面，所以以此作为高度方向的尺寸基准；长度方向的基准可以选择重要表面或配合面；宽度方向可以选择其前后对称面作为基准。

标注尺寸时，轴孔的定位尺寸极为重要，因为轴孔位置正确与否，影响传动件的正确啮合。机座上与其他零件有配合关系或装配关系的尺寸应注意零件间尺寸的协调。

在草图上标注尺寸时，允许将尺寸标注成封闭环。能计算出的尺寸，如齿轮啮合的中心距等，要标注计算值，标准化结构要先测量，然后根据测量值查有关的标准，标注标准值。

5. 确定精度要求

箱体类零件的精度要求主要包括孔系和平面的尺寸公差、形位公差和表面粗糙度要求，以及热处理、表面处理和有关装配、试验等方面的要求。

箱体上的重要孔，如轴承孔等，要求有较小的尺寸公差、形状公差和较小的表面粗糙度值；有齿轮啮合关系的相邻孔之间，应有一定的孔距尺寸公差和平行度要求；同一轴线上的孔应有一定的同轴度要求。

箱体上的装配基准和加工中的定位基准面都有较高的平面度要求和较小的表面粗糙度值。

各轴承孔与装配基准面之间应有一定的尺寸公差和平行度要求，与端面应有一定的垂直度要求；各重要平面与装配基准面应有一定的平行度和垂直度要求；对于锥齿轮和蜗杆、蜗轮啮合的两轴线，应有垂直度要求。

在机修测绘中箱体零件经过长期使用，会发生不同程度的磨损、变形、破裂等失效形式，测绘时应对失效部位及原因进行认真分析与检查，并结合具体生产要求和使用情况采取相应的改进措施。

根据以上分析，参考同类型的零件，采用类比法，根据实测值和实践经验确定被测箱体的精度要求，如图 10–19 所示。

6. 确定箱体类零件的技术要求

箱体类零件的技术要求主要包括材料及其牌号、热处理和化学处理要求、毛坯制造及检验的要求等。该箱体的材料为 45 钢，毛坯为铸造，经人工时效处理。其他不便标注在视图上的要求也可以用文字的形式写在技术要求中。

7. 绘制机座零件工作图

根据零件草图，结合实物，进行认真的检查、校对，整理完成机座零件工作图，如图 10–19 所示。

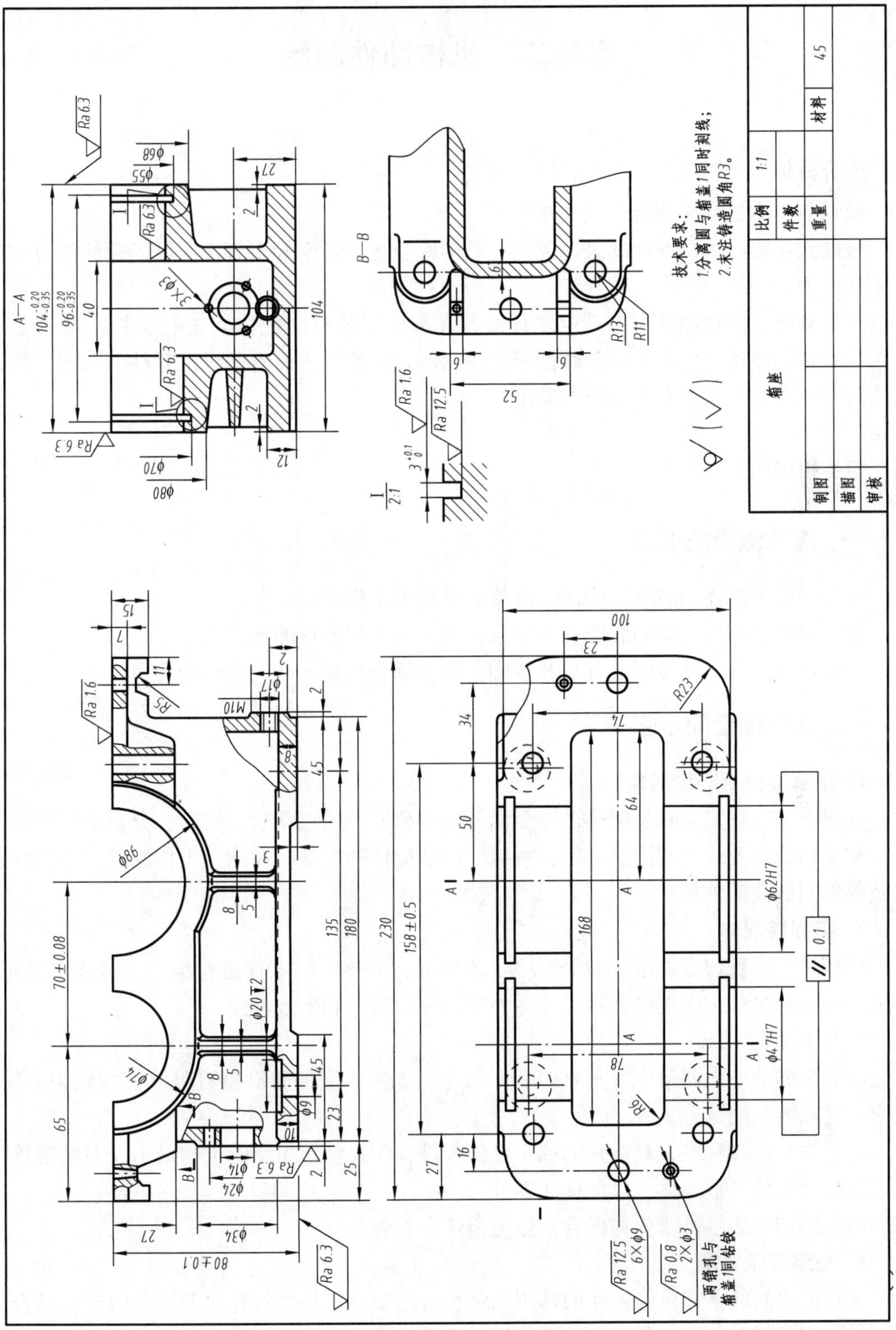
A—A
B—B
技术要求：
1.分离面与箱盖1同时刻线；
2.未注铸造圆角R3。
箱座
比例 1:1
件数
重量
材料 45
制图
描图
审核
两销孔与
箱盖1同钻铰

图 10-19　机座零件图

课题二　机械部件测绘

任务目标

知识点：掌握部件测绘方法和步骤。

技能点：提高机械图样的表达能力，培养综合运用所学知识解决实际问题的能力和独立工作能力。

任务分析：部件测绘，就是对现有机器或部件（统称装配体）进行分析，在了解部件工作原理的基础上，绘出部件装配示意图，测量并绘制出所有非标准零件的草图，然后由零件草图及装配示意图整理绘制装配图。

相关知识

一、部件测绘的要求

（1）了解装配体的名称、用途、性能、结构和工作原理。

（2）明确各零件之间的装配关系、连接方式，了解装拆的先后顺序。

（3）掌握零件、部件测绘方法和步骤，提高综合机械图样的表达能力。

二、部件测绘的步骤

1. 了解和分析测绘对象

在测绘前，首先要对装配体进行全面分析和研究，通过观察、研究、分析该装配体的结构和工作情况及认真阅读指导书，可以了解装配体的用途、性能、工作原理、结构特点以及零件间的装配关系。

2. 拆卸装配体

拆卸过程一般按零件组装的反顺序逐个拆卸，对拆下的零件进行编号、分类、登记，弄清各零件的名称、作用等，并弄清零件间的配合关系和配合性质。

注意事项：

（1）拆卸前应先测量一些重要的装配尺寸，如零件间的相对位置尺寸、两轴中心距、极限尺寸和装配间隙等。

（2）注意拆卸顺序，对精密的或主要的零件，不要使用粗笨的重物敲击，对精度较高的过盈配合零件尽量不拆，以免损坏零件。

（3）拆卸后各零件要妥善保管，以免损坏、丢失。

3. 画装配示意图

采用简单的线条和机构运动的常用图例符号绘制出部件大致轮廓的装配图样，以表达各零件之间的相对位置、装配与连接关系、传动路线及工作原理等，它是绘制装配工作图的重要依据。

4. 画非标准零件的草图

画非标零件草图的步骤与方法：零件分析→确定表达方案→徒手目测绘草图→注上尺寸界线及尺寸线→测量→注上尺寸数值（技术要求可暂不确定）。

5. 列出标准件统计表

对于拆下的标准件，应查阅手册进行核对，写出名称、标记代号、数量。必要时应记下主要尺寸，供画装配图时用。

6. 画装配草图

装配图正确与否非常重要，为防止不必要的返工，先画一张非正式的装配图，相当于草图，但要严格按照比例，注意布图，对线型、字体等不作严格要求，图面应清楚，便于检查核对。

（1）表达方案应科学、合理。

（2）强调画装配图的步骤和方法，注意提高画装配图的技能和速度，并严格按照比例绘制。

（3）标注必要的尺寸。

① 特性尺寸：装配体的特性尺寸，由指导教师提供，并让学生了解特性尺寸的作用。

② 主要配合尺寸：正确选择配合性质，标注配合尺寸。

③ 总体尺寸：总长、总宽、总高。

④ 安装尺寸：关于部件与其他部件的连接、部件的安装情况。

⑤ 编序号，列明细表，填标题栏。

7. 画装配图

对装配草图进行仔细审核后再画正式的装配图，技术要求由指导教师给出。

8. 图纸折叠

为了方便保存和携带，画好的图纸应按国家标准 A4 图纸幅面尺寸折叠。折叠后连同草图一起装入资料袋内。

任务实践

绘制图 10-20 所示一级圆柱齿轮减速器的装配图。

一、了解和分析测绘对象

减速器是使电动机的高速转动降低到所需速度的一种装置，它安装在电动机和工作机械之间。本例为一级圆柱齿轮减速器，由齿轮、轴、轴承、箱盖、箱体等零件构成，如图 10-21 所示。

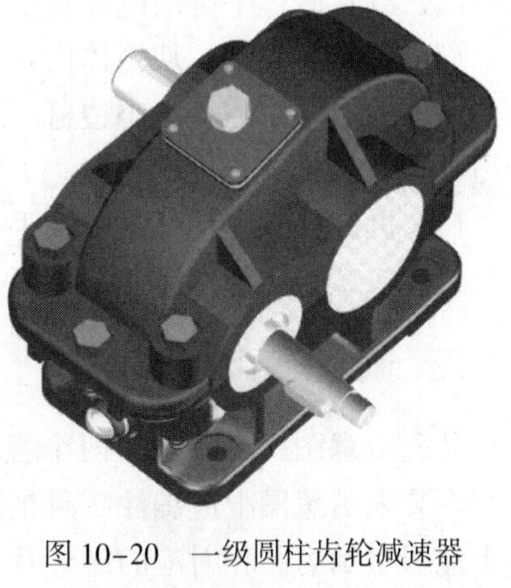

图 10-20　一级圆柱齿轮减速器

减速器的工作原理：减速器是安装在电动机和工作机械之间用于降低转速的部件。电动机的动力通过齿轮轴输入，由轴上的小齿轮将动力传递给大齿轮及所在的输出轴，便可将减速后的动力输出到工作机械。大小两个齿轮的齿数比即为减速器的传动比。

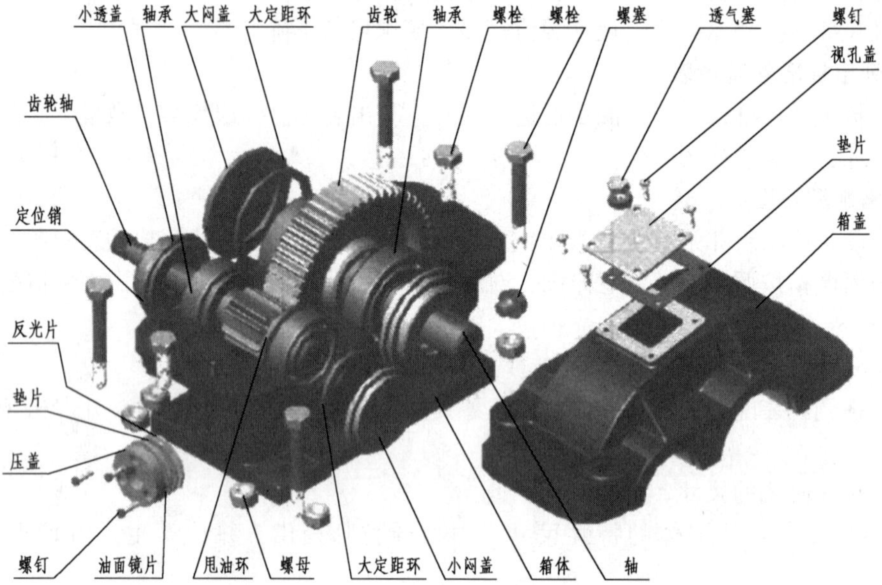

图 10-21　一级圆柱齿轮减速器轴侧分解图

二、拆卸减速器方法和顺序

(1) 拆箱盖的视孔盖和透气塞。用扳手将螺钉卸下，拆出视孔盖和垫片，然后再拆出视孔盖上的透气塞和螺母、垫圈。

(2) 拆卸箱盖。用手锤和冲子（或铁钉）敲出圆锥销（注意从箱体方向向上敲出)，用扳手拧松螺母，拆出所有螺母、垫圈和螺栓，卸下箱盖。

(3) 拆卸轴。从箱体内把轴（也称输出轴或低速轴）系的零件全部取出。然后分别卸下两端的大闷盖和大透盖，卸下大定距环，用拉拔器分别把两个轴承取出，如没有拉拔器，则用木块和钳工锤敲出滚动轴承，卸下轴套和齿轮，用手钳夹出平键（一般最好不要拆出，以免破坏平键的配合精度)。

(4) 拆卸齿轮轴。从箱体内把齿轮轴（也称输入轴或高速轴）系的零件取出，然后分别卸下两端的小闷盖和小透盖，卸下小定距环，用拉拔器分别把两个轴承取出，卸下两个甩油环。

(5) 拆卸螺塞和油标。用扳手拧松螺塞，卸下箱体排污油孔的螺塞和垫片。用螺丝刀拧松圆柱头螺钉，卸下压盖、油面镜片、反光片和垫片。

三、画装配示意图

装配示意图一般只画一两个视图，而且接触面之间应留有间隙，以便区分不同的零件。在装配示意图上应编注零件的序号。在拆下的每个（组）零件上，应扎上标签，标签上注明与示意图相对应的序号及名称，并妥为保管，如图 10-22 所示。

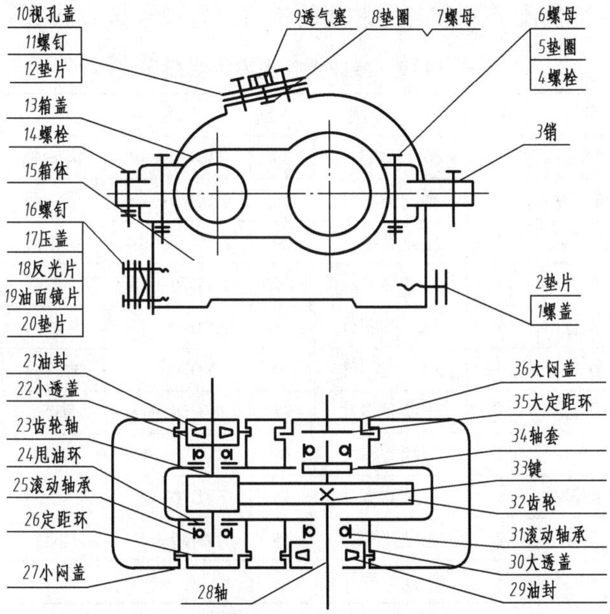

图 10-22　一级圆柱齿轮减速器的装配示意图

四、测绘减速器的零件

本例中减速器共有 36 种零件，其中标准件有 15 种（15 种标准件参见表 10-8），专用零件有 21 种。

表 10-8　减速器的标准件明细表

序号	代号	名称	数量	序号	代号	名称	数量
1	JB/ZQ 4450—1986	螺塞 M10 ×1	1	14	GB/T 5782—2000	螺栓 M8 ×35	2
3	GB/T 117—2000	销 3 ×16	2	16	GB/T 67—2000	螺钉 M3 ×12	3
4	GB/T 93—1997	垫圈 8	6	21	JB/ZQ 4606—1997	毡圈 20	1
5	GB/T 6170—2000	螺母 M8	6	25	GB/T 276—1997	滚动轴承 6204	2
6	GB/T 5782—2000	螺栓 M8 ×70	4	29	JB/ZQ 4606—1997	毡圈 30	1
7	GB/T 6170—2000	螺母 M10 ×1	1	31	GB/T 276—1997	滚动轴承 6206	2
8	GB/T 97. 1—2002	垫圈 10	2	33	GB/T 79. 1—2002	键 10 ×12	1
11	GB/T 67—2000	螺钉 M3 ×10	4				

标准件不用绘制草图，只需要测量其主要尺寸，查有关设计手册确定其代号及规格。表 10-9 列出了减速器中需要绘制草图的 21 种零件。

五、绘制减速器装配图

1. 减速器装配图的表达方案分析

本例减速器装配图选用主视图、俯视图、左视图三个基本视图来表达。按工作位置选择的主视图表达整个部件的外形特征，通过几处局部剖视，反映视孔盖和透气塞、油标、放油孔与螺塞等部位的装配关系和各零件间的相对位置及连接方式。

表 10-9　减速器各类零件明细表

序号	代号	名称	数量	零件类型	序号	代号	名称	数量	零件类型
2	ZYD70—01	垫片	1	轴套类零件	23	ZYD70—12	齿轮轴	1	轴套类零件
9	ZYD 70—02	透气塞	1	轴套类零件	24	ZYD70—13	甩油环	2	轮盘类零件
10	ZYD 70—03	视孔盖	1	轮盘类零件	26	ZYD70— 14	定距环	1	轴套类零件
12	ZYD70 — 04	垫片	1	轮盘类零件	27	ZYD70—15	小闷盖	1	轮盘类零件
13	ZYD70—05	箱盖	1	箱体类零件	28	ZYD70—16	轴	1	轴套类零件
15	ZYD70—06	箱体	1	箱体类零件	30	ZYD70—17	大透盖	1	轮盘类零件
17	ZYD70—07	压盖	1	轮盘类零件	32	ZYD70—18	齿轮	1	轮盘类零件
18	ZYD70—08	反光片	1	轮盘类零件	34	ZYD70—19	轴套	1	轴套类零件
19	ZYD70 — 09	油面镜片	1	轮盘类零件	35	ZYD70—20	大定距环	1	轴套类零件
20	ZYD70— 10	垫片	2	轮盘类零件	36	ZYD70—21	小闷盖	1	轮盘类零件
22	ZYD70—11	小透盖	1	轮盘类零件					

为了清楚表明减速器的齿轮轴和轴两条主要装配干线和轴上各零件的相对位置以及装配关系，俯视图采用沿箱盖和箱体的结合面剖切来表达。剖开后可以清晰地展现轴上各零件及轴与轴之间的装配和传动关系。在俯视图中，两轴属于实心零件（包括齿轮轴上的小齿轮），沿轴向剖切时，应按不剖处理，而大齿轮不属于实心零件，为反映大齿轮与小齿轮之间的啮合关系，在啮合处对齿轮轴进行局部剖视表达。

左视图补充表达减速器的外部形状。

2. 画装配图

（1）定比例，选图幅，视图的定位布局如图 10-23（a）所示，图形比例大小及图纸幅面大小应根据减速器的大小、复杂程度以及尺寸标注、序号、明细表所占的位置综合考虑确定。视图定位布局如图 10-23（a）所示，画出视图的轴线、底面和箱体的对称面。

（2）逐层画出图形。

① 画齿轮啮合及键连接，如图 10-23（b）所示。在俯视图中，以箱体的对称面为中心平面，画出两齿轮的轮廓。

② 画齿轮轴和轴，如图 10-23（c）所示。画轴时，由于轴肩与齿轮的轮毂端面接触，所以轴以此定位。

③ 画箱体和箱盖，如图 10-23（d）所示。在俯视图中，使齿轮宽度方向（即轴向）的中心平面与箱体前后方向的中心平面重合。

④ 画两轴系零件，沿齿轮的两端逐一画出轴上其他零件，如图 10-23（e）所示。

⑤ 画其他零件及细部结构，如图 10-23（f）所示。

（3）检查校对全图，清洁图面，描粗、加深图线、画剖面线，注意相邻零件的剖面符号方向相反或间隔错开，如图 10-24 所示。

（4）标注尺寸，编写零件序号。填写明细表、标题栏及技术要求等，完成全图，如图 10-24 所示。

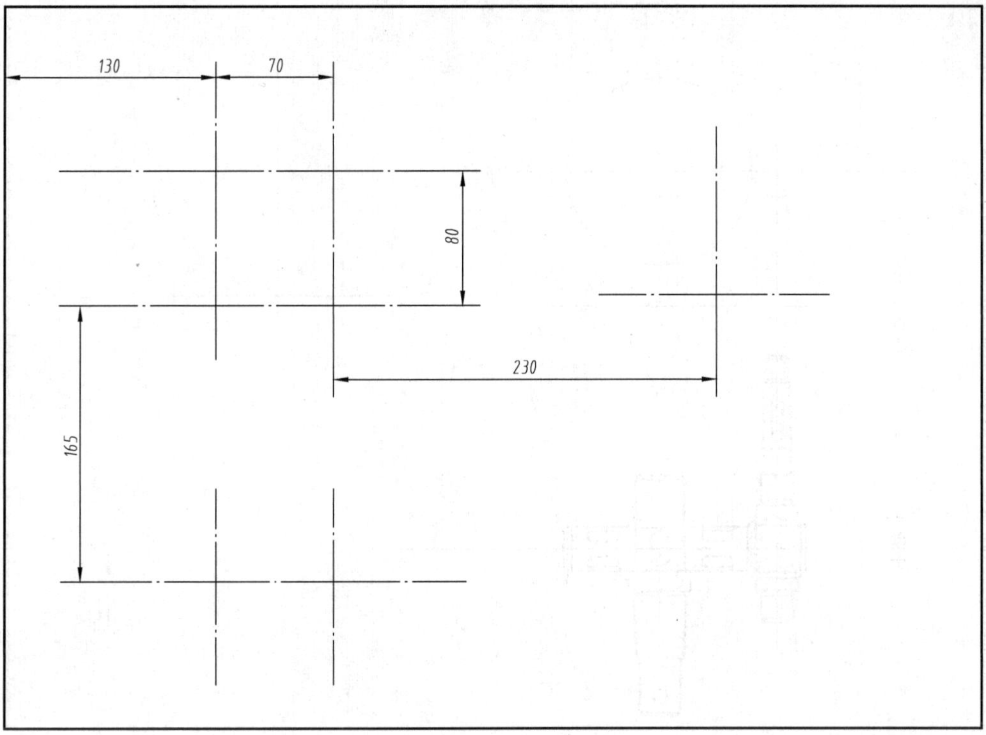

(a) 定比例，选图幅，定位布局

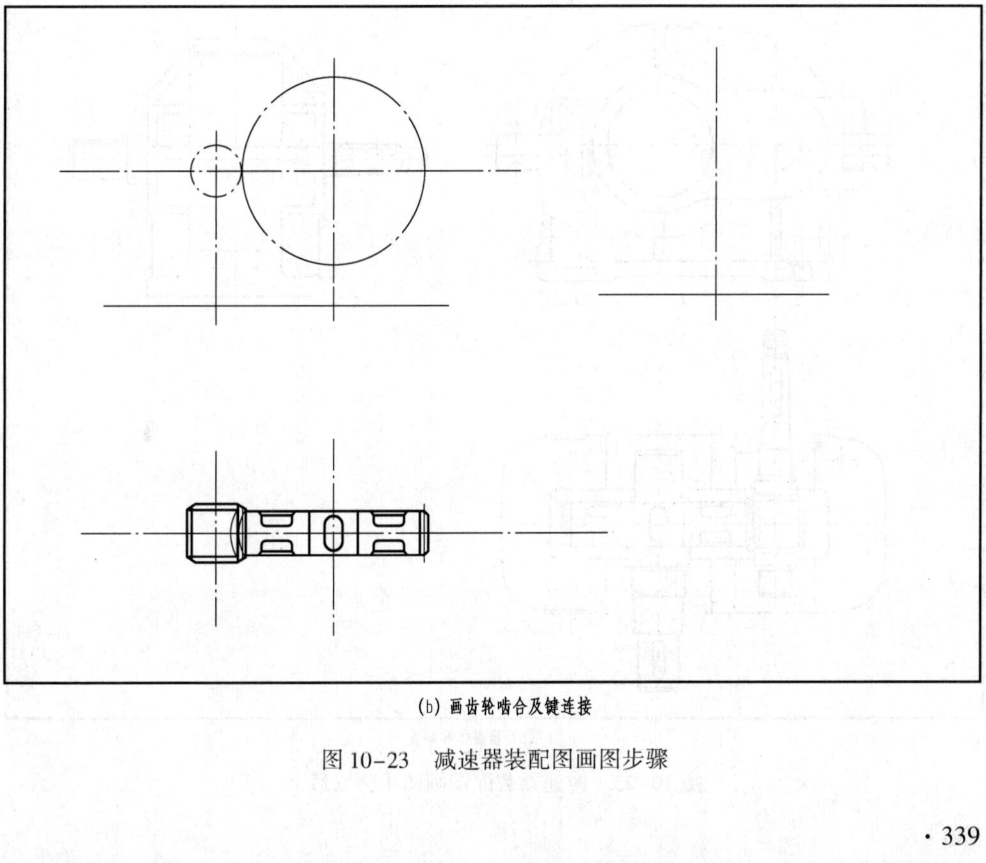

(b) 画齿轮啮合及键连接

图 10-23　减速器装配图画图步骤

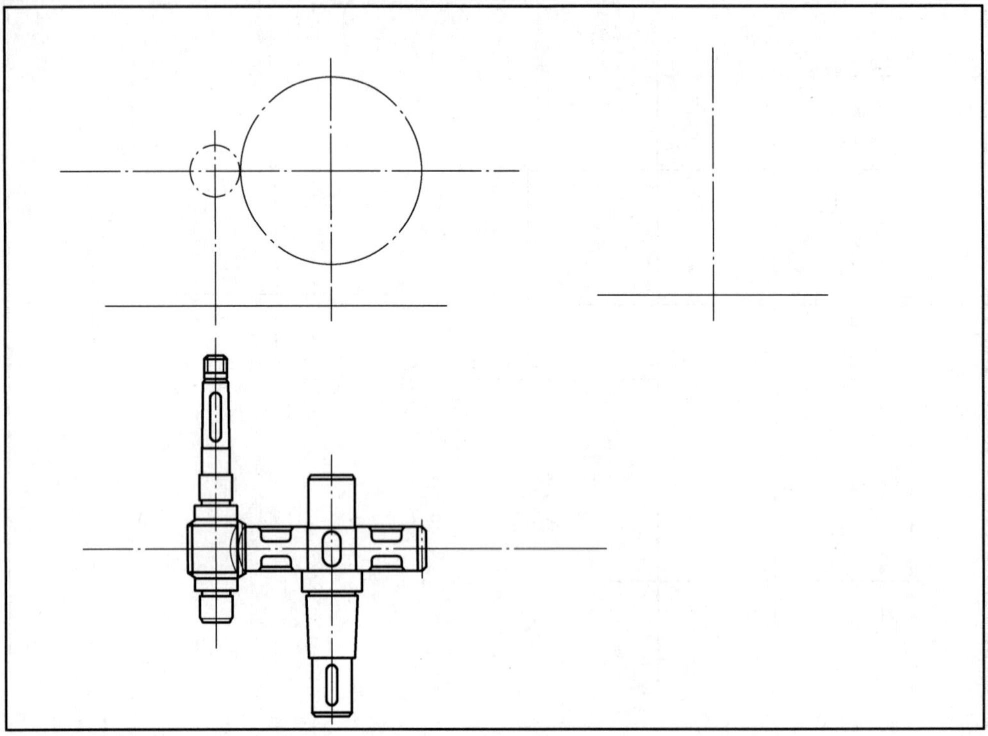

(c) 画齿轮轴和轴

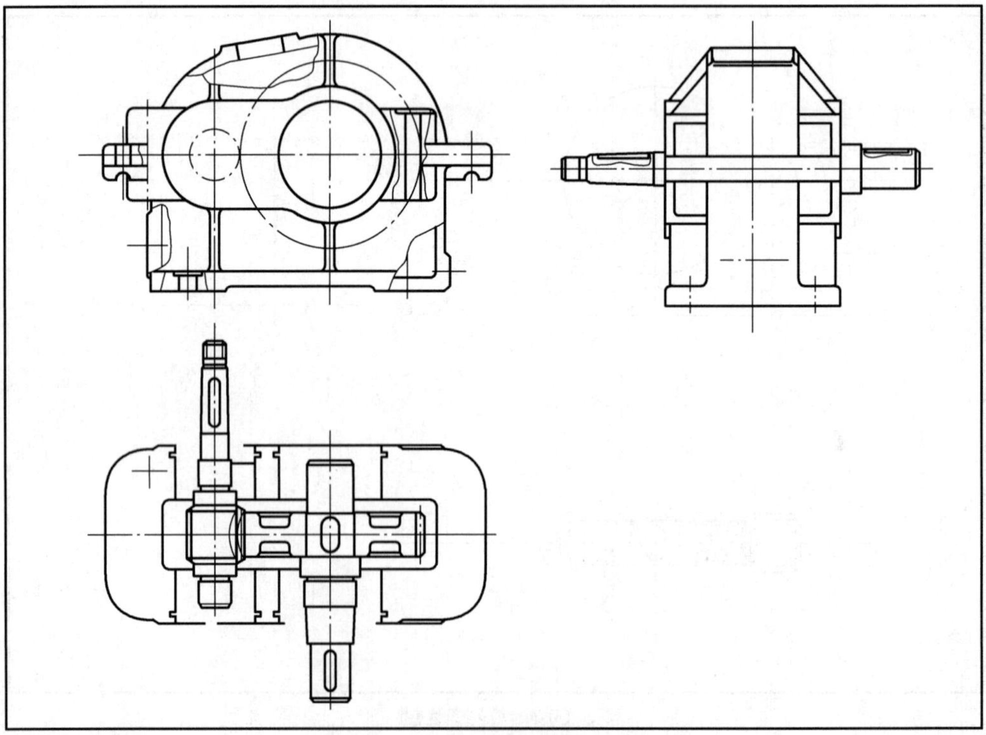

(d) 画箱体和箱盖

图 10-23　减速器装配图画图步骤（续）

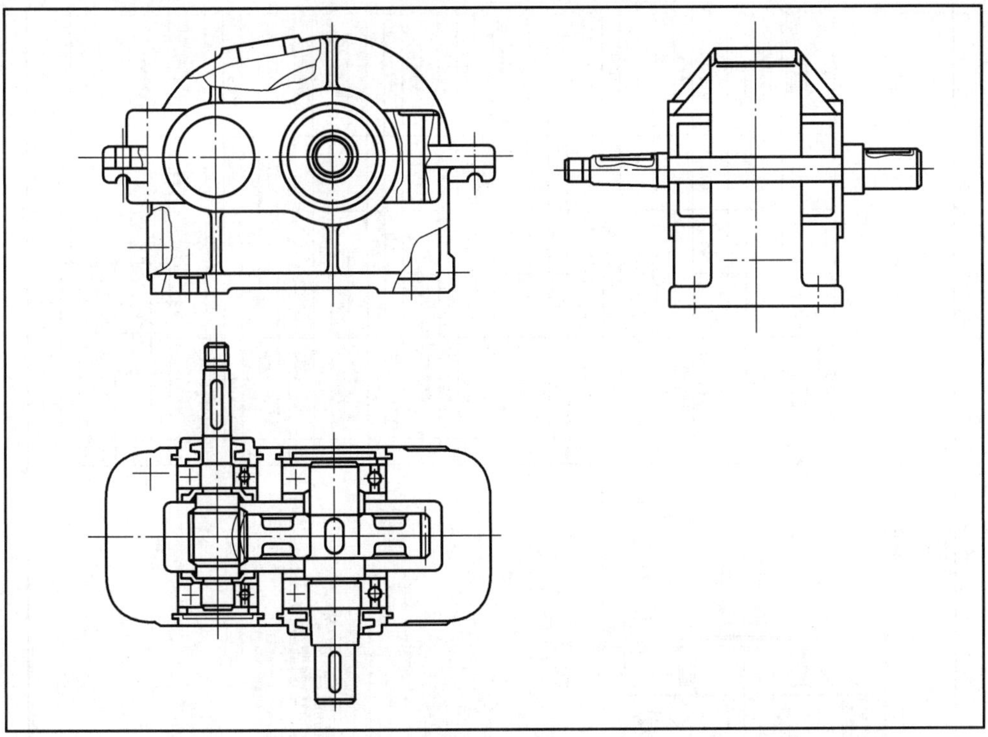

(e) 画两轴系零件

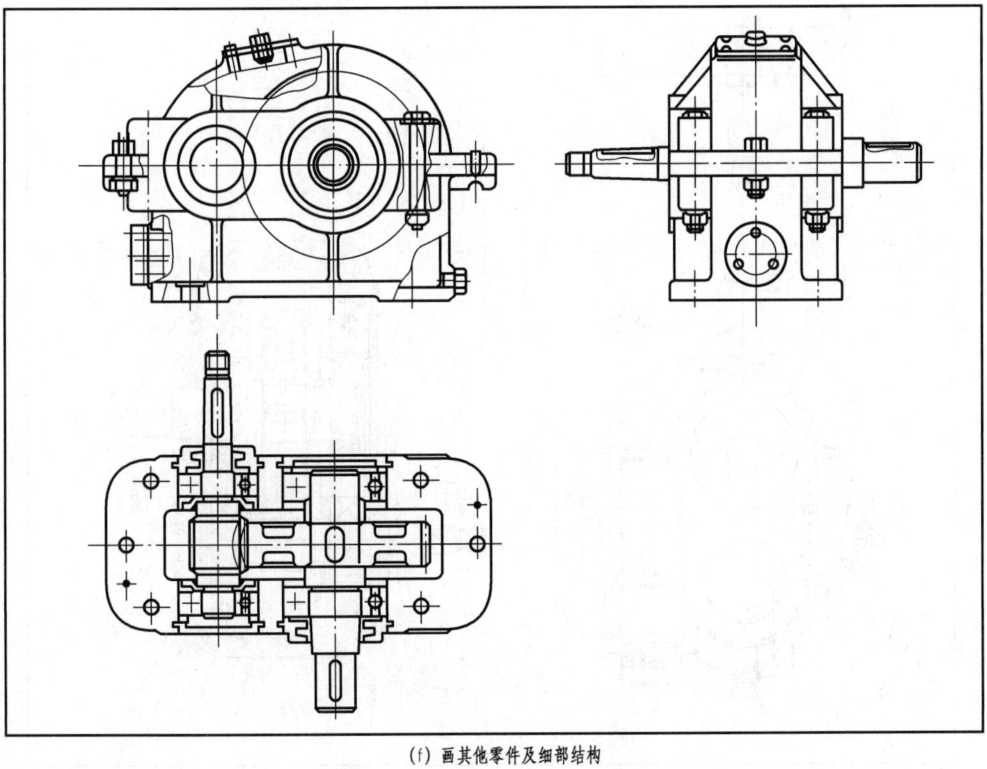

(f) 画其他零件及细部结构

图 10-23　减速器装配图画图步骤（续）

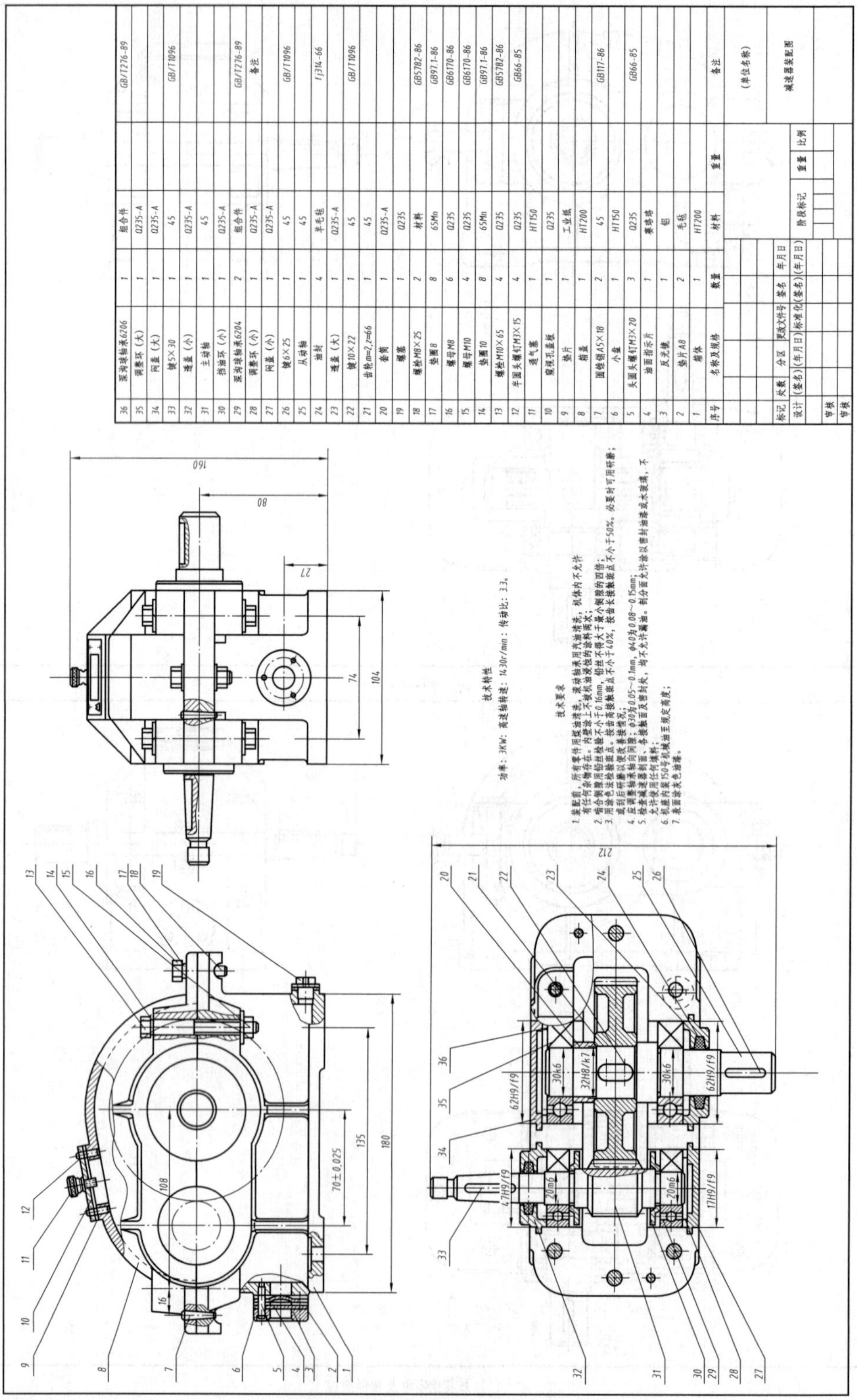

序号	名称及规格	数量	材料	重量	备注
36	深沟球轴承6206	1	组合件		GB/T276-89
35	调整环（大）	1	Q235-A		
34	闷盖（大）	1	Q235-A		
33	键5×30	1	45		GB/T1096
32	透盖（小）	1	Q235-A		
31	主动轴	1	45		
30	挡油环（小）	1	Q235-A		
29	深沟球轴承6204	2	组合件		GB/T276-89
28	调整环（小）	1	Q235-A		备注
27	闷盖（小）	1	Q235-A		
26	键6×25	1	45		GB/T1096
25	从动轴	1	45		
24	油封	4	羊毛毡		fj314-66
23	透盖（大）	1	Q235-A		
22	键10×22	1	45		GB/T1096
21	齿轮m=2,z=66	1	45		
20	套筒	1	Q235-A		
19	螺塞	1	Q235		
18	螺栓M8×25	2	材料		GB5782-86
17	垫圈8	8	65Mn		GB97.1-86
16	螺母M8	6	Q235		GB6170-86
15	螺母M10	4	Q235		GB6170-86
14	垫圈10	8	65Mn		GB97.1-86
13	螺栓M10×65	4	Q235		GB5782-86
12	半圆头螺钉M3×15	4	Q235		GB66-85
11	通气塞	1	HT150		
10	窥视孔盖板	1	Q235		
9	垫片	1	工业纸		
8	箱盖	1	HT200		
7	圆锥销A5×18	2	45		GB117-86
6	小盘	1	HT150		
5	头圆头螺钉M3×20	3	Q235		GB66-85
4	油面指示片	1	赛璐珞		
3	反光镜	1	铝		
2	垫片A8	2	毛毡		
1	箱体	1	HT200		

标记	处数	分区	更改文件号	签名	年月日				（单位名称）
设计	（签名）	（年月日）	标准化	（签名）	（年月日）	阶段标记	重量	比例	减速器装配图
审核									
审核									

图 10-24　减速器装配图

附　　录

附录 A　普通螺纹直径、螺距和基本尺寸（GB/T 193—2003、GB/T 196—2003）

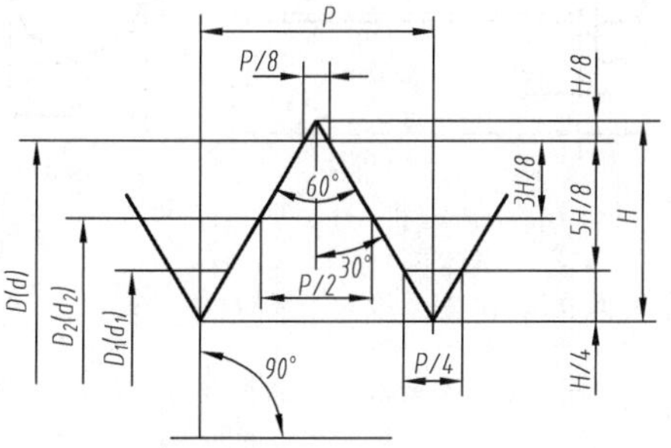

$H=0.866P$

$d_2=d-0.6495P$

$d_3=d-1.0825P$

D、d——内、外螺纹大径

D_2、d_2——内、外螺纹中径

D_1、d_1——内、外螺纹小径

P——螺距

标记标例：M24（粗牙普通螺纹，直径 24mm，螺距 3mm）M24 × 1.5（细牙普通螺纹，直径 24mm，螺距 1.5mm）　　（单位：mm）

公称直径 D，d		螺距 P		粗牙中径 D_2，d_2	粗牙小径 D_1，d_1
第一系列	第二系列	粗牙	细牙		
3		0.5	0.35	2.675	2.459
	3.5	0.6		3.110	2.850
4		0.7	0.5	3.545	3.242
	4.5	0.75		4.013	3.688
5		0.8		4.480	4.134
6		1	0.75	5.350	4.917
	7	1	0.75	6.350	5.917
8		1.25	1，0.75	7.188	6.647
10		1.5	1.25，1，0.75	9.026	8.376
12		1.75	1.5，1.25，1	10.863	10.106
	14	2	1.5，1.25，1	12.701	11.835
16		2	1.5，1	14.701	13.835
	18	2.5	2，1.5，1	16.376	15.294
20		2.5		18.376	17.294
	22	2.5		20.376	19.294
24		3	2，1.5，1	22.051	20.752
	27	3		25.051	23.752
30		3.5	3，2，1.5，1	27.727	26.211
	33	3.5	3，2，1.5	30.727	29.211
36		4	3，2，1.5	33.402	31.670
	39	4		36.402	34.670
42		4.5	4，3，2，1.5	39.077	37.129
	45	4.5		42.077	40.129
48		5		44.752	42.587
	52	5	4，3，2，1.5	48.752	46.587
56		5.5	4，3，2，1.5	52.428	50.046
	60	5.5		56.428	54.046
64		6		60.103	57.505
	68	6		64.103	61.505

注：1. 公称直径优先选用第一系列，第三系列未列入。

2. M14 ×1.25 仅用于火花塞。

附录 B　六角头螺栓—A 和 B 级（GB/T 5782—2000）、六角头螺栓—全螺纹—A 和 B 级（GB/T 5783—2000）

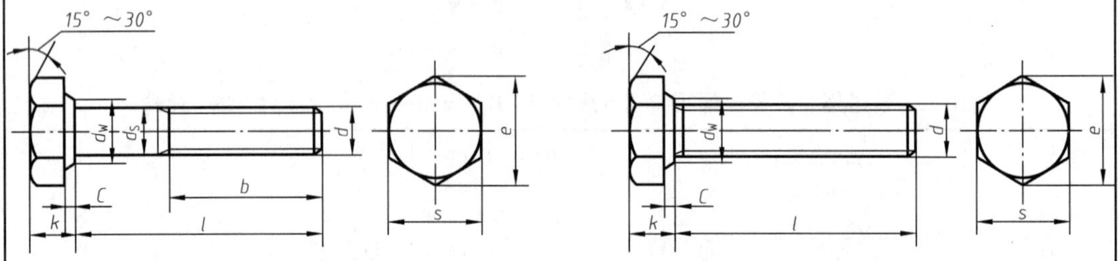

标记示例：

螺纹规格 d = M12、公称长度 l = 80mm、性能等级为 8.8 级、表面氧化、产品等级为 A 级的六角头螺栓：

螺栓　GB/T 5782　M12×80

螺纹规格 d = M12、公称长度 l = 80mm、性能等级为 8.8 级、表面氧化、全螺纹、产品等级为 A 级的六角头螺栓：

螺栓　GB/T 5783　M12×80

（单位：mm）

螺纹规格	d	M4	M5	M6	M8	M10	M12	M16	M20	M24	M30	M36	M42	M48
b 参考	l≤125	14	16	18	22	26	30	38	46	54	66	78	—	—
	125＜l≤200	—	—	—	28	32	36	44	52	60	72	84	96	108
	l＞200	—	—	—	—	—	—	57	65	73	85	97	109	121
c_{max}		0.4	0.5		0.6			0.8					1	
k_{max}		2.925	3.65	4.15	5.45	6.58	7.68	10.18	12.715	15.215	—	—	—	—
d_{max}		4	5	6	8	10	12	16	20	24	30	36	42	48
s_{max}		7	8	10	13	16	18	24	30	36	46	55	65	75
e_{min}	A	7.66	8.79	11.05	14.38	17.77	20.03	26.75	33.53	39.98	—	—	—	—
	B	7.5	8.63	10.89	14.2	17.59	19.85	26.17	32.95	39.55	50.85	60.79	72.02	82.6
d_{wmin}	A	5.88	6.88	8.88	11.63	14.63	16.63	22.49	28.19	33.61	—	—	—	—
	B	5.74	6.74	8.74	11.47	14.47	16.47	22	27.7	33.25	42.75	51.11	59.95	69.64
长度范围 l	GB/T 5782	25～40	25～50	30～60	35～80	40～100	45～120	55～160	65～200	80～240	90～300	110～360	130～400	140～400
	GB/T 5783	8～40	10～50	12～60	16～80	20～100	25～100	35～100	40～100				80～500	100～500
l（系列）	GB/T 5782	20～65（5 进位）、70～160（10 进位）、180～400（20 进位）												
	GB/T 5783	8，10，12，16，18，20～65（5 进位）、70～160（10 进位）、180～500（20 进位）												

注：1. P——螺距。末端应倒角，对螺纹规格 d≤M4 为辗制末端（GB/T 2）。

2. 螺纹公差带：6g。

3. 产品等级：A 级用于 d = 1.6～24mm 和 l≤10d 或≤150mm（按较小值）。

B 级用于 d＞24 或 l＜10d 或＞150mm（按较小值）的螺栓。

附录C　双头螺柱 $b_m=d$（GB/T 897—1998），$b_m=1.25d$（GB/T 898—1998），$b_m=1.5d$（GB/T 899—1998），$b_m=2d$（GB/T 900—1998）

标记示例：

1. 两端均为粗牙普通螺纹。$d=10$mm，$l'=50$mm，性能等级为4.8级，不经表面处理，B型，$b_m=d$的双头螺柱：

螺柱 GB/T 897—1998　M10×50

2. 旋入机体一端为粗牙普通螺纹，旋螺母一端为螺距 $P=1$mm的细牙普通螺纹。$d=10$mm，$l=50$mm，性能等级为4.8级，不经表面处理，A型，$b_m=d$的双头螺柱：

螺柱 GB/T 897—1998　AM10—M10×1×50

3. 旋入机体一端为过渡配合螺纹的第一种配合，旋螺母一端为粗牙普通螺纹。$d=10$mm，$l=50$mm，性能等级为8.8级，镀锌纯化，B型，$b_m=d$的双头螺柱：

螺柱 GB/T 897—1998　GM10—M10×50－8.8－Zn·D

A型

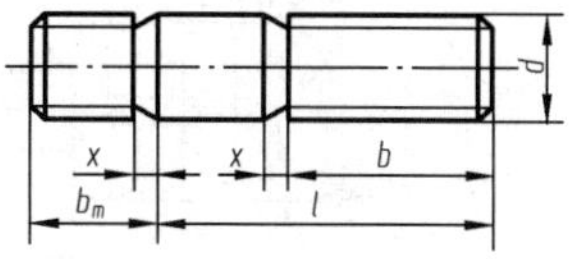

B型

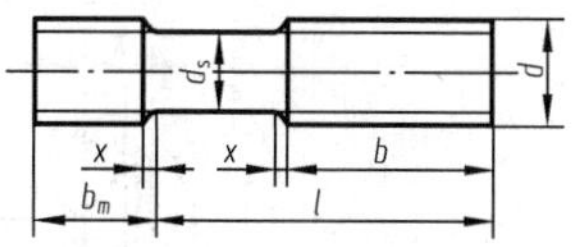

（单位：mm）

螺纹规格 d	b_m				l/b
	GB/T 897—1998	GB/T 898—1998	GB/T 899—1998	GB/T 900—1998	
M2			3	4	(12～16)/6，(18～25)/10
M2.5			3.5	5	(14～18)/8，(20～30)/11
M3			4.5	6	(16～20)/6，(22～40)/12
M4			6	8	(16～22)/8，(25～40)/14
M5	5	6	8	10	(16～22)/10，(25～50)/16
M6	6	8	10	12	(18～22)/10，(25～30)/14，(32～75)/18
M8	8	10	12	16	(18～22)/12，(25～30)/16，(32～90)/22
M10	10	12	15	20	(25～28)/14，(30～38)/16，(40～120)/30，130/32
M12	12	15	18	24	(25～30)/16，(32～40)/20，(45～120)/30，(130～180)/36
(M14)	14	18	21	28	(30～35)/18，(38～45)/25，(50～120)/34，(130～180)/40
M16	16	20	24	32	(30～38)/20，(40～55)/30，(60～120)/38，(130～200)/44
(M18)	18	22	27	36	(35～40)/22，(45～60)/35，(65～120)/42，(130～200)/48
M20	20	25	30	40	(35～40)/25，(45～65)/38，(70～120)/46，(130～200)/52
(M22)	22	28	33	44	(40～45)/30，(50～70)/40，(75～120)/50，(130～200)/56
M24	24	30	36	48	(45～50)/30，(55～75)/45，(80～120)/54，(130～200)/60
(M27)	27	35	40	54	(50～60)/35，(65～85)/50，(90～120)/60，(130～200)/66
M30	30	38	45	60	(60～65)/40，(70～90)/50，(95～120)/66，(130～200)/72，(210～250)/85
M36	36	45	54	72	(65～75)/45，(80～110)/60，120/78，(130～200)/84，(210～300)/97
M42	42	52	63	84	(70～80)/50，(85～110)/70，120/90，(130～200)/96，(210～300)/109
M48	48	60	72	96	(80～90)/60，(95～110)/80，120/102，(130～200)/108，(210～300)/121
l(系列)	12，(14)，16，(18)，20，(22)，25，(28)，30，(32)，35，(38)，40，45，50，55，60，65，70，75，80，85，90，95，100，110，120，130，140，150，160，170，180，190，200，210，220，230，240，250，260，280，300				

注：1. d_s＝螺纹中径。

2. $x_{max}=1.5P$（螺距）。

3. 材料为钢的螺柱，性能等级有4.8、5.8、6.8、8.8、10.9、12.9级，其中4.8级为常用。

附录 D　开槽圆柱头螺钉（GB/T 65—2000）、开槽盘头螺钉（GB/T 67—2000）、开槽沉头螺钉（GB/T 68—2000）

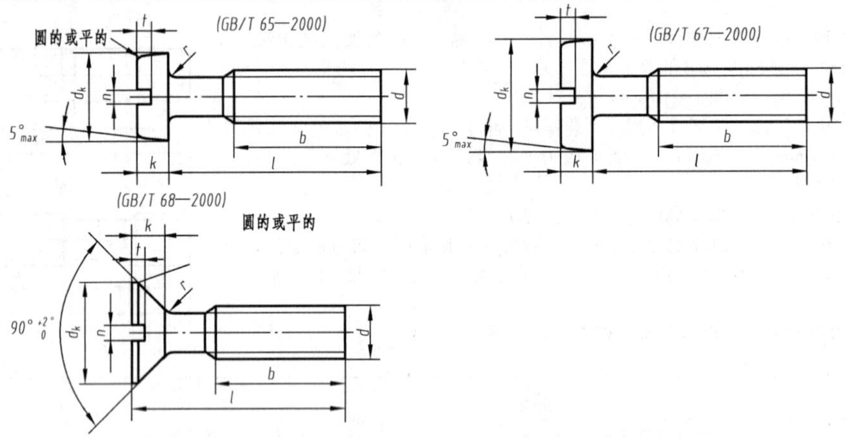

标记示例：

螺纹规格 d = M5，公称长度 l = 20mm，性能等级为 4.8 级，不经表面处理的开槽圆柱头螺钉：

螺钉 GB/T 65—2000　M5 × 20

（单位：mm）

螺纹规格 d		M1.6	M2	M2.5	M3	M4	M5	M6	M8	M10
GB/T 65	d_k	3.0	3.8	4.5	5.5	7	8.5	10	13	16
	k	1.1	1.4	1.8	2.0	2.6	3.3	3.9	5	6
	t	0.45	0.6	0.7	0.85	1.1	1.3	1.6	2	2.4
	r	0.1	0.1	0.1	0.1	0.2	0.2	0.25	0.4	0.4
	l	2 ~ 16	3 ~ 20	3 ~ 25	4 ~ 30	5 ~ 40	6 ~ 50	8 ~ 60	10 ~ 80	12 ~ 80
	全螺纹时最大长度	16	20	25	30	40	40	40	40	40
GB/T 67	d_k	3.2	4	5	5.6	8	9.5	12	16	20
	k	1	1.3	1.5	1.8	2.4	3	3.6	4.8	6
	t	0.35	0.5	0.6	0.7	1	1.2	1.4	1.9	2.4
	r	0.1	0.1	0.1	0.1	0.2	0.2	0.25	0.4	0.4
	l	2 ~ 16	2.5 ~ 20	3 ~ 25	4 ~ 30	5 ~ 40	6 ~ 50	8 ~ 60	10 ~ 80	12 ~ 80
	全螺纹时最大长度	16	20	25	30	40	40	40	40	40
GB/T 68	d_k	3	3.8	4.7	5.5	8.4	9.3	11.3	15.8	18.3
	k	1	1.2	1.5	1.65	2.7	2.7	3.3	4.65	5
	t	0.32	0.4	0.5	0.6	1	1.1	1.2	1.8	2
	r	0.4	0.5	0.6	0.8	1	1.3	1.5	2	2.5
	l	2.5 ~ 16	3 ~ 20	4 ~ 25	5 ~ 30	6 ~ 40	8 ~ 50	8 ~ 60	10 ~ 80	12 ~ 80
	全螺纹时最大长度	16	20	25	30	40	45	45	45	45
n		0.4	0.5	0.6	0.8	1.2	1.2	1.6	2	2.5
b		25				38				
l（系列）		2，2.5，3，4，5，6，8，10，12，（14），16，20，25，30，35，40，45，50，（55），60，（65），70，（75），80								

附录 E 内六角圆柱头螺钉（摘自 GB/T 70.1—2000）

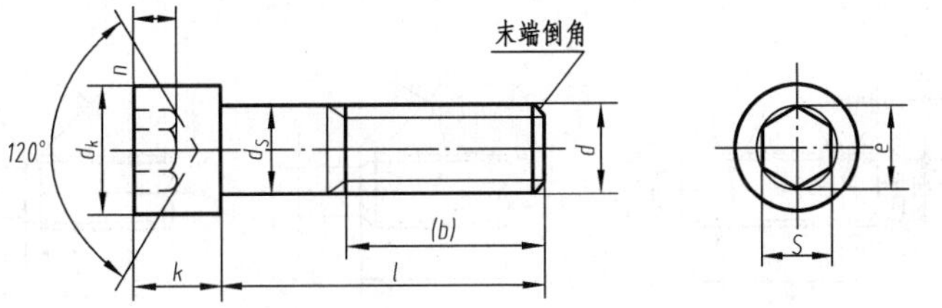

标记示例：

（螺纹规格 d = M5、公称长度 l = 20、性能等级为 8.8 级、表面氧化的内六角圆柱头螺钉）

螺钉 GB/T 70.1—2000 M5 × 20

（单位：mm）

螺纹规格 d		M4	M5	M6	M8	M10	M12	M(14)	M16	M20	M24	M30	M36
螺距 P		0.7	0.8	1	1.25	1.5	1.75	2	2	2.5	3	3.5	4
$b_{参考}$		20	22	24	28	32	36	40	44	52	60	72	84
d_{kmax}	光滑头部	7	8.5	10	13	16	18	21	24	30	36	45	54
	滚花头部	7.22	8.72	10.22	13.27	16.27	18.27	21.33	24.33	30.33	36.39	45.39	54.46
k_{max}		4	5	6	8	10	12	14	16	20	24	30	36
t_{min}		2	2.5	3	4	5	6	7	8	10	12	15.5	19
$S_{公称}$		3	4	5	6	8	10	12	14	17	19	22	27
e_{min}		3.44	4.58	5.72	6.86	9.15	11.43	13.72	16	19.44	21.73	25.15	30.35
d_{max}		4	5	6	8	10	12	14	16	20	24	30	36
$l_{范围}$		6 ~ 40	8 ~ 50	10 ~ 60	12 ~ 80	16 ~ 100	20 ~ 120	25 ~ 140	25 ~ 160	30 ~ 200	40 ~ 200	45 ~ 200	55 ~ 200
全螺纹时最大长度		25	25	30	35	40	45	55	55	65	80	90	100
$l_{系列}$		6、8、10、12、(14)、(16)、20 ~ 50（5 进位）、(55)、60、(65)、70 ~ 160（10 进位）、180、200											

注：1. 括号内的规格尽可能不用。末端按 GB/T 2—2001 规定。

2. 机械性能等级：8.8、12.9。

3. 螺纹公差：机械性能等级 8.8 级时为 6g，12.9 级时为 5g、6g。

4. 产品等级：A。

附录 F　开槽锥端紧定螺钉（GB/T 71—1985）、开槽平端紧定螺钉（GB/T 73—1985）、开槽长圆柱端紧定螺钉（GB/T 75—1985）

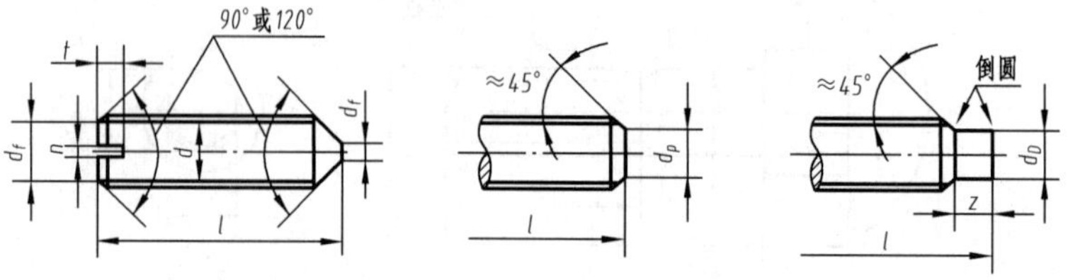

标记示例：

螺纹规格 d = M5，公称长度 l = 12mm、性能等级为 14H 级，表面氧化的开槽平端紧定螺钉：

螺钉　GB/T 73　M5 × 12 – 14H

（单位：mm）

螺纹规格 d		M1.6	M2	M2.5	M3	M4	M5	M6	M8	M10	M12
P（螺距）		0.35	0.4	0.45	0.5	0.7	0.8	1	1.25	1.5	1.75
n	公称	0.25	0.25	0.4	0.4	0.6	0.8	1	1.2	1.6	2
t	max	0.74	0.84	0.95	1.05	1.42	1.63	2	2.5	3	3.6
d_f	max	0.16	0.2	0.25	0.3	0.4	0.5	1.5	2	2.5	3
d_p	max	0.8	1	1.5	2	2.5	3.5	4	5.5	7	8.5
z	max	1.05	1.25	1.5	1.75	2.25	2.75	3.25	4.3	5.3	6.3
公称长度 l	GB/T 71—1985	2 ~ 8	3 ~ 10	3 ~ 12	4 ~ 16	6 ~ 20	8 ~ 25	8 ~ 30	10 ~ 40	12 ~ 50	14 ~ 60
	GB/T 73—1985	2 ~ 8	2 ~ 10	2.5 ~ 12	3 ~ 16	4 ~ 20	5 ~ 25	6 ~ 30	8 ~ 40	10 ~ 50	12 ~ 60
	GB/T 75—1985	2.5 ~ 8	3 ~ 10	4 ~ 12	5 ~ 16	6 ~ 20	8 ~ 25	10 ~ 30	10 ~ 40	12 ~ 50	14 ~ 60
l（系列）		2，2.5，3，4，5，6，8，10，12，(14)，16，20，25，30，35，40，45，50，(55)，60									

注：1. 括号内的规格尽可能不采用。

2. d_f = 螺纹小径。

3. 紧定螺钉性能等级有 14H、22H 级，其中 14H 级为常用。

附录 G　1 型六角螺母（GB/T 6170—2000）

标记示例：

螺纹规格 D = M12、性能等级为 8 级、不经表面处理、产品等级为 A 级的 1 型六角螺母：

螺母　GB/T 6170　M12

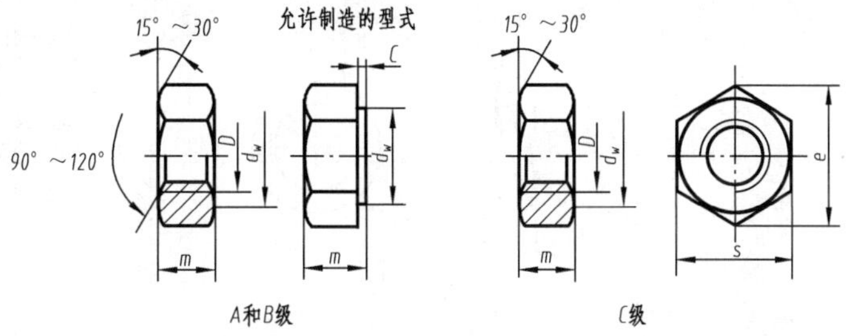

（单位：mm）

螺纹规格 D		M3	M4	M5	M6	M8	M10	M12	M16	M20	M24	M30	M36
e（min）		6.01	7.66	8.79	11.05	14.38	17.77	20.03	26.75	32.95	39.55	50.85	60.79
s	（max）	5.5	7	8	10	13	16	18	24	30	36	46	55
	（min）	5.32	6.78	7.78	9.78	12.73	15.73	17.73	23.67	29.16	35	45	53.8
c（max）		0.4	0.4	0.5	0.5	0.6	0.6	0.6	0.8	0.8	0.8	0.8	0.8
d_w（min）		4.6	5.9	6.9	8.9	11.6	14.6	16.6	22.5	27.7	33.2	42.7	51.1
d_s（max）		3.45	4.6	5.75	6.75	8.75	10.8	13	17.3	21.6	25.9	32.4	38.9
m	max	2.4	3.2	4.7	5.2	6.8	8.4	10.8	14.8	18	21.5	25.6	31
	min	2.15	2.9	4.4	4.9	6.44	8.04	10.37	14.1	16.9	20.2	24.3	29.4

附录 H　平垫圈—A 级（GB/T 97.1—2002）、平垫圈—倒角型—A 级（GB/T 97.2—2002）

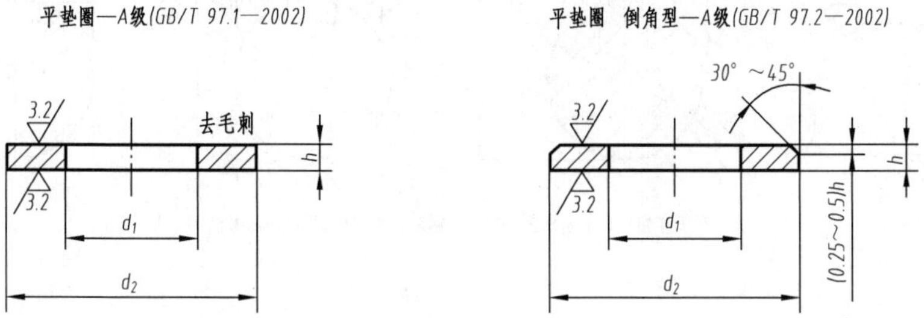

标记示例：

标准系列，公称规格 8mm，由钢制造的硬度等级为 200HV 级、不经表面处理、产品等级为 A 级的平垫圈：

垫圈　GB/T 97.1　8

（单位：mm）

公称规格（螺纹大径 d）	2	2.5	3	4	5	6	8	10	12	16	20	24	30
内径 d_1	2.2	2.7	3.2	4.3	5.3	6.4	8.4	10.5	13	17	21	25	31
外径 d_2	5	6	7	9	10	12	16	20	24	30	37	44	56
厚度 h	0.3	0.5	0.5	0.8	1	1.6	1.6	2	2.5	3	3	4	4

注：平垫圈　倒角型　A 级（GB/T 97.2—2002）用于螺纹规格为 M5～M64。

附录 I　标准型弹簧垫圈（摘自 GB/T93—1987）

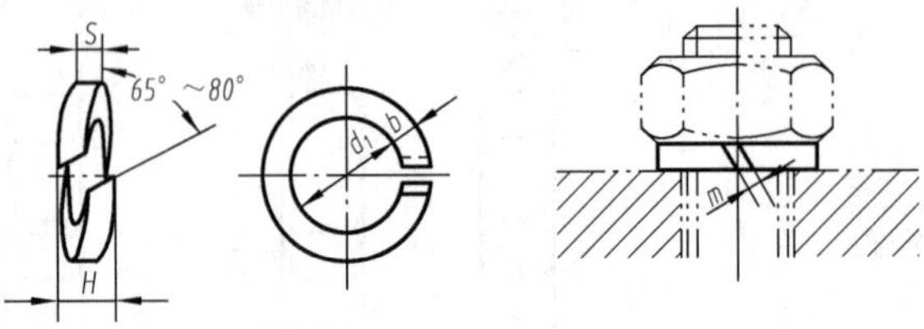

标记示例：

规格为 16mm、材料为 65Mn、表面氧化的标准型弹簧垫圈：

垫圈　GB/T 93　16（表面氧化的标准型弹簧垫圈）

（单位：mm）

规格（螺纹大径）	4	5	6	8	10	12	16	20	24	30	36	42	48
d_{1min}	4.1	5.1	6.1	8.1	10.2	12.2	16.2	20.2	24.5	30.5	36.5	42.5	48.5
$S=b_{公称}$	1.1	1.3	1.6	2.1	2.6	3.1	4.1	5	6	7.5	9	10.5	12
$m\leqslant$	0.55	0.65	0.8	1.05	1.3	1.55	2.05	2.5	3	3.75	4.5	5.25	6
H_{max}	2.75	3.25	4	5.25	6.5	7.75	10.25	12.5	15	18.75	22.5	26.25	30

注：m 应大于零。

附录 J　平键和键槽的尺寸（GB/T 1095—2003）、普通平键的型式尺寸（GB/T 1096—2003）

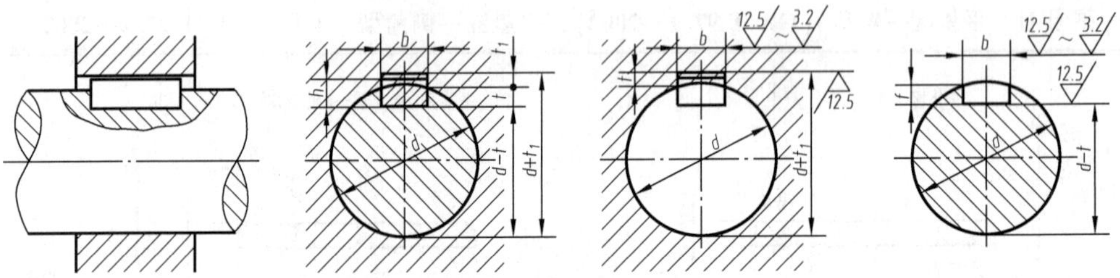

注：在工作图中，轴槽深用 t 或 $(d-t)$ 标注，轮毂槽深用 $(d+t_1)$ 标注。

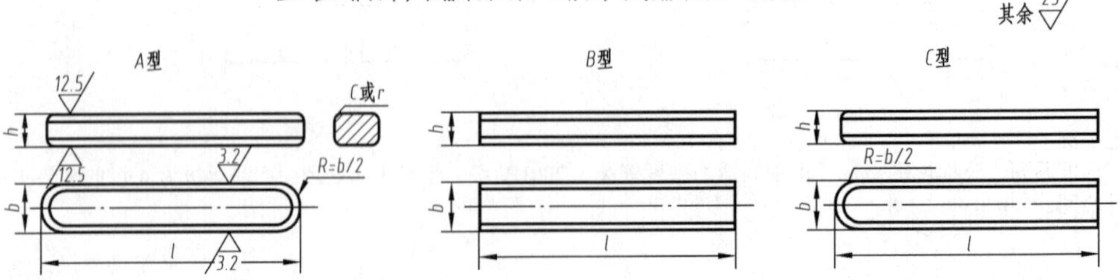

标记示例：

圆头普通平键（A 型）$b=16$mm，$h=10$mm，$L=10$mm：GB/T 1096—2003 键 16×11×100；

平头普通平键（B 型）$b=16$mm，$h=10$mm，$L=100$mm：GB/T 1096—2003 键 B16×11×100；

单圆头普通平键（C 型）$b=16$mm，$h=10$mm，$L=100$mm：GB/T 1096—2003 键 C16×11×100

续表

（单位：mm）

轴	键		键槽											
			宽度 b						深度				半径 r	
			公称尺寸 b	极限偏差					轴 t		毂 t_2			
				松键联结		正常键联结		紧密键联结						
公称直径 d	公称尺寸 $b \times h$	长度 L		轴 H9	毂 D10	轴 N9	毂 JS9	轴和毂 P9	公称尺寸	极限偏差	公称尺寸	极限偏差	最小	最大
自 6～8	2×2	6～20	2	+0.025 0	+0.060 +0.020	−0.004 −0.029	±0.0125	−0.006 −0.031	1.2	+0.1 0	1	+0.1 0	0.08	0.16
>8～10	3×3	6～36	3						1.8		1.4			
>10～12	4×4	8～45	4	+0.030 0	+0.078 +0.030	0 −0.030	±0.015	−0.012 −0.042	2.5		1.8			
>12～17	5×5	10～56	5						3.0		2.3			
>17～22	6×6	14～70	6						3.5		2.8			
>22～30	8×7	18～90	8	+0.036 0	+0.098 +0.040	0 −0.036	±0.018	−0.015 −0.051	4.0	+0.2 0	3.3	+0.2 0	0.16	0.25
>30～38	10×8	22～110	10						5.0		3.3			
>38～44	12×8	28～140	12	+0.043 0	+0.120 +0.050	0 −0.043	±0.0215	−0.018 −0.061	5.0		3.3			
>44～50	14×9	36～160	14						5.5		3.8		0.25	0.40
>50～58	16×10	45～180	16						6.0		4.3			
>58～65	18×11	50～200	18						7.0		4.4			
>65～75	20×12	56～220	20	+0.052 0	+0.149 +0.065	0 −0.052	±0.026	−0.022 −0.074	7.5		4.9			
>75～85	22×14	63～250	22						9.0		5.4		0.40	0.60
>85～95	25×14	70～280	25						9.0		5.4			
>95～110	28×16	80～320	28						10.0		6.4			
>110～130	32×18	80～360	32	+0.062 0	+0.180 +0.080	0 −0.062	±0.031	−0.026 −0.088	11.0		7.4			
>130～150	36×20	100～400	36						12.0	+0.3 0	8.4	+0.3 0	0.70	1.0
>150～170	40×22	100～400	40						13.0		9.4			
>170～200	45×25	110～450	45						15.0		10.4			

注：1. （$d-t$）和（$d+t_1$）两组组合尺寸的极限偏差按相应的 t 和 t_1 的极限偏差选取，但（$d-t$）极限偏差应取负号（−）。

2. L 系列：6，8，10，12，14，16，18，20，22，25，28，32，36，40，45，50，56，63，70，80，90，100，110，125，140，160，180，…

附录 K　圆柱销（摘自 GB/T 119—2000）

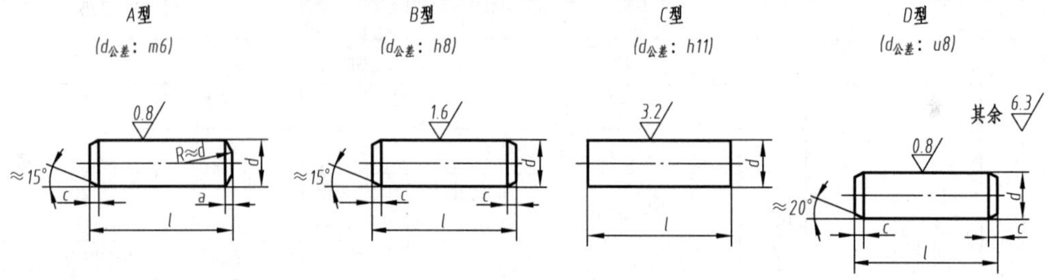

标记示例：

销　GB/T 119.2—2000　10×90

（公称直径 d=10，长度 l=90，材料为 35 钢，热处理硬度 28～38HRC，表面氧化处理的 A 型圆柱销）

销　GB/T 119.2—2000　B10×90

（公称直径 d=10，长度 l=90，材料为 35 钢，热处理硬度 28～38HRC，表面氧化处理的 B 型圆柱销）

（单位：mm）

$d_{公称}$	2	3	4	5	6	8	10	12	16	20	25
$a_{\approx}$	0.25	0.4	0.5	0.63	0.8	1.0	1.2	1.6	2.0	2.5	3.0
$c_{\approx}$	0.35	0.5	0.63	0.8	1.2	1.6	2.0	2.5	3.0	3.5	4.0
长度范围 l	6～20	8～30	8～40	10～50	12～60	14～80	18～95	22～140	26～180	35～200	50～200
l（系列）	6，8，10，12，14，16，18，20，22，24，26，28，30，32，35，40，45，50，55，60，65，70，75，80，85，90，95，100，120，140，160，180，200										

附录 L　圆锥销（摘自 GB/T 117—2000）

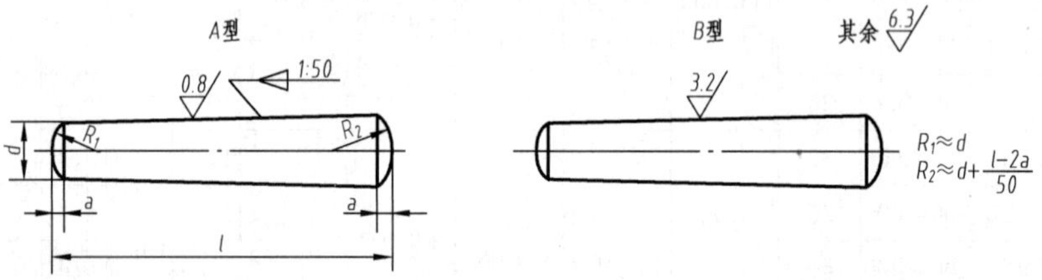

标记示例：

公称直径 10mm、长 60mm 的 A 型

圆锥销：销　GB/T 117—2000　10×60

（单位：mm）

d	4	5	6	8	10	12	16	20	25	30	40	50
$a_{\approx}$	0.5	0.63	0.8	1	1.2	1.6	2	2.5	3	4	5	6.3
长度范围 l	14～55	18～60	22～90	22～120	26～160	32～180	40～200	45～200	50～200	55～200	60～200	65～200
l（系列）	14，16，18，20，22，24，26，28，30，32，35，40，45，50，55，60，65，70，75，80，85，90，95，100，120，140，160，180，200											

注：1. 标准规定圆锥销的公称直径 d=0.6～50mm。

2. 有 A 型和 B 型。A 型为磨削，锥面表面粗糙度 Ra=0.8μm；B 型为切削或冷镦，锥面粗糙度 Ra=3.2μm。

附录 M　开口销（GB/T 91—2000）

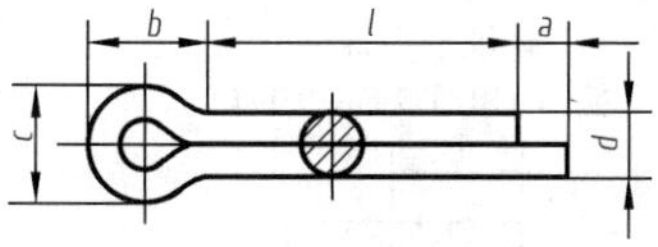

标记示例：

公称直径 $d=5$mm，长度 $l=50$mm，材料为低碳钢，不经表面处理的开口销。

销　GB/T 91—2000　5×50

（单位：mm）

d（公称）	0.6	0.8	1	1.2	1.6	2	2.5	3.2	4	5	6.3	8	10	12
c	1	1.4	1.8	2	2.8	3.6	4.6	5.8	7.4	9.2	11.8	15	19	24.8
$b\approx$	2	2.4	8	3	3.2	4	5	6.4	8	10	12.6	16	20	26
a	1.6	1.6	2.5	2.5	2.5	2.5	2.5	3.2	4	4	4	4	6.3	6.3
l	4~12	5~16	6~20	8~26	8~32	10~40	12~50	14~65	18~80	22~100	30~120	40~160	45~200	70~200
l（系列）	4，5，6，8，10，12，14，16，18，20，22，24，26，28，30，32，36，40，45，50，55，60，65，70，75，80，85，90，95，100，120，140，160，180，200													

注：销孔直径等于 d（公称）。

附录 N　滚动轴承

深沟球轴承
（摘自 GB/T 276—1994）

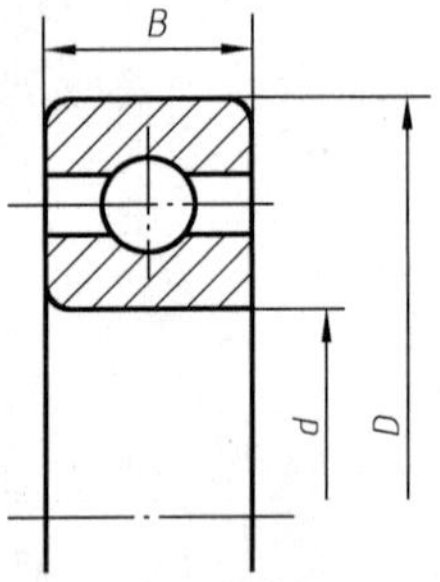

标记示例
滚动轴承　6310
GB/T 276—1994

圆锥滚子轴承
（摘自 GB/T 297—1994）

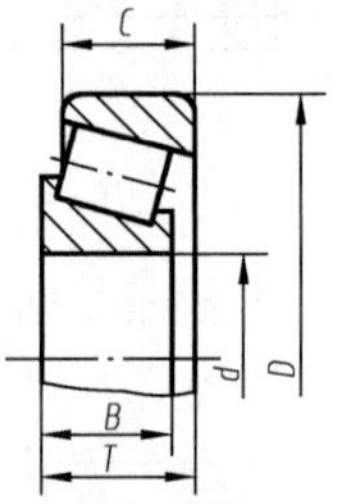

标记示例
滚动轴承　30212
GB/T 297—1994

推力球轴承
（摘自 GB/T 301—1995）

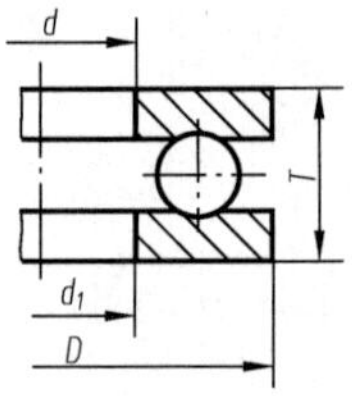

标记示例
滚动轴承　51305
GB/T 301—1995

轴承型号	尺寸/mm			轴承型号	尺寸/mm					轴承型号	尺寸/mm			
	d	*D*	*B*		*d*	*D*	*B*	*C*	*T*		*d*	*D*	*T*	d_1
尺寸系列（0）2				尺寸系列 02						尺寸系列 12				
6202	15	35	11	30203	17	40	12	11	13. 25	51202	15	32	12	17
6203	17	40	12	30204	20	47	14	12	15. 25	51203	17	35	12	19
6204	20	47	14	30205	25	52	15	13	16. 25	51204	20	40	14	22
6205	25	52	15	30206	30	62	16	14	17. 25	51205	25	47	15	27
6206	30	62	16	30207	35	72	17	15	18. 25	51206	30	52	16	32
6207	35	72	17	30208	40	80	18	16	19. 75	51207	35	62	18	37
6208	40	80	18	30209	45	85	19	16	20. 75	51208	40	68	19	42
6209	45	85	19	30210	50	90	20	17	21. 75	51209	45	73	20	47
6210	50	90	20	30211	55	100	21	18	22. 75	51210	50	78	22	52
6211	55	100	21	30212	60	110	22	19	23. 75	51211	55	90	25	57
6212	60	110	22	30213	65	120	23	20	24. 75	51212	60	95	26	62
尺寸系列（0）3				尺寸系列 03						尺寸系列 13				
6302	15	42	13	30302	15	42	13	11	14. 25	51304	20	47	18	22
6303	17	47	14	30303	17	47	14	12	15. 25	51305	25	52	18	27
6304	20	52	15	30304	20	52	15	13	16. 25	51306	30	60	21	32
6305	25	62	17	30305	25	62	17	15	18. 25	51307	35	68	24	37
6306	30	72	19	30306	30	72	19	16	20. 75	51308	40	78	26	42
6307	35	80	21	30307	35	80	21	18	22. 75	51309	45	85	28	47
6308	40	90	23	30308	40	90	23	20	25. 25	51310	50	95	31	52
6309	45	100	25	30309	45	100	25	22	27. 25	51311	55	105	35	57
6310	50	110	27	30310	50	110	27	23	29. 25	51312	60	110	35	62
6311	55	120	29	30311	55	120	29	25	31. 50	51313	65	115	36	67
6312	60	130	31	30312	60	130	31	26	33. 50	51314	70	125	40	72

注：圆括号中的尺寸系列代号在轴承代号中省略。

附录 O　标准公差数值（摘自 GB/T 1800.3—1998）

基本尺寸/mm		标准公差等级																	
		IT1	IT2	IT3	IT4	IT5	IT6	IT7	IT8	IT9	IT10	IT11	IT12	IT13	IT14	IT15	IT16	IT17	IT18
大于	至	公差值/μm											公差值/mm						
—	3	0.8	1.2	2	3	4	6	10	14	25	40	60	0.1	0.14	0.25	0.4	0.6	1	1.4
3	6	1	1.5	2.5	4	5	8	12	18	30	48	75	0.12	0.18	0.3	0.45	0.75	1.2	1.8
6	10	1	1.5	2.5	4	6	9	15	22	36	58	90	0.15	0.22	0.36	0.58	0.9	1.5	2.2
10	18	1.2	2	3	5	8	11	18	27	43	70	110	0.18	0.27	0.43	0.7	1.1	1.8	2.7
18	30	1.5	2.5	4	6	9	13	21	33	52	84	130	0.21	0.33	0.52	0.84	1.3	2.1	3.3
30	50	1.5	2.5	4	7	11	16	25	39	62	100	160	0.25	0.39	0.62	1	1.6	2.5	3.9
50	80	2	3	5	8	13	19	30	46	74	120	190	0.3	0.46	0.74	1.2	1.9	3	4.6
80	120	2.5	4	6	10	15	22	35	54	87	140	220	0.35	0.54	0.87	1.4	2.2	3.5	5.4
120	180	3.5	5	8	12	18	25	40	63	100	160	250	0.4	0.63	1	1.6	2.5	4	6.3
180	250	4.5	7	10	14	20	29	46	72	115	185	290	0.46	0.72	1.15	1.85	2.6	4.6	7.2
250	315	6	8	12	16	23	32	52	81	130	210	320	0.52	0.81	1.3	2.1	3.2	5.2	8.1
315	400	7	9	13	18	25	36	57	89	140	230	360	0.57	0.89	1.4	2.3	3.6	5.7	8.9
400	500	8	10	15	20	27	40	63	97	155	250	400	0.63	0.97	1.55	2.5	4	6.3	9.7

注：基本尺寸小于 1mm 时，无 IT14 至 IT18。

附录 P　优先及常用配合轴的极限偏差表（摘自 GB/T 1800.3—1999）

代　号		a	b	c	d	e	f	g	h				
基本尺寸 mm		公　差　带											
大于	至	11	11	*11	*9	8	*7	*6	5	*6	*7	8	*9
—	3	-270 -330	-140 -200	-60 -120	-20 -45	-14 -28	-6 -16	-2 -8	0 -4	0 -6	0 -10	0 -14	0 -25
3	6	-270 -345	-140 -215	-70 -145	-30 -60	-20 -38	-10 -22	-4 -12	0 -5	0 -8	0 -12	0 -18	0 -30
6	10	-280 -338	-150 -240	-80 -170	-40 -76	-25 -47	-13 -28	-5 -14	0 -6	0 -9	0 -15	0 -22	0 -36
10	14	-290 -400	-150 -260	-95 -205	-50 -93	-32 -59	-16 -34	-6 -17	0 -8	0 -11	0 -18	0 -27	0 -43
14	18												
18	24	-300 -430	-160 -290	-110 -240	-65 -117	-40 -73	-20 -41	-7 -20	0 -9	0 -13	0 -21	0 -33	0 -52
24	30												
30	40	-310 -470	-170 -330	-120 -280	-80 -142	-50 -89	-25 -50	-9 -25	0 -11	0 -16	0 -25	0 -39	0 -62
40	50	-320 -480	-180 -340	-130 -290									
50	65	-340 -530	-190 -380	-140 -330	-100 -174	-60 -106	-30 -60	-10 -29	0 -13	0 -19	0 -30	0 -46	0 -74
65	80	-360 -550	-200 -390	-150 -340									
80	100	-380 -600	-220 -440	-170 -390	-120 -207	-72 -126	-36 -71	-12 -34	0 -15	0 -22	0 -35	0 -54	0 -87
100	120	-410 -630	-240 -460	-180 -400									
120	140	-460 -710	-260 -510	-200 -450									
140	160	-520 -770	-280 -530	-210 -460	-145 -245	-85 -148	-43 -83	-14 -39	0 -18	0 -25	0 -40	0 -63	0 -100
160	180	-580 -830	-310 -560	-230 -480									
180	200	-660 -950	-340 -630	-240 -530									
200	225	-740 -1030	-380 -670	-260 -550	-170 -285	-100 -172	-50 -96	-15 -44	0 -20	0 -29	0 -46	0 -72	0 -115
225	250	-820 -1110	-420 -710	-280 -570									
250	280	-920 -1240	-480 -800	-300 -620	-190 -320	-110 -191	-56 -108	-17 -49	0 -23	0 -32	0 -52	0 -81	0 -130
280	315	-1050 -1370	-540 -860	-330 -650									
315	355	-1200 -1560	-600 -960	-360 -720	-210 -350	-125 -214	-62 -119	-18 -54	0 -25	0 -36	0 -57	0 -89	0 -140
355	400	-1350 -1710	-680 -1040	-400 -760									
400	450	-1500 -1900	-760 -1160	-440 -840	-230 -385	-135 -232	-68 -131	-20 -60	0 -27	0 -40	0 -63	0 -97	0 -155
450	500	-1650 -2050	-840 -1240	-480 -880									

注：带“*”者为优先选用的，其他为常用的。

（单位：μm）

			js	k	m	n	p	r	s	t	u	v	x	y	z
公差带															
10	*11	12	6	*6	6	*6	*6	6	*6	6	*6	6	6	6	6
0 -40	0 -60	0 -100	±3	+6 0	+8 +2	+10 +4	+12 +6	+16 +10	+20 +14	—	+24 +18	—	+26 +20	—	+32 +26
0 -48	0 -75	0 -120	±4	+9 +1	+12 +4	+16 +8	+20 +12	+23 +15	+27 +19	—	+31 +23	—	+36 +28	—	+43 +35
0 -58	0 -90	0 -150	±4.5	+10 +1	+15 +6	+19 +10	+24 +15	+28 +19	+32 +23	—	+37 +28	—	+43 +34	—	+51 +42
0 -70	0 -110	0 -180	±5.5	+12 +1	+18 +7	+23 +12	+29 +18	+34 +23	+39 +28	—	+44 +33	—	+51 +40	—	+61 +50
										—		+50 +39	+56 +45	—	+71 +60
0 -84	0 -130	0 -210	±6.5	+15 +2	+21 +8	+28 +15	+35 +22	+41 +28	+48 +35	—	+54 +41	+60 +47	+67 +54	+76 +63	+86 +73
										+54 +41	+61 +48	+68 +55	+77 +64	+88 +75	+101 +88
0 -100	0 -160	0 -250	±8	+18 +2	+25 +9	+33 +17	+42 +26	+50 +34	+59 +43	+64 +48	+76 +60	+84 +68	+96 +80	+110 +94	+128 +112
										+70 +54	+86 +70	+97 +81	+113 +97	+130 +114	+152 +136
0 -120	0 -190	0 -300	±9.5	+21 +2	+30 +11	+39 +20	+51 +32	+60 +41	+72 +53	+85 +66	+106 +87	+121 +102	+141 +122	+163 +144	+191 +172
								+62 +43	+78 +59	+94 +75	+121 +102	+139 +120	+165 +146	+193 +174	+229 +210
0 -140	0 -220	0 -350	±11	+25 +3	+35 +13	+45 +23	+59 +37	+73 +51	+93 +71	+113 +91	+146 +124	+168 +146	+200 +178	+236 +214	+280 +258
								+76 +54	+101 +79	+126 +104	+166 +144	+194 +172	+232 +210	+276 +254	+332 +310
0 -160	0 -250	0 -400	±12.5	+28 +3	+40 +15	+52 +27	+68 +43	+88 +63	+117 +92	+147 +122	+195 +170	+227 +202	+273 +248	+325 +300	+390 +365
								+90 +65	+125 +100	+159 +134	+215 +190	+253 +228	+305 +280	+365 +340	+440 +415
								+93 +68	+133 +108	+171 +146	+235 +210	+277 +252	+335 +310	+405 +380	+490 +465
0 -185	0 -290	0 -460	±14.5	+33 +4	+46 +17	+60 +31	+79 +50	+106 +77	+151 +122	+195 +166	+265 +236	+313 +284	+379 +350	+454 +425	+549 +520
								+109 +80	+159 +130	+209 +180	+287 +258	+339 +310	+414 +385	+499 +470	+604 +575
								+113 +84	+169 +140	+225 +196	+313 +284	+369 +340	+454 +425	+549 +520	+669 +640
0 -210	0 -320	0 -520	±16	+36 +4	+52 +20	+66 +34	+88 +56	+126 +94	+190 +158	+250 +218	+347 +315	+417 +385	+507 +475	+612 +580	+742 +710
								+130 +98	+202 +170	+272 +240	+382 +350	+457 +425	+557 +525	+682 +650	+822 +790
0 -230	0 -360	0 -570	±18	+40 +4	+57 +21	+73 +37	+98 +62	+144 +108	+226 +190	+304 +268	+426 +390	+511 +475	+626 +590	+766 +730	+936 +900
								+150 +114	+244 +208	+330 +294	+471 +435	+566 +530	+696 +660	+856 +820	+1036 +1000
0 -250	0 -400	0 -630	±20	+45 +5	+63 +23	+80 +40	+108 +68	+166 +126	+272 +232	+370 +330	+530 +490	+635 +595	+780 +740	+960 +920	+1140 +1100
								+172 +132	+292 +252	+400 +360	+580 +540	+700 +660	+860 +820	+1040 +1000	+1290 +1250

附录 Q 优先及常用配合孔的极限偏差表（摘自 GB/T 1800.4—1999）

代号		A	B	C	D	E	F	G	H					
基本尺寸 mm		公差等级												
大于	至	11	11	*11	*9	8	*8	*7	6	*7	*8	*9	*10
—	3	+330 +270	+200 +140	+120 +60	+45 +20	+28 +14	+20 +6	+12 +2	+6 0	+10 0	+14 0	+25 0	+40 0
3	6	+345 +270	+215 +140	+145 +70	+60 +30	+38 +20	+28 +10	+16 +4	+8 0	+12 0	+18 0	+30 0	+48 0
6	10	+370 +280	+240 +150	+170 +80	+76 +40	+47 +25	+35 +13	+20 +5	+9 0	+15 0	+22 0	+36 0	+58 0
10	14	+400 +290	+260 +150	+205 +95	+93 +50	+59 +32	+43 +16	+24 +6	+11 0	+18 0	+27 0	+43 0	+70 0
14	18												
18	24	+430 +300	+290 +160	+240 +110	+117 +65	+73 +40	+53 +20	+28 +7	+13 0	+21 0	+33 0	+52 0	+84 0
23	30												
30	40	+470 +310	+330 +170	+280 +120	+142 +80	+89 +50	+64 +25	+34 +9	+16 0	+25 0	+39 0	+62 0	+100 0
40	50	+480 +320	+340 +180	+290 +130									
50	65	+530 +340	+380 +190	+330 +140	+174 +100	+106 +60	+76 +30	+40 +10	+19 0	+30 0	+46 0	+74 0	+120 0
65	80	+550 +360	+390 +200	+340 +150									
80	100	+600 +380	+440 +220	+390 +170	+207 +120	+126 +72	+90 +36	+47 +12	+22 0	+35 0	+54 0	+87 0	+140 0
100	120	+630 +410	+460 +240	+400 +180									
120	140	+710 +460	+510 +260	+450 +200	+245 +145	+148 +85	+106 +43	+54 +14	+25 0	+40 0	+63 0	+100 0	+160 0
140	160	+770 +520	+530 +280	+460 +210									
160	180	+830 +580	+560 +310	+480 +230									
180	200	+950 +660	+630 +340	+530 +240	+285 +170	+172 +100	+122 +50	+61 +15	+29 0	+46 0	+72 0	+115 0	+185 0
200	225	+1030 +740	+670 +380	+550 +260									
225	250	+1110 +820	+710 +420	+570 +280									
250	280	+1240 +920	+800 +480	+620 +300	+320 +190	+191 +110	+137 +56	+69 +17	+32 0	+52 0	+81 0	+130 0	210 0
280	315	+1370 +1050	+860 +540	+650 +330									
315	355	+1560 +1200	+960 +600	+720 +360	+350 +210	+214 +125	+151 +62	+75 +18	+36 0	+57 0	+89 0	+140 0	+230 0
355	400	+1710 +1350	+1040 +680	+760 +400									
400	450	+1900 +1500	+1160 +760	+840 +440	+385 +230	+232 +135	+165 +68	+83 +20	+40 0	+63 0	+97 0	+155 0	+250 0
450	500	+2050 +1650	+1240 +840	+880 +480									

注：带“*”者为优先选用的，其他为常用的。

（单位：μm）

		JS		K			M	N		P		R	S	T	U
公差等级															
*11	12	6	7	6	*7	8	7	6	*7	6	*7	7	*7	7	*7
+60 0	+100 0	±3	±5	0 −6	0 −10	0 −14	−2 −12	−4 −10	−4 −14	−6 −12	−6 −16	−10 −20	−14 −24	—	−18 −28
+75 0	+120 0	±4	±6	+2 −6	+3 −9	+5 −13	0 −12	−5 −13	−4 −16	−9 −17	−8 −20	−11 −23	−15 −27	—	−19 −31
+90 0	+150 0	±4.5	±7	+2 −7	+5 −10	+6 −16	0 −15	−7 −16	−4 −19	−12 −21	−9 −24	−13 −28	−17 −32	—	−22 −37
+110 0	+180 0	±5.5	±9	+2 −9	+6 −12	+8 −19	0 −18	−9 −20	−5 −23	−15 −26	−11 −29	−16 −34	−21 −39	—	−26 −44
+130 0	+210 0	±6.5	±10	+2 −11	+6 −15	+10 −23	0 −21	−11 −24	−7 −28	−18 −31	−14 −35	−20 −41	−27 −48	—	−33 −54
														−33 −54	−40 −61
+160 0	+250 0	±8	±12	+3 −13	+7 −18	+12 −27	0 −25	−12 −28	−8 −33	−21 −37	−17 −42	−25 −50	−34 −59	−39 −64	−51 −76
														−45 −70	−61 −86
+190 0	+300 0	±9.5	±15	+4 +15	+9 −21	+14 −32	0 −30	−14 −33	−9 −39	−26 −45	−21 −51	−30 −60	−42 −72	−55 −85	−76 −106
												−32 −62	−48 −78	−64 −94	−91 −121
+220 0	+350 0	±11	±17	+4 −18	+10 −25	+16 −38	0 −35	−16 −38	−10 −45	−30 −52	−24 −59	−38 −73	−58 −93	−78 −113	−111 146
												−41 −76	−66 −101	−91 −126	−131 −166
+250 0	+400 0	±12.5	±20	+4 −21	+12 −28	+20 −43	0 −40	−20 −45	−12 −52	−36 −61	−28 −68	−48 −88	−77 −117	−107 −147	−155 −195
												−50 −90	−85 −125	−119 −159	−175 −215
												−53 −93	−93 −133	−131 −171	−195 −235
+290 0	+460 0	±14.5	±23	+5 −24	+13 −33	+22 −50	0 −46	−22 −51	−14 −60	−41 −70	−33 −79	−60 −106	−105 −151	−149 −195	−219 −265
												−63 −109	−113 −159	−163 −209	−241 −287
												−67 −113	−123 −169	−179 −225	−267 −313
+320 0	+520 0	±16	±26	+5 −27	+16 −36	+25 −56	0 −52	−25 −57	−14 −66	−47 −79	−36 −88	−74 −126	−138 −190	−198 −250	−295 −347
												−78 −130	−150 −202	−220 −272	−330 −382
+360 0	+570 0	±18	±28	+7 −29	+17 −40	+28 −61	0 −57	−26 −62	−16 −73	−51 −87	−41 −98	−87 −144	−169 −226	−247 −304	−369 −426
												−93 −150	−187 −244	−273 −330	−414 −471
+400 0	+630 0	±20	±31	+8 −32	+18 −45	+29 −68	0 −63	−27 −67	−17 −80	−55 −95	−45 −108	−103 −166	−209 −272	−307 −370	−467 −530
												−109 −172	−229 −292	−337 −400	−517 −580

附录 R 1. 基孔制优先、常用配合（摘自 GB/T 1801—1999）

基准孔	轴																				
	a	b	c	d	e	f	g	h	js	k	m	n	p	r	s	t	u	v	x	y	z
	间隙配合								过渡配合			过盈配合									
H6						H6/f5	H6/g5	H6/h5	H6/js5	H6/k5	H6/m5	H6/n5	H6/p5	H6/r5	H6/s5	H6/t5					
H7						H7/f6	▼H7/g6	▼H7/h6	H7/js6	▼H7/k6	H7/m6	▼H7/n6	▼H7/p6	H7/r6	▼H7/s6	H7/t6	▼H7/u6	H7/v6	H7/x6	H7/y6	H7/z6
H8					H8/e7	▼H8/f7	H8/g7	▼H8/h7	H8/js7	H8/k7	H8/m7	H8/n7	H8/p7	H8/r7	H8/s7	H8/t7	H8/u7				
				H8/d8	H8/e8	H8/f8		H8/h8													
H9			H9/c9	▼H9/d9	H9/e9	H9/f9		▼H9/h9													
H10			H10/c10	H10/d10				H10/h10													
H11	H11/a11	H11/b11	▼H11/c11	H11/d11				▼H11/h11													
H12		H12/b12						H12/h12													

注：标注▼的配合为优先配合。

2. 基轴制优先、常用配合（摘自 GB/T 1801—1999）

基准轴	孔																				
	A	B	C	D	E	F	G	H	Js	K	M	N	P	R	S	T	U	V	X	Y	Z
	间隙配合								过渡配合			过盈配合									
h5						F6/h5	G6/h5	H6/h5	Js6/h5	K6/h5	M6/h5	N6/h5	P6/h5	R6/h5	S6/h5	T6/h5					
h6						F7/h6	▼G7/h6	▼H7/h6	Js7/h6	▼K7/h6	M7/h6	▼N7/h6	▼P7/h6	R7/h6	▼S7/h6	T7/h6	▼U7/h6				
h7					E8/h7	▼F8/h7		▼H8/h7	Js8/h7	K8/h7	M8/h7	N8/h7									
h8				D8/h8	E8/h8	F8/h8		H8/h8													
h9				▼D9/h9	E9/h9	F9/h9		▼H9/h9													
h10				D10/h10				H10/h10													
h11	A11/h11	B11/h11	▼C11/h11	D11/h11				▼H11/h11													
h12		B12/h12						H12/h12													

注：标注▼的配合为优先配合。

附录S　常用标准结构

1. 中心孔（GB/T 145—2001）、中心孔表示法（GB/T 4459.5—1999）

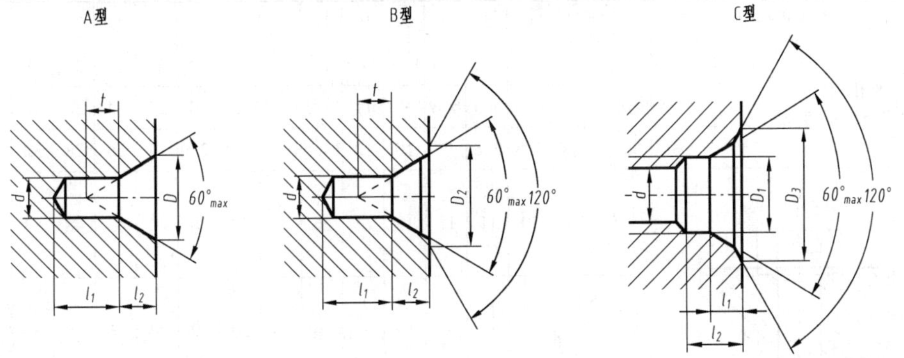

中心孔尺寸　　　　　　　　　　　　　　　　　　　　　　（单位：mm）

A、B型							C型					选择中心孔参考数据（非标准内容）		
d	A型			B型			d	D_1	D_3	l	参考尺寸 l_1	原料端部最小直径 D_0	轴状原料最大直径 D_2	工件最大重量 G/t
	D	参考尺寸 l_2	参考尺寸 t	D_2	参考尺寸 l_2	参考尺寸 t								
2.00	4.25	1.95	1.8	6.30	2.54	1.8						8	>10～18	0.12
2.50	5.30	2.42	2.2	8.00	3.20	2.2						10	>18～30	0.2
3.15	6.70	3.07	2.8	10.00	4.03	2.8	M3	3.2	5.8	2.6	1.8	12	>30～50	0.5
4.00	8.50	3.90	3.5	12.50	5.05	3.5	M4	4.3	7.4	3.2	2.1	15	>50～80	0.8
(5.00)	10.60	4.85	4.4	16.00	6.41	4.4	M5	5.3	8.8	4.0	2.4	20	>80～120	1
6.30	13.20	5.98	5.5	18.00	7.36	5.5	M6	6.4	10.5	5.0	2.8	25	>120～180	1.5
(8.00)	17.00	7.79	7.0	22.40	9.36	7.0	M8	8.4	13.2	6.0	3.3	30	>180～220	2
10.00	21.20	9.70	8.7	28.00	11.66	8.7	M10	10.5	16.3	7.5	3.8	42	>220～260	3

注：1. 尺寸 l_1 取决于中心钻的长度，此值不应小于 t 值（对A型、B型）。
2. 括号内的尺寸尽量不采用。
3. R型中心孔未列入。

中心孔表示法

要　求	符　号	表示法示例	说　明
在完工的零件上要求保留中心孔	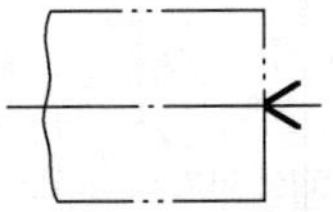		采用B型中心孔 $D=2.5$mm $D_1=8$mm 在完工的零件上要求保留
在完工的零件上可以保留中心孔	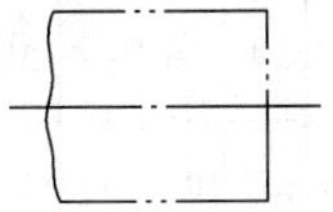	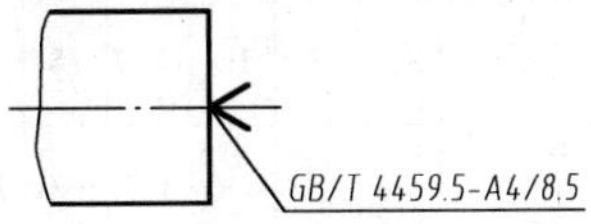	采用A型中心孔 $D=4$mm $D_1=8.5$mm 在完工的零件上是否保留都可以
在完工的零件上不允许保留中心孔	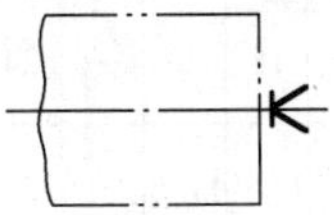	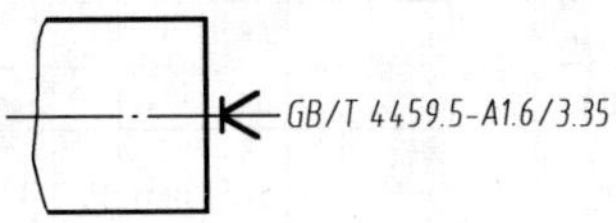	采用A型中心孔 $D=1.6$mm $D_1=3.35$mm 在完工的零件上不允许保留

2. 紧固件通孔（GB/T 5277—1985）及沉头座尺寸（GB/T 152.2～152.4—1998）

（单位：mm）

螺纹规格 d				3	4	5	6	8	10	12	14	16	18	20	22	24	27	30	36
通孔直径 GB/T 5277—1985			精装配	3.2	4.3	5.3	6.4	8.4	10.5	13	15	17	19	21	23	25	28	31	37
			中等装配	3.4	4.5	5.5	6.6	9	11	13.5	15.5	17.5	20	22	24	26	30	33	39
			粗装配	3.6	4.8	5.8	7	10	12	14.5	16.5	18.5	21	24	26	28	32	35	42
六角头螺栓和六角螺母用沉孔	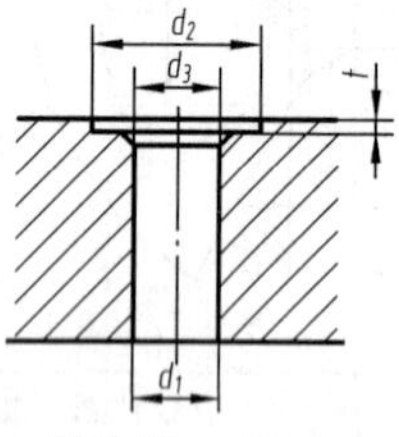 GB/T 152.4—1988		d_2	9	10	11	13	18	22	26	30	33	36	40	43	48	53	61	71
			d_3	—	—	—	—	—	—	16	18	20	22	24	26	28	33	36	42
			d_1	3.4	4.5	5.5	6.6	9.0	11.0	13.5	15.5	17.5	20.0	22.0	24	26	30	33	39
沉头螺钉和半沉头螺钉用沉孔	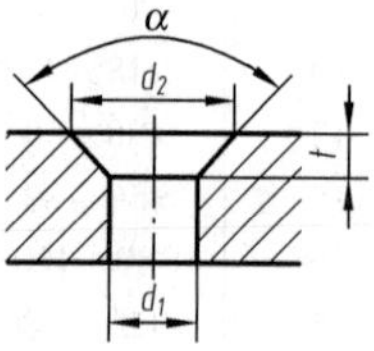 GB/T 152.2—1988		d_2	6.4	9.6	10.6	12.8	17.6	20.3	24.4	28.4	32.4	—	40.4	—	—	—	—	—
			$t\approx$	1.6	2.7	2.7	3.3	4.6	5.0	6.0	7.0	8.0	—	10.0	—	—	—	—	—
			d_1	3.4	4.5	5.5	6.6	9	11	13.5	15.5	17.5	—	22	—	—	—	—	—
			α	$90^{\circ}{}^{-2^{\circ}}_{-4^{\circ}}$															
圆柱头螺钉用沉孔	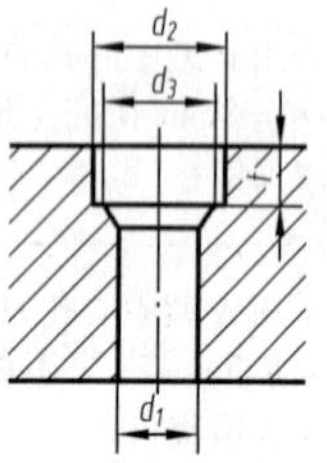 GB/T 152.3—1988	适用于内六角圆柱头螺钉	d_2	6.0	8.0	10.0	11.0	15.0	18.0	20.0	24.0	26.0	—	33.0	—	40.0	—	48.0	57
			t	3.4	4.6	5.7	6.8	9.0	11.0	13.0	15.0	17.5	—	21.5	—	25.5	—	32.0	38
			d_3	—	—	—	—	—	—	16	18	20	—	24	—	28	—	36	42
			d_1	3.4	4.5	5.5	6.6	9.0	11.0	13.5	15.5	17.5	—	22.0	—	26.0	—	33.0	39
		适用于开槽圆柱头螺钉	d_2	—	8	10	11.7	15	18	20	24	26	—	33	—	—	—	—	—
			t	—	3.2	4.0	4.7	6.0	7.0	8.0	9.0	10.5	—	12.5	—	—	—	—	—
			d_3	—	—	—	—	—	—	16	18	20	—	24	—	—	—	—	—
			d_1	—	4.5	5.5	6.6	9.0	11.0	13.5	15.5	17.5	—	22.0	—	—	—	—	—

注：对螺栓和螺母用沉孔的尺寸 t，只要能制出与通孔轴线垂直的圆平面即可，即刮平圆平面为止，常称锪平。表中尺寸 d_1、d_2、t 的公差带都是 H13。

3. 普通螺纹倒角和退刀槽（GB/T 3—1997）、螺纹紧固件的螺纹倒角（GB/T 2—1985）

（单位：mm）

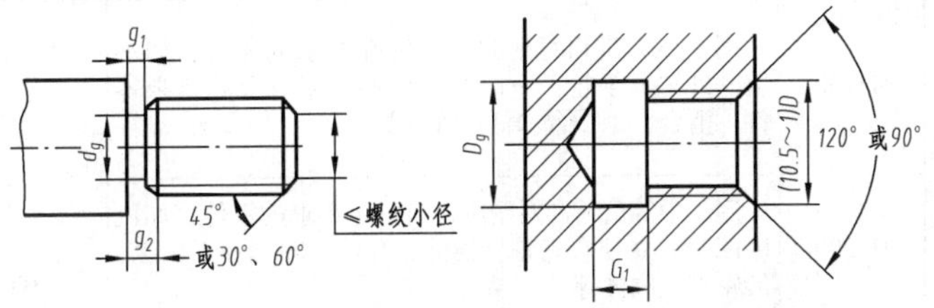

螺距	外螺纹			内螺纹		螺距	外螺纹			内螺纹	
	g_{2max}	g_{1min}	d_g	G_1	D_g		g_{2max}	g_{1min}	d_g	G_1	D_g
0.5	1.5	0.8	$d-0.8$	2	$D+0.3$	1.75	5.25	3	$d-2.6$	7	$D+0.5$
0.7	2.1	1.1	$d-1.1$	2.8		2	6	3.4	$d-3$	8	
0.8	2.4	1.3	$d-1.3$	3.2		2.5	7.5	4.4	$d-3.6$	10	
1	3	1.6	$d-1.6$	4	$D+0.5$	3	9	5.2	$d-4.4$	12	
1.25	3.75	2	$d-2$	5		3.5	10.5	6.2	$d-5$	14	
1.5	4.5	2.5	$d-2.3$	6		4	12	7	$d-5.7$	16	

注：普通螺纹端部倒角见附图。

4. 砂轮越程槽（摘自 GB/T 6403.5—1986）

（单位：mm）

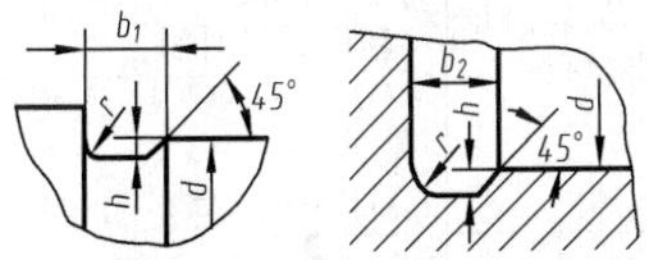

b_1	0.6	1.0	1.6	2.0	3.0	4.0	5.0	8.0	10
b_2	2.0	3.0		4.0		5.0		8.0	10
h	0.1	0.2		0.3	0.4		0.6	0.8	1.2
r	0.2	0.5		0.8	1.0		1.6	2.0	3.0
d	~10			>10~50		>50~100		>100	

注：1. 越程槽内二直线相交处，不允许产生尖角。
2. 越程槽深度 h 与圆弧半径 r，要满足 $r \leqslant 3h$。
3. 磨削具有数个直径的工作时，可使用同一规格的越程槽。
4. 直径 d 值大的零件，允许选择小规格的砂轮越程槽。
5. 砂轮越程槽的尺寸公差和表面粗糙度根据该零件的结构、性能确定。

5. 零件倒圆与倒角（摘自 GB/T 6403.4—1986）

（单位：mm）

型式	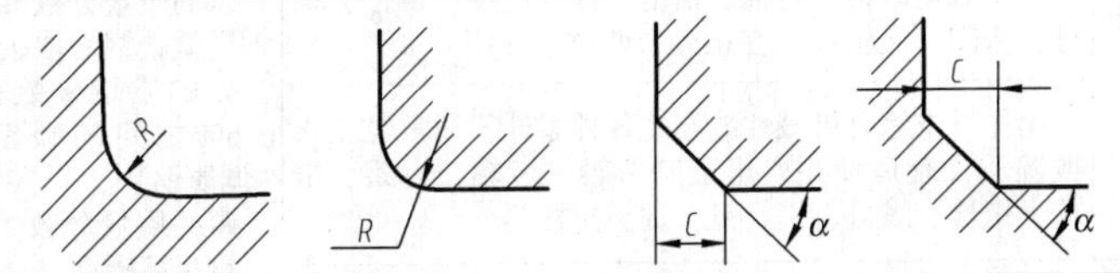	R、C 尺寸系列：0.1，0.2，0.3，0.4，0.5，0.6，0.8，1.0，1.2，1.6，2.0，2.5，3.0，4.0，5.0，6.0，8.0，10，12，16，20，25，32，40，50
装配形式	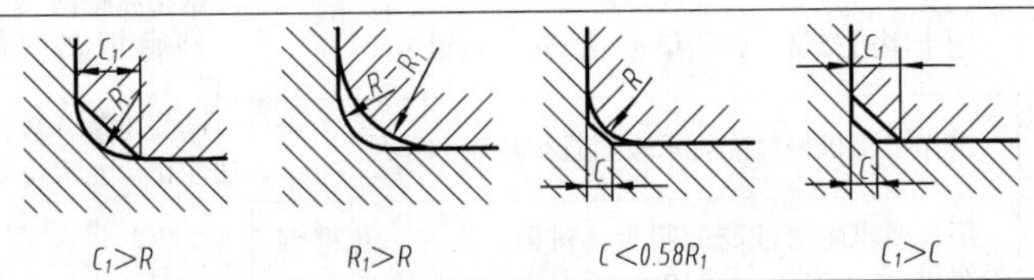	尺寸规定： 1. R_1、C_1 的偏差为正；R、C 的偏差为负 2. 左起第三种装配方式，C 的最大值 C_{max} 与 R_1 关系如下

R_1	0.1	0.2	0.3	0.4	0.5	0.6	0.8	1.0	1.2	1.6	2.0	2.5	3.0	4.0	5.0	6.0	8.0	10	12	16	20	25
C_{max}	—	0.1	0.1	0.2	0.2	0.3	0.4	0.5	0.6	0.8	1.0	1.2	1.6	2.0	2.5	3.0	4.0	5.0	6.0	8.0	10	12

附录 T　常用金属材料

标准	名称	牌号	应用举例		说明
GB/T 9439—1988	灰铸铁	HT150	用于小负荷和对耐磨性无特殊要求的零件，如端盖、外罩、手轮、一般机床底座、床身及其复杂零件，滑台、工作台和低压管件等		“HT”为灰铸铁的汉语拼音的首位字母，后面的数字表示抗拉强度。如 HT200 表示抗拉强度为 $200N/mm^2$ 的灰铸铁
		HT200	用于中等负荷和对耐磨性有一定要求的零件，如机床床身、立柱、飞轮、气缸、泵体、轴承座、活塞、齿轮箱、阀体等		
		HT250	用于中等负荷和对耐磨性有一定要求的零件，如阀壳、液压缸、气缸、联轴器、机体、齿轮、齿轮箱外壳、飞轮、衬套、凸轮、轴承座、活塞等		
		HT300	用于受力大的齿轮、床身导轨、车床卡盘、剪床床身、压力机的床身、凸轮、高压液压缸、液压泵和滑阀壳体、冲模模体等		
GB/T 700—1988	碳素结构钢	Q215	A 级	金属结构件，拉杆、套圈、铆钉、螺栓、短轴、心轴、凸轮（载荷不大的）、垫圈，渗碳零件及焊接件	“Q”为碳素结构钢屈服点“屈”字的汉语拼音首位字母，后面数字表示屈服点数值。如 Q235 表示碳素结构钢屈服点为 $235N/mm^2$ 新旧牌号对照： Q215——A2 Q235——A3 Q275——A5
			B 级		
		Q235	A 级	金属结构件，心部强度要求不高的渗碳或氰化零件，吊钩、拉杆、套圈、气缸、齿轮、螺栓、螺母、连杆、轮轴、楔、盖及焊接件	
			B 级		
			C 级		
			D 级		
		Q275	轴、轴销、刹车杆、螺母、螺栓、垫圈、连杆、齿轮以及其他强度较高的零件		
GB/T 699—1999	优质碳素结构钢	10F 10	用作拉杆、卡头、垫圈、铆钉及用作焊接零件		牌号的两位数字表示平均碳的质量分类，45 钢即表示碳的质量分数为 0.45% 碳的质量分数≤0.25% 的碳钢属低碳钢（渗碳钢） 碳的质量分数在 0.25% ~ 0.6% 之间的碳钢属中碳钢（调质钢） 碳的质量分数大于 0.6% 的碳钢属高碳钢 沸腾钢在牌号后加符号“F” 锰的质量分数较高的钢，须加注化学元素符号“Mn”
		15F 15	用于受力不大和韧性较高的零件、渗碳零件及紧固件（如螺栓、螺钉）、法兰盘和化工储器		
		35	用于制造曲轴、转轴、轴销、杠杆连杆、螺栓、螺母、垫圈、飞轮（多在正火、调质下使用）		
		45	用作要求综合机械性能高的各种零件，通常经正火或调质处理后使用。用于制造轴、齿轮、齿条、链轮、螺栓、螺母、销、钉、键、拉杆等		
		65	用于制造弹簧、弹簧垫圈、凸轮、轧辊等		
		15Mn	制作心部机械性能要求较高且须渗碳的零件		
		65Mn	用作要求耐磨性高的圆盘、衬板、齿轮、花键轴、弹簧等		

续表

标准	名称	牌号	应用举例	说明
GB/T3077—1999	合金结构钢	30Mn2	起重机行车轴、变速箱齿轮、冷镦螺栓及较大截面的调质零件	钢中加入一定量的合金元素，提高了钢的力学性能和耐磨性，也提高了钢的淬透性，保证金属在较大截面上获得高的力学性能
		20Cr	用于要求心部强度较高、承受磨损、尺寸较大的渗碳零件，如齿轮、齿轮轴、螺杆、凸轮、活塞销等，也用于速度较大、中等冲击的调质零件	
		40Cr	用于受变载、中速、中载、强烈磨损而无很大冲击的重要零件，如重要的齿轮、轴、曲轴、连杆、螺栓、螺母	
		35SiMn	可代替40Cr用于中小型轴类、齿轮等零件及430℃以下的重要紧固件等	钢中加入一定量的合金元素，提高了钢的力学性能和耐磨性，也提高了钢的淬透性，保证金属在较大截面上获得高的力学性能
		20CrMnTi	强度韧性均高，可代替镍铬钢用于承受高速、中等或重负荷以及冲击、磨损等重要零件，如渗碳齿轮、凸轮等	
GB/T5676—1985	铸钢	ZG230—450	轧机机架、铁道车辆摇枕、侧梁、铁铮台、机座、箱体、锤轮、450℃以下的管路附件等	“ZG”为铸钢汉语拼音的首位字母，后面数字表示屈服点和抗拉强度。如ZG230—450表示屈服点230N/mm^2、抗拉强度450N/mm^2
		ZG310—570	联轴器、齿轮、气缸、轴、机架、齿圈等	
GB/T1176—1987	铸造锡青铜	ZCuSn5Pb5Zn5	耐磨性和耐蚀性均好，易加工，铸造性和气密性较高。用于较高负荷，中等滑动速度下工作的耐磨、耐腐蚀零件，如轴瓦、衬套、缸套、油塞、离合器、蜗轮等	“Z”为铸造汉语拼音的首位字母，各化学元素后面的数字表示该元素含量的百分数，如ZCuAl10Fe3表示含Al8.5%～11%，Fe2%～4%，其余为Cu的铸造铝青铜
	铸造铝青铜	ZCuAl10Fe3	力学性能高，耐磨性、耐蚀性、抗氧化性好，可焊接性好，不易钎焊，大型铸件自700℃空冷可防止变脆。可用于制造强度高、耐磨、耐蚀的零件，如蜗轮、轴承、衬套、管嘴、耐热管配件等	
	铸造铝黄铜	ZCuZn25Al6Fe3Mn3	有很高的力学性能，铸造性良好、耐蚀性较好、有应力腐蚀开裂倾向，可以焊接。适用于高强耐磨零件，如桥梁支承板、螺母、螺杆、耐磨板、滑块和蜗轮等	
	铸造锰黄铜	ZCu58Mn2Pb2	有较高的力学性能和耐蚀性，耐磨性较好，切削性良好。可用于一般用途的构件、船舶仪表等使用的外型简单的铸件，如套筒、衬套、轴瓦、滑块等	
GB/T1173—1995	铸造铝合金	ZL102 ZL202	耐磨性中上等，用于制造负荷不大的薄壁零件	ZL102表示硅的质量分数为10%～13%、余量为铝的铝硅合金；ZL202表示铜的质量分数为9%～11%、余量为铝的铝铜合金
GB/T3190—1996	硬铝	ZA12（LY12）	焊接性能好，适于制作中等强度的零件	LY12表示铜的质量分数为3.8%～4.9%、镁的质量分数为1.2%～1.8%、锰的质量分数为0.3%～0.9%、余量为铝的硬铝
	工业纯铝	1060（L2）	适于制作储槽、塔、热交换器、防止污染及深冷设备等	L2表示杂质的质量分数≤0.4%的工业纯铝

附录 U 常用非金属材料

标准	名称	牌号	说明	应用举例
GB/T539—1995	耐油石棉橡胶板		有厚度 0.4 ~ 3.0mm 的十种规格	供航空发动机用的煤油、润滑油及冷气系统结合处的密封垫材料
GB/T5574—1994	耐酸碱橡胶板	2707 2807 2709	较高硬度 中等硬度	具有耐酸碱性能，在温度 -30 ~ 60℃ 的 20% 浓度的酸碱液体中工作，用作冲制密封性能较好的垫圈
	耐油橡胶板	3707 3807 3709 3809	较高硬度	可在一定温度的机油、变压器油、汽油等介质中工作，适用冲制各种形状的垫圈
	耐热橡胶板	4708 4808 4710	较高硬度 中等硬度	可在 -30 ~ 100℃、且压力不大的条件下，于热空气、蒸汽介质中工作，用作冲制各种垫圈和隔热垫板

附录 V 常用的热处理名词解释

名词	代号及标注示例	说明	应用
退火	5111	将钢件加热到临界温度以上。保温一段时间，然后缓慢冷却（一般在炉中冷却）	用来消除铸、锻、焊零件的内应力，降低硬度，便于切削加工，细化金属晶粒，改善组织，增加韧性
正火	5121	将钢件加热到临界温度以上 30 ~ 50℃，保温一段时间，然后在空气中冷却，冷却速度比退火快	用来处理低碳和中碳结构钢及渗碳零件，使其组织细化，增加强度与韧性，减少内应力，改善切削性能
淬火	5131（淬火回火 45 ~ 50HRC）	将钢件加热到临界温度以上某一温度，保温一段时间，然后在水、盐水或油中（个别材料在空气中）急速冷却，使其得到高硬度	用来提高钢的硬度和强度极限。但淬火会引起内应力使钢变脆，所以淬火后必须回火
回火	5141	回火是将淬硬的钢件加热到临界点以下的某一温度，保温一段时间，然后冷却到室温	用来消除淬火后的脆性和内应力，提高钢的塑性和冲击韧性
调质	5151（调质至 220 ~ 250HBS）	淬火后在 450 ~ 650℃ 进行高温回火，称为调质	用来使钢获得高的韧性和足够的强度。重要的齿轮、轴及丝杠等零件必须调质处理
表面淬火	5213（火焰淬火后回火至 52 ~ 58HRC） 5212（高频淬火后回火至 50 ~ 55HRC）	用火焰或高频电流将零件表面迅速加热至临界温度以上，急速冷却	使零件表面获得高硬度，而心部保持一定的韧性，使零件既耐磨又能承受冲击。表面淬火常用来处理齿轮等
渗碳淬火	5310（渗碳层深 0.5，淬火硬度 56 ~ 62HRC）	渗碳剂中将钢件加热到 900 ~ 950℃，保温一定时间，将碳渗入钢表面，深度为 0.5 ~ 2mm，再淬火后回火	增加钢件的耐磨性能、表面强度、抗拉强度及疲劳极限 适用于低碳、中碳（w_C < 0.40%）结构钢的中小型零件
渗氮	5330（渗氮深度 0.3，硬度大小 850HV）	渗氮是在 500 ~ 600℃ 通入氨的炉子内加热，向钢的表面渗入氮原子的过程。渗氮层为 0.025 ~ 0.8mm，渗氮时间需 40 ~ 50h	增加钢件的耐磨性能、表面硬度、疲劳极限和抗蚀能力 适用于合金钢、碳钢、铸铁件，如机床主轴、丝杠以及在潮湿碱水和燃烧气体介质的环境中工作的零件
时效	时效处理	低温回火后，精加工之前，加热到 100 ~ 160℃，保持 10 ~ 40h。对铸件也可用天然时效（放在露天中 1 年以上）	使工件消除内应力和稳定形状，用于量具、精密丝杆、床身导轨、床身等

续表

名词	代号及标注示例	说明	应用
发蓝、发黑	发蓝或发黑	将金属零件放在很浓的碱和氧化剂浓液中加热氧化，使金属表面形成一层氧化铁所组成的保护性薄膜	防腐蚀、美观。用于一般连接的标准件和其他电子类零件
硬度	HB（布氏硬度）	材料抵抗硬的物体压入其表面的能力称“硬度”。根据测定的方法不同，可分布氏硬度、洛氏硬度和维氏硬度 硬度的测定是检验材料经热处理后的力学性能——硬度	用于退火、正火、调质的零件及铸件的硬度检验
	HRC（洛氏硬度）		用于经淬火、回火及表面渗碳、渗氮等处理的零件硬度检验
	HV（维氏硬度）		用于薄层硬化零件的硬度检验

附录 W　55°非密封管螺纹（GB/T7307—2001）

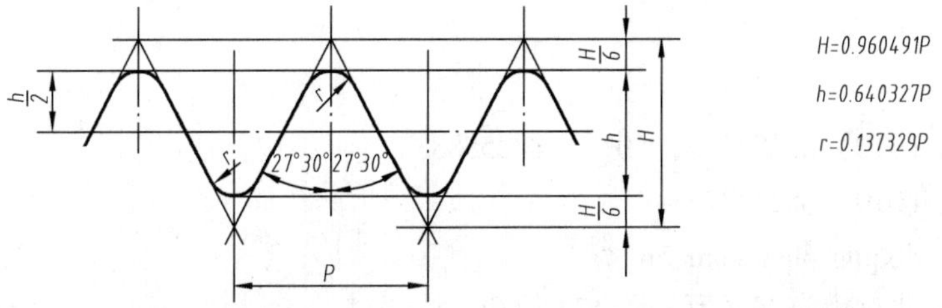

标记示例：尺寸代号为 2 的右旋圆柱内螺纹的标记为 G2；尺寸代号为 3 的 A 级右旋圆柱外螺纹的标记为 G3A。尺寸代号为 2 的左旋圆柱内螺纹的标记为 G2LH；尺寸代号为 3 的 A 级左旋圆柱外螺纹的标记为 G3A－LH。

尺寸代号	每 25.4mm 内所包含的牙数 n	螺距 P /mm	牙高 h /mm	基本直径		
				大径 $d=D$ /mm	中径 $d_2=D_2$ /mm	小径 $d_1=D_1$ /mm
1/16	28	0.907	0.581	7.723	7.142	6.561
1/8	28	0.907	0.581	9.728	9.147	8.566
1/4	19	1.337	0.856	13.157	12.301	11.445
3/8	19	1.337	0.856	16.662	15.806	14.950
1/2	14	1.814	1.162	20.955	19.793	18.631
5/8	14	1.814	1.162	22.911	21.749	20.587
3/4	14	1.814	1.162	26.441	25.279	24.117
7/8	14	1.814	1.162	30.201	29.039	27.877
1	11	2.309	1.479	33.249	31.770	30.291
$1^1/8$	11	2.309	1.479	37.897	36.418	34.939
$1^1/4$	11	2.309	1.479	41.910	40.431	38.952
$1^1/2$	11	2.309	1.479	47.803	46.324	44.845
$1^3/4$	11	2.309	1.479	53.746	52.267	50.788
2	11	2.309	1.479	59.614	58.135	56.656
$2^1/4$	11	2.309	1.479	65.710	64.231	62.752
$2^1/2$	11	2.309	1.479	75.184	73.705	72.226
$2^3/4$	11	2.309	1.479	81.534	80.055	78.576
3	11	2.309	1.479	87.884	86.405	84.926
$3^1/2$	11	2.309	1.479	100.330	98.851	97.372
4	11	2.309	1.479	113.030	111.551	110.072
$4^1/2$	11	2.309	1.479	125.730	124.251	122.772
5	11	2.309	1.479	138.430	136.951	135.472
$5^1/3$	11	2.309	1.479	151.130	149.651	148.172
6	11	2.309	1.479	163.830	162.351	160.872

反侵权盗版声明

举报电话：（010）88254396；（010）88258888
传　　真：（010）88254397
E-mail：dbqq@phei.com.cn
通信地址：北京市海淀区万寿路173信箱
　　　　　电子工业出版社总编办公室
邮　　编：100036

"十四五"职业教育国家规划教材

中国电力教育协会职业院校
电力技术类专业精品教材

电气设备运行与维护

（第二版）

主　编　吴　靓
副主编　常文平　李中胜
编　写　吴　倩　齐山成　王　娜
主　审　陈　忠

中国电力出版社
CHINA ELECTRIC POWER PRESS

内 容 提 要

本书为“十四五”职业教育国家规划教材、中国电力教育协会职业院校电力技术类专业精品教材。

本书在编写内容方面，主要结合变电运行工、电气值班员等职业岗位能力要求及考核标准，划分学习情境，确定各项目主要内容。本版教材增加了学习目标、学习重点、岗位技能、操作案例、特别提示、知识延伸、问题讨论、案例分析等环节，帮助学生学习本课程的知识点。

为满足岗课证融通的需求，根据课程的特点，本版教材通过二维码补充了大量的数字资源，包括重难点讲解微课，典型设备三维动画，维护与巡视案例库，以及体现新技术、新工艺、新设备的拓展知识等，并将根据教学需求实时更新，体现了新形态教材特质。

为学习贯彻落实党的二十大精神，本书根据《党的二十大报告学习辅导百问》《二十大党章修正案学习问答》，在二维码链接的数字资源中设置了“二十大报告及党章修正案学习辅导”栏目，以方便师生学习。

扫码获取
配套资源

本书可作为高职高专院校培养技术技能型人才的教学用书，也可作为从事电力行业的设计、运行、安装、检修以及管理工作的技术人员的参考书。

图书在版编目（CIP）数据

电气设备运行与维护/吴靓主编. —2 版 .—北京：中国电力出版社，2026.1
“十三五”职业教育规划教材
ISBN 978-7-5198-3856-0

Ⅰ.①电…　Ⅱ.①吴…　Ⅲ.①电气设备—运行—高等职业教育—教材②电气设备—维修—高等职业教育—教材　Ⅳ.①TM

中国版本图书馆 CIP 数据核字（2019）第 237510 号

出版发行：中国电力出版社
地　　址：北京市东城区北京站西街 19 号（邮政编码 100005）
网　　址：http://www.cepp.sgcc.com.cn
责任编辑：乔　莉（010—63412535）
责任校对：黄　蓓　朱丽芳
装帧设计：赵姗姗
责任印制：吴　迪

印　　刷：北京雁林吉兆印刷有限公司
版　　次：2012 年 8 月第一版　2019 年 10 月第二版
印　　次：2026 年 1 月北京第二十三次印刷
开　　本：787 毫米×1092 毫米　16 开本
印　　张：17.5
字　　数：414 千字
定　　价：45.00 元

前 言

“电气设备运行与维护”是高职高专院校强电类专业的职业能力核心课程，具有实践性强、适用岗位多的特点。自 2012 年本书第一版正式出版发行以来，得到了广大师生的认可和积极反馈，为进一步满足当前电力职业教育需求和教育教学改革要求，对教材进行修订出版。

本版教材的修订，以人才培养目标和职业岗位能力的要求为依据，以易教、易学、实用为目标，对一些理论性强、计算复杂的内容进行了删减，新增了一批新设备图片和现场实景，以实际案例和学习任务为依托，强调分析思路与解决方法。同时，为了满足“岗课证”融通的需求，根据“电气设备运行与维护”课程的特点，增加了丰富的数字化教学资源，包括重难点讲解微课、典型设备三维动画、授课视频以及相关的课程思政案例，体现了新技术、新工艺、新设备等内容，实现了教材内容的动态更新，增强了教材的立体性，使其更符合目前的多媒体教学环境，实用性强。

全书共 6 个学习情境，由广东水利电力职业技术学院吴靓、河南工学院常文平和齐山成、福建水利电力职业技术学院李中胜、辽宁生态工程职业学院王娜、广东电网有限责任公司广州供电局吴倩共同编写。吴靓教授对全书进行了统稿，广东水利电力职业技术学院陈忠教授担任本书的主审。

限于编者水平和编写时间，纸质书与配套数字资源难免有不妥之处，恳请读者批评指正。

编 者

2022 年 11 月